Ulrich Hahn
Physik für Ingenieure 1
De Gruyter Studium

Weitere empfehlenswerte Titel

Festkörperphysik
Rudolf Gross, Achim Marx, 2012
ISBN 978-3-486-71294-0, e-ISBN 978-3-486-71486-9

Das Entropieprinzip, 2. Auflage
André Thess, 2014
ISBN 978-3-486-76045-3, e-ISBN (PDF) 978-3-486-85864-8,
e-ISBN (ePUB) 978-3-486-99078-2

Elektrische Maschinen und Aktoren
Wolfgang Gerke, 2012
ISBN 978-3-486-71265-0, e-ISBN 978-3-486-71984-0

Festkörperphysik, 4. Auflage
Neil W. Ashcroft, David N. Mermin, 2012
ISBN 978-3-486-71301-5

Ulrich Hahn

Physik für Ingenieure

Band 1: Mechanik, Thermodynamik,
Schwingungen und Wellen

2. Auflage

Autor
Prof. Dr. rer. nat. Ulrich Hahn
Fachhochschule Dortmund
Fachbereich Informations- und Elektrotechnik
Sonnenstr. 96
44139 Dortmund
hahn@fh-dortmund.de

ISBN 978-3-11-035056-2
e-ISBN (PDF) 978-3-11-035057-9
e-ISBN (ePUB) 978-3-11-037678-4

Bibliografische Information der Deutschen Nationalbibliothek
Die Deutsche Nationalbibliothek verzeichnet diese Publikation in der Deutschen
Nationalbibliografie; detaillierte bibliografische Daten sind im Internet über http://dnb.dnb.de
abrufbar.

© 2015 Walter de Gruyter GmbH, Berlin/München/Boston
Einbandabbildung: iStock/Thinkstock
Druck und Bindung: CPI books GmbH, Leck
♾ Gedruckt auf säurefreiem Papier
Printed in Germany

www.degruyter.com

Vorwort zur zweiten Auflage

Nun sind fast sieben Jahre vergangen seit dem Erscheinen meines Lehrbuches „Physik für Ingenieure", die Resonanz war überaus positiv. Die neuen, gestuften Studiengänge sind nun flächendeckend eingeführt worden. Bei der Festlegung des zeitlichen Arbeitsaufwandes, der so genannten „workload", der von den Studierenden erwartet wird, liegen die Präsenzzeiten in den ingenieurwissenschaftlichen BA-Studiengängen an der Fachhochschule Dortmund für das Fach Physik bei 50% (Maschinenbau) bzw. 37,5% (Elektrotechnik), davon sind weniger als 30% Übungen. Somit ist die Notwendigkeit, den Lehrstoff selbstständig nachzubereiten, immens gestiegen.

Die Bedeutung des Internets als „Wissensquelle" hat in den sieben Jahren erheblich an Bedeutung gewonnen, dank mobiler Computer und Funknetzen ist diese Wissen auch praktisch an jedem Ort und zu jeder Zeit abrufbar. Allerdings werden die Nutzer häufig von der Flut der Treffer einer Suchanfrage „erschlagen" und die Erfahrung, die ich bei Rechercheversuchen in Physikübungen gemacht habe, zeigen, dass die Quelle Internet oft nur bedingt zur Lösung beitragen kann, zumal Begrifflichkeit und Nomenklatur recht uneinheitlich sind. Vielfach müssen die in den Quellen verwendeten Begriffe und Symbole für Größen erst einmal „übersetzt" werden, um verständlich zu werden. Mit einem inhaltlich abgestimmten Lehrbuch erschließt sich der Stoff dann in den meisten Fällen wesentlich ökonomischer.

Seitens des Verlages DeGruyter-Oldenbourg kam der Vorschlag, das Lehrbuch in zwei Teile zu gliedern, um spezifischer auf den Lehrstoff eingehen zu können. Der erste Band umfasst die Themen Mechanik, Thermodynamik sowie Schwingungen und Wellen, während im zweiten Band Elektrizität und Magnetismus, Optik und Auswertung von Messungen abgehandelt werden. Diesem Vorschlag bin ich gern gefolgt, denn so wird das Lehrbuch im wahrsten Sinne des Wortes „handlicher".

Leider hat sich in der ersten Auflage hin und wieder der Druckfehlerteufel eingeschlichen, dank vieler wachsamer Augen meiner Studierenden ist hier Abhilfe geschaffen worden. Auch bei der zweiten Auflage freue ich mich auf Anregungen und Kritik.

Dortmund, im Juli 2014   Ulrich Hahn

Vorwort zur ersten Auflage

Als vor etwa drei Jahren der Oldenbourg-Verlag anfragte, ob ich Interesse hätte, ein Physik-Lehrbuch für Ingenieure zu verfassen, war ich zunächst verwundert, denn es sind bekanntlich schon sehr viele derartige Lehrbücher auf dem Markt. Allerdings war mir aus meiner über zehnjährigen Lehrtätigkeit an der Fachhochschule Dortmund bekannt, dass Studierende häufig Probleme mit den vorhandenen Lehrbüchern haben, insbesondere wenn versucht wird, die gesamte Physik darzustellen, so dass der Stoff auf Kosten der Verständlichkeit nur angerissen werden kann.

Leider hat sich in den letzten Jahren auch der Stellenwert des Faches Physik in den ingenieurwissenschaftlichen Studiengängen gewandelt. Unter dem Zwang, einerseits den Umfang des Studiums zu verkleinern, anderseits aber auch der Vermittlung nichttechnischer Kenntnisse einen größeren Raum zu gewähren, ist die Physikausbildung zusammengestrichen worden um den Preis, dass in den Fächern des Hauptstudiums nicht mehr auf solides Grundlagenwissen zurückgegriffen werden kann. Allerdings wird in den neuen, gestuften Studiengängen ausdrücklich erwartet, dass Studierende sich selbstständig neue, über den Lehrplan hinausgehende Kenntnisse erarbeiten.

Diese Gründe bewogen mich, das Abenteuer, ein neues Physik-Lehrbuch für ingenieurwissenschaftliche Studiengänge an Fachhochschulen zu schreiben, zu wagen. Darin müssen zum einen die Grundlagen gelegt werden, die für das Verständnis technischer Anwendungen erforderlich sind. Zum anderen sollen aber auch Kenntnisse über Methoden und Strategien vermittelt werden, mit denen neues Wissen insbesondere in Naturwissenschaft und Technik erlangt wird. Da technische Probleme zunehmend interdisziplinär gelöst werden, ist eine solche Methodenkompetenz unerlässlich. Dieses Wissen soll in den Kapiteln

- Mechanik,
- Thermodynamik,
- Schwingungen und Wellen,
- Elektrizität und Magnetismus sowie
- Optik

vermittelt werden. Der dargestellte Stoffumfang ist deutlich größer als der, der in einem derzeit üblichen zweisemestrigen Kurs gelehrt werden kann. So wird den Studierenden Gelegenheit geboten, die Basiskenntnisse zu vertiefen, ohne auf Spezialliteratur zurückgreifen zu müssen. Außerdem werden ausführlich Themen behandelt, die Schnittstellen zu solchen Fächern sind, in denen die technischen Grundlagen des jeweiligen Studiengangs gelehrt werden. In einem separaten Kapitel wird auf Methoden zur Auswertung von Experimenten sowie auf elementare Statistik eingegangen. Dies ist im Studium für die Beurteilung der Aussagekraft von Ergebnissen in Praktikumsversuchen unerlässlich und in der späteren Berufspraxis z. B. in der Qualitätssicherung von Bedeutung.

Großer Wert wird auf die ausführliche Herleitung der physikalischen Zusammenhänge und die dazugehörenden lückenlosen Ketten von Schlussfolgerungen gelegt. Physikalische Gesetzt „fallen nicht vom Himmel", Physikalische Größen werden nicht durch „von oben verordnete" Definitionen eingeführt, stattdessen wird anhand exemplarischer Beispiele deren Nutzen bei der Beschreibung physikalischer Sachverhalte demonstriert. Beweise werden nicht dem Leser überlassen! Dies soll die Studierenden ermuntern, auch im späteren Berufsleben z. B. Normen wirklich verstehen zu wollen und ggf. kritisch zu hinterfragen statt sie gläubig und kritiklos anzuwenden.

Für viele Studierende stellt die Mathematik zur Beschreibung physikalischer Sachverhalte eine nicht zu unterschätzende Hürde dar, zumal Mathematik- und Physikkurse in der Regel zeitlich parallel abgehalten werden. In vielen Fällen kann man somit die erforderlichen Mathematikkenntnisse nicht voraussetzen. Daher wird z. B. die Vektorrechnung in der Mechanik schrittweise eingeführt und zur Darstellung der Zusammenhänge verwendet. Bei Differential- und teilweise Integralrechnung kann häufig auf Schulkenntnisse zurückgegriffen werden, daher wird hier nur auf die „physikspezifischen" Dinge eingegangen. So werden Volumenintegrale, wie sie für die Berechnung von Schwerpunkten und Trägheitsmomenten erforderlich sind, anhand von Beispielsrechnungen auf gewöhnliche Integrale zurückgeführt. Ähnlich wird bei Differentialgleichungen verfahren: Es werden Lösungsverfahren angegeben, die nur entsprechende Schulkenntnisse voraussetzen.

Simulation physikalischer Vorgänge erleichtert in vielen Fällen das Verständnis und ermöglicht, Probleme zu lösen, deren Bearbeitung „mit Bleistift und Papier" zu aufwendig oder gar unmöglich wäre. Mittlerweile sind viele Programme wie EXCEL, MATLAB, MAPLE... verfügbar, mit denen solche Simulationen einfach am Rechner ohne aufwendige Programmierung durchgeführt werden können. Für einige Fälle wie schiefer Wurf mit Luftreibung oder Wärmeleitung durch eine Kante eines Bauteils werden Simulationen mit EXCEL angegeben.

Im Buch wird ausschließlich die „klassische" Physik abgehandelt. Relativistische Physik ist zwar in einzelnen technischen Bereichen von Bedeutung wie z. B. beim Global Positioning System, sie spielt aber bei den meisten technischen Fragestellungen keine Rolle. Auch auf die Darstellung der Quantenphysik habe ich bewusst verzichtet, da sie entweder nur sehr elementar behandelt werden kann, so dass kein nachvollziehbarer Bezug zu technischen Anwendungen herstellbar ist, oder der Umfang eines entsprechenden Kapitels zu groß geworden wäre. Selbstverständlich spielt die Quantenphysik besonders für das Verständnis moderner Werkstoffe eine große Rolle.

Ohne Unterstützung wäre es mir nicht möglich gewesen, dieses Buch zu schreiben. So möchte ich der Fachhochschule für die Gewährung eines Freisemesters danken, in dem ein großer Teil des Buches entstanden ist. Auch meiner Familie, die mir viel Verständnis für den großen Zeitaufwand entgegengebracht hat, gilt mein großer Dank. Frau Dipl. Des. Frauke Habig hat einen großen Teil der Zeichnungen dieses Buches mit großer Sorgfalt angefertigt und ist mit viel Geduld meinen zahlreichen Verbesserungsvorschlägen gefolgt. Herr Gerhard Borowski vom Physiklabor der Fachhochschule Dortmund war mir bei der Aufnahme der zahlreichen Photos sehr behilflich und hat mit manch gutem Rat zur Seite gestanden.

Ohne Begeisterung und ständiges Fragen nach den Zusammenhängen ist eine gute Lehre nicht möglich, denn sie soll in den Studierenden ebenfalls dieses Interesse wecken, es ist ein wichtiger Antrieb für die spätere erfolgreiche Tätigkeit als Ingenieur. Dieses Interesse in mir geweckt haben meine Lehrer in Schule und Universität, die Herren Dr. Otto Heidrich, Prof. Dr. Joachim Kessler und Prof. Dr. Horst Merz.

Kein Werk ist fehlerfrei und auch Gutes kann noch verbessert werden, daher bin ich für Anregungen und Kritik sehr dankbar. Ich wünsche allen Leserinnen und Lesern viel Spaß beim Erlangen und Vertiefen ihrer physikalischen Kenntnisse mit Hilfe dieses Buches.

Dortmund, im Juni 2006   Ulrich Hahn

Inhalt Band 1

Inhalt Band 2

1 Einführung

Umwelt und Natur wirken in vielfältiger Weise auf uns Menschen ein und so wurden schon zu allen Zeiten Fragen nach dem „Warum" gestellt, sei es um der reinen Erkenntnis willen oder um mit dem Wissen Naturgewalten besser trotzen zu können. Erkennen, Vergleichen Einordnen und Erklären von Tatsachen und Vorgängen in der Natur und quantitative Aussagen darüber sind Ziele der Naturwissenschaften und es werden immer raffiniertere Methoden entwickelt, um die Geheimnisse der Natur zu lüften. Umgekehrt versucht der Mensch, mit Hilfe dieser Kenntnisse sich das Leben angenehmer und auch sicherer zu gestalten, der gewaltige Fortschritt in Technik und Medizin, um nur zwei wichtige Bereiche zu nennen, wäre ohne das Wissen um die Zusammenhänge nicht möglich.

Im Laufe der Zeit haben sich verschiedene Naturwissenschaften voneinander abgegrenzt. Die Biologie befasst sich mit allen Dingen, die mit dem Begriff „Leben" in der Natur beschrieben werden, während die Chemie den stofflichen Aufbau der Materie erforscht. Die Physik untersucht alle Vorgänge in der unbelebten Natur und versucht, grundsätzliche Zusammenhänge der gegenseitigen Beeinflussung, der Wechselwirkung von Objekten zu klären. Insbesondere die Klärung der mikroskopischen Struktur der Materie ist seit über hundert Jahren Gegenstand intensiver Forschung. Sterne und Himmelskörper haben Menschen schon immer fasziniert und im Laufe der Zeit konnte die Astronomie die Struktur immer größerer Bereiche des Kosmos erklären. Geologie und Geographie setzen sich mit dem Aufbau und der Struktur der Erde auseinander. In neuerer Zeit sind die Grenzen zwischen den einzelnen Naturwissenschaften aufgeweicht, bei Biochemie, Biophysik, physikalische Chemie und Quantenchemie speisen die Erkenntnisse aus verschiedenen Wissenschaften die Grenzgebiete der Forschung. Da physikalische Zusammenhänge in vielfältiger Weise die Untersuchungsgegenstände anderer Disziplinen beeinflussen, ist Physik die Grundlage für die anderen Naturwissenschaften.

Auch in der Technik gelangen durch die Berücksichtigung physikalischer Erkenntnisse wichtige Fortschritte, da nicht mehr ziellos ausprobiert werden musste, sondern Eigenschaften von Apparaten vorhergesagt werden konnten. So ist die Physik auch die Basis für alle Ingenieurwissenschaften, deren Ziel es ist, unter Ausnutzung naturwissenschaftlicher Gesetzmäßigkeiten Maschinen, Geräte und Einrichtungen zu konstruieren, mit denen z. B. Arbeit erleichtert oder automatisiert wird. Umgekehrt können technische Einrichtungen wie Computer oder Elektronenmikroskope dazu dienen, die Kenntnisse über die Natur weiter zu verfeinern. Diese wechselseitige Befruchtung ist ein wesentlicher Motor für den großen Fortschritt in beiden Bereichen.

Die Naturwissenschaft Physik gliedert sich wiederum in verschiedene Teildisziplinen, die ebenfalls historisch gewachsen sind, sich aber auch teilweise überschneiden. Die „klassischen" Gebiete der Physik sind:

- Mechanik, sie beschreibt die Gesetzmäßigkeiten der Bewegung von Objekten.
- Thermodynamik, hier werden alle Erscheinungen, die mit Wärme und deren Transport verbunden sind, betrachtet.
- Elektrodynamik, sie beinhaltet alles aus dem Bereich der Elektrizität und dem Magnetismus.
- Akustik, die die Ausbreitung von Schall untersucht.
- Optik, hier setzt man sich mit dem Phänomen „Licht" und allen Erscheinungen, die sich ähnlich wie Licht verhalten, auseinander.

Die Struktur der Materie wird, abhängig von der Größe der „Bausteine", in den Gebieten

- Festkörperphysik,
- Atomphysik
- Kernphysik und
- Elementarteilchenphysik

untersucht, während in

- Astrophysik und Kosmologie

Strukturen und Eigenschaften von Objekten erforscht werden, die wesentlich größer sind als die Objekte in der Alltagserfahrung des Menschen. Die Gesetze aus Mechanik, Thermodynamik und Elektrodynamik beeinflussen, teilweise in modifizierter Form die Eigenschaften der Materie im Mikro- und Makrokosmos. Manche Dinge können nicht bestimmten Gebieten zugeordnet werden: So wird die Funktion eines Lasers von Zusammenhängen aus Optik, Atomphysik und Elektrodynamik bestimmt, während bei der Supraleitung, dem „verlustfreien" Transport elektrischer Energie, Elektrodynamik, Thermodynamik und Festkörperphysik zusammenwirken. Ähnlich ist es in den technisch bedeutsamen Feldern von Sensorik und Aktorik, auch hier spielen sehr häufig die unterschiedlichsten Disziplinen der Physik zusammen.

1.1   Wie wird das Wissen gewonnen?

Um Erscheinung in der Natur sowohl qualitativ als auch quantitativ beschreiben zu können, müssen diese zunächst sehr genau beobachtet werden. Allerdings sind die Zusammenhänge und Einflussgrößen häufig sehr verwickelt, so dass fassbare Gesetze in der Regel nur gewonnen werden können, wenn das Naturereignis unter „klinischen" Bedingungen im Labor nachgestellt wird, wobei in definierter Weise verschiedene Einflussgrößen ein- und ausgeschaltet werden können. Insbesondere muss zwischen relevanten und weniger bedeutsamen Einflussgrößen unterschieden werden. Durch viele Experimente kann dann ein Zusammenhang bzw. eine Abhängigkeit verschiedener Größen voneinander erkannt werden. Diese Abhängigkeiten werden schließlich in einer mathematischen Formulierung als „Naturgesetz" oder „physikalisches Gesetz" verallgemeinert. Eine zentrale Rolle spielen dabei „physikalische Größen", mit denen Eigenschaften und Zustände von Objekten sowie Vorgänge, die diese verändern, beschrieben werden.

Die Mathematik ist dabei die Sprache, in der die physikalischen Gesetze formuliert werden. Häufig waren physikalische Fragestellungen Auslöser für die Entwicklung mathematischer Methoden wie die Infinitesimalrechnung, Vektoren usw. Während bei der Mathematik als Geisteswissenschaft ein widerspruchsfreies Gebäude aus logischen Schlussfolgerungen, die auf wenigen Axiomen beruhen, angestrebt wird, ist es bei der Physik eine möglichst perfekte Übereinstimmung von Theorie und Experiment bzw. Natur.

Naturgesetze modellieren die Natur, daher können aus ihnen Naturereignisse wie z. B. eine Sonnenfinsternis, sowie der Verlauf von weiteren Experimenten vorhergesagt werden. Anderseits muss auch die Übereinstimmung des Modells mit den Vorgängen in der Natur überprüft werden, was u. U. zu einer Modifikation der Naturgesetze führt. Aus experimentell gewonnen physikalischen Gesetzen können andere Zusammenhänge abgeleitet werden. Da diese deduktiv gefundenen Naturgesetze zunächst nicht durch entsprechende Experimente „verifiziert" worden sind, muss dieses möglichst nachgeholt werden. So wurden einige Elementarteilchen, die zunächst von der Theorie „postuliert" wurden, erst später experimentell nachgewiesen. Außerdem ermöglichen es mathematisch formulierte Modelle der Natur, diese zu simulieren, d. h. bestimmte Größen zu berechnen und nicht im Experiment zu messen. Durch Vergleich der Simulation mit realen Vorgängen in der Natur kann überprüft werden, ob alle Einflussgrößen berücksichtigt wurden oder ob gewisse Größen keine Rolle spielen.

Abbildung 1.1 verdeutlicht den Regelkreis, der bei der Gewinnung von Naturgesetzen durchlaufen wird. Das Ziel der theoretischen Physik ist es, ein System von Naturgesetzen zu entwickeln, das in sich keine Widersprüche aufweist und alle Naturerscheinungen sowie

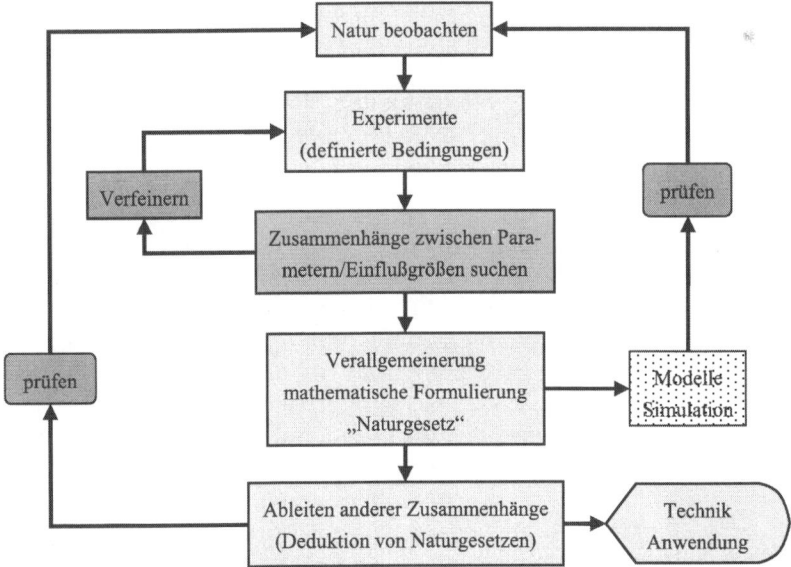

Abb. 1.1 Zum physikalischen Erkenntnisprozess.

Experimente genau beschreibt. Auf die „Genauigkeit" von Messungen und die Verlässlichkeit von Vorhersagen werden wir im Kapitel 7 eingehen.

Ein für Ingenieure wichtiger Schritt ist die Anwendung physikalischer Gesetze zur Lösung technischer Probleme. Dabei müssen (siehe Laser) u. U. verschiedene Zusammenhänge miteinander kombiniert werden. Auch die Simulation von Vorgängen gewinnt in der Technik eine immer größere Bedeutung: Aufwendige Versuche können eingespart werden oder man lässt Vorgänge „virtuell" ablaufen, die man in der Realität lieber vermeidet wie z. B. Unfälle, Grenzbelastungen von Geräten usw. Selbst sehr komplexe Naturerscheinungen wie das Wetter versuchen Wissenschaftler zu simulieren, um Vorhersagen treffen zu können. Allerdings ist eine Simulation immer nur so gut wie das Modell, das ihr zugrunde liegt. Damit stellt sich die Frage nach dem Gültigkeitsbereich von Naturgesetzen.

1.1.1   Gültigkeitsbereiche physikalischer Gesetze

Grundsätzlich ist dieser Gültigkeitsbereich zunächst auf die Randbedingungen beschränkt, die bei den Experimenten, aus denen die Naturgesetze entwickelt wurden, vorgelegen haben. Eine Erweiterung des Gültigkeitsbereiches ist nur möglich, wenn auch die experimentellen Randbedingungen entsprechend verändert werden. Hinsichtlich der Größe der Objekte, für die die physikalischen Gesetze gelten, unterscheidet man drei große Bereiche:

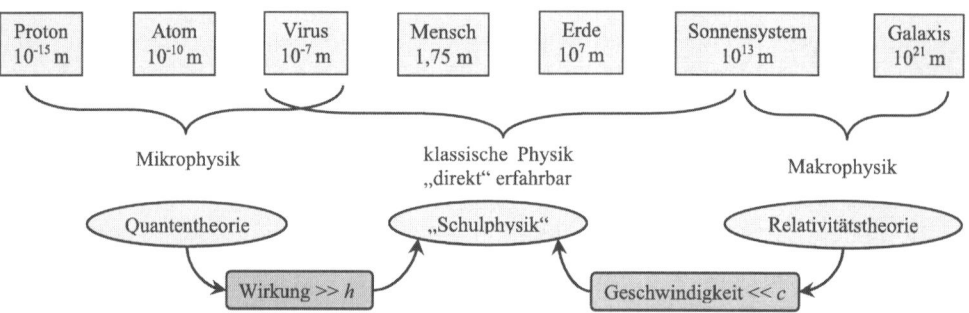

Abb. 1.2   *Gültigkeitsbereiche von Naturgesetzen.*

„Klassische" Physik
Die Objekte sind der direkten Beobachtung des Menschen zugänglich, wobei „einfache" Instrumente wie Lichtmikroskop oder Fernglas zu Hilfe genommen werden können. Aufgrund der beschränkten Entfernungen kann die Laufzeit von Signalen und Informationen vernachlässigt werden, daher ist die Zeit ein Parameter, der für alle Objekte gleich ist. Mit Beginn des 20. Jahrhunderts wurde erkannt, dass die Signallaufzeit mit der Vakuumlichtgeschwindigkeit von etwa $3 \cdot 10^8$ m/s eine obere Schranke hat. Mit der Relativitätstheorie Einsteins[1] wurde die klassische Physik erweitert um die

---

[1]   A. Einstein (1879 – 1955).

Relativistische Physik
Sie und die klassische Physik bezeichnet man auch als „Makrophysik". Die Naturgesetze
sind „deterministisch[1]", aus einem bekannten Zustand eines Objektes können die Zustände,
die es später einnimmt, exakt bestimmt werden. Ein weiteres Merkmal der Makrophysik ist
die Möglichkeit, alle physikalischen Größen eines Objektes mit beliebiger Genauigkeit (die
nur durch die verwendeten Instrumente eingeschränkt wird) zu messen. Dies ist nicht mehr
möglich, wenn die Objekte sehr klein sind. Hier handelt es sich um den Bereich der

Mikrophysik oder Quantenphysik
Die endliche, von null verschiedene Größe des „Planckschen[2] Wirkungsquantums" von
$6{,}63 \cdot 10^{-34}$ Js bedingt, dass z. B. Ort und Geschwindigkeit eines atomaren oder subatomaren
Teilchens nicht mit vorgewählter Genauigkeit gleichzeitig bestimmt werden können. Diese
„Unschärfe" gilt für verschiedene Kombinationen von physikalischen Größen und hat weit-
reichende Konsequenzen:

- Die Eigenschaften eines einzelnen Objektes sind nicht vorhersehbar, weil der Zustand zu
  einem bestimmten Zeitpunkt nicht vollständig bestimmbar ist. Allerdings variieren die Eigenschaften einer Vielzahl gleichartiger Objekte in einer Bandbreite, die durch statistische
  Gesetze bestimmt wird.
- Gewisse physikalische Größen sind „quantisiert", d. h. sie können nur bestimmte Werte
  annehmen. Objekte, die durch derartige Größen beschrieben werden, bezeichnet man als
  „Quanten".

Objekte des Mikrokosmos sind, wenn überhaupt, nur noch mit aufwendigen Geräten, z. B.
einem Rastertunnelmikroskop, direkt beobachtbar. Meistens liefern Experimente Ergebnisse,
aus denen nur indirekt auf die Eigenschaften oder Zustände der Objekte geschlossen werden
kann. Diese sind zudem häufig mit den Alltagserfahrungen der Menschen nicht vereinbar,
daher ist die Mikrophysik sehr abstrakt und unanschaulich und nur anhand von Modellen
erklärbar.

1.1.2 Prinzipien der klassischen Physik

Auch wenn die Mikrophysik vor allem bei Werkstoffen und in der Elektronik an Einfluss
gewinnt und die relativistische Physik z. B. bei der satellitengestützten Navigation zu beachten ist, hat die klassische Physik nach wie vor für die Technik die größte Bedeutung. Daher
sollen ihre Prinzipien, die bei der Aufstellung physikalischer Gesetze in diesem Bereich
hilfreich sind, aufgelistet werden.

Zerlegung
Viele komplexe Vorgänge oder Systeme können in einfachere Teilvorgänge oder -systeme
gegliedert werden, die sich möglichst wenig gegenseitig beeinflussen. Ist die Physik dieser
Teile verstanden, so gilt dies auch für das Ganze. Ein Beispiel ist der schiefe Wurf, der aus
zwei unabhängigen Teilbewegungen zusammengesetzt ist. Diese Zerlegung von Problemen

---

[1] Determinare, lat. abgrenzen.
[2] M. Planck (1858 – 1947).

in kleine Teile und deren getrennte Lösung war bislang sehr fruchtbar, denn sie ermöglicht die schrittweise Lösung komplexer Fragestellungen. Bei Quantensystemen ist dies nur sehr eingeschränkt möglich, da vielfach die Wechselwirkung zwischen einzelnen Systemkomponenten die Eigenschaften des Gesamtsystems bestimmt.

Kausalität

Der deterministische Ablauf von Zustandsänderungen bei Objekten und Systemen, die aus mehreren Objekten zusammengesetzt sind, ermöglicht eine eindeutige Zuordnung von Ursache und Wirkung: Zunächst muss eine Ursache vorliegen, bevor eine Wirkung eintritt. Um eine Wirkung zu erzielen, muss eine entsprechende Ursache geschaffen werden, bzw. um eine Wirkung zu vermeiden, muss die Ursache verhindert werden. Auch dieses Prinzip hat große Erfolge in Technik und Medizin bewirkt, auch bei nicht naturwissenschaftlich-technischen Fragestellungen hat es sich bewährt, allerdings ist die die Zuordnung Ursache-Wirkung nicht immer eindeutig und kann nicht in „klinisch reiner" Laborumgebung ermittelt werden. Daher besteht die Gefahr von Fehlschlüssen bei nicht hinreichend bekannten Einflussgrößen.

Objektivierbarkeit

Wird eine physikalische Größe, welche den Zustand eines Objektes charakterisiert, mit Hilfe eines geeigneten Messinstrumentes gemessen, so soll durch diese Maßnahme der Zustand des Objektes nicht geändert werden. Durch die Bestimmung der Länge eines Tisches mit einem Maßband soll sich die Länge des Tisches nicht ändern. Wird die Messung bei gleichen Randbedingungen wiederholt, so soll sie auch das gleiche Ergebnis liefern.

Objektivierbarkeit ist auch eine Konsequenz der Zerlegung des Systems Messobjekt-Messgerät in zwei getrennte Teilsysteme, die praktisch nicht miteinander wechselwirken. Im Mikrokosmos ist diese Trennung meist nicht möglich, daher beeinflusst die Messung die Eigenschaften des Messobjekts, eine Wiederholungsmessung reproduziert nicht die Werte der alten Messung.

Stetigkeit

Ändern sich die Eigenschaften oder der Zustand eines Objekts, so erfolgt diese Änderung stetig, d. h. die entsprechende physikalische Größe nimmt bei dem Vorgang alle Werte aus dem Intervall zwischen den Werten des Anfangs- und des Endzustandes an. Jedem Zwischenzustand kann ein bestimmter Wert, der im Prinzip beliebig genau angegeben werden kann, zugeordnet werden. Mikrophysikalische Objekte verhalten sich dagegen unstetig: Elektronen in den Hüllen von Atomen können beispielsweise nur bestimmte Energiewerte annehmen.

1.2   Physikalische Größen

Wie schon aus den vorigen Betrachtungen hervorgegangen ist, dienen physikalische Größen dazu, um Eigenschaften und Zustände von Objekten oder Systemen, die aus verschiedenen Objekten zusammengesetzt sind, sowie deren Änderungen zu beschreiben. Eine wichtige Aufgabe der Physik ist, eindeutige Größen zu definieren, mit denen die Sachverhalte in der

Natur und bei Experimenten klar beschrieben und Missverständnisse vermieden werden können. Zwei wesentliche Angaben muss eine physikalische Größe beinhalten:

1. Was wurde gemessen? Diese qualitative Aussage wird durch die Einheit der physikalischen Größe angegeben.
2. Wie viel wurde gemessen? Durch einen Zahlenwert wird eine quantitative Aussage gemacht, in welchem Verhältnis die gemessene Größe zur Einheit, der Vergleichsgröße, steht.

Daher wird eine physikalische Größe immer folgendermaßen angegeben:

$$\text{Physikalische Größe} = \text{Zahlenwert (wie viel)} \cdot \text{Einheit (was)} \quad G = \{G\} \cdot [G] \qquad (1.1)$$

Zu beachten ist die Notation in (1.1): Die Bezeichnung bzw. das Symbol der physikalischen Größe, nicht aber deren Einheit steht in der eckigen Klammer. Wird z. B. eine Zeit, die in Sekunden gemessen wird, mit dem Symbol t bezeichnet, so lautet die Angabe für die Einheit von t: $[t] = $ s. Dies wird häufig, besonders in Diagrammen oder Tabellen falsch gemacht.

Da letztlich alle physikalischen Gesetze aus Messungen herrühren, ergibt sich eine zentrale, von Einstein herrührende Forderung an physikalische Größen:

> Jede physikalische Größe muss messbar sein.

Daher muss für jede physikalische Größe zumindest ein Messverfahren festgelegt werden, mit dem die Einheit dieser Größe bestimmt werden kann. Diese Messverfahren sollen möglichst genau sein, unabhängig vom Ort und vom Zeitpunkt der Messung die Einheit reproduzierbar darstellen, und vor allem die jeweiligen Einsatzgebiete abdecken. Da die Zahlenwerte mancher Größen in einem sehr weiten Bereich variieren, sind in diesen Fällen verschiedene Messverfahren für die betreffenden Teilbereiche anzugeben. Eine Forderung aus der Praxis ist die leichte Verfügbarkeit des Messverfahrens.

Manchmal gibt es, historisch bedingt, für den gleichen Einsatzbereich unterschiedliche Messverfahren für die Einheit einer physikalischen Größe, was zu unterschiedlichen Skalen und damit zu unterschiedlichen Zahlenwerten führt. Ein Beispiel ist die Messung der Temperatur: Die sehr verbreitete Celsius-Skala definiert 1 °C als den hundertsten Teil der Temperaturdifferenz zwischen dem Siede- und dem Schmelzpunkt von Wasser, Letzterer definiert auch den Nullpunkt der Skala. Bei der in den USA gebräuchlichen Fahrenheit-Skala wurde als Nullpunkt die tiefste, zum Zeitpunkt ihrer Einführung 1714 herstellbare Temperatur festgelegt, während die (mittlere) Temperatur des menschlichen Blutes 100 °F definiert. Die Eigenschaft eines Objektes, wie z. B. seine Temperatur, ist selbst unabhängig von der konkreten Wahl der Einheit, allerdings ergeben sich unterschiedliche Zahlenwerte. So entsprechen 100 °F etwa 37 °C.

Physikalische Gesetze verallgemeinern Sachverhalte in der Natur, sie sind mathematische Verknüpfungen physikalischer Größen. Auch die physikalischen Gesetze werden unabhängig von den Einheiten der in ihnen vorkommenden physikalischen Größen formuliert. So ist die Durchschnittsgeschwindigkeit eines Objekts die Strecke, die es in einem bestimmten

Zeitraum zurücklegt, die Geschwindigkeit kann etwa in Meter/Sekunde oder in Meilen/Stunde angegeben werden.

1.2.1 Basisgrößen und Maßsysteme

In der Physik werden sehr viele unterschiedliche Systeme untersucht, entsprechend viele physikalische Größen sind für ihre Charakterisierung erforderlich. Hieraus erwächst eine unübersichtlich große Zahl von Festlegungen für Messverfahren zur Bestimmung der jeweiligen Einheiten. Um trotzdem den Überblick nicht zu verlieren, sind die Physiker bestrebt, die Zahl der verwendeten Größen möglichst klein zu halten. Ermöglicht wird dies durch die mathematischen Verknüpfungen der verschiedenen Größen in den zahlreichen physikalischen Gesetzen.

Einen minimalistischen Ansatz stellt das zum Ende des 19. Jahrhunderts eingeführte „c g s"-System (Centimeter als Einheit für die Länge, Gramm für die Masse und Sekunde für die Zeit) dar. Alle physikalischen Gesetze können durch diese drei Basisgrößen aus der Mechanik ausgedrückt werden. Die Einheiten anderer Größen können aus ihnen abgeleitet werden und müssen nicht durch ein eigenes Messverfahren dargestellt werden. Aus historischen Gründen haben die Einheiten von manchen abgeleiteten Größen eigene Namen wie z.B. „Newton" für die Kraft oder „Coulomb" für elektrische Ladung.

Für die Praxis erwies sich das cgs-System als etwas unhandlich, insbesondere die elektrischen Größen ergeben wenig einprägsame Ausdrücke aus den mechanischen Basisgrößen und in vielen Fällen ergeben sich unanschaulich große (oder kleine) Zahlenwerte. Daher wurde in der Mitte des 20. Jahrhunderts das „M K S A"-System (Meter für Länge, Kilogramm für Masse, Sekunde für Zeit sowie Ampère für die elektrische Stromstärke) festgelegt. Das heute gebräuchliche SI-System (Système International d'Unités) wurde 1978 in Deutschland als gesetzlich vorgeschriebenes Einheitensystem eingeführt. Es umfasst folgende sieben Basisgrößen:

- Meter (Länge)
- Kilogramm (Masse)
- Sekunde (Zeit)
- Ampère (elektrische Stromstärke)
- Kelvin (Temperatur)
- mol (Stoffmenge)
- Candela (Lichtstärke)

Die Definitionen der Einheiten dieser Basisgrößen werden wir in den folgenden Kapiteln kennen lernen, sie haben sich im Laufe der Zeit mehrfach geändert, um ein Höchstmaß an Genauigkeit und Reproduzierbarkeit zu gewährleisten. Diese Kriterien waren u.A. ausschlaggebend für die Auswahl der Basisgrößen, die zunächst etwas willkürlich erscheint. Auch die erreichten relativen Genauigkeiten, d.h. Messunsicherheit/Messergebnis, von bis zu 10^{-14} erscheinen für den „Normalfall" stark übertrieben, man muss sich aber vor Augen halten, dass alle denkbaren Einsatzfälle abgedeckt werden müssen. So wäre eine auf wenige cm genaue Positionsangabe mit Hilfe des satellitengestützten „Global Positioning System" GPS ohne sehr genau festgelegte Basisgrößen nicht möglich.

1.2.2   Rechnen mit physikalischen Größen

Größenvorsätze
Zahlenwerte physikalischer Größen nehmen in vielen Fällen keine „alltäglichen" Größen-
ordnungen zwischen 0,1 und 100 ein, daher enthalten sie entweder unübersichtlich viele
Ziffern, oder „unanschauliche" Zehnerpotenzen, mit denen eine leicht fassliche Zahl multipliziert wird. Diese Schwierigkeit wird umgangen, wenn man die Einheit mit einem „Größenvorsatz", der die entsprechende Zehnerpotenz im Zahlenwert repräsentiert, versieht.

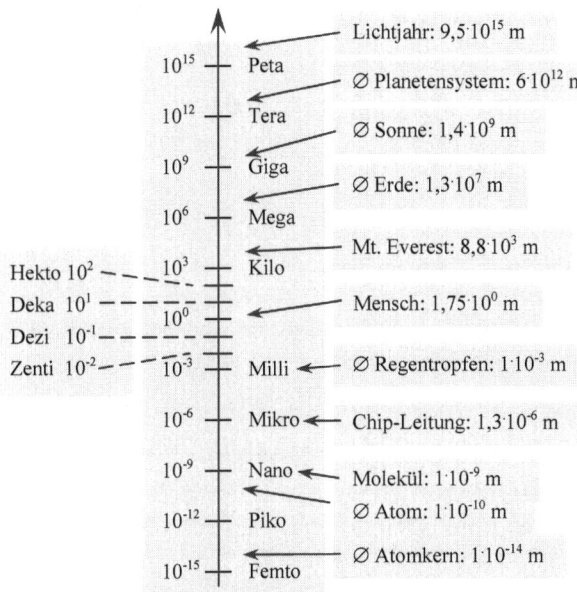

Abb. 1.3 *Größenvorsätze, die die Zehnerpotenz im Zahlenwert einer physikalischen Größe repräsentieren. Zu den
Zehnerpotenzen sind typische Beispiele für die Länge dargestellt.*

Zu beachten ist, dass nur jeweils ein Größenvorsatz pro physikalische Größe verwendet wird,
die Bezeichnung „Mikromillimeter" ist unzulässig und muss durch „Nanometer" ersetzt
werden.

Verknüpfung verschiedener physikalischer Größen
Über physikalische Gesetze, die den Zusammenhang zwischen physikalischen Größen beschreiben, werden physikalische Größen mathematisch miteinander verknüpft. Daraus können sich u. U. andere Größen als die aus Basisgrößen abgeleitet Größen ergeben. Zu beachten ist dabei:

> Physikalische Größen unterschiedlicher Art können nur durch Punktrechnung zu einer
> neuen Größe verknüpft werden.

Diese wichtige Tatsache soll anhand eines Beispiels verdeutlicht werden: Eine Größe E sei definiert als Quotient zweier verschiedener Größen G und H.

$$E := \frac{G}{H} \;\Rightarrow\; E = \{E\} \cdot [E] = \frac{\{G\} \cdot [G]}{\{H\} \cdot [H]} = \frac{\{G\}}{\{H\}} \frac{[G]}{[H]} \;\Rightarrow\; \{E\} = \frac{\{G\}}{\{H\}},\; [E] = \frac{[G]}{[H]} \quad (1.2)$$

Der Zahlenwert von E ergibt sich aus dem Quotienten der Zahlenwerte von G und H, die Einheit von E aus dem Quotienten der Einheiten von G und H. Dies ist für alle Verknüpfungen durch Punktrechnung möglich, im Gegensatz zur Verknüpfung durch Strichrechnung:

$$E := G + H \;\Rightarrow\; E = \{E\} \cdot [E] \neq \{G\} \cdot [G] + \{H\} \cdot [H] \quad (1.3)$$

> Durch Strichrechnung dürfen nur gleichartige physikalische Größen verknüpft werden.

$$E := G_1 + G_2 \;\Rightarrow\; E = \{E\} \cdot [E] = \{G_1\} \cdot [G] + \{G_2\} \cdot [G] = (G_1 + G_2) \cdot [G] \;\Rightarrow$$
$$\{E\} = \{G_1 + G_2\},\; [E] = [G] \quad (1.4)$$

Hieraus ergibt sich eine nützliche Technik, um die Richtigkeit von Berechnungen und der Herleitung von physikalischen Zusammenhängen zu überprüfen: die Dimensionsprobe:

Ergibt sich für eine aus gegebenen Größen zu berechnende Größe die richtige Einheit?
Haben alle Summanden in einem mathematischen Ausdruck die gleiche Einheit?

Können beide Fragen mit „ja" beantwortet werden, bedeutet dies jedoch noch nicht, dass die Rechnung wirklich richtig ist, bei einem „nein" kann man aber davon ausgehen, dass ein Fehler unterlaufen ist. Daher sollte man Dimensionsproben möglichst bei jedem Zwischenschritt einer Rechnung durchführen, um Fehler frühzeitig entdecken und korrigieren zu können.

Gültige Stellen
Die Zahlenwerte physikalischer Größen werden durch Messungen gewonnen, die mit entsprechenden Geräten durchgeführt werden. Diese Geräte weisen Skalen auf, die vom menschlichen Beobachter nur mit einer beschränkten „Genauigkeit" abgelesen werden können oder numerische Anzeigen, die den Messwert als Dezimalzahl mit einer gewissen Anzahl von Ziffern ausgeben. Abgesehen von wenigen Ausnahmen[1] ist, mathematisch gesehen, der Zahlenwert einer physikalischen Größe eine reelle Zahl, die als Dezimalzahl mit beliebig vielen Ziffern angegeben werden kann. Von diesen Ziffern können in der Praxis jedoch nur endlich viele bestimmt werden, diese Ziffern nennt man „gültige Stellen" des Zahlenwertes einer physikalischen Größe.

---

[1] Ausnahmen kommen z. B. bei radioaktiven Zerfällen von Atomkernen vor.

> Gültige Stellen sind, abgesehen von den Nullen, welche die Größenordnung festlegen, die Ziffern einer physikalischen Größe, die mit Sicherheit[1] angegeben werden können.

Diese Konvention soll nun anhand einiger Beispiele erläutert werden:

- 45,28:   vier gültige Stellen
- 1,48300:   sechs gültige Stellen
- 0,0021:   zwei gültige Stellen, die Nullen nach dem Komma legen die Größenord nung fest
- 145 000 000:   drei gültige Stellen, die Nullen bestimmen die Größenordnung[2]
- 0,00032000:   fünf gültige Stellen, die ersten drei Nullen nach dem Komma legen die Größenordnung fest, die letzten drei Nullen sind gültige Stellen.

Diese Schreibweise wird insbesondere bei sehr großen oder sehr kleinen Zahlenwerten unübersichtlich, in diesen Fällen ist die „wissenschaftliche" Notation praktischer:

$$\{G\} = A \cdot 10^b \text{, mit } 1 \le A < 10 \qquad\qquad (1.5)$$

Die Größe A nennt man auch die „Mantisse" und b den Exponenten des Zahlenwertes. Die Ziffern der Mantisse sind auch die gültigen Stellen, mit denen der Zahlenwert angegeben wird. Alternativ kann man auch statt des Terms 10^b die Einheit der physikalischen Größe mit einem Größenvorsatz aus **Abb. 1.3** versehen.

Werden physikalische Größen miteinander verknüpft, so kann der Zahlenwert des Resultats auch nur mit einer gewissen Anzahl gültiger Stellen angegeben werden. Diese ist von den gültigen Stellen der Eingangsgrößen und der Art der Verknüpfung abhängig. Gehen wir davon aus, dass die letzte gültige Stelle aus der Rundung der weiteren, nicht bekannten Stellen des Zahlenwertes entstanden ist, so wirken sich Verknüpfungen folgendermaßen auf das Ergebnis aus:

Strichrechnung
Die gültigen Stellen des Ergebnisses werden durch die gemeinsamen gültigen Dezimalstellen (in wissenschaftlicher Notation gleicher Exponent!) der Summanden bestimmt. So ist 12,54 m + 1,3 m = 13,8 m und 14 cm + 3 mm = 14 cm, 14,0 cm + 3 mm ergeben dagegen 14,3 cm. Besonders bei Subtraktionen ist Vorsicht geboten: 2,13 m − 2,1 m = 0 m.

Punktrechnung
Die kleinste Zahl der gültigen Stellen in den Faktoren bestimmt die Zahl der gültigen Stellen des Ergebnisses. 2,51 m · 0,2 m = 0,5 m^2; 13 km/0,5 h = 3·10^1 km/h (nicht zu verwechseln mit 30 km/h, es sind natürlich 26 km/h, die auf 30 km/h gerundet werden. In der wissenschaftlichen Notation wird dieser Unterschied deutlich, in der normalen dagegen nicht.)

---

[1]   Auf den Begriff „Sicherheit" werden wir im Abschnitt 7.1.2 eingehen.
[2]   Im täglichen Leben wird von dieser Sichtweise oft abgewichen: so wird 100 in der Regel als eine Zahl mit drei gültigen Stellen betrachtet, die beiden Nullen werden nicht als die Größenordnung bestimmend angesehen. Eindeutig wird die Zahl der gültigen Stellen in der wissenschaftlichen Notation angegeben.

Um die Zahl der gültigen Stellen einer physikalischen Größe, die sich aus komplexeren Verknüpfungen mehrerer Eingangsgrößen ergibt, zu bestimmen, ist einiger Aufwand erforderlich. Insbesondere sollte bei den Zwischenschritten eine Stelle mehr berücksichtigt werden, die dann im Endergebnis wieder durch Runden weggelassen wird, um Rundungsfehler klein zu halten. Insbesondere bei der Auswertung von Experimenten ist es üblich, die Genauigkeit des Ergebnisses durch eine Fehlerrechnung statt durch konsequentes Anwenden obiger Regeln zu ermitteln. Wie dabei vorzugehen ist, werden wir im Kapitel 7 kennen lernen.

2   Mechanik

Die Mechanik stellt seit der wissenschaftlichen Erforschung physikalischer Zusammenhänge und Naturgesetze (etwa ab dem 16. Jahrhundert) das Fundament der Physik dar. Hier werden die meisten, auch für die anderen Teilgebiete der Physik relevanten Begriffe festgelegt. Bis zum Beginn des 20. Jahrhundert glaubten die Physiker sogar, alle Vorgänge in der Natur auf die Mechanik zurückführen zu können, allerdings zeigte es sich, dass dies für die Elektrodynamik nicht möglich war, so dass diese neben der Mechanik die zweite Säule der klassischen Physik darstellt.

Grob gesprochen beschäftigt sich die Mechanik mit der Frage, wie und warum sich Objekte bewegen (Kinematik und Dynamik) oder warum sich Objekte nicht bewegen (Statik). Objekte können sehr klein (Elementarteilchen, wie z. B. Elektronen), sehr groß (Galaxien), einfach strukturiert („punktförmig"), aber auch recht komplex sein. Aufgabe der Mechanik ist es unter anderem, nur die für die jeweilige Problemstellung relevante Komplexität des Objektes zu berücksichtigen und gegebenenfalls weitere vorhandene Strukturen zu vernachlässigen. So spielt es für die Bewegung der Erde um die Sonne keine Rolle, ob an einer Straßenkreuzung in Rom zwei Autos zusammenstoßen.

Zur quantitativen Beschreibung der Bewegungsvorgänge wurden mathematische Methoden entwickelt, wie z. B. das Lösen von Differential- und Integralgleichungen, Vektorrechnung und -analysis, diese Methoden haben auch für andere Gebiete der Physik eine große Bedeutung.

Die Gesetzmäßigkeiten für „alltägliche" Bewegungsvorgänge, d. h. Vorgänge, die ein Mensch ohne oder mit einfachen Hilfsmitteln beobachten kann, wurden im Wesentlichen von Newton formuliert und werden als „klassische" Mechanik oder Newtonsche Mechanik bezeichnet. Ihre Aussagen verlieren die Gültigkeit für sehr schnelle Objekte (deren Geschwindigkeit mit der des Lichtes vergleichbar ist) oder für sehr kleine Objekte, die nicht mehr rückwirkungsfrei beobachtet werden können. In diesen Fällen geht die klassische Mechanik in die relativistische Mechanik bzw. in die Quantenmechanik über.

In diesem Kapitel werden wir die Begriffe, die physikalischen Größen und die Gesetze der klassischen Mechanik kennen lernen. Zunächst müssen wir aber klären, was eigentlich unter „Bewegung" zu verstehen ist:

2.1   Bewegung

Objekte, die wir beobachten, befinden sich an ganz bestimmten Stellen oder Positionen des (dreidimensionalen) Raumes. Bewegt sich ein Objekt, so ändern sich die Stelle oder bei ausgedehnten Objekten die Stellen, an der oder denen sich das Objekt befindet. Weiterhin stellen wir fest, dass für diesen Bewegungsvorgang „Zeit" benötigt wird, die „Endposition" nimmt das Objekt später ein als die „Anfangsposition". Neben einer eindeutigen Festlegung der Position eines Objektes können wir auch noch eine geordnete Reihenfolge von Ereignissen (früher – später) festlegen, z. B. wann sich das Objekt an welcher Stelle befindet.

Besonders bei ausgedehnten Objekten kann eine Bewegung recht unübersichtlich sein, denken wir z. B. an einen Eiskunstläufer, der einen doppelten Rittberger springt: Neben der Bewegung des „gesamten" Eiskunstläufers bewegen sich einzelne Körperteile gegeneinander, er ändert seine Form, wird also „deformiert".

Betrachten wir die Bewegung von ausgedehnten Objekten, die sich (nahezu) nicht deformieren, so können wir jede Bewegung in zwei sich überlagernde Teilbewegungen zerlegen, die Rotation und die Translation.

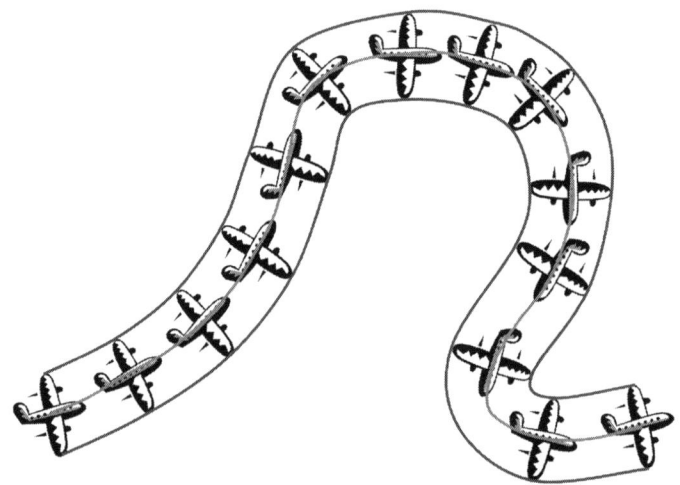

Abb. 2.1 *Beliebige Bewegung.*

2.1.1   Rotation

Bei einer Rotations- oder Drehbewegung bewegen sich alle Punkte des ausgedehnten Objektes auf konzentrischen Kreisen. Dabei kann der Mittelpunkt der Kreise entweder in dem Objekt oder auch außerhalb lokalisiert sein.

Abb. 2.2 *Rotationsbewegung.*

2.1.2   Translation

Bei einer Translations- oder fortschreitenden Bewegung bewegen sich alle Punkte des ausgedehnten Objektes auf kongruenten oder deckungsgleichen Bahnen. Da sich alle Punkte
gleichartig bewegen, ist für die Beschreibung einer Translation nur die Betrachtung eines
ausgewählten Punktes des Objektes erforderlich.

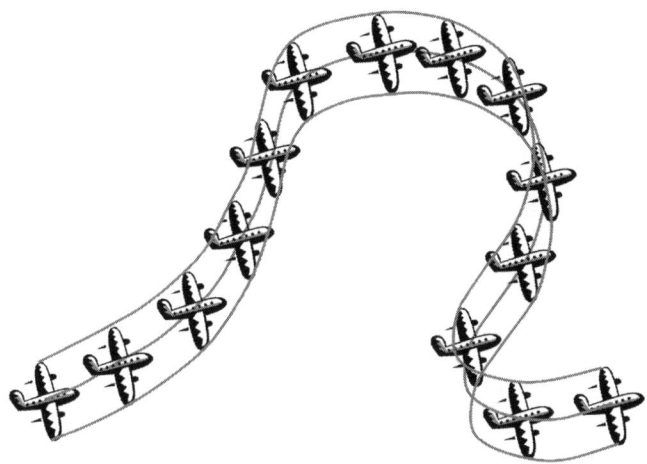

Abb. 2.3   *Translationsbewegung.*

2.2   Kinematik

In der Kinematik werden die Gesetze von Bewegungsvorgängen hergeleitet, wobei es für die
Betrachtung nicht darauf ankommt, welche Eigenschaften das Objekt selbst aufweist, d. h. es
ist gleichgültig, ob sich eine Mücke oder ein Elefant bewegt. Daher reicht für die Beschreibung von Bewegungen ein repräsentativer Punkt des Objektes aus, die Bewegung ist somit
vom Typ „Translation".

Für die Beschreibung von Bewegungen müssen die Positionen, die ein Objekt zu bestimmten
Zeitpunkten einnimmt, erfasst werden. Die Angabe der Position geschieht im Allgemeinen
bezüglich eines sich nicht bewegenden, d. h. ruhenden Referenzpunktes. Dieser kann beliebig gewählt werden, mit Hilfe einer „geschickten" Wahl des Referenzpunktes können häufig
die Rechnungen sehr vereinfacht werden. Zu bemerken ist, dass „Ruhe" des Referenzpunktes
durchaus eine willkürliche Festlegung ist: Für die Betrachtung der Bewegung einer Kaffee-
tasse im Bordrestaurant des ICE, der mit 200 km/h durch die Lande fährt, kann der Mittelpunkt des Tisches, auf dem sie steht, gewählt werden. Später werden wir Methoden kennen
lernen, mit denen man Bewegungen bezüglich unterschiedlicher, auch gegeneinander beweg-
ter Referenzpunkte umrechnen kann.

Im Allgemeinen können sich Objekte beliebig im dreidimensionalen Raum bewegen: zur Angabe der Position bezüglich eines Referenzpunktes sind daher drei Größen erforderlich, z. B. wie weit nach rechts oder links, wie weit nach oben oder unten, wie weit nach vorn oder nach hinten. Zur Angabe der Position ist es außerdem erforderlich, drei „Basisrichtungen" anzugeben. Referenzpunkt und Basisrichtungen bilden das „Bezugssystem", in dem die Bewegung beschrieben wird.

Zur Festlegung wesentlicher Begriffe der Kinematik wollen wir zunächst nur Bewegungen betrachten, die nicht wie im allgemeinen Fall drei Freiheitsgrade haben, sondern nur noch einen: entweder gradlinige Bewegungen oder Bewegungen längs festgelegter Bahnen, wie sie z. B. Schienenfahrzeuge ausführen.

2.2.1   Eindimensionale Bewegungen

Hier ist nur noch eine Größe zur Festlegung einer Position bezüglich des Referenzpunktes nötig, diese wird durch die Länge des Weges vom Referenzpunkt und seine Richtung beschrieben, wobei die beiden möglichen Richtungen durch das Vorzeichen festgelegt werden. Üblicherweise definiert man:

- „+": rechts/oben vom Referenzpunkt,
- „–": links/unten vom Referenzpunkt,

wobei der Referenzpunkt selber die Position „null" hat.

Verschiebung und Weg
Zunächst müssen noch zwei Begriffe definiert werden, mit denen die Änderung der Position eines Objektes beschrieben wird: Unter Verschiebung wollen wir die Differenz von Endposition und Anfangsposition des Objektes verstehen (vorzeichenbehaftet!), unter dem zurückgelegten Weg den Betrag der Verschiebung. Verschiebungen können zusammengesetzt werden aus mehreren Teilverschiebungen, deren Summe die gesamte Verschiebung ist. Somit kann eine Verschiebung aus beliebigen Teilverschiebungen zusammengesetzt werden, es müssen nur die Anfangs- und die Endpositionen übereinstimmen. Dagegen kann der zurückgelegte Weg unterschiedlich sein.

Ein Beispiel ist der Wurf eines Objektes senkrecht nach oben: Das Objekt kehrt an seine Ausgangsposition zurück, die Verschiebung ist null, der zurückgelegte Weg jedoch die doppelte Wurfhöhe.

Die Länge des Weges bzw. die Größe der Verschiebung wird angegeben in Einheiten der Basisgröße für Längen:

Basisgröße Länge
Die Einheit für diese Basisgröße ist das Meter. Die Messvorschriften für das Meter haben sich im Laufe der Zeit geändert, wobei die Genauigkeit immer weiter gesteigert wurde:

Zunächst wurde es zu 1/40.000.000 des Erdumfanges festgelegt, aber leider ist die Erde keine ideale Kugel... Dann schuf man ein „Urmeter" aus Pt/Ir in besonders verwindungssteifer

Geometrie, später definierte das Meter die Strecke, die Licht in einer bestimmten Zeit zurücklegt. Aktuell ist das Meter ein Vielfaches der Wellenlänge des Lichtes eines bestimmten atomaren Überganges.

Basisgröße Zeit

Die Einheit für die Zeit ist die Sekunde. Für die Festlegung von Einheiten für die Zeit eignen sich besonders periodische Vorgänge, deren Ereignisse einen gleichmäßigen zeitlichen Abstand haben.

- astronomisch: Tag/Nacht-Rhythmus, Jahreszeiten
- mechanisch: Pendelschwingungen
- elektrisch: Umladeprozesse in Schwingkreisen
- atomar: Schwingungsdauer des Lichtes eines bestimmten atomaren Übergangs

Auch hier wird die Genauigkeit, mit der man die Einheit angeben kann, gesteigert.

Geschwindigkeit

Bewegungen können schnell oder langsam erfolgen: in der gleichen Zeit wird ein längerer oder ein kürzerer Weg zurückgelegt oder für einen bestimmten Weg wird eine längere oder kürzere Zeit benötigt. Als Maß für die Schnelligkeit einer Bewegung wird die Geschwindigkeit v^1 definiert:

$$\bar{v} := \frac{Verschiebung\ des\ Objekts}{dafür\ benötigte\ Zeit} = \frac{Endposition - Anfangsposition}{Zeitpkt.(E) - Zeitpkt.(A)}$$

$$\bar{v} := \frac{s_E - s_A}{t_E - t_A} := \frac{\Delta s}{\Delta t} \tag{2.1}$$

Aus den Basisgrößen für die Länge (Verschiebung) und die Zeit ergibt sich die Einheit für die Geschwindigkeit: $[v] = m/s$.

Zu beachten ist, dass t_A und t_E das Zeitintervall festlegen, in dem wir die Bewegung untersuchen. Natürlich kann sich das Objekt vorher und auch nachher bewegen. Das Vorzeichen der Geschwindigkeit beschreibt die Bewegungsrichtung, $v > 0$ bedeutet: Bewegung in positive Richtung (von links nach rechts), $v < 0$ die umgekehrte Richtung.

Betrachtet man eine Bewegung etwas genauer, so kann es durchaus vorkommen, dass sich während eines Zeitraumes $\Delta t = t_E - t_A$ die Schnelligkeit ändert. Somit ist die in (2.1) definierte Geschwindigkeit nur als Durchschnitts- oder mittlere Geschwindigkeit anzusehen. Um mehr Informationen über die unterschiedlichen Geschwindigkeiten im Verlauf der Bewegung zu erhalten, werden z. B. im Sport bei Rennen Zwischenzeiten für feste Teilstrecken genommen, aus denen wiederum die Durchschnittsgeschwindigkeit für einen Teil des Weges ermittelt werden kann. Alternativ können auch feste Zeitintervalle betrachtet werden, aus denen mit dem dabei zurückgelegten Weg die betreffende Durchschnittsgeschwindigkeit bestimmt wird. Je kürzer die Zeitintervalle für die Geschwindigkeitsbestimmung sind, umso genauer kann der Verlauf der Geschwindigkeit während des Bewegungsvorgangs ermittelt werden.

---

[1] v für velocitas, lat. Geschwindigkeit.

Lässt man im Grenzfall $t_2 - t_1 := \Delta t \to 0$ streben (in dem dann auch $\Delta s \to 0$ strebt), so erhält man die Momentangeschwindigkeit für den Zeitpunkt t_1 (bzw. t_2, da ja t_1 und t_2 im Grenzfall zusammenfallen).

$$v(t_1) = \lim_{\Delta t \to 0} \frac{\Delta s}{\Delta t}\bigg|_{t_1} := \frac{ds(t)}{dt}\bigg|_{t_1} := \dot{s}(t_1) \tag{2.2}$$

Mathematisch bedeutet die Bildung des Grenzwertes die Ableitung der Ortsfunktion[1] $s(t)$ nach der Zeit.

Besonders anschaulich kann man Bewegungen graphisch beschreiben:

- Im Orts-Zeit-Diagramm[2] werden die Positionen des Objektes über den Zeitpunkten aufgetragen, zu denen sie eingenommen werden. In diesen Diagrammen stellt die Momentangeschwindigkeit die Steigung der Ortsfunktion zu einem bestimmten Zeitpunkt dar.
- Im Geschwindigkeits-Zeit-Diagramm werden die Momentangeschwindigkeiten über den dazugehörigen Zeitpunkten aufgetragen.

Auf ein Problem bei der Definition der Durchschnittsgeschwindigkeit sei noch hingewiesen: bewegt sich ein Objekt von einer Anfangsposition über eine Zwischenposition wieder zur Anfangsposition, so ist die in (2.1) definierte Durchschnittsgeschwindigkeit wegen $s_E = s_A$ null oder $\bar{v}_\to = -\bar{v}_\leftarrow$. Im täglichen Leben würde man dagegen die Durchschnittsgeschwindigkeit als $\bar{v}^* = \frac{1}{2} \cdot (|\bar{v}_\to| + |\bar{v}_\leftarrow|)$ definieren[3]. Bei der Definition von Durchschnittswerten physikalischer Größen ist daher immer ihre Definition zu beachten.

Beschleunigung

Ändert sich während eines Bewegungsvorgangs die Momentangeschwindigkeit, so kann dies wiederum unterschiedlich schnell erfolgen. Für viele Autofahrer ist es wichtig zu wissen, wie schnell ihr Fahrzeug z. B. aus dem Stand eine Geschwindigkeit von 100 km/h erreicht. Als Maß hierfür wird die Beschleunigung a[4] definiert:

$$\bar{a} := \frac{Endgeschwindigkeit - Anfangsgeschwindigkeit}{Zeitpunkt(E) - Zeitpunkt(A)} = \frac{v_E - v_A}{t_E - t_A} := \frac{\Delta v}{\Delta t} .+- \tag{2.3}$$

Die Einheit ergibt sich aus der Einheit für die Geschwindigkeit und der Zeit: $[a] = m/s^2$. Aus den gleichen Gründen wie bei der Definition der Geschwindigkeit stellt (2.3) wiederum nur die Durchschnitts- oder mittlere Beschleunigung dar. Die Momentanbeschleunigung erhalten wir ähnlich wie die Momentangeschwindigkeit, indem wir $\Delta t \to 0$ gehen lassen:

$$a(t_1) = \lim_{\Delta t \to 0} \frac{\Delta v}{\Delta t}\bigg|_{t_1} := \frac{dv(t)}{dt}\bigg|_{t_1} := \dot{v}(t_1) = \ddot{s}(t_1) . \tag{2.4}$$

Die Momentanbeschleunigung ist die Ableitung der Momentangeschwindigkeit nach der Zeit und die 2. Ableitung der Ortsfunktion nach der Zeit.

---

[1] D. h. die Menge aller Positionen s, die zu den entsprechenden Zeitpunkten t eingenommen werden.
[2] Häufig auch Weg Zeit-Diagramm genannt.
[3] Ähnlich wird bei Wechselströmen der Effektivwert berechnet.
[4] a für acceleratio, lat. Beschleunigung.

Im Geschwindigkeits-Zeit-Diagramm stellt die Beschleunigung die Steigung der Funktion $v(t)$ dar, im Orts-Zeit-Diagramm die Krümmung der Ortsfunktion. Ist $a > 0$, so spricht man von eigentlicher Beschleunigung, bei $a < 0$ dagegen von Bremsen oder Verzögerung.

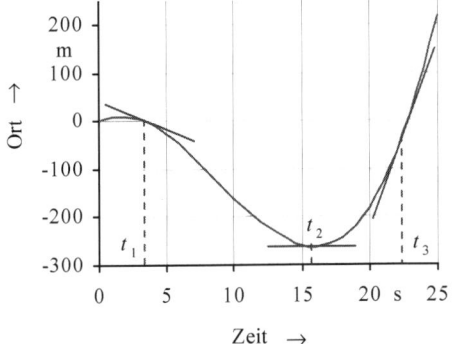

Abb. 2.4   *Weg-Zeit-Diagramm: zum Zeitpunkt t_1 bewegt sich das Objekt zurück ($v < 0$), zum Zeitpunkt t_2 steht es ($v = 0$), und in t_3 ($v > 0$) bewegt es sich vorwärts.*

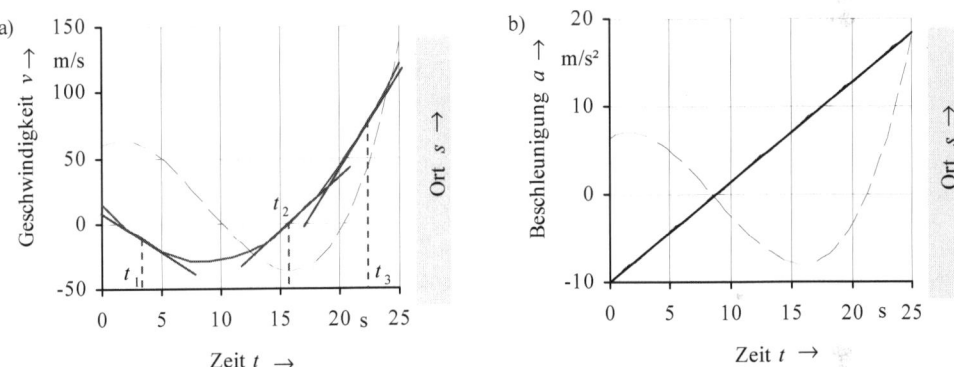

Abb. 2.5 *(a) Die gleiche Bewegung im Geschwindigkeits-Zeit-Diagramm: Abbremsen in t_1, beschleunigen in t_2 und t_3.*
(b) Beschleunigungs-Zeit-Diagramm Zum Vergleich ist $s(t)$ ebenfalls dargestellt (gestrichelte Linie).

2.2.2   Spezielle eindimensionale Bewegungen

Gleichförmige Bewegung
Charakteristisch für die gleichförmige Bewegung ist die konstante Geschwindigkeit, somit entspricht die Momentangeschwindigkeit der Durchschnittsgeschwindigkeit.

$$v = const = \frac{\Delta s}{\Delta t} = \frac{s_E - s_A}{t_E - t_A} \quad \Rightarrow \quad s_E = s_A + v(t_E - t_A) \tag{2.5}$$

Bei fester Startposition und festem Startzeitpunkt verändert sich die Endposition linear mit dem Endzeitpunkt der gleichförmigen Bewegung, im Orts-Zeit-Diagramm erhalten wir eine

Gerade, deren Steigung die Geschwindigkeit darstellt. Im Geschwindigkeits-Zeit-Diagramm dokumentiert eine horizontale Gerade mit dem Abstand v zur t-Achse die konstante Geschwindigkeit. Die Verschiebung $\Delta s = s_E - s_A = v(t_E - t_A)$ erscheint in diesem Diagramm als Rechteck mit den Kantenlängen v und $t_E - t_A$. Da die Endgeschwindigkeit gleich der Anfangsgeschwindigkeit ist, ist somit die Beschleunigung null.

Gleichmäßig beschleunigte Bewegung
Diese Art von Bewegung zeichnet eine konstante Beschleunigung aus, somit entspricht die Momentanbeschleunigung der Durchschnittsbeschleunigung.

$$a = const = \frac{\Delta v}{\Delta t} = \frac{v_E - v_A}{t_E - t_A} \;\Rightarrow\; v_E = v_A + a(t_E - t_A) \tag{2.6}$$

Sind die Anfangsgrößen der Bewegung fest, so ändert sich die Endgeschwindigkeit linear mit dem Zeitpunkt des Endes der Bewegung, im Geschwindigkeits-Zeit-Diagramm erhalten wir eine Gerade, ihre Steigung entspricht der Beschleunigung. Stellen wir die gleichmäßig beschleunigte Bewegung im Beschleunigungs-Zeit-Diagramm dar, so erhalten wir eine horizontale Gerade im Abstand a zur t-Achse. Der Geschwindigkeitszuwachs $\Delta v = v_E - v_A = a(t_E - t_A)$ ist in dem Diagramm als Rechteck mit den Kantenlängen a und $t_E - t_A$ zu erkennen.

Zu klären ist noch, wie weit das Objekt in dem Zeitintervall $t_E - t_A$ verschoben wurde bzw. welche Endposition das Objekt erreicht. Verwenden wir die Definition der Durchschnittsgeschwindigkeit (2.1) und beachten, dass bei einem linearen Verlauf (2.6) der Endgeschwindigkeit die Durchschnittsgeschwindigkeit aus dem arithmetischen Mittel aus Anfangs- und Endgeschwindigkeit berechnet wird, so erhalten wir mit (2.6) für die Verschiebung

$$\bar{v} = \frac{\Delta s}{\Delta t} = \frac{s_E - s_A}{t_E - t_A} = \frac{v_E + v_A}{2} \;\Rightarrow\; \Delta s = \frac{1}{2} a \Delta t^2 + v_A \Delta t \tag{2.7}$$

und für die Endposition

$$s_E = \frac{1}{2} a \Delta t^2 + v_a \Delta t + s_A \,. \tag{2.8}$$

Wir erhalten also einen quadratischen Zusammenhang zwischen Verschiebung und dem Zeitintervall, in dem wir die Bewegung betrachten. Im Geschwindigkeits-Zeit-Diagramm entspricht die Verschiebung Δs der Fläche unter der Geraden zwischen t_E und t_A, die gebildet wird aus der Summe der Flächen des Rechtecks mit den Kantenlängen v_A und $t_E - t_A$ und dem rechtwinkligen Dreieck mit den Katheten $v_E - v_A$ und $t_E - t_A$.

Ein Beispiel für gleichmäßig beschleunigte Bewegungen ist der freie Fall (konstante Erdbeschleunigung unter Vernachlässigung der Luftreibung), wenn $v_A = 0$ ist. Ist $v_A \neq 0$, so spricht man von einem senkrechten Wurf.

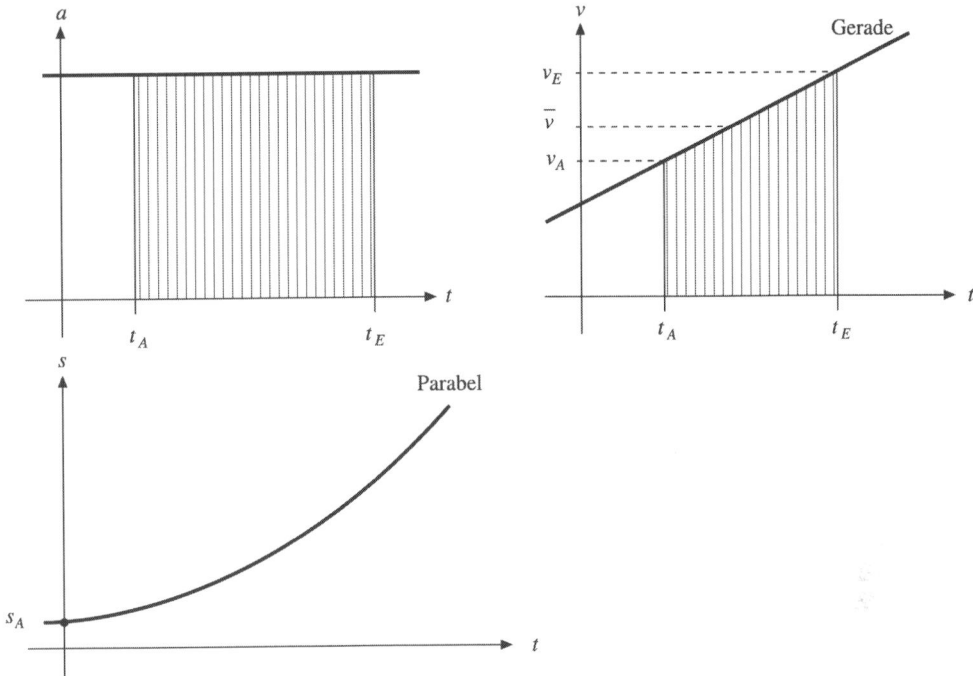

Abb. 2.6   *Gleichmäßig beschleunigte Bewegung im a(t), v(t) und s(t)-Diagramm*

2.2.3   Allgemeiner Zusammenhang zwischen den kinematischen Größen

Ausgehend von den Zusammenhängen, die wir für die gleichförmige und gleichmäßig beschleunigte Bewegung hergeleitet haben, wollen wir diese für beliebige eindimensionale Bewegungen verallgemeinern.

Durch den Zusammenhang $s(t)$, die Ortsfunktion, ist die Bewegung vollständig beschrieben (wann ist das Objekt wo). Leitet man $s(t)$ nach t ab, so erhält man die (Momentan-) Geschwindigkeit des Objektes in Abhängigkeit von t, leitet man diese wiederum nach t ab, so ergibt sich seine (Momentan-)Beschleunigung.

Ist anderseits der Verlauf der Geschwindigkeit bekannt, so erhält man die in einem Zeitintervall $\Delta t = t_E - t_A$ erfolgte Verschiebung durch Berechnung der Fläche unter der $v(t)$-Kurve im Geschwindigkeits-Zeit-Diagramm, begrenzt durch t_A und t_E. Mathematisch bedeutet dies, dass wir $v(t)$ in den Grenzen t_E und t_A integrieren müssen.

$$\Delta s = \int\limits_{t_A}^{t_E} v(t)\,\mathrm{d}t \tag{2.9}$$

Zur Berechnung der Endposition s_E muss zusätzlich noch die Anfangsposition s_A bekannt sein.

Analog erhalten wir den Geschwindigkeitszuwachs Δv in einem Zeitintervall Δt, wenn wir die Beschleunigung $a(t)$ integrieren.

$$\Delta v = \int_{t_A}^{t_E} a(t)\mathrm{d}t \tag{2.10}$$

Um die Endgeschwindigkeit v_E zu berechnen, muss wiederum zu Δv die Anfangsgeschwindigkeit v_A addiert werden.

Ist der Verlauf der Beschleunigung $a(t)$ bekannt und soll die Verschiebung berechnet werden, so muss $a(t)$ zweimal integriert werden. Zunächst werden die in $\Delta t = t_E - t_A$ möglichen Momentangeschwindigkeiten $v(t)$ mit (2.10) berechnet:

$$\Delta v^* = v(t) - v(t_A) = \int_{t_A}^{t} a(t')\mathrm{d}t' = A(t) - A(t_A) \tag{2.11}$$

mit $t_A < t < t_E$, wobei $A(t)$ die „Stammfunktion" von $a(t)$ ist, d. h. $A(t)$ nach t abgeleitet ergibt $a(t)$. Im nächsten Schritt wird dann $v(t)$ integriert.

$$\Delta s = \int_{t_A}^{t_E} v(t)\mathrm{d}t = \int_{t_A}^{t_E}(v_A + A(t) - A(t_A))\mathrm{d}t = (v_A + A(t_A))\Delta t + \int_{t_A}^{t_E} A(t)\mathrm{d}t \tag{2.12}$$

2.2.4   Bewegungszustände und ihre Änderung

Bei der Betrachtung von eindimensionalen Bewegungen wurden verschiedene physikalische Größen eingeführt, die sich aus Änderungen anderer Größen berechnen. Eine physikalische Größe eines Objektes weist zu einem bestimmten Zeitpunkt einen definierten Wert auf: Man sagt dann auch, das Objekt nimmt einen bestimmten Zustand ein. Eine Änderung des Wertes bedeutet somit eine Zustandsänderung oder einen Prozess. Die Größe der Änderung einer physikalischen Größe X wird üblicherweise mit ΔX bezeichnet und berechnet sich immer aus der Differenz zwischen dem Wert der Größe X am Ende des Prozesses und dem Wert am Anfang des Prozesses.

$$\Delta X := X_E - X_A \tag{2.13}$$

Beachtet man diese Festlegung konsequent, so wird es bei künftigen Berechnungen keine Vorzeichenprobleme geben! Der Bewegungszustand eines Objektes wird durch seine aktuelle Position und seine Momentangeschwindigkeit beschrieben.

2.2.5   Bewegungen in zwei und drei Dimensionen

Wie schon erwähnt, sind für die Angabe der Position eines Objektes bezüglich eines Referenzpunktes im dreidimensionalen Raum drei Größen erforderlich. Diese drei Größen fasst man zu einem Ortsvektor zusammen. Häufig nimmt man Verschiebungen vom Referenzpunkt in drei zueinander senkrecht stehende Raumrichtungen, denen man auch die Bezeichnungen x, y und z („rechts-links, vorne-hinten, oben-unten") gibt. Diese Darstellung bezeichnet man auch als kartesische[1] Darstellung und die drei Zahlenwerte kartesische Koordinaten oder Komponenten des Ortsvektors. Das dazugehörige Koordinatensystem, das durch die drei senkrecht aufeinander stehenden Raumrichtungen (Basisrichtungen) aufgespannt wird und seinen Ursprung im Referenzpunkt hat, heißt kartesisches Koordinatensystem.

Anschaulich stellt man einen Ortsvektor als Pfeil vom Referenzpunkt zur Position, die das Objekt einnimmt, dar. Der Pfeil beinhaltet zwei Informationen: die Länge oder den Betrag, beim Ortsvektor die Länge der Strecke oder der Abstand Position-Referenzpunkt und die Richtung des Pfeils. Auch andere physikalische Größen können Informationen über die Richtung aufweisen, wie z. B. Geschwindigkeit und Beschleunigung.

Da die Eigenschaften von Vektoren von großer Wichtigkeit sind, sollen hier deren wesentlichen Eigenschaften vorgestellt werden:

Eigenschaften von Vektoren und vektoriellen physikalischen Größen
Im Gegensatz zu skalaren physikalischen Größen wie z. B. Zeit, Temperatur und Masse, die als Produkt ihres Zahlenwertes, multipliziert mit der Einheit, angegeben werden, weisen vektorielle Größen als zusätzliche Information noch die Richtung auf. Graphisch stellt man eine solche Größe als Pfeil, der in die betreffende Richtung weist, dar, wobei die Länge des Pfeils, der Betrag des Vektors, das Produkt aus Zahlenwert und Einheit der vektoriellen Größe angibt.

Zwei Vektoren können addiert werden, wobei natürlich darauf zu achten ist, dass ihre Einheiten gleich sind.

Graphische Addition und Subtraktion von Vektoren
Wie dies zu geschehen hat, können wir uns am besten anhand einer aus zwei Teilverschiebungen zusammengesetzten Verschiebung verdeutlichen: $\vec{a}$ stelle den Vektor der Verschiebung eines Objektes von der Position P_1 zur Position P_2 dar, d. h. der Anfangspunkt des Vektors ist in P_1, die Pfeilspitze in P_2, $\vec{b}$ die Verschiebung von P_2 nach P_3, dann ist die Verschiebung von P_1 nach P_3 darzustellen als Vektor $\vec{c}$ von P_1 nach P_3, weiterhin ist $\vec{c} = \vec{a} + \vec{b}$. Dies können wir verallgemeinern für die Addition beliebiger vektorieller Größen:

Vektoren werden addiert, indem man den Anfang des zweiten Summanden an die Pfeilspitze des ersten Summanden heftet. Der Summenvektor oder die Resultierende ist dann der Vektor vom Anfangspunkt des ersten Summanden zur Pfeilspitze des zweiten. Die Resultierende bildet die Diagonale des von beiden Summanden aufgespannten Parallelogramms. Wie bei einer Addition skalarer Größen ist auch die Vektoraddition kommutativ, d. h. $\vec{c} = \vec{a} + \vec{b} = \vec{b} + \vec{a}$.

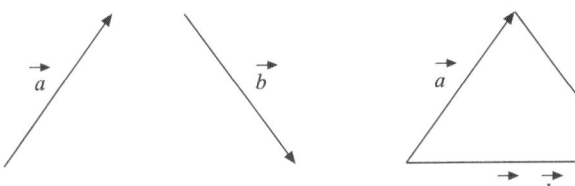

Abb. 2.7 *Addition von Vektoren.*

---

[1] Nach René Descartes (1596–1650), der diese Darstellung erstmalig eingeführt hat.

Zu jedem Vektor $\vec{a}$ gibt es einen Vektor $-\vec{a}$, den inversen Vektor, der den gleichen Betrag, aber die umgekehrte Richtung hat. Somit können wir auch Vektoren voneinander subtrahieren, indem wir den inversen Vektor addieren: $\vec{d} = \vec{a} + (-\vec{b}) = \vec{a} - \vec{b}$. Der Anfang von $\vec{d}$ liegt in der Pfeilspitze von $\vec{b}$, seine Pfeilspitze weist zur Pfeilspitze von $\vec{a}$.

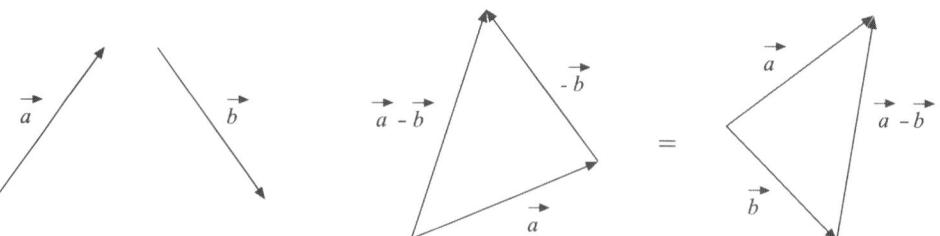

Abb. 2.8 *Subtraktion von Vektoren.*

Rechnerische Addition und Subtraktion von Vektoren, Skalarmultiplikation
Wie im Kapitel 2.2.5 schon gesagt, kann man einen Ortsvektor durch drei Größen oder Komponenten beschreiben, im kartesischen Koordinatensystem sind das die Projektionen des Ortsvektors auf die drei senkrecht aufeinander stehenden Basisrichtungen. Der Ortsvektor kann anderseits auch als Summe der drei Projektionen $\vec{a}_x, \vec{a}_y$ und $\vec{a}_z$ auf die Basisrichtungen x, y, und z aufgefasst werden. Auch andere vektorielle Größen können in entsprechende Komponenten zerlegt werden. Besonders übersichtlich ist die Spaltenschreibweise von Vektoren[1]

$$\vec{a} = \vec{a}_x + \vec{a}_y + \vec{a}_z := \begin{pmatrix} a_x \\ a_y \\ a_z \end{pmatrix},$$ (2.14)

wobei a_x, a_y und a_z die Beträge der Projektionen, multipliziert mit dem Vorzeichen für ihre Richtungen längs der x-, y- und z-Achse, sind. (Siehe Konvention für die Richtungen im Kapitel 2.2.1) Da es bei der Addition nicht auf die Reihenfolge der Summanden ankommt, kann komponentenweise addiert werden:

$$\vec{a} + \vec{b} = \vec{a}_x + \vec{a}_y + \vec{a}_z + \vec{b}_x + \vec{b}_y + \vec{b}_z = \vec{a}_x + \vec{b}_x + \vec{a}_y + \vec{b}_y + \vec{a}_z + \vec{b}_z$$

$$\vec{a} + \vec{b} = \begin{pmatrix} a_x \\ a_y \\ a_z \end{pmatrix} + \begin{pmatrix} b_x \\ b_y \\ b_z \end{pmatrix} = \begin{pmatrix} a_x + b_x \\ a_y + b_y \\ a_z + b_z \end{pmatrix}$$ (2.15)

Bei der Bildung des inversen Vektors werden alle Komponenten mit -1 multipliziert. Somit wird ein Vektor von einem anderen subtrahiert, indem man die Komponenten voneinander subtrahiert.

---

[1]   Eine Gleichung zwischen Vektoren stellt immer drei Gleichungen für die Komponenten dar.

$$\vec{a} - \vec{b} = \vec{a}_x + \vec{a}_y + \vec{a}_z - \vec{b}_x - \vec{b}_y - \vec{b}_z = \vec{a}_x - \vec{b}_x + \vec{a}_y - \vec{b}_y + \vec{a}_z - \vec{b}_z$$

$$\vec{a} - \vec{b} = \begin{pmatrix} a_x \\ a_y \\ a_z \end{pmatrix} - \begin{pmatrix} b_x \\ b_y \\ b_z \end{pmatrix} = \begin{pmatrix} a_x - b_x \\ a_y - b_y \\ a_z - b_z \end{pmatrix} \tag{2.16}$$

Der Betrag eines Vektors ergibt sich durch zweimaliges Anwenden des Satzes von Pythagoras:

$$| \vec{a} | := a = \sqrt{a_x^2 + a_y^2 + a_z^2} \tag{2.17}$$

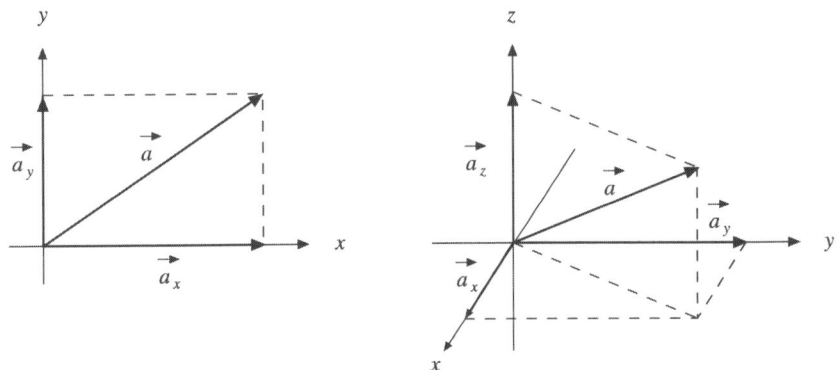

Abb. 2.9   *Komponenten von Vektoren in zwei und drei Dimensionen.*

Addiert man mehrfach den gleichen Vektor, so zeigt die Resultierende in die gleiche Richtung wie der Vektor, ist aber das Vielfache länger. Entsprechend werden die Komponenten vervielfacht. Allgemein darf ein Vektor mit einem Skalar multipliziert werden, die Richtung bleibt erhalten, der Betrag wird mit dem Skalar multipliziert.

$$\alpha \vec{a} = \alpha (\vec{a}_x + \vec{a}_y + \vec{a}_z) = \alpha \vec{a}_x + \alpha \vec{a}_y + \alpha \vec{a}_z = \alpha \begin{pmatrix} a_x \\ a_y \\ a_z \end{pmatrix} = \begin{pmatrix} \alpha a_x \\ \alpha a_y \\ \alpha a_z \end{pmatrix} \tag{2.18}$$

Entsprechend kann aus den Komponenten ein gemeinsamer Faktor „ausgeklammert" werden. Wird ein Vektor mit dem Kehrwert seines Betrages skalar multipliziert, so erhalten wir einen Vektor vom Betrag 1 (dimensionslos) mit der gleichen Richtung, den Einheitsvektor.

$$\vec{e}_a := \frac{1}{|\vec{a}|} \vec{a}, |\vec{e}_a| = 1 \tag{2.19}$$

Somit können wir eine vektorielle Größe in zwei Faktoren zerlegen: in den Betrag, der den Zahlenwert und die Einheit beinhaltet und den Einheitsvektor für die Richtung.

$$\vec{a} = \{a\}[a]\vec{e}_a \tag{2.20}$$

Spezielle Einheitsvektoren sind die der drei Basisrichtungen. Jeden Vektor kann man somit schreiben:

$$\vec{a} = \vec{a}_x + \vec{a}_y + \vec{a}_z = a_x\vec{e}_x + a_y\vec{e}_y + a_z\vec{e}_z \tag{2.21}$$

Geschwindigkeit und Beschleunigung als vektorielle Größen
Analog zu (2.1) wird die Durchschnittsgeschwindigkeit einer Bewegung in drei Dimensionen definiert als

$$\bar{\vec{v}} := \frac{Verschiebung\ des\ Objekts}{daf\ddot{u}r\ ben\ddot{o}tige\ Zeit} = \frac{Endposition - Anfangsposition}{Zeitpkt.(E) - Zeitpkt.(A)}$$

$$\bar{\vec{v}} = \frac{\vec{s}_E - \vec{s}_A}{t_E - t_A} := \frac{\Delta\vec{s}}{\Delta t}, \tag{2.22}$$

wobei die Positionen durch Ortsvektoren dargestellt werden. Die auf Seite 18 eingeführte Ortsfunktion $\vec{s}(t)$ ist nun eine vektorielle Größe mit den Komponenten $x(t)$, $y(t)$ und $z(t)$, welche die Menge aller Ortsvektoren darstellt, die die Positionen, die das Objekt im Verlauf seiner Bewegung einnimmt, beschreibt. Die Menge der Pfeilspitzen zeigt auf die Bahnkurve, längs der sich das Objekt bewegt, die Zeit t ist ihr Parameter. Geometrisch stellt die Verschiebung in (2.22) die Sekante der Bahnkurve zwischen End- und Anfangsposition dar, sozusagen die gradlinige „Abkürzung" vom wirklichen Weg. Bilden wir nun wie in (2.2) den Grenzwert $\Delta t \to 0$, um die Momentangeschwindigkeit zu erhalten, so wird aus der Sekanten eine Tangente an die Bahnkurve, die in die Richtung der Momentangeschwindigkeit weist.

$$\vec{v} = \lim_{\Delta t \to 0}\frac{\Delta\vec{s}}{\Delta t}\bigg|_{t_1} := \frac{d\vec{s}(t)}{dt}\bigg|_{t_1} := \dot{\vec{s}}(t_1) = \begin{pmatrix} \dot{x}(t_1) \\ \dot{y}(t_1) \\ \dot{z}(t_1) \end{pmatrix} \tag{2.23}$$

Entsprechend wird die Momentanbeschleunigung als Ableitung der Funktion der Momentangeschwindigkeiten nach der Zeit berechnet:

$$\vec{a} = \lim_{\Delta t \to 0}\frac{\Delta\vec{v}}{\Delta t}\bigg|_{t_1} := \frac{d\vec{v}(t)}{dt}\bigg|_{t_1} := \dot{\vec{v}}(t_1) = \frac{d\dot{\vec{s}}}{dt}\bigg|_{t_1} = \ddot{\vec{s}}(t_1) = \begin{pmatrix} \ddot{x}(t_1) \\ \ddot{y}(t_1) \\ \ddot{z}(t_1) \end{pmatrix} \tag{2.24}$$

Zu beachten ist, dass eine Beschleunigung vorliegt, wenn sich entweder der Betrag der Geschwindigkeit und/oder ihre Richtung ändern.

Dies kann man anhand der Eigenschaft (2.20) beliebiger vektorieller Größen $\vec{q}$ durch Anwenden der Produktregel beim Ableiten verallgemeinern:

$$\frac{d\vec{q}}{dt} = \frac{d}{dt}(|\vec{q}|\vec{e}_q) = \frac{d|\vec{q}|}{dt}\vec{e}_q + |\vec{q}|\frac{d\vec{e}_q}{dt} \tag{2.25}$$

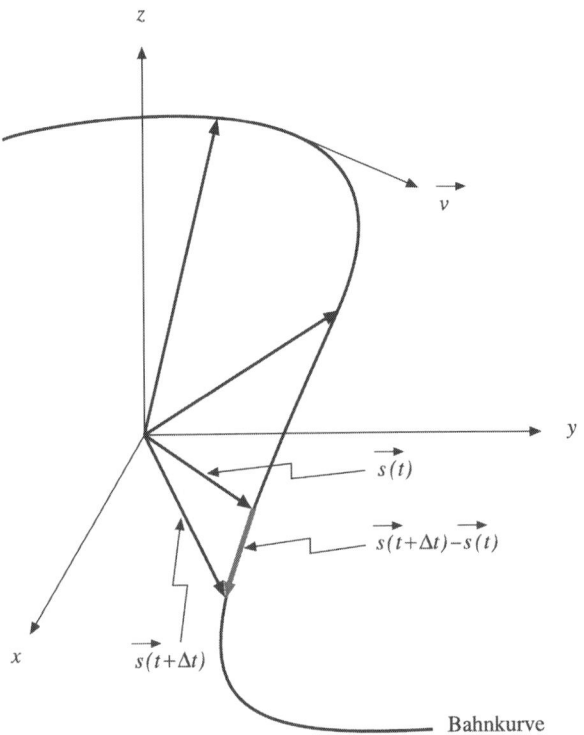

Abb. 2.10 *Geschwindigkeitsvektor bei einer Bewegung in drei Dimensionen.*

Der erste Summand beschreibt die Änderung des Betrages von $\vec{q}$ und weist in Richtung von $\vec{q}$ (Tangentialkomponente von $\dot{\vec{q}}$), der zweite dagegen beschreibt die Änderung der Richtung von $\vec{q}$, er ist senkrecht zu $\vec{q}$ gerichtet (Normalkomponente von $\dot{\vec{q}}$). Diese Tatsache kann folgendermaßen begründet werden: Der bei der Ableitung $\dfrac{d\vec{e}_q}{dt}$ zu bildende Differenzvektor $d\vec{e}_q = \vec{e}_q(t+dt) - \vec{e}_q(t)$ verbindet die Pfeilspitzen beider Summanden. Das von diesen drei Vektoren gebildete gleichschenklige Dreieck (die Beträge der Summanden sind 1) ist extrem spitzwinklig, d. h. der eingeschlossene Winkel ist ≈ 0, da sich die Richtung von $\vec{e}_q$ in der Zeitspanne dt nur sehr wenig ändert. Aufgrund der Winkelsumme von $180°$ im Dreieck betragen die beiden anderen Winkel jeweils $90°$, $d\vec{e}_q \perp \vec{e}_q$ und damit auch $|\vec{q}|\,\dfrac{d\vec{e}_q}{dt}$.

Überlagerung von gradlinigen Bewegungen

Die Zerlegung des Ortsvektors in drei senkrecht zueinander gerichtete Komponenten legt nahe, komplexe Bewegungen in einfachere Teilbewegungen in die drei Raumrichtungen zu zerlegen oder umgekehrt einfache gradlinige Bewegungen zu komplizierteren räumlichen Bewegungen zusammenzusetzen.

Als Beispiel betrachten wir ein Boot, das einen Fluss, welcher mit einer überall konstanten Geschwindigkeit fließt, überqueren soll, wobei die Bootsgeschwindigkeit relativ zum Wasser auch als konstant angenommen wird. Welche Bewegung bezüglich eines Referenzpunktes am Flussufer führt das Boot aus?

Bezeichnen wir die Flussrichtung mit x, die Bewegungsrichtung des Bootes mit y, so bewegt sich das Boot gleichförmig bezüglich eines Referenzpunktes im Wasser, dieser bewegt sich wiederum bezüglich des Referenzpunkts am Ufer:

$$\vec{v}_{Boot,Ufer} = \vec{v}_{Boot,Fluß} + \vec{v}_{Fluß,Ufer} = \begin{pmatrix} v_F \\ v_B \end{pmatrix} \tag{2.26}$$

In diesem Fall liegt eine Bewegung in zwei Dimensionen vor, daher können wir die dritte Komponente der Vektoren zu null setzen oder auch weglassen. Zum Zeitpunkt t_E hat das Boot die Position

$$\vec{s}_E = \begin{pmatrix} x_E \\ y_E \end{pmatrix} = \begin{pmatrix} x_A \\ y_A \end{pmatrix} + \begin{pmatrix} v_F(t_E - t_A) \\ v_B(t_E - t_A) \end{pmatrix} = \vec{s}_A + \begin{pmatrix} v_F \\ v_B \end{pmatrix}(t_E - t_A) \quad \vec{s}_E = \vec{s}_A + \vec{v}(t_E - t_A) \tag{2.27}$$

bezüglich des Uferpunktes erreicht. $\vec{s}_A$ mit den Komponenten x_A und y_A ist die Position des Bootes zum Anfang der Bewegung bezüglich der Referenzpunkte des Bootes zum Wasser und des Wassers zum Ufer.

Die Bahnkurve $y(x)$, längs der die Pfeilspitzen der Ortsvektoren während der Bewegung verlaufen, erhalten wir durch Elimination von $\Delta t = t_E - t_A$ aus den beiden Komponentengleichungen von (2.27)

$$y(x) = y_A + \frac{v_B}{v_F}(x - x_A) = \frac{v_B}{v_F} x - \frac{v_B}{v_F} x_A + y_A := \alpha x + \beta . \tag{2.28}$$

Die Bahnkurve stellt eine Gerade dar mit der Steigung $\alpha = v_B/v_F$, wobei allgemein die Steigung einer Geraden definiert ist als Tangens des Winkels der Geraden zur x-Achse.

Vergleichen wir die Gleichungen (2.5) und (2.27), so sind sie formal gleich, nur sind einige Größen Vektoren. Wir können somit alle Zusammenhänge eindimensionaler Bewegungen für Bewegungen in zwei oder drei Dimensionen verwenden, wenn wir entsprechende Größen durch vektorielle Größen ersetzen. Für gleichmäßig beschleunigte Bewegungen erhalten wir somit

$$\vec{v}(t_E) = \vec{v}(t_A) + \vec{a}(t_E - t_A) , \tag{2.29}$$

$$\vec{s}(t_E) = \frac{1}{2} \vec{a}(t_E - t_A)^2 + \vec{v}(t_A)(t_E - t_A) + \vec{s}(t_A) . \tag{2.30}$$

Einen Sonderfall der gleichmäßig beschleunigten Bewegungen stellen Würfe dar, d. h. Bewegungen unter Einfluss der konstanten Erdbeschleunigung, wobei die Wirkung der Luftreibung vernachlässigt wird.

Da die Bewegung auf eine Ebene, die aufgespannt wird durch die Richtungen der Anfangs-geschwindigkeit und der Beschleunigung, beschränkt ist, benötigen wir nur Vektoren mit zwei Komponenten. Die Basisrichtungen sind in der Horizontalen in Richtung der Bewegung (x) und in der Vertikalen nach oben (y). Die Beschleunigung wirkt nur in der y-Richtung nach unten.

$$\vec{a} = \begin{pmatrix} 0 \\ -g \end{pmatrix} = -g \begin{pmatrix} 0 \\ 1 \end{pmatrix} \tag{2.31}$$

Damit ergeben sich Momentangeschwindigkeiten und die während der Bewegung einge-nommenen Positionen zu

$$\vec{v}(t) = \vec{v}(t_A) - g(t - t_A) \begin{pmatrix} 0 \\ 1 \end{pmatrix}, \tag{2.32}$$

$$\vec{s}(t) = \vec{s}(t_A) + \vec{v}(t_A)(t - t_A) - \frac{1}{2} g(t - t_A)^2 \begin{pmatrix} 0 \\ 1 \end{pmatrix}. \tag{2.33}$$

Wir sehen, dass die Bewegung in der Horizontalen eine gleichförmige Bewegung, in der Vertikalen eine Wurfbewegung ist. Die Bahnkurve $y(x)$ erhalten wir, indem wir aus den beiden Gleichungen in (2.33) $\Delta t = t_E - t_A$ eliminieren.

$$y(x) = y_A + \frac{v_{A,y}}{v_{A,x}}(x - x_A) - \frac{g}{2}\left(\frac{x - x_A}{v_{A,x}}\right)^2 \Rightarrow$$

$$y(x) = -\frac{g}{v_{A,x}^2}x^2 + \frac{v_{A,y} + gx_A}{v_{A,x}}x + y_A - \frac{v_{A,x}}{v_{A,y}}x_A - \frac{gx_A^2}{2v_{A,x}^2} := \alpha x^2 + \beta x + \gamma, \tag{2.34}$$

hierbei ist $v_x(t_A) = v_{A,x}$. Die Bahnkurve ist somit eine nach unten geöffnete Parabel, die „Wurf-parabel" des „schiefen" Wurfes. Häufig wird die Anfangsgeschwindigkeit auch durch den Abwurfwinkel ϑ_A zur x-Achse und den Betrag der Anfangsgeschwindigkeit v_A beschrieben.

$$\vec{v}(t_A) := \vec{v}_A = \begin{pmatrix} v_A \cos\vartheta_A \\ v_A \sin\vartheta_A \end{pmatrix} = v_A \begin{pmatrix} \cos\vartheta_A \\ \sin\vartheta_A \end{pmatrix} = v_A \vec{e}_{v_A} \tag{2.35}$$

Die Darstellung eines Vektors über seinen Betrag und den Winkel zur x-Achse nennt man auch Polardarstellung. Der Winkel φ der Momentangeschwindigkeit zur x-Achse beträgt

$$\tan\varphi = \frac{v_y(t)}{v_x(t)} = \frac{v_{A,y} - gt}{v_{A,x}} = \tan\vartheta_A - \frac{gt}{v_{A,x}}. \tag{2.36}$$

Als Wurfweite w definiert man den Abstand von Anfangsposition und Endposition in der Horizontalen. Wir können sie aus (2.33) berechnen.

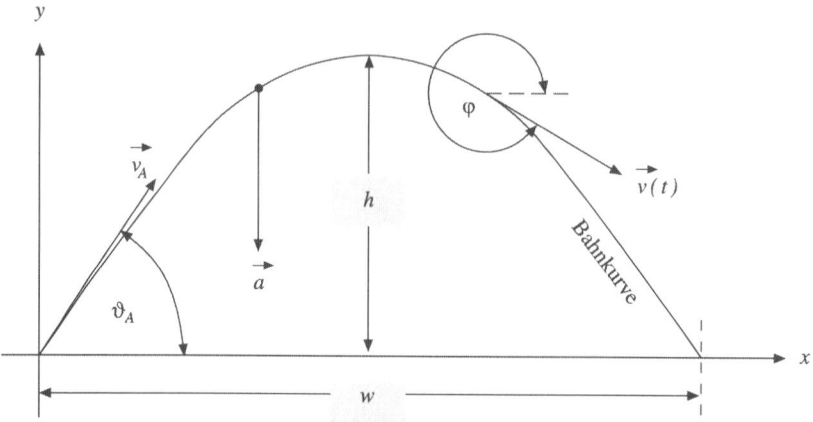

Abb. 2.11 *Schiefer Wurf.*

Sind Starthöhe und Auftreffhöhe gleich (null), so berechnen wir die Wurfweite w über die Flugzeit $\Delta t = t_E - t_A$, die wir aus der Bedingung, dass das Objekt am Ende der Bewegung wieder die Starthöhe erreicht hat, erhalten.

$$y_E = y_A = 0 = v_{A,y} t_E - \frac{g}{2} t_E^2 \Rightarrow t_E = \frac{2v_{A,y}}{g}$$

$$\Rightarrow w := x_E - x_A = \frac{2v_{A,x} v_{A,y}}{g} = \frac{v_A \sin 2\vartheta_A}{g} \tag{2.37}$$

Wird bei konstanter Anfangsgeschwindigkeit ϑ_A variiert, so wird die Wurfweite maximal bei $\vartheta_A = 45°$. Die maximale Höhe h ergibt sich aus der Bedingung, dass die vertikale Geschwindigkeit im Umkehrpunkt null wird. Aus (2.33) folgt für den Zeitpunkt $t(h)$, bei dem die maximale Höhe erreicht wird

$$v_y(t(h)) = 0 = v_{A,y} - gt(h) \Rightarrow t(h) = \frac{v_{A,y}}{g} \Rightarrow$$

$$h = \frac{2v_{A,x} v_{A,y}}{g} = \frac{v_{A,y}^2}{2g} = \frac{v_A^2 \sin^2 \vartheta_A}{2g}. \tag{2.38}$$

Offensichtlich wird die Höhe maximal bei einem Wurf senkrecht nach oben.

Dass man die Wurfbewegung als Überlagerung von gleichförmiger und gleichmäßig beschleunigter Bewegung auffassen kann, demonstriert ein einfaches Experiment: zwei Kugeln, von denen eine einen freien Fall, die andere einen waagerechten Wurf mit $\vartheta_A = 0°$ aus gleicher Höhen vollführen, benötigen die gleiche Flugzeit, bei gleichzeitigem Start kommen sie auch gleichzeitig auf dem Boden auf.

Werden gradlinige beschleunigte Bewegungen überlagert, so entstehen in der Regel Bewegungen mit krummlinigen Bahnkurven.

Kreisbewegungen

Ein anderer Typ von Bewegungen in einer Ebene sind Kreisbewegungen, d. h. die Bahnkurve des Objektes ist ein Kreis.

Zunächst wollen wir eine Kreisbewegung betrachten, bei der die Umlaufgeschwindigkeit oder Bahngeschwindigkeit, genauer gesagt ihr Betrag konstant ist. Für einen Kreisumlauf wird immer die gleiche Zeit benötigt, daher ist die Bewegung periodisch, d. h. befindet sich das kreisende Objekt zu einem Zeitpunkt t an einer Position $\vec{s}(t)$, so befindet es sich eine Umlaufzeit T oder Periodendauer später wieder an der gleichen Position und hat dort auch wieder die gleiche Geschwindigkeit: $\vec{s}(t+T)=\vec{s}(t)$. Der Vektor der Geschwindigkeit, tangential zum Kreis gerichtet, ändert ständig seine Richtung, die Kreisbewegung ist somit eine beschleunigte Bewegung, die Richtung der Beschleunigung ist senkrecht zur Tangente an den Kreis und somit radial. Daher heißt die Beschleunigung auch Radial- oder Zentripetalbeschleunigung, da die Richtungsänderungen der Geschwindigkeit zum Kreismittelpunkt weisen. Da die Beschleunigung permanent ihre Richtung ändert, ist sie nicht konstant, daher ist eine Kreisbewegung immer eine ungleichmäßig beschleunigte Bewegung.

Zur quantitativen Beschreibung platzieren wir den Referenzpunkt in den Kreismittelpunkt, für die Bewegung ist dann der Abstand des Objektes vom Referenzpunkt gleich dem Kreisradius r und damit immer konstant. Zur Bestimmung der Position benötigen wir nur noch den Winkel φ[1], den der Ortsvektor mit z. B. der x-Achse des Koordinatensystems bildet. Allgemein nennt man Koordinaten, bei denen die Position durch den Abstand zu einem Referenzpunkt und einen Winkel zu einer Referenzrichtung beschrieben wird, Polarkoordinaten.

Während der Bewegung ändert sich der Winkel um $\Delta\varphi = \varphi(t_E) - \varphi(t_A)$, das Objekt passiert das dazugehörige Bogenstück. Ist der Betrag der Geschwindigkeit konstant, so gilt

$$|\vec{v}| = const \quad \Rightarrow \quad \frac{Bogen}{\Delta t} = \frac{Umfang}{T} = \frac{|\Delta\varphi|}{\Delta t} = \frac{2\pi}{T}. \tag{2.39}$$

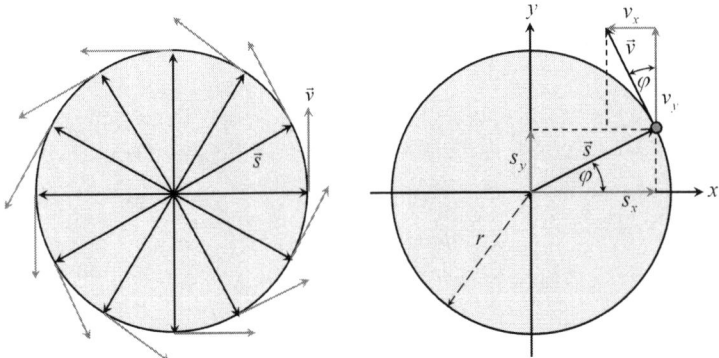

Abb. 2.12 *Kreisbewegung.*

---

[1] Gemäß der mathematischen Konvention werden Winkel gegen den Uhrzeigersinn abgetragen.

Die Änderung des Winkels $\Delta\varphi$ entspricht der Verschiebung Δs bei eindimensionalen Bewegungen. Daher definieren wir die Winkelgeschwindigkeit ω:

$$\omega := \lim_{\Delta t \to 0} \frac{\Delta\varphi}{\Delta t} = \frac{d\varphi}{dt}$$

$$\text{gleichförmige Kreisbewegung: } |\omega| = \frac{2\pi}{T} = const, \quad [\omega] = \frac{1}{s} \tag{2.40}$$

Bei einer Kreisbewegung gegen den Uhrzeigersinn ist ω positiv, wird im Uhrzeigersinn gedreht, ist ω negativ. In der Technik wird statt der Winkelgeschwindigkeit oft die Drehzahl n oder die Frequenz v verwendet. Sie sind folgendermaßen definiert:

$$n := \frac{Zahl\ der\ Umdrehungen}{benötigte\ Zeit} = \frac{N}{NT} = \frac{1}{T} = v, \quad [n] = [v] = \frac{1}{s} \tag{2.41}$$

Beschreiben wir den Ortsvektor $\vec{s}$ durch die Größen Kreisradius r und den Winkel φ, so erhalten wir mit (2.40)

$$\vec{s}(t) = \begin{pmatrix} r\cos\varphi(t) \\ r\sin\varphi(t) \end{pmatrix} = r\begin{pmatrix} \cos\omega t \\ \sin\omega t \end{pmatrix} = r\vec{e}_s = r\vec{e}_r, \tag{2.42}$$

wobei zum Zeitpunkt $t = 0$ $\varphi = 0$ ist, d. h. der Ortsvektor verläuft längs der x-Achse. Die Richtung des Ortsvektors ist immer radial. Geschwindigkeit und Beschleunigung erhalten wir durch Ableiten von $\vec{s}(t)$ unter Beachtung der Kettenregel:

$$\vec{v}(t) = \dot{\vec{s}}(t) = r\frac{d}{dt}\begin{pmatrix} \cos\omega t \\ \sin\omega t \end{pmatrix} = r\begin{pmatrix} -\omega\sin\omega t \\ \omega\cos\omega t \end{pmatrix} = r\omega\begin{pmatrix} -\sin\omega t \\ \cos\omega t \end{pmatrix} = |\vec{v}|\vec{e}_v \tag{2.43}$$

$$\vec{a}(t) = \dot{\vec{v}}(t) = r\omega\frac{d}{dt}\begin{pmatrix} -\omega\sin\omega t \\ \omega\cos\omega t \end{pmatrix} = r\omega\begin{pmatrix} -\omega\cos\omega t \\ -\omega\sin\omega t \end{pmatrix} = -r\omega^2\begin{pmatrix} \cos\omega t \\ \sin\omega t \end{pmatrix}$$

$$\vec{a}(t) = |\vec{a}|\vec{e}_a = -|\vec{a}|\vec{e}_r = -\frac{v^2}{r}\vec{e}_r \tag{2.44}$$

Der Geschwindigkeitsvektor steht senkrecht auf dem Ortsvektor, der Beschleunigungsvektor verläuft antiparallel zum Ortsvektor. Sein Betrag ist konstant.

Im Fall der ungleichförmigen Kreisbewegung ändern sich der Betrag der Bahngeschwindigkeit und damit auch die Winkelgeschwindigkeit. Analog (2.4) definieren wir die Bahn- oder Tangentialbeschleunigung:

$$a_t = \lim_{\Delta t \to 0} \frac{|\vec{v}(t + \Delta t)| - |\vec{v}(t)|}{\Delta t} = r\lim_{\Delta t \to 0} \frac{\omega(t + \Delta t) - \omega(t)}{\Delta t} = r\frac{d\omega(t)}{dt} \tag{2.45}$$

Die Ableitung der Winkelgeschwindigkeit $\omega(t)$ bezeichnet man als Winkelbeschleunigung α.

$$\alpha := \frac{d\omega(t)}{dt}, \quad [\alpha] = \frac{1}{s^2} \tag{2.46}$$

Die gesamte Beschleunigung des Objektes berechnet sich aus (2.44):

$$\vec{a}(t) = \dot{\vec{v}}(t) = r\frac{d}{dt}(\omega\vec{e}_v) = r(\dot{\omega}\vec{e}_v + \omega\dot{\vec{e}}_v) = r\dot{\omega}\vec{e}_v - r\omega^2\vec{e}_r = \vec{a}_t + \vec{a}_r \tag{2.47}$$

Wir erkennen eine tangentiale Komponente in Richtung der Geschwindigkeit und eine radiale Komponente senkrecht dazu. Die tangentiale Beschleunigung ändert den Betrag der Geschwindigkeit, die radiale dagegen ihre Richtung. Dies gilt nicht nur für Kreisbewegungen, sondern für beliebige Bewegungen, da man immer die Beschleunigung in eine tangentiale und eine dazu senkrechte radiale Komponente zerlegen kann.

Ein Sonderfall der ungleichförmigen Kreisbewegung ist die gleichmäßig beschleunigte Kreisbewegung mit konstanter Winkelbeschleunigung. Analog zur eindimensionalen gleichmäßig beschleunigten Bewegung (2.44) ändert sich die Winkelgeschwindigkeit linear mit der Zeit:

$$\alpha = const = \frac{\Delta\omega}{\Delta t} = \frac{\omega_E - \omega_A}{t_E - t_A} \Rightarrow \omega_E = \omega_A + \alpha(t_E - t_A) \tag{2.48}$$

$$\Delta\varphi = \frac{1}{2}\alpha\Delta t^2 + \omega_A\Delta t \tag{2.49}$$

Vergleichen wir die Ausdrücke von Bahn- und Winkelgeschwindigkeit, von Tangential- und Winkelbeschleunigung, von Bogen und Winkel, so fällt auf, dass sich die Bahn-Größe durch Multiplikation der korrespondierenden Winkel-Größe mit dem Kreisradius berechnen lässt:

Tab. 2.1 Zusammenhang zwischen Winkel- und Bahngrößen bei der Kreisbewegung.

Winkel-Größe		Bahn-Größe	
Winkel	φ	Bogen	$r\varphi$
Winkelgeschwindigkeit	$\omega = \dot{\varphi}$	Bahngeschwindigkeit	$r\omega$
Winkelbeschleunigung	$\alpha = \ddot{\varphi}$	Tangentialbeschleunigung	$r\alpha$

Abschnittsweise kann man auch Wurfbewegungen mit parabolischen Bahnen als Kreisbewegungen auffassen, wenn wir die konstante Beschleunigung in ihre (nicht konstanten) Tangential- und Normalkomponenten zerlegen. Aus dem Betrag der Normalkomponente kann man mit (2.44) den Radius des Kreises, der sich an die Parabel anschmiegt, berechnen. Da sich der Betrag der Normalkomponenten ändert, ändert sich auch der Radius des Schmiegekreises. Er ist minimal im Scheitelpunkt der Parabel.

Überlagerung nicht gradliniger Bewegungen

Beispiele hierfür sind Bewegungen auf Schraubenlinien oder auf Zykloiden, wie sie z. B. Reifenventile während der Fahrt ausführen.

Schraubenlinien sind „echte" dreidimensionale Bewegungen, in der x/y-Ebene erfolgt eine Kreisbewegung, in der z-Richtung eine gradlinige Bewegung. Ist diese gleichförmig, so lautet die Ortsfunktion $\vec{s}(t)$ bei entsprechend gewähltem Koordinatensystem (Ursprung im Kreismittelpunkt bei $z = 0$):

$$\vec{s}(t) = \begin{pmatrix} r \cos \omega t \\ r \sin \omega t \\ v_z t \end{pmatrix} \tag{2.50}$$

2.3 Dynamik von Massenpunkten

Im vorigen Abschnitt haben wir bei der Betrachtung von Bewegungen Art und Eigenschaften des sich bewegenden Objektes außer Acht gelassen. Der Bewegungszustand wurde beschrieben durch die Geschwindigkeit, Beschleunigungen bewirkten seine Änderung.

Erstmalig hat Newton[1] 1687 in der auch heute noch gültigen Form die Zusammenhänge aufgezeigt, wie die Eigenschaften der Objekte ihre Bewegungen beeinflussen. Diese Zusammenhänge sind als Axiome formuliert, d. h. sie sind nicht aus noch allgemeineren Gesetzmäßigkeiten herleitbar, sie erlauben jedoch die korrekte, mit experimentellen Erfahrungen übereinstimmende Beschreibung der Sachverhalte in der klassischen Mechanik.

2.3.1 Erstes Newtonsches Axiom

Dieses Axiom, auch Trägheitsaxiom genannt, besagt, dass ohne äußere Beeinflussung jedes Objekt seinen Bewegungszustand beibehält, es bleibt entweder in Ruhe oder bewegt sich gradlinig gleichförmig, d. h. mit konstanter Geschwindigkeit $\vec{v}$.

Diese Erkenntnis war zu Zeiten Newtons revolutionär, den damaligen Alltagserfahrungen zufolge, war es z. B. immer erforderlich, einen Wagen in ebenen Gelände zu schieben oder zu ziehen, um eine konstante Geschwindigkeit beizubehalten. Ohne äußere Beeinflussung hätte er seinen Bewegungszustand in den Ruhezustand verändert. Newton hatte erkannt, dass in diesem Beispiel schon die Reibungseffekte eine äußere Beeinflussung des Wagens darstellten, die dann durch eine weitere Beeinflussung kompensiert werden musste.

Dem Trägheitsaxiom zufolge kann nicht zwischen ruhenden und gleichförmig bewegten Referenz- oder Bezugssystemen unterschieden werden. Durch diesen Effekt kann man z. B. getäuscht werden, wenn man in einen ganz langsam anfahrenden Zug sitzt und meint, der Bahnsteig bewege sich nach hinten weg. Bezugssysteme, die sich gleichförmig zueinander bewegen, nennt man Inertialsysteme, da in ihnen unabhängig von der Relativgeschwindig-

---

[1]   I. Newton (1643–1727).

keit der Bezugssysteme untereinander das Trägheitsaxiom gilt, d. h. Objekte behalten in allen Inertialsystemen ihre jeweiligen Bewegungszustände bzw. Geschwindigkeiten bei. Da alle Inertialsysteme gleichwertig sind, gibt es auch keines mit „absoluter" Ruhe.

Andere Bezugssysteme bewegen sich beschleunigt, in solchen Bezugssystemen beobachtet man auch ohne äußere Beeinflussung eine Änderung des Bewegungszustandes. Insbesondere stellt die Erde aufgrund ihrer Rotationsbewegung um sich selbst und um die Sonne kein Inertialsystem dar. Man kann sie nur näherungsweise als solches betrachten, wenn die betrachteten Zeiträume klein gegen die Umdrehungszeiten sind.

Die Änderung des Bewegungszustandes kann bei verschiedenen Objekten einen unterschiedlichen „Aufwand" erfordern oder unterschiedliche Effekte nach sich ziehen: Kommt ein LKW nach einem Zusammenprall mit einer Mauer zur Ruhe, so hat dies ganz andere „Auswirkungen" als ein Zusammenprall mit einem Fahrrad gleicher Geschwindigkeit. Newtons Idee besteht unter anderem darin, in die Beschreibung des Bewegungszustandes auch noch Eigenschaften des sich bewegenden Objektes einfließen zu lassen, daher wird in der Newtonschen Dynamik der Bewegungszustand durch den „Schwung" oder den Impuls des Objektes beschrieben, in dem neben der Geschwindigkeit auch noch die (träge) Masse des Objektes berücksichtigt wird. Ein derartiges Objekt, dessen konkrete Gestalt keine Rolle spielt, nennt man auch eine „Punktmasse" oder einen „Massenpunkt". Dessen Impuls ist folgendermaßen definiert:

$$\vec{p} := m\vec{v}, \quad [p] = \text{kg} \frac{\text{m}}{\text{s}} \tag{2.51}$$

Da wir im Folgenden weitere Eigenschaften der Objekte wie z. B. Form oder Gestalt nicht berücksichtigen wollen, können wir uns die Masse des Objektes auf einen Punkt konzentriert denken und die Bewegung von Massenpunkten betrachten.

Basisgröße Masse
Anschaulich stellt die Masse eines Objektes die Menge an Materie dar, die das Objekt beinhaltet. Die Einheit für diese Basisgröße ist das Kilogramm. Es wird dargestellt durch einen Zylinder aus Platin-Iridium, der sich im Internationalen Büro für Maß und Gewicht in Sèvres befindet.

2.3.2   Mengenartige physikalische Größen

Teilt sich während einer Bewegung ein Objekt in zwei Teilobjekte, die die gleiche Geschwindigkeit haben wie das Ausgangsobjekt, so teilt sich der Impuls in zwei Teilimpulse auf. Man schreibt dem Impuls die „Mengeneigenschaft" zu, d. h. der Impuls „wächst" mit der „Größe" des Objektes. In diesem Fall wird die Größe durch die Masse des Objektes, die Menge an Materie, repräsentiert. Impuls und Masse fallen in die Kategorie „extensive" Größen, Größen, die mit der Masse des Objektes wachsen. Dagegen sind Geschwindigkeit, Beschleunigung… „intensive" Größen, sie ändern sich nicht, wenn sich die Masse des Objektes ändert (siehe Teilung des Objektes).

Der Impuls als mengenartige Größe setzt sich aus zwei Faktoren zusammen: einer intensiven Größe (Geschwindigkeit) und einer extensiven „Impulskapazität" (Masse). Ähnlich einem elektrischen Kondensator, der Ladung speichern kann bei einer bestimmten Spannung, bestimmt die Masse als Impulskapazität die Fähigkeit eines Objektes, bei einer bestimmten Geschwindigkeit Impuls aufzunehmen.

Mengenartige Größen werden auch in anderen Gebieten der Physik[1] verwendet, sie sind immer definiert als

$$G_{extensiv} = Kapazität_G \cdot H_{intensiv} \tag{2.52}$$

Mengenartige Größen werden für bestimmte Objekte oder eine Ansammlung von Objekten (Systeme) festgelegt. Diese sind abgegrenzt von anderen Objekten oder Systemen oder vom „Rest der Welt", der „Umgebung"[2]. Eine besondere Kategorie von mengenartigen Größen eines Systems sind solche, die ihren Wert nicht ändern, obwohl sich der Zustand des Systems ändert. Diese nennt man auch „Erhaltungsgrößen". Eine Erhaltungsgröße G kann sich nur ändern, wenn über die Grenze des Systems ein entsprechender Strom I_G fließt:

$$\frac{dG}{dt} = I_G \tag{2.53}$$

Der Impuls ist oft eine solche Erhaltungsgröße, daher kann z. B. das Objekt in beliebige Teilobjekte zergliedert werden, ohne dass sich der Impuls für das Gesamtobjekt ändert.

2.3.3   Zweites Newtonsches Axiom

Um den Bewegungszustand eines Objektes, d. h. seinen Impuls zu ändern, muss ein Impulsstrom fließen. Diesen Impulsstrom nennt man Kraft. Der Impuls $\vec{p}$ eines Objektes wird also durch Kräfte $\vec{F}$ geändert.

$$\frac{d\vec{p}}{dt} = \frac{d}{dt}(m\vec{v}) = \dot{m}\vec{v} + m\dot{\vec{v}} = I_p := \vec{F} \,, \quad [F] = kg\,\frac{m}{s^2} := N \tag{2.54}$$

Die Einheit der Kraft wurde zu Ehren von Newton nach ihm benannt. Weil die Änderung eines Zustandes immer eine „Aktion" ist, nennt man das 2. Newtonsche Axiom auch „Aktionsprinzip". (2.54) zufolge kann eine Impulsänderung auf zweierlei Weise geschehen:

- durch Zu- oder Abfuhr von Masse (Massenströme), die die gleiche Geschwindigkeit wie das Objekt aufweist,
- durch Änderung der Geschwindigkeit des Objektes bei konstanter Masse.

Den zweiten Fall, der in der Praxis weitaus häufiger vorkommt, beschreibt man im „Grundgesetz der Mechanik":

$$\vec{F} = m\vec{a} \tag{2.55}$$

---

[1]   Beispiele: Ladung = Kapazität · Spannung; Wärmemenge = Wärmekapazität · Temperatur.
[2]   Diese Begriffe werden in der Thermodynamik besonders wichtig.

Dabei kann die Kraft $\vec{F}$ die Resultierende mehrerer auf das Objekt einwirkender Kräfte sein, die Beschleunigung des Objektes weist immer in Richtung von $\vec{F}$.

Wodurch können Kräfte auf Objekte bewirkt werden? Sehen wir einmal von Massenströmen ab, so können elastisch deformierte Körper (Federn), die Erdanziehung oder auch der Elektromagnetismus Kräfte bewirken.

Die Kraft muss nun auf das Objekt übertragen werden, um dessen Impuls zu ändern. Dies kann durch direkten Kontakt der „Kraftquelle", über „Impulsstromleiter", die analog zu Drähten bei der Leitung elektrischen Stroms funktionieren, oder durch so genannte Kraftfelder geschehen. Impulsstromleiter können z. B. Stangen oder Seile sein, Letztere können nur so genannte Zugkräfte vermitteln. Als Kraftfeld bezeichnet man die Fähigkeit, eine Kraft durch den „leeren" Raum zu übertragen, wie es z. B. bei der Schwerkraft oder Gravitation der Fall ist.

Die Messung von Kräften geschieht ähnlich der Messung elektrischen Stroms, wo man einen Leiter des Stromkreises auftrennt und ein Amperemeter einfügt. Hier kann man z. B. das Kraft vermittelnde Seil durchtrennen und eine Federwaage oder einen Dehnungsmessstreifen einfügen, mit denen dann die Kraft gemessen wird.

Abb. 2.13   *Messung von Kräften.*

2.3.4   Drittes Newtonsches Axiom

Wie schon im vorigen Abschnitt gesagt, wird bei einer Kraftwirkung Impuls von einem Objekt auf ein anderes übertragen. Dies aber bedeutet, dass der Impulsstrom über die Grenze das erste Objekt verlässt und nach Überschreiten der nächsten Grenze im zweiten Objekt ankommt. Überschreitet der Impulsstrom die Grenze eines Objektes, so erfährt es eine Kraft. Das dritte Newtonsche Axiom besagt, dass der das erste Objekt verlassende Impulsstrom entgegengesetzt gleich groß ist wie der an dem zweiten Objekt ankommende. Beide Objekte erfahren Kräfte, die entgegengesetzt gleich groß sind.

$$I_p(\text{Objekt } 2) = F_{1\to2} = -I_p(\text{Objekt } 1) = -F_{2\to1} \qquad (2.56)$$

Kraftwirkung zwischen den Objekten bedeutet ferner, dass sich im Allgemeinen die Impulse beider Objekte ändern. Wenn nur ein Pfad zwischen den Objekten für einen Impulsstrom vorhanden ist, besagt das dritte Newtonsche Axiom, dass die Impulsänderungen der beiden Objekte entgegengesetzt gleich groß sind. Die Impulsänderung von beiden zusammen ist null oder der Gesamtimpuls beider ist konstant.

$$\frac{d\vec{p}_2}{dt} = F_{1\to2} = -\frac{d\vec{p}_1}{dt} = -F_{2\to1} \quad \Leftrightarrow \quad \vec{p}_1 + \vec{p}_2 = const \qquad (2.57)$$

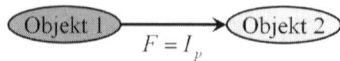

Abb. 2.14   *Drittes Newtonsches Axiom: Impulsströme und Kräfte.*

Das System aus den beiden Objekten nennt man dann auch abgeschlossen. Das dritte Newtonsche Axiom bezeichnet man häufig auch als Wechselwirkungs- oder Reaktionsprinzip:
actio (Kraftwirkung von Objekt 1 auf Objekt 2) bewirkt immer auch reactio (Kraftwirkung
von Objekt 2 auf Objekt 1).

Das Reaktionsprinzip kann man sehr gut demonstrieren, wenn eine auf einem Rollbrett stehende Person einen Wagen von sich wegschieben möchte. Beide setzen sich in Bewegung,
ihren Massen entsprechend werden beide unterschiedlich in die entgegengesetzten Richtungen beschleunigt. Person und Wagen bilden ein abgeschlossenes System, aufgrund fehlender
Reibungskräfte sind sie hinsichtlich Impulsübertragung vom Boden isoliert. Nehmen wir
einmal an, nur der Armmuskel der Person kann die Kräfte bewirken, so ist die Summe der
Impulsströme aus dem Muskel null, die Kräfte auf Wagen und (restliche) Person sind entgegengesetzt gleich groß. Man kann auch sagen, der Muskel wirkt als „Impulspumpe", an der
einen Seite „saugt" er den Impuls aus dem einen Körper, um ihn dann in den anderen zu
„pumpen" und somit die Relativgeschwindigkeit von Wagen und Boden zu verändern.

In ähnlicher Weise wirkt eine Person, diesmal mit Bodenhaftung, als Impulspumpe, wenn sie
einen Wagen anschieben will. Wagen und Person bilden in diesem Fall kein abgeschlossenes
System, vielmehr wird an den sich vom Boden abstoßenden Füßen der entgegengesetzt
gleich große Impulsstrom übertragen wie an den Wagen schiebenden Händen. Die Erde

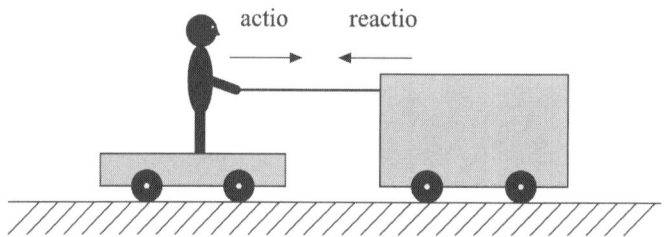

Abb. 2.15   *Actio = reactio im abgeschlossenen System.*

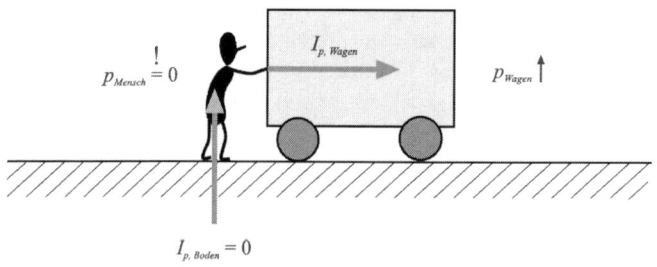

Abb. 2.16   *Impulspumpe.*

erfährt somit auch eine Impulsänderung. Da jedoch ihre Masse riesig im Vergleich zum Wagen ist, kann die entstehende Geschwindigkeitsänderung praktisch vernachlässigt werden.[1] Man spricht bei Objekten mit sehr großer (Impuls)kapazität auch von „Reservoirs", die intensive Größe wird faktisch nicht geändert.

Die Kraft, welche nach (2.55) das Objekt beschleunigt, kann die Resultierende mehrerer unterschiedlich gerichteter Kräfte sein. Von besonderem Interesse ist es oft, dass die Resultierende null ist, das Objekt also keine Änderung des Bewegungszustandes erfährt. Diesen Zustand bezeichnet man als Gleichgewicht. Beispielsweise sollen sich Gebäude im Gleichgewicht befinden (sonst stürzen sie ein). Die Bedingungen hierfür zu gewährleisten. ist die Aufgabe der Statik.

Gemäß (2.55) können Gleichgewichte auf zweierlei Art zustande kommen: Entweder wirken gar keine Kräfte auf das Objekt oder mehrere Kräfte heben sich auf. Befinden sich zwei Objekte im Gleichgewicht und es wirken zwei Kräfte, F^a und F^b, vermittelt durch zwei getrennte „Impulspumpen" zwischen ihnen, so haben wir einen „Impulsstromkreis". Hier gilt

$$\text{Objekt 1}: \vec{F}^{(a)}_{1\to2} = -\vec{F}^{(b)}_{2\to1}, \quad \text{Objekt 2}: \vec{F}^{(a)}_{2\to1} = -\vec{F}^{(b)}_{1\to2}. \tag{2.58}$$

Die den Objekten zugeführten Impulsströme entsprechen den abgeführten Impulsströmen. **Abbildung 2.17** soll dies verdeutlichen: Die Feder wird durch die Gewichtskraft gedehnt und vermittelt diese Kraft an die Aufhängung. Die Vorzeichen sind so gewählt, dass bei einer Bewegung nach unten der Impuls kleiner wird. Der Impulsstromkreis wird über das

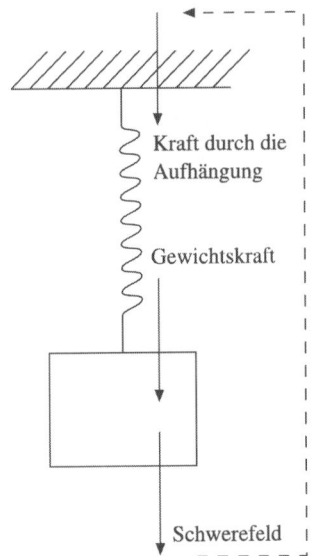

Abb. 2.17   Gedehnte Feder im Gleichgewicht: geschlossener Impulsstromkreis.

---

[1]   Von Newton soll der Ausspruch stammen: „Gebt mir einen festen Punkt und ich bewege die Welt".

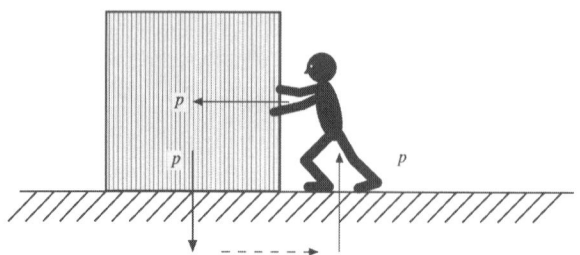

Abb. 2.18   *Ein am Boden befestigtes Objekt wird von einer Person angeschoben.*

Schwerefeld der Erde geschlossen. Durch die mit dem Erdboden verbundene Aufhängung wird der „abgeflossene" Impuls kompensiert. Auch in **Abb. 2.18** ist der Impulsstromkreis geschlossen. Die schiebende Person überträgt der auf dem Boden befindlichen Kiste Impuls, den diese an den Boden über die Haftreibung weitergibt. Dieser Impuls wird über den Boden an die Füße der Person vermittelt, die ihn wieder aufgrund der Haftung aufnimmt. Ohne diese Haftung würde die Person wegrutschen.

Zum Abschluss der Betrachtungen über das dritte Newtonsche Axiom soll noch einmal der Unterschied zwischen „Impulsleitern" und „Impulspumpen" herausgestellt werden: Ähnlich funktionieren beim Wassertransport Rohre und Wasserpumpen, beim Ladungstransport (elektrischer Strom) Drähte und Spannungsquellen. Rohr oder Draht lassen den Druck bzw. die elektrische Spannung unverändert, während Wasserpumpe oder Spannungsquelle den Druck bzw. die elektrische Spannung vergrößern. So verändert eine Impulspumpe die Relativgeschwindigkeit zwischen Objekten, während ein Impulsleiter diese unverändert lässt.

2.3.5   Kräfte in der Natur

Alle Arten von Kräften, die wir in der Natur beobachten, lassen sich auf vier fundamentale Kräfte oder Wechselwirkungen (3. Newtonsches Axiom!) zurückführen:

- Gravitation
- Elektromagnetische Wechselwirkung
- Starke Wechselwirkung
- Schwache Wechselwirkung[1]

Die beiden letztgenannten Wechselwirkungen treten nur im atomaren und subatomaren Bereich auf. Die Starke Wechselwirkung ist für den Zusammenhalt von Atomkernen verantwortlich, während die Schwache Wechselwirkung bei radioaktiven Zerfällen von Atomkernen (β-Zerfall) vorkommt. Beide Wechselwirkungen haben nur eine sehr kurze, auf etwa einen Kerndurchmesser beschränkte Reichweite.

Gravitation und Elektromagnetismus sind die Wechselwirkungen, denen wir im täglichen Leben begegnen. Auf sie werden wir im Folgenden noch etwas genauer eingehen.

---

[1]   In neueren Theorien konnten elektromagnetische und schwache Wechselwirkung zur so genannten „elektroschwachen" Kraft vereinigt werden.

Allen Wechselwirkungen ist gemeinsam, dass sie zwischen Objekten wirken, die räumlich getrennt sind, selbst wenn es uns erscheint, als seien sie in Kontakt. Allerdings ist dann, auf mikroskopischem Maßstab, immer noch viel Raum zwischen ihnen. Diese Fernwirkung von Kräften beschreibt man durch „Felder", das Objekt, das eine Kraft bewirkt, verändert den Raum durch ein entsprechendes Feld, so dass ein weiteres Objekt über den Einfluss dieses Feldes eine Kraft erfährt. Das Feld dient als Vermittler der Kraft. Die Art der Abhängigkeit einer Kraft von anderen physikalischen Größen nennt man auch Kraftgesetz.

Gravitation und Schwerkraft
Diese Wechselwirkung tritt zwischen Objekten auf, die eine Masse aufweisen, beide Objekte ziehen sich an. Jede Masse „erzeugt" ein Gravitations- oder Schwerefeld, durch das eine andere Masse wiederum angezogen wird. Umgekehrt erzeugt die zweite Masse ein Feld am Ort der ersten, so dass auch diese eine entsprechende Kraft dem 3. Newtonschen Axiom gemäß erfährt.

Nach Newton beträgt die Kraft zwischen zwei Objekten, die als Massenpunkte mit dem Abstand r angenommen werden,

$$ F = \gamma \frac{m_1 m_2}{r^2} , \tag{2.59} $$

wobei $\gamma = 6{,}6726 \cdot 10^{-11}$ Nm²/kg die Gravitationskonstante ist. Die Größe des Gravitationsfeldes von m_1 errechnen wir, indem wir (2.59) durch die Masse m_2 dividieren. Die Einheit für das Gravitationsfeld ist N/kg = m/s², also die Einheit für Beschleunigung.

Insbesondere beträgt die Größe des Gravitationsfeldes der Erde ($m_{Erde} = 5{,}97 \cdot 10^{24}$ kg und $r_{Erde} = 6370$ km) in der Nähe der Erdoberfläche:

$$ g = \gamma \frac{m_{Erde}}{r_{Erde}^2} = 9{,}807 \frac{m}{s^2} \tag{2.60} $$

Dies bedeutet, dass die Beschleunigung durch die Erdanziehung für alle Objekte gleich ist. Diesen Sachverhalt kann man sehr schön überprüfen, indem in einem evakuierten Rohr ein Bleikügelchen und eine Feder fallen gelassen werden: Beide vollführen die gleiche beschleunigte Bewegung.

Untersucht man das Gravitationsfeld der Erde genauer, so stellt man fest, dass der Wert von (2.60) von Ort zu Ort schwankt, da die Erde nicht exakt kugelförmig ist. Auch kann man durch Präzisionsmessungen von g geophysikalische Informationen erhalten, wie z. B. die lokale Massenverteilung.

Da sich Massen durch die Gravitation anziehen, bezeichnet man die Masse in diesem Kontext auch als „schwere" Masse. Die Eigenschaft von Objekten, sich Änderungen des Bewegungszustandes zu „widersetzen" (Erstes Newtonsches Axiom) ist in der „trägen" Masse begründet. Eigentlich ist zwischen diesen beiden Arten von Masse zu unterscheiden[1], da sie unterschied-

---

[1]   So könnte z. B. die schwere Masse eine Stoffeigenschaft sein, dann würden jedoch unterschiedliche Stoffe im Schwerefeld der Erde unterschiedlich beschleunigt. Der Fallversuch in der evakuierten Röhre zeigt jedoch, dass dies nicht der Fall ist.

liche Effekte beschreiben, jedoch konnten Experimente bislang keinen Unterschied zwischen schwerer und träger Masse feststellen.[1] Somit erfährt jedes Objekt im freien Fall unter Einfluss des Gravitationsfeldes der Erde die Beschleunigung $a = g = 9,807$ m/s².

Die Kraft, die ein Objekt durch die Erdanziehung erfährt, nennt man auch Gewicht. Man sollte besser Gewichtskraft sagen, da im Alltag häufig Gewicht und Masse im gleichen Sinne gebraucht werden:[2] „Mein Gewicht beträgt 75 Kilo(gramm)". Die Ursache für diesen unscharfen Sprachgebrauch liegt in der einfachen Art, Massen durch Vergleich der auf sie wirkenden Schwerkraft zu vergleichen, wie es durch Waagen geschieht. Haben zwei Objekte die gleiche Masse, so haben sie auch das gleiche Gewicht, die Waage zeigt ein „Gleichgewicht" an. Waagen sind in der Regel so konstruiert, dass, wenn z. B. Test- und Referenzmasse die gleiche Gewichtskraft erfahren, Kräftegleichheit herrscht.

Elektromagnetische Wechselwirkung
Sie tritt immer dann auf, wenn Objekte die Eigenschaft „elektrische Ladung" aufweisen. Diese Eigenschaft ist neben der Masse eine weitere, von ihr unabhängige Eigenschaft. Im Gegensatz zur Gravitation können Kräfte zwischen Ladungen anziehend oder abstoßend sein. Daher unterscheiden wir zwei Arten von Ladung: „positive" und „negative". Objekte mit gleichartiger Ladung stoßen sich ab, im anderen Fall ziehen sie sich an. Vergleicht man Gravitation und ladungsabhängige Kräfte zwischen Elementarteilchen, z. B. Protonen, so stellt sich heraus, dass die ladungsabhängige Kraft etwa 10^{36}-mal stärker als die Gravitation ist. Daher ist die Neutralität hinsichtlich Ladung (gleiche Anzahl von positiven und negativen Ladungen) von großer Bedeutung, da sonst die Gravitation völlig überdeckt würde.

Mit der elektromagnetischen Wechselwirkung, die in der Technik eine herausragende Bedeutung hat, werden wir uns in einem späteren Kapitel ausführlich auseinandersetzen. Hervorzuheben ist, dass die elektromagnetische Wechselwirkung die meisten im Alltag vorkommenden Kräfte bewirkt:

- Kontaktkräfte
- Kräfte aufgrund Deformation
- Reibungskräfte

Der Grund, warum die elektromagnetische Wechselwirkung für die „Alltagskräfte" verantwortlich ist, liegt im atomaren bzw. molekularen Aufbau der Materie. Jede Beeinflussung von Objekten geschieht über die Wechselwirkung der Elektronenhüllen der Atome, aus denen letztlich die Objekte aufgebaut sind. Da die Elektronenhülle aus negativ geladenen Teilchen besteht, geschieht die Wechselwirkung über die elektromagnetischen Kräfte zwischen den Ladungen. Die im Folgenden beschriebenen Kräfte sind in der Mechanik besonders wichtige Spezialfälle, wie sie bei der Wechselwirkung der Elektronenhüllen entstehen.

---

[1]   Die Gleichheit von schwerer und träger Masse ist Grundlage der Allgemeinen Relativitätstheorie von Einstein.
[2]   In der nicht mehr zulässigen Einheit für Kraft, dem „Kilopond" war der Zahlenwert für die Gewichtskraft gleich dem Zahlenwert für die Masse. So konnte schnell die Unterscheidung zwischen beiden Größen verloren gehen.

Kontaktkräfte

Sie treten z. B. bei der Vermittlung von Kräften durch Impulsstromleiter (Stangen oder Seile) auf. Die Größe der Kontaktkraft ist betragsmäßig gleich der von außen wirkenden Kraft. Zu unterscheiden sind Kontaktkräfte, die senkrecht zur Kontaktfläche gerichtet sind (Normalkräfte) und solche, die parallel oder tangential gerichtet sind. Zur letzten Kategorie zählen Scherkräfte und Reibungskräfte, während zur ersten Kategorie z. B. Auflagekräfte zählen. So hindert die Auflagekraft des Tisches eine Tasse daran, unter Einfluss der Schwerkraft nach unten zu fallen. Betrachtet man die Auswirkungen der Kontaktkräfte etwas genauer, so stellt man fest, dass sich der Impulsstromleiter etwas deformiert.

Deformationskräfte, Federkräfte

Alle Festkörper deformieren sich unter dem Einfluss von auf sie einwirkenden Kräften, dabei treten zwischenatomare Kräfte bei der Verschiebung von Atomen oder Atomgruppen in recht komplexer Art auf. Die makroskopisch auftretenden Deformationskräfte kann man jedoch empirisch recht einfach beschreiben. Sind die Kräfte nicht allzu groß, so ist die von ihnen bewirkte Deformation reversibel, d. h. sie verschwindet, wenn die Kraft nicht mehr wirkt. Weiterhin stellt man fest, dass die Deformation in Richtung der Kraft auftritt. Diese Art von Deformation nennt man auch elastisch. Der Prototyp eines Körpers, der elastisch deformierbar ist, ist eine Spiralfeder.

Wird eine Feder, die an einem Ende fixiert ist, deformiert, d. h. ein anderes Objekt übt auf sie eine Kraft aus, die die Feder dehnt (ihre Länge vergrößert) oder staucht (ihre Länge verkleinert), so bewirkt die Feder auf das Objekt eine Kraft, die proportional zur Deformation, zur Vergrößerung oder Verkleinerung der Länge ist und die der Richtung der Verschiebung des beweglichen Endes aus der Ruhelage entgegengesetzt ist.

$$F = -D\Delta s = -D(s - s_0) \text{ mit der Federkonstanten } D, \quad [D] = \frac{N}{m} \qquad (2.61)$$

Dabei ist s die Position, die das bewegliche Ende der Feder unter Einfluss der deformierenden Kraft einnimmt bzw. s_0 die Position ohne Deformation. In die Federkonstante D gehen mehrere Größen ein: der Werkstoff der Feder und ihre Geometrie, wie z. B. der Wendeldurchmesser und der Abstand der Wendel. Eine Feder wird als starr bezeichnet, wenn die Federkonstante groß ist, um sie zu deformieren ist also eine große Kraft erforderlich, während weiche Federn mit kleinem D nur geringe Kräfte zur Deformation benötigen.

(2.61) wird auch als „Hookesches Gesetz" bezeichnet und ist nur die „erste" oder lineare Näherung positionsabhängiger Kräfte. Bei stärkerer Deformation kommen nichtlineare Anteile hinzu, ferner wird die Deformation irreversibel, die Feder bleibt deformiert, auch wenn die Kraft zurückgenommen wird. Diese Art von Deformation bezeichnet man auch als plastische Deformation. Charakteristisch für die plastische Deformation ist, dass die erforderliche Kraft nur noch unterproportional wächst. Gleichzeitig erfolgt auch noch eine Querschnittsverminderung (Querkontraktion), bis schließlich die Feder bricht.

Aufgrund ihrer Linearität ist die elastische Deformation für die Messung von Kräften sehr geeignet, häufig verwendet man Federwaagen, die die Größe der deformierenden Kraft direkt anzeigen, da die Längenänderung Δs entsprechend kalibriert wurde.

Reibungskräfte

Will man eine schwere, auf dem Boden liegende Kiste wegschieben, so wird sie sich bei mäßigem Krafteinsatz gar nicht, und erst, wenn man einen gewissen Schwellwert überwunden hat, in Bewegung setzen. Bewegt sich die Kiste mit einer gewissen Geschwindigkeit über den Boden, so wird sie ohne Antrieb langsamer. Ursache hierfür sind in beiden Fällen Reibungskräfte, die an der Kontaktfläche Kiste-Boden wirken. Genau genommen liegt hier äußere Reibung vor, da sie an der Oberfläche zweier Festkörper wirkt.

Bewegt sich jedoch ein Schiff durch Wasser, so wird sich seine Geschwindigkeit auch verringern, oder ein frei fallender Stein wird seine Geschwindigkeit nicht beliebig steigern, sondern sich mit einer gewissen Endgeschwindigkeit gleichförmig bewegen. Auch in diesen Fällen wirken Reibungskräfte, da sich aber hier Objekte durch flüssige oder gasförmige Medien, in der Technik spricht man auch von Fluiden, bewegen, spricht man von innerer Reibung.

Mit dem Auftreten von Reibung geht immer auch eine Wärmeentwicklung einher, darauf werden wir in einem späteren Kapitel noch genauer eingehen.

Äußere Reibung: Haftreibung

Betrachten wir einen festen Körper, der sich auf einer festen Unterlage befindet. Bleibt die antreibende Kraft F unter einem Schwellwert, so unterbleibt eine Relativbewegung von Körper und Unterlage. Der Körper befindet sich im Gleichgewicht: $F = -F_{HR}$. Erst wenn F einen Schwellwert $-F_{HR,\,max.}$ überschreitet, bewegen sich Körper und Unterlage relativ zueinander. Untersucht man, wovon dieser Schwellwert abhängt, so ergibt sich:

- $F_{HR,\,max.}$ ist proportional zur senkrecht zum Boden gerichteten Normalkraft F_N, mit ihr wird der Körper auf den Boden gepresst.

$$F_{HR,\mathrm{max.}} = \mu_{HR} F_N$$

(2.62)

- Der Proportionalitätsfaktor μ_{HR}, der Haftreibungskoeffizient, hängt von dem Materialpaar Körper-Boden und von deren Rauheit ab.
- $F_{HR,\,max.}$ ist nicht abhängig von der Größe der Fläche, mit der der Körper den Boden berührt.

Letzteres scheint der Anschauung zu widersprechen, kann aber im Groben so erklärt werden: Entscheidend ist, dass beide Objekte aufgrund der Oberflächenrauheit nur im Vergleich zur absoluten Kontaktfläche wenig wirksame Kontakte aufweisen, mit denen Reibungskräfte vermittelt werden. Nimmt man ferner an, dass diese Spitzen aufgrund der Auflagekräfte deformiert werden und damit wie bei einem Reifen die Auflagefläche vergrößert wird. Bei einer bestimmten Rauheit ist pro Flächeneinheit eine definierte Zahl von Kontakten „aktiv", wird bei konstanter Normalkraft die Größe der Auflagefläche geändert, so ändert sich sowohl die Zahl der Kontakte als auch der Anteil der Normalkraft pro Kontakt. Wird die Auflagefläche vergrößert, so sinken die Normalkraft/Kontakt und damit auch aufgrund der geringeren Deformation die Kontaktfläche. Die Experimente ergeben, dass sich beide Effekte kompensieren, der Schwellwert der Haftreibungskraft insgesamt unabhängig von der Auflagefläche ist.

Haftreibung wird in der Technik gern verwendet, um Impulspumpen, mit deren Hilfe andere Objekte relativ zum Boden beschleunigt werden, am Boden zu fixieren, also als Gegenkraft gemäß dem dritten Newtonschen Axiom bei Kraftwirkung auf ein Objekt zu fundieren.

Äußere Reibung: Gleitreibung
Überschreitet die antreibende Kraft den Schwellwert $F_{HR, max}$, so setzt sich der Körper in Bewegung. Die Gleitreibungskraft ist immer der Geschwindigkeit $\vec{u}$, mit der sich die Grenzflächen gegeneinander bewegen, entgegengerichtet.

$$\vec{F}_{GR} = | \vec{F}_{GR} | \vec{e}_u := F_{GR} \vec{e}_u \tag{2.63}$$

Experimentelle Untersuchungen ergeben, dass

- F_{GR} proportional zur Normalkraft ist,

$$F_{GR} = \mu_{GR} F_N \tag{2.64}$$

- der Proportionalitätsfaktor μ_{GR}, der Gleitreibungskoeffizient, von dem Materialpaar Körper-Boden und von deren Rauheit abhängig ist,
- $\mu_{GR} < \mu_{HR}$ ist,
- F_{GR} nicht von der Größe der Auflagefläche abhängt,
- F_{GR} in einem Geschwindigkeitsbereich von etwa 1 cm/s $< v_{relativ} <$ 10 m/s unabhängig von der Geschwindigkeit $v_{relativ}$ ist.

Letzteres kann durch den ständigen Auf- und Abbau von Kraft verursachenden Kontakten zwischen den reibenden Objekten erklärt werden, wobei die Zahl der Kontakte/Fläche in etwa konstant ist.

Äußere Reibung: Rollreibung
Wenn ein Rad, z. B. ein Autoreifen, über eine Straße rollt, so treten keine Gleit- und auch keine Haftreibung auf. Beim Rollvorgang werden immer andere Zonen des Radumfanges auf die Straße gepresst bzw. von ihr abgehoben. Dieses Aufbauen und Lösen des Kontaktes bewirkt ein Vermindern der Geschwindigkeit eines Radfahrzeuges, bei dem sich sonst alle wirksamen Kräfte kompensieren, es wirkt eine Rollreibungskraft F_{RR}.

Untersucht man die Rollreibung experimentell, so ergeben sich folgende Zusammenhänge: F_{RR} ist abhängig von

- der Normalkraft auf die Unterlage
- dem Durchmesser und der Deformation des Rades
- dem Material und der Beschaffenheit der Oberflächen.

Ähnlich dem Haft- bzw. Gleitreibungskoeffizienten fasst man Material- und Oberflächeneigenschaften in der Rollreibungslänge f zusammen:

$$F_{RR} = \frac{f}{r} F_N \tag{2.65}$$

Man sieht, dass Räder mit großem Radius r eine geringere Rollreibung aufweisen. Daher haben z. B. Fahrräder meist relativ große Räder, bei denen man die Deformation durch strammes Aufpumpen möglichst klein hält. Begrenzt wird dies durch die Handhabbarkeit eines Fahrrades: die Hochräder mit Vollgummireifen, konstruiert am Ende des 19. Jahrhunderts, haben sich nicht durchgesetzt. Alternativ wird auch häufig f/r zum Rollreibungskoeffizienten μ_{RR} zusammengefasst.

Allgemein ist festzustellen, dass Rollreibung wesentlich geringer ist als Gleitreibung, daher war die Erfindung des Rades für die technische Entwicklung von immenser Bedeutung. Bewegliche Teile werden daher in der Technik häufig als Kugel- oder Wälzlager ausgeführt.

Innere Reibung
Bewegt sich ein Objekt durch ein Gas, z. B. Luft oder eine Flüssigkeit, so macht sich die Reibung als Luftwiderstand oder als Strömungswiderstand bemerkbar. Die Reibungskraft hängt von den Strömungsverhältnissen ab. Grundsätzlich unterscheidet man zwei Strömungstypen:

- laminare Strömung: wirbelfreie Strömung, bei der sich benachbarte Fluidteilchen in ähnlicher Art und Weise bewegen (keine großen Unterschiede in Geschwindigkeitsbetrag und -richtung). Dieser Strömungstyp kommt bei kleinen Geschwindigkeiten vor, wobei „klein" von der Geometrie des Objektes und von der Art des Fluides abhängt. Bei laminarer Strömung ist die Reibungskraft proportional zur Geschwindigkeit:

$$F_R = bv \tag{2.66}$$

In den Proportionalitätsfaktor b gehen Form und Größe des Objektes sowie Eigenschaften des Fluides ein.

- turbulente Strömung: Strömung, bei der Wirbel entstehen, benachbarte Fluidteilchen können sich sehr unterschiedlich bewegen. Turbulenzen treten bei größeren Geschwindigkeiten auf, die Reibungskraft aufgrund turbulenter Umströmung des Objektes ist proportional zum Quadrat der Geschwindigkeit:

$$F_R = dv^2 \tag{2.67}$$

Der Proportionalitätsfaktor d hängt von der Form und der Größe der angeströmten Fläche sowie der Dichte des Fluides ab:

$$d = \frac{1}{2} c_w \rho_{Fluid} A_{Objekt} \tag{2.68}$$

Dabei ist c_w der dimensionslose Widerstandsbeiwert, der beim Entwurf windschnittiger Fahrzeugkarosserien eine entscheidende Rolle spielt, ρ die Dichte des Fluides und A die angeströmte Fläche.

Vergleicht man die Kräfte von äußerer und innerer Reibung, so bewirkt Erstere eine gleichmäßige Beschleunigung, während Bewegungen unter Einfluss innerer Reibung immer ungleichmäßig beschleunigt sind. In der Regel sind Kräfte äußerer Reibung wesentlich größer als die der inneren Reibung, so dass man gegeneinander bewegliche Teile „schmiert", um äußere Reibung durch innere zu ersetzen. Gleiches wird mit so genannten Luftlagern erzielt.

2.3.6 Anwendungen der Newtonschen Axiome

Die Newtonschen Axiome erlauben es, die Bewegung von Objekten zu verstehen und auch vorherzusagen.

Über das 2. Newtonsche Axiom kann mit bekannter resultierender Kraft auf das Objekt seine (momentane) Beschleunigung bestimmt werden. Kennt man umgekehrt die momentane Beschleunigung, so weiß man auch die auf das Objekt wirkende resultierende Kraft. Sind einige Teilkräfte bekannt, so können unter Umständen die unbekannten Teilkräfte bestimmt werden. Dieses Problem tritt häufig in der Statik auf.

Das 3. Newtonsche Axiom hilft bei der Betrachtung von Bewegungsvorgängen, bei denen Objekte in Wechselwirkung treten, die dabei wirkenden Kräfte aber im Detail nicht bekannt sind. Dann kann aus der Impulsänderung eines Objektes die Impulsänderung anderer Objekte bestimmt werden, z. B. bei der Kollision von Objekten.

Bei der Anwendung des 2. Newtonschen Axioms wird grundsätzlich nur ein isoliertes Objekt betrachtet und die auf es wirkenden Kräfte analysiert. Dabei ist die widerspruchsfreie Abgrenzung „zum Rest der Welt" von großer Bedeutung, da häufig inkonsistente Abgrenzungen zu Missverständnissen und Fehlern führen.

Betrachten wir einen Schlitten, der mit einem Seil von links nach rechts gezogen werden soll:

Folgende Kräfte wirken auf den Schlitten:

1. die Schwerkraft $\vec{F}_G$,
2. die Kontaktkraft des Bodens $\vec{F}_B$,
3. die Zugkraft vom Seil $\vec{F}_S$.

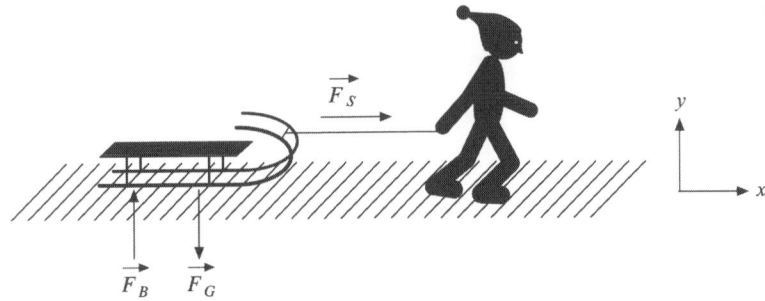

Abb. 2.19 *Kräfte, die auf den Schlitten wirken.*

Die resultierende auf den Schlitten wirkende Kraft beträgt $\vec{F}_R = \vec{F}_G + \vec{F}_B + \vec{F}_S$. Wählt man das in **Abb. 2.19** eingezeichnete Koordinatensystem, so bewegt sich der Schlitten in x-Richtung, somit ist $a_y = 0$ und daher $\vec{F}_G + \vec{F}_B = 0$. Der Schlitten wird von $\vec{F}_R = \vec{F}_S$ mit

$$a_x = \frac{F_S}{m_{Schl}} \qquad (2.69)$$

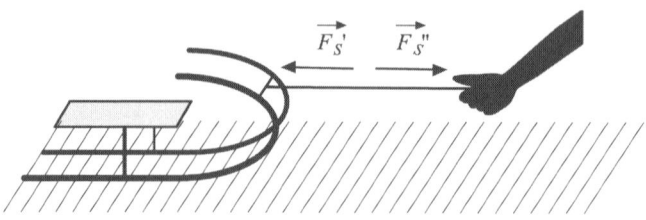

Abb. 2.20 *Kräfte auf das Seil und die ziehende Hand.*

beschleunigt. Wenden wir uns nun dem Seil zu, das, wie schon im Kapitel 2.3.3 gesagt, als „Impulsstromleiter" dient: Am Kontaktpunkt zum Schlitten wirkt die Kraft $\vec{F}_S'$, dem 3. Newtonschen Axiom zufolge beträgt sie $-\vec{F}_S$.

Am anderen Ende tritt die Kraft $\vec{F}_S''$ auf, also wird das Seil von $\vec{F}_R' = \vec{F}_S' + \vec{F}_S'' = -\vec{F}_S + \vec{F}_S''$ beschleunigt. Falls die Masse des Seils vernachlässigt werden kann ($m_{Seil} = 0$), gilt wegen

$$m_{Seil} \cdot \vec{a} = \vec{F}_R' = 0 = -\vec{F}_S + \vec{F}_S'' .\tag{2.70}$$

$\vec{F}_S'' = \vec{F}_S$, der Impulsstrom wird unverändert durch das Seil geleitet. Ist jedoch $m_{Seil} \neq 0$ und wird angenommen, dass das Seil die gleiche Beschleunigung wie der Schlitten erfährt, so ist $\vec{F}_S'' > \vec{F}_S$. Für die Kraft $\vec{F}_H$, die auf die Hand wirkt, gilt dem 3. Newtonschen Axiom zufolge

$$\vec{F}_H = -\vec{F}_S'' .\tag{2.71}$$

Wie man sieht, wurde zur Bestimmung der Kräfte an den Kontaktstellen verschiedener Objekte das 3. Newtonsche Axiom zu Hilfe genommen.

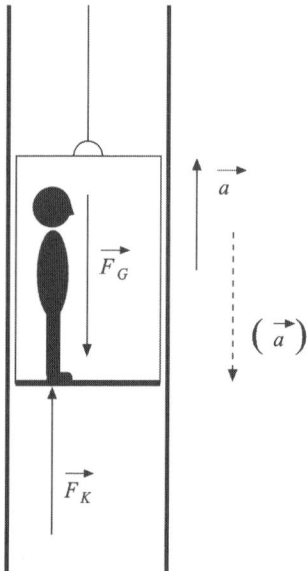

Abb. 2.21 *Kräfte auf eine Person in einem Fahrstuhl, der sich beschleunigt bewegt.*

In ähnlicher Weise kann man die scheinbare Gewichtsveränderung in einem Fahrstuhl erklären, der sich beschleunigt bewegt: Die scheinbare Gewichtskraft ist nichts anderes als die Kontaktkraft, mit der der Boden des Fahrstuhles verhindert, dass eine Person sich im freien Fall bewegt.

Die Person wird in gleicher Weise wie der Fahrstuhl beschleunigt, ferner wirkt auf sie neben der Kontaktkraft die Schwerkraft.

$$F_K + F_G = ma = F_K - mg \implies F_K = ma + mg \tag{2.72}$$

Beschleunigt der Fahrstuhl nach oben, so ist $F_K > mg$, beschleunigt er dagegen nach unten, so ist $F_K < mg$. Wird mit $|a| > g$ nach unten beschleunigt, so ist $F_K < 0$, die Person „hebt" vom Boden des Fahrstuhles ab.

Zerlegen von Kräften

Am Schluss von Kapitel 2.2.5 wurde gezeigt, dass es häufig praktisch ist, die Beschleunigung eines Objektes in eine Tangential- und eine Radial- oder Normalkomponente zu zerlegen, um die Änderung des Betrages und die Änderung der Richtung der Momentangeschwindigkeit zu trennen. In ähnlicher Weise ist es sinnvoll, auf ein Objekt wirkende Kräfte in gleicher Weise zu zerlegen: Tangentialkräfte verändern den Betrag des Impulses, Radial- oder Normalkräfte[1] seine Richtung.

Als Beispiel hierfür betrachten wir einen Körper, der eine schiefe Ebene unter Einfluss der Schwerkraft reibungsfrei hinuntergleitet:

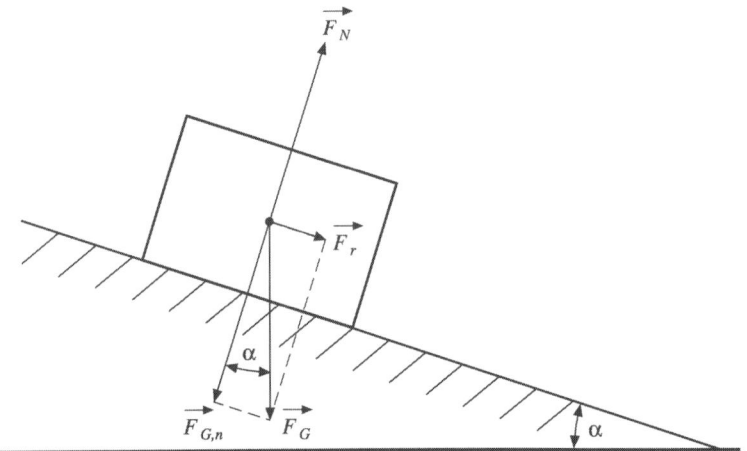

Abb. 2.22   Kräfte auf einen Körper, der eine schiefe Ebene hinuntergleitet.

Üblicherweise wird die Neigung einer schiefen Ebene durch den Böschungswinkel α zur Horizontalen beschrieben. Die Tangentialkomponente der Schwerkraft weist in Richtung der

---

[1]   Normal zu einer definierten Richtung bedeutet senkrecht zu ihr stehend.

schiefen Ebene, die Normalkomponente ist senkrecht zu ihr gerichtet. Unter Beachtung der Winkelbeziehungen im rechtwinkligen Dreieck zerlegt sich die auf den Körper wirkende Gewichtskraft in

$$\vec{F}_G = m\vec{g} = \begin{pmatrix} F_{G,t} \\ F_{G,n} \end{pmatrix} = \begin{pmatrix} mg\sin\alpha \\ -mg\cos\alpha \end{pmatrix} = mg\begin{pmatrix} \sin\alpha \\ -\cos\alpha \end{pmatrix}. \tag{2.73}$$

Mit der Normalkraft $F_{G,n}$ drückt der Körper auf die Oberfläche der schiefen Ebene. Diese wiederum übt auf den Körper eine Gegenkraft $F_N = -F_{G,n}$ aus, so dass dieser nicht „durch die schiefe Ebene" fällt. Die resultierende Kraft beträgt somit

$$\vec{F}_r = \vec{F}_G + \vec{F}_N = \begin{pmatrix} mg\sin\alpha \\ -mg\cos\alpha \end{pmatrix} + \begin{pmatrix} 0 \\ mg\cos\alpha \end{pmatrix} = mg\begin{pmatrix} \sin\alpha \\ 0 \end{pmatrix}. \tag{2.74}$$

Der Körper wird durch $F_r = F_{G,t}$, auch Hangabtriebskraft genannt, entlang der schiefen Ebene mit $a_t = g\sin\alpha$ gleichmäßig beschleunigt. Offensichtlich wird die Beschleunigung null für $\alpha = 0°$ (schiefe Ebene verläuft horizontal) und g für $\alpha = 90°$ (schiefe Ebene verläuft vertikal, d. h. die Bewegung stellt einen freien Fall dar).

Wirkt zwischen Körper und schiefer Ebene eine Gleitreibungskraft, so ist diese der Geschwindigkeit entgegengerichtet und nach (2.64) proportional zu F_N. Damit ergibt sich die resultierende Kraft zu

$$\vec{F}_r = \vec{F}_G + \vec{F}_N + \vec{F}_{GR} = \begin{pmatrix} mg\sin\alpha \\ 0 \end{pmatrix} + \begin{pmatrix} -\mu mg\cos\alpha \\ 0 \end{pmatrix}. \tag{2.75}$$

Die resultierende Kraft ist auch in diesem Fall konstant, die Bewegung erfolgt gleichmäßig beschleunigt.

Ist der Körper durch Haftreibung an die schiefe Ebene fixiert, so ist die Tangentialkomponente der resultierenden Kraft null, das Haften des Körpers an der schiefen Ebene wird beim Überschreiten eines bestimmten Grenzwertes des Böschungswinkels beendet und der Körper bewegt sich unter dem Einfluss der schwächeren Gleitreibung, so wie oben beschrieben. Der Grenzwinkel α_{Grenz} ergibt sich aus dem Gleichgewicht von Hangabtriebs- und Haftreibungskraft:

$$F_{G,t} + F_{HR} = mg\sin\alpha_{Grenz} - \mu_{HR}mg\cos\alpha_{Grenz} = 0 \quad \Rightarrow \quad \tan\alpha_{Grenz} = \mu_{HR} \tag{2.76}$$

Der Grenzwinkel beschreibt somit direkt den Haftreibungskoeffizienten, welcher auf diese Art und Weise messtechnisch leicht zugänglich ist.

In einem weiteren Beispiel betrachten wir eine Lampe, die an zwei Drahtseilen aufgehängt über einer Straße befestigt ist: Welche Kräfte wirken auf die Seile und auf ihre Verankerungen in den Hauswänden?

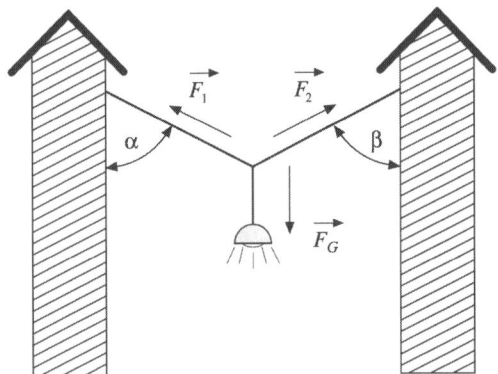

Abb. 2.23 *Kräfte auf eine an Drahtseilen befestigte Lampe.*

Aufgabe der Seile ist es, die auf die Lampe wirkende Schwerkraft zu kompensieren, die Summe der Seilkräfte muss somit entgegengesetzt gleich groß sein. Daher zerlegen wir die Seilkräfte in eine Komponente parallel zur Schwerkraft und eine dazu senkrechte Horizontalkomponente.

$$0 = \vec{F}_G + \vec{F}_1 + \vec{F}_2 = \begin{pmatrix} 0 \\ -mg \end{pmatrix} + \begin{pmatrix} -F_1 \sin\alpha \\ F_1 \cos\alpha \end{pmatrix} + \begin{pmatrix} F_2 \sin\beta \\ F_2 \cos\beta \end{pmatrix} \tag{2.77}$$

Aus (2.77) geht hervor, dass die Horizontalkomponenten der Seilkräfte entgegengesetzt gleich groß sein müssen. Aus den Gleichungen für die beiden Komponenten ergeben sich die Beträge der Seilkräfte

$$F_1 = \frac{mg \sin\beta}{\sin\alpha \cos\beta + \sin\beta \cos\alpha}, \quad F_2 = \frac{mg \sin\alpha}{\sin\alpha \cos\beta + \sin\beta \cos\alpha}. \tag{2.78}$$

Für die Betrachtung möglicher Grenzfälle für die Seilkräfte nehmen wir vereinfachend an, dass $\alpha = \beta$ ist. Damit vereinfacht sich (2.78) zu

$$F_1 = F_2 = \frac{mg}{2 \cos\alpha}. \tag{2.79}$$

Für $\alpha = 0°$ (die Lampe hängt an sehr langen, senkrecht nach unten gerichteten Seilen) hält jedes Seil die halbe Gewichtskraft, für $\alpha = 90°$, d. h. die Seile sind so straff gespannt, dass sie waagerecht verlaufen, streben die Beträge der Seilkräfte gegen unendlich.

Kräfte bei Kreisbewegungen

Die Newtonschen Axiome sind weiterhin sehr hilfreich, die bei Kreisbewegungen auftretenden Kräfte zu bestimmen. Wie im Kapitel 2.2.5 (Kreisbewegungen) gezeigt wurde, erfährt das sich auf einer Kreisbahn bewegende Objekt immer eine radiale, vom Objekt zum Kreismittelpunkt weisende Beschleunigung, zu der evtl. noch eine tangentiale Beschleunigung kommen kann. Die Radialbeschleunigung wird durch eine entsprechend gerichtete Kraft, der

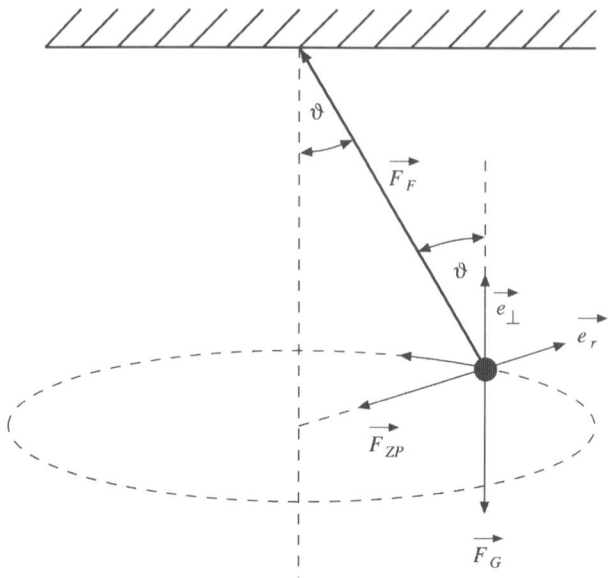

Abb. 2.24   *Eine an einem Faden befestigte Kugel bewegt sich auf einer Kreisbahn.*

Radial- oder Zentripetalkraft[1] bewirkt. Diese Kraft kann sich z. B. als Resultierende mehrerer auf das Objekt wirkender Kräfte ergeben.

Auf die Kugel wirken Schwerkraft und Fadenkraft, Letztere muss sowohl die Schwerkraft kompensieren, sonst fällt die Kugel herab, als auch die für die Kreisbewegung erforderliche Zentripetalkraft gewährleisten.

$$\vec{F}_{ZP} = m\vec{a}_{ZP} = \vec{F}_G + \vec{F}_F \tag{2.80}$$

Bewegt sich die Kugel gleichförmig auf einer horizontalen Kreisbahn, so verläuft auch die Zentripetalkraft in der horizontalen Ebene. Der Betrag der Horizontalkomponente F_r bleibt konstant, während sich ihre Richtung in der Horizontalen ständig ändert. In einer vertikalen Ebene durch den Kreismittelpunkt, in der sich die Kugel zu einem bestimmten Zeitpunkt befindet, beträgt die Fadenkraft mit (2.44)

$$\vec{F}_F = \begin{pmatrix} F_r \\ F_\perp \end{pmatrix} = m\vec{a}_{ZP} - m\vec{g} = m \begin{pmatrix} -\omega^2 r \\ g \end{pmatrix}, \tag{2.81}$$

wobei ω die Winkelgeschwindigkeit und r der Kreisradius ist. Der Betrag von F_F sowie der Winkel ϑ zwischen der radialen und der vertikalen Komponente berechnen sich zu

$$\tan\vartheta = \frac{\omega^2 r}{g}, \quad F_F = m\sqrt{(\omega^2 r)^2 + g^2}. \tag{2.82}$$

---

[1]   Aus dem Lateinischen übersetzt: zum Zentrum/Mittelpunkt streben.

Während der Bewegung befindet sich $\vec{F}_F$ auf der Mantelfläche des Kegels mit dem Öffnungswinkel ϑ und ist zur Kegelspitze gerichtet.

Verläuft dagegen die Kreisbahn in der Vertikalen und beschreiben wir die Position der Kugel mit dem Winkel φ zur (horizontalen) x-Achse, so ändert sich (2.81) wie folgt:

$$\vec{F}_F = \begin{pmatrix} F_x \\ F_y \end{pmatrix} = m\vec{a}_{ZP} - m\vec{g} = m\begin{pmatrix} -\omega^2 r \cos\varphi \\ -\omega^2 r \sin\varphi + g \end{pmatrix}, \tag{2.83}$$

wobei wieder eine gleichförmige Kreisbewegung angenommen wird. Der Faden muss immer gespannt sein, andernfalls würde die Kugel die Kreisbahn verlassen. daher muss $|\vec{F}_F| \geq 0$ sein.

$$|\vec{F}_F| = m\sqrt{(\omega^2 r \cos\varphi)^2 + (g - \omega^2 r \sin\varphi)^2}$$
$$\Rightarrow \quad |\vec{F}_F| = m\sqrt{(\omega^2 r)^2 - 2g\omega^2 r \sin\varphi + g^2} \tag{2.84}$$

Minimal wird $|\vec{F}_F|$ bei $\varphi = 90°$ im oberen Scheitel der Kreisbahn, dann gilt

$$|\vec{F}_F| \geq 0 \quad \Leftrightarrow \quad \omega^2 r - g \geq 0 \quad \Rightarrow \omega \geq \sqrt{\frac{g}{r}}, \tag{2.85}$$

d. h. bei gegebenem r muss eine minimale Winkelgeschwindigkeit eingehalten werden.

Statt durch Seile, Stangen oder Fäden kann die Zentripetalkraft auch durch Reibungskräfte (Haftreibung) vermittelt werden, z. B. durch die Haftung von Reifen bei einer Fahrt durch eine Kurve.

Corioliskraft
Bewegt sich ein Objekt auf einer Kreisbahn, bei der sich der Radius ändert[1], so treten neben der Zentripetalkraft weitere Kräfte auf. Wir wollen hier den einfachsten Fall, nämlich eine radiale Bewegung, die der Kreisbewegung überlagert ist, behandeln. Legen wir den Koordinatenursprung in den Kreismittelpunkt, so lautet die Ortsfunktion

$$\vec{s}(t) = r(t)\begin{pmatrix} \cos\varphi(t) \\ \sin\varphi(t) \end{pmatrix}. \tag{2.86}$$

Nehmen wir weiterhin vereinfachend an, dass die Kreisbewegung gleichförmig ($\omega = $ const.) und die radiale Bewegung ebenfalls gleichförmig ($u = $ const.) verläuft, wobei zum Zeitpunkt $t = 0$ sich das Objekt im Kreismittelpunkt befindet, so lautet (2.86):

$$\vec{s}(t) = ut\begin{pmatrix} \cos\omega t \\ \sin\omega t \end{pmatrix} = ut\vec{e}_r \tag{2.87}$$

---

[1] Streng genommen handelt es sich dann nicht mehr um eine Kreisbewegung, deren Charakteristikum ja gerade der konstante Radius ist, sondern um eine Spiralbewegung.

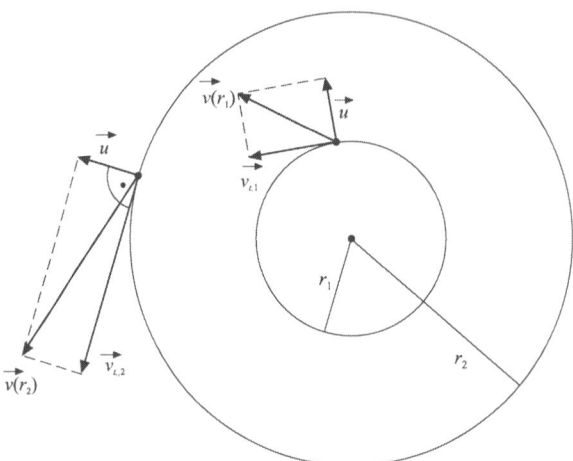

Abb. 2.25   *Geschwindigkeitskomponenten bei einer Kreisbewegung mit sich änderndem Radius.*

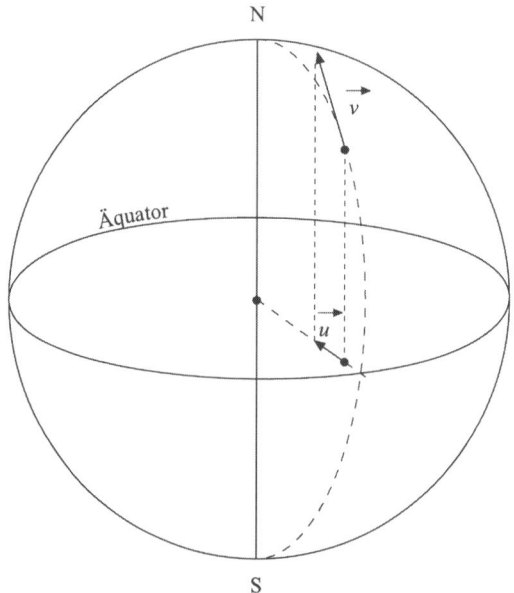

Abb. 2.26   *Corioliskraft bei einer Bewegung auf der Erde in Nord-Süd-Richtung. Maßgeblich für die Corioliskraft ist die Projektion der Geschwindigkeit $\vec{v}$ auf die Äquatorialebene.*

Damit ergibt sich die momentane Geschwindigkeit zu

$$\vec{v}(t) = \dot{\vec{s}}(t) = u\begin{pmatrix} \cos\omega t \\ \sin\omega t \end{pmatrix} + ut\omega\begin{pmatrix} -\sin\omega t \\ \cos\omega t \end{pmatrix} = u\vec{e}_r + ut\omega\vec{e}_t \,. \tag{2.88}$$

Die Geschwindigkeit $\vec{v}$ setzt sich somit zusammen aus einer tangentialen Komponente (Kreisbewegung) und einer radialen Komponente, welche den Radius der Kreisbewegung ändert. Die wirksame Beschleunigung ändert die momentane Geschwindigkeit:

$$\vec{a}(t) = \dot{\vec{v}}(t) = \dot{u}\vec{e}_r + u\omega\vec{e}_t + ut\omega\dot{\vec{e}}_t = 2u\omega\vec{e}_t - ut\omega^2\vec{e}_r \tag{2.89}$$

Der zweite Term beschreibt die momentan wirkende Zentripetalbeschleunigung, während der erste Term die Coriolisbeschleunigung, die tangential wirkt, darstellt. Entsprechend wirken auf das Objekt die Corioliskraft[1] und die Zentripetalkraft.

Auf der Erde als rotierendem Körper können ebenfalls Corioliskräfte auftreten. Projiziert man eine Bewegung auf die Äquatorialebene der Erde, so haben wir den gleichen Fall wie oben, wenn sich ein Objekt in Nord-Süd-Richtung bewegt. Die Corioliskraft weist dann nach West oder Ost, abhängig von der Richtung der Bewegung. So erklären sich z. B. die Abweichung der Passatwinde von der Nord-Süd-Richtung und die Spiralform von Tief- und Hochdruckgebieten.

Wechselwirkende Objekte
Oft sind in der Mechanik Bewegungsprobleme zu lösen, bei denen zwei oder mehr Objekte gegenseitig Kräfte aufeinander ausüben. Wir können die gleiche Strategie wie oben anwenden, d. h. die einzelnen Objekte zunächst getrennt betrachten und alle auf sie einwirkenden Kräfte erfassen. Die resultierenden Kräfte beschleunigen dann die jeweiligen Objekte. Allerdings sind durch die Wechselwirkungen Bedingungen an die Beschleunigungen geknüpft, sind die Objekte starr miteinander verbunden, so müssen alle Beschleunigungen gleich sein. Aus dem 3. Newtonschen Axiom ergeben sich zusätzlich Bedingungen für die Kräfte an den Verbindungen.

Ein einfaches Beispiel ist die Atwoodsche Fallmaschine, bei der zwei Körper mit einem Seil, das über eine Rolle läuft, miteinander verbunden sind.

Auf den ersten Körper wirken die Gewichtskraft und die Seilkraft, auf den zweiten Körper ebenfalls. Aufgrund des 3. Newtonschen Axioms sind die auf die Körper wirkenden Seilkräfte gleich. Bewegt sich der erste Körper nach oben, so wird der zweite nach unten gehen. Somit sind die Beschleunigungen entgegengesetzt gleich groß.

$$F_{r,1} = m_1 a_1 = F_{S,1} - m_1 g, \quad F_{r,2} = m_2 a_2 = F_{S,2} - m_2 g$$
Nebenbedingungen: $F_{S,1} = F_{S,2}$, $\quad a_1 = -a_2$ $\tag{2.90}$

In diesen vier Gleichungen sind in der Regel $F_{S,1}$, $F_{S,2}$, a_1 und a_2 nicht bekannt. Will man die Beschleunigung eines der beiden Körper berechnen, so eliminiert man die Seilkräfte und erhält für a_1:

$$
\begin{aligned}
m_1 a_1 &= F_S - m_1 g \\
-m_2 a_1 &= F_S - m_2 g \\
\hline
(m_1 + m_1)a_1 &= (-m_1 + m_2)g \quad \Rightarrow \quad a_1 = \frac{m_2 - m_1}{m_1 + m_2} g
\end{aligned}
\tag{2.91}
$$

---

[1] G. G. Coriolis (1792–1843).

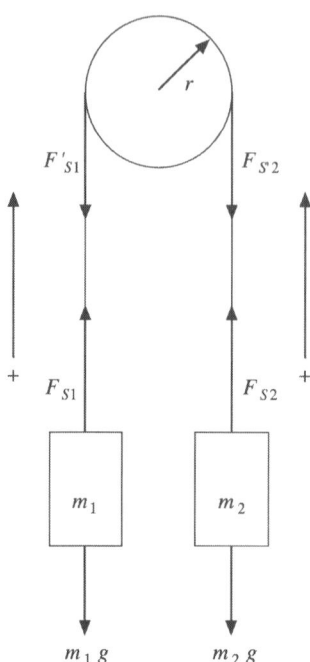

Abb. 2.27   *Atwoodsche Fallmaschine.*

Ist also $m_2 > m_1$, so wird Körper 1 nach oben gezogen, während sich Körper 2 nach unten bewegt.

2.3.7   Koordinatentransformationen

Um Bewegungen quantitativ beschreiben zu können, ist die Festlegung eines Referenz-, Bezugs- oder Koordinatensystems, bezüglich dessen die Positionen von Objekten angegeben werden, erforderlich. Die konkrete Wahl sollte so geschehen, dass die Beschreibung möglichst einfach ist. So kann es natürlich passieren, dass für den gleichen Bewegungsvorgang unterschiedliche Koordinatensysteme gewählt werden, je nach Sichtweise. Betrachten wir z. B. eine Tasse Kaffee, die sich auf dem Tisch in einem sich gleichförmig bewegenden Zug befindet. Ein im Zug befindlicher Passagier wählt ein mit dem Tisch verbundenes Koordinatensystem, in dem die Tasse ruht. Eine auf dem Bahnsteig befindliche Person beschreibt die Bewegung der Tasse in einem anderen Koordinatensystem, in dem der Bahnsteig ruht, der Zug und auch die Tasse Kaffee bewegen sich gleichförmig. Wie ändern sich physikalische Gesetze, wenn sich das Referenzsystem ändert, die Koordinaten von einem System in ein anderes transformiert werden?

In diesem Kapitel wollen wir uns auf die „Galilei-Transformationen" beschränken, bei diesen sind die Zeiten im Ausgangs- und im transformierten System gleich. Dies gilt allerdings nur bei im Vergleich zur Lichtgeschwindigkeit kleinen Relativgeschwindigkeiten zwischen den Koordinatensystemen. Für größere Geschwindigkeiten sind die Zeiten unterschiedlich, was in der speziellen und allgemeinen Relativitätstheorie Einsteins zum Ausdruck kommt. Im Folgenden soll folgende Notation gelten: Physikalische Größen im transformierten Bezugssystem werden mit einem ' gekennzeichnet, z. B. der Ortsvektor zu einem Objekt im Ausgangssystem sei $\vec{s}$, im transformierten System dagegen $\vec{s}\,'$.

Verschobene und gradlinig zueinander bewegte Bezugssysteme

Geht das transformierte '-System durch eine Verschiebung um $\vec{w}$ aus dem Ausgangssystem hervor, so transformieren sich

- der Ortsvektor zu einem Objekt wie $\vec{s}\,' = \vec{s} - \vec{w}$,
- seine Geschwindigkeit wie $\vec{v}\,' = \vec{v}$,
- seine Beschleunigung wie $\vec{a}\,' = \vec{a}$.   (2.92)

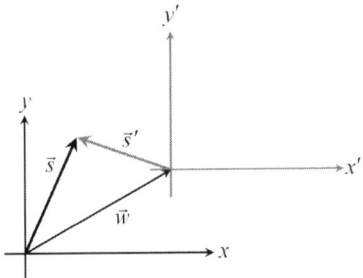

Abb. 2.28   *Zueinander verschobene Bezugssysteme.*

Bewegt sich das '-System gleichförmig mit der Geschwindigkeit $\vec{u}$ relativ zum Ausgangssystem, so transformieren sich, wenn wir annehmen, dass zum Zeitpunkt $t = 0$ die Koordinatensysteme zusammenfallen,

- die Geschwindigkeit eines Objekts wie $\vec{v}\,' = \vec{v} - \vec{u}$,
- seine Beschleunigung wie $\vec{a}\,' = \vec{a}$,
- sein Ortsvektor wie $\vec{s}\,' = \vec{s} - \vec{u}t$.   (2.93)

Der Verschiebungsvektor $\vec{w}$ in **Abb. 2.28** lautet für diesen Fall $\vec{w} = \vec{u}t$. Der Ortsvektor $\vec{s}\,'$ ändert sich daher mit der Zeit.

Wird das '-System gegenüber dem Ausgangssystem mit $\vec{b}$ gleichmäßig beschleunigt, so lauten unter der Voraussetzung, dass zum Zeitpunkt $t = 0$ wiederum die Koordinatensysteme zusammenfallen und auch ihre Relativgeschwindigkeit null ist, die transformierten kinematischen Größen:

- Beschleunigung: $\vec{a}\,' = \vec{a} - \vec{b}$,
- Geschwindigkeit $\vec{v}\,' = \vec{v} - \vec{b}t$,
- und Ortsvektor $\vec{s}\,' = \vec{s} - \dfrac{1}{2}\vec{b}t^2$.   (2.94)

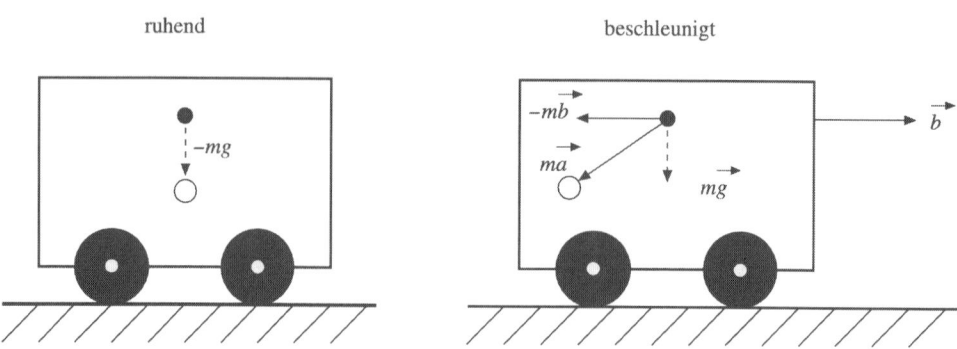

Abb. 2.29   *Frei fallendes Objekt im ruhenden und im gleichmäßig beschleunigten Bezugssystem.*

Sind für die Fälle „Verschiebung" und „gleichförmige Relativbewegung" der Koordinaten-systeme die Beschleunigungen im Ausgangs- und im transformierten System gleich, so sind diese im letzten Fall unterschiedlich. Für ein Objekt mit einer Masse m hat dies zur Konse-quenz, dass offensichtlich unterschiedliche Kräfte wirken.

$$\vec{F} = m\vec{a} \quad \text{und} \quad \vec{F}' = m\vec{a} - m\vec{b} = \vec{F} - m\vec{b} \tag{2.95}$$

Die Kraft $-m\vec{b}$ bezeichnet man auch als Trägheitskraft oder Scheinkraft, die nur aufgrund der Tatsache auftritt, dass die Bezugssysteme sich zueinander beschleunigt bewegen. In zueinander verschobenen oder sich gleichförmig bewegenden Bezugssystemen sind die auf Objekte wirkende Kräfte gleich, das 1. Newtonsche Axiom, das Trägheitsaxiom bleibt gültig, daher nennt man solche Bezugssysteme auch Inertialsysteme. Ist jedoch bei zueinander be-schleunigten Bezugssystemen im Ausgangssystem die Bewegung eines Objektes kräftefrei, so wirkt im transformierten System die Trägheitskraft $-m\vec{b}$. Einem Beobachter im ′-System erscheint das Objekt so, als würde es mit $-\vec{b}$ gleichmäßig beschleunigt.

Damit sich umgekehrt ein Objekt in einem beschleunigten Bezugssystem in Ruhe befindet, muss eine weitere Kraft zur Überwindung der Trägheitskraft wirken.

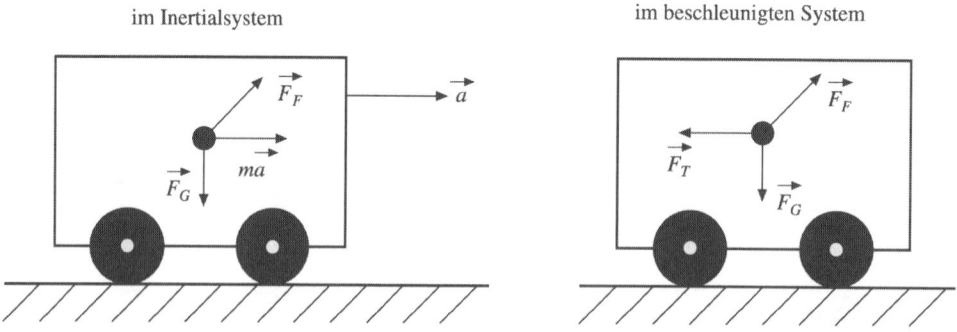

Abb. 2.30   *Kräfte auf einen an einem Faden aufgehängten Gegenstand in einem horizontal beschleunigten Wagen.*

Um die Richtung der Fadenkraft in **Abb. 2.30** zu bestimmen, muss im Inertialsystem die Summe aller Kräfte, d. h. die Gewichtskraft und die Fadenkraft die Beschleunigung des Gegenstandes, die gleich der Beschleunigung des Wagens ist, ergeben:

$$m\vec{a} = \vec{F}_G + \vec{F}_F \quad \Rightarrow \quad \vec{F}_F = m\begin{pmatrix} a \\ 0 \end{pmatrix} - m\begin{pmatrix} 0 \\ -g \end{pmatrix} = m\begin{pmatrix} a \\ g \end{pmatrix} \tag{2.96}$$

Im Bezugssystem des beschleunigten Wagens muss die Summe der auf den Gegenstand einwirkenden Kräfte null sein:

$$\vec{F}' = 0 = \vec{F}_G + \vec{F}_F + \vec{F}_T \quad \Rightarrow \quad \vec{F}_F = -m\begin{pmatrix} 0 \\ -g \end{pmatrix} - m\begin{pmatrix} -a \\ 0 \end{pmatrix} = m\begin{pmatrix} a \\ g \end{pmatrix} \tag{2.97}$$

Offensichtlich ist für Beobachter im Inertialsystem und im beschleunigten Bezugssystem die Fadenkraft gleich. Um somit auf Objekte wirkende Kräfte in einem sich beschleunigt bewegenden „Umfeld" zu bestimmen, kann man auch die Trägheitskräfte, die das Umfeld „verursacht", verwenden.

Anderseits kann man auch ein Bezugssystem wählen, in dem sich Objekte, auf welche Kräfte (bezüglich eines Inertialsystems) wirken, in Ruhe befinden. Um „Schwerelosigkeit" auf der Erde zu erreichen, muss ein Bezugssystem, das mit der Erdbeschleunigung bezüglich der Erde beschleunigt wird, gewählt werden, z. B. in Flugzeugen, dessen Flugbahn einer Wurfparabel (ohne Luftwiderstand) entspricht.

Rotierende Bezugssysteme
Im Abschnitt 2.2.5 Kreisbewegungen haben wir festgestellt, dass jede Kreisbewegung eine beschleunigte Bewegung darstellt. Je nach Art der Bewegung liegen Zentripetalbeschleunigung, Tangentialbeschleunigung aufgrund von Änderung der Winkelgeschwindigkeit oder Coriolisbeschleunigung, verursacht durch eine Spiralbewegung vor. Aufgrund der obigen Überlegungen werden diesen Beschleunigungen im rotierenden Bezugssystem entsprechende Trägheitskräfte zugeordnet:

Zentrifugalkraft
Sie beträgt (2.44) zufolge

$$\vec{F}_{ZF} = -m\vec{a}_r = m\omega^2 r \vec{e}_r = m\frac{v_{Bahn}^2}{r}\vec{e}_r . \tag{2.98}$$

Anschaulich gesehen bewegt sich ein kreisendes Objekt, bei dem zum Zeitpunkt $t = 0$ die Zentripetalbeschleunigung „abgeschaltet" wird, für einen mitrotierenden Beobachter beschleunigt mit $-\vec{a}_r$. Im Inertialsystem dagegen bewegt es sich dann mit v_{Bahn} in tangentialer Richtung gleichförmig weiter.

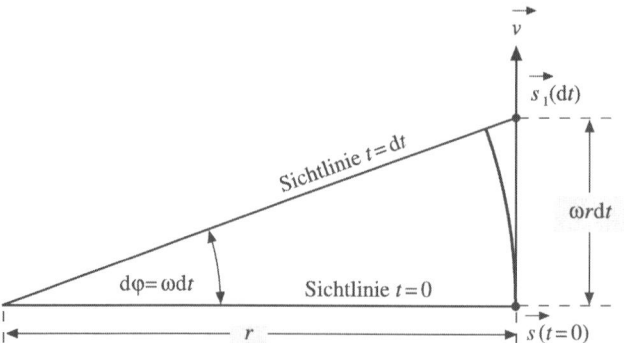

Abb. 2.31 *Zentrifugalbeschleunigung eines Objektes, das sich im Inertialsystem gleichförmig mit v_{Bahn} bewegt, vom rotierenden Beobachter aus gesehen.*

Zum Zeitpunkt t_0 befindet sich das Objekt auf der Kreisbahn im Abstand r zum Kreismittelpunkt, es bewegt sich tangential mit der Geschwindigkeit $v_{Bahn} = r\omega$. Nach der Zeitspanne dt befindet es sich in $\vec{s}_1$.

$$\vec{s}(t_0) = \begin{pmatrix} r \\ 0 \end{pmatrix}, \quad \vec{s}(t + \mathrm{d}t) = \vec{s}_1 = \begin{pmatrix} r \\ r\omega \mathrm{d}t \end{pmatrix} \tag{2.99}$$

Der Abstand des Objektes in der Position $\vec{s}_1$ zum Kreismittelpunkt beträgt

$$|\vec{s}_1| = \sqrt{r^2 + (r\omega \mathrm{d}t)^2} \approx r + \frac{1}{2}r(\omega \mathrm{d}t)^2 .^1 \tag{2.100}$$

Der Abstand zum Kreismittelpunkt hat sich in der Zeitspanne dt um

$$\Delta r = |\vec{s}_1| - |\vec{s}(t = 0)| \approx \frac{1}{2}r\omega^2 \mathrm{d}t^2 \tag{2.101}$$

verändert. Vergleicht man (2.101) mit (2.8), ergibt sich $r\omega^2$ als wirksame Beschleunigung, diese ist radial gerichtet vom Kreismittelpunkt weg, daher auch der Name „Zentrifugalbeschleunigung[2]".

Corioliskraft
Betrachtet man den obigen Bewegungsvorgang über größere Zeiträume, so wandert das sich gleichförmig bewegende Objekt in **Abb. 2.31** aus der sich mit der Winkelgeschwindigkeit ω drehenden „Sichtlinie" vom Ursprung aus. Ändert sich der Ortsvektor $\vec{s}(t)$ gemäß (2.99), so weist $\vec{s}(t)$ einen Winkel

$$\alpha = \arctan(\omega t) \tag{2.102}$$

---

[1]   Hier wurde die Näherung $(1+x)^k \approx 1 + kx$ verwendet, wobei $x \ll 1$ sein muss.
[2]   Lat. „vom Zentrum fliehend".

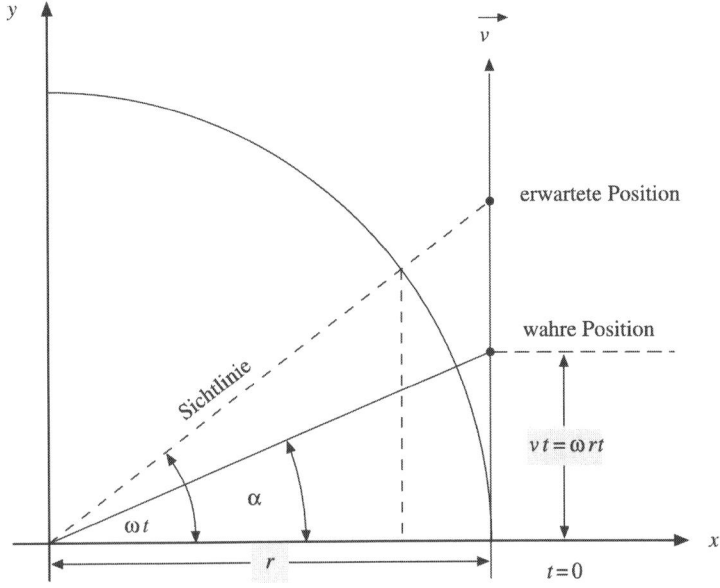

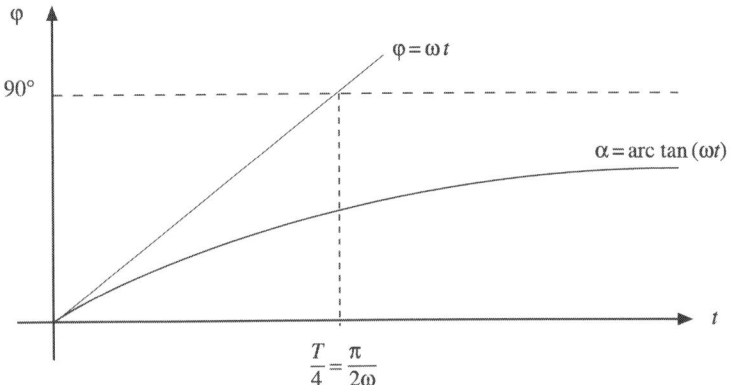

Abb. 2.32 *Gleichförmig rotierendes Bezugssystem: Winkel zwischen der „Sichtlinie" und dem sich gleichförmig bewegenden Objekt.*

auf, die „Sichtlinie" in **Abb. 2.32**, die zum Zeitpunkt t_0 auf das Objekt zeigt, dagegen

$$\varphi = \omega t \, . \tag{2.103}$$

Die Differenz zwischen α und φ wird mit wachsender Zeit immer größer. Dieses Zurückbleiben des Objektes gegenüber der erwarteten Drehung um φ registriert der Beobachter als eine tangentiale Beschleunigung, die Coriolisbeschleunigung. Entsprechend erfährt das Objekt die Corioliskraft.

Betrachten wir nun den geometrisch einfacheren Fall einer gleichförmigen Bewegung durch den Ursprung bzw. den Kreismittelpunkt, wie sie sich ergeben würde, wenn eine im Kreismittelpunkt einer gleichförmig rotierenden Scheibe befindliche Person zum Zeitpunkt $t = 0$ einen Ball radial mit einer Geschwindigkeit v nach außen werfen würde. Die werfende Person stellt fest, dass sich der Ball nicht radial in der Sichtlinie, die sich mit der Winkelgeschwindigkeit ω dreht, bewegt, sondern entgegen der Drehrichtung abgelenkt wird.

Das Bogenstück zwischen der von der Person erwarteten, „mitgedrehten" Position und der tatsächlichen beträgt

$$b(t) = -\varphi(t)r(t) = -\omega t v t = \frac{1}{2}(-2\omega v)t^2 \ . \tag{2.104}$$

Das zurückgelegte Bogenstück wächst also mit t^2. Vergleichen wir (2.104) mit (2.8), so wächst dieses wie der zurückgelegte Weg einer gleichmäßig beschleunigten Bewegung. Wir können in diesem Fall $(-2\omega v)$ als vom rotierenden Beobachter festgestellte Coriolisbeschleunigung identifizieren.

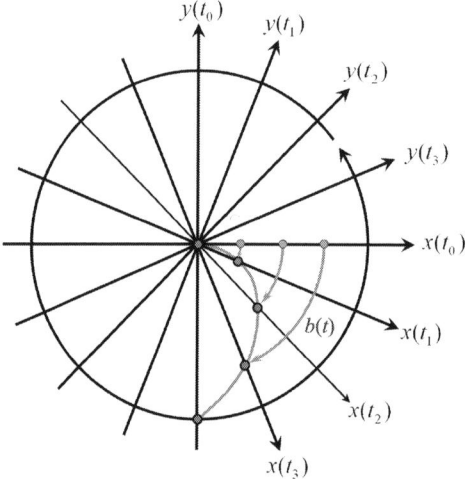

Abb. 2.33 *Ablenkung eines sich gleichförmig durch den Kreismittelpunkt bewegenden Objektes aus der Sicht der sich drehenden Person.*

2.3.8   Numerisches Lösen von Bewegungsgleichungen

Kennt man alle auf ein Objekt wirkenden Kräfte, so wird dem 2. Newtonschen Axiom (2.55) gemäß das Objekt in Richtung der resultierenden Kraft beschleunigt. Ändern sich die Kräfte zeitlich, örtlich oder geschwindigkeitsabhängig, so ändert sich entsprechend auch die Beschleunigung. Möchte man Geschwindigkeiten $\vec{v}(t)$ und Positionen $\vec{s}(t)$ des Objektes bestimmen, die es bei einer Bewegung unter dem Einfluss der Kräfte erreicht, so muss wegen (2.24) die Differentialgleichung $\vec{F} = m\vec{a}$ integriert werden. Diese Gleichung nennt man auch „Bewegungsgleichung".

Eine Differentialgleichung ist im Gegensatz zu einer algebraischen Gleichung, bei der im Allgemeinen eine unbekannte Zahl (physikalische Größe) bestimmt werden soll, eine Gleichung, die den Zusammenhang zwischen einer Funktion und ihren Ableitungen beschreibt. Lösen einer Differentialgleichung bedeutet daher, eine Funktion zu finden, welche den Zusammenhang erfüllt. In der Mathematik sind zahlreiche Verfahren bekannt, Differentialgleichungen unterschiedlichen Typs zu lösen. Zur eindeutigen Bestimmung der Lösung ist es erforderlich, „Anfangsbedingungen", wenn die gesuchte Funktion von der Zeit abhängt, bzw. „Randbedingungen", wenn sie vom Ort abhängt, zu kennen. Anfangsbedingungen geben Werte für die gesuchte Funktion und ihre Ableitungen zu einem bestimmten Zeitpunkt an, während Randbedingungen die Werte der Funktion an bestimmten Orten festlegen. Wie viele dieser Festlegungen erforderlich sind, hängt vom Typ der Differentialgleichung ab.

Erfolgt die Bewegung unter dem Einfluss einer konstanten Kraft $\vec{F}$, so ergeben sich z. B. die Resultate des Kapitels 2.2.2 (Spezielle eindimensionale Bewegungen). Erfährt das Objekt jedoch elastische Kräfte (Federkonstante D) und innerer Reibung (Konstante b), so ergibt sich folgende Bewegungsgleichung:

$$\vec{F} = m\vec{a} = m\dot{\vec{v}} = m\ddot{\vec{s}} = -D\vec{s} - b\dot{\vec{s}} \ . \tag{2.105}$$

Die Bewegung der Erde um die Sonne wird durch

$$\vec{F} = m\vec{a} = m\dot{\vec{v}} = m\ddot{\vec{s}} = \gamma \frac{m_{Planet} m_{Sonne}}{|\vec{s}|^3} \vec{s} \tag{2.106}$$

beschrieben, der Ortsvektor $\vec{s}$ weist hierbei vom Mittelpunkt der Sonne zum Erdmittelpunkt. Dabei ist $\gamma = 6{,}67 \ 10^{-11}$ m³/(kg s²) die Gravitationskonstante.

Die analytische Lösung komplexerer Differentialgleichungen ist schwierig, in manchen Fällen auch unmöglich. Allerdings ist es möglich, ausgehend von den Anfangs- und/oder Randwerten, die Differentialgleichung abschnittsweise mit dem Computer unter Annahme einfacher Modellfunktionen, bei denen nur gewisse Parameter geändert werden, zu lösen, d. h. Werte für Geschwindigkeiten und Orte des Objektes zu berechnen.

Euler-Verfahren
Bei der Festlegung der Anfangsbedingungen sind der Ort des Objektes, seine Geschwindigkeit und die wirkende Kraft zu diesem Zeitpunkt bekannt. Für hinreichend kleine Zeitintervalle Δt kann man die Kraft und damit die Beschleunigung als konstant ansehen. Beschränken wir uns auf eindimensionale Bewegungen, so ergibt sich die Geschwindigkeit am Ende dieses Zeitintervalls zu

$$v(\Delta t) = v(t=0) + a(t=0)\Delta t \quad \text{mit} \quad a(t=0) = \frac{F(t=0)}{m} \ . \tag{2.107}$$

Für die Berechnung des Ortes $s(\Delta t)$ am Ende des Zeitintervalls Δt wird beim Euler-Verfahren von einer gleichförmigen Bewegung mit $v = v(t = 0)$ ausgegangen:

$$s(\Delta t) = s(t = 0) + v(t = 0)\Delta t \tag{2.108}$$

Geschwindigkeiten und Orte zu späteren Zeitpunkten können, ausgehend von den anfänglichen Werten, nach obigen Gleichungen aus den Orten und Geschwindigkeiten vorheriger Zeitpunkte schrittweise berechnet werden:

$$v((n+1)\Delta t) = v(n\Delta t) + a(n\Delta t)\Delta t \quad \text{und} \quad s((n+1)\Delta t) = s(n\Delta t) + v(n\Delta t)\Delta t \tag{2.109}$$

Zu klären ist bei der Lösung von konkreten Bewegungsvorgängen, wie klein Δt gewählt werden muss. Dies soll anhand des Beispiels „Bewegung unter Einfluss von Luftreibung" diskutiert werden: Zum einen kann die Bewegungsgleichung noch analytisch gelöst werden, zum anderen können wir sie auch mit dem Euler-Verfahren numerisch lösen.

Die Luftreibung wächst gemäß (2.67) mit dem Quadrat der Geschwindigkeit, somit wird ein mit der Geschwindigkeit v_A fahrendes Auto, bei dem zum Zeitpunkt t_A der Motor ausgekuppelt wird, vom Luftwiderstand bis (fast) zum Stillstand gebremst. Die Bewegungsgleichung lautet:

$$ma = m\frac{dv}{dt} = -bv^2 \implies dt = -\frac{m\,dv}{bv^2} \tag{2.110}$$

Integrieren von linker und rechter Seite der Differentialgleichung von t_A bis t_E bzw. von v_E bis v_E ergibt

$$\int_{t_A}^{t_E} dt = -\frac{m}{b}\int_{v_A}^{v_E}\frac{dv}{v^2} \implies t_E - t_A = \frac{m}{b}\left(\frac{1}{v_E} - \frac{1}{v_A}\right) \tag{2.111}$$

$$\implies v_E = \frac{mv_A}{bv_A(t_E - t_A) + m}. \tag{2.112}$$

Man sieht, dass $v_E = 0$ nur für $t_E \to \infty$ erreicht wird. Durch nochmaliges Integrieren von (2.112) erhalten wir die Ortsfunktion:

$$\frac{ds}{dt} = \frac{mv_A}{bv_A(t - t_A) + m} \implies \int_{S_A}^{S_E} ds = \int_{t_A}^{t_E}\frac{mv_A\,dt}{bv_A(t - t_A) + m} \tag{2.113}$$

$$\implies s_E - s_A = \ln\left(\frac{b}{m}v_A(t_E - t_A) + 1\right) \tag{2.114}$$

Mit $b - 0,5$ kg/m wird ein Auto mit 1000 kg Masse und einer Anfangsgeschwindigkeit von 100 km/h nach 72 s auf 50 km/h abgebremst, dabei legt es 1386 m Weg zurück.

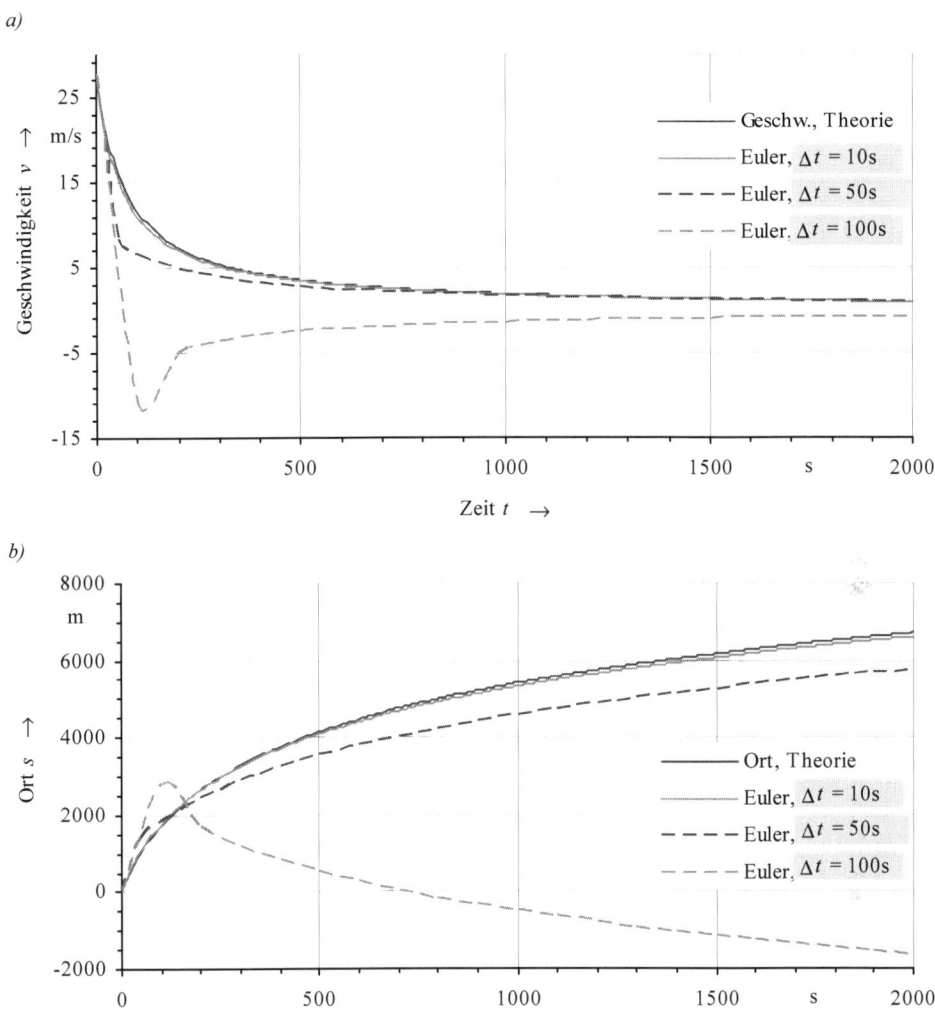

Abb. 2.34 *Vergleich der analytischen Lösung einer Bewegungsgleichung mit numerischen Resultaten nach dem Euler-Verfahren. (a) Ort, (b) Geschwindigkeit.*

Vergleicht man nun die Ergebnisse, die das Euler-Verfahren bei unterschiedlichen Zeitintervallen Δt liefert, so sieht man, dass die Ergebnisse umso besser an die analytisch gewonnene Lösung annähern, je kleiner Δt gewählt wird. Allerdings wird der Rechenaufwand entsprechend größer. Eine untere Schranke ist durch die Rechengenauigkeit des Computers gegeben, ist Δt zu klein, so verschlechtern Rundungsfehler das Ergebnis. Bei zu groß gewähltem Δt können sogar unsinnige Ergebnisse herauskommen (siehe $\Delta t = 100$s),

Erweitert man das Euler-Verfahren in der Gleichung (2.108) bzw. (2.109) bei der Berechnung der Position um einen Term der gleichmäßig beschleunigten Bewegung,

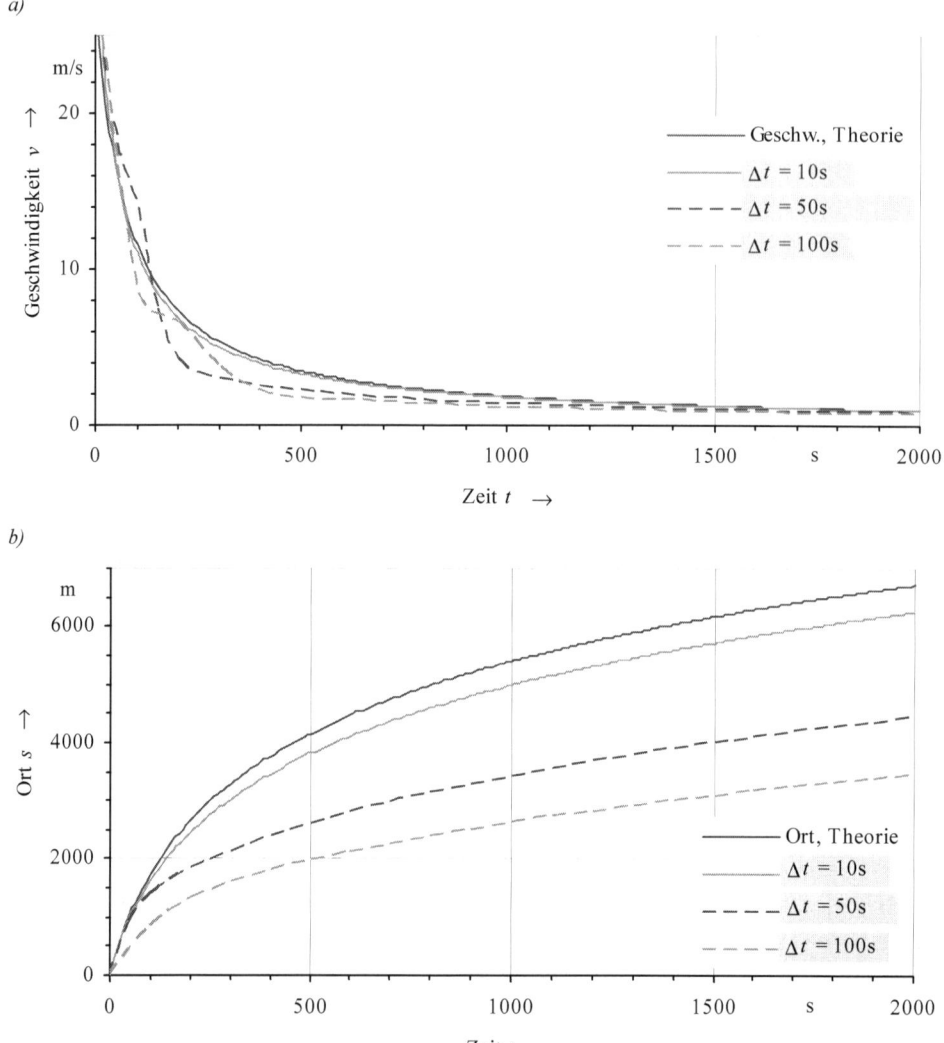

a)

b)

Abb. 2.35 *Wie **Abb. 2.34**, hier wurde die Berechnung der Position um einen Term der gleichmäßig beschleunigten Bewegung erweitert; (a) Ort, (b) Geschwindigkeit.*

$$s((n+1)\Delta t) = s(n\Delta t) + v(n\Delta t)\Delta t + \frac{1}{2}a(n\Delta t)\Delta t^2 , \tag{2.115}$$

so verbessern sich die Resultate der numerischen Berechnung, insbesondere bei $\Delta t = 100$ s wird das Resultat zumindest qualitativ richtig.

An diesem Beispiel wird deutlich, dass eine Überprüfung von numerischen Resultaten durch analytische Berechnungen sehr wichtig ist. Erst wenn die analytischen Ergebnisse vom numerischen Rechenverfahren zufrieden stellend wiedergegeben werden, sollte das Verfahren auch auf Probleme angewendet werden, welche analytisch nicht mehr lösbar sind.

2.3.9 Arbeit und Energie

Beide Begriffe werden auch im Alltag in vielfältiger Art und Weise verwendet. Wer Arbeit verrichtet, muss sich anstrengen, Arbeit macht Mühe, die Arbeitswelt nimmt einen breiten Raum der Menschen ein. Energie hat ebenfalls eine herausragende Bedeutung in unserer Gesellschaft, die Energieversorgung ist ein wichtiger Zweig der Wirtschaft; wird die Energieversorgung gestört, so spricht man schnell von einer Energiekrise. Energie bzw. Energieträger haben ihre Bedeutung, da unter Einsatz von Energie Arbeit verrichtet werden kann. Im Gegensatz zum alltäglichen Sprachgebrauch sind in der Physik beide Begriffe fest umrissen durch eindeutige Definitionen.

Einfache Maschinen
Häufig stellt sich die Aufgabe, einen Gegenstand unter Aufwendung von Kraft zu bewegen, z. B. soll eine schwere Kiste vom Boden auf einen Tisch gehoben werden. Übersteigt das Gewicht der Kiste unsere Körperkräfte, so ist guter Rat teuer: Wie kann die Aufgabe gelöst werden? Erinnern wir uns an die schiefe Ebene: Um einen Gegenstand eine schiefe Ebene hinaufzuschieben, ist die Hangabtriebskraft und in der Regel auch die Gleitreibungskraft zu überwinden. Ist Letztere klein (durch den Einsatz von Rollen oder gute Schmierung), so ist die aufzubringende Kraft deutlich kleiner als die Gewichtskraft der Kiste, auf einer Rampe als schiefer Ebene kann die Kiste auch bei beschränkten Körperkräften auf den Tisch befördert werden, der Neigungswinkel zur Horizontalen muss nur hinreichend klein gewählt werden.

Dieses Beispiel verdeutlicht das Prinzip von (einfachen) Maschinen: Durch den Einsatz von geeigneten Vorrichtungen wird die zur Lösung einer Aufgabe erforderliche Kraft reduziert. Beispiele für derartige Vorrichtungen sind neben der schiefen Ebene, die auch als Schraube realisiert werden kann, Hebel, wie sie auch bei Zangen verwendet werden, oder Flaschenzüge. Allen diesen Vorrichtungen ist gemeinsam, dass der Weg, längs dessen die reduzierte Kraft zur Bewältigung der Aufgabe aufgebracht werden muss, größer ist als ohne diese Vorrichtung. Diese Tatsache wird in der „Goldenen Regel der Mechanik" manifestiert:

Was an Kraft gewonnen wird, geht an Weg verloren.

„Gewonnen" bedeutet: was an Kraft reduziert wird, muss an Weg zusätzlich aufgebracht werden („geht verloren"). Dies motiviert zur Einführung einer neuen physikalischen Größe, die in diesen Fällen beide Aspekte berücksichtigt: aufzubringende Kraft und zurückzulegender Weg.

Arbeit bei eindimensionalen Bewegungen
Wir beschränken uns zunächst auf eine konstante Kraft, die auf ein Objekt wirkt, unter deren Einfluss es sich bewegt.

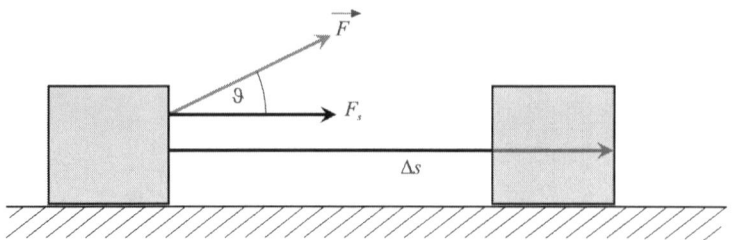

Abb. 2.36 *Bewegung eines Objektes unter Einfluss einer konstanten Kraft.*

Als Arbeit wird das Produkt aus Verschiebung des Objektes und Kraftkomponente in Richtung der Verschiebung bzw. des zurückgelegten Weges definiert.

$$W := F_{\Delta s}\Delta s = F \cos(\vartheta)\Delta s, \; [W] = \mathrm{Nm} := \mathrm{J}\;(\mathrm{Joule}^{1}) \tag{2.116}$$

Dabei ist ϑ der Winkel zwischen Kraft und Richtung der Verschiebung. Zu beachten ist, dass die Arbeit positiv ist, wenn Kraft und Verschiebung in die gleiche Richtung weisen, im umgekehrten Fall ist sie negativ. Es wird keine Arbeit verrichtet, wenn

1. keine Kraft wirkt, wie es bei einer gleichförmigen Bewegung der Fall ist,
2. wenn sich das Objekt nicht bewegt, also kein Weg zurückgelegt wird, und
3. wenn die Kraft senkrecht zur Verschiebungsrichtung wirkt.

Letztere beiden Bedingungen führen im Alltag manchmal zu Missverständnissen, da es z. B. eine gewisse Anstrengung erfordert, einen Koffer gegen die Schwerkraft hochzuhalten (kein Weg wird zurückgelegt) oder ebenerdig zu transportieren (die Schwerkraft wirkt senkrecht zur Bewegungsrichtung).

Für die Betrachtungen ist weiterhin wichtig, wer die Arbeit an einem Objekt verrichtet. Da die wirksame Kraft auf das Objekt dessen Bewegung beeinflusst, sagt man auch, die Kraft verrichtet Arbeit an dem Objekt.

Ein Beispiel für das Verrichten von Arbeit bei konstanter Kraft ist die Hubarbeit: Wird eine Last mit der Masse m gegen die Schwerkraft um eine Höhe h angehoben, so wirkt eine Kraft, die der Schwerkraft entgegengesetzt gerichtet ist. Diese Kraft verrichtet die Arbeit

$$W = mg\Delta s = mgh. \tag{2.117}$$

Die Arbeit ist positiv, da Kraft und Weg in die gleiche Richtung zielen. Wird die gleiche Last reibungsfrei eine mit dem Winkel α gegen die Horizontale geneigte schiefe Ebene gegen die Hangabtriebskraft hochgeschoben, wobei in der Vertikalen die Höhe h erreicht wird, so beträgt die Arbeit

$$W = mg \sin\alpha\Delta s = mg \sin\alpha \frac{h}{\sin\alpha} = mgh. \tag{2.118}$$

---

¹ Benannt zu Ehren des englischen Physikers James Prescott Joule (1818–1889).

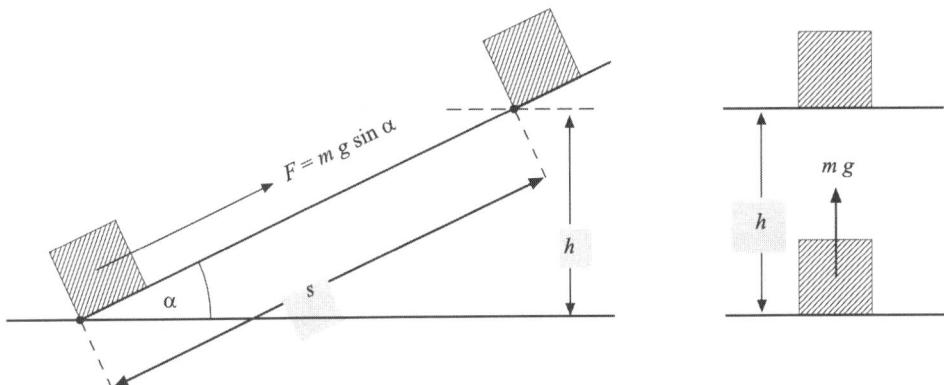

Abb. 2.37   *Hubarbeit und Arbeit an der schiefen Ebene.*

(2.118) demonstriert die Gültigkeit der goldenen Regel der Mechanik, beim senkrechten Heben und auf der schiefen Ebene wird die gleiche Arbeit verrichtet, wenn bei der Bewegung die gleiche Höhe erreicht wird.

Kinetische Energie

Wirkt auf ein Objekt eine konstante Kraft, so wird es dem 2. Newtonschen Axiom zufolge gleichmäßig beschleunigt, dabei wird ein Weg zurückgelegt. Weiterhin verrichtet die Kraft an dem Objekt Beschleunigungsarbeit

$$W = ma\Delta s \, .$$ (2.119)

Mit (2.6) und (2.7) erhalten wir

$$W = m \frac{v_E - v_A}{\Delta t} \frac{v_E + v_A}{2} \Delta t = \frac{m}{2} (v_E^2 - v_A^2) \, .$$ (2.120)

Der Ausdruck

$$E_{kin} := \frac{1}{2} m v^2$$ (2.121)

wird als kinetische Energie definiert. Durch die Beschleunigungsarbeit wird (2.119) zufolge die kinetische Energie des Objektes verändert. Kinetische Energie oder Bewegungsenergie weisen also auch Objekte auf, die sich gleichförmig bewegen, demnach beschreibt sie neben dem Impuls den Bewegungszustand des Objektes. Eine Änderung des Bewegungszustandes und damit eine Änderung der kinetischen Energie erfolgen unter Verrichtung von Arbeit. Ist diese negativ, so vermindert sich die kinetische Energie. Das Objekt gibt also Energie ab, die Kraft auf das Objekt ist seiner Bewegungsrichtung entgegengesetzt. Sie bewirkt nach dem 3. Newtonschen Axiom eine gleich große Gegenkraft auf ein anderes Objekt, an dem diese Arbeit dann verrichtet wird und somit dessen kinetische Energie vergrößern werden kann. Dies verdeutlicht die Bedeutung der (kinetischen) Energie als von dem Objekt gespeicherte

Beschleunigungsarbeit, die durch ein Abbremsen (Kraft ist der Geschwindigkeit entgegenge-setzt gerichtet) auf ein anderes Objekt übertragen werden kann.

Zu bemerken ist, dass die kinetische Energie wegen der quadratischen Abhängigkeit von der Geschwindigkeit im Gegensatz zum Impuls keine Information über die Bewegungsrichtung mehr enthält. Wie der Impuls ist die kinetische Energie ebenfalls eine mengenartige Größe, ein Produkt aus einer extensiven Größe, der halben Masse als „Kapazität", und einer intensi-ven Größe, dem Quadrat der Geschwindigkeit des Objektes.

Arbeit bei nicht konstanter Kraft

Bewegt sich ein Objekt unter dem Einfluss der Schwerkraft und/oder (äußerer) Gleitreibung, so sind diese Kräfte zeitlich und örtlich konstant, die Arbeit kann nach (2.116) berechnet werden. Anders ist der Fall, wenn die wirksame Kraft nicht konstant ist, wie es z. B. bei elastischer Deformation der Fall ist. Wie in einem solchen Fall die Arbeit bestimmt werden kann, soll anhand des Arbeitsdiagramms verdeutlicht werden. Bei einem Arbeitsdiagramm wird der Verlauf der Kraft über dem Ort abgetragen. Eine konstante Kraft wird daher als horizontale Linie abgetragen. Die Arbeit, die die Kraft auf dem Weg zwischen der Anfangs-position s_A und der Endposition s_E der Bewegung verrichtet, wird durch die Fläche des Rechtecks mit den Kantelängen F und Δs dargestellt.

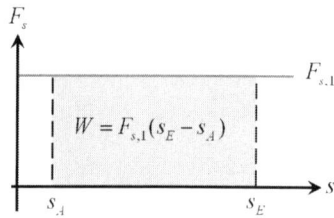

Abb. 2.38 *Arbeitsdiagramm einer örtlich konstanten Kraft.*

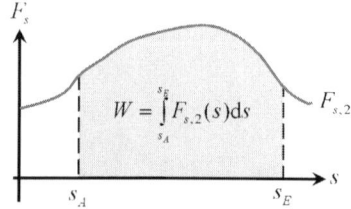

Abb. 2.39 *Arbeitsdiagramm einer örtlich nicht konstanten Kraft.*

Ist die Kraft längs des Weges nicht konstant, so wird in diesem Fall die Arbeit als Fläche unter der $F(s)$-Kurve zwischen s_A und s_E dargestellt.

$$W = \int_{s_A}^{s_E} F_s \, ds \qquad\qquad (2.122)$$

(2.122) setzt voraus, dass sich während der Bewegung der Winkel zwischen Kraft und Verschiebung nicht ändert. F_s kann entweder in Richtung der Verschiebung ds oder entgegengesetzt gerichtet sein. Ein Beispiel ist die Deformationsarbeit einer elastischen Feder. Nach (2.61) ist die Kraft, die eine Feder ausübt, proportional zur Auslenkung aus der Gleichgewichtslage s_0 und zur Gleichgewichtslage hin gerichtet. Somit verrichtet eine Feder (Federkonstante D) bei der Deformation von einer Anfangsposition s_A in die Endposition s_E die Arbeit

$$W = \int_{s_A}^{s_E} (-D)(s - s_0)\,ds = -\frac{1}{2}D(s_E^2 - s_A^2) + Ds_0(s_E - s_A)\,. \tag{2.123}$$

Nehmen wir vereinfachend an, dass die Deformation aus der Gleichgewichtslage $s_0 = s_A = 0$ erfolgt, so ist die von der Feder verrichtete Arbeit immer < 0, gleich ob die Feder gedehnt oder gestaucht wird. Beim Entspannen wird dagegen positive Arbeit verrichtet.

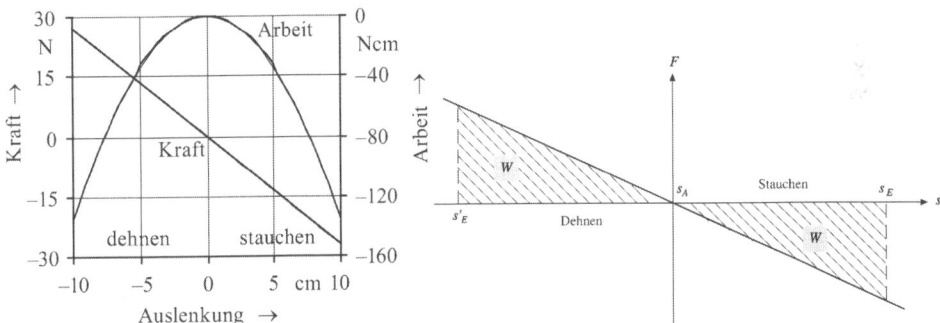

Abb. 2.40 *Verlauf der Federkraft beim Dehnen und Stauchen sowie die Deformationsarbeit.*

Arbeit und Energie bei Bewegungen im Raum
Bei der Berechnung der Arbeit nach (2.116) wird nur die Kraftkomponente in Richtung der Verschiebung berücksichtigt, d. h. die Projektion der Kraft auf die Richtung der Verschiebung. Durch Verrichten von Arbeit ändert sich die kinetische Energie des Objektes, diese ist nach (2.121) eine skalare physikalische Größe, somit ist die Arbeit ebenfalls eine skalare Größe. In (2.116) werden zwei vektorielle Größen, Kraft und Verschiebung, zu einer skalaren Größe Arbeit verknüpft.

$$W := |\vec{F}\,\|\,\Delta\vec{s}\,|\cos(\angle\vec{F}, \Delta\vec{s}) := \vec{F} \bullet \vec{s} \tag{2.124}$$

Diese Verknüpfung zweier vektorieller Größen $\vec{a}$ und $\vec{b}$ nennt man Skalarprodukt $\vec{a} \bullet \vec{b}$.

Definition und Eigenschaften des Skalarproduktes
Allgemein verknüpft das Skalarprodukt zwei Vektoren zu einem Skalar (einer Zahl).

$$\vec{a} \bullet \vec{b} := |\vec{a}\,\|\,\vec{b}\,|\cos(\angle\vec{a}, \vec{b}) \tag{2.125}$$

Wegen der Symmetrie der Kosinus-Funktion ist das Skalarprodukt kommutativ:

$$\vec{a} \bullet \vec{b} = \vec{b} \bullet \vec{a} \tag{2.126}$$

Das Skalarprodukt ist null, wenn $|\vec{a}| = 0$ oder $|\vec{b}| = 0$ oder $\angle \vec{a}, b = 90°, 270°...$ ist. Die Beträge der Vektoren werden nach (2.17) berechnet. Weiterhin ist das Skalarprodukt distributiv.

$$(\vec{a} + \vec{b}) \bullet \vec{c} = \vec{a} \bullet \vec{c} + \vec{b} \bullet \vec{c} \; {}^1 \tag{2.127}$$

Zerlegt man $\vec{a}$ und $\vec{b}$ in ihre Komponenten wie in (2.14) und berücksichtigt, dass das Skalarprodukt zweier aufeinander senkrecht stehender Vektoren null, das zweier kollinearer Vektoren gleich dem Produkt seiner vorzeichenbehafteter Beträge (+: parallel, –: antiparallel) ist, so erhalten wir eine gegenüber (2.125) alternative Berechnung.

$$\vec{a} \bullet \vec{b} = (\vec{a}_x + \vec{a}_y + \vec{a}_z) \bullet (\vec{b}_x + \vec{b}_y + \vec{b}_z) = a_x b_x + a_y b_y + a_z b_z \tag{2.128}$$

Somit gilt auch für den Betrag eines Vektors

$$\vec{a} \bullet \vec{a} = a_x a_x + a_y a_y + a_z a_z = |\vec{a}|^2 \tag{2.129}$$

und für den Winkel zwischen zwei Vektoren

$$\cos(\angle \vec{a}, \vec{b}) = \frac{\vec{a} \bullet \vec{b}}{|\vec{a}\,||\,\vec{b}\,|} \; . \tag{2.130}$$

Arbeit bei nicht konstanter Kraft
Wir können nun (2.122) zur Berechnung der Arbeit durch das Skalarprodukt zwischen Kraft und Wegstück ausdrücken. Im Gegensatz zum eindimensionalen Fall muss der Winkel zwischen Kraft und Verschiebung längs des Weges nicht mehr konstant sein.

$$W = \int_{\vec{s}_A}^{\vec{s}_E} \vec{F} \bullet d\vec{s} = \int_{\vec{s}_A}^{\vec{s}_E} (F_x dx + F_y dy + F_z dz) = \int_{x_A}^{x_E} F_x dx + \int_{y_A}^{y_E} F_y dy + \int_{z_A}^{z_E} F_z dz \tag{2.131}$$

Man sieht, dass die Arbeit bei einer Bewegung in drei Dimensionen durch die Summe von den Arbeiten in x-, y- und z-Richtung berechnet wird. Jede dieser Teilarbeiten ist in einem Arbeitsdiagramm als Fläche unter dem örtlichen Verlauf der entsprechenden Kraftkomponente bestimmbar. Das erste Integral in (2.131) nennt man auch „Wegintegral".

Kinetische Energie
Bewegt sich ein Objekt unter dem Einfluss einer (resultierenden) Kraft durch den Raum, so ist seine Momentangeschwindigkeit immer tangential zur Bahnkurve gerichtet (siehe **Abb. 2.10**). Die Kraft beschleunigt das Objekt, ändert somit seine Geschwindigkeit. Die Beschleunigung und damit die Kraft können nach (2.25) in eine tangential zur Bahnkurve gerichtete und eine

---

¹   Allerdings ist $(\vec{a} \bullet \vec{b})\vec{c} \neq \vec{a}(\vec{b} \bullet \vec{c})$.

dazu senkrechte Komponente zerlegt werden. Zur Beschleunigungsarbeit trägt nach (2.116) nur die tangentiale Komponente F_s bei.

$$W = \int_{\vec{s}_A}^{\vec{s}_E} \vec{F} \bullet d\vec{s} = \int_{\vec{s}_A}^{\vec{s}_E} F_s \mid d\vec{s} \mid = \int_{\vec{s}_A}^{\vec{s}_E} ma_t \mid d\vec{s} \mid = \int_{\vec{s}_A}^{\vec{s}_E} m\frac{d \mid \vec{v} \mid}{dt} \mid d\vec{s} \mid = \int_{\vec{s}_A}^{\vec{s}_E} m\frac{\mid d\vec{s} \mid}{dt} d\mid \vec{v} \mid , \text{ mit}$$

$$\frac{\mid d\vec{s} \mid}{dt} = \sqrt{\frac{d\vec{s}}{dt} \bullet \frac{d\vec{s}}{dt}} = \mid \vec{v} \mid = v \Rightarrow W = \int_{v(\vec{s}_A)}^{v(\vec{s}_E)} mv dv = \frac{m}{2}(v_E^2 - v_A^2) = \Delta E_{kin} \qquad (2.132)$$

Offensichtlich gilt für beliebige Bewegungen im Raum, dass durch Verrichten von Arbeit die kinetische Energie eines Objektes verändert wird.

Verdeutlichen wir uns diese Tatsache am Beispiel eines Schlittens, der reibungsfrei aus der Ruhe einen Hang hinuntergleitet, wobei er die Höhe h verliert. Die Arbeit, die die Schwerkraft am Schlitten verrichtet, beträgt (2.118) zufolge $W = mgh$, unabhängig von der Neigung des Hangs. Die kinetische Energie ändert sich somit wie $\Delta E_{kin} = W = E_{kin,E} = \frac{m}{2}v_E^2$. Auch diese ist unabhängig von der Hangneigung, es ist gleichgültig, ob der Hang sehr flach verläuft oder der Schlitten sich (fast) im freien Fall bewegt. Die Endgeschwindigkeit $v_E = \sqrt{2gh}$ ist immer die gleiche. Allerdings wird die Endgeschwindigkeit beim freien Fall nach sehr kurzer Zeit erreicht, bei sehr kleiner Neigung dauert es viel länger. Zur Überwindung der Höhe im freien Fall braucht der Schlitten die Zeit

$$t_{fF} = \sqrt{\frac{2h}{g}} , \qquad (2.133)$$

auf der schiefen Ebene mit dem Neigungswinkel α und der Länge l_{sE} dagegen

$$t_{sE} = \sqrt{\frac{2l_{sE}}{a_{sE}}} = \sqrt{\frac{2h}{g\sin^2\alpha}} . \qquad (2.134)$$

Potentielle Energie
Lassen wir die oben beschriebene Bewegung des Schlittens in umgekehrter zeitlicher Reihenfolge ablaufen, so fährt er, mit einer gewissen Anfangsgeschwindigkeit beginnend, die schiefe Ebene hinauf, wobei er stetig langsamer wird, bis er bei einer bestimmten Höhe zum Stillstand kommt. Vom Beginn der Bewegung bis zum Stillstand des Schlittens verrichtet nun die Schwerkraft die Arbeit $W = -mgh$, diese bewirkt eine Änderung der kinetischen Energie. Offensichtlich hat die kinetische Energie des Objektes abgenommen, wo ist sie verblieben? Dem 3. Newtonschen Axiom zufolge erfährt die Erde eine der auf den Schlitten wirkenden Schwerkraft entgegengesetzt gerichtete Kraft, welche die Erde beschleunigt, so dass zu vermuten ist, dass die dem Schlitten entzogene kinetische Energie von der Erde aufgenommen wurde. Der Schlitten kann wiederum seine kinetische Energie zurückgewinnen, wenn er reibungsfrei den Hang hinuntergleitet.

Allgemein kann ein Körper, der sich an einem Ort befindet, welcher im Schwerefeld der Erde gegenüber einem Referenzort eine bestimmte Höhendifferenz h aufweist, kinetische Energie gewinnen, wenn er bei einer reibungsfreien Bewegung die Höhe des Referenzortes erreicht. Dabei ist es nach (2.118) gleichgültig, welchen konkreten Weg der Körper zurückgelegt hat. Aufgrund seiner Position mit einer Höhe h über dem Referenzort hat er Energie gespeichert, welche er durch eine (reibungsfreie) Bewegung auf Referenzhöhe in kinetische Energie umwandeln kann. Diese Energie, die er aufgrund seiner Lage innehat, nennt man daher auch Lageenergie und weil er die Möglichkeit hat, diese Lageenergie in kinetische Energie umzuwandeln, heißt sie auch potentielle Energie[1].

Erhaltung der mechanischen Energie
Vermindert ein Körper durch eine Bewegung seine potentielle Energie und damit seine Höhe gegenüber dem Referenzort, so wird Arbeit verrichtet. Schwerkraft und Höhenänderung sind gleichgerichtet, somit ist die Arbeit positiv. Die Arbeit, welche die Schwerkraft an dem Objekt verrichtet, verkleinert dessen potentielle Energie.

$$W = -\Delta E_{pot} = -(E_{pot,E} - E_{pot,A}) = -mg(h_E - h_A)$$

(2.135)

Gleichzeitig verändert sich auch die kinetische Energie

$$W = \Delta E_{kin} = E_{kin,E} - E_{kin,A} = \frac{1}{2}mv_E^2 - \frac{1}{2}mv_A^2 .$$

(2.136)

Gleichsetzen von (2.135) und (2.136) ergibt

$$\Delta E_{k\,\text{int}} = -\Delta E_{pot} \Rightarrow \Delta E_{kin} + \Delta E_{pot} = 0 = \Delta(E_{kin} + E_{pot}) \Rightarrow$$
$$E_{kin} + E_{pot} = const.$$

(2.137)

Ist jedoch die Änderung einer Größe null, so ist diese Größe konstant. Bei einer reibungsfreien Bewegung unter Einfluss der Schwerkraft bleibt die Summe aus potentieller und kinetischer Energie, die (mechanische) Gesamtenergie, konstant, man sagt auch, die Gesamtenergie bleibt erhalten. Etwas verkürzt spricht man vom Energieerhaltungssatz oder auch vom Energiesatz. Kräfte, bei denen die mechanische Energie eines Objektes, das sich unter ihrem Einfluss bewegt, erhalten bleibt, nennt man auch konservative Kräfte[2].

Konservative Kräfte
Welche Bedingungen müssen Kräfte erfüllen, damit sie die Eigenschaft „konservativ" aufweisen? Betrachten wir noch einmal den Schlitten, der mit einer gewissen Anfangsgeschwindigkeit reibungsfrei einen Hang hinauffährt, in einer bestimmten Höhe zur Ruhe kommt und dann wiederum zurückfährt. Beim Weg hinauf ist die von der Schwerkraft verrichtete Arbeit $W_{auf} = -mgh$, beim Weg zurück beträgt sie $W_{ab} = mgh$. Ist der Schlitten wie-

---

[1]   Das Wort „potentiell" macht deutlich, dass die Lage des Körpers die Möglichkeit eröffnet, kinetische Energie zu gewinnen. In ähnlicher Weise ist ein Lottospieler auch ein „potentieller" Millionär.
[2]   Lat. „conservare": bewahren, erhalten.

der an seinem Ausgangspunkt angekommen, so beträgt die gesamte verrichtete Arbeit $W_{auf} + W_{ab}$ null. Dies ist ein erstes Kriterium:

> Die Arbeit, welche eine konservative Kraft an einem Objekt längs eines geschlossenen Weges[1] verrichtet, ist null.

Letztlich ist das obige Kriterium zurückzuführen auf (2.118), für die verrichtete Arbeit spielt es keine Rolle, welcher Weg eingeschlagen wurde. Damit erhalten wir ein zweites Kriterium, dessen Aussage gleichwertig mit dem ersten ist.

> Die Arbeit, die eine konservative Kraft an einem Objekt verrichtet ist unabhängig von dem Weg, auf dem es sich vom Anfangspunkt der Bewegung zum Endpunkt bewegt.

Damit ist die Arbeit nur vom Anfangs- und Endpunkt der Bewegung abhängig.

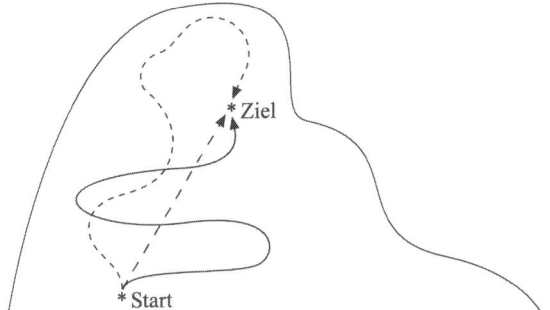

Abb. 2.41   *Wege im Gebirge, auf denen eine konservative Kraft an einem Objekt die gleiche Arbeit verrichtet.*

Beispiele für konservative Kräfte sind

- die Schwerkraft,
- elastische Deformationskräfte, Federkräfte,
- die elektrostatische Kraft.

Nicht konservative Kräfte sind

- Reibungskräfte,
- plastische Deformationskräfte,
- magnetische Kräfte.

Da die Erhaltung der mechanischen Energie (2.137) das wichtigste Merkmal von konservativen Kräften ist, verwendet man „potentielle Energie" nur in Verbindung mit ihnen. Die Ermittlung der potentiellen Energie hängt wesentlich von der Wahl des Referenzpunktes ab. Gibt es eindeutige Kriterien für seine Festlegung?

---

[1]   Bei einem geschlossenen Weg sind Anfangs- und Endpunkt identisch.

Bei Bewegungen auf einem Weg zwischen einem Anfangs- und einem Endpunkt ändert sich zwar die Gesamtenergie nicht, jedoch wird durch die verrichtete Arbeit die Energie teilweise zwischen potentieller und kinetischer Energie umgeschichtet. Relevant für die Beschreibung eines Bewegungsvorgangs sind nur die Änderungen von potentieller und kinetischer Energie, der Wert der gesamten mechanischen Energie hat keine praktische Bedeutung. Eine Verschiebung des Referenzpunktes für die potentielle Energie bedeutet im Grunde nichts anderes, als die Bewegung in einem verschobenen Koordinatensystem zu beschreiben. In gleicher Weise ist auch die kinetische Energie nicht absolut festgelegt, der Zustand „Ruhe" hängt nämlich von der speziellen Wahl des Inertialsystems ab. Der freie Fall eines Gegenstandes über die Strecke von 1 m erfolgt im Gebirge in gleicher Art und Weise wie auf Meeresniveau, ebenso ist es für den Fallvorgang ohne Bedeutung, ob der Gegenstand in einem mit 100 km/h fahrenden Zug oder auf dem Bahnsteig zu Boden fällt.

Der Referenzpunkt für die potentielle Energie kann beliebig gewählt werden.

Anwendung der Energieerhaltung auf Bewegungsprobleme
Grundsätzlich können alle Bewegungsprobleme mit Hilfe der Newtonschen Axiome gelöst werden, allerdings ist im Einzelfall die Lösung nur schwer zu finden. Manchmal sind dazu auch recht detaillierte Informationen erforderlich, die nicht zur Verfügung stehen.

Abb. 2.42 *Schifahrer auf einer beliebig geformten Piste mit definierter Höhendifferenz.*

Soll z. B. die Endgeschwindigkeit eines Schifahrers bestimmt werden, der eine Piste mit bekannter Höhendifferenz hinunterfährt, so muss, um die Bewegungsgleichung aufstellen zu können, das Höhenprofil oder der Verlauf des Neigungswinkels der Piste bekannt sein. Löst man das Problem mit Hilfe des Energieerhaltungssatzes (2.137), so braucht der Verlauf der Piste im Einzelnen gar nicht bekannt sein und die Endgeschwindigkeit kann aus

$$\Delta E_{kin} = -\Delta E_{pot} = -mgh_E + mgh_A = \frac{1}{2}mv_E^2 - \frac{1}{2}mv_A^2 \qquad (2.138)$$

berechnet werden. Wie lange die Fahrt auf der Piste dauert, kann (2.138) nicht beantworten, dafür muss die Bewegungsgleichung gelöst werden.

Ein weiteres Beispiel soll den Vorteil, zur Beschreibung von Bewegungsvorgängen die Umsetzung von potentieller und kinetischer Energie zu betrachten, verdeutlichen. Wir wollen wissen, aus welcher Höhe ein Wagen in einer Achterbahn abfahren muss, damit er ohne Absturz einen Looping durchqueren kann. Dabei setzen wir voraus, dass die Bewegung reibungsfrei abläuft.

Abb. 2.43 *Fahrt durch einen Looping: In welcher Höhe muss der Wagen (aus der Ruhe) abfahren?*

Kritisch ist offensichtlich der Scheitel des Loopings, hier muss die auf den Wagen wirkende Schwerkraft kleiner sein als die Zentripetalkraft zum Durchfahren des Kreises, bei Gleichheit wäre in Anlehnung an (2.80) die Kraft, mit der der Wagen auf die Fahrbahn gedrückt würde, null. Damit ist die minimale Bahngeschwindigkeit $v_{B,L}$ beim Durchfahren des Scheitels:

$$F_{ZP} = ma_{ZP} \geq F_G \Rightarrow ma_{ZP} = m\frac{v_{B,L}^2}{r_L} \geq mg \Rightarrow v_{B,L} \geq \sqrt{r_L g} \qquad (2.139)$$

Damit ergibt sich die minimale Gesamtenergie, die der Wagen besitzt, wenn wir als Nullpunkt für die potentielle Energie den tiefsten Punkt des Loopings festlegen, zu

$$E = E_{kin}(Scheitel) + E_{pot}(Scheitel) = \frac{m}{2}r_L g + mg2r_L = \frac{5}{2}mgr_L. \qquad (2.140)$$

Startet der Wagen aus der Ruhe, so liegt die Gesamtenergie ausschließlich als potentielle Energie vor. Die Mindesthöhe, aus der sich der Wagen in Bewegung setzten muss, beträgt demnach $^5/_2 r_L$. Am tiefsten Punkt des Loopings weist der Wagen nur noch kinetische Energie

$$E = E_{pot}(Start) = \frac{5}{2}mgr_L = E_{kin}(Grund) = \frac{1}{2}mv_G^2 \qquad (2.141)$$

auf. Mit Kenntnis der Geschwindigkeit an dieser Stelle kann nun die Kraft bestimmt werden, mit der der Wagen auf die Bahn gepresst wird, diese setzt sich zusammen aus der Zentripetalkraft und der Auflagekraft zur Kompensation der Schwerkraft.

$$F = m\frac{v_G^2}{r_L} + mg = (\frac{5}{2} + 1)mg = \frac{7}{2}mg \tag{2.142}$$

Potentielle Energie kann nicht nur von der Schwerkraft, sondern auch von elastischer Deformationsarbeit (2.123) herrühren. Wirken Deformations- und Schwerkraft, so ist bei der Betrachtung einer Bewegung auf einen für beide Arten der potentiellen Energie einheitlichen Referenzpunkt zu achten. Wir wollen z. B. wissen, wie hoch eine Kugel fliegt, die von einer zusammengepressten Feder senkrecht nach oben geschossen wird. Die gestauchte Feder weist potentielle Energie auf, diese wird beim Entspannen auf die Kugel übertragen. Im Punkt maximaler Höhe liegt die Energie dann nur noch als potentielle Energie vor.

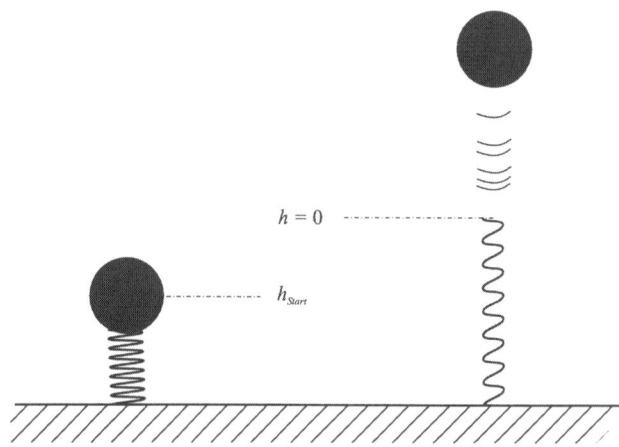

Abb. 2.44 *Eine gestauchte Feder schießt eine Kugel senkrecht nach oben. Welche Höhe erreicht sie?*

Legen wir den Referenzpunkt in die Position, bei der die Feder (Federkonstante D) entspannt ist, so beträgt mit (2.123) die Energie der ruhenden Kugel bei gespannter Feder

$$E = E_{pot}(h_{Start}) = -mgh_{start} + \frac{1}{2}Dh_{Start}^2 \, . \tag{2.143}$$

Die Kugel erreicht die maximale Höhe von

$$E = E_{pot}(h_{max}) = -mgh_{start} + \frac{1}{2}Dh_{Start}^2 \;\Rightarrow\; h_{max} = \frac{D}{2mg}h_{Start}^2 - h_{Start} \, . \tag{2.144}$$

Die obigen Beispiele zeigen den Vorteil der energetischen Betrachtung eines Bewegungsvorgangs. Im Allgemeinen wird dabei der Bewegungszustand eines Objektes geändert. Im

Kapitel 2.3.3 wurde gesagt, dass der Bewegungszustand beschreibbar ist durch Impuls und Ort, an dem sich das Objekt befindet. Zustandsänderungen werden durch Kräfte bewirkt, Ort und Impuls können wir durch Integration der Bewegungsgleichung (siehe Kapitel 2.3.8) berechnen. Durch Einführung des Energiebegriffes ergibt sich eine weitere Beschreibung des Bewegungszustandes mit Hilfe der kinetischen und der potentiellen Energie. Die Änderung des Bewegungszustandes wird durch Verrichten von Arbeit bewirkt. Diese Größen werden nach (2.131) durch Integration der wirkenden Kraft über den zurückgelegten Weg ermittelt. Daher werden potentielle und kinetische Energie auch als „Integrale der Bewegungsgleichung" bezeichnet. Durch die Integration (vereinfacht ausgedrückt durch Summation) geht Information verloren: Bei der kinetischen Energie die Richtung der Geschwindigkeit, bei der potentiellen Energie die Komponenten des Ortes senkrecht zur wirkenden Kraft. Diese Reduktion von Information vereinfacht jedoch die Beantwortung von vielen Fragestellungen entscheidend.

Energiesatz bei nicht konservativen Kräften
Bewegungen ohne Einfluss von Reibung stellen einen in der Praxis nicht auftretenden Idealfall dar. Somit ist auch die Erhaltung der mechanischen Arbeit nicht gegeben, da neben der Arbeit unter dem Einfluss von konservativen Kräften immer auch Reibungsarbeit verrichtet wird, welche die potentielle Energie nicht ändert. Unabhängig von der Art der Kräfte gilt mit (2.132), dass durch Verrichten von Arbeit die kinetische Energie eines Objektes geändert wird.

$$W = \int_{\vec{s}_E}^{\vec{s}_E} (\vec{F}_{kons} + \vec{F}_R) \bullet \mathrm{d}\vec{s} = W_{kons} + W_R = \Delta E_{kin} \qquad (2.145)$$

Die Arbeit, welche durch die konservative Kraft F_{kons} verrichtet wird, ändert die potentielle Energie des Objektes gemäß (2.135), so dass

$$W = -\Delta E_{pot} + W_R = \Delta E_{kin} \;\Rightarrow\; W_R = \Delta E_{kin} + \Delta E_{pot} = \Delta E_{mech,ges}. \qquad (2.146)$$

Die von einer nicht konservativen Kraft verrichtete Arbeit ändert die mechanische Gesamtenergie eines Objektes.

Dies gilt auch, wenn auf das Objekt unterschiedliche konservative Kräfte wirken, wie z. B. Schwerkraft und elastische Deformation. Im Falle der Reibungsarbeit wird die mechanische Gesamtenergie verkleinert, da Reibungskräfte immer der Bewegungsrichtung entgegengesetzt sind, die Reibungsarbeit also negativ ist.

Die Vergrößerung der mechanischen Gesamtenergie kann durch Kräfte geschehen, die das Objekt gegen eine konservative Kraft bewegen, was der Fall ist, wenn ein Wagen eine schiefe Ebene mit konstanter Geschwindigkeit hochgeschoben wird.

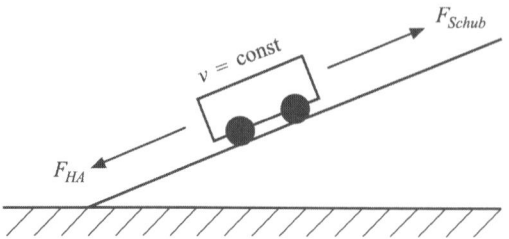

Abb. 2.45 *Arbeit, die an einem Wagen verrichtet wird, wenn er eine schiefe Ebene mit konstanter Geschwindigkeit hinaufgeschoben wird.*

Die kinetische Energie ändert sich nicht, also ist

$$W = \Delta E_{kin} = 0 = W_{HA} + W_{Schub}. \tag{2.147}$$

Die Arbeit W_{HA}, die von der konservativen Hangabtriebskraft verrichtet wird, ändert (2.135) zufolge die potentielle Energie.

$$0 = -\Delta E_{pot} + W_{Schub} \;\Rightarrow\; \Delta E_{pot} = W_{Schub} \tag{2.148}$$

Die erforderliche Schubkraft entspricht nach (2.118) der Hangabtriebskraft $|F_{HA}| = mg\sin\alpha$. Wirkt zusätzlich noch Gleitreibung, so verringert sich bei gleicher Schubarbeit W_{Schub} die erreichbare Änderung der potentiellen Energie oder die Schubkraft muss um die Reibungskraft vergrößert werden.

$$0 = -\Delta E_{pot} + W_{Schub} - W_R \;\Rightarrow\; \Delta E_{pot} = W_{Schub} - W_R \tag{2.149}$$

(2.149) kann man auch als eine Energiebilanz interpretieren: Mechanische Energie wird in ein oder aus einem Objekt „transportiert". Allgemein sind Bilanzen nur zwischen eindeutig abgegrenzten Objekten sinnvoll, will man also eine Energiebilanz erstellen, so ist zunächst das Objekt eindeutig vom „Rest der Welt", der „Umgebung", abzugrenzen. Diese Umgebung kann dann wiederum aus anderen eindeutig abgegrenzten Objekten bestehen, jedoch ist eine Strukturierung der Umgebung nicht zwingend erforderlich. Ähnlich wie bei einem Bankkonto wird alles, was über die Bilanzgrenze in das Objekt hineinkommt, positiv gewertet, das, was hinausgeht, negativ. Diese Festlegung ist in Einklang mit (2.146).

In unserem obigen Beispiel wird dem 3. Newtonschen Axiom zufolge die Schubkraft durch ein anderes Objekt, z. B. einen Menschen, der den Wagen schiebt, bewirkt. Dieser erfährt dann die entgegengesetzt gerichtete Kraft, die Arbeit an ihm verrichtet. Da die Kraft dem zurückgelegten Weg entgegengesetzt gerichtet ist, ist die Arbeit negativ, seine Energie wird verringert. Diese Energie kann allgemein durch Speicherung von Arbeit, wie wir es auf Seite 69 für den Fall der kinetischen Energie gesehen haben, erfolgen. Je nach Art der Speicherung spricht man von unterschiedlichen Energieformen oder auch von Energieträgern. Diese können sein:

- Bewegung (kinetische Energie)
- Lage in einem konservativen Kraftfeld (potentielle Energie)

- chemische Energie
- elektrische Energie
- Kernenergie
- Wärme (thermische Energie)

Die Bedeutung der Energie liegt in ihrer Möglichkeit, den Energieträger zu wechseln. Ein großer Teil der Technik basiert auf diesem Wechsel, um Energien ökonomisch speichern und transportieren zu können, bevor sie in eine für ihre Nutzung sinnvolle Form, in der sie zur Verrichtung von Arbeit verwendet werden, gebracht werden. Somit kann man allgemein die Energiebilanz eines Objektes aufstellen:

$$\Delta E_{Objekt} = E_{ein} - E_{aus} (+W) \tag{2.150}$$

W ist dabei die Arbeit, die eine nicht konservative Kraft an dem Objekt verrichtet. Die Energie, die innerhalb der Bilanzhülle gespeichert ist, nennt man auch „Innere Energie" des Objektes.

Leistung
Der Energietransport durch die Bilanzhülle eines Objektes bedeutet anderseits nichts anderes als einen Energiestrom durch die Hülle; als mengenartige physikalische Größen gilt (2.52).

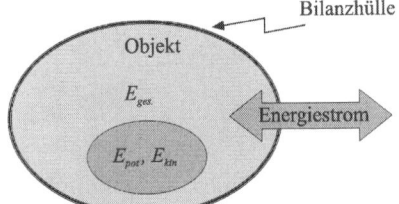

Abb. 2.46   *Energiestrom durch die Bilanzhülle eines Objektes.*

Den Energiestrom, der in Form von Arbeit einer nicht konservativen Kraft durch die Bilanzhülle fließt, nennt man auch (mechanische) Leistung.

$$\frac{dW}{dt} := P, \quad [P] = \frac{Nm}{s} = kg \frac{m^2}{s^3} := W^{[1]} \tag{2.151}$$

Analog zu (2.2) stellt (2.151) die Momentanleistung zu einem bestimmten Zeitpunkt dar, welche die kinetische Energie des Objektes mit dem Impuls p und der Masse m ändert.

$$P = \frac{dE_{kin}}{dt} = \frac{d}{dt}(\frac{p^2}{2m}) = \frac{d}{dt}(\frac{\vec{p} \bullet \vec{p}}{2m}) = \frac{1}{2m} 2\vec{p} \bullet \frac{d\vec{p}}{dt} = \vec{F} \bullet \frac{\vec{p}}{m} = \vec{F} \bullet \vec{v} \tag{2.152}$$

Die Momentanleistung zu einem Zeitpunkt ist das Skalarprodukt aus der zu diesem Zeitpunkt auf das Objekt wirkenden (nicht konservativen) Kraft und der Momentangeschwindig-

---

[1]   Zu Ehren von James Watt (1736–1819), dem Erfinder der Dampfmaschine, benannt.

keit. Die Kraft stellt jedoch einen Impulsstrom durch die Bilanzhülle dar. Der Energiestrom P, der aus der Bewegung resultiert, hat den Impuls als Energieträger.

Auf den Wagen, der mit einer konstanten Geschwindigkeit die schiefe Ebene hinaufgeschoben wird, wirken Schubkraft und Hangabtriebskraft. Die kinetische Energie ändert sich nicht, somit ergibt (2.152)

$$P = 0 = (\vec{F}_{Schub} + \vec{F}_{HA}) \bullet \vec{v} = (F_{Schub} - mg\sin\alpha)v \;\Rightarrow\; P_{Schub} = mg\sin\alpha v. \qquad (2.153)$$

Mit (2.148) wird durch P_{Schub} die potentielle Energie des Objektes geändert.

$$P_{Schub} = mg\sin\alpha v = \frac{dE_{pot}}{dt} \qquad (2.154)$$

Wird gleichzeitig durch Reibung Leistung abgeführt, so erhöht sich analog zu (2.149) die von der Schubkraft zu erbringende Leistung auf

$$P_{Schub} = \frac{dE_{pot}}{dt} + F_R v = mg\sin\alpha v + F_R v. \qquad (2.155)$$

Wichtig ist es, dass Energie bzw. Arbeit und Leistung nicht miteinander verwechselt werden, wie es leider häufig im Alltag geschieht. Schuld daran ist die in der Energiewirtschaft übliche Einheit für Energie, die Kilowattstunde[1]. Umgangssprachlich wird jedoch oft die „Stunde" weggelassen, so dass letztlich eine Leistung bezeichnet wird. So muss man in der Regel bei einem Versorgungsunternehmen für elektrische Energie, dem „Stromversorger", die Energie bezahlen, die man „verbraucht" hat, unbeschadet der Leistung, also dem Zeitraum, in der die Energie übertragen wurde. Der Energiebedarf einer Glühbirne von 20 W Leistungsaufnahme ist über 24 h der gleiche wie der eines Elektroherdes mit einer Leistungsaufnahme von 2000 W innerhalb von knapp 15 min. Eine Sicherung im Stromkreis begrenzt anderseits die Leistung, die von Energieabnehmern aufgenommen werden kann.

Allerdings wird in der Regel gefordert, dass eine Arbeit in einer gewissen Zeit „getan" wird, somit spielt die Leistung in der Praxis eine bedeutende Rolle. Lautet eine „Stromrechnung" über z. B. 5000 kWh, so wurde diese Energie in der Regel innerhalb des vergangenen Jahres „geliefert". Die mittlere Leistung, mit der die Energie strömte, betrug somit im Abrechnungszeitraum 5000 kWh/8760 h = 0,57 kW.

Potentielle Energie und Kraft
Wird Arbeit unter dem Einfluss einer konservativen Kraft verrichtet, so ändert sich gemäß (2.135) die potentielle Energie des Objekts. Mit der Festlegung eines Referenzpunktes, dem Nullpunkt für die potentielle Energie, folgt aus dem örtlichen Verlauf der Kraft der örtliche Verlauf der potentiellen Energie. Manchmal ist jedoch nicht die Kraft, sondern der Verlauf der potentiellen Energie gegeben, z. B. durch ein Höhenprofil eines Gebirges. Wie kann man aus der potentiellen Energie auf die wirksame Kraft, in diesem Fall auf die Hangabtriebs-

---

[1]   1 kWh = 1000 J/s · 3600 s = 3,6 MJ.

kraft, schließen? Im eindimensionalen Fall beträgt die Arbeit, die bei einer Bewegung vom Referenzpunkt zum Ort x verrichtet wird:

$$W(0 \to x) = \int_0^x F(x')\mathrm{d}x' = -(E_{pot}(x) - E_{pot}(0)) \tag{2.156}$$

Wie in (2.11) stellt in diesem Fall $-E_{pot}(x)$ die Stammfunktion von $F(x)$ dar. Somit berechnet sich der örtliche Verlauf der Kraft als Ableitung der potentiellen Energie nach dem Ort

$$F(x) = -\frac{\mathrm{d}E_{pot}}{\mathrm{d}x}. \tag{2.157}$$

Man sieht, dass die Wahl des Nullpunktes für die potentielle Energie keinen Einfluss auf die Kraft hat. Besonders interessant sind die Orte x_0, an denen die Kraft null ist. Diese nennt man auch Gleichgewichtspositionen. Im Verlauf der potentiellen Energie sind dies relative Extrema, Plateaus oder Sattelpunkte.

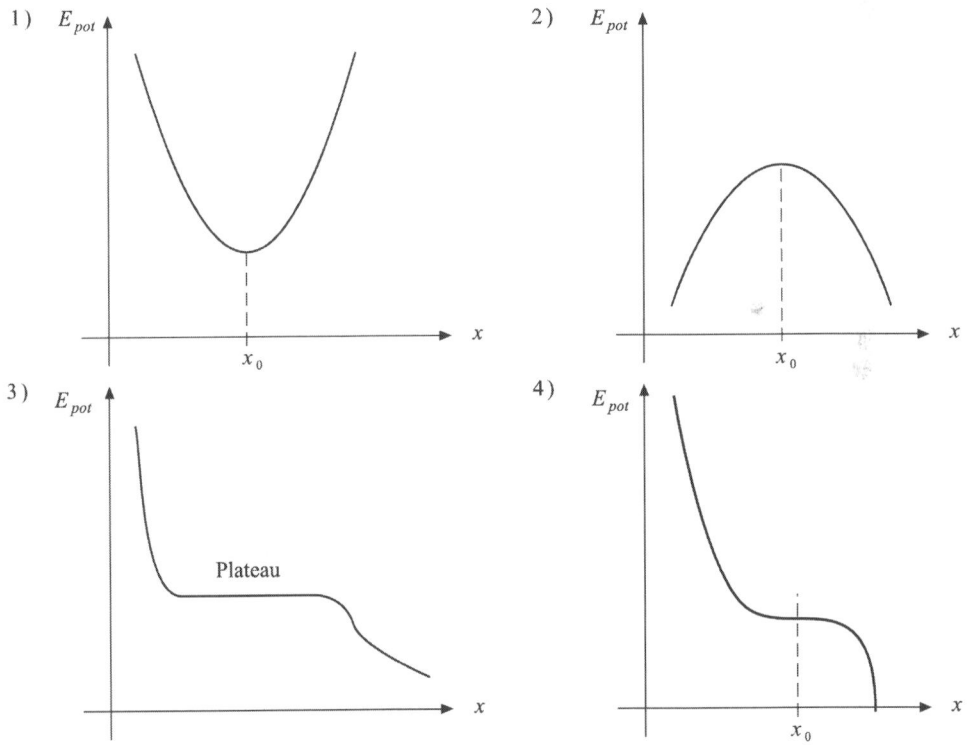

Abb. 2.47 *Verlauf der potentiellen Energie in einem Gebirgszug (eindimensional):*
1) Minimum, 2) Maximum, 3) Plateau, 4) Sattelpunkt.

Der Verlauf der potentiellen Energie bestimmt die Richtung der Kraft in der Umgebung der Gleichgewichtspositionen. Untersuchen wir zunächst die Bewegung eines Objektes in der Nähe von relativen Extrema. Im einfachsten Fall können wir den Verlauf der potentiellen Energie durch eine Parabel annähern. Ist sie nach oben geöffnet, so weist die potentielle Energie ein relatives Minimum auf, bei einer Öffnung nach unten ein relatives Maximum.

$$E_{pot}(x) = k(x - x_0)^2 \quad \text{(Minimum)} \quad k > 0 \tag{2.158}$$

$$E_{pot}(x) = -k(x - x_0)^2 \quad \text{(Maximum)} \quad k > 0 \tag{2.159}$$

Dabei haben wir die potentielle Energie im Extremum zu null gesetzt. Die Kraft beträgt in der Umgebung von x_0

$$F(x) = -2k(x - x_0) \quad \text{(Minimum)} \tag{2.160}$$

$$F(x) = 2k(x - x_0) \quad \text{(Maximum)}. \tag{2.161}$$

Ist $x < x_0$, so ist im Falle des Minimums der potentiellen Energie die Kraft in die positive Richtung von x, also zur Position des Minimums gerichtet, im Fall des Maximums in die umgekehrte Richtung, also vom Maximum weg. Für $x > x_0$ weist die Kraft in der Umgebung eines Minimums in negative Richtung zum Minimum, in der Umgebung des Maximums dagegen von ihm weg in positive Richtung.

Bewegt sich ein Objekt mit einer konstanten mechanischen Energie E_{ges} um ein parabolisch geformtes Minimum der potentiellen Energie, so kann es sich nur in dem Bereich bewegen, in dem die kinetische Energie ≥ 0 ist.

$$E_{kin} = E_{ges} - k(x - x_0)^2 \geq 0 \quad \Rightarrow \quad x_0 - \sqrt{\frac{E_{ges}}{k}} \leq x \leq x_0 + \sqrt{\frac{E_{ges}}{k}} \tag{2.162}$$

An den Grenzpunkten wird die Bewegungsrichtung umgekehrt. Wir werden diese Bewegung, eine Schwingung, im Kapitel **Fehler! Verweisquelle konnte nicht gefunden werden.** noch eingehend behandeln. Festzuhalten ist, dass die Kraft, die in der Umgebung eines Minimums der potentiellen Energie wirkt, ein Objekt immer in Richtung auf das Minimum beschleunigt. Wird ein Objekt, das sich im Gleichgewicht mit minimaler potentieller Energie befindet, aus dieser Gleichgewichtslage gebracht, wobei ihm Energie zugeführt werden muss, so versucht es, in die Gleichgewichtslage zurückzukehren. Nach (2.162) ist das Gebiet, in dem sich das Objekt bewegt, umso kleiner, je weniger Energie zugeführt wird. Daher nennt man ein solches Gleichgewicht auch stabil. Dies gilt auch bei anders geformten relativen Minima der potentiellen Energie, da sie generell mit wachsendem Abstand von der Gleichgewichtslage steigt, die mittlere Kraft ist beim Vergrößern des Abstandes von x_A nach x_E

$$\overline{F} = -\frac{E_{pot}(x_E) - E_{pot}(x_A)}{x_E - x_A} \tag{2.163}$$

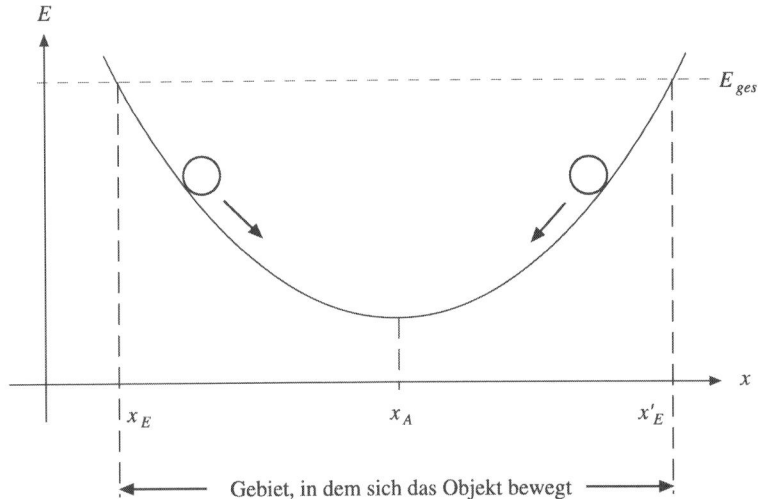

Abb. 2.48 *Bewegung in der Umgebung eines relativen Minimums der potentiellen Energie.*

für $x_E - x_A < 0$ (Bewegung nach links) nach rechts gerichtet, im umgekehrten Fall nach links, immer aber in Richtung der Gleichgewichtslage.

Kann dagegen der Verlauf der potentiellen Energie durch ein parabolisch geformtes Maximum (2.159) beschrieben werden, ist die kinetische Energie

$$E_{kin} = E_{ges} + k(x - x_0)^2 \tag{2.164}$$

bei $E_{ges} \geq 0$ immer größer null, mit wachsendem Abstand $|x - x_0|$ von der Gleichgewichtslage vergrößert sie sich immer mehr. Einmal aus der Gleichgewichtslage ausgelenkt, wird sich das Objekt mit wachsender Geschwindigkeit von ihr entfernen. Daher nennt man diese Gleichgewichtslage auch labil. Bewegt sich ein Objekt aus der Ruhe ausschließlich unter dem Einfluss einer konservativen Kraft, so erfolgt die Bewegung so, dass die potentielle Energie vermindert wird. Ein Wagen wird nicht „von selbst" aus dem Stand einen Berg hinauffahren, wohl aber hinunter.

Stabile Gleichgewichtslage: Minimum der potentiellen Energie.
Labile Gleichgewichtslage: Maximum der potentiellen Energie.
Beschleunigungen erfolgen immer in Richtung kleiner werdender potentieller Energie.

Befindet sich ein Objekt auf einem Plateau, auf dem die potentielle Energie in einem gewissen Bereich konstant ist, so ist die Kraft auf das Objekt null, auch wenn es aus seiner ursprünglichen Position etwas ausgelenkt wird. Da in der neuen Position die Kraft auf das Objekt ebenfalls null ist, erfolgt keine Beschleunigung. Herrscht also Gleichgewicht in einem ausgedehnten Bereich, so spricht man von einem indifferenten Gleichgewicht.

Ein Sattelpunkt, an dem sich die Krümmung des Verlaufes der potentiellen Energie ändert, stellt im Prinzip eine labile Gleichgewichtslage dar. Erfolgt eine Auslenkung zur Seite kleiner werdender potentieller Energie, so bewegt sich das Objekt mit steigender kinetischer Energie vom Sattelpunkt weg. Bewegt sich das Objekt dagegen erst in Richtung steigender potentieller Energie, so kehrt es in einer bestimmten Entfernung von der Gleichgewichtslage seine Bewegungsrichtung um, so wie beim stabilen Gleichgewicht. Erreicht es dann wieder den Sattelpunkt, so wird es sich weiter in Richtung sinkender potentieller Energie bewegen.

2.4   Systeme von Massenpunkten

Im vorigen Kapitel haben wir die Gesetze der Dynamik eines einzelnen Objektes kennen gelernt. Im Zusammenhang mit dem 3. Newtonschen Axiom wurde jedoch deutlich, dass alle Kräfte, die den Bewegungszustand des Objektes verändern, Wechselwirkungskräfte sind, also durch Kräfte immer zwei Objekte beeinflusst werden. Fasst man die Kraft wie im Kapitel 2.3.3 als Impulsstrom auf, so wird deutlich, dass ein Strom immer von einem Objekt in ein anderes fließen kann. Nun wollen wir auf diese Zusammenhänge näher eingehen.

2.4.1   System und Systemgrenze

Allgemein spricht man von einem System, wenn man mehrere Objekte oder Komponenten, gleich welcher Art, als Gesamtheit beschreiben und gemeinsame Eigenschaften herausarbeiten möchte. In der Technik spielt der Systemgedanke eine immer größere Rolle, so müssen z. B. in einem Auto viele unterschiedliche Komponenten, wie Motor, Fahrwerk, Elektronik usw. „zusammenspielen", damit man sicher fahren kann. Selbst wenn alle Komponenten einwandfrei funktionieren, so kann das für das System nicht der Fall sein. Neben den Eigenschaften der einzelnen Komponenten besitzt ein System darüber hinaus Eigenschaften, die aus ihrem Zusammenwirken entstehen.

Bei der Erstellung der Energiebilanz eines Objektes wurde auf Seite 80 die Bedeutung der Objektgrenze herausgestellt. Entsprechendes gilt für ein System: Mit der Festlegung einer (möglicherweise abstrakten) Systemgrenze ist auch das System festgelegt: Alle Komponenten innerhalb der Grenze sind Bestandteile des Systems, alles, was außerhalb ist, gehört zur „Umgebung". Selbstverständlich ist die Systemgrenze nicht undurchlässig, je nach Art der Grenze können über sie Energie, Materie, Impuls…, d. h. alle mengenartigen Größen transportiert werden.

In diesem Kapitel wollen wir Systeme betrachten, deren Komponenten Objekte sind, die eine Masse aufweisen, alle übrigen Eigenschaften spielen keine Rolle. Daher können wir die einzelnen Objekte als Massenpunkte ansehen, deren Bewegung den im vorigen Kapitel 2.3 vorgestellten Gesetzen gehorchen. Je nachdem, wie die einzelnen Massenpunkte des Systems wechselwirken, unterscheiden wir

- Systeme ohne Wechselwirkung,
- Systeme, bei denen die relativen Positionen der Massenpunkte fest sind (starre Körper),
- Systeme, bei denen eingeschränkte Bewegungen der Massenpunkte möglich sind (deformierbare Körper) und
- Systeme, bei denen die Objekte nur kurzzeitig wechselwirken (Kollisionen).

Da die Größen Impuls und Energie der einzelnen Objekte, $\vec{p}_i$ und E_i, mengenartige Größen sind, betragen Gesamtimpuls und Gesamtenergie des Systems

$$\vec{p}_{Sys} = \sum_i \vec{p}_i \quad E_{Sys} = \sum_i E_i \,. \tag{2.165}$$

2.4.2 Schwerpunkt

Wir betrachten ein System von Massenpunkten, auf das keine äußeren Kräfte wirken, d. h. über die Systemgrenze fließt kein Impulsstrom und damit auch kein Energiestrom. Solch ein System bezeichnet man als „abgeschlossenes System". Unabhängig von der Art der Wechselwirkung der Massenpunkte untereinander ist dem 3. Newtonschen Axiom zufolge die Summe der „inneren Kräfte" null.

$$\sum_i \vec{F}_i = 0 = \sum_i \frac{\mathrm{d}\vec{p}_i}{\mathrm{d}t} = \frac{\mathrm{d}}{\mathrm{d}t} \sum_i \vec{p}_i = \frac{\mathrm{d}}{\mathrm{d}t} \vec{p}_{Sys} \;\Rightarrow\; \vec{p}_{Sys} = const \tag{2.166}$$

Der Gesamtimpuls des Systems ändert sich nicht, er ist somit konstant. Es erfolgt kein Impulsstrom über die Systemgrenze. Gedanklich können wir das System ersetzen durch einen einzigen Massenpunkt, dem Schwerpunkt des Systems. Seine Masse M_{Sys} ist die Gesamtmasse des Systems und sein Impuls beträgt $\vec{p}_{Sys}$, der Impuls des Systems. Der Schwerpunkt bewegt sich gleichförmig mit einer konstanten Geschwindigkeit v_S. Diese beträgt mit

$$\vec{p}_{Sys} = M_{Sys} \vec{v}_S = \sum_i \vec{p}_i = \sum_i m_i \vec{v}_i \;\Rightarrow\; \vec{v}_S = \frac{\sum_i m_i \vec{v}_i}{M_{Sys}} \,. \tag{2.167}$$

Damit erhalten wir den Schwerpunktsatz als Konsequenz des 3. Newtonschen Axioms:

> Der Schwerpunkt eines abgeschlossenen Systems befindet sich in Ruhe oder bewegt sich gleichförmig.

Mit der gleichförmigen Bewegung ändert sich die Position des Schwerpunktes

$$\vec{v}_S = \frac{\mathrm{d}}{\mathrm{d}t} \vec{s}_{Sys} = \frac{\sum_i m_i \vec{v}_i}{M_{Sys}} = \frac{\sum_i m_i \dfrac{\mathrm{d}\vec{s}_i}{\mathrm{d}t}}{M_{Sys}} = \frac{\mathrm{d}}{\mathrm{d}t} \frac{\sum_i m_i \vec{s}_i}{M_{Sys}} \,. \tag{2.168}$$

Somit können wir die Position des Schwerpunktes

$$\vec{s}_S(t) = \frac{\sum_i m_i \vec{s}_i(t)}{M_{Sys}} \tag{2.169}$$

zum Zeitpunkt t berechnen unter der Annahme, dass

$$\vec{s}_S(t=0) = \frac{\sum_i m_i \vec{s}_i(t=0)}{M_{Sys}} \tag{2.170}$$

ist. Will man die Bewegung eines Systems von Massenpunkten „als Ganzes" beschreiben, so muss man nur die Bewegung des Schwerpunktes betrachten. Auf die weitere Bedeutung des Schwerpunktes für die Bewegung von ausgedehnten Systemen wird noch im Kapitel 2.6 eingegangen. Die Bestimmung des Schwerpunktes bei komplexen, aus mehreren Teilsystemen zusammengesetzten Systemen kann schrittweise erfolgen: Zunächst wird der Schwerpunkt jedes Teilsystems berechnet und dann der Schwerpunkt des gesamten Systems, wobei die Subsysteme jeweils als Massenpunkte betrachtet werden.

$$M_{Sys}\vec{s}_S = \overbrace{\underbrace{m_1\vec{s}_1 + m_2\vec{s}_2}_{(m_1+m_2)\vec{s}_{Subsys1}} + m_3\vec{s}_3}^{Subsystem\,1} + m_4\vec{s}_4... \tag{2.171}$$

$$\underbrace{\qquad\qquad\qquad\qquad}_{(m_1+m_2+m_3)\vec{s}_{Subsys2}}$$

Kontinuierliche Massenverteilung, Dichte
Objekte, deren Bewegung wir untersuchen wollen, bestehen in der Regel nicht aus unterscheidbaren, diskreten Massenpunkten sondern weisen eine kontinuierliche Massenverteilung auf, solange wir die Beobachtung nicht auf atomaren oder subatomaren Maßstab verfeinern. Diese Massenverteilung wird durch die Dichte ρ beschrieben, sie ist definiert als Masse m pro Volumen V.

$$\rho := \frac{m}{V} \quad [\rho] = \frac{g}{cm^3} \tag{2.172}$$

Die so definierte Dichte stellt eine mittlere Dichte des Körpers dar, die lokale Dichte $\rho(\vec{s})$ wird durch Zerlegung in immer kleinere Volumeneinheiten bestimmt.

$$\rho(\vec{s}) := \frac{dm}{dV}\bigg|_{\vec{s}} . \tag{2.173}$$

Damit weist ein kleines Volumenelement dV die Masse $dm = \rho dV$ auf. Für eine kontinuierliche Massenverteilung ändert sich (2.169) zu

$$\vec{s}_S = \frac{1}{M_{Sys}} \int_{\substack{Volumen \\ des\,Körpers}} \vec{s}\,dm = \frac{1}{M_{Sys}} \int_{\substack{Volumen \\ des\,Körpers}} \vec{s}\rho(\vec{s})dV . \tag{2.174}$$

Die Komponenten des Ortsvektors zum Schwerpunkt lauten demnach:

$$x_S = \frac{1}{M_{Sys}} \int\limits_{\substack{Volumen \\ des\,Körpers}} x\rho(\vec{s})\mathrm{d}V \,, \quad y_S = \frac{1}{M_{Sys}} \int\limits_{\substack{Volumen \\ des\,Körpers}} y\rho(\vec{s})\mathrm{d}V \,,$$

$$z_S = \frac{1}{M_{Sys}} \int\limits_{\substack{Volumen \\ des\,Körpers}} z\rho(\vec{s})\mathrm{d}V \tag{2.175}$$

(2.175) stellt ein Volumenintegral dar. Ist der Integrand = 1, so wird das Volumen des Körpers aus seinen Maßen berechnet, es kann auf drei „normale" Integrale zurückgeführt werden. Mit $\mathrm{d}V = \mathrm{d}x\mathrm{d}y\mathrm{d}z$ können wir die x-Komponente berechnen:

$$x_S = \frac{1}{M_{Sys}} \int\limits_{\substack{Grenzen \\ des\,Körpers \\ in\,z-Richtg.}} \int\limits_{\substack{Grenzen \\ des\,Körpers \\ in\,y-Richtg.}} \int\limits_{\substack{Grenzen \\ des\,Körpers \\ in\,x-Richtg.}} x\rho(x,y,z)\mathrm{d}x\mathrm{d}y\mathrm{d}z \tag{2.176}$$

Dabei wird sukzessive über die Variablen integriert, wobei die übrigen Variablen als konstant angesehen werden. Hängt die Begrenzung des Körpers in einer Richtung von den aktuellen Werten anderer Variablen ab, so muss über die erste Variable zuerst integriert werden. Zu bemerken ist, dass sich der Schwerpunkt sowohl innerhalb als auch außerhalb des Körpers befinden kann.

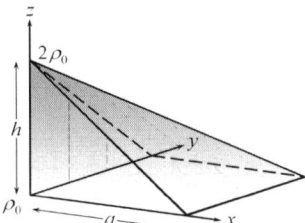

Abb. 2.49   *Berechnung der Schwerpunktkoordinaten einer quadratischen Pyramide mit variabler Dichte.*

Den Gang einer solchen Berechnung wollen wir am Beispiel einer quadratischen Pyramide, deren Spitze senkrecht über einer der Ecken des Quadrates liegt, zeigen. Den Koordinatenursprung legen wir in die Ecke des Quadrates, über der die Spitze der Pyramide steht. Weiterhin soll sich die Dichte des Materials von unten nach oben von ρ_0 auf $2\rho_0$ verdoppeln.

$$\rho(x,y,z) = \rho_0\left(1 + \frac{z}{h}\right), \text{ mit } h\text{: Höhe der Pyramide} \tag{2.177}$$

Die Begrenzungen der Pyramide sind in z-Richtung 0 und h, in x- und in y-Richtung 0 und $(h-z)\dfrac{a}{h}$, wobei a die Kantenlänge des Quadrates der Grundfläche ist. Wir integrieren zunächst über x, dann über y und schließlich über z. Damit ergibt sich die x-Komponente des Schwerpunktes zu

$$x_S = \frac{1}{M} \int_0^h (\int_0^{(h-z)\frac{a}{h}} (\int_0^{(h-z)\frac{a}{h}} x\rho_0(1+\frac{z}{h})dx)dy)dz$$

$$\Rightarrow x_S = \frac{\rho_0}{M} \int_0^h (\int_0^{(h-z)\frac{a}{h}}(1+\frac{z}{h})[\frac{x^2}{2}]_0^{(h-z)\frac{a}{h}} dy)dz = \frac{\rho_0}{2M}(\frac{a}{h})^3 \int_0^h (1+\frac{z}{h})(h-z)^3 dz$$

$$\Rightarrow x_S = \frac{\rho_0}{2M}(\frac{a}{h})^3 \frac{3}{10} h^4 . \tag{2.178}$$

Die Berechnung der y- und der z-Komponente erfolgt entsprechend. Die Masse M der Pyramide, ausgedrückt durch die Dichte ρ_0 und die Abmessungen a und beträgt

$$M = \int_0^h (\int_0^{(h-z)\frac{a}{h}} (\int_0^{(h-z)\frac{a}{h}} \rho_0(1+\frac{z}{h})dx)dy)dz$$

$$\Rightarrow M = \int_0^h (\int_0^{(h-z)\frac{a}{h}}\rho_0(1+\frac{z}{h})[x]_0^{(h-z)\frac{a}{h}} dy)dz = \rho_0(\frac{a}{h})^2 \int_0^h (1+\frac{z}{h})(h-z)^2 dz$$

$$\Rightarrow M = \rho_0(\frac{a}{h})^2 \frac{5}{12} h^3 . \tag{2.179}$$

Setzen wir dies in (2.178) ein, so lauten die Schwerpunktkoordinaten in x-Richtung bzw. y-Richtung

$$x_S = \frac{9}{25} a \quad \text{bzw.} \quad y_S = \frac{9}{25} a . \tag{2.180}$$

In z-Richtung befindet sich der Schwerpunkt bei

$$z_S = \frac{1}{M} \int_0^h (\int_0^{(h-z)\frac{a}{h}} (\int_0^{(h-z)\frac{a}{h}} z\rho_0(1+\frac{z}{h})dx)dy)dz$$

$$\Rightarrow z_S = \frac{\rho_0}{M} \int_0^h (\int_0^{(h-z)\frac{a}{h}}(1+\frac{z}{h})[x]_0^{(h-z)\frac{a}{h}} dy)dz = \frac{\rho_0}{M}(\frac{a}{h})^2 \int_0^h z(1+\frac{z}{h})(h-z)^2 dz$$

$$\Rightarrow z_S = \frac{\rho_0}{M}(\frac{a}{h})^2 \frac{7}{60} h^4 = \frac{7}{25} h . \tag{2.181}$$

Ist die Dichte eines Körpers überall gleich, so spricht man auch von einer homogenen Dichte. Weist der Körper dann noch Symmetrien auf, so befindet sich der Schwerpunkt im Symmetriepunkt oder auf der Symmetrielinie. Beispiele sind die Kugel (Schwerpunkt im Mittelpunkt), der Quader (Schwerpunkt im Schnittpunkt der Raumdiagonalen), der Zylinder (Mittelpunkt der Zylinderachse), der gerade Kegel (Verbindungsgerade von Spitze und Kreismittelpunkt der

Grundfläche). Weicht die Lage des Schwerpunktes dagegen von den Symmetriepunkten bzw. - linien ab, so kann man umgekehrt auf eine inhomogene Massenverteilung schließen.

2.4.3 Einfluss von äußeren Kräften

Wirken neben den inneren Kräften auch noch äußere Kräfte $\vec{F}_{i,ext}$ auf die Massenpunkte m_i eines Systems, so beeinflussen diese ebenfalls die Impulse $\vec{p}_i$ der einzelnen Massenpunkte und damit auch den Gesamtimpuls des Systems

$$\sum_i (\vec{F}_{i,ext} + \vec{F}_{i,\text{int}}) = \sum_i \frac{\mathrm{d}\vec{p}_i}{\mathrm{d}t} . \tag{2.182}$$

Anderseits ist dem 3. Newtonschen Axiom zufolge die Summe der inneren Kräfte null. Die Summe aller auf die jeweiligen Massenpunkte wirkenden äußeren Kräfte ergibt den Impulsstrom über die Systemgrenze und somit die Gesamtkraft auf das System.

$$\sum_i (\vec{F}_{i,ext} + \vec{F}_{i,\text{int}}) = \sum_i \vec{F}_{i,ext} + \sum_i \vec{F}_{i,\text{int}} = \sum_i \vec{F}_{i,ext} = \sum_i \frac{\mathrm{d}\vec{p}_i}{\mathrm{d}t} = \frac{\mathrm{d}}{\mathrm{d}t} \sum_i \vec{p}_i = \frac{\mathrm{d}}{\mathrm{d}t} \vec{p}_{Sys} \tag{2.183}$$

Ersetzen wir mit (2.167) den Gesamtimpuls des Systems durch den Impuls des Schwerpunktes

$$\frac{\mathrm{d}}{\mathrm{d}t} \vec{p}_{Sys} = \frac{\mathrm{d}}{\mathrm{d}t} (M\vec{v}_S) = M_{Sys} \dot{\vec{v}}_S , \tag{2.184}$$

so sieht man durch Gleichsetzen von (2.183) und (2.184), dass die Summe der auf die einzelnen Massenpunkte wirkenden äußeren Kräfte den Schwerpunkt beschleunigt.

$$\sum_i \vec{F}_{i,ext} = M_{Sys} \vec{a}_S \tag{2.185}$$

Dabei spielt es keine Rolle, ob die äußeren Kräfte, die auf die Massenpunkte wirken, gleich oder unterschiedlich sind. Statt die häufig unübersichtliche Wirkung von Kräften auf einzelne Teile des Systems zu analysieren und dann auf die Bewegung des Systems als Ganzes zu schließen, ist es mit (2.185) möglich, alle Kräfte auf den Schwerpunkt wirken zu lassen und nur seine Bewegung zu betrachten.

Der Schwerpunkt eines Systems aus Massenpunkten erfährt den gleichen Impulsstrom von äußeren Kräften wie das System selbst. Er repräsentiert somit die kollektive Bewegung des Systems.

Schütten wir z. B. Wasser im hohen Bogen aus einem Eimer, so können wir die Bewegung der Wassermenge durch einen schiefen Wurf ihres Schwerpunktes beschreiben.

Explodiert eine Silvesterrakete, nachdem ihre Treibladung ausgebrannt ist, so kann man die Wurfparabel ihres Schwerpunktes aus den Wurfparabeln der leuchtenden Fragmente erahnen.

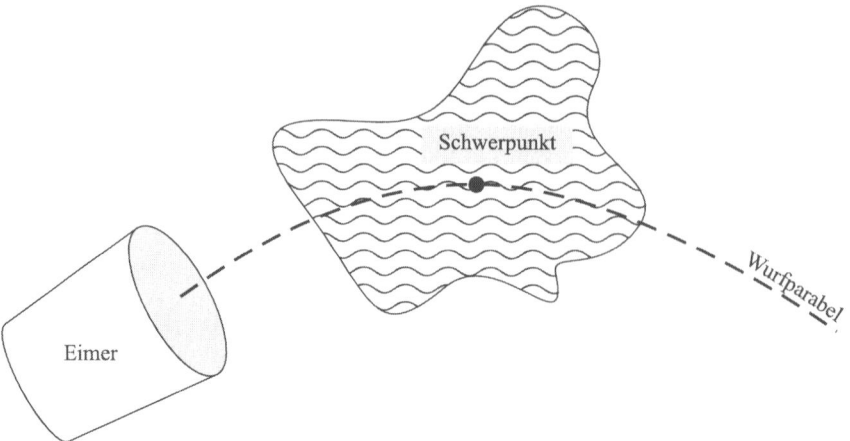

Abb. 2.50 *Ein Eimer Wasser wird im hohen Bogen ausgeschüttet.*

Mit einem kleinen Experiment können wir die Beschleunigung des Schwerpunktes einer Kugel durch eine an ihrer Oberfläche angreifende Kraft verdeutlichen. Wir legen die Kugel auf eine durchsichtige Folie und markieren sowohl auf der Unterlage, auf der die Folie liegt, als auch auf der Folie die Startposition der Kugel. Ziehen wir nun mit einer Kraft an der Folie, so rollt zwar die Kugel auf ihr entgegen der Zugrichtung, insgesamt bewegt sie sich aber mit der Folie in Richtung der wirkenden Kraft. Aus der Tatsache, dass die Kugel neben der translatorischen Bewegung des Schwerpunktes noch eine Drehbewegung ausführt, können wir schließen, dass äußere Kräfte noch weitere Effekte nach sich ziehen. Darauf werden wir im Kapitel 2.6 eingehen.

a)

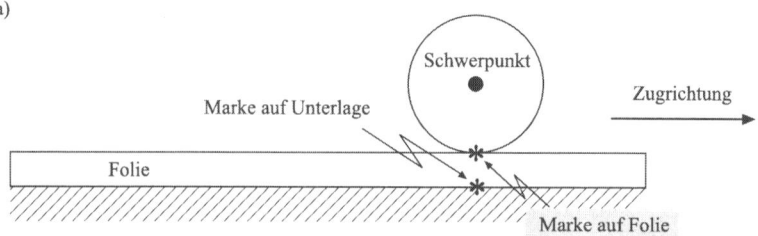

b)

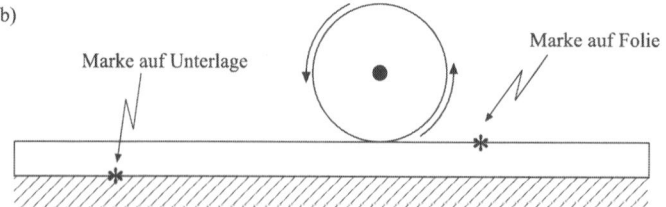

Abb. 2.51 *Versuch: Eine auf einer Folie liegende Kugel wird durch eine äußere Kraft, die durch die Folie vermittelt wird, beschleunigt. Der Schwerpunkt der Kugel bewegt sich in Richtung der äußeren Kraft.*

2.4.4   Schwerpunktsystem

Möchte man Bewegungen einzelner Massenpunkte eines Systems untersuchen, ohne dessen kollektive Bewegung zu berücksichtigen, die durch die Bewegung des Schwerpunktes festgelegt wird, so ist es sinnvoll, die Bewegung in einem Bezugssystem zu beschreiben, in dem der Schwerpunkt ruht. Wie wir in Kapitel 2.3.7 gesehen haben, muss in Anlehnung zu (2.94) zur Transformation der Impulse von der momentanen Geschwindigkeit eines Massenpunktes die Momentangeschwindigkeit des Schwerpunktes abgezogen werden. In einem abgeschlossenen System aus zwei Massenpunkten berechnen sich deren Impulse zu

$$\vec{p}_1^{\,*} = m_1(\vec{v}_1 - \vec{v}_S) \quad \text{und} \quad \vec{p}_2^{\,*} = m_2(\vec{v}_2 - \vec{v}_S)\,. \tag{2.186}$$

Größen im Schwerpunktsystem wollen wir mit einem * kennzeichnen. Mit der Schwerpunktgeschwindigkeit

$$\vec{v}_S = \frac{m_1\vec{v}_1 + m_2\vec{v}_2}{m_1 + m_2} \tag{2.187}$$

ergeben sich die Impulse der beiden Massenpunkte zu

$$\vec{p}_1^{\,*} = m_1(\vec{v}_1 - \frac{m_1\vec{v}_1 + m_2\vec{v}_2}{m_1 + m_2}) = \frac{m_1 m_2}{m_1 + m_2}(\vec{v}_1 - \vec{v}_2) \quad \text{und}$$

$$\vec{p}_2^{\,*} = m_2(\vec{v}_2 - \frac{m_1\vec{v}_1 + m_2\vec{v}_2}{m_1 + m_2}) = \frac{m_1 m_2}{m_1 + m_2}(\vec{v}_2 - \vec{v}_1) = -\vec{p}_1^{\,*}\,. \tag{2.188}$$

Wir sehen, dass die beiden Impulse im Schwerpunktsystem entgegengesetzt gleich groß sind. Dies war zu erwarten, da ja der Gesamtimpuls null sein muss. Weiterhin folgt aus (2.188), dass die beiden Massenpunkte direkt aufeinander zufliegen oder voneinander wegfliegen[1], denn ihre Geschwindigkeiten im Schwerpunktsystem sind kollinear.

Wollen wir in umgekehrter Weise vom Schwerpunktsystem in ein „Laborsystem", in dem sich der Schwerpunkt bewegt, zurücktransformieren, so ist zu den Geschwindigkeiten $\vec{v}_i^{\,*}$ der Massenpunkte im Schwerpunktsystem die Schwerpunktgeschwindigkeit im Laborsystem, $\vec{v}_S$, zu addieren.

2.4.5   Kinetische Energie eines Systems von Massenpunkten

Da die kinetische Energie eine mengenartige Größe ist, berechnet sich die gesamte kinetische Energie eines Systems aus Massenpunkten aus der Summe der kinetischen Energien der einzelnen Objekte.

$$E_{kin,Sys} = \sum_i E_{kin,i} = \sum_i \frac{1}{2} m_i v_i^2 \tag{2.189}$$

---

[1]   Außer ihre Geschwindigkeiten im Laborsystem sind gleich und damit ihr Abstand voneinander konstant.

Wir spalten die Geschwindigkeiten auf in Geschwindigkeiten im Schwerpunktsystem und in die Geschwindigkeit des Schwerpunktes:

$$E_{kin,Sys} = \sum_i \frac{1}{2} m_i (\vec{v}_i^* + \vec{v}_S)^2 = \sum_i \frac{1}{2} m_i v_i^{*2} + \sum_i m_i \vec{v}_i^* \bullet \vec{v}_S + \sum_i \frac{1}{2} m_i v_S^2$$

$$E_{kin,Sys} = \sum_i \frac{1}{2} m_i v_i^{*2} + (\sum_i m_i \vec{v}_i^*) \bullet \vec{v}_S + \frac{1}{2} (\sum_i m_i) v_S^2 \qquad (2.190)$$

Da im Schwerpunktsystem die Summe aller Impulse $m_i \vec{v}_i^*$ null ist, vereinfacht sich (2.190) zu

$$E_{kin,Sys} = \sum_i \frac{1}{2} m_i v_i^{*2} + \frac{1}{2} M_{Sys} v_S^2 = E_{kin,Sys}^* + E_{kin,S} \,. \qquad (2.191)$$

Die kinetische Energie eines Systems von Massenpunkten kann aufgespalten werden in die kinetische Energie im Schwerpunktsystem und die kinetische Energie des Schwerpunktes.

In einem abgeschlossenen System ist die kinetische Energie des Schwerpunktes konstant, allerdings kann sich die kinetische Energie im Schwerpunktsystem ändern, weil innere Kräfte der Massenpunkte untereinander Arbeit verrichten. Sind die Kräfte konservativ, so bleibt die mechanische Gesamtenergie erhalten, wie z.B. bei zwei Körpern, die durch eine elastisch deformierbare Feder miteinander verbunden sind.

Sind die inneren Kräfte dagegen nicht konservativ, wirken z.B. Reibungskräfte zwischen den Objekten des Systems, so verkleinert sich die mechanische Gesamtenergie und die kinetische Energie im Schwerpunktsystem. Wird dagegen Energie zugeführt, wie beim Beispiel der explodierenden Silvesterrakete, so vergrößert sich die kinetische Energie.

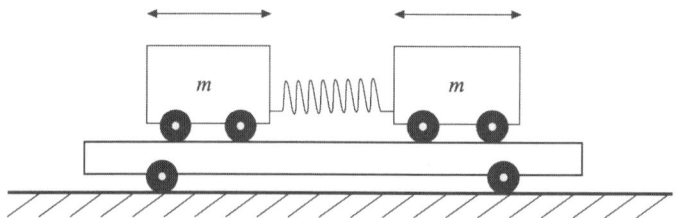

Abb. 2.52 *Zwei Objekte gleicher Masse sind mit einer Feder verbunden und schwingen. Der Schwerpunkt ist in Ruhe, die kinetische Energie im Schwerpunktsystem ändert sich periodisch.*

2.5   Stoßprozesse

Wie wir im vorigen Kapitel gesehen haben, kann der Bewegungszustand eines Systems von Massenpunkten sowohl durch äußere als auch durch innere Kräfte geändert werden. Stoßprozesse stellen eine besondere Klasse von Zustandsänderungen dar. Bei einem Stoß oder einer Kollision wirken innere Kräfte zwischen Objekten nur sehr kurzzeitig, ferner sind sie wesentlich größer als ggf. auch noch wirksame äußere Kräfte.[1] Nach der Kollision sollen zwischen den Objekten keine weiteren inneren Kräfte mehr wirken.

Im Folgenden wollen wir annehmen, dass die kollidierenden Körper von keinerlei äußeren Kräften beeinflusst werden, und uns zunächst auf zwei Körper beschränken. Vor dem Stoß bewegen sie sich gleichförmig, ebenso nach dem Stoß.

> Der Gesamtimpuls der beiden Körper bleibt konstant, der gemeinsame Schwerpunkt bewegt sich gleichförmig.

Um die kollektive Bewegung des Zweikörpersystems nicht weiter berücksichtigen zu müssen, betrachtet man Stoßvorgänge praktischerweise im Schwerpunktsystem. Im Laborsystem ist dann die kollektive Bewegung der individuellen Bewegung der beiden kollidierenden Objekte zu überlagern.

Man unterscheidet Stoßprozesse zum einen hinsichtlich der umgesetzten Energie und zum zweiten hinsichtlich der Stoßgeometrie. Energetisch gesehen gibt es zwei Grenzfälle:

- Die kinetische Energie im Schwerpunktsystem wird durch den Stoß vollständig in andere Energieformen umgewandelt. Diesen Vorgang bezeichnet man als unelastischen Stoß.
- Die kinetische Energie im Schwerpunktsystem bleibt erhalten, man spricht von einem elastischen Stoß.

In der Praxis sind Stoßvorgänge Mischformen aus den beiden Grenzfällen, einen solchen Stoß nennt man teilelastisch.

Bei der Geometrie unterscheidet man zum einen gerade und schiefe Stöße, je nachdem ob im Laborsystem die Geschwindigkeiten der Kollisionspartner vor dem Stoß kollinear waren oder nicht, d. h. ob sie direkt aufeinander zuflogen. Wir haben jedoch in (2.188) gesehen, dass im Schwerpunktsystem jeder Stoß ein gerader Stoß ist, die Nichtkollinearität der Geschwindigkeiten also ein Effekt der Schwerpunktbewegung ist. Weiterhin kann man gerade Stöße in zentrale und nicht zentrale Stöße aufschlüsseln, darauf werden wir später eingehen.

Mit Hilfe von Stoßexperimenten kann man versuchen, aus den experimentell leicht zugänglichen Impulsen der Objekte vor und nach dem Stoß Rückschlüsse auf die wirkenden inneren Kräfte zu ziehen. Alternativ kann man auch aus bekannten inneren Kräften und den Impulsen nach dem Stoß die Impulse vor dem Stoß rekonstruieren. Dies ist oft die Aufgabe von Gutachtern bei Verkehrsunfällen, die Geschwindigkeiten und Fahrtrichtungen der beteiligten Fahrzeuge vor der Kollision zu ermitteln.

2.5.1   Unelastische Stöße

Wie schon erwähnt, wird hierbei durch den Stoßvorgang die gesamte kinetische Energie der Stoßpartner im Schwerpunktsystem z. B. durch Reibung aufgezehrt, damit ist die kinetische

---

[1] Wird z. B. ein Ball gegen eine Wand geworfen, so ist die Schwerkraft sehr klein gegen die Deformationskräfte, die während des Aufpralls wirken.

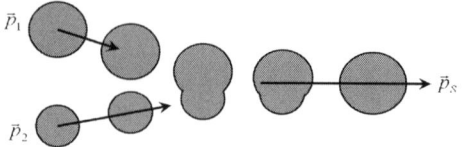

Abb. 2.53   *Unelastischer Stoß im Labor- und im Schwerpunktsystem.*

Energie des Systems die Energie des Schwerpunktes. Ihre Geschwindigkeiten $\vec{v}_1{}'$ und $\vec{v}_2{}'$ nach dem Stoß sind dann gleich der Schwerpunktgeschwindigkeit (2.187), die beiden Objekte bleiben in Kontakt.

$$\vec{v}_1{}'=\vec{v}_2{}'=\vec{v}_{End}=\vec{v}_S=\frac{m_1\vec{v}_1+m_2\vec{v}_2}{m_1+m_2}\tag{2.192}$$

Im Folgenden werden physikalische Größen nach dem Stoß mit einem ′ gekennzeichnet.

Beim unelastischen Stoß wird die kinetische Energie im Schwerpunktsystem der beiden Objekte vor dem Stoß in Wärme umgesetzt. Diese beträgt mit (2.191) unter Beachtung von (2.13)

$$\Delta E := E'_{kin,\,Sys}-E_{kin,\,Sys}=-E^*_{kin,\,Sys}=E_{kin,\,S}-E_{kin,\,Sys}\;\Rightarrow$$

$$\Delta E=\frac{1}{2}(\frac{(\vec{p}_1+\vec{p}_2)^2}{m_1+m_2}-\frac{p_1^2}{m_1}-\frac{p_2^2}{m_2})=-\frac{m_1^2p_2^2-2m_1m_2\vec{p}_1\bullet\vec{p}_2+m_2^2p_1^2}{2m_1m_2(m_1+m_2)}\;\Rightarrow$$

$$\Delta E=-\frac{(m_2\vec{p}_1-m_1\vec{p}_2)^2}{2m_1m_2(m_1+m_2)}=-\frac{1}{2}\frac{m_2m_1}{(m_1+m_2)}(\vec{v}_1-\vec{v}_2)^2\;.\tag{2.193}$$

Die Energie ΔE wird dem System entzogen ($\Delta E < 0$).

Mit Hilfe der Gesetzmäßigkeiten, denen unelastische Stöße gehorchen, lassen sich z. B. mit einem ballistischen Pendel Geschossgeschwindigkeiten von Feuerwaffen, die sonst nur schwer messbar sind, bestimmen.

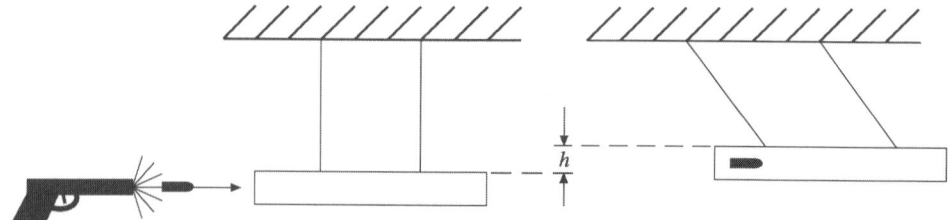

Abb. 2.54   *Ballistisches Pendel zur Bestimmung von Geschossgeschwindigkeiten.*

Mit dem Gewehr schießt man auf einen an einem Seil aufgehängten ruhenden Sandsack oder Holzklotz, in dem das Geschoss stecken bleibt. Nach dem unelastischen Stoß bewegt sich der Holzklotz mit darin steckendem Geschoss, die kinetische Energie ist die des gemeinsamen Schwerpunktes beider Objekte. Durch die Kreisbewegung um den Aufhängepunkt wird der Holzklotz gegen die Schwerkraft angehoben, im Umkehrpunkt der Pendelbewegung ist die kinetische Energie nach dem Stoß in potentielle Energie umgewandelt worden. Aus der erreichten Höhe h kann man mit Hilfe des Energiesatzes (2.137) die kinetische Energie des Systems Holzklotz-Geschoss und damit dessen Geschwindigkeit v_S nach dem Stoß berechnen.

$$\Delta E_{kin,S} + \Delta E_{pot,S} = 0 = E_{kin,S}(E) - E_{kin,S}(A) + E_{pot,S}(E) - E_{pot,S}(A)^{\,1}$$

$$0 = \frac{1}{2}M_S v_S^2 - M_S gh \quad \Rightarrow \quad v_S = \sqrt{2gh} \tag{2.194}$$

Aus der Schwerpunktgeschwindigkeit (2.192) folgt dann bei bekannten Massen m_H und m_G von Holzklotz und Geschoss

$$v_S = \frac{m_G v_G}{m_H + m_G} \quad \Rightarrow \quad v_G = \frac{m_H + m_G}{m_G}\sqrt{2gh}\ . \tag{2.195}$$

Dabei wurde berücksichtigt, dass der Holzklotz vor dem Stoß in Ruhe war und der Stoß in einer Dimension erfolgte.

Neben dem unelastischen Stoß kommt häufig auch der im Zeitablauf umgekehrte Fall vor: der „schlagartige" Zerfall eines Körpers in mehrere Teile. Auch hier sind in der Regel die im Augenblick des Zerfalls herrschenden inneren Kräfte wesentlich größer als die äußeren Kräfte. Gehen wir auch wieder vereinfachend davon aus, dass keine äußeren Kräfte auf das System wirken, so bewegt sich auch in diesem Fall der Schwerpunkt des Systems vor und nach dem Zerfall gleichförmig, der Gesamtimpuls bleibt erhalten. Die kinetische Energie des Körpers im Schwerpunktsystem ist vor dem Zerfall null, danach ungleich null, die Impulse der „Bruchstücke" des zerfallenen Körpers sind entgegengesetzt gleich groß. Dem System muss somit Energie zugeführt werden, damit es zerfallen kann.

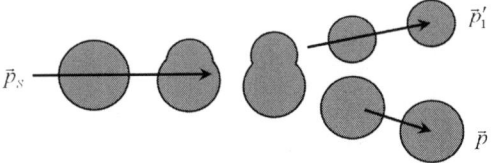

Abb. 2.55 *Zeitumgekehrter unelastischer Stoß im Labor- und im Schwerpunktsystem.*

---

[1] (*A*) und (*E*) bezeichnen die Größen am Anfang und am Ende der Pendelbewegung, die nach dem unelastischen Stoß erfolgt.

Beispiele für einen zeitumgekehrten unelastischen Stoß sind der Rückstoß beim Gewehr oder beim Entkorken einer Sektflasche, oder auch der Zerfall von Atomkernen. Beim Schuss mit dem Gewehr wird die kinetische Energie von Gewehr und Kugel als chemische Energie bei der Explosion des Pulvers dem System zugeführt. Sektflasche und Korken schöpfen ihre kinetische Energie aus der Energie, die beim Entspannen von Gas freigesetzt wird.

Auch einem Atomkern muss vor seinem Zerfall in zwei Bruchstücke Energie zugeführt werden. Diese „Anregungsenergie" kann z. B. durch einen vorangegangenen unelastischen Stoß, bei dem ein Neutron absorbiert wurde, bereitgestellt werden. Bei der Gewinnung von Kernenergie aus dem Zerfall von Urankernen („Kernspaltung") entstehen als Bruchstücke Krypton- und Bariumkerne sowie drei Neutronen. Letztere können wiederum Urankerne anregen, so dass auch sie zerfallen. Bei solch einer „Kettenreaktion" werden dann in kurzer Zeit sehr viele Urankerne gespalten. Dass insgesamt sehr viel mehr Energie bei solch einer Kettenreaktion freigesetzt wird, als durch die anregenden Neutronen zugeführt wird, liegt daran, dass die Bruchstücke, Krypton- und Bariumkern, wesentlich weniger „innere" Energie aufweisen als der Urankern. Somit muss ein wenig Energie „investiert" werden, um dann viel Energie „als Gewinn einstreichen zu können". Dieser Mechanismus ist bei vielen chemischen Reaktionen zu beobachten: Vor der Reaktion weist das System aus den Reaktionspartnern viel „innere Energie" auf, aber zum Einleiten der Reaktion muss von außen noch etwas Energie zugeführt werden, damit nach der Reaktion ein großer Teil der inneren Energie aus dem System z. B. in Form von Wärme abgeführt werden kann.

2.5.2   Antrieb durch Massenströme: Raketen

Einen Sonderfall des zeitumgekehrten unelastischen Stoßes stellen Systeme dar, die einen kontinuierlichen Massenstrom ausstoßen. Bei Raketen- oder Düsenantrieben werden heiße Verbrennungsgase ausgestoßen, diese bewirken eine Schubkraft, die die Rakete oder das Flugzeug vorantreibt. In ähnlicher Weise setzt sich das Ende eines Gartenschlauches in Bewegung, wenn man den Wasserhahn öffnet und der Wasserstrahl austritt.

Zum besseren Verständnis wollen wir einen solchen Strahlantrieb als eine Folge von zeitumgekehrten unelastischen Stößen beschreiben, in jedem Zeitintervall soll die Rakete „zerfallen" in einen Anteil ausgestoßener Treibstoff und den Rest der Rakete. Entscheidend für die Überlegungen ist, dass in jedem Schritt die Systemgrenze neu gezogen wird: Das System umfasst nur die Rakete und den in diesem Zeitintervall ausgestoßenen Treibstoff. Der Treibstoff, der in vorherigen Zeitintervallen ausgestoßen wurde, gehört nicht mehr zum System.

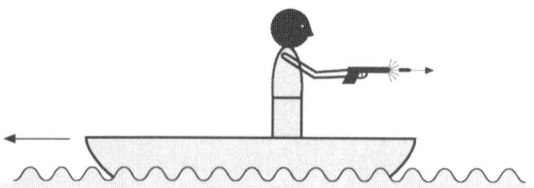

Abb. 2.56 *Ein Mensch in einem Boot schießt mit seiner Pistole eine Folge von Schüssen heckwärts.*

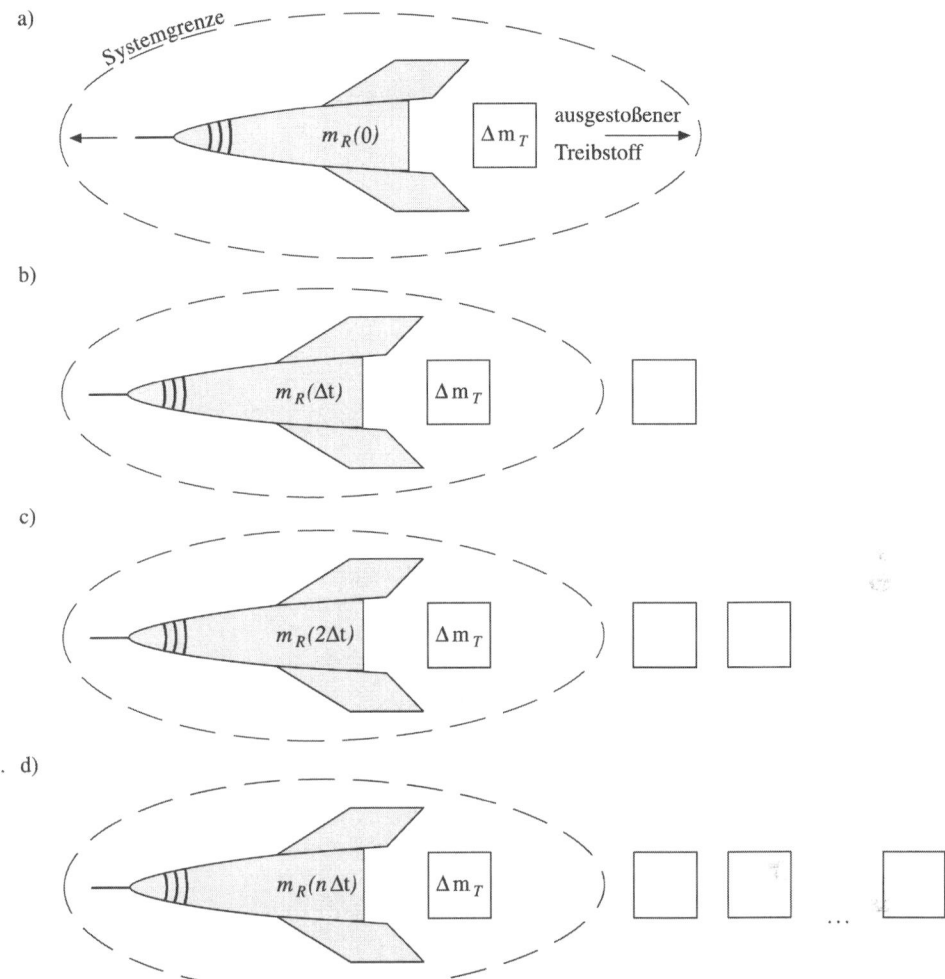

Abb. 2.57 *Eine Rakete stößt im Zeitintervall Δt eine Treibstoffmenge Δm_T mit einer Geschwindigkeit v_T relativ zur Rakete aus a): Schritt 1 [0, Δt], b) Schritt 2 [Δt, 2Δt], c) Schritt 3 [2Δt, 3Δt], d) Schritt n [(n-1)Δt, nΔt].*

Betrachten wir die (eindimensionale) Bewegung der Rakete aus der Ruhe: Im ersten Zeitintervall sind der Gesamtimpuls und damit die Geschwindigkeit des Systemschwerpunktes null, die Systemmasse beträgt m. Nachdem eine Treibstoffmenge Δm_T mit der Geschwindigkeit v_T im Schwerpunktsystem ausgestoßen wurde, bewegt sich der Rest der Rakete mit der Masse $m - \Delta m_T$ mit der Geschwindigkeit

$$v_R^*(\Delta t) = -\frac{\Delta m_T}{m - \Delta m_T} v_T \tag{2.196}$$

in entgegengesetzter Richtung wie der Treibstoff. Im Laborsystem ist die Geschwindigkeit $v_R(\Delta t)$ die gleiche wie in (2.196).

Mit Beginn des zweiten Zeitintervalls $[\Delta t, 2\Delta t]$ ziehen wir die Systemgrenze neu, die Systemmasse beträgt nun $m - \Delta m_T$, die Schwerpunktgeschwindigkeit $v_S([\Delta t, 2\Delta t]) = v_R(\Delta t)$ ist die Geschwindigkeit der „Restrakete" im vorigen Zeitintervall. Nach dem Ausstoß einer weiteren Treibstoffmenge Δm_T erreicht die Rakete im Schwerpunktsystem die Geschwindigkeit

$$v_R^*(2\Delta t) = -\frac{\Delta m_T}{m - 2\Delta m_T} v_T = -\frac{\Delta m_T}{m_R(2\Delta t)} v_T \,, \tag{2.197}$$

im Laborsystem muss noch die Schwerpunktgeschwindigkeit, die Raketengeschwindigkeit des vorigen Zeitintervalls dazuaddiert werden.

$$v_R(2\Delta t) = -\frac{\Delta m_T}{m - 2\Delta m_T} v_T - \frac{\Delta m_T}{m - \Delta m_T} v_T = -\Delta m_T v_T \left(\frac{1}{m_R(2\Delta t)} + \frac{1}{m_R(\Delta t)} \right) \tag{2.198}$$

Erneut ändern wir die Systemgrenze mit Beginn des dritten Zeitintervalls. Die Schwerpunktgeschwindigkeit beträgt nun $v_R(2\Delta t)$. Am Ende des dritten Zeitintervalls ist die Rakete, nachdem sie Δm_T Treibstoff ausgestoßen hat, im Laborsystem

$$v_R(3\Delta t) = -\Delta m_T v_T \left(\frac{1}{m_R(3\Delta t)} + \frac{1}{m_R(2\Delta t)} + \frac{1}{m_R(\Delta t)} \right) \tag{2.199}$$

schnell. Ihre Geschwindigkeit ändert sich im Laborsystem vom $(n-1)$-ten zum n-ten Zeitintervall wie

$$\Delta v_R := v_R(n\Delta t) - v_R((n-1)\Delta t) = -\frac{\Delta m_T v_T}{m_R(n\Delta t)} = \frac{\Delta m_R v_T}{m_R(n\Delta t)} \,. \tag{2.200}$$

Dabei wurde berücksichtigt, dass sich mit dem Ausstoßen vom Δm_T Treibstoff die Raketenmasse um $\Delta m_R = -\Delta m_T$ ändert. Bei einem kontinuierlichen Massenstrom $\dot{m}_T$ wird im Grenzübergang $\Delta t \to 0$ der Geschwindigkeitszuwachs Δv_R zu dv_R und die Massenabnahme der Rakete zu dm_R. Somit lautet (2.200) dann

$$dv_R = v_T \frac{dm_R}{m_R} \,. \tag{2.201}$$

Die Integration dieser Differentialgleichung liefert die gesuchte Endgeschwindigkeit der Rakete, wenn sich ihre Masse von der Startmasse m_A auf die Endmasse m_E reduziert hat. Die Differenz aus Startmasse und Endmasse ist aber die Masse des während der Bewegung ausgestoßenen Treibstoffs.

$$\int_0^{v_E} dv_R = v_T \int_{m_A}^{m_E} \frac{dm_R}{m_R} \quad \Rightarrow \quad v_E = v_T \ln \frac{m_E}{m_A} = -v_T \ln \frac{m_E + m_T}{m_E} \tag{2.202}$$

Dies ist die Raketengleichung, die von Ziolkowski[1] erstmalig 1903 angegeben wurde. Man sieht, dass zur Erzielung einer hohen Endgeschwindigkeit die Ausströmgeschwindigkeit des Treibstoffes und der Anteil des Treibstoffes an der Startmasse möglichst groß sein müssen. Am effektivsten steigert man die Endgeschwindigkeit durch Vergrößern der Ausströmgeschwindigkeit, denn durch die logarithmische Abhängigkeit vom Massenverhältnis sind die Steigerungen jenseits von $m_T/m_E > 20$ eher gering.

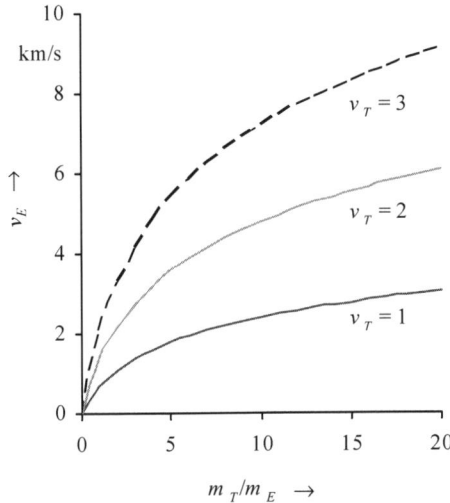

Abb. 2.58   *Erzielbare Endgeschwindigkeit in Abhängigkeit des Verhältnisses m_T/m_E.*

Zur Berechnung der Beschleunigung muss der im Zeitintervall dt erzielte Geschwindigkeitszuwachs dv_R aus (2.201) noch durch dt dividiert werden.

$$a_R = \frac{dv_R}{dt} = v_T \frac{1}{m_R(t)} \frac{dm_R}{dt} \quad \Rightarrow \quad m_R(t) a_R = v_T \frac{dm_R}{dt} = F_{Schub} \qquad (2.203)$$

Der Massenstrom[2] des aus dem System Rakete ausströmenden Treibstoffs bewirkt die die Rakete vorantreibende Schubkraft. Ist neben der Ausströmgeschwindigkeit auch der Massenstrom zeitlich konstant, so ist es auch die Schubkraft.

Im Gegensatz zu den zuvor behandelten Stoßprozessen kann die Bewegung der Rakete noch durch äußere Kräfte beeinflusst werden, die nicht gegenüber der Schubkraft vernachlässigt werden dürfen. In der Nähe der Erdoberfläche wirkt z.B. immer die Schwerkraft m_{Rg}.

---

[1]   K. E. Ziolkowski (1857 – 1935).
[2]   Der Massenstrom wird negativ gezählt, da er die Masse des Systems Rakete verkleinert.

2.5.3   Elastische Stöße

Im Gegensatz zu den im Kapitel 2.5.1 behandelten unelastischen Stößen bleibt die kinetische Energie des aus den Stoßpartnern bestehenden Systems im Schwerpunktsystem erhalten, die kurzzeitige Wechselwirkung wird durch konservative Kräfte wie z. B. elastische Deformation bewirkt. Wir wollen uns zunächst auf Kollisionen zwischen zwei Objekten beschränken. Wie bei jedem Stoßprozess gilt (2.188), im Schwerpunktsystem sind alle Stöße gerade, die Stoßpartner bewegen sich vor der Kollision direkt aufeinander zu und nachher direkt voneinander weg.

$$\vec{p}_1^{\,*} = -\vec{p}_2^{\,*} \quad \text{und} \quad \vec{p}_1'^{\,*} = -\vec{p}_2'^{\,*} \tag{2.204}$$

Aus der Erhaltung der kinetischen Energie folgt

$$\frac{p_1^{*2}}{2m_1} + \frac{p_2^{*2}}{2m_2} = \frac{p_1'^{*2}}{2m_1} + \frac{p_2'^{*2}}{2m_2} \tag{2.205}$$

und mit (2.204) folgt

$$\frac{p_1^{*2}}{2m_1} + \frac{p_1^{*2}}{2m_2} = \frac{p_1'^{*2}}{2m_1} + \frac{p_1'^{*2}}{2m_2} \quad \Rightarrow \quad p_1^{*2} = p_1'^{*2}. \tag{2.206}$$

Beim elastischen Stoß sind die Beträge der Impulse vor und nach der Kollision gleich. Allerdings kann sich ihre Richtung geändert haben. **Abb. 2.59** verdeutlicht die Zusammenhänge:

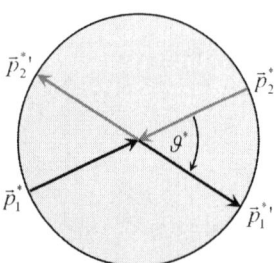

Abb. 2.59   *Impulse vor und nach einem elastischen Stoß.*

Die Richtungsänderung der Objekte durch den Stoß wird durch den Streuwinkel ϑ^* beschrieben. Beträgt er 180°, so erfolgte ein zentraler Stoß, andernfalls handelte es sich um einen nicht zentralen oder exzentrischen Stoß. Für die Art des Stoßes sind die Geometrie der kollidierenden Objekte, speziell in dem Bereich des Kontaktes, die Lage ihrer Schwerpunkte und die Richtung der Geschwindigkeiten wichtig. Gehen wir näherungsweise von einem punktförmigen Kontakt und in diesem Bereich kugelförmigen Begrenzungsflächen der Objekte aus, so ist eine Berührebene tangential zu den begrenzenden Kugeln definiert. Die Gerade, die senkrecht zu dieser Ebene durch den Kontaktpunkt verläuft, nennt man Stoßgerade.

Befinden sich während der Kollision die Schwerpunkte der beiden Objekte auf der Stoßgeraden und verlaufen ihre anfänglichen Impulse in ihrer Richtung, so nennt man den Stoß zentral. Die Kräfte verlaufen längs der Stoßgeraden, und bewirken Richtungsänderungen um 180° bei jedem der Objekte. Verlaufen die anfänglichen Impulse jedoch nicht in Richtung der Stoßgeraden, so wirken auch Kräfte senkrecht zu den Impulsen vor dem Stoß und es erfolgt eine Ablenkung um andere Streuwinkel als 180°. Liegen die Schwerpunkte der beiden Objekte nicht auf der Stoßgeraden, so kann zusätzlich auch noch eine Rotation der Objekte auftreten.

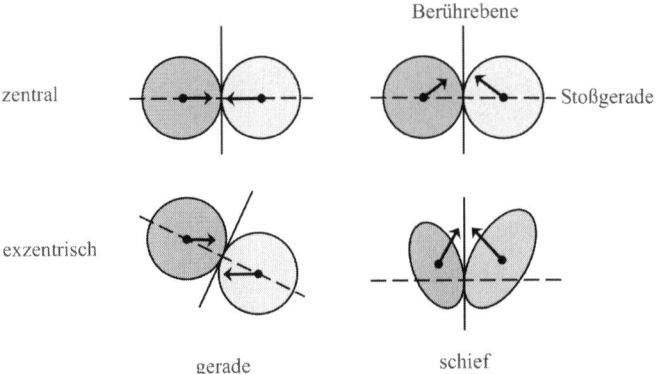

Abb. 2.60 *Stoßgeometrien bei zentralen und nicht zentralen Stößen.*

Da wir bislang keine Aussagen zu der Gestalt der kollidierenden Objekte gemacht haben, sie also als Massenpunkte ansehen, wollen wir uns im Folgenden auf zentrale Stöße beschränken. Wegen $\vartheta^* = 180°$ ist

$$\vec{p}_1^* = -\vec{p'}_1^* \Rightarrow \vec{v}_1^* = -\vec{v'}_1^* \quad \text{und} \quad \vec{p}_2^* = -\vec{p'}_2^* \Rightarrow \vec{v}_2^* = -\vec{v'}_2^*, \tag{2.207}$$

d. h. durch den Stoß werden die Impulse im Schwerpunktsystem nur umgekehrt. Um Impulse und Geschwindigkeiten der Körper nach dem Stoß im Laborsystem zu berechnen, muss zu den Geschwindigkeiten im Schwerpunktsystem noch die Schwerpunktgeschwindigkeit addiert werden. Mit

$$\vec{v}_1^* = \vec{v}_1 - \vec{v}_S \quad \text{und} \quad \vec{v}_2^* = \vec{v}_2 - \vec{v}_S \tag{2.208}$$

und (2.207) ergeben sich die Geschwindigkeiten nach dem Stoß im Laborsystem zu

$$\vec{v'}_1 = -\vec{v'}_1^* + \vec{v}_S = -\vec{v}_1 + 2\vec{v}_S \quad \text{und} \quad \vec{v'}_2 = -\vec{v'}_2^* + \vec{v}_S = -\vec{v}_2 + 2\vec{v}_S \tag{2.209}$$

und die Impulse zu

$$\vec{p}\,'_1 = m_1 \vec{v}\,'_1 = -\vec{p}_1 + 2m_1 \vec{v}_S \quad \text{und} \quad \vec{p}\,'_2 = m_2 \vec{v}\,'_2 = -\vec{p}_2 + 2m_2 \vec{v}_S \,. \tag{2.210}$$

Zwei weitere Größen werden im Zusammenhang mit elastischen Stößen häufig verwendet: der Impulsübertrag $\Delta \vec{p}$, er ist definiert als

$$\Delta \vec{p}_1 := \vec{p}\,'_1 - \vec{p}_1 = -2\vec{p}_1 + 2m_1 \vec{v}_S \quad \text{bzw.} \quad \Delta \vec{p}_2 = -2\vec{p}_2 + 2m_2 \vec{v}_S \tag{2.211}$$

und der Energieübertrag

$$\Delta E_{kin,1} := E'_{kin,1} - E_{kin,1} \quad \text{bzw.} \quad \Delta E_{kin,2} := E'_{kin,2} - E_{kin,2} \,. \tag{2.212}$$

Aus der Impuls- und Energieerhaltung folgt, dass Impuls- und Energieübertrag des einen Körpers entgegengesetzt gleich groß den Überträgen des anderen sind.

Wir wollen zwei Sonderfälle des geraden zentralen elastischen Stoßes etwas genauer analysieren. Dabei nehmen wir an, dass sich Objekt 1 links vom Objekt 2 befindet.[1] Damit überhaupt ein Stoß stattfinden kann, muss außerdem $v_1 > v_2$ sein.

Kollision von Objekten mit gleicher Masse

Für diesen Fall ist nach (2.167) die Schwerpunktgeschwindigkeit das arithmetische Mittel der Geschwindigkeiten vor dem Stoß

$$v_S = \frac{mv_1 + mv_2}{2m} = \frac{v_1 + v_2}{2} \,. \tag{2.213}$$

Damit lauten die Geschwindigkeiten nach dem Stoß

$$v'_1 = -v_1 + v_1 + v_2 = v_2 \quad \text{und} \quad v'_2 = -v_2 + v_1 + v_2 = v_1 \,, \tag{2.214}$$

die Körper „tauschen" ihre Geschwindigkeiten. Impuls- und Energieübertrag betragen

$$\Delta p_1 = m(v_2 - v_1) \quad \text{und} \quad \Delta E_{kin,1} = \frac{m}{2}(v_2^2 - v_1^2) \,. \tag{2.215}$$

Objekt 1 gibt also sowohl Impuls als auch kinetische Energie ab, diese werden von Objekt 2 aufgenommen. Befindet sich einer der beiden Körper vor dem Stoß in Ruhe, so erfolgt ein vollständiger Impuls- und Energieübertrag, der gesamte Impuls und die gesamte kinetische Energie wird von einem Körper auf den anderen übertragen.

---

[1]   Die positive Bewegungsrichtung erfolgt im Einklang mit Kapitel 2.2.1 von links nach rechts.

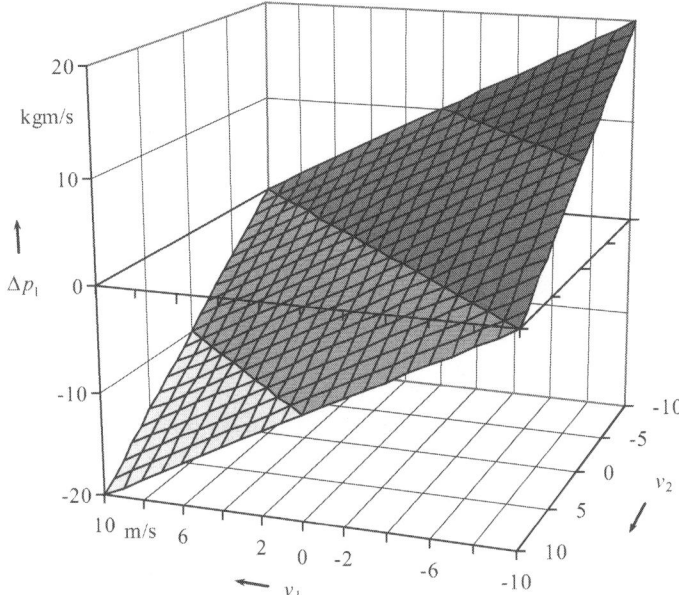

Abb. 2.61   *Impulsübertrag beim elastischen Stoß zwischen zwei Objekten gleicher Masse.*

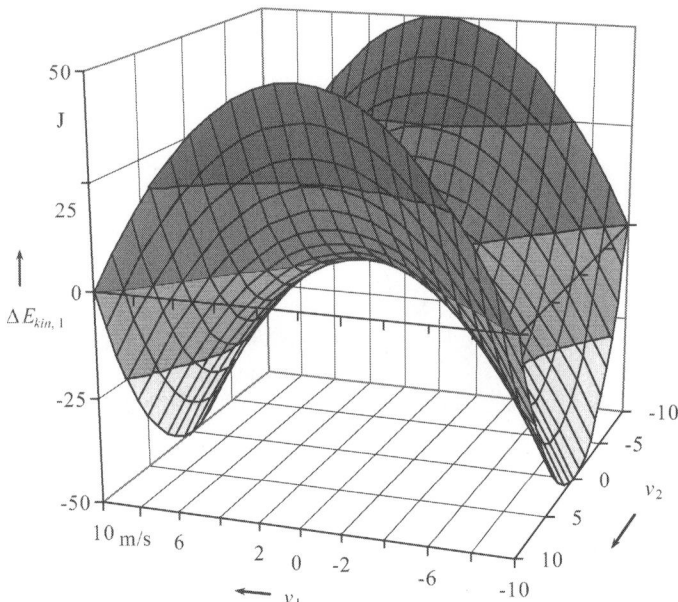

Abb. 2.62   *Energieübertrag beim elastischen Stoß zwischen zwei Objekten gleicher Masse.*

Kollision von Objekten mit sehr unterschiedlichen Massen

Differieren die Massen der kollidierenden Objekte stark, so wird der Gesamtimpuls des Systems von dem schweren Objekt aufgebracht und die Schwerpunktgeschwindigkeit nähert sich gemäß (2.187) seiner Geschwindigkeit an. Wenn das Objekt 2 die größere Masse aufweist, so ändert sich sein Impuls nach (2.210) praktisch nicht, der Impulsübertrag ist null, während sich das leichte Objekt 1 mit mehr als der doppelten Schwerpunktgeschwindigkeit in die gleiche Richtung wie das schwere Objekt 2 bewegt.

Bewegt sich das leichte Objekt gegen eine ruhende Wand ($m_{Wand} \to \infty$), so kehrt sich mit $v_S = 0$ seine Bewegung nach dem elastischen Stoß um, das Objekt wird an der Wand „reflektiert", damit beträgt der Impulsübertrag

$$\Delta p_1 = -2 p_1 , \tag{2.216}$$

dieser wird der Wand als $\Delta p_{Wand} = 2 p_1$ zugeführt.[1] Der Energieübertrag ist nach (2.212) mit $v'_1 = -v_1$ null.

Bewegt sich das Objekt schräg zur Wand, also nicht auf der Stoßgeraden, so führt es bei der Kollision mit der Wand einen schiefen zentralen Stoß aus.

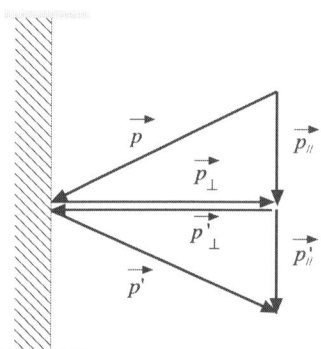

Abb. 2.63 *Schiefer zentraler Stoß einer Kugel mit einer Wand*

Zerlegen wir den Impuls des Objektes vor dem Stoß in eine Komponente senkrecht zur Wand (Normalkomponente) und in eine parallele Komponente, so ändert Letztere ihre Richtung nach dem Stoß nicht, während sich bei der Normalkomponente die Richtung umkehrt. Mit dem Einfallswinkel ϑ zur Wandnormalen beträgt der Impuls $\vec{p}$ des Objektes vor und nach dem Stoß

$$\vec{p} = \begin{pmatrix} p_\perp \\ p_{/\!/} \end{pmatrix} = p \begin{pmatrix} \cos\vartheta \\ \sin\vartheta \end{pmatrix} \text{ und } \vec{p}' = \begin{pmatrix} p'_\perp \\ p'_{/\!/} \end{pmatrix} = p \begin{pmatrix} -\cos\vartheta \\ \sin\vartheta \end{pmatrix} . \tag{2.217}$$

Der Winkel des Impulses zur Wandnormalen ist nach dem Stoß der gleiche wie vor dem Stoß, somit gilt das in der Optik bekannte „Reflexionsgesetz": „Einfallswinkel = Ausfallswinkel".

---

[1] Aus (2.211) kann wegen $m_{Wand} \to \infty$ und $v_S = 0$ der Impulsübertrag Δp_{Wand} nicht berechnet werden.

2.5.4 Kräfte bei Stößen

In den vorigen Betrachtungen haben wir über die Kräfte, die bei Stößen wirken, keine weiteren Annahmen gemacht, außer dass sie nur sehr kurz wirken. „Kurz" ist dabei ein sehr dehnbarer Begriff, wir wollen ihn in so weit eingrenzen, dass vor und nach dem Stoß genügend Zeit bleibt zur Beobachtung der Bewegungen der Kollisionspartner ohne die Beeinflussung durch die beim Stoß wirkenden Kräfte. Bei kollidierenden Billardkugeln beträgt die Wechselwirkungszeit einige Millisekunden, bei der Kollision zweier Autos Bruchteile einer Sekunde und bei atomaren Stoßprozessen wenige Nanosekunden. Die Impulse können in Abhängigkeit von der Zeit folgendermaßen dargestellt werden:

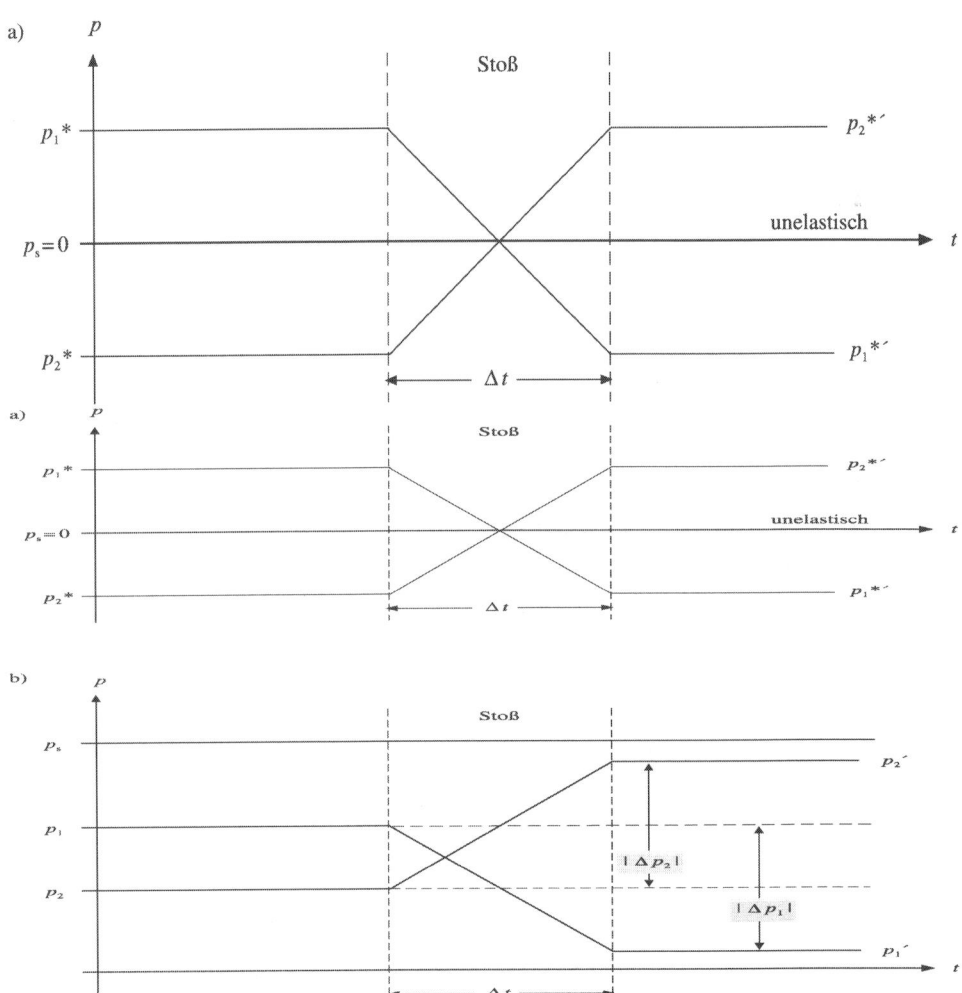

Abb. 2.64 *Impulse in Abhängigkeit von der Zeit im (a) Schwerpunktsystem und im (b) Laborsystem.*

Während der Wechselwirkungszeit Δt werden die Impulse der Kollisionspartner geändert, es fließen Impulsströme von einem Objekt zum anderen. Der Impulsstrom oder der Impulsübertrag pro Zeiteinheit ist gemäß dem 3. Newtonschen Axiom für beide dem Betrage nach gleich. Der momentane Impulsstrom entspricht nach dem 2. Newtonschen Axiom (2.54) der momentan auf ein Objekt wirkenden Kraft.

$$\frac{\mathrm{d}\vec{p}(t)}{\mathrm{d}t} = \vec{F}(t) \, . \tag{2.218}$$

Während $\Delta t = t_E - t_A$ ist damit

$$\Delta \vec{p} = \vec{p}\,' - \vec{p} = \int_{t_A}^{t_E} \vec{F}(t)\mathrm{d}t \tag{2.219}$$

Impuls geflossen. Die drei Komponenten der Vektorgleichung (2.219) stellen nichts anderes als die Flächen unter den Kurven $F_x(t)$, $F_y(t)$ und $F_z(t)$ dar. Da üblicherweise nur die Impulse vor und nach dem Stoß beobachtet werden, also nur der Impulsübertrag eine praktische Bedeutung hat, kommt es auf den konkreten Verlauf der Kraft $\vec{F}(t)$ gar nicht an, unterschiedliche Kraftmodelle führen zu gleichen Impulsüberträgen.

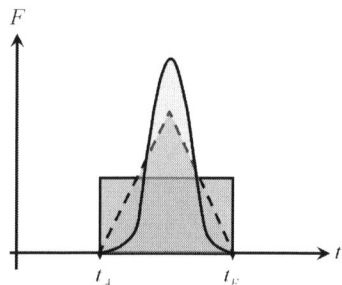

Abb. 2.65 *Unterschiedliche Kraftverläufe während eines Stoßes.*

Im einfachsten Kraftmodell geht man von einer konstanten Kraft aus, allerdings bedeutet dies einen schlagartigen Anstieg zu Beginn und zum Ende der Wechselwirkungszeit Δt. Ein linearer Anstieg der Kraft bis zu einem Maximum und dann ein linearer Abfall modellieren den Kraftverlauf schon realistischer, sehr wahrscheinlich sind „glockenförmige" Verläufe mit kontinuierlichen Änderungen der Kraft.

Da der Impulsübertrag durch kurzzeitiges Wirken einer Kraft während eines Stoßprozesses erfolgt, wird der Impulsübertrag auch Kraftstoß genannt. Die mittlere Kraft, die während eines Kraftstoßes wirkt, berechnet sich aus dem Impulsübertrag $\Delta \vec{p}$ dividiert durch die Wechselwirkungszeit Δt. Sie gibt einen Richtwert für die Größenordnung der Wechselwirkungskräfte während eines Stoßes, um sie mit anderen, z. B. äußeren Kräften, die auch noch auf das System wirken, vergleichen zu können.

Bei der Betrachtung der Raketenbewegung haben wir gesehen, dass durch eine Folge von zeitumgekehrten unelastischen Stößen die Rakete eine (mittlere) Schubkraft (2.203) erfährt. In ähnlicher Weise kann durch eine Folge von Kraftstößen, die durch elastische Stöße bewirkt werden, auf ein Objekt eine Kraft ausgeübt werden. Erfolgen z. B. N Kraftstöße mit je einem Impulsübertrag von $\Delta\vec{p}$ während einer Zeitdauer Δt, so erfährt das Objekt eine mittlere Kraft

$$\overline{\vec{F}} = \frac{N\Delta\vec{p}}{\Delta t} \ . \tag{2.220}$$

So entsteht z. B. die Kraft auf ein evakuiertes Gefäß, wie sie schon Otto Guerike mit den „Magdeburger Kugeln" demonstrierte. Um eine Kraft von 10 N auf die Fläche von 1 cm² wirken zu lassen[1], müssen etwa $2\cdot10^{23}$ Moleküle pro Sekunde auf diese Fläche prallen.

2.6   Dynamik des starren Körpers, Drehbewegungen

Im Kapitel 2.1 wurde zwischen zwei Grundtypen von Bewegungen unterschieden: der Translations- oder fortschreitenden Bewegung und der Rotations- oder Drehbewegung. Bislang haben wir die Bewegung von Objekten kennen gelernt, deren konkrete Gestalt ohne Bedeutung ist, daher konnten wir sie als Massenpunkte beschreiben und uns ihre Masse im Schwerpunkt vereinigt denken. Diese Vorgehensweise ist dann angemessen, wenn alle Teile des betrachteten Objektes die gleiche Bewegung machen, d. h. ihre kinematischen Größen wie Bahnkurven, Geschwindigkeiten und Beschleunigungen sind gleich. In diesem Fall liegt eine Translationsbewegung vor, auch wenn wir uns in den Kapiteln 2.2.5 und 2.3.6 mit Bewegungen auf Kreisbahnen auseinandergesetzt haben.

Bei der Betrachtung von Systemen von Massenpunkten haben wir erkannt, dass man die Bewegung des Schwerpunktes von der Relativbewegung der Massenpunkte trennen kann. Diesen Gedanken wollen wir bei den Bewegungen von ausgedehnten Objekten weiter verfolgen. In diesem Kapitel wollen wir uns auf Objekte beschränken, bei denen sich die Gestalt bei Bewegungen nicht ändert, alle Teile sollen definierte feste Positionen zueinander haben. Solche Objekte bezeichnet man als starre Körper. Selbstverständlich stellen auch sie eine Idealisierung dar, in der Praxis ist kein Körper vollständig starr, sondern ändert unter der Wirkung von Kräften seine Gestalt. Ist diese Verformung reversibel, d. h. wird die Verformung rückgängig gemacht, wenn die Kräfte wegfallen, so spricht man von elastischer Deformation, andernfalls von plastischer.

Führt ein starrer Körper eine Rotationsbewegung aus, so bewegen sich die einzelnen Teile des Körpers auf Kreisbahnen. Wir können den starren Körper ebenfalls als ein System von Massenpunkten auffassen, auch wenn er eine quasikontinuierliche Massenverteilung aufweist. Diese Massenverteilung beschreiben wir durch die Dichte, wie wir es schon bei der Berechnung von Schwerpunkten kennen gelernt haben.

---

[1]   Dies entspricht dem normalen Luftdruck von 10^5 N/m².

2.6.1   Freiheitsgrade bei der Rotation

Als Freiheitsgrad bezeichnet man die Bewegungsmöglichkeiten, die ein Körper unter Einhaltung gewisser Randbedingungen hat. Die Bewegungsmöglichkeiten müssen voneinander unabhängig sein, d. h. sie dürfen nicht durch andere dargestellt werden können und sie müssen die Lage des Körpers eindeutig beschreiben. Translationsbewegungen können in drei zueinander senkrechte Raumrichtungen erfolgen, durch die Angabe von drei Ortskoordinaten ist die Lage eines Massenpunktes eindeutig festgelegt, er hat somit drei Freiheitsgrade. Erfolgt dagegen die Bewegung auf einer vorgegebenen Bahn, so hat der Massenpunkt nur noch einen Freiheitsgrad, bei einer Bewegung auf einer vorgegebenen Fläche, z. B. der Erdoberfläche, bleiben ihm zwei Freiheitsgrade.

Fixieren wir einen starren Körper an drei Punkten, so kann er überhaupt keine Drehbewegung ausführen, legen wir zwei Punkte fest, so kann er um die Achse, die durch die beiden Punkte festgelegt wird, rotieren, und hat somit einen Freiheitsgrad der Rotation. Wird nur noch ein Punkt fixiert, so kann sich die Drehachse selbst noch um den Fixpunkt bewegen wie z. B. bei einem Kreisel, es liegen zwei Freiheitsgrade vor. Wird gar kein Punkt festgehalten, so kann sich der Körper um drei mögliche, zueinander senkrecht stehende Achsen drehen und hat daher drei Freiheitsgrade der Rotation. Prinzipiell können die Rotationsachsen auch außerhalb des starren Körpers liegen, wenn entsprechende Kräfte für die erforderliche Zentripetalbeschleunigung vorliegen.

2.6.2   Rotationsenergie und Trägheitsmoment

Wir wollen nun die kinetische Energie eines starren Körpers, der um eine feste Achse (ein Freiheitsgrad) mit konstanter Winkelgeschwindigkeit rotiert, bestimmen. Diese Energie bezeichnen wir als Rotationsenergie. Mit (2.43) weist ein Massenpunkt des Körpers die kinetische Energie von

$$E_{kin,MP} = \frac{m_{MP}}{2} v_{Bahn,MP}^2 = \frac{m_{MP}}{2} (r_{Bahn,MP}\omega)^2 \qquad (2.221)$$

auf, dabei sind $r_{Bahn,MP}$ der Abstand des Massenpunktes von der Drehachse und ω die Winkelgeschwindigkeit. Die Rotationsenergie des starren Körpers ist die Summe der kinetischen Energien aller seiner (zunächst als diskret angenommenen) Massenpunkte.

$$E_{rot} = \sum_i E_{kin,i} = \sum_i \frac{m_i}{2} (r_i\omega)^2 = \frac{\omega^2}{2} \sum_i m_i r_i^2 \qquad (2.222)$$

Da die Winkelgeschwindigkeit für alle Massenpunkte gleich ist, können wir sie ausklammern. In der Summe stehen nur noch Größen, die die Eigenschaften des starren Körpers repräsentieren, die Massenpunkte und ihre Abstände von der Drehachse, also die Massenverteilung und die Information über die Drehachse.

$$\sum_i m_i r_i^2 := J \quad \text{mit } [J] = \text{kgm}^2 \qquad (2.223)$$

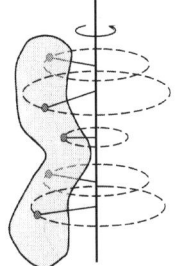

Abb. 2.66 Ein starrer Körper rotiert um eine Achse. Hervorgehoben sind die Bahnen einiger Massenpunkte.

definiert das Trägheitsmoment des starren Körpers. In Analogie zur Masse bei Translationsbewegungen nennt man es auch manchmal „Drehmasse" des starren Körpers. Zur Berechnung der Rotationsenergie müssen wir nur die (translatorische) Geschwindigkeit durch die Winkelgeschwindigkeit und die Masse durch das Trägheitsmoment ersetzen.

Das Trägheitsmoment (2.223) eines starren Körpers kann man auch als Summe der Trägheitsmomente der einzelnen Massenpunkte $m_i r_i$ interpretieren. Durch die Abhängigkeit von der speziellen Wahl der Drehachse hat ein starrer Körper grundsätzlich beliebig viele Trägheitsmomente. Eine besondere Untermenge aller Trägheitsmomente stellen diejenigen dar, deren Drehachsen durch den Schwerpunkt des Objektes gehen. Von diesen Trägheitsmomenten sind wiederum drei ausgezeichnet:

1. das maximale Trägheitsmoment einer Achse durch den Schwerpunkt
2. das minimale Trägheitsmoment einer Achse durch den Schwerpunkt

Die Drehachsen für diese Trägheitsmomente stehen senkrecht aufeinander. Damit ist ein weiteres Trägheitsmoment ausgezeichnet:

3. das Trägheitsmoment der Achse, die senkecht auf den Achsen der beiden obigen Trägheitsmomente steht

Diese drei Trägheitsmomente nennt man die Haupträgheitsmomente des starren Körpers und die dazugehörigen Drehachsen die Haupträgheitsachsen. Bei Körpern mit homogener Dichte sind die Haupträgheitsachsen in der Regel auch die Symmetrieachsen.

Berechnung von Trägheitsmomenten bei kontinuierlicher Massenverteilung, kartesische Koordinaten

Wie schon in Kapitel 2.4.2 bei der Berechnung des Schwerpunktes beschreiben wir die Massenverteilung im starren Körper durch die lokale Dichte $\rho(\vec{s})$. Da beim Trägheitsmoment nur der Abstand der Massenpunkte von der Drehachse eine Rolle spielt, muss man nur die lokale Dichte $\rho(r)$ in Abhängigkeit vom Abstand r zur Drehachse angeben. Wie schon bei der Berechnung des Schwerpunktes ersetzen wir die Massen m_i der diskreten Massenpunkte durch

$$\mathrm{d}m = \rho(r)\mathrm{d}V \, . \tag{2.224}$$

Das Trägheitsmoment berechnen wir dann aus

$$J = \lim_{\substack{\Delta V \to 0 \\ N \to \infty}} \sum_{i=1}^{N} \rho(r_i) r_i^2 \mathrm{d}V = \int r^2 \mathrm{d}m = \underset{\substack{\text{Volumen} \\ \text{starrer K.}}}{\int} \rho(r) r^2 \mathrm{d}V \ . \tag{2.225}$$

Bei der Berechnung des Volumenintegrals in (2.225) gehen wir wie im Kapitel 2.4.2 bei der Berechnung des Schwerpunktes eines Körpers mit kontinuierlicher Massenverteilung vor. In kartesischen Koordinaten ist $\mathrm{d}V = \mathrm{d}x\mathrm{d}y\mathrm{d}z$ ein Würfel mit den Kantenlängen $\mathrm{d}x$, $\mathrm{d}y$ und $\mathrm{d}z$. Somit können wir das Trägheitsmoment J berechnen durch sukzessives Integrieren über x, y und z, wobei die Variablen, über die nicht integriert wird, als Konstanten behandelt werden.

$$J = \underset{\substack{\text{Grenzen} \\ \text{des Körpers} \\ \text{in } z-\text{Richtg.}}}{\int} \underset{\substack{\text{Grenzen} \\ \text{des Körpers} \\ \text{in } y-\text{Richtg.}}}{\int} \underset{\substack{\text{Grenzen} \\ \text{des Körpers} \\ \text{in } x-\text{Richtg.}}}{\int} \rho(x,y,z) r^2 \mathrm{d}x\mathrm{d}y\mathrm{d}z \tag{2.226}$$

Wie schon bei der Schwerpunktberechnung ist bei der Reihenfolge der Integration darauf zu achten, dass zunächst über die Variablen integriert wird, bei denen die Begrenzung des Körpers von den aktuellen Werten der anderen Variablen abhängt. Weiterhin muss der Abstand r^2 des Volumenelementes $\mathrm{d}V$ von der Drehachse in kartesischen Koordinaten ausgedrückt werden.

Als Beispiel wollen wir nun ein Trägheitsmoment von einem Quader mit homogener Dichte berechnen. Wir legen den Koordinatenursprung in den geometrischen Mittelpunkt[1] des Quaders, d.h. in den Schnittpunkt seiner Raumdiagonalen. Die Koordinatenachsen sollen in Richtung der Kanten verlaufen. Als Rotationsachse wählen wir die x-Achse.

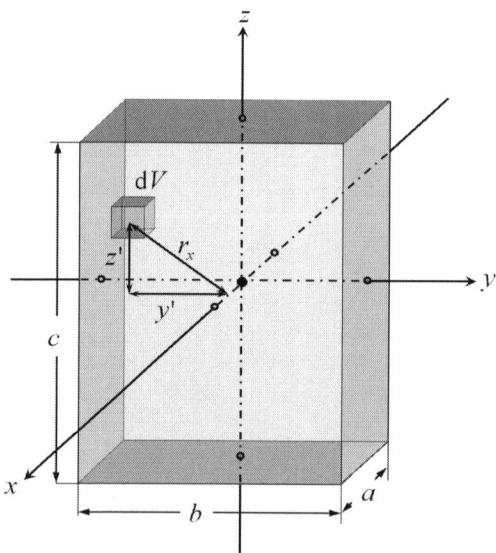

Abb. 2.67 *Berechnung des Trägheitsmomentes eines Quaders.*

Für diesen Fall lautet (2.225)

$$J_x = \rho \int_{\text{Quader}} r_x^2 dV .$$ (2.227)

Die Kantenlängen des Quaders seien a in der x-Richtung, b in der y-Richtung und c in der z-Richtung. Der Abstand r des Volumenelementes dV von der Rotationsachse (x-Achse) beträgt $r_x^2 = y^2 + z^2$, wenn sich dV an der Position (x, y, z) befindet. Damit ergibt sich J_x zu

$$J_x = \rho \int_{-\frac{c}{2}}^{\frac{c}{2}} (\int_{-\frac{b}{2}}^{\frac{b}{2}} (\int_{-\frac{a}{2}}^{\frac{a}{2}} (y^2 + z^2) dx) dy) dz .$$ (2.228)

Wir integrieren zunächst über x, dann über y und schließlich über z.

$$J_x = \rho \int_{-\frac{c}{2}}^{\frac{c}{2}} (\int_{-\frac{b}{2}}^{\frac{b}{2}} (y^2 + z^2)[x]_{-\frac{a}{2}}^{\frac{a}{2}} dy) dz = \rho a \int_{-\frac{c}{2}}^{\frac{c}{2}} (\int_{-\frac{b}{2}}^{\frac{b}{2}} (y^2 + z^2) dy) dz$$

$$J_x = \rho \int_{-\frac{c}{2}}^{\frac{c}{2}} [\frac{y^3}{3} + z^2 y]_{-\frac{b}{2}}^{\frac{b}{2}} dz = \rho a \int_{-\frac{c}{2}}^{\frac{c}{2}} (\frac{b^3}{12} + bz^2) dz = \rho ab \int_{-\frac{c}{2}}^{\frac{c}{2}} (\frac{b^2}{12} + z^2) dz$$

$$J_x = \rho ab [\frac{z^3}{3} + \frac{b^2}{12} z]_{-\frac{c}{2}}^{\frac{c}{2}} = \rho ab (\frac{c^3}{12} + \frac{b^2}{12} c) = \frac{\rho abc}{12} (b^2 + c^2)$$ (2.229)

Ausgedrückt durch die Masse $m_Q = \rho abc$ des Quaders lautet

$$J_x = \frac{m_Q}{12} (b^2 + c^2) .$$ (2.230)

Entsprechend lauten die Trägheitsmomente J_y und J_z für Rotationen um die y- bzw. die z-Achse

$$J_y = \frac{m_Q}{12} (a^2 + c^2) \quad \text{und} \quad J_z = \frac{m_Q}{12} (a^2 + b^2) .$$ (2.231)

Man sieht, dass die Trägheitsmomente nicht von den Abmessungen des Körpers in Richtung der Drehachse abhängen, es also unerheblich ist, ob der Quader eine flache Platte oder ein lang gezogener Stab ist (nur die Masse muss immer die gleiche sein). Kann man bei Letzterem die übrigen Abmessungen gegen seine Länge l senkrecht zur Rotationsachse durch den Mittelpunkt vernachlässigen, so vereinfacht sich (2.230) zu

$$J_{Stab} = \frac{m_{Stab}}{12} l^2 .$$ (2.232)

---

[1] Der Mittelpunkt ist gleichzeitig auch der Schwerpunkt des Quaders.

Das „Profil" des Stabes, also die Form seiner Querschnittsfläche senkrecht zur Längsachse, spielt keine Rolle.

Rotationssymmetrische Körper, Zylinderkoordinaten

Bei rotationssymmetrischen Körpern führt die Verwendung von kartesischen Koordinaten bei der Berechnung von Trägheitsmomenten gemäß (2.226) vielfach zu schwer lösbaren Integralen. Günstiger ist es, in derartigen Fällen die Massen dm aus (2.225) durch anders gestaltete Volumenelemente zu begrenzen als durch kleine Würfel. Ist die Symmetrieachse auch die Drehachse des Körpers, so kann man dm durch ein ringförmiges Volumenelement begrenzen. Das Trägheitsmoment eines Ringes mit dem Radius r_{Ring} und der Masse m_{Ring} für eine Drehachse durch den Kreismittelpunkt und senkrecht zur Kreisebene beträgt

$$J_{Ring} = \int r_{Ring}^2\, dm = r_{Ring}^2 \int dm = r_{Ring}^2\, m_{Ring}\,. \tag{2.233}$$

Besteht der Ring aus einem Werkstoff der konstanten Dichte ρ und weist er einen rechteckigen Querschnitt von dr in radialer und dz in dazu senkrechter Richtung auf, so beträgt $m_{Ring} = \rho 2\pi r_{Ring}\, dr\, dz$. Das Trägheitsmoment einer Scheibe mit dem Radius $r_{Scheibe}$ setzt sich aus vielen Trägheitsmomenten dJ_{Ring} zusammen, dabei variieren die Radien der Ringe von 0 bis $r_{Scheibe}$.

$$J_{Scheibe} = \int dJ_{Ring} = \rho(\int_0^{r_{Scheibe}} r_{Ring}^2\, 2\pi dr_{Ring})dz = \rho dz\, 2\pi \frac{r_{Scheibe}^4}{4} = \frac{1}{2} m_{Scheibe} r_{Scheibe}^2\,, \tag{2.234}$$

wobei wir berücksichtigt haben, dass $m_{Scheibe} = \pi r_{Scheibe}^2\, dz$ ist. Das Trägheitsmoment eines Zylinders, der um seine Symmetrieachse rotiert, beträgt mit (2.234)

$$J_z = \frac{1}{2} m_z r_z^2\,, \tag{2.235}$$

da die Ausdehnung der Scheibe in Richtung der Drehachse keine Rolle spielt, ihre Dicke also so groß werden kann, dass aus einer dünnen Scheibe ein Zylinder mit endlicher Höhe wird.

Bei der Berechnung des Trägheitsmomentes eines Kegels bezüglich der Symmetrieachse ist zu beachten, dass der Radius der Scheiben, aus denen wir uns den Kegel aufgebaut denken können, mit der Höhe abnimmt.

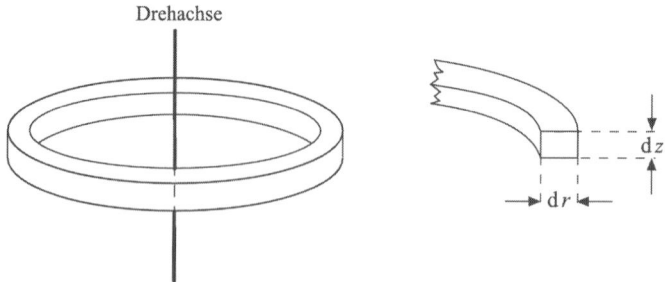

Abb. 2.68   *Zur Berechnung von Trägheitsmomenten rotationssymmetrischer Körper.*

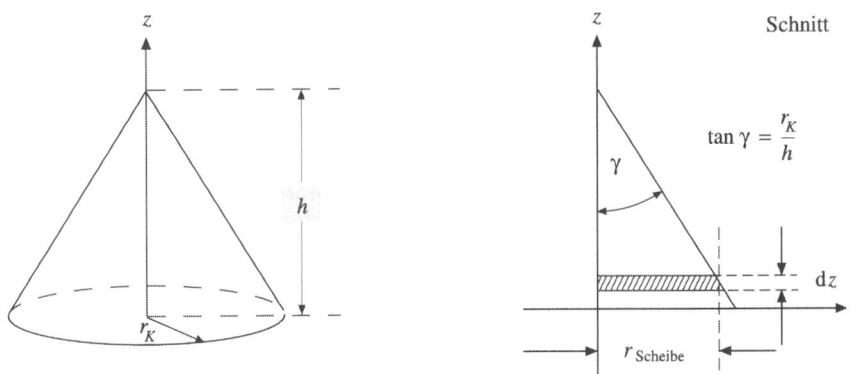

Abb. 2.69 *Zur Berechnung des Trägheitsmomentes eines Kegels.*

Der Radius der Scheiben variiert wie folgt mit der aktuellen Höhe z:

$$r_{Scheibe} = (h-z)\tan\gamma = (h-z)\frac{r_K}{h} \tag{2.236}$$

Damit können wir das Trägheitsmoment des Kegels berechnen.

$$J_K = \int \frac{1}{2} r_{Scheibe}^2 \, dm_{Scheibe} = \int_0^h \frac{1}{2} r_{Scheibe}^2 \rho\pi r_{Scheibe}^2 \, dz = \frac{\rho\pi}{2}\int_0^h ((h-z)\frac{r_K}{h})^4 \, dz$$

$$J_K = \frac{\rho\pi}{2}(\frac{r_K}{h})^4 [-\frac{(h-z)^5}{5}]_0^h = \frac{\rho\pi}{10} r_K^4 h \tag{2.237}$$

Mit der Masse des Kegels $m_K = \frac{\pi}{3}\rho r_K^2 h$ beträgt das Trägheitsmoment schließlich

$$J_K = \frac{3}{10} m_K r_K^2 . \tag{2.238}$$

Bei der Berechnung der Trägheitsmomente rotationssymmetrischer Körper haben wir so genannte Zylinderkoordinaten verwendet. Diese sind mit den Polarkoordinaten[1] in der Ebene, die wir bei der Betrachtung der Kreisbewegung kennen gelernt haben, verwandt. Die Position wird durch den Abstand r von einer Referenzachse, einer Höhe z vom Referenzpunkt auf der Achse und einen Winkel φ zu einer Referenzrichtung beschrieben. Das Volumenelement dV stellen wir im allgemeinen Fall in der Breite durch ein Bogenstück $r d\varphi$, in der Tiefe durch dr und in der Höhe durch dz dar. Wollen wir z. B. das Trägheitsmoment eines Sektors aus einem Ring berechnen, so muss in (2.233) die Masse dm des Rings nicht aus dem Winkel 2π, sondern aus dem Sektorwinkel bestimmt werden.

$$J_{Sektor} = \int r^2 dm = \rho \int_0^{\varphi_{Sektor}} r^2 r d\varphi dr dz = \rho r^3 \varphi_{Sektor} dr dz . \tag{2.239}$$

---

[1]   Siehe Seite 31.

Mit (2.239) können wir in ähnlicher Weise, wie schon für die rotationssymmetrischen Körper gezeigt, auch die Trägheitsmomente von Sektoren dieser Körper berechnen.

Steinerscher Satz

Die kinetische Energie eines Systems von Massenpunkten können wir nach (2.191) aufspalten in die kinetische Energie der Schwerpunktbewegung und der kinetischen Energie der Bewegung im Schwerpunktsystem. Rotiert ein starrer Körper um eine Achse, die nicht durch den Schwerpunkt verläuft, so kann man die Rotationsenergie in gleicher Weise aufteilen. Dabei ist zu beachten, dass sowohl der Schwerpunkt mit der Winkelgeschwindigkeit ω um die Drehachse rotiert, als auch der starre Körper um die zur ihr parallele Achse durch seinen Schwerpunkt. Der Schwerpunkt vollzieht eine translatorische Kreisbewegung um die Drehachse, während der starre Körper um die zu ihr parallele Schwerpunktachse rotiert.

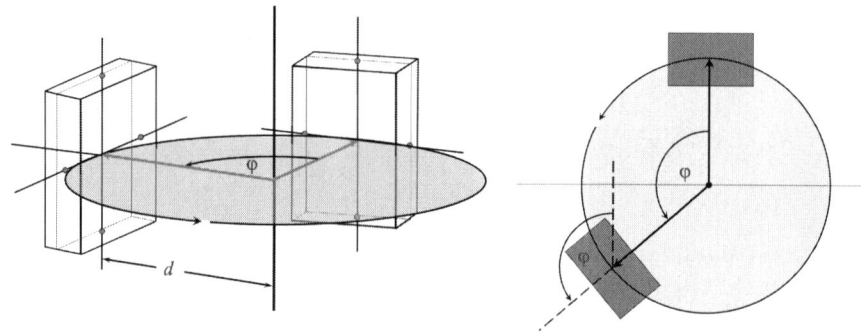

Abb. 2.70   *Rotation um eine Achse, die nicht durch den Schwerpunkt verläuft.*

Wenn d der Abstand des Schwerpunktes von der Drehachse ist, so beträgt mit (2.191) die Rotationsenergie des Körpers

$$E_{rot} = \frac{M_{K\ddot{o}rper}}{2} v_{Bahn}^2 + \sum_i \frac{m_i}{2} v_i^{*2} = \frac{1}{2} M_{K\ddot{o}rper} (\omega d)^2 + \frac{1}{2}\omega^2 \sum_i m_i r_i^{*2} \, , \qquad (2.240)$$

dabei haben wir angenommen, dass der starre Körper aus diskreten Massenpunkten besteht. Die *-Größen beziehen sich auf das Schwerpunktsystem. Da ω für die Rotation des Schwerpunktes um die Achse und die Drehung im Schwerpunktsystem gleich ist, lautet schließlich mit $\sum_i m_i r_i^{*2} = J_S$

$$E_{rot} = \frac{\omega^2}{2}(M_{K\ddot{o}rper} d^2 + \sum_i m_i r_i^{*2}) = \frac{\omega^2}{2}(M_{K\ddot{o}rper} d^2 + J_S) = \frac{\omega^2}{2} J_A \, . \qquad (2.241)$$

Dies ist die Aussage des Steinerschen Satzes: Das Trägheitsmoment J_A eines Körpers bezüglich einer beliebigen Drehachse setzt sich zusammen aus dem Trägheitsmoment J_S bezüglich einer zu ihr parallelen Achse durch den Schwerpunkt des Körpers und einem „Versatzträgheitsmoment", dem Trägheitsmoment des Schwerpunktes bezüglich der Drehachse.

$$J_A = M_{K\ddot{o}rper} d^2 + J_S \qquad (2.242)$$

Das Trägheitsmoment eines Stabes, der im Gegensatz zu (2.232) um eine Achse durch sein Ende rotiert, beträgt unter Berücksichtigung des Steinerschen Satzes

$$J_{Stab,E} = \frac{m_{Stab}}{12} l^2 + m_{Stab} (\frac{l}{2})^2 = \frac{1}{3} m_{Stab} l^2 \,. \tag{2.243}$$

Trägheitsmomente von Scheiben
Bei flachen ebenen Körpern, z. B. Scheiben, gibt es neben Drehachsen, die durch den Schwerpunkt verlaufen, zwei weitere Gruppen besonderer Drehachsen: Achsen, die in der Scheibenebene verlaufen, und Achsen senkrecht zur Scheibenebene. Das Trägheitsmoment einer Scheibe bezüglich einer zur Scheibenebene senkrechten Achse, der z-Achse lautet nach (2.225)

$$J_z = \int r^2 dm = \int (r_x^2 + r_y^2) dm = \int r_x^2 dm + \int r_y^2 dm = J_x + J_y \,, \tag{2.244}$$

wobei wir den Abstand r der Massenpunkte dm von der z-Achse in kartesischen Koordinaten ausgedrückt haben. r_x und r_y sind jedoch die Abstände von dm von der x- bzw. von der y-Achse. Bei scheibenförmigen Körpern kann somit das Trägheitsmoment bezüglich einer zur Scheibenebene senkrechten Achse aus der Summe der Trägheitsmomente bezüglich zweier Achsen in der Scheibenebene berechnet werden, wobei diese Achsen senkrecht aufeinander stehen und die z-Achse schneiden.

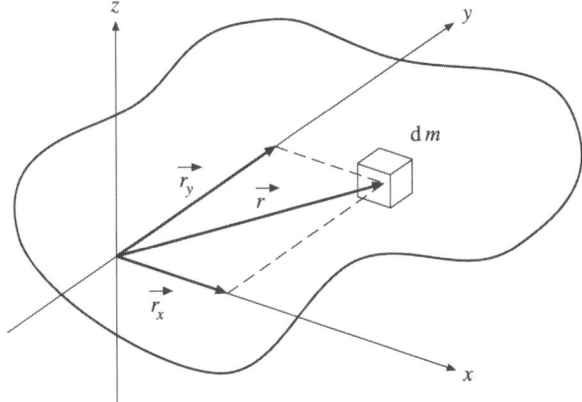

Abb. 2.71 *Trägheitsmoment eines scheibenförmigen Körpers.*

Das Trägheitsmoment einer Kreisscheibe bezüglich der z-Achse durch den Mittelpunkt senkrecht zur Kreisebene beträgt nach (2.234) $\frac{1}{2} m_{Scheibe} r^2$. Aus Symmetriegründen sind die Trägheitsmomente J_x und J_y der Scheibe bezüglich der x- und der y-Achse (in der Kreisebene) gleich und betragen

$$J_z = \frac{1}{2} m_{Scheibe} r^2 = J_x + J_y \quad \Rightarrow \quad J_x = J_y = \frac{1}{4} m_{Scheibe} r^2 \,. \tag{2.245}$$

Dies können wir zur Berechnung des Trägheitsmoments eines Zylinders bezüglich einer Achse durch den Schwerpunkt, die senkrecht zur Zylinderachse verläuft, ausnutzen. Den Zylinder (homogene Dichte ρ, Radius r und Länge l) können wir in einzelne aufeinander gestapelte Scheiben zerlegt denken.

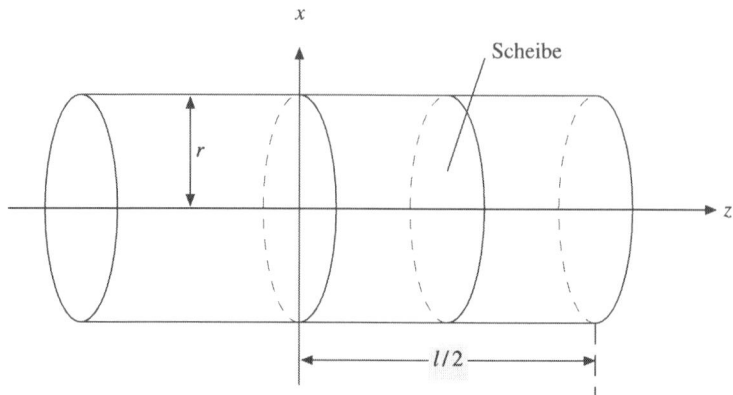

Abb. 2.72 *Trägheitsmoment eines Zylinders bezüglich einer Schwerpunktachse senkrecht zum Mantel.*

Das Trägheitsmoment einer solchen Scheibe beträgt unter Beachtung des Steinerschen Satzes (2.242)

$$J_{Scheibe}(z) = J_{Scheibe}(z = 0) + m_{Scheibe}z^2 = \frac{1}{4}m_{Scheibe}r^2 + m_{Scheibe}z^2 . \qquad (2.246)$$

Mit der Scheibenmasse $m_{Scheibe} = \rho\pi r^2 dz$ können wir das Trägheitsmoment des Zylinders durch die Trägheitsmomente der Scheiben ausdrücken.

$$dJ_{Zyl} = J_{Scheibe} = (\frac{1}{4}r^2 + z^2)\rho\pi r^2 dz \;\Rightarrow$$

$$J_{Zyl} = \int dJ_{Zyl} = 2\int_0^{\frac{l}{2}}(\frac{1}{4}r^2 + z^2)\rho\pi r^2 dz = 2\rho\pi r^2(\frac{1}{4}r^2\frac{l}{2} + \frac{1}{3}(\frac{l}{2})^3) . \qquad (2.247)$$

Mit der Masse $m_{Zyl} = \rho\pi r^2 l$ des Zylinders lautet das Trägheitsmoment schließlich

$$J_{Zyl} = \frac{1}{4}m_{Zyl}r^2 + \frac{1}{12}m_{Zyl}l^2 . \qquad (2.248)$$

Trägheitsmomente komplexer Körper
Das Trägheitsmoment eines starren Körpers (2.223) stellt, wie schon gesagt, die Summe der Trägheitsmomente aller Massenpunkte, aus denen der starre Körper zusammengesetzt ist, dar. Anderseits können diese Massenpunkte ihrerseits wieder Schwerpunkte von Teilkörpern sein, die insgesamt den betrachteten starren Körper bilden. Will man also das Trägheitsmo-

ment eines komplexen starren Körpers berechnen, so kann man ihn in Teile zergliedern, deren Trägheitsmomente einfach zu bestimmen sind. Unter Beachtung des Steinerschen Satzes (2.242) kann dann das Trägheitsmoment des komplexen Körpers aus der Summe der Trägheitsmomente der Teilkörper ermittelt werden.

$$J_K = J_{K,1} + J_{K,2} + J_{K,3} + \dots = J_{K,1}^{(S)} + m_{K,1}d_{K,1}^2 + J_{K,2}^{(S)} + m_{K,1}d_{K,2}^2 + \dots \qquad (2.249)$$

Dabei ist $J_{K,i}^{(S)}$ das Trägheitsmoment des i-ten Teilkörpers bezüglich der Schwerpunktachse, die parallel zur Drehachse verläuft, und $d_{K,\,i}$ der Abstand seines Schwerpunktes von der Drehachse.

Insbesondere kann man so Aussparungen, wie Bohrungen usw., im starren Körper berücksichtigen. Eine Aussparung bedeutet in (2.223), dass die Massenpunkte eines starren Körpers, die zu der Aussparung gehören, nicht zum Trägheitsmoment beitragen, d. h. ihre Trägheitsmomente vom Trägheitsmoment ohne Aussparung abzuziehen sind.

$$J_{K\ddot{o}rper\ mit\ Aussparung} = J_{K\ddot{o}rper\ ohne\ Aussparung} - J_{Aussparung}, \qquad (2.250)$$

wobei angenommen wird, dass die Aussparung aus dem gleichen Material wie der restliche Körper besteht.

Das Trägheitsmoment eines Hohlzylinders (Länge l, Außenradius r_a und Innenradius r_i) ergibt sich somit aus der Differenz der Trägheitsmomente zweier Vollzylinder gemäß (2.235),

$$J_{HZ} = J_Z(r_a) - J_Z(r_i) = \frac{1}{2}\rho\pi r_a^2 l r_a^2 - \frac{1}{2}\rho\pi r_i^2 l r_i^2 = \frac{1}{2}\rho\pi l(r_a^4 - r_i^4), \qquad (2.251)$$

wenn die Rotationsachse die Zylinderachse ist. Mit $m_{HZ} = \rho\pi l(r_a^2 - r_i^2)$ beträgt es

$$J_{HZ} = \frac{1}{2}m_{HZ}(r_a^2 + r_i^2). \qquad (2.252)$$

Für eine Drehachse durch den Schwerpunkt senkrecht zur Zylinderachse lautet das Trägheitsmoment mit (2.248)

$$J_{HZ,\perp} = \frac{1}{4}\rho\pi r_a^2 l(r_a^2 - \frac{1}{3}l^2) - \frac{1}{4}\rho\pi r_i^2 l(r_i^2 - \frac{l^2}{3}) = \frac{1}{4}m_{HZ}(r_a^2 + r_i^2 - \frac{l^2}{3}). \qquad (2.253)$$

2.6.3   Vektorielle Beschreibung der Drehbewegung

Für die weitere Betrachtung von Drehbewegungen hat es sich eingebürgert, Drehachse, Drehrichtung und Winkelgeschwindigkeit, d. h. die Größen einer Drehbewegung, die nicht von den Eigenschaften des rotierenden Objektes abhängen, zu einem Vektor zusammenzufassen, zum Vektor der Winkelgeschwindigkeit.

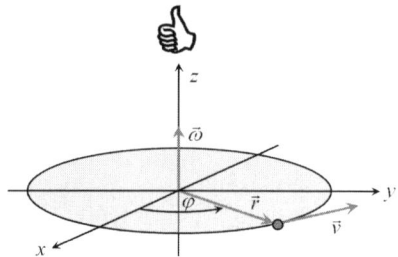

Abb. 2.73   *Zur Definition des Vektors der Winkelgeschwindigkeit.*

Die Richtung von $\vec{\omega}$ können wir mit Hilfe unserer rechten Hand bestimmen:

> Der parallel zur Drehachse orientierte Daumen der rechten Hand weist in Richtung von $\vec{\omega}$, wenn die gekrümmten Finger der Drehbewegung des starren Körpers folgen.

Zu bemerken ist, dass $\vec{\omega}$ nicht die absolute Position der Drehachse im starren Körper festlegt, die Rotation kann mit gleichem $\vec{\omega}$ um parallele Achsen erfolgen.

Die einzelnen Massenpunkte des starren Körpers bewegen sich auf Kreisbahnen um die Drehachse, die senkrecht auf der Kreisebene steht und durch den Mittelpunkt verläuft. In (2.43) haben wir den Zusammenhang zwischen Momentangeschwindigkeit $\vec{v}$, Winkelgeschwindigkeit $\vec{\omega}$ und dem Ortsvektor $\vec{s}$ des Massenpunktes bezüglich des Kreismittelpunktes, der in diesem Fall gleich dem Abstandsvektor $\vec{r}$ von der Drehachse ist, kennen gelernt.

$$\vec{v}(t) = |\vec{v}|\,\vec{e}_v = |\vec{r}|\,|\vec{\omega}|\,\vec{e}_v \tag{2.254}$$

Aus **Abb. 2.73** können wir sehen, dass $\vec{v} \perp \vec{r}$ und $\vec{v} \perp \vec{\omega}$ gerichtet sind. Offenbar wird $\vec{v}$ durch eine neue Verknüpfung der Vektoren $\vec{\omega}$ und $\vec{r}$ bestimmt.

$$\vec{v} = \vec{\omega} \times \vec{r} \tag{2.255}$$

Diese Verknüpfung nennt man das Vektorprodukt oder auch Kreuzprodukt zweier Vektoren.

Eigenschaften des Vektorproduktes
Das Vektorprodukt $\vec{a} \times \vec{b}$ verknüpft zwei Vektoren $\vec{a}$ und $\vec{b}$ zu einem dritten Vektor $\vec{c}$.

- Dieser Vektor verläuft senkrecht zur Ebene, die von den Vektoren $\vec{a}$ und $\vec{b}$ aufgespannt wird.
- Sein Betrag entspricht der Fläche des Parallelogramms, das von $\vec{a}$ und $\vec{b}$ begrenzt wird.

$$|\vec{a} \times \vec{b}| = |\vec{a}|\,|\vec{b}|\,\sin(\angle(\vec{a},\vec{b})) \tag{2.256}$$

Dabei wird der Winkel zugrunde gelegt, der überstrichen wird, wenn $\vec{a}$ gegen den Uhrzeigersinn auf $\vec{b}$ gedreht wird. Das Vektorprodukt wird null, wenn $\vec{a}$ kollinear zu $\vec{b}$ ist, $\vec{a}$ also parallel oder antiparallel zu $\vec{b}$ verläuft.

- Seine Richtung wird bestimmt durch die „rechte Hand Regel": Daumen in Richtung von $\vec{a}$, Zeigefinger in Richtung von $\vec{b}$, dann zeigt der senkrecht zu beiden abgespreizte Mittelfinger in Richtung von $\vec{a} \times \vec{b}$. Vertauschen wir $\vec{a}$ und $\vec{b}$, so zeigt $\vec{b} \times \vec{a}$ in die entgegen gesetzte Richtung.

$$\vec{b} \times \vec{a} = -\vec{a} \times \vec{b} \tag{2.257}$$

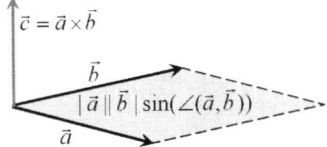

Abb. 2.74 *Zur Definition des Vektorproduktes.*

Insbesondere gilt für die Einheitsvektoren, die senkrecht aufeinander stehen

$$\vec{e}_x \times \vec{e}_y = \vec{e}_z, \; \vec{e}_y \times \vec{e}_z = \vec{e}_x \; \text{ und } \; \vec{e}_z \times \vec{e}_x = \vec{e}_y.^1 \tag{2.258}$$

Weiterhin gilt das Distributivgesetz

$$\vec{a} \times (\vec{b} + \vec{c}) = \vec{a} \times \vec{b} + \vec{a} \times \vec{c}. \tag{2.259}$$

Zu beachten ist, dass die Reihenfolge der Vektoren im Vektorprodukt nicht vertauscht wird. Aus den Komponenten von $\vec{a}$ und $\vec{b}$ kann man mit (2.258) und (2.259) die Komponenten von $\vec{a} \times \vec{b}$ berechnen:

$$\vec{a} \times \vec{b} = (a_x \vec{e}_x + a_y \vec{e}_y + a_z \vec{e}_z) \times (b_x \vec{e}_x + b_y \vec{e}_y + b_z \vec{e}_z) \tag{2.260}$$

Mit (2.258) lautet dann

$$\vec{a} \times \vec{b} = \begin{pmatrix} a_x \\ a_y \\ a_z \end{pmatrix} \times \begin{pmatrix} b_x \\ b_y \\ b_z \end{pmatrix} = \begin{pmatrix} a_y b_z - a_z b_y \\ a_z b_x - a_x b_z \\ a_x b_y - a_y b_x \end{pmatrix}. \tag{2.261}$$

---

[1] Häufig wird auch umgekehrt argumentiert: Wenn die Einheitsvektoren eines kartesischen Koordinatensystems sich wie in (2.258) verhalten, so spricht man von einem „Rechtssystem". Man gewinnt die Zusammenhänge aus (2.258), wenn man aus der ersten Gleichung die Indizes zyklisch vertauscht, d. h. der erste Index rückt nach der Vertauschung an die letzte Stelle, die anderen „rücken" eine Stelle weiter nach vorn.

Hängen die Vektoren $\vec{a}$ und $\vec{b}$ von der Zeit ab, so berechnen wir die zeitliche Ableitung von $\vec{a} \times \vec{b}$ mit Hilfe der Produktregel unter Einhaltung der Reihenfolge der Vektoren im Kreuzprodukt.

$$\frac{d}{dt}(\vec{a}(t) \times \vec{b}(t)) = \frac{d\vec{a}(t)}{dt} \times \vec{b}(t) + \vec{a}(t) \times \frac{d\vec{b}(t)}{dt} \tag{2.262}$$

Nützlich ist eine Beziehung zur Berechnung des doppelten Vektorproduktes:

$$\vec{a} \times (\vec{b} \times \vec{c}) = \vec{b}(\vec{a} \bullet \vec{b}) - \vec{c}(\vec{a} \bullet \vec{b})^{\,1} \tag{2.263}$$

Beschleunigungen bei Drehbewegungen
Bei der Behandlung von Kreisbewegungen im Kapitel 2.2.5 (Kreisbewegungen) haben wir gesehen, dass zu jeder Zeit der Bewegung das Objekt beschleunigt wird, der Bewegungszustand sich daher mit der Zeit ändert. Die Beschleunigung eines beliebigen Massenpunktes in einem starren Körper, der wie in **Abb. 2.73** auf einer Kreisbahn um eine Achse rotiert, beträgt mit (2.255)

$$\vec{a} = \frac{d\vec{v}}{dt} = \frac{d}{dt}(\vec{\omega} \times \vec{r}) = \frac{d\vec{\omega}}{dt} \times \vec{r} + \vec{\omega} \times \frac{d\vec{r}}{dt}. \tag{2.264}$$

Um einen Überblick hinsichtlich der Richtungen zu erhalten, spalten wir $\vec{\omega}$ und $\vec{r}$ in Beträge und Einheitsvektoren auf.

$$\vec{a} = \frac{d}{dt}(\omega \vec{e}_\omega \times r \vec{e}_r) = \frac{d}{dt}(\omega r \vec{e}_\omega \times \vec{e}_r) = \frac{d(\omega r)}{dt}(\vec{e}_\omega \times \vec{e}_r) + \omega r \frac{d(\vec{e}_\omega \times \vec{e}_r)}{dt} \Rightarrow$$

$$\vec{a} = (\dot{\omega} r + \omega \dot{r})(\vec{e}_\omega \times \vec{e}_r) + \omega r (\dot{\vec{e}}_\omega \times \vec{e}_r + \vec{e}_\omega \times \dot{\vec{e}}_r) \tag{2.265}$$

Die Beschleunigung aufgrund des ersten Terms von (2.265) ist senkrecht zu $\vec{\omega}$ und $\vec{r}$, also tangential in Richtung der Momentangeschwindigkeit gerichtet. Es ändern sich hier nur zum einen der Betrag der Winkelgeschwindigkeit aufgrund einer Winkelbeschleunigung α, und zum anderen der Abstand von der Drehachse, dies entspricht einer Coriolisbeschleunigung. Beim zweiten Term bleiben die Beträge von $\vec{\omega}$ und $\vec{r}$ konstant und es ändern sich ihre Richtungsvektoren. $\dot{\vec{e}}_\omega$ beschreibt die Richtungsänderung der Drehachse, diesen Fall werden wir bei den Kreiselbewegungen behandeln, bei einer festen Achse können wir sowohl $\dot{r}$ als auch $\dot{\vec{e}}_\omega$ unberücksichtigt lassen. $\dot{\vec{e}}_r$ ist die Momentangeschwindigkeit eines Massenpunktes, der sich auf einer Kreisbahn mit $r = 1$ und der Winkelgeschwindigkeit $\vec{\omega}$ bewegt. Damit beträgt mit (2.255)

$$\dot{\vec{e}}_r = \vec{\omega} \times \vec{e}_r \tag{2.266}$$

---

[1]   Zur Herleitung berechne man die Kreuzprodukte nach (2.261) und ergänze die fehlenden Terme durch Addition und gleichzeitige Subtraktion: x-Komponente: $b_x(a_y c_y + a_z c_z) - c_x(a_y b_y + a_z b_z) + b_x a_x c_x - c_x a_x b_x$.

und verläuft in Richtung der Momentangeschwindigkeit. Mit (2.263) ist

$$\vec{e}_\omega \times \dot{\vec{e}}_r = \vec{e}_\omega \times (\vec{\omega} \times \vec{e}_r) = \omega \vec{e}_\omega \times (\vec{e}_\omega \times \vec{e}_r) = \omega(\vec{e}_\omega(\vec{e}_\omega \bullet \vec{e}_r) - \vec{e}_r(\vec{e}_\omega \bullet \vec{e}_\omega))) \Rightarrow$$

$$\vec{e}_\omega \times \dot{\vec{e}}_r = -\omega \vec{e}_r, \tag{2.267}$$

da das Skalarprodukt von zueinander senkrechten Vektoren null ist. Beschränken wir uns auf eine Rotation um eine feste Achse, so erfährt der Massenpunkt die Beschleunigung

$$\vec{a} = \dot{\omega} r \vec{e}_t - \omega^2 r \vec{e}_r, \tag{2.268}$$

die sich in eine tangentiale und eine radiale Beschleunigung aufteilt.

Zusammenhang zwischen kinematischen Bahn- und Winkelgrößen
Schon vorher haben wir bei der Betrachtung von Kreisbewegungen gesehen, dass die Umrechnung von kinematischen Größen dem in **Tab. 2.1** angegebenen Schema folgt. Dieses Schema können wir analog zu dem in (2.255) gefundenen Zusammenhang auf die übrigen kinematischen Größen übertragen:

Tab. 2.2   Bahn- und Winkelgrößen bei Drehbewegungen

Winkel-Größe		Bahn-Größe	
Winkelgeschwindigkeit	$\vec{\omega}$	Bahngeschwindigkeit	$\vec{\omega} \times \vec{r}$
Winkelbeschleunigung	$\vec{\alpha} = \dot{\omega} \vec{e}_\omega$	Tangentialbeschleunigung	$\vec{\alpha} \times \vec{r}$
differentielles Winkelstück	$d\vec{\varphi}$	differentielles Bogenstück	$d\vec{\varphi} \times \vec{r}$

Zu beachten ist, dass der Schritt vom Winkelstück zum dazugehörigen Bogen nur für differentiell große Stücke möglich ist, da die tangentiale Richtung des Bogens (d. h. des Kreises) über einen größeren Bereich nicht konstant ist.

2.6.4   Drehmoment

Die Beschleunigung eines Massenpunktes im starren Körper weist im Allgemeinen sowohl tangentiale aus auch radiale Komponenten auf. Letztere, die Zentripetalbeschleunigung, wird von der Drehachse durch die „inneren" Kräfte, die von den starren Verbindungen der einzelnen Massenpunkte des Körpers herrühren, vermittelt. Die Achse wiederum erfährt dem 3. Newtonschen Axiom gemäß als Reaktionskraft die Zentrifugalkraft.

Die tangentiale Beschleunigung des i-ten Massenpunktes kann durch eine äußere Kraft bewirkt werden, diese ändert den Betrag der Winkelgeschwindigkeit, der starre Körper erfährt eine Winkelbeschleunigung.

$$m_i \vec{a}_{t,i} = \vec{F}_t = m_i \vec{\alpha} \times \vec{r}_i \tag{2.269}$$

Wir multiplizieren (2.269) vektoriell mit $\vec{r}_i$ und erhalten unter Berücksichtigung von (2.263)

$$m_i \vec{r}_i \times (\vec{\alpha} \times \vec{r}_i) = \vec{r}_i \times \vec{F}_t = m_i (\vec{\alpha} r_i^2 - \vec{r}_i (\vec{r}_i \bullet \vec{\alpha})) \implies$$

$$m_i r_i^2 \vec{\alpha} = J_i \vec{\alpha} = \vec{r}_i \times \vec{F}_t := \vec{M}_i \quad [M] = \text{Nm}^1. \tag{2.270}$$

$\vec{M}$ bezeichnet man als Drehmoment einer Kraft $\vec{F}$, das bei dem Massenpunkt eine Winkelbeschleunigung bewirkt. $\vec{r}$ bezeichnet man auch als „Kraftarm". (2.270) entspricht dem 2. Newtonschen Axiom (2.55), angewandt auf Drehbewegungen: der Kraft entspricht das Drehmoment, der Masse das Trägheitsmoment, der Beschleunigung die Winkelbeschleunigung.

Greift eine äußere Kraft an einen starren Körper an, so werden alle Massenpunkte tangential beschleunigt. Sie alle erfahren Drehmomente, deren Summe das Gesamtdrehmoment ergibt, welches die äußere Kraft verursacht. Die Winkelbeschleunigung ist für alle Massenpunkte gleich und mit (2.223) erhalten wir das 2. Newtonsche Axiom für Drehbewegungen eines starren Körpers.

$$\vec{r}_a \times \vec{F}_a = \sum_i \vec{M}_i = \sum_i m_i r_i^2 \vec{\alpha} = J\vec{\alpha} = \vec{M} \tag{2.271}$$

Wie bei einer Translationsbewegung die Kraft den Bewegungszustand eines Objektes, der durch seinen Impuls dargestellt wird, ändert, so bewirkt das Drehmoment den Bewegungszustand einer Drehbewegung. Diese Größe, die den Bewegungszustand einer Drehbewegung repräsentiert, nennt man Drehimpuls. Auf die Eigenschaften des Drehimpulses werden wir später noch eingehen.

Aus (2.271) kann man entnehmen, dass von einer Kraft nur dann ein Drehmoment bewirkt werden kann, wenn das Vektorprodukt nicht verschwindet, d. h.

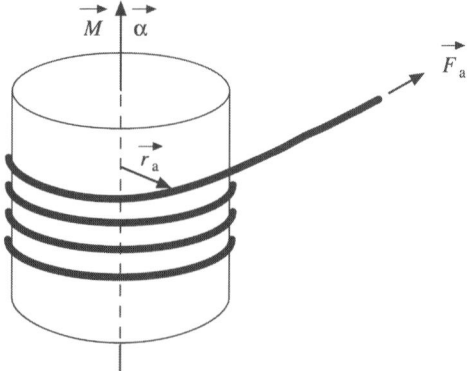

Abb. 2.75 *Ein Zylinder wird durch eine tangential angreifende Kraft in Rotation gebracht.*

---

[1]   Die Einheit des Drehmomentes ist die gleiche wie die für Arbeit und Energie, allerdings werden völlig unterschiedliche physikalische Größen beschrieben. Das Drehmoment ist eine vektorielle Größe, Arbeit und Energie dagegen sind skalare Größen. Um unterscheiden zu können, setzt man bei Arbeit und Energie das Nm gleich J.

- der Angriffspunkt der Kraft muss außerhalb der Drehachse liegen ($r_a \neq 0$),
- die Kraft darf nicht in Richtung des Abstandsvektors $\vec{r}_a$ verlaufen ($\sin(\angle(\vec{r}_a, \vec{F}_a)) \neq 0$).

Die durch das Vektorprodukt in (2.271) festgelegte Richtung des Drehmomentes muss parallel zur Richtung der Drehachse sein, damit eine Änderung der Winkelgeschwindigkeit bewirkt wird. Somit muss die Kraft ihre Komponenten in einer Ebene senkrecht zur Drehachse haben, nur diese tragen zur Winkelbeschleunigung bei. Die Wirkung der Kraftkomponenten in Richtung der Drehachse werden wir später diskutieren.

Wirkung von äußeren Kräften auf frei bewegliche starre Körper

Im Kapitel 2.4.3 haben wir gesehen, dass eine äußere Kraft auf ein System von Massenpunkten seinen Schwerpunkt beschleunigt. Dabei ist es unerheblich, wo die Kraft den Impulsstrom in das System einspeist. Die Wirkung auf die einzelnen Teile des Systems, d. h. wie sich der Impulsstrom verteilt, hängt von den „inneren" Kräften, den Impulsstromleitern ab, die zwischen ihnen wirken. Bei einem starren Körper sind die relativen Positionen der einzelnen Massenpunkte fest, somit führen alle die gleiche kollektive Translationsbewegung des mit $\vec{a}_S$ beschleunigten Systems aus.

Um die kollektive Bewegung von der restlichen Bewegung zu trennen, transformieren wir alles ins (mit $\vec{a}_S$ beschleunigte) Schwerpunktsystem. Im dort ruhenden Schwerpunkt greift nach (2.95) die Trägheitskraft

$$\vec{F}_T = -M_K \vec{a}_S = -\vec{F}_{ext} \tag{2.272}$$

an.

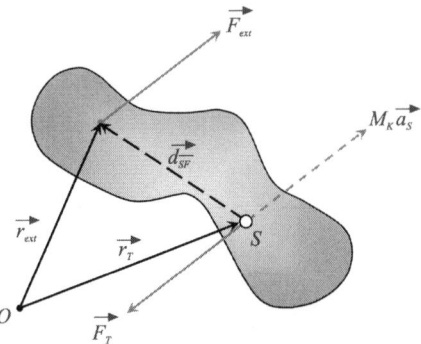

Abb. 2.76 *Eine äußere Kraft wirkt auf einen frei beweglichen starren Körper. Im Schwerpunktsystem erfährt der Körper eine Trägheitskraft, die im Schwerpunkt angreift.*

Unter dem Einfluss beider Kräfte $\vec{F}_{ext}$ und $\vec{F}_T$ rotiert der starre Körper im Schwerpunktsystem. Die dafür verantwortlichen Drehmomente werden durch die beiden Kräfte verursacht. Im Gegensatz zur Rotationsbewegung eines starren Körpers bei vorgegebener Drehachse ist zunächst die Richtung der Drehachse nicht festgelegt, allerdings verläuft sie durch den in Ruhe befindlichen Schwerpunkt. Daher ermitteln wir die Drehmomente bezüglich eines beliebig gewählten Referenzpunktes, wegen der Parallelität der Kraftrichtungen sind auch die Drehmomentrichtungen parallel. Das resultierende Drehmoment beträgt

$$\vec{M} = \vec{M}_{ext} + \vec{M}_T = \vec{r}_{ext} \times \vec{F}_{ext} + \vec{r}_T \times \vec{F}_T = \vec{r}_{ext} \times \vec{F}_{ext} - \vec{r}_T \times \vec{F}_{ext}$$

$$\vec{M} = (\vec{r}_{ext} - \vec{r}_T) \times \vec{F}_{ext} = \vec{d}_{\overline{SF}} \times \vec{F}_{ext} \, . \tag{2.273}$$

Es hängt offensichtlich nicht von der Wahl des Referenzpunktes, sondern nur vom Abstandsvektor vom Schwerpunkt zum Angriffspunkt der äußeren Kraft ab. Die Drehachse ist durch die Normale der vom Abstandsvektor und der Kraft aufgespannten Ebene festgelegt.

> Eine äußere Kraft, die nicht im Schwerpunkt eines starren Körpers angreift, bewirkt eine beschleunigte Translationsbewegung des Schwerpunktes und eine beschleunigte Drehbewegung um den Schwerpunkt.

Es ist wichtig, darauf hinzuweisen, dass beide Kräfte, $\vec{F}_{ext}$ und $\vec{F}_T$, die Rotation bewirken. Man sagt auch, die Rotation wird durch das Drehmoment des Kräftepaares $\vec{F}_{ext}$ und $\vec{F}_T$ bewirkt. Allgemein wird ein Kräftepaar durch zwei entgegengesetzt gleich große Kräfte bewirkt, die in unterschiedlichen Punkten an einem starren Körper angreifen. Der Abstandsvektor $\vec{d}$ ist vom Angriffspunkt der negativ gezählten Kraft um den Angriffspunkt der positiv gezählten gerichtet.

Die Lage des Angriffspunkts spielt für die kollektive Translationsbewegung keine Rolle. Das für die Drehbewegung verantwortliche Drehmoment ist immer gleich, wenn der Angriffspunkt der äußeren Kraft längs der so genannten Wirkungslinie, einer Geraden in Richtung der Kraft durch den ursprünglichen Angriffspunkt, verschoben wird. Entscheidend ist nur der Abstand der Wirkungslinie vom Schwerpunkt.

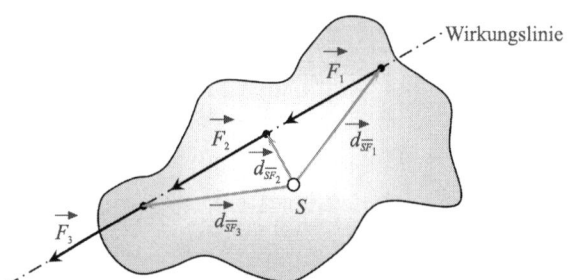

Abb. 2.77 *Zur Linienflüchtigkeit äußerer Kräfte.*

Spalten wir $\vec{d}_{\overline{SF}}$ in einen zur Wirkungslinie parallelen Teil und einen zu ihr senkrechten Teil auf, so sieht man, dass

$$\vec{M} = \vec{d}_{\overline{SF}} \times \vec{F}_{ext} = (\vec{d}_{\overline{SF},//} + \vec{d}_{\overline{SF},\perp}) \times \vec{F}_{ext} = \vec{d}_{\overline{SF},\perp} \times \vec{F}_{ext} \, , \tag{2.274}$$

also nur von der zur Wirkungslinie senkrechten Teil abhängt. Auch wenn der Angriffspunkt einer Kraft auf der Wirkungslinie verschoben wird, so bewegt sich der starre Körper in gleicher Weise. Daher sagt man auch:

Kräfte am starren Körper sind linienflüchtig.

Wirken mehrere Kräfte, deren Wirkungslinien in einer Ebene verlaufen, gleichzeitig auf den starren Körper, so muss zunächst der Angriffspunkt der Resultierenden, der vektoriellen Summe der einzelnen Kräfte, bestimmt werden. Bei zwei Kräften, die nicht kollinear sind, ist das der Schnittpunkt ihrer Wirkungslinien. Damit haben wir den Fall auf den einer einzigen auf den starren Körper wirkenden Kraft zurückgeführt und es erfolgt eine beschleunigte Translations- und Rotationsbewegung.

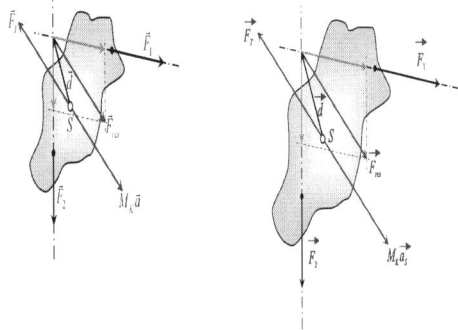

Abb. 2.78 *Resultierende Kraft auf einen starren Körper.*

Verlaufen die Kraftrichtungen kollinear und sind die Beträge der Kräfte unterschiedlich, so kann man in den Angriffspunkten Hilfskräfte hinzufügen, deren Summe null ist. Die resultierenden Kräfte in den Angriffspunkten sind dann nicht mehr kollinear und man kann dann weiter wie oben angegeben verfahren.

Sind die Kräfte entgegengesetzt gleich groß, so bilden sie ein oben beschriebenes Kräftepaar, dessen Resultierende null ist, somit bleibt der Schwerpunkt in Ruhe. Berechnen wir das resultierende Drehmoment aus der Summe der Drehmomente, welche die Kräfte bewirken, wobei der Referenzpunkt beliebig gewählt wird, so erhalten wir in Anlehnung an (2.273)

$$\vec{M} = \vec{r}_1 \times \vec{F} - \vec{r}_2 \times \vec{F} = (\vec{r}_1 - \vec{r}_2) \times \vec{F} = \vec{d} \times \vec{F} \ , \qquad (2.275)$$

wobei $\vec{d}$ der Vektor vom Angriffspunkt der negativ gezählten Kraft des Kräftepaars zum Angriffspunkt der positiv gezählten Kraft ist. Der starre Körper vollführt eine reine Rotationsbewegung um eine Drehachse durch den Schwerpunkt, diese verläuft in Richtung des vom Kräftepaar verursachten Drehmoments $\vec{M}$.

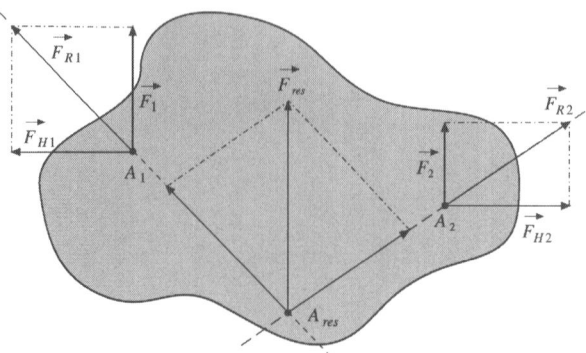

Abb. 2.79 *Resultierende Kraft auf einen starren Körper bei kollinearen, dem Betrage nach ungleichen Kräften.*

Wenn die Wirkungslinien der Kräfte windschief zueinander verlaufen, so kann nach den oben beschriebenen Verfahren keine Resultierende gefunden werden. Jede der Kräfte bewirkt eine Beschleunigung des Schwerpunktes und eine Rotation um den Schwerpunkt. Die gesamte Beschleunigung des Schwerpunktes wird von der Summe der Kräfte bewirkt, die Rotation dagegen von der Summe der Drehmomente.

Im Gegensatz zu Kräften, deren Wirkungslinien sich schneiden, ist es hier nicht möglich, die Kraftwirkung durch eine einer Resultierenden entgegengesetzt gleich großen Kraft aufzuheben, ergänzend muss auch das resultierende Drehmoment kompensiert werden.

Kraftwirkung auf einen starren Körper, der in einem Punkt fixiert ist

Bei einem frei beweglichen Körper bewirkt das resultierende Kräftepaar eine Rotation um eine Drehachse durch den Schwerpunkt, deren Richtung durch die Richtung des Drehmomentes (2.273) festgelegt ist. Wird nun der Schwerpunkt des starren Körpers an seiner Bewegung gehindert, so muss dort eine zweite Kraft angreifen, so dass die resultierende Beschleunigung null ist. Zusammen ergeben die beiden Kräfte ein Kräftepaar, der starre Körper rotiert um die Schwerpunktachse in Richtung des vom Kräftepaar bewirkten Drehmomentes, das gemäß (2.271) $\vec{M} = J_S \vec{\alpha}$ die entsprechende Winkelbeschleunigung erzielt, dabei ist J_S das Trägheitsmoment bezüglich der Schwerpunktachse.

Greift nun ein Kräftepaar in zwei beliebigen Punkten an den starren Körper an und soll zusätzlich einer dieser Punkte fixiert werden, so muss in diesem zusätzlich noch eine Haltekraft F_H, die der Kraft F des Kräftepaars im Fixpunkt entgegengerichtet ist, angreifen.

Das Kräftepaar bewirkt ein Drehmoment $\vec{M} = \vec{d} \times \vec{F}$, dieses legt die Richtung der Drehachse, die durch den fixierten Punkt verläuft, fest. Unter Beachtung des Steinerschen Satzes ergibt sich eine Winkelbeschleunigung

$$\vec{M} = (J_S + m_K d_{HS}^2)\vec{\alpha}, \tag{2.276}$$

dabei ist d_{HS} der Abstand des Schwerpunktes von der Drehachse. Der Schwerpunkt selbst wird beschleunigt und bewegt sich auf einer Kreisbahn um die Achse.

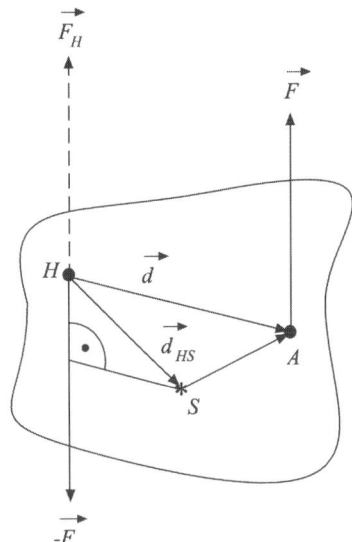

Abb. 2.80 *Starrer Körper unter Einfluss einer Kraft. Ein Punkt außerhalb des Schwerpunktes ist fixiert.*

Da das gleiche Drehmoment von unterschiedlichen Kräftepaaren erzeugt werden kann, definiert es immer nur die Richtung der Drehachse, nicht aber ihre konkrete Position. Diese wird von anderen Randbedingungen, wie durch die Festlegung eines Punktes des starren Körpers bestimmt. Daher nennt man den Vektor des Drehmomentes auch einen freien Vektor, im Gegensatz zum linienflüchtigen Kraftvektor oder zum gebundenen Ortsvektor.

Kraftwirkung auf einen starren Körper, der um eine feste Achse drehbar gelagert ist
Betrachten wir nun die Drehbewegung eines starren Körpers, der sich um eine feste Achse durch seinen Schwerpunkt bewegen soll. Somit muss durch die Achse auf den Schwerpunkt eine Kraft vermittelt werden, die dessen Beschleunigung verhindert. Die Achse selber erfährt somit eine der äußeren Kraft entgegengesetzt gleich große Kraft. Diese muss von den Achslagern aufgefangen werden.

Bei der Untersuchung des Einflusses äußerer Kräfte auf einen frei beweglichen starren Körper haben wir gesehen, dass diese eine Rotation um eine Achse bewirken, die senkrecht zu Abstandsvektor Schwerpunkt-Angriffspunkt und Kraftrichtung verläuft. Im Schwerpunktsystem hat der starre Körper somit drei Freiheitsgrade der Rotation, die Achse kann, abhängig von Richtung und Angriffspunkt der Kraft beliebig im Raum orientiert sein. Ist nun die Drehachse vorgegeben, so gibt es nur noch einen Freiheitsgrad der Rotation. Das Drehmoment, das die äußere Kraft nach (2.273) bewirkt, können wir in einen Anteil parallel zur Drehachse und einen Anteil senkrecht dazu zerlegen. Der Anteil parallel zur Drehachse bewirkt eine Winkelbeschleunigung gemäß (2.271), während der senkrecht zur Drehachse gerichtete Anteil durch Drehmomente, welche durch Lagerkräfte bewirkt werden, die die Achse in ihrer Richtung fixieren, kompensiert werden muss.

$$\vec{M} = \vec{M}_{//} + \vec{M}_{\perp} = J_S \vec{\alpha} + \vec{M}_{\perp} \qquad (2.277)$$

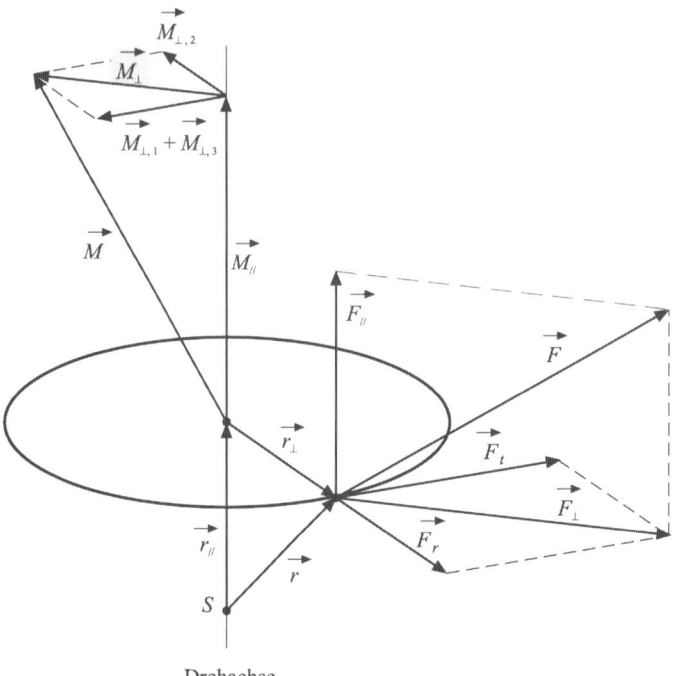

Abb. 2.81 *Zerlegung der Kraft, die auf den starren Körper (feste Achse durch den Schwerpunkt) wirkt, in achsen-parallele, radiale und tangentiale Komponenten. Auf dem Kreis bewegt sich der Angriffspunkt der Kraft.*

Um einen Überblick zu erhalten, welche Kraftkomponenten Drehmomente in Achsrichtung bzw. senkrecht zur Achse bewirken, zerlegen wir die Kraft $\vec{F}$, die den starren Körper be-beschleunigt, in eine Komponente $\vec{F}_{//}$ parallel zur Drehachse, eine Komponente radial $\vec{F}_r$ zur Kreisbahn, die der Angriffspunkt der Kraft bei der Drehbewegung vollführt, und eine tangentiale Komponente $\vec{F}_t$. Den Vektor $\vec{r}$ vom Schwerpunkt zum Angriffspunkt der Kraft zerlegen wir in eine Komponente $\vec{r}_{//}$ parallel zur Drehachse und eine Komponente $\vec{r}_\perp$ senkrecht zur Drehachse.

Das sich ergebende Drehmoment setzt sich aus folgenden Anteilen zusammen:

$$\vec{M} = \vec{r} \times \vec{F} = (\vec{r}_{//} + \vec{r}_\perp) \times (\vec{F}_{//} + \vec{F}_r + \vec{F}_t)$$
$$\vec{M} = \vec{r}_{//} \times \vec{F}_{//} + \vec{r}_{//} \times \vec{F}_r + \vec{r}_{//} \times \vec{F}_t + \vec{r}_\perp \times \vec{F}_{//} + \vec{r}_\perp \times \vec{F}_r + \vec{r}_\perp \times \vec{F}_t$$
$$\vec{M} = 0 + \vec{M}_{\perp,1} + \vec{M}_{\perp,2} + \vec{M}_{\perp,3} + 0 + \vec{M}_{//} \tag{2.278}$$

Nur der letzte Term in (2.278) bewirkt eine Winkelbeschleunigung des starren Körpers, die anderen von null verschiedenen Terme verursachen Drehmomente senkrecht zur Drehachse und müssen von ihr aufgefangen werden.

Damit müssen die Achslager zum einen Kräfte bewirken, die die Bewegung des Schwer-punktes unterbinden, und zum anderen Drehmomente auffangen, die sich aus den unterschiedlichen Richtungen von Drehachse und dem von der äußeren Kraft bewirkten Drehmoment ergeben.

Eine beschleunigte Rotationsbewegung, welche keine Belastung der Lager bedingt, ist nur dann möglich, wenn

1. der Schwerpunkt des starren Körpers nicht beschleunigt wird. Dies ist der Fall, wenn nicht nur eine Kraft, sondern ein Kräftepaar wirksam ist,
2. das resultierende, den starren Körper beschleunigende Drehmoment in Richtung der Drehachse verläuft. Somit müssen die Kräfte des Kräftepaars der Ebene senkrecht zur Drehachse durch den Schwerpunkt verlaufen, und zwar (2.278) zufolge tangential.

Verläuft die Drehachse nicht durch den Schwerpunkt, so ist in gleicher Weise wie beim starren Körper, der in einem Punkt fixiert ist, das Kräftepaar, bestehend aus der äußeren Kraft und der entgegengesetzt gleich großen Reaktionskraft auf die Achse, verantwortlich für die Rotation. Die Achse muss daher durch eine Haltekraft, welche die Reaktionskraft kompensiert, an der Bewegung gehindert werden. Diese Haltekraft muss von den Achslagern aufgebracht werden.

> Jede außerhalb der Achse angreifende Kraft bewirkt eine entgegengesetzt gleich große Reaktionskraft in der Achse.

Wir wollen nun untersuchen, welche Wirkung die an dem starren Körper angreifende äußere Kraft auf die Drehachse hat. Da die Achse nicht beschleunigt wird, muss sie eine Kraft aufbringen, die der äußeren Kraft entgegengerichtet ist. Zur Beurteilung der Drehmomente, die die äußere Kraft auf die Achse bewirkt, wählen wir als Referenzpunkt den Mittelpunkt der Kreisbahn, auf der sich der Schwerpunkt bewegt.

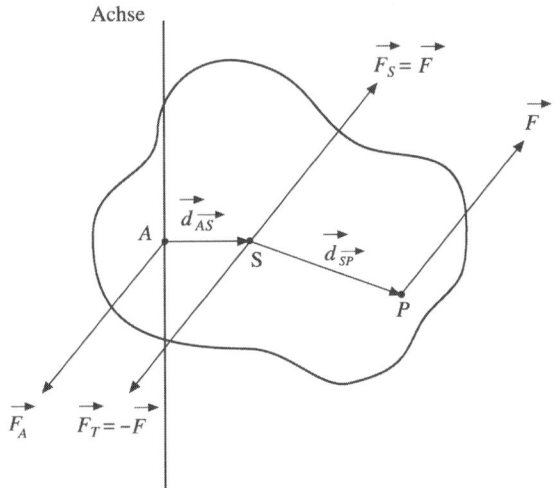

Abb. 2.82 *Ein starrer Körper ist durch eine Achse fixiert und bewegt sich unter dem Einfluss einer Kraft.*

Zunächst wird der Schwerpunkt von der Kraft $\vec{F}_S = \vec{F}$ beschleunigt und der Körper rotiert, angetrieben durch das Drehmoment $\vec{M}_S = \vec{d}_{\overrightarrow{SP}} \times \vec{F}$ um den Schwerpunkt. Da der Punkt A an der Achse fixiert ist und somit keine Translationsbewegung machen kann, muss in ihm eine Kraft $\vec{F}_A$ wirken, die der Kraft $\vec{F}$ entgegengerichtet ist. $\vec{F}_A$ und $\vec{F}$ bilden ein Kräftepaar, dessen Drehmoment $\vec{M}_A = \vec{d}_{\overrightarrow{AS}} \times \vec{F}_S$ den Schwerpunkt auf der Kreisbahn mit dem Radius $|\vec{d}_{\overrightarrow{AS}}|$ beschleunigt bewegt. Somit wird die Bewegung des Körpers durch beide Drehmomente beeinflusst.

$$\vec{M} = \vec{M}_S + \vec{M}_A = \vec{d}_{\overrightarrow{SP}} \times \vec{F} + \vec{d}_{\overrightarrow{AS}} \times \vec{F}_S = (\vec{d}_{\overrightarrow{SP}} + \vec{d}_{\overrightarrow{AS}}) \times \vec{F} = \vec{d}_{\overrightarrow{AF}} \times \vec{F} \tag{2.279}$$

Verläuft $\vec{M}$ in Richtung der Drehachse, was dann der Fall ist, wenn die Achse senkrecht auf der Ebene, welche die Punkte A, S und P aufspannen, steht, so bewirkt $\vec{M}$ eine entsprechende Winkelbeschleunigung. Wie wir schon in 2.6.2 (Steinerscher Satz) gesehen haben, bewegt sich der starre Körper um die Schwerpunktachse mit der gleichen momentanen Winkelgeschwindigkeit, mit der der Schwerpunkt um die Drehachse kreist. Daher muss auch die jeweilige Winkelbeschleunigung gleich sein.

$$\vec{M}_S = J_S \vec{\alpha}, \quad \vec{M}_A = m_K |\vec{d}_{\overrightarrow{AS}}|^2 \vec{\alpha} \Rightarrow$$
$$\vec{M} = \vec{M}_S + \vec{M}_A = (J_S + m_K |\vec{d}_{\overrightarrow{AS}}|^2)\vec{\alpha} = J_A \vec{\alpha} \tag{2.280}$$

Vergleichen wir (2.279) mit (2.280), so sehen wir, dass der Bewegungszustand des starren Körpers durch das Drehmoment $\vec{M}$ des Kräftepaares $\vec{F}$ und $\vec{F}_A$ mit dem Abstandsvektor $\vec{d}_{\overrightarrow{AF}}$ geändert wird, dabei wird die Winkelbeschleunigung durch das Trägheitsmoment bezüglich der Drehachse bestimmt.

Ist dagegen die Drehachse nicht senkrecht zur Ebene, definiert durch die Punkte A, S und P in **Abb. 2.82**, gerichtet, so bewirkt nur die Komponente von $\vec{M}$ in Richtung der Achse eine Winkelbeschleunigung. Maßgeblich dafür ist dann nicht mehr $|\vec{d}_{\overrightarrow{AS}}|$ in (2.280), sondern der Abstand des Schwerpunktes von der Drehachse.

Gleichgewicht eines starren Körpers

Häufig ist in der Technik von Interesse, unter welchen Bedingungen sich ein starrer Körper gar nicht bewegt. In diesem Fall sprechen wir von einem statischen Gleichgewicht. So ist es die Aufgabe statischer Berechnungen, ob z. B. ein Gebäude umfällt oder ein Schiff nicht kentert. Die Statik muss auch die Frage nach der Belastung einzelner Bauteile, d. h. welche Kräfte im Gleichgewicht auf sie wirken, beantworten. Wie wir gesehen haben, bewirken Kräfte auf ein Objekt im Allgemeinen eine Translationsbewegung seines Schwerpunktes und eine Rotationsbewegung um den Schwerpunkt.

> Ein starrer Körper befindet sich im Gleichgewicht, wenn die Summe aller auf ihn wirkenden Kräfte und die Summe der von ihnen verursachten Drehmomente gleich null sind.

$$\sum_i \vec{F}_i = 0 \quad \text{und} \quad \sum_i \vec{M}_i = \sum_i \vec{r}_i \times \vec{F}_i = 0 \tag{2.281}$$

Bei der Berechnung der Drehmomente muss der Referenzpunkt beliebig gewählt werden können. Die Werte der einzelnen Drehmomente sind natürlich von seiner speziellen Wahl abhängig, jedoch muss zur Erreichung des Gleichgewichtes in jedem Fall die Summe der Drehmomente immer null sein.

Einen Sonderfall der Statik wollen wir ausführlicher behandeln: alle auf einen starren Körper wirkenden Kräfte sind kollinear. Dies ist insbesondere der Fall, wenn ein starrer Körper mit der Gesamtmasse m der Schwerkraft ausgesetzt ist: auf jeden seiner Massenpunkte m_i wirkt die Schwerkraft $m_i \vec{g}$.

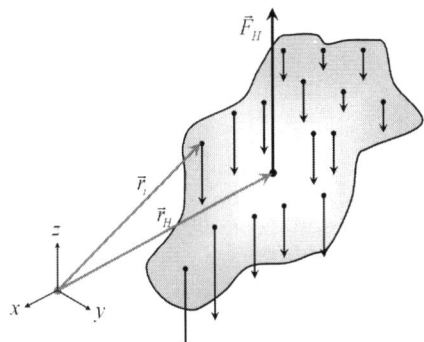

Abb. 2.83   *Ein starrer Körper unter Einfluss der Schwerkraft. Wann ist er im Gleichgewicht?*

Die kollektive Translationsbewegung, der freie Fall wird verhindert, wenn neben der Schwerkraft eine weitere Kraft, die Haltekraft $\vec{F}_H$, wirkt.

$$\sum_i m_i \vec{g} + \vec{F}_H = 0 \;\Rightarrow\; \vec{F}_H = -(\sum_i m_i)\vec{g} = -m\vec{g} \tag{2.282}$$

Diese muss die Gewichtskraft $m\vec{g}$ aufheben. Der Angriffspunkt der Haltekraft muss so gewählt werden, dass kein resultierendes Drehmoment entsteht.

$$\sum_i \vec{r}_i \times m_i \vec{g} + \vec{r}_H \times \vec{F}_H = \sum_i \vec{r}_i \times m_i \vec{g} - \vec{r}_H \times m\vec{g} = (\sum_i m_i \vec{r}_i - m\vec{r}_H) \times \vec{g} = 0 \tag{2.283}$$

Das Vektorprodukt in (2.283) kann in zwei Fällen verschwinden:

1. Der Ausdruck in der Klammer wird null:

$$\sum_i m_i \vec{r}_i - m\vec{r}_H = 0 \;\Rightarrow\; \vec{r}_H = \frac{\sum_i m_i \vec{r}_i}{m} . \tag{2.284}$$

Vergleichen wir (2.284) mit (2.169), so herrscht Gleichgewicht bezüglich Rotation, wenn die Haltekraft im Schwerpunkt des starren Körpers angreift.

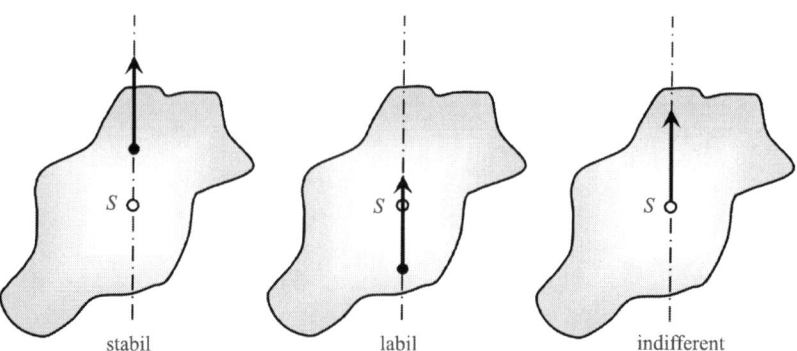

Abb. 2.84 *Stabiles, labiles und indifferentes Gleichgewicht beim starren Körper unter Einfluss der Schwerkraft.*

2. Der Vektor $\sum_i m_i \vec{r}_i - m\vec{r}_H$ ist kollinear zu $\vec{g}$. Ist der Angriffspunkt der Haltekraft ober-

halb des Schwerpunktes, so liegt ein stabiles Gleichgewicht vor, im umgekehrten Fall ein labiles. Dreht man den Körper aus der stabilen Gleichgewichtslage, so treibt das Drehmoment, das die Schwerkraft erzeugt, ihn in die Gleichgewichtslage zurück, im anderen Fall entfernt er sich immer weiter von ihr.

Greift die Haltekraft im Schwerpunkt an, so nennt man das Gleichgewicht indifferent. Wird der starre Körper um eine Schwerpunktachse gedreht, so verbleibt er im Gleichgewicht. Man

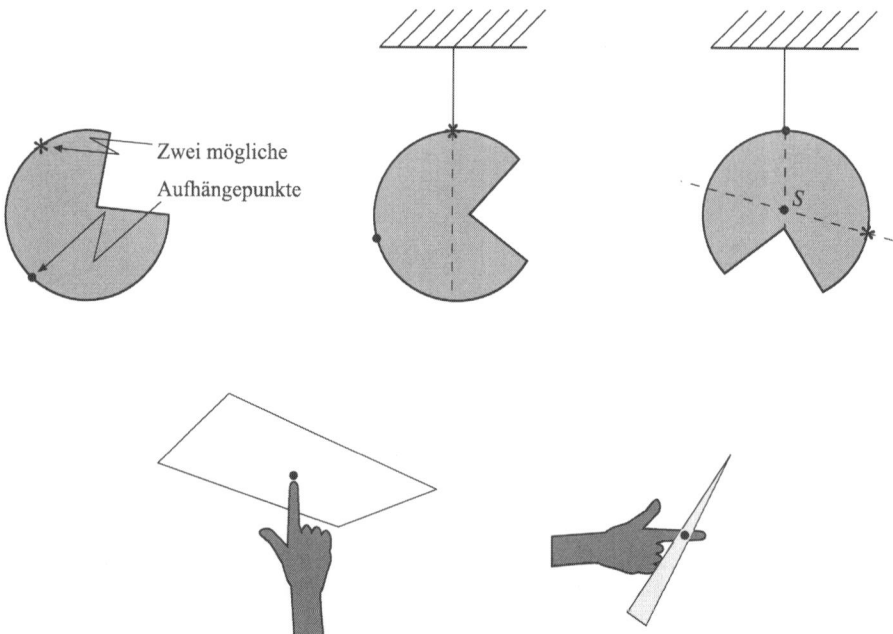

Abb. 2.85 *Experimentelle Bestimmung des Schwerpunktes eines Körpers mit unbekannter Massenverteilung.*

kann somit bei flachen Körpern leicht den Schwerpunkt ermitteln: Man unterstützt den Körper so lange an unterschiedlichen Stellen, bis man den Punkt gefunden hat, an dem der Körper nicht mehr wegkippt.

Die Tatsache, dass ein starrer Körper, der an einer Schnur befestigt ist, sich immer in die stabile Gleichgewichtslage dreht, kann zur experimentellen Bestimmung des Schwerpunktes insbesondere flacher Körper ausgenutzt werden. Man muss nur den Körper an zwei unterschiedlichen Punkten aufhängen, der Schwerpunkt befindet sich im Schnittpunkt der durch den jeweiligen Schnurverlauf bestimmten Geraden. Besonders vorteilhaft ist diese Methode bei nicht bekannter Massenverteilung im Körper.

Potentielle Energie
Wir haben im Kapitel 2.3.9 (Potentielle Energie und Kraft) gesehen, dass beim stabilen Gleichgewicht eines Massenpunktes seine potentielle Energie minimal und beim labilen Gleichgewicht maximal ist. Die potentielle Energie eines starren Körpers können wir allgemein aus der Summe der potentiellen Energien der Massenpunkte berechnen. Diese beträgt im Fall der Schwerkraft

$$E_{pot} = \sum_i m_i g h_i = g \sum_i m_i h_i = m_{Körper} g \frac{\sum_i m_i h_i}{m_{Körper}} = m_{Körper} g h_S \qquad (2.285)$$

und ist mit (2.169) gleich der potentiellen Energie des Schwerpunktes.

Befindet sich ein starrer Körper im stabilen Gleichgewicht, so befindet sich sein Schwerpunkt in der tiefstmöglichen Position, die er im Rahmen einer vertikalen Kreisbewegung um eine Achse durch den Angriffspunkt der Haltekraft einnehmen kann. Die potentielle Energie des Schwerpunktes ist somit minimal. Entsprechend ist sie maximal, wenn sich der Schwerpunkt auf dem höchsten Punkt der Kreisbahn befindet, in der labilen Gleichgewichtslage.

Die einzelnen Massenpunkte untereinander haben keine potentielle Energie, da sie im starren Körper nicht gegen eine konservative Kraft unter Verrichtung von Arbeit bewegt werden können. Dies ist aber z. B. bei elastisch deformierbaren Körpern der Fall.

2.6.5   Drehimpuls

Die Kernaussage der Newtonschen Axiome ist, dass der Bewegungszustand eines Objektes durch seinen Impuls beschrieben wird und die Änderung des Bewegungszustandes durch Kräfte erfolgt. Der Impuls ist eine mengenartige Größe, daher können wir die Wirkung einer Kraft auch als Impulsstrom deuten, der in den meisten Fällen die intensive Größe beim Impuls, die Geschwindigkeit, ändert. Bei den Drehbewegungen sieht es ähnlich aus, das Drehmoment einer äußeren Kraft ändert die Winkelgeschwindigkeit eines rotierenden Körpers gemäß (2.271). Das Drehmoment spielt bei Drehbewegungen die gleiche Rolle, die die Kraft bei Translationsbewegungen spielt. Den Bewegungszustand einer Drehbewegung wollen wir ebenfalls mit einer mengenartigen Größe, dem Drehimpuls, der umgangssprachlich auch als „Drall" bezeichnet wird, beschreiben.

Drehimpuls eines Massenpunktes

In Anlehnung an das 2. Newtonsche Axiom (2.54) wird die Änderung des Drehimpulses L eines Massenpunktes durch ein Drehmoment, das einen Drehimpulsstrom darstellt, bewirkt.

$$\vec{M} = \frac{\mathrm{d}\vec{L}}{\mathrm{d}t} \tag{2.286}$$

Ursache für das Drehmoment (bezüglich eines Referenzpunktes) ist eine Kraft, die auf den Massenpunkt wirkt und seinen Impuls ändert.

$$\vec{M} = \frac{\mathrm{d}\vec{L}}{\mathrm{d}t} = \vec{r} \times \vec{F} = \vec{r} \times \frac{\mathrm{d}\vec{p}}{\mathrm{d}t} = \frac{\mathrm{d}}{\mathrm{d}t}(\vec{r} \times \vec{p}) - \frac{\mathrm{d}\vec{r}}{\mathrm{d}t} \times \vec{p} = \frac{\mathrm{d}}{\mathrm{d}t}(\vec{r} \times \vec{p}) , \tag{2.287}$$

denn $\dfrac{\mathrm{d}\vec{r}}{\mathrm{d}t}$ ist parallel zu $\vec{p}$, ihr Vektorprodukt also null. Damit ist der Drehimpuls definiert.

$$\vec{L} := \vec{r} \times \vec{p} \quad [L] = \mathrm{mkg}\frac{\mathrm{m}}{\mathrm{s}} = \mathrm{Nms} \tag{2.288}$$

Setzt man bei einer Kreisbewegung wie in **Abb. 2.73** für $\vec{r}$ den Abstandsvektor des Massenpunkts von der Drehachse, durch die die Winkelgeschwindigkeit $\vec{\omega}$ festgelegt ist, in (2.288) ein, so kann man den Drehimpuls mit (2.255) auch folgendermaßen ausdrücken:

$$\vec{L} = \vec{r} \times \vec{p} = \vec{r} \times m\vec{v} = m\vec{r} \times (\vec{\omega} \times \vec{r}) = m(\vec{\omega}r^2 - \vec{r}(\vec{r} \bullet \vec{\omega})) \tag{2.289}$$

Ist $\vec{\omega} \perp \vec{r}$, so beträgt

$$\vec{L} = mr^2\vec{\omega} = J\vec{\omega} . \tag{2.290}$$

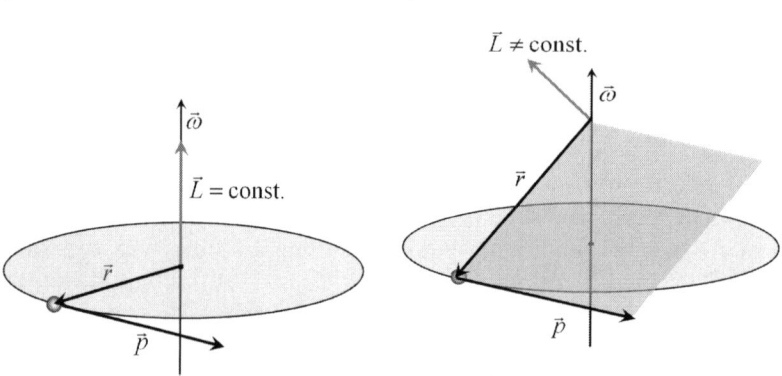

a)

b)

$\vec{L} \neq \mathrm{const.}$

$\vec{\omega}$

$\vec{\omega}$

$\vec{L} = \mathrm{const.}$

$\vec{r}$

$\vec{r}$

$\vec{p}$

$\vec{p}$

Abb. 2.86 *Bewegung eines Massenpunktes auf einer Kreisbahn; (a) Koordinatenursprung im Mittelpunkt des Kreises, (b) Ursprung auf der Achse verschoben.*

(2.290) dokumentiert die Mengeneigenschaft des Drehimpulses, das Trägheitsmoment J stellt die „Drehimpulskapazität" dar, während die Winkelgeschwindigkeit $\vec{\omega}$ die dazugehörige intensive Größe ist.

Zu beachten ist, dass $\vec{L}$ von der Wahl des Referenzpunktes auf der Drehachse abhängt. (2.255) bleibt gültig, wenn wir den Abstandsvektor $\vec{r}$ in der Kreisebene, in der der Massenpunkt sich um die Drehachse bewegt, durch einen Ortsvektor $\vec{r}\,'$ von einem Referenzpunkt auf der Achse, aber außerhalb der Kreisebene ersetzen.

Spalten wir $\vec{r}\,'$ in einen Abstandsvektor $\vec{r}_\perp'$ zur Drehachse und einen Vektor $\vec{r}_{//}'$ in Richtung der Drehachse auf, so trägt zu $\vec{v} = \vec{\omega} \times \vec{r}\,'$ nur der Abstandsvektor $\vec{r}_\perp'$ bei. Der Drehimpuls steht nun senkrecht auf der von $\vec{r}\,'$ und $\vec{p}$ aufgespannten Ebene und beträgt mit (2.289):

$$\vec{L} = m(r_\perp'^2\,\vec{\omega} + r_{//}'^2\,\vec{\omega} - (\vec{r}\,' \bullet \vec{\omega})(\vec{r}\,'_{//} + \vec{r}\,'_\perp))$$

$$\vec{L} = m(r_\perp'^2\,\vec{\omega} + r_{//}'^2\,\vec{\omega} - r_{//}'\,\omega\vec{r}\,'_{//} + r_{//}'\,\omega\vec{r}\,'_\perp)$$

$$\vec{L} = m(r_\perp'^2\,\vec{\omega} + r_{//}'^2\,\vec{\omega} - r_{//}'^2\,\vec{\omega} + r_{//}'\,\omega\vec{r}\,'_\perp) = m(r_\perp'^2\,\vec{\omega} + r_{//}'\,\omega\vec{r}\,'_\perp)$$

$$\vec{L} = J\vec{\omega} + r_{//}'\,\omega\vec{r}\,'_\perp = \vec{L}_{//} + \vec{L}_\perp \qquad (2.291)$$

Bewegt sich der Massenpunkt mit konstanter Winkelgeschwindigkeit auf der Kreisbahn, so ist der Drehimpuls konstant, wenn wir den Referenzpunkt in den Kreismittelpunkt legen, im anderen Fall dreht sich $\vec{L}$ mit ω um die Drehachse. Die zeitliche Änderung von $\vec{L}$ wird nach (2.286) durch ein Drehmoment bewirkt.

Ein weiteres Beispiel soll die Bedeutung des Drehimpulses zeigen. Bewegt sich ein Objekt (gradlinig) gleichförmig mit konstantem Impuls $\vec{p}$, so ist sein Drehimpuls bezüglich eines Referenzpunktes außerhalb der Bahn konstant.

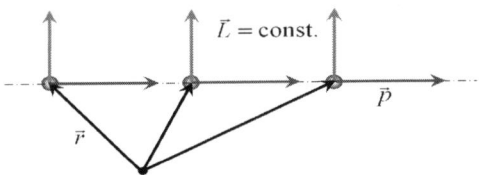

Abb. 2.87 *Drehimpuls einer gradlinigen gleichförmigen Bewegung.*

Teilen wir den Ortsvektor $\vec{r}$ in eine zur Bahn und damit auch zum Impuls senkrechte und eine parallele Komponente auf, so trägt wegen der Eigenschaften des Vektorproduktes (2.256) nur die senkrechte Komponente zum Drehimpuls bei. Diese ist aber unabhängig von der Position des Objektes auf der Geraden. Der Drehimpuls ist zeitlich konstant und steht senkrecht auf der von $\vec{r}$ und $\vec{p}$ aufgespannten Ebene.

$$\vec{L} = \vec{r} \times \vec{p} = (\vec{r}_\perp + \vec{r}_{//}) \times \vec{p} = \vec{r}_\perp \times \vec{p} \quad \Rightarrow \quad |\vec{L}| = mr_\perp v = const \qquad (2.292)$$

Unter Zuhilfenahme der Konstanz des Drehimpulses können wir leicht berechnen, wie schnell ein Zuschauer eines Autorennens seinen Kopf drehen muss, wenn ein Rennwagen (gradlinig) an ihm vorbeifährt. Legen wir den Referenzpunkt in seinen Kopf, so beträgt der Drehimpulsbetrag mit (2.292)

$$| \vec{L} | = m r_\perp v = m r(t) v \sin(\angle(\vec{r}, \vec{p})) = m r(t) \omega(t) r(t) \frac{r_\perp}{r(t)} , \qquad (2.293)$$

wobei $r(t)$ die Länge des Ortvektors zum Rennwagen, $r_\perp$ der Abstand der Bahn und $\omega(t)$ die Winkelgeschwindigkeit ist, mit der der Kopf gedreht werden muss.

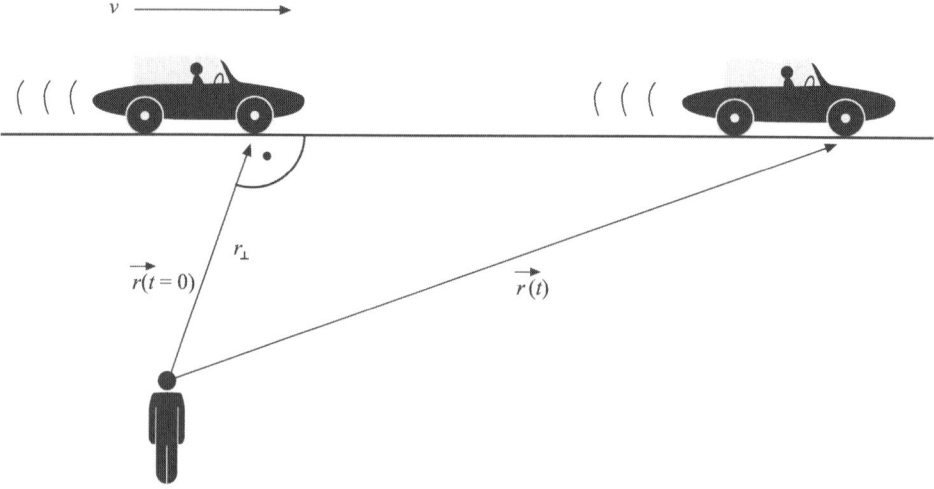

Abb. 2.88   *Ein Rennwagen fährt an einem Zuschauer vorbei. Wie schnell muss er seinen Kopf drehen?*

Die Winkelgeschwindigkeit $\omega(t)$ berechnet sich aus (2.293) zu

$$\omega(t) = \frac{v}{r(t)} = \frac{v}{\sqrt{r_\perp^2 + (vt)^2}} , \qquad (2.294)$$

dabei haben wir berücksichtigt, dass die Komponente von $\vec{r}(t)$ in Bewegungsrichtung vt beträgt, d.h. der Rennwagen passierte den Zuschauer „querab" zum Zeitpunkt $t = 0$ ($r(t = 0) = r_\perp$).

Drehimpuls eines Systems von Massenpunkten
Der Drehimpuls eines beliebigen Systems von Massenpunkten, nicht nur eines starren Körpers, setzt sich als mengenartige Größe additiv aus den Einzeldrehimpulsen der Massenpunkte bezüglich eines Referenzpunktes zusammen.

$$\vec{L}_{Sys} = \sum_i \vec{L}_i = \sum_i \vec{r}_i \times \vec{p}_i \qquad (2.295)$$

Um die kollektive Bewegung des Systems von der „inneren" Bewegung der einzelnen Massenpunkte zu trennen, spaltet man den Gesamtdrehimpuls (2.295) auf in einen Drehimpulsanteil bezüglich des Systemschwerpunktes und einen „Rest". (*-Größen beziehen sich auf das Schwerpunktsystem) Zunächst zerlegen wir die Geschwindigkeiten der Massenpunkte in einen Anteil im Schwerpunktsystem und die Schwerpunktgeschwindigkeit.

$$\vec{L}_{Sys} = \sum_i \vec{r}_i \times \vec{p}_i = \sum_i \vec{r}_i \times m_i(\vec{v}_i^* + \vec{v}_S) = \sum_i m_i \vec{r}_i \times \vec{v}_i^* + m_{Sys} \frac{\sum_i m_i \vec{r}_i}{m_{Sys}} \times \vec{v}_S$$

$$\vec{L}_{Sys} = \sum_i m_i \vec{r}_i \times \vec{v}_i^* + m_{Sys} \vec{r}_S \times \vec{v}_S = \sum_i m_i \vec{r}_i \times \vec{v}_i^* + \vec{L}_{Sys} \qquad (2.296)$$

$\dfrac{\sum_i m_i \vec{r}_i}{m_{Sys}} = \vec{r}_S$ ist der Ortsvektor des Schwerpunktes. Somit stellt der letzte Term in (2.296) den Drehimpuls des Schwerpunktes bezüglich des Referenzpunktes dar. Nun zerlegen wir auch noch die Ortsvektoren $\vec{r}_i$ zu den einzelnen Massenpunkten m_i in den Ortsvektor des Schwerpunktes und den Ortsvektor vom Schwerpunkt.

$$\vec{L}_{Sys} = \sum_i m_i(\vec{r}_i^* + \vec{r}_S) \times \vec{v}_i^* + \vec{L}_S = \sum_i m_i \vec{r}_i^* \times \vec{v}_i^* + \vec{r}_S \times \sum_i m_i \vec{v}_i^* + \vec{L}_S \qquad (2.297)$$

$\sum_i m_i \vec{v}_i^*$ ist aber der Gesamtimpuls im Schwerpunktsystem, dieser ist jedoch auf Grund der Definition des Schwerpunktsystems null. Damit beträgt der Gesamtdrehimpuls des Systems

$$\vec{L}_{Sys} = \sum_i m_i \vec{r}_i^* \times \vec{v}_i^* + \vec{L}_S = \vec{L}_{Sys}^* + \vec{L}_S . \qquad (2.298)$$

Er setzt sich zusammen aus dem Gesamtdrehimpuls im Schwerpunktsystem und dem Drehimpuls des Schwerpunktes bezüglich des Referenzpunktes. Spricht man vom Drehimpuls eines Systems von Massenpunkten, so meint man häufig implizit den Gesamtdrehimpuls im Schwerpunktsystem. Bezüglich eines beliebigen Referenzpunktes kann ein System durchaus Drehimpuls aufweisen, obwohl das System gar keine Rotationsbewegung macht, wie wir am Beispiel des mit konstanter Geschwindigkeit vorbeifahrenden Rennwagens gesehen haben.

Werden durch Kräfte, dies können „innere" Wechselwirkungskräfte oder auch äußere Kräfte sein, die Impulse der Massenpunkte (im Schwerpunktsystem) geändert, so ändern sich auch ihre Drehimpulse durch Drehmomente bezüglich des Systemschwerpunktes.

$$\sum_i \vec{M}_i = \sum_i \frac{d\vec{L}_i^*}{dt} = \frac{d}{dt} \sum_i \vec{L}_i^* = \frac{d}{dt} \vec{L}^* = \vec{M} \qquad (2.299)$$

Die Summe der von den Kräften verursachten Drehmomente ergibt das Gesamtdrehmoment des Systems, dieses ändert seinen Gesamtdrehimpuls, d. h. die Summe aller Einzeldrehimpulse im Schwerpunktsystem.

Drehimpuls eines abgeschlossenen Systems von Massenpunkten

Wie wir im Kapitel 2.4.2 gesehen haben, ist bei einem System, auf das keine äußeren Kräfte wirken, die Summe der „inneren" Kräfte, die Summe der Kräfte, mit denen sich die einzelnen Systemkomponenten gegenseitig beeinflussen, null. Der Gesamtimpuls bleibt konstant, der Schwerpunkt bewegt sich gleichförmig und gradlinig. Wir wollen nun prüfen, ob der Bewegungszustand hinsichtlich Rotation eines solchen Systems durch die Wirkung der inneren Kräfte geändert werden kann. Wenn das der Fall wäre, so müssten diese Kräfte den Gesamtdrehimpuls des Systems ändern können durch ein resultierendes Drehmoment

$$\vec{M}_{Sys} = \frac{d}{dt}\vec{L}_{Sys} = \frac{d}{dt}\sum_i \vec{L}_i = \sum_i \frac{d}{dt}\vec{L}_i = \sum_i \vec{M}_i \ . \tag{2.300}$$

Betrachten wir die Drehmomente bezüglich eines beliebig gewählten Referenzpunktes, die durch die Wechselwirkungskräfte eines Systems aus drei Massenpunkten bewirkt werden können:

$$\vec{M} = \vec{r}_1 \times (\vec{F}_{1\to2} + \vec{F}_{1\to3}) + \vec{r}_2 \times (\vec{F}_{2\to1} + \vec{F}_{2\to3}) + \vec{r}_3 \times (\vec{F}_{3\to1} + \vec{F}_{3\to2}) \tag{2.301}$$

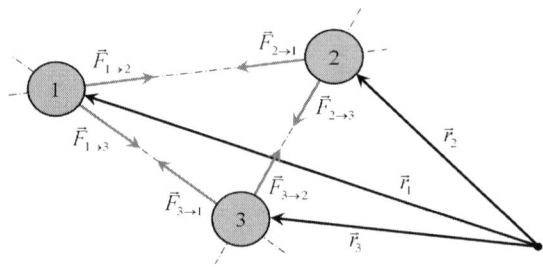

Abb. 2.89 *Wechselwirkungskräfte eines abgeschlossenen Systems aus drei Massenpunkten.*

Dem 3. Newtonschen Axiom zufolge sind die Kräfte, die zwischen zwei Objekten wirken, entgegengesetzt gleich groß, der Impulsstrom, der ein Objekt i verlässt, wird dem anderen Objekt j zugeführt.

$$\vec{F}_{i\to j} = -\vec{F}_{j\to i} \tag{2.302}$$

Da beide Kräfte längs der Verbindungslinie beider Objekte, die durch das gemeinsame Zentrum geht, gerichtet sind, nennt man sie auch „Zentralkräfte". Damit ergibt sich das resultierende Drehmoment zu:

$$\vec{M} = \vec{r}_1 \times (\vec{F}_{1\to2} + \vec{F}_{1\to3}) + \vec{r}_2 \times (-\vec{F}_{1\to2} + \vec{F}_{2\to3}) + \vec{r}_3 \times (-\vec{F}_{1\to3} - \vec{F}_{2\to3})$$

$$\vec{M} = (\vec{r}_1 - \vec{r}_2) \times \vec{F}_{1\to2} + (\vec{r}_1 - \vec{r}_3) \times \vec{F}_{1\to3} + (\vec{r}_2 - \vec{r}_3) \times \vec{F}_{2\to3} \tag{2.303}$$

Da aber die Kräfte immer in Richtung der Geraden durch die wechselwirkenden Massenpunkte verlaufen, $(\vec{r}_1 - \vec{r}_2) // \vec{F}_{1\to2}$, $(\vec{r}_1 - \vec{r}_3) // \vec{F}_{1\to3}$, und $(\vec{r}_2 - \vec{r}_3) // \vec{F}_{2\to3}$ ist, werden die Vektorprodukte null und damit auch das resultierende Drehmoment.

> Der Drehimpuls eines abgeschlossenen Systems ist konstant.

Der Drehimpuls eines Systems kann somit nur durch äußere Kräfte bzw. durch sie verursachte Drehmomente geändert werden. Die Erhaltung des Drehimpulses soll anhand einiger Beispiele verdeutlicht werden.

Bei einer Pirouette im Eiskunstlauf beginnt der Läufer seine Drehung um die Längsachse mit ausgestreckten Armen. Zieht er die Arme zum Körper hin, so erhöht sich seine Winkelgeschwindigkeit, streckt er die Arme wieder aus, so sinkt sie. Die Bewegung der Arme wird von „inneren" Kräften des Systems „Eiskunstläufer" bewirkt, der Drehimpuls (2.290) bleibt während der Armbewegungen konstant. Mit Hilfe der „inneren" Kräfte werden die Massenverteilung des Eiskunstläufers und damit sein Trägheitsmoment verändert. Da die Drehachse sich nicht verändert, können wir mit den (vorzeichenbehafteten) Beträgen rechnen.

$$L = J_1 \omega_1 = J_2 \omega_2 \quad \Rightarrow \quad \omega_2 = \frac{J_1}{J_2} \omega_1 \tag{2.304}$$

Wird das Trägheitsmoment J_2 gegenüber J_1 verkleinert durch Anziehen der Arme, so steigt die Winkelgeschwindigkeit ω_2 gegenüber ω_1. Gleichzeitig ändert sich auch die Rotationsenergie (2.222)

$$E_{rot,1} = \frac{1}{2} J_1 \omega_1^2 \quad E_{rot,2} = \frac{1}{2} J_2 \omega_2^2 \Rightarrow E_{rot,2} = \frac{1}{2} \frac{J_1^2}{J_2} \omega_1^2 = \frac{J_1}{J_2} E_{rot,1}. \tag{2.305}$$

Die Änderung der Rotationsenergie jedoch wird durch das Verrichten von Arbeit bewirkt:

$$W = \Delta E_{rot} = E_{rot,2} - E_{rot,1} = \frac{J_1 - J_2}{J_2} E_{rot,1} \tag{2.306}$$

Dem Eiskunstläufer wird mechanische Energie zugeführt in Form von Muskelarbeit zur Erhöhung der Zentripetalkraft. In ähnlicher Art und Weise dosiert ein Artist die Winkelgeschwindigkeit beim Salto, bei einer „Schraube" oder ähnlichen Figuren.

Eindrucksvoll sind auch die „Drehstuhlexperimente": Eine auf einem zunächst ruhenden Drehstuhl sitzende Person hält einen großen Kreisel, z. B. ein Fahrradfelge mit seiner Drehachse parallel zur (vertikalen) Drehstuhlachse. Mit einer Hand wird die Felge in Rotation versetzt. Gleichzeitig beginnt der Drehstuhl sich in die entgegengesetzte Richtung zu drehen. Der Drehimpuls des Systems Drehstuhl, Person und Kreisel war zu Beginn des Versuches null. Da dem Kreisel ein Drehimpuls vermittelt wurde, muss der „Rest des Systems" den umgekehrten Drehimpuls aufnehmen, so dass der Gesamtdrehimpuls nach wie vor null bleibt. Wird die Drehachse des Kreisels in die Horizontale gedreht, so hört der Drehstuhl auf, sich zu

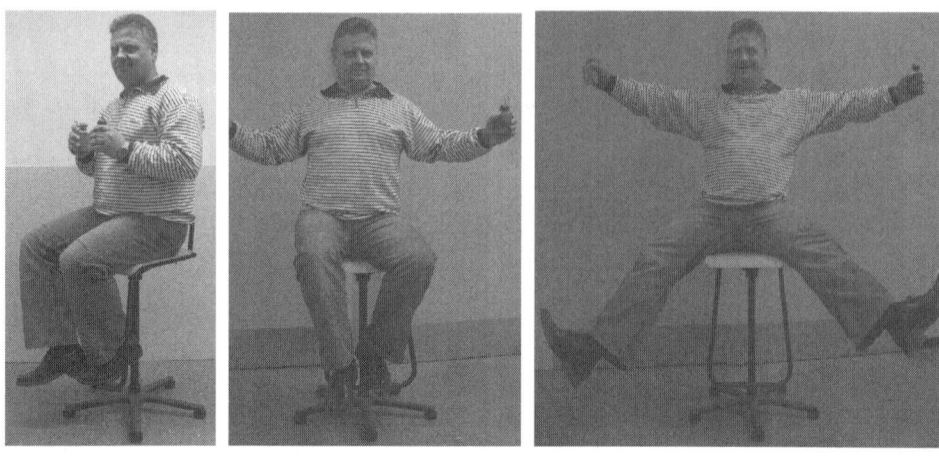

Abb. 2.90 *Änderung des Trägheitsmomentes einer Person, die auf einem Drehstuhl sitzt: Mit wachsendem Trägheitsmoment sinkt die Winkelgeschwindigkeit.*

drehen, da der Drehimpuls des Kreisels keine Komponente mehr in Richtung der Drehstuhlachse aufweist, eine Drehung um eine zu ihr senkrechte Achse aber nicht möglich ist.

Ein anderer Fall liegt vor, wenn ein Helfer der auf dem Drehstuhl sitzenden Person den um die vertikale ausgerichtete Achse rotierenden Kreisel reicht und der Stuhl sich zunächst nicht dreht. Wird die Kreiselachse in die Waagerechte gedreht, beginnt sich der Drehstuhl „wie von Geisterhand" zu drehen. Bei einer weiteren Drehung um 180° zur Ausgangsrichtung

    a)   *b)*   *c)*

Abb. 2.91 *Drehstuhlexperimente: (a) Die auf dem ruhenden Drehstuhl sitzende Person versetzt den Kreisel in Drehung. (b) Die Kreiselachse wird in die Horizontale gedreht. (c) Die Person erhält einen Kreisel von einem Helfer.*

dreht sich der Stuhl gar mit doppelter Geschwindigkeit im Vergleich zur horizontal ausge-richteten Kreiselachse. Bei diesem Versuch ist der Drehimpuls des Systems gleich dem Drehimpuls des vom Helfer gereichten Kreisels. Wenn die Kreiselachse in die Waagerechte gedreht wird, muss die vertikale Komponente des Drehimpulses vom Drehstuhl nebst darauf sitzender Person bereitgestellt werden. Wird die Achse des Kreisels gar um 180° gedreht, so muss sein dem Systemdrehimpuls entgegengerichteter Drehimpuls zusätzlich durch eine schnellere Drehung der auf dem Stuhl sitzenden Person kompensiert werden.

Abgeschlossenes System, kurzzeitige Wechselwirkung
Die Auswirkung kurzzeitiger Wechselwirkung von Objekten in einem abgeschlossenen Sys-tem haben wir im Kapitel 2.5 kennen gelernt. Charakteristisch für Stoßprozesse ist die Erhal-tung des Gesamtimpulses aller beteiligten Objekte. Ebenso bleibt ihr Drehimpuls konstant, durch den Stoß können sich aber die einzelnen Drehimpulse durch kurzzeitig wirkende Drehmomente ändern, so wie Kräfte die Impulse ändern. Von Bedeutung ist der unelastische Drehstoß, nach dem Stoßprozess bleiben die Objekte in Kontakt.

Ein solcher unelastischer Drehstoß liegt vor, wenn die Scheiben einer Kupplung, von denen eine rotiert, die andere sich dagegen in Ruhe befindet, aneinander gepresst werden. Unter der Annahme, dass die Drehachsen der beiden Scheiben auf einer Geraden liegen, beträgt ihr Drehimpuls

$$L = J_1 \omega_1 = (J_1 + J_2) \omega_E ,$$ (2.307)

dabei sind J_1 und J_2 die Trägheitsmomente der Scheiben, ω_1 die Winkelgeschwindigkeit der bewegten Scheibe und ω_E die Winkelgeschwindigkeit beider Scheiben nach dem Drehstoß. Wie der unelastische Stoß ist auch der unelastische Drehstoß mit einem Verlust an mechani-scher Energie verbunden.

$$\Delta E = E_{rot,E} - E_{rot,A} = \frac{J_1 + J_2}{2} \omega_E^2 - \frac{J_1}{2} \omega_1^2 = \frac{1}{2}(\frac{J_1^2}{J_1 + J_2} - J_1)\omega_1^2$$

$$\Delta E = -\frac{J_2}{J_1 + J_2} E_{rot,A}$$ (2.308)

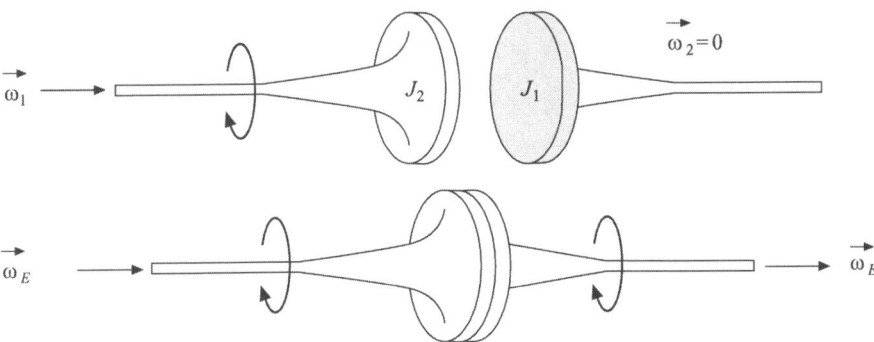

Abb. 2.92 *Zwei Scheiben einer Kupplung: unelastischer Drehstoß.*

Andere Beispiele sind das Aufspringen auf ein Karussell oder das Anblasen eines Windra-des. Bei Letzterem wird durch eine Folge von elastischen Stößen der Luftmoleküle mit dem Windrad ein Drehmoment erzeugt.

Drehimpuls eines starren Körpers
Wie wir gesehen haben, hängt der Drehimpuls eines Massenpunktes empfindlich von der Wahl des Referenzpunktes auf der Drehachse ab, seine Festlegung ist willkürlich. Bei einem System von Massenpunkten legen wir generell den Referenzpunkt in den Systemschwerpunkt. Betrachten wir nun den Drehimpuls eines besonders einfachen starren Körpers, eines „hantel-förmigen" Systems aus nur zwei Massenpunkten gleicher Masse, die durch eine masselose Stange miteinander verbunden sind. Er rotiere mit konstanter Winkelgeschwindigkeit ω um eine ebenfalls masselose feste Achse, die durch den Schwerpunkt verläuft.

Der Winkel der Ortsvektoren $\vec{r}_1$ und $\vec{r}_2 = -\vec{r}_1$ zur Drehachse und damit auch zu $\vec{\omega}$ beträgt im ersten Fall 90°, damit ergibt sich der Drehimpuls mit $\vec{p}_2 = -\vec{p}_1$ und (2.289) zu

$$\vec{L} = \vec{L}_1 + \vec{L}_2 = \vec{r}_1 \times \vec{p}_1 + \vec{r}_2 \times \vec{p}_2 = 2\vec{r}_1 \times \vec{p}_1 = 2m\vec{r}_1 \times (\vec{\omega} \times \vec{r}_1) = 2mr_1^2 \vec{\omega}, \qquad (2.309)$$

der Drehimpuls zeigt in Richtung von $\vec{\omega}$ und ist zeitlich konstant, der Proportionalitätsfaktor $2mr_1^2$ ist das Trägheitsmoment des starren Körpers.

Im zweiten Fall, wenn die Winkel der Ortsvektoren zur Drehachse $\neq 90°$ sind, sind die ein-zelnen Drehimpulse und der Gesamtdrehimpuls nicht kollinear zur Drehachse. Wir spalten $\vec{r}_1$ wie in (2.291) auf in eine Komponente $\vec{L}_{//}$ in Richtung der Achse und eine Komponente $\vec{L}_\perp$ senkrecht dazu und erhalten für den Drehimpuls

$$\vec{L} = \vec{L}_{//} + \vec{L}_\perp = 2mr_{1\perp}^2 \vec{\omega} + 2mr_{1//}\omega \vec{r}_{1\perp} = J\vec{\omega} + \vec{L}_\perp. \qquad (2.310)$$

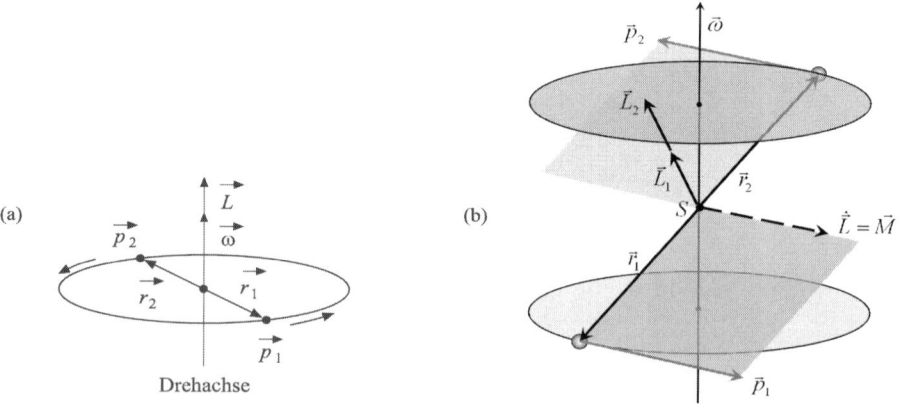

(a)

(b)

Abb. 2.93 *Ein hantelförmiger starrer Körper rotiert um eine feste Achse. (a) Hantelachse und Drehachse stehen senkrecht aufeinander, (b) der Winkel zwischen Hantelachse und Drehachse ist ≠ 90°.*

Der zu $\vec{\omega}$ proportionale Anteil ist zeitlich konstant, $\vec{L}_\perp$ rotiert mit ω um die Drehachse, sein Betrag ist konstant. Die Richtungsänderung verursacht ein Drehmoment auf die Hantel, dieses muss von den Achslagern aufgefangen werden. Es beträgt

$$\vec{M} = \frac{d\vec{L}_\perp}{dt} = \frac{d}{dt}(2mr_{1//}\omega\vec{r}_{1\perp}) = 2mr_{1//}\omega r_{1\perp}\frac{d\vec{e}_{r_{1\perp}}}{dt}. \tag{2.311}$$

Die Ableitung des Einheitsvektors beträgt nach (2.266) $\dot{\vec{e}}_{r_{1\perp}} = \vec{\omega} \times \vec{e}_{r_{1\perp}}$. Das Drehmoment

$$\vec{M} = 2mr_{1//}\omega r_{1\perp}\vec{\omega} \times \vec{e}_{r_{1\perp}} = 2mr_{1//}\omega^2 r_{1\perp}\vec{e}_{\omega} \times \vec{e}_{r_{1\perp}} \tag{2.312}$$

steht senkrecht auf $\vec{L}_\perp$ und $\vec{L}$, sein Betrag ist proportional ω^2, mit steigender Drehzahl wachsen das Drehmoment und damit die Lagerkräfte, die es auffangen müssen, quadratisch.

Der Unterschied der beiden betrachteten starren Körper liegt in der Massenverteilung. Im ersten Fall ist sie symmetrisch zur Drehachse, im zweiten nicht. Bei einer achsensymmetrischen Massenverteilung gibt es zu jedem Massenpunkt einen spiegelbildlichen, der sich auf der gleichen Kreisbahn bewegt, aber um 180° verschoben ist.

Wie bei dem Körper in **Abb. 2.93** (a) weist die Summe der Drehimpulse eines spiegelsymmetrischen Paares von Massenpunkten (siehe **Abb. 2.95**) stets in Richtung der Achse und ist zeitlich konstant. Somit ist auch der Gesamtdrehimpuls des Körpers konstant, die Achslager müssen keine Drehmomente kompensieren, auch ohne Lager bleibt die Richtung der Achse erhalten. Daher nennt man solche Achsen auch „freie Achsen". Zu einer Achse symmetrische Massenverteilungen führen entweder zu einem minimalen oder zu einem maximalen Trägheitsmoment. Also sind die freien Achsen eines starren Körpers auch seine Hauptträgheitsachsen mit minimalem oder maximalem Trägheitsmoment. Die Rotation ist stabil, kleine Auslenkungen lassen den starren Körper wieder um die freien Achsen rotieren. Dagegen ist die Rotation um die dritte Hauptträgheitsachse labil, der Körper strebt bei kleinen Störungen Drehungen um stabile Achsen an.

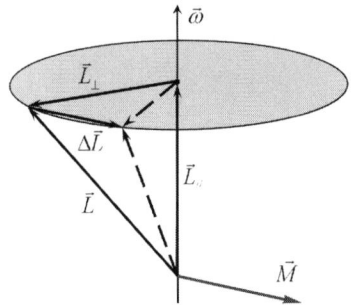

Abb. 2.94 *Drehmoment, das durch den Drehimpuls, der nicht kollinear zur Drehachse verläuft, verursacht wird.*

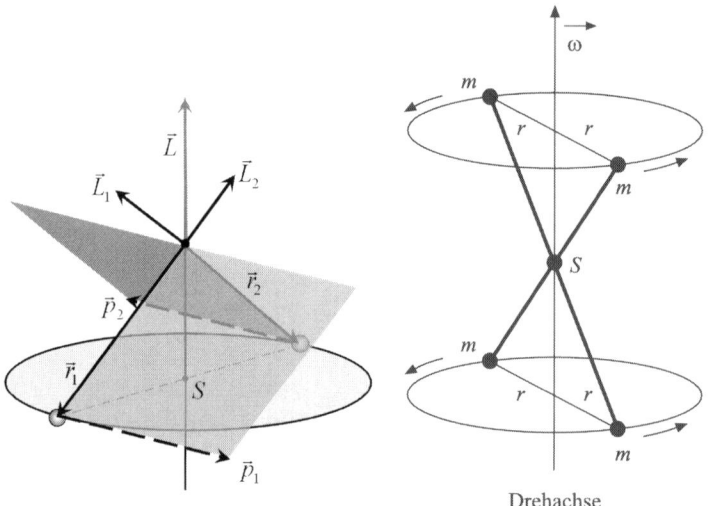

Abb. 2.95 *Starrer Körper aus zwei und vier Massenpunkten mit achsensymmetrischer Massenverteilung.*

Experimente zeigen, dass ein starrer Körper, der frei rotieren kann, vorzugsweise um die Hauptträgheitsachse mit dem größten Trägheitsmoment rotiert. Versetzt man einen langen Zylinder, der an einem Ende seiner Längsachse aufgehängt ist, durch Verdrillen des Fadens zunächst in Rotation um die Achse mit dem kleineren Trägheitsmoment, so richtet er sich nach einigen Umdrehungen auf und dreht sich dann um die andere Hauptträgheitsachse. In

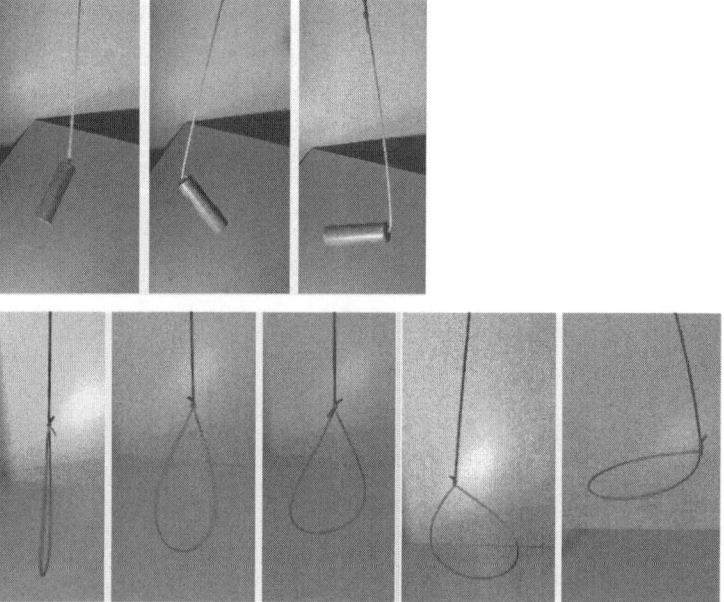

Abb. 2.96 *Rotation um freie Achsen.*

ähnlicher Weise reagieren Scheiben, sie streben eine Rotation um die Achse senkrecht zur Scheibenebene an. Herabhängende Schlingen aus Seilen oder Ketten weiten sich zunächst in der Vertikalen zu einem Kreis auf, bevor sie dann in der Horizontalen rotieren.[1]

Um besonders für schnell rotierende Teile einen ruhigen, die Lager nicht belastenden Lauf zu erreichen, muss die Rotation um die Hauptträgheitsachse mit maximalem Trägheitsmoment erfolgen. Um dies zu erreichen, werden z. B. Reifen, Turbinen usw. „ausgewuchtet". Sie sind dann bei der Rotation im so genannten „dynamischen" Gleichgewicht. Man beachte, dass sich die Hantel in **Abb. 2.93** mit nicht achsensymmetrischer Massenverteilung sehr wohl im statischen (indifferenten) Gleichgewicht befindet, nicht aber im dynamischen.

Kreiselbewegungen

Als Kreisel bezeichnet man einen starren Körper, der nur an einem Punkt fixiert ist, dessen Drehachse sich im Laufe der Bewegung ändern kann. Er hat somit zwei Freiheitsgrade der Rotation. Im Allgemeinen ist die Kreiselbewegung recht kompliziert, insbesondere wenn der Fixpunkt nicht auf einer Hauptträgheitsachse liegt. Dann vollführt der Kreisel völlig unvorhersehbare, scheinbar unkontrollierte Bewegungen.

Einfacher zu verstehen sind die Bewegungen des symmetrischen Kreisels, bei dem der Fixpunkt auf einer Hauptträgheitsachse liegt. Der Kreisel soll außerdem eine rotationssymmetrische Gestalt haben und die Symmetrieachse, auch Figurenachse genannt, soll Hauptträgheitsachse sein. Das entsprechende Trägheitsmoment nennt man auch „polares" Trägheitsmoment. Auf Grund der Rotationssymmetrie sind die anderen beiden Hauptträgheitsachsen mit den „äquatorialen" Trägheitsmomenten gleichwertig. Man unterscheidet außerdem zwischen „abgeplatteten" und „verlängerten" Kreiseln, bei Ersterem ist das polare Trägheitsmoment größer als das äquatoriale, beim zweiten Typ ist es genau umgekehrt. Bei den folgenden Betrachtungen beschränken wir uns auf abgeplattete Kreisel, wie sie auch häufig als Spielzeug verwandt werden.

Kräftefreier Kreisel

Eigentlich müsste es momentenfreier Kreisel heißen, wenn sich der Kreisel im indifferenten statischen Gleichgewicht befindet, d. h. wenn er im Schwerpunkt unterstützt wird. Dies kann z. B. durch eine „kardanische" Aufhängung der Figurenachse, realisiert werden. Die Aufhängung ist dabei um zwei Achsen, die senkrecht aufeinander und senkrecht zur Figurenachse stehen, drehbar gelagert. Alle drei Achsen schneiden sich im Schwerpunkt.

Wird ein kräftefreier Kreisel durch ein Drehmoment in Richtung seiner Figurenachse in Rotation versetzt, dann aber „sich selbst" überlassen, d. h. er wird durch keine weiteren Kräfte beeinflusst, so behält die Figurenachse ihre Stellung im Raum bei, selbst wenn das System „Kreisel und Aufhängung" in beliebiger Weise im Raum bewegt werden. Drehimpuls und Figurenachse verlaufen in die gleiche Richtung und da keine äußeren Kräfte wirken, bleiben der Drehimpuls und damit die Richtung der Drehachse konstant.

Wird dagegen durch einen seitlichen Stoß die Figurenachse ausgelenkt, so bleibt ihre Lage nicht mehr ortsfest, ihr Ende bewegt sich auf einer Kreisbahn. Der Kreisel vollführt eine so

---

[1] Angeblich sollen so die Lassowürfe von Cowboys funktionieren.

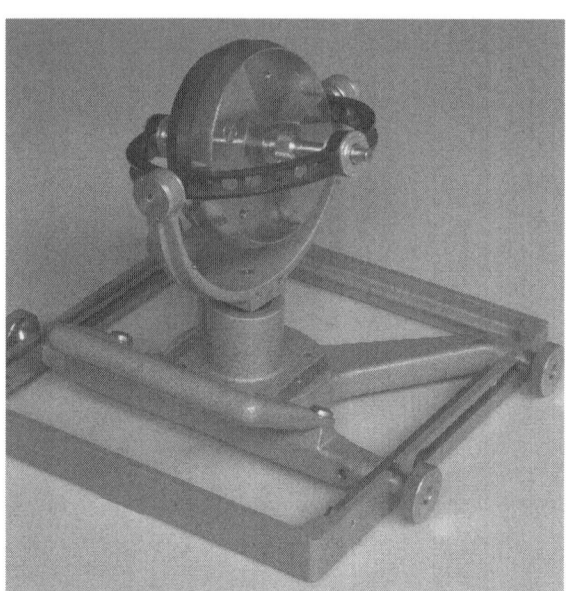

Abb. 2.97   *Kreiselmodell.*

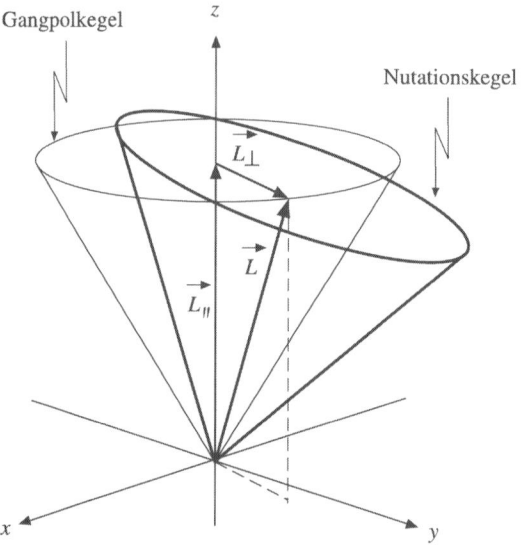

Abb. 2.98   *Zerlegung des Drehimpulses bei der Nutation.*

genannte Nutations[1]- oder Nickbewegung. Da der Schwerpunkt durch die kardanische Aufhängung fixiert ist, bewegt sich die Figurenachse auf einem Kegelmantel, dem Nutationske-
gel, dessen Spitze im Schwerpunkt liegt. Da nach dem Stoß keine Kräfte auf den Kreisel

---

[1]   Von nutus, lat. Nicken.

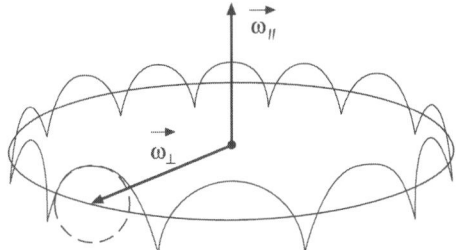

Abb. 2.99   *Bahnkurve (schematisch) eines Massenpunktes auf dem Kreisel bei Nutation.*

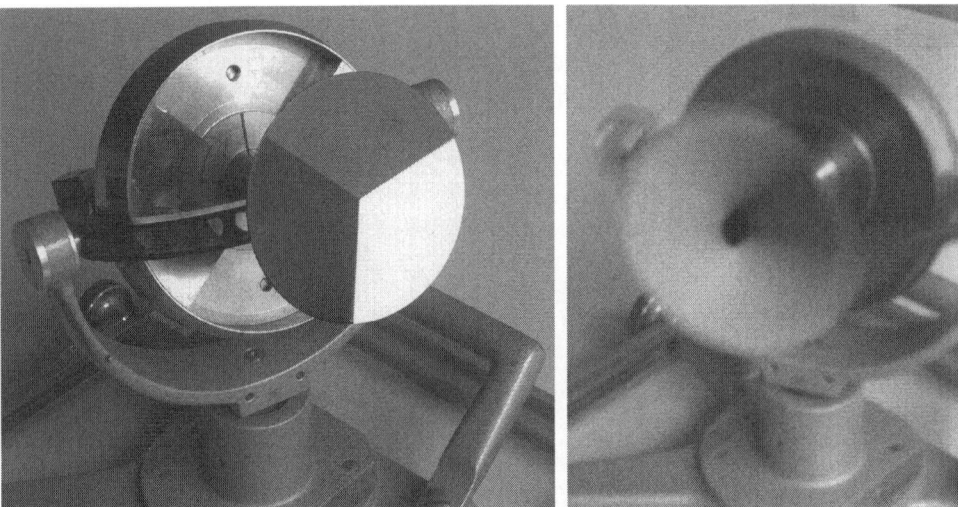

Abb. 2.100   *Maxwellsche Scheibe zur Sichtbarmachung der momentanen Drehachse eines Kreisels.*

einwirken, bleibt der Drehimpuls während der Bewegung konstant, allerdings verläuft er nicht mehr in Richtung der Figurenachse. Wir zerlegen den Drehimpuls $\vec{L}$ in eine Komponente $\vec{L}_{//}$ in Richtung der Figurenachse und eine Komponente $\vec{L}_{\perp}$ senkrecht zu ihr.

Zu $\vec{L}_{//}$ gehört eine Winkelgeschwindigkeit $\vec{\omega}_{//}$, mit der der Kreisel um die Figurenachse rotiert. Nach (2.310) besteht der Zusammenhang $\vec{L}_{//} = J_p \vec{\omega}_{//}$, wobei J_p das polare Trägheitsmoment des Kreisels ist. $\vec{L}_{\perp}$ rotiert somit mit $\vec{\omega}_{//}$ um die Figurenachse. Da diese Achse frei um den Schwerpunkt beweglich ist, kann auch $\vec{L}_{\perp}$ eine Winkelgeschwindigkeit mit $\vec{L}_{\perp} = J_{\ddot{a}} \vec{\omega}_{\perp}$ zugeordnet werden, $J_{\ddot{a}}$ ist dabei dasv äquatoriale Trägheitsmoment. Ein Massenpunkt auf der Oberfläche des Kreisels rotiert somit um zwei zueinander senkrechte Achsen, mit $\vec{\omega}_{//}$ um die Figurenachse und mit $\vec{\omega}_{\perp}$ um den momentanen Abstandsvektor von der Figurenachse. Seine Bahnkurve ist einer Zykloide, die auf den Breitenkreis einer Kugel projiziert wird, ähnlich.

Die Summe $\vec{\omega} = \vec{\omega}_{//} + \vec{\omega}_{\perp}$ legt die momentane Drehachse, um die der Kreisel rotiert, fest. Ihre Lage, die sich ständig verändert, kann mit der „Maxwellschen Scheibe" sichtbar gemacht werden. Sie ist eine auf die Figurenachse aufgesteckte Scheibe, die in drei farblich unterschiedliche Sektoren aufgeteilt ist. Bereiche auf der Scheibe mit großer Bahngeschwindigkeit $\vec{v}_{Bahn} = \vec{\omega} \times \vec{r}$ verschmieren zu einem einheitlichen Grauton, während in der Nähe der momentanen Drehachse die Bahngeschwindigkeit klein ist, so dass dort die Farbe des entsprechenden Sektors sichtbar ist. Das Wandern der momentanen Drehachse bewirkt einen periodischen Farbwechsel auf der Maxwellscheibe.

Wirkung von äußeren Kräften
Wird ein ruhender Kreisel mit waagerechter Figurenachse nicht mehr im Schwerpunkt unterstützt, so kippt er, bedingt durch das von der Schwerkraft hervorgerufene Drehmoment bezüglich des Unterstützungspunktes, in eine stabile (statische) Gleichgewichtslage. Rotiert der Kreisel dagegen, wobei wir annehmen, dass Drehimpuls und Figurenachse zusammenfallen, so kippt er nicht, sondern die Figurenachse verbleibt in der Waagerechten, dreht sich aber um eine vertikale Achse durch den Unterstützungspunkt. Diese Drehbewegung der Figurenachse nennt man auch Präzession[1] des Kreisels.

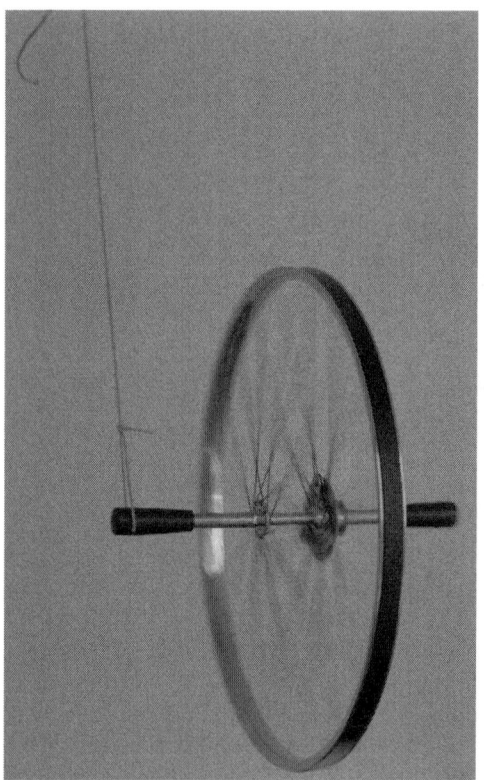
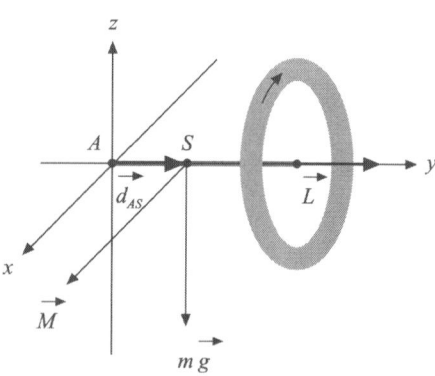

Abb. 2.101   *Präzession des Kreisels.*

---

[1]   Von praecedere, lat. vorauseilen.

Sowohl beim ruhenden als auch beim rotierenden Kreisel wirkt das oben beschriebene Drehmoment, das nach (2.299) eine Änderung des Drehimpulses bewirkt.

$$\vec{M} = \vec{d}_{AS} \times m_K \, \vec{g} = \frac{\mathrm{d}}{\mathrm{d}t} \vec{L} \tag{2.313}$$

Dabei ist $\vec{d}_{AS}$ der Vektor vom Unterstützungspunkt A zum Schwerpunkt S des Kreisels und m_K die Kreiselmasse. Verläuft $\vec{d}_{AS}$ in der Horizontalen, die Erdbeschleunigung $\vec{g}$ in der Vertikalen, so liegt $\vec{M}$ in der horizontalen Ebene und ist senkrecht zu $\vec{d}_{AS}$. Beim ruhenden Kreisel ist der anfängliche Drehimpuls null, er wird bis zum Erreichen der stabilen Gleichgewichtslage auf einen Endwert gesteigert. Die Richtung des Drehimpulses ist in diesem Fall die gleiche wie die des Drehmomentes.

Rotiert dagegen der Kreisel um die horizontale Figurenachse, so ist der anfängliche Drehimpuls ungleich null, seine Richtung ist parallel zur Figurenachse. Da das Drehmoment ebenfalls in der Horizontalen verläuft, liegt auch der Drehimpuls, nach seiner Änderung durch das Drehmoment, in der Horizontalen. Nach einer Zeitspanne $\mathrm{d}t$ wurde der Drehimpuls $\vec{L}(t)$ um

$$\mathrm{d}\vec{L} = \vec{M}\mathrm{d}t \quad \text{auf} \quad \vec{L}(t + \mathrm{d}t) = \vec{L}(t) + \mathrm{d}\vec{L} = \vec{L}(t) + \vec{M}\mathrm{d}t \tag{2.314}$$

geändert. Da $\vec{L}(t)$ und $\mathrm{d}\vec{L} = \vec{M}\mathrm{d}t$ senkrecht aufeinander stehen, wird gemäß (2.25) nur die Richtung von $\vec{L}$ geändert, nicht aber sein Betrag. Während der Zeitspanne $\mathrm{d}t$ dreht sich $\vec{L}$ um den Winkel

$$\mathrm{d}\varphi = \frac{|\vec{M}| \, \mathrm{d}t}{|\vec{L}|} \, . \tag{2.315}$$

Da die Beträge des Drehmomentes und des Drehimpulses konstant sind, rotiert oder präzediert die Figurenachse mit der Winkelgeschwindigkeit

$$\omega_P = \frac{\mathrm{d}\varphi}{\mathrm{d}t} = \frac{|\vec{M}|}{|\vec{L}|} \, . \tag{2.316}$$

Der Vektor $\vec{\omega}_P$ steht senkrecht auf $\vec{M}$ und $\vec{L}$. Damit können wir den Zusammenhang (2.316) auch allgemein formulieren.

$$\vec{M} = \vec{\omega}_P \times \vec{L} \tag{2.317}$$

Umgekehrt ist ein Drehmoment erforderlich, wenn die Figurenachse gedreht werden soll. So können die Lager der Turbine eines Düsentriebwerkes erheblich belastet werden, wenn das Flugzeug eine Kurve fliegt. Durch die Präzession wird auch das freihändige Radfahren stabilisiert. Das durch die Kippbewegung zur Seite verursachte Drehmoment bewirkt eine Drehung des Lenkers zu der Seite, auf die das Fahrrad zu kippen droht. Durch die Zentrifugalkraft wird damit ein Drehmoment erzielt, das das Kippen verhindert. Je schneller gefahren wird, umso besser wird das freihändige Fahren stabilisiert.

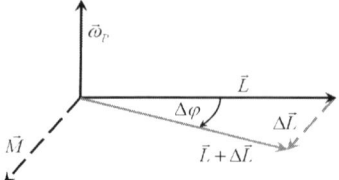

Abb. 2.102 *Größen, die die Präzession eines Kreisels beeinflussen.*

Weitere Anwendungen sind der Kreiselkompass, der künstliche Horizont für Flugzeuge und der Wendekreisel.

2.6.6 Arbeit und Leistung bei Drehbewegungen

Wir haben im Kapitel 2.3.9 gesehen, dass die kinetische Energie eines Objektes durch das Verrichten von Arbeit verändert wird. Bei reinen Rotationsbewegungen besteht die kinetische Energie aus der Rotationsenergie (2.222). Diese wird beim starren Körper ausschließlich durch eine Winkelbeschleunigung geändert, da das Trägheitsmoment, das durch die Form und die Massenverteilung bedingt wird, unverändert bleibt. Eine Winkelbeschleunigung aber wird durch ein Drehmoment verursacht. Damit das Drehmoment bzw. die Kraft, die es verursacht, Arbeit verrichten kann, muss der Körper sich bewegen, d. h. sich um einen gewissen Winkel drehen. Jeder Massenpunkt legt dabei einen gewissen Bogen auf seiner Kreisbahn um die Drehachse zurück. Die gesamte Arbeit setzt sich aus den an den einzelnen Massenpunkten verrichteten Teilarbeiten zusammen.

$$W = \sum_i \int \vec{F}_i \bullet \mathrm{d}\vec{s}_i = \sum_i \int_{\varphi_A}^{\varphi_E} \vec{F}_i \bullet \mathrm{d}\vec{\varphi} \times \vec{r}_i = \sum_i \int_{\varphi_A}^{\varphi_E} \vec{r}_i \times \vec{F}_i \bullet \mathrm{d}\vec{\varphi}$$

$$W = \int_{\varphi_A}^{\varphi_E} (\sum_i \vec{r}_i \times \vec{F}_i) \bullet \mathrm{d}\vec{\varphi} = \int_{\varphi_A}^{\varphi_E} \sum_i \vec{M}_i \bullet \mathrm{d}\vec{\varphi} = \int_{\varphi_A}^{\varphi_E} \vec{M} \bullet \mathrm{d}\vec{\varphi} \tag{2.318}$$

Dabei bezeichnen die $\mathrm{d}\vec{s}_i$ die differentiellen Bogenstücke nach **Tab. 2.2**, die die einzelnen Massenpunkte bei ihrer Bewegung zurücklegen, $\vec{r}_i$ ihre Ortsvektoren und $\vec{F}_i$ die auf sie einwirkenden Kräfte. Unter Beachtung der durch das Drehmoment verursachten Winkelbeschleunigung beträgt die Beschleunigungsarbeit dann in Anlehnung an (2.132)

$$W = \int_{\varphi_A}^{\varphi_E} J\vec{\alpha} \bullet \mathrm{d}\vec{\varphi} = \int_{t(\varphi_A)}^{t(\varphi_E)} J \frac{\mathrm{d}\vec{\omega}}{\mathrm{d}t} \bullet \vec{\omega}\mathrm{d}t = \int_{\omega(\varphi_A)}^{\omega(\varphi_E)} J\vec{\omega} \bullet \mathrm{d}\vec{\omega} = \frac{J}{2}(\omega_E^2 - \omega_A^2). \tag{2.319}$$

Wir haben dabei berücksichtigt, dass $\vec{\alpha}$ und $\mathrm{d}\vec{\varphi}$ die gleiche Richtung haben. Die Beschleunigungsarbeit ändert die Rotationsenergie.

Zu bemerken ist, dass (2.318) nicht nur für einen starren Körper gilt, sondern auch bei elastischer Verformungsarbeit einer Torsionsfeder, wie sie oft bei Uhren als „Unruh" gebraucht wird.

Zur Änderung der Rotationsenergie muss ein Energiestrom nach (2.151) in oder aus dem starren Körper fließen. Dieser Energiestrom

$$P = \frac{dW}{dt} = \vec{M} \bullet \frac{d\vec{\varphi}}{dt} = \vec{M} \bullet \vec{\omega}, \tag{2.320}$$

die Momentanleistung, ist das Skalarprodukt aus momentanem Drehmoment, verursacht von einer nicht konservativen Kraft, und der momentanen Winkelgeschwindigkeit. Mit (2.286) und (2.290) können wir P auch durch die Drehimpulsänderung ausdrücken.

$$P = \dot{\vec{L}} \bullet \vec{\omega} = \frac{\dot{\vec{L}} \bullet \vec{L}}{J} \tag{2.321}$$

Man kann daher auch sagen, dass der Energiestrom den Drehimpuls als Energieträger hat.

Bei fester Achse (feste Richtung von $\vec{\omega}$) trägt folglich nur die zu $\vec{\omega}$ kollineare Komponente von $\vec{M}$ zum Energiestrom bei. Manchmal spricht man auch von „Wellenleistung", d.h. die Leistung, die durch eine rotierende Welle übertragen wird.

In Tabelle 2.3 werden die physikalischen Größen, die die Dynamik der Translation und der Rotation beschreiben, gegenübergestellt.

Tab. 2.3 *Gegenüberstellung von Größen der Dynamik bei Translation und Rotation.*

Translation		Rotation		
Masse	M	Trägheitsmoment	J	
Impuls	$\vec{p} = m\vec{v}$	Drehimpuls	$\vec{L} = \vec{r} \times \vec{p}$	$\vec{L} = J\vec{\omega}$
Kraft	$\vec{F} = \dot{\vec{p}}$	Drehmoment	$\vec{M} = \dot{\vec{L}} = \vec{r} \times \vec{F}$	$\vec{M} = J\dot{\vec{\omega}} = J\vec{\alpha}$
Arbeit	$W = \int \vec{F} \bullet d\vec{s}$	Arbeit	$W = \int \vec{M} \bullet d\vec{\varphi}$	
Leistung	$P = \vec{F} \bullet \vec{v} = \dfrac{\dot{\vec{p}} \bullet \vec{p}}{m}$	Leistung	$P = \vec{M} \bullet \vec{\omega} = \dfrac{\dot{\vec{L}} \bullet \vec{L}}{J}$	
kinetische Energie	$E_{kin} = \dfrac{1}{2} m v^2$	kinetische Energie	$E_{kin} = \dfrac{1}{2} J \omega^2$	

2.6.7 Vermischte Probleme der Dynamik

An dieser Stelle werden jetzt einige auch für technische Anwendungen relevante „typische" Probleme vorgestellt. Wie wir gesehen haben, spielt für eine Translationsbewegung Form und Massenverteilung des Objektes keine Rolle, erst bei Rotationsbewegungen, die üblicherweise im Schwerpunktsystem beschrieben werden, kommen sie zum Tragen. Dabei haben wir uns bei der Betrachtung einzelner Körper zunächst auf starre Körper beschränkt. Deformierbare Körper werden wir im Kapitel 2.7 kennen lernen.

Statisches Gleichgewicht

Vom statischen Gleichgewicht eines Körpers spricht man, wenn die Summe aller auf ihn wirkenden Kräfte und die von ihnen verursachten Drehmomente null sind. Mit diesen Bedingungen kann man zum einen prüfen, ob sich ein Körper im Gleichgewicht befindet, zum anderen kann man auch Beträge und Richtungen von Kräften bestimmen, die erforderlich sind, um ein Gleichgewicht zu erzwingen.

Auflage- und Haltekräfte

Ein häufig zu lösendes Problem besteht darin, die Kräfte von Stützen, die einen starren Körper im Gleichgewicht halten, zu bestimmen. Ein einfaches Beispiel sind die Kräfte, die die Stützen einer unsymmetrisch belasteten Arbeitsbühne aufbringen müssen. Auf ihr befindet sich ein Maurer, vor ihm steht ein Speiskübel.

Zunächst müssen die Auflagekräfte der Stützen die gesamte Gewichtskraft, also die Summe aller Einzelgewichte aufheben. Damit wird das Gleichgewicht hinsichtlich der Translation (Herunterfallen) hergestellt. Da die Kräfte nur in der Vertikalen wirken, können wir ihre Richtungen durch ein Vorzeichen berücksichtigen.

$$F_1 + F_2 - m_B g - m_M g - m_K g = 0 \tag{2.322}$$

Weiterhin darf die Arbeitsbühne keine Drehbewegungen vollführen, die Summe der Drehmomente bezüglich eines beliebig gewählten Referenzpunktes muss null sein. Wir wählen als Referenzpunkt das linke Ende der Arbeitsbühne. Der Schwerpunkt des Bodens soll sich in der Mitte befinden. Die Richtungen der Drehmomente unterscheiden sich wie die Kräfte nur durch ihr Vorzeichen.

$$x_1 F_1 + x_2 F_2 - x_B m_B g - x_M m_M g - x_K m_K g = 0 \tag{2.323}$$

Damit haben wir zwei Bestimmungsgleichungen für die unbekannten Auflagekräfte F_1 und F_2.

$$F_1 = \frac{g}{x_1 - x_2}((x_B - x_2)m_B + (x_M - x_2)m_M + (x_K - x_2)m_K)$$

$$F_2 = \frac{g}{x_1 - x_2}((x_1 - x_B)m_B + (x_1 - x_M)m_M + (x_1 - x_K)m_K) \tag{2.324}$$

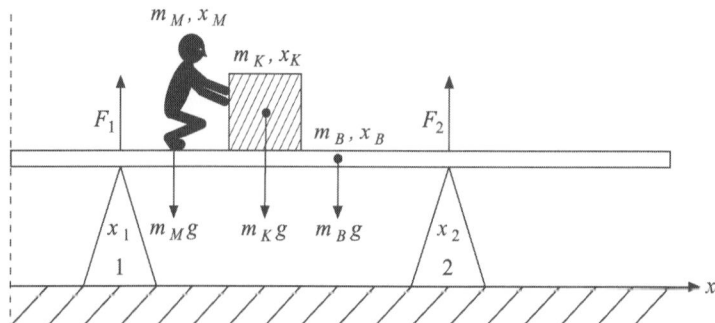

Abb. 2.103 *Unsymmetrisch belastete Arbeitsbühne.*

Hebel

Wird ein Balken nur an einem Punkt, um den er sich drehen kann, unterstützt, so spricht man häufig auch von einem Hebel. Greift an einer Stelle außerhalb des Drehpunktes eine Kraft (Last) an, so muss an einer anderen Stelle außerhalb des Drehpunktes eine weitere Kraft (Haltekraft) wirken, um ein Gleichgewicht zu erreichen.

Die Stützkraft, die in dem Drehpunkt angreift, stellt das Gleichgewicht bezüglich Translation her, sie ist die Summe aus Last und Haltekraft. Gleichgewicht hinsichtlich Rotation wird erzielt, wenn die von Last und Haltekraft verursachten Drehmomente null sind. Wählen wir als Referenzpunkt den Drehpunkt, so erhalten wir

$$\vec{M} = \vec{M}_K + \vec{M}_L = 0 = \vec{x}_K \times \vec{F}_K + \vec{x}_L \times \vec{F}_L \,. \tag{2.325}$$

Verlaufen die Kraftrichtungen in einer Ebene senkrecht zur Drehachse, so sind die Richtungen der Drehmomente auch senkrecht zur Ebene und wir können mit den (vorzeichenbehafteten) Beträgen rechnen.

$$0 = x_K F_K \sin(\angle(\vec{x}_K, \vec{F}_K)) + x_L F_L \sin(\angle(\vec{x}_L, \vec{F}_L)) \tag{2.326}$$

Betragen schließlich die Winkel 90° bzw. 270°, so vereinfacht sich (2.325) zum bekannten „Hebelgesetz"

$$x_K F_K = x_L F_L \,, \text{ oder: } \text{„Kraft} \times \text{Kraftarm} = \text{Last} \times \text{Lastarm"}. \tag{2.327}$$

Hebel eröffnen die Möglichkeit, unter Einsatz kleiner Haltekräfte große Lasten zu halten und auch zu bewegen. Damit fällt ein Hebel unter die schon vorher besprochenen „einfachen Maschinen". Da bei einer Bewegung der Weg der kleineren Kraft größer ist als der der größeren, gilt auch für einen Hebel die „goldene Regel der Mechanik".

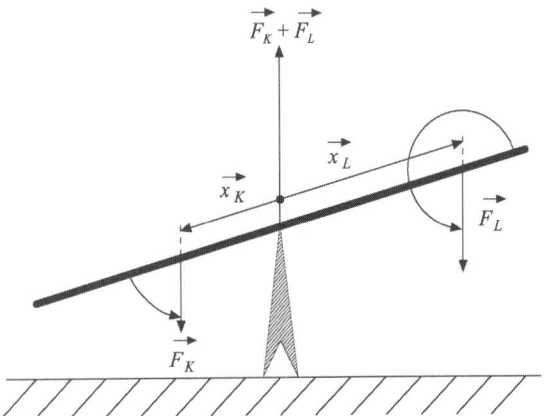

Abb. 2.104 *Zweiarmiger Hebel.*

Eine Anwendung des Hebels ist die Balkenwaage. Seit alters her wird sie zur Bestimmung von Massen verwendet. In der einfachsten Ausführung sind die Hebelarme gleich lang, der Balken wird in der Mitte unterstützt. An einem Ende des Balkens sind die Referenzmassen befestigt, am anderen Ende die unbekannte Masse. Befindet sich der Balken mit den Massen „waagerecht" im „Gleich"gewicht, so ist die Gewichtskraft der unbekannten Masse gleich dem Gesamtgewicht der Referenzmassen.

Oft wird in der Praxis zwischen einarmigen und zweiarmigen Hebeln unterschieden. Bei einem zweiarmigen Hebel greifen die Kräfte an unterschiedlichen Seiten der Drehachse des Hebels an, bei einem einarmigen auf der gleichen Seite der Drehachse. Weitere Beispiele für die Anwendung von Hebeln sind Zangen, Brechstangen, Ruder, usw.

Sonderfall: Drei nicht parallele Kräfte wirken auf einen starren Körper
Wird eine Leiter schräg an eine Hauswand gelehnt, so wird durch Reibungskräfte am Boden und an der Wand verhindert, dass die Leiter abrutscht. Meistens wird jedoch die Leiter so steil an die Wand gestellt, dass die Reibungskräfte an der Wand vernachlässigt werden können. Wir wollen den Fall betrachten, bei dem ein Mensch auf eine masselos gedachte Leiter klettert.

Gleichgewicht bezüglich Translation liegt vor, wenn die Summe von Wandkraft, Auflagekraft auf den Boden und Gewichtskraft null ist.

$$\begin{pmatrix} F_{N,W} \\ 0 \end{pmatrix} + \begin{pmatrix} F_{R,B} \\ F_{N,B} \end{pmatrix} + \begin{pmatrix} 0 \\ -mg \end{pmatrix} = 0 \tag{2.328}$$

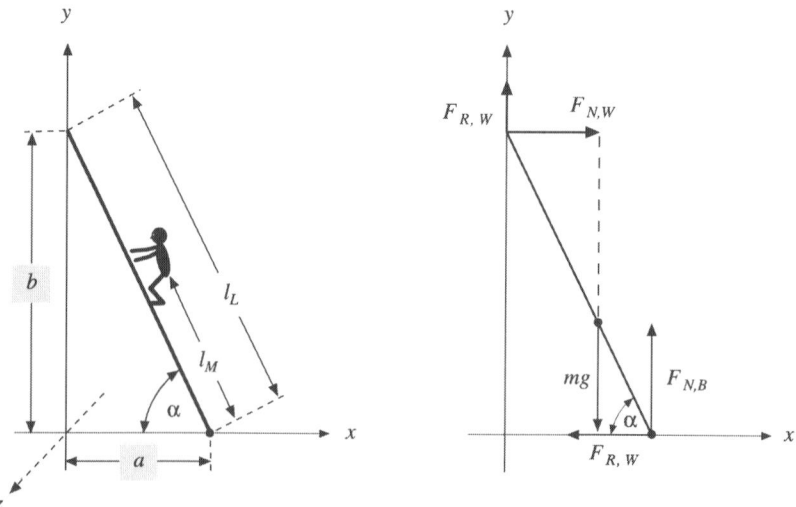

Abb. 2.105 *Eine an eine Hauswand gelehnte Leiter soll nicht abrutschen.*

Gleichgewicht bezüglich Rotation herrscht, wenn die Summe der Drehmomente bezüglich des Auflagepunktes der Leiter auf den Boden null ergibt.

$$l_L \begin{pmatrix} -\cos\alpha \\ \sin\alpha \\ 0 \end{pmatrix} \times \begin{pmatrix} F_{N,W} \\ 0 \\ 0 \end{pmatrix} + l_M \begin{pmatrix} -\cos\alpha \\ \sin\alpha \\ 0 \end{pmatrix} \times \begin{pmatrix} 0 \\ -mg \\ 0 \end{pmatrix} = 0$$

$$\Rightarrow M_z = l_L F_{N,W} \sin\alpha - mg l_M \cos\alpha = 0 \qquad (2.329)$$

Die Normalkraft des Bodens hebt genau das Gewicht des Mannes auf, während die Haftreibungskraft des Bodens mit (2.328) und (2.329)

$$F_{R,B} = -mg \frac{l_M}{l_L} \cot\alpha \qquad (2.330)$$

beträgt. Je weiter der Mann auf der Leiter empor klettert, umso größer muss die Haftreibung des Bodens sein, damit das Gleichgewicht gewahrt bleibt. Die Richtung der Reaktionskraft des Bodens variiert von senkrecht nach oben, wenn der Mann gerade die Leiter besteigt, bis in Richtung der Leiter, wenn der Mann oben angekommen ist. Befindet sich der Mann ganz unten, so befindet sich der Schnittpunkt der Wirkungslinien von Wandkraft und Gewichtskraft des Mannes genau über dem Auflagepunkt der Leiter auf dem Boden. Befindet er sich ganz oben, so schneiden sich die Wirkungslinien in dem Punkt, in dem die Leiter an der Wand lehnt. Daher können wir die Kraftrichtung auch auf recht einfache Weise ermitteln: Die Wirkungslinie der Bodenkraft verläuft durch den Schnittpunkt der Wirkungslinien der anderen beiden Kräfte. Allgemein kann man sagen:

Greifen drei nicht parallele Kräfte an einen starren Körper an, so herrscht Gleichgewicht bezüglich Rotation, wenn sich die Wirkungslinien in einem Punkt schneiden.

Insbesondere bezüglich dieses Punktes ist das resultierende Drehmoment null, denn dann sind die Kraftarme parallel zu den Kräften.

Standfestigkeit

Ein häufiges Problem der Statik ist die Beurteilung der Standfestigkeit von Körpern. Je standfester ein Körper, umso größere Kräfte sind erforderlich, um ihn umzukippen. Der Körper befindet sich im stabilen Gleichgewicht, nach „kleinen" Störungen, die ihn aus dieser Lage auslenken, kehrt er wieder in die Gleichgewichtslage zurück. Je größer diese Störungen sein können, umso stabiler ist die Gleichgewichtslage.

Betrachten wir einen Quader mit homogener Massenverteilung, der mit einer Fläche auf dem (ebenen) Boden steht. Das Gleichgewicht bezüglich Translation ist dadurch gegeben, dass der Boden eine der Gewichtskraft des Quaders entgegengesetzte Kraft ausübt. Entsprechend heben sich auch die Drehmomente dieser Kräfte auf.

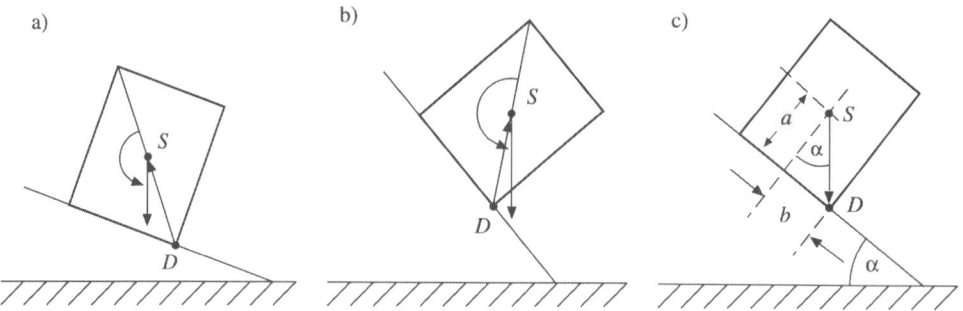

Abb. 2.106   *Quader auf schiefer Ebene a) Quader kippt nicht um b) Quader kippt c) kritischer Winkel der schiefen Ebene.*

Befindet sich der Quader auf einer schiefen Ebene, so gibt es eine kritische Neigung, wird diese überschritten, so kippt der Quader um, dabei dreht er sich um die am tiefsten liegende Kante. Entscheidend ist offenbar, ob das Drehmoment der im Schwerpunkt angreifenden Gewichtskraft eine Drehung zur höheren Seite oder zur tieferen Seite der schiefen Ebene bewirkt.

Im Fall a) der **Abb. 2.106** ist der Winkel zwischen dem Kraftarm der Gewichtskraft und dieser <180°, der Quader kippt nicht, im Fall b) dagegen >180°. Da der Sinus aus (2.256) bei 180° sein Vorzeichen ändert, ändert sich auch die Richtung des Drehmomentes. Diesen Zusammenhang können wir verallgemeinern:

> Ein Körper kippt nicht um, wenn die Wirkungslinie seiner im Schwerpunkt angreifenden Gewichtskraft durch die Standfläche geht.

Die kritische Neigung der schiefen Ebene wird um so größer, je größer die Standfläche des Körpers ist und je tiefer der Schwerpunkt liegt.

$$\tan \alpha_{krit} = \frac{b}{a} \qquad\qquad (2.331)$$

Hier ist b der Abstand des Durchstoßpunktes der Wirkungslinie der Gewichtskraft zum Drehpunkt bei nicht geneigter schiefer Ebene und a der Abstand des Schwerpunktes von der Unterstützungsfläche.

Interessant ist auch die Frage, mit welcher Winkelgeschwindigkeit der Quader auf die Ebene prallt, wenn er umkippt. Zur Vereinfachung nehmen wir an, der Quader steht auf einer horizontalen Ebene und wird über eine Kante bis zum kritischen Winkel gekippt.

Während des Kippens bewegt sich der Quader unter dem Einfluss der Schwerkraft, diese ist konservativ, also bleibt die mechanische Energie gemäß (2.138) erhalten. Die potentielle Energie des Quaders ist dabei die potentielle Energie seines Schwerpunktes.

$$\Delta E_{rot} = -\Delta E_{pot} \quad \Rightarrow \quad \frac{J_A}{2}(\omega_E^2 - \omega_A^2) = -mg(h_E - h_A). \qquad\qquad (2.332)$$

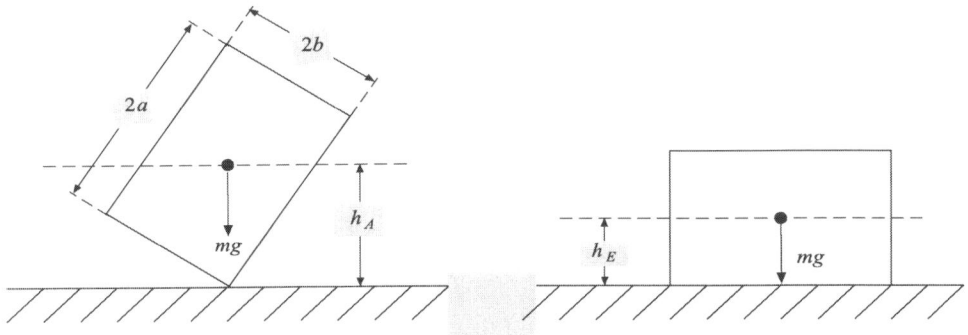

Abb. 2.107 *Ein Quader kippt um. Mit welcher Winkelgeschwindigkeit prallt er auf?*

Mit $h_A = \sqrt{a^2 + b^2}$, $h_E = b$ und $\omega_A = 0$ (das Kippen beginnt aus der Ruhe) erhalten wir unter Beachtung von (2.231) und dem Steinerschen Satz (2.242) die gesuchte Winkelgeschwindigkeit

$$\omega_E^2 = \frac{2mg}{J_A}(\sqrt{a^2 + b^2} - b) = \frac{2mg(\sqrt{a^2 + b^2} - b)}{\frac{m}{12}((2a)^2 + (2b)^2 + m(a^2 + b^2)}$$

$$\Rightarrow \omega_E = \sqrt{\frac{3}{2}g \frac{\sqrt{a^2 + b^2} - b}{a^2 + b^2}} \; . \tag{2.333}$$

Rollbewegungen

Ein Rad, welches über eine Straße rollt, ändert seinen Ort auf der Straße und rotiert um seine Achse. Da das Rad nicht über die Straße rutscht, besteht ein eindeutiger Zusammenhang zwischen der Strecke, die der Schwerpunkt zurücklegt, und der Zahl der Umdrehungen des Rades. Hat sich das Rad mit dem Radius r einmal um sich selbst gedreht, so hat es sich und damit insbesondere seinen Schwerpunkt gleichzeitig um die Länge seines Umfanges $2\pi r$ fortbewegt. Bewegt das Rad sich mit einer Geschwindigkeit v_S, so braucht es für eine Umdrehung

$$v_S = \frac{2\pi r}{T} \Rightarrow T = \frac{2\pi r}{v_S} \; . \tag{2.334}$$

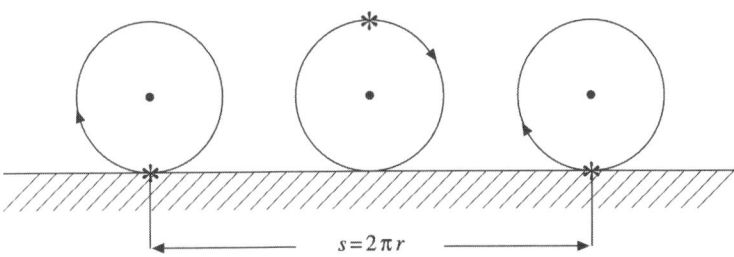

Abb. 2.108 *Zur Rollbedingung eines Rades.*

Die Größe $2\pi/T$ ist aber mit (2.40) gleich der (mittleren) Winkelgeschwindigkeit ω_{Rad}, mit der das Rad rotiert. Entsprechend gilt allgemein

$$v_S = \omega_{Rad} r \quad a_S = \frac{d\omega_{Rad} r}{dt} = \frac{d\omega_{Rad}}{dt} r = \alpha_{Rad} r \, . \tag{2.335}$$

Die kinetische Energie des rollenden Rades hat gemäß (2.191) zwei Anteile, die kinetische Energie der Translationsbewegung des Schwerpunktes und die Rotationsenergie des Rades aufgrund der Drehung um die Achse.

$$E_{kin,Rad} = \frac{1}{2} m_{Rad} v_S^2 + \frac{1}{2} J_{Rad} \omega_{Rad}^2 = \frac{1}{2}(m_{Rad} r^2 + J_{Rad})\omega_{Rad}^2$$

$$E_{kin,Rad} = \frac{1}{2}(m_{Rad} + \frac{J_{Rad}}{r^2})v_S^2 \tag{2.336}$$

Zu beachten ist, dass die Umfangsgeschwindigkeit im Koordinatensystem der Straße im Berührpunkt null ist, während sie im gegenüberliegenden Punkt $2v_S$ beträgt. Damit diese Bedingung immer erfüllt ist, muss zu jedem Zeitpunkt des Rollens der Berührpunkt durch Haftreibung an der Straße „fixiert" werden. Die Einhaltung dieser Bedingung ist eine wichtige Aufgabe der Fahrzeug- und Reifenhersteller, denn rutscht ein Auto mit blockierten Rädern über die Straße, so ist seine Bewegung für den Fahrer nicht mit dem Steuerrad zu beeinflussen. Aus diesem Grund werden Antiblockiersysteme und Schlupfregelungen in moderne Autos eingebaut werden. Diese regeln die Verzögerung bzw. die Beschleunigung so, dass immer die Kraft bzw. der Impulsstrom, der durch die Beschleunigung des Radumfangs in die Straße eingespeist oder abgeführt wird, kleiner ist als der durch die Haftreibung bedingte maximale Impulsstrom.

Die größte Winkelbeschleunigung, die ein Rad oder anderer rollender Körper erzielen kann, ist durch das Drehmoment, das die Haftreibungskraft im Rad bewirken kann, begrenzt.

$$M_{HR} = r F_{HR} = J_{Rad} \alpha_{Rad} = J_{Rad} \frac{a_S}{r} \tag{2.337}$$

Für ein Rad bedeutet das, dass bei gegebener Haftreibung (Straßenbelag) die größte Beschleunigung oder Verzögerung erreicht werden kann, wenn das Rad einen großen Radius und ein kleines Trägheitsmoment (Alufelgen) hat.

Für einen Körper, der eine schiefe Ebene hinunterrollt, gibt es aus obigen Gründen auch einen kritischen Neigungswinkel ϑ_k, oberhalb dessen eine reine Rollbewegung ohne gleichzeitiges Rutschen nicht mehr möglich ist. Bei vorgegebener Haftreibung beträgt nach (2.337) die maximale Beschleunigung, die aufgrund der Hangabtriebskraft (2.74) möglich ist

$$m a_{S,max} = mg \sin \vartheta_k - F_{HR} = mg \sin \vartheta_k - \frac{J}{r^2} a_{S,max} \Rightarrow a_{S,max} = \frac{mg \sin \vartheta_k}{m + \frac{J}{r^2}}$$

$$\Rightarrow \sin \vartheta_k = \frac{m + \frac{J}{r^2}}{mg} a_{S,max} = (\frac{r^2}{gJ} + \frac{1}{mg}) F_{HR} \, . \tag{2.338}$$

Je kleiner das Trägheitsmoment des Körpers ist, umso steiler kann die schiefe Ebene sein, ohne dass der Körper ins Gleiten kommt. So hat z. B. ein Vollzylinder ein kleineres Trägheitsmoment als ein Hohlzylinder, daher muss für ihn die schiefe Ebene flacher sein.

Beginnt die Bewegung aus der Ruhe, so erreicht der Körper, nachdem er eine Höhendifferenz Δh überwunden hat, mit (2.336) die Geschwindigkeit

$$mg\Delta h = \frac{1}{2}(m + \frac{J}{r^2})v_S^2 \Rightarrow v_S = \sqrt{\frac{2mg\Delta h r^2}{mr^2 + J}}, \qquad (2.339)$$

d. h. ein Körper mit einem kleineren Trägheitsmoment erreicht eine größere Geschwindigkeit als einer mit einem größeren, ein Vollzylinder ist schneller als ein Hohlzylinder.

Rollbewegungen müssen im Allgemeinen auch beachtet werden, wenn ein Seil durch eine Seilscheibe umgelenkt wird. Dies wollen wir am Beispiel der Atwoodschen Fallmaschine, die wir schon im Kapitel 2.3.6 (Wechselwirkende Objekte) kennen gelernt haben, zeigen.

Im Gegensatz zu der früheren Betrachtung soll die Rolle, welche das Seil, das die beiden Massen miteinander verbindet, führt, ein nicht zu vernachlässigendes Trägheitsmoment haben. Die beiden Massen werden jeweils von ihrer Gewichtskraft und der jeweiligen Seilkraft

$$F_{r,1} = m_1 a_1 = F_{S,1} - m_1 g, \quad F_{r,2} = m_2 a_2 = F_{S,2} - m_2 g \qquad (2.340)$$

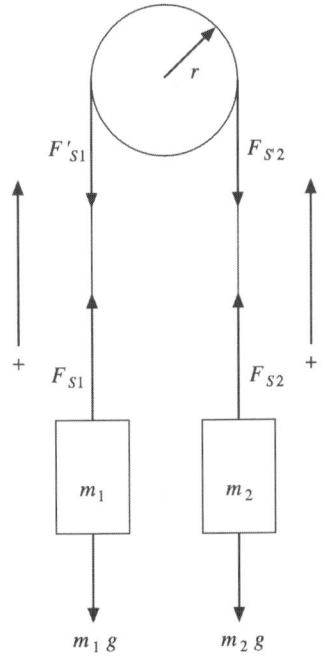

Abb. 2.109 *Atwoodsche Fallmaschine mit Seilscheibe.*

beschleunigt. Die an der Rolle angreifenden Seilkräfte verursachen Drehmomente, die eine Winkelbeschleunigung

$$J\alpha = rF'_{S,1} - rF'_{S,2} = J\frac{a_S}{r} \qquad (2.341)$$

und damit (2.335) zufolge eine Beschleunigung des aufgelegten Seils bewirken. Die unbekannten drei Beschleunigungen a_1, a_2 und a_S sowie die vier unbekannten Seilkräfte $F_{S,1}$, $F_{S,2}$, $F'_{S,1}$ und $F'_{S,2}$ sind durch folgende Nebenbedingung miteinander verknüpft:

$$a_1 = -a_2, \quad F'_{S,1} = -F_{S,1}, \quad F'_{S,2} = -F_{S,2}, \quad a_S = a_1 \qquad (2.342)$$

Zur Berechnung der Beschleunigung der Masse m_1 werden die anderen unbekannten Größen aus dem Gleichungssystem (2.340), (2.341) und (2.342) eliminiert.

Vergleichen wir (2.343) mit (2.91), so hat sich die Beschleunigung der Masse m_1 aufgrund der Trägheit der Rolle verkleinert. Die Umsetzung von Winkelbeschleunigungen in Linearbeschleunigungen, von Kräften in Drehmomente und umgekehrt können wir beim Antrieb eines Fahrrades beobachten. Dabei wird die Kraft des Fahrers in der Regel „untersetzt", d. h. bei einer Umdrehung der Pedale legen die Räder auf der Straße ein Vielfaches des Pedalweges zurück. Mit Hilfe einer Gangschaltung kann diese Untersetzung noch variiert werden.

$$m_1 a_1 = F_{S,1} - m_1 g \qquad \Rightarrow \quad F_{S,1} = m_1 a_1 + m_1 g$$
$$-m_2 a_1 = F_{S,2} - m_2 g \qquad \Rightarrow \quad F_{S,2} = m_2 g - m_2 a_1$$
$$J a_1 = r^2 (F_{S,2} - F_{S,1}) \quad \Rightarrow \quad J a_1 = r^2 (m_2 g - m_2 a_1 - m_1 g - m_1 a_1) \qquad (2.343)$$

$$\Rightarrow \quad a_1 = \frac{m_2 - m_1}{m_1 + m_2 + J/r^2} g$$

2.7   Mechanik deformierbarer Körper

Bei den Objekten, deren Bewegungen wir in den vorangegangenen Kapiteln untersucht haben, spielte die Form entweder keine Rolle oder sie war wie beim starren Körper fest vorgegeben. Der starre Körper jedoch stellt eine Idealisierung dar, denn unter der Wirkung einer Kraft im Angriffspunkt müssten alle Teile des starren Körpers sofort beschleunigt werden, die Ausbreitungsgeschwindigkeit der Wirkung wäre unendlich groß. Daher deformieren sich alle Körper mehr oder weniger unter der Wirkung von Kräften, ihre Gestalt oder Form wird verändert. Hinsichtlich der Deformationseigenschaften werden Körper grob in drei Klassen eingeteilt:

- feste Körper: sie sind dem starren Körper am ähnlichsten, ihre Form ist in gewissen Grenzen fest, für eine Deformation sind relativ große Kräfte erforderlich. Das Volumen kann durch äußere Kräfte ebenfalls nur sehr wenig verändert werden, feste Körper sind nahezu inkompressibel.
- Flüssigkeiten: ihre Gestalt ist sehr leicht veränderbar, ihr Volumen kann dagegen nur durch große Kräfte verändert werden, die meisten Flüssigkeiten sind ebenfalls relativ in-

kompressibel. Daher nehmen Flüssigkeiten die Gestalt des Gefäßes an, das sie umschließt, ist allerdings das Volumen des Gefäßes größer als das Volumen der Flüssigkeit, so bildet sie eine so genannte „freie" Oberfläche.

- Gase: sie haben weder eine feste Gestalt noch ein definiertes Volumen. Sie füllen das Gefäß, das sie umschließt, immer vollständig aus, eine Volumenänderung ist im Vergleich zu Festkörpern oder Flüssigkeiten leicht zu bewirken.

Zu bemerken ist, dass die Abgrenzungen nicht ganz scharf sind, manchmal weisen Festkörper, wie z. B. Gläser oder zäher Honig, die Eigenschaften von Flüssigkeiten auf. Festkörper und Flüssigkeiten werden manchmal auch unter „kondensierte Materie" zusammengefasst. Gase und Flüssigkeiten sind unter „extremen" Bedingungen nicht mehr zu unterscheiden, man spricht dann von „Fluiden".

Die verschiedenen Eigenschaften von Festkörpern, Flüssigkeiten und Gasen, man spricht auch von so genannten „Aggregatzuständen" der Materie, sind in der mikroskopischen Struktur der Körper begründet, die „Bausteine" der Materie, Atome bzw. Moleküle, wechselwirken in unterschiedlicher Weise miteinander. Je nach Fragestellung kann es günstiger sein, einen deformierbaren Körper entweder als einzelnes Objekt oder als ein System von mehreren unterscheidbaren Komponenten zu behandeln.

Eigenschaften von deformierbaren Körpern werden unter anderem bestimmt von Kenngrößen der Materie, aus der der Körper aufgebaut ist. Die Werte dieser Kenngrößen sind unabhängig von dem konkreten Körper. Häufig nennt man solche physikalischen Größen auch „spezifische", auf einen „Normkörper" bezogene Größen. Eine solche Größe, die Dichte, definiert in (2.172) als Masse pro Volumen, haben wir schon bei der Berechnung des Schwerpunktes kennen gelernt. Ihren Kehrwert bezeichnet man auch als „spezifisches Volumen".

Zu beachten ist, dass die Dichte sich bei Volumenänderung ebenfalls ändert[1], sie ist daher keine „Stoffkonstante", ihre Werte werden in der Regel bei „Normumgebungsbedingungen", nämlich bei der Temperatur 0 °C oder 20 °C und einem Umgebungsdruck von 1013 hPa angegeben. Für Festkörper und Flüssigkeiten können wir die Dichte aber zunächst als konstant ansehen.

Früher wurde häufig auch der Begriff „spezifisches Gewicht" verwendet. In Anlehnung an (2.172) ist das spezifische Gewicht definiert als Gewichtskraft pro Volumen, man erhält es durch Multiplikation der Dichte mit der Erdbeschleunigung.

Tab. 2.4 *Dichte einiger Stoffe bei 20 °C*

Stoff	Dichte in g/cm³	Stoff	Dichte in g/cm³	Stoff	Dichte in g/cm³
Aluminium	2,707	Wasser	1,000	Porzellan	2,4
Eisen	7,987	Quecksilber	13,456	Vollziegel	1,1...2,2
Kupfer	8,954	Benzin	0,72	Gasbeton	0,5...0,8
Blei	11,373	Meerwasser	1,02...1,05	Sandstein	2,6
Wolfram	19,350	Äthylalkohol	0,789	Sand	1,2...1,6
Platin	21,450	Glyzerin	1,26	Polystyrol	0,015

---

[1] Dies gilt unter der Voraussetzung, dass sich die in dem Volumen eingeschlossene „Menge an Materie", dargestellt durch die Masse, nicht ändert.

2.7.1   Deformation fester Körper

Mechanische Spannung

Bei der Wirkung von Kräften auf starre Körper spielt der Angriffs„punkt" eine wichtige Rolle, an dieser Stelle wird der Impulsstrom in oder aus dem starren Körper geleitet. Die Punktförmigkeit ist wiederum eine Idealisierung, reale Impulsstromleiter wie z. B. Stangen, Seile usw. haben einen endlichen Querschnitt. Der Impulsstrom „verteilt" sich im Körper und kann dort zu unterschiedlichen Belastungen führen. Um die „lokalen" Impulsströme beschreiben zu können, definiert man die Impulsstromdichte oder mechanische Spannung

$$\sigma := \frac{F}{A}, \quad [\sigma] = \frac{N}{m^2} := Pa .$$ (2.344)

Mechanische Spannungen werden auch in Pascal[1] angegeben. Bei der Definition (2.344) nehmen wir zunächst einmal an, dass die Kraft F senkrecht zur Fläche A wirkt. Diese Spannungen nennt man auch Normalspannungen.

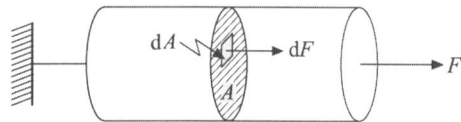

Abb. 2.110 *Mechanische Spannung in einem Zylinder, der an der einen Seite befestigt ist und an dem auf der anderen Seite eine Zugkraft wirkt.*

Dehnung

Unter dem Einfluss einer mechanischen Spannung ändert ein Festkörper seine Form in Richtung der wirkenden Kraft. In gewissen Grenzen ist diese Deformation reversibel, wird der Krafteinfluss weggenommen, so wird auch die Deformation zurückgenommen. Prototyp eines elastisch deformierbaren Körpers ist die Feder, ihre Längenänderung gehorcht dem Hookeschen Gesetz (2.61). Eine einfache Modellvorstellung ist, dass die Atome oder Moleküle eines Festkörpers, der elastisch deformiert wird, durch „Federn" miteinander verbunden sind. Wirkt eine Kraft auf das Ende einer solchen Federkette, so dehnt die Kraft jede Feder, für die individuelle Feder wirken die anderen Federn nur als Impulsstromleiter, die die äußere Kraft nur „durchreichen". Daher wird eine längere Kette auch in größerem Maße deformiert als eine kürzere. Folglich definiert man die Dehnung ε als relative Deformation, in diesem Fall Längenänderung Δl, bezogen auf die Ausgangslänge l.

$$\varepsilon := \frac{\Delta l}{l}$$ (2.345)

Das Hookesche Gesetz (2.61) besagt, dass die (absolute) Längenänderung einer Feder proportional zur Kraft ist, der Proportionalitätsfaktor heißt Federkonstante. Entsprechend ist die

---

[1]   Benannt nach B. Pascal (1623–1662), französischer Mathematiker und Physiker.

Dehnung eines Festkörpers im elastischen Bereich proportional zur Normalspannung. Den Proportionalitätsfaktor nennt man Elastizitätsmodul E

$$E := \frac{\sigma}{\varepsilon}, \ [E] = \frac{N}{m^2} := Pa \ . \tag{2.346}$$

Damit lautet das Hookesche Gesetz

$$\sigma = E\varepsilon \ . \tag{2.347}$$

Grundsätzlich muss man zwischen Zug- und Druckspannungen unterscheiden. Bei Zugspannungen wird der deformierte Körper länger, bei Druckspannungen kürzer. Damit wird Δl bei Zugspannungen positiv, bei Druckspannungen negativ. Entsprechend werden Zugspannungen positiv, Druckspannungen negativ gezählt.

Wird in einem Zugversuch die mechanische Spannung an dem Festkörper (meistens werden Drähte bzw. Stangen verwendet) bis zum Bruch erhöht, so ergibt sich folgender Verlauf der Spannung über der Dehnung:

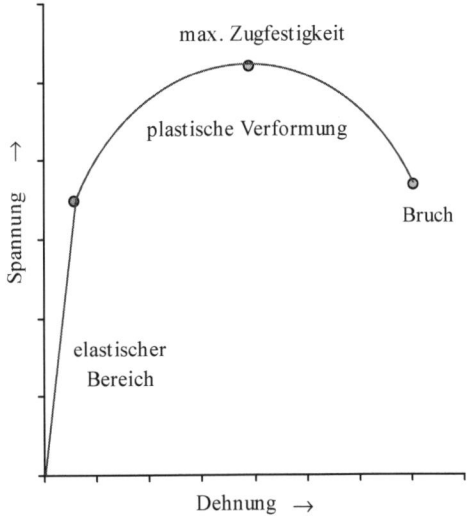

Abb. 2.111 *Verlauf Spannung über Dehnung: elastischer Bereich, Bereich plastischer Verformung, Bruch.*

Bei kleinen Spannungen liegt der elastische Bereich vor, die Spannung ist proportional zur Dehnung, es gilt das Hookesche Gesetz (2.347). Bei weiterer Steigerung der Spannung wächst die Dehnung überproportional, zu (2.347) kommen nicht lineare Terme hinzu. Ist schließlich die Elastizitätsgrenze erreicht, so wird die Deformation irreversibel, wird die Spannung zurückgenommen, bleibt eine Verformung zurück. Die Kurve verläuft flacher, bei manchen Werkstoffen erreicht sie ein Maximum, bis schließlich die Bruchdehnung erreicht wird, der Stab somit bricht.

Jede Zugspannung bewirkt nicht nur eine Vergrößerung der Länge, sondern auch eine Verkleinerung des Querschnittes d des Festkörpers. Diese ist im elastischen Bereich proportional zur Dehnung.

$$\frac{\Delta d}{d} = -\mu \frac{\Delta l}{l} \tag{2.348}$$

μ nennt man auch die Querkontraktionszahl oder Poissonzahl[1]. Das Minuszeichen in (2.348) berücksichtigt die Gegenläufigkeit von Längenänderung und Querschnittsänderung. Betrachten wir die Volumenänderung eines Festkörpers mit quadratischer Querschnittsfläche d^2 und der Länge l unter dem Einfluss einer Zugspannung, so beträgt

$$\Delta V = (d + \Delta d)^2 (l + \Delta l) - d^2 l \approx d^2 \Delta l + 2dl\Delta l \,. \tag{2.349}$$

Falls sich das Volumen nicht ändert, so ist

$$\frac{\Delta d}{d} = -\frac{1}{2}\frac{\Delta l}{l} \;\Rightarrow\; \mu = \frac{1}{2} \,. \tag{2.350}$$

Im Allgemeinen ist μ kleiner, aber positiv, d.h. das Volumen wird bei der Deformation durch eine Zugspannung größer.

Schubspannungen
Kräfte können nicht nur senkrecht zu Flächen eines Körpers wirken, sondern auch tangential, wie z.B. Kräfte der äußeren Reibung. Die Spannungen, die diese Kräfte bewirken, nennt man auch Schubspannungen. Sie sind anlog zu (2.344) definiert. Auf einen Würfel können demnach drei senkrecht zueinander gerichtete Normalspannungen σ und in den Ebenen jeder Fläche zwei zueinander senkrechte Schubspannungen τ wirken.

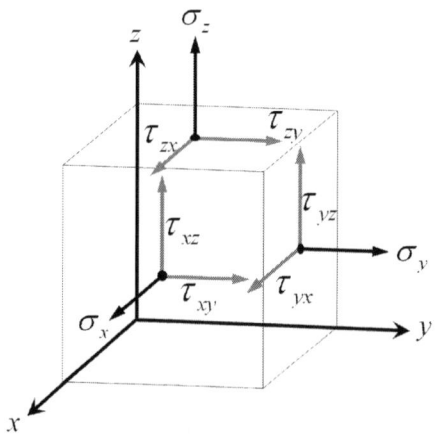

Abb. 2.112 *Normal und Schubspannungen in einem Würfel.*

---

[1]   S.D. Poisson (1781 – 1840).

Die Schubspannungen sind folgendermaßen indiziert: der erste Index bezeichnet die Richtung der Normalen von der Ebene, in der die Spannung wirkt, während der zweite Index die Richtung der Spannung angibt. Man sieht in **Abb. 2.112**, dass die Spannungen τ_{xy} und τ_{zy}, τ_{yx} und τ_{zx}, sowie τ_{xz} und τ_{yz} in die gleiche Richtung weisen. Wirken Kräfte auf einen Körper, so bewirken sie einen Spannungszustand, der durch die drei Normalspannungen σ_x, σ_y und σ_z sowie durch die drei Schubspannungen τ_{xy}, τ_{xz} und τ_{yz} vollständig beschrieben wird. Man fasst diese Größen auch zu einem so genannten „Spannungstensor"[1] zusammen. Mit ihm können anderseits Kräfte berechnet werden, die auf Flächen des Körpers wirken. Darauf kann hier nicht weiter eingegangen werden.

Scherung

Die Schubspannungen bewirken ebenfalls Deformationen, so genannte Scherungen. Der oben beschriebene Würfel würde zu einem Rhomboeder deformiert. Bei elastischer Deformation ist der Scherungswinkel γ proportional zur Schubspannung τ. Den Proportionalitätsfaktor nennt man Schubmodul G.

$$\tau = G \tan \gamma \quad [G] = \frac{N}{m^2} \tag{2.351}$$

Für einige Stoffe sind die Werte verschiedener mechanischer Kenngrößen in Tabelle 2.5 zusammengefasst.

Tab. 2.5 *Mechanische Kenngrößen einiger Werkstoffe (Richtwerte)*

Stoff	Elastastizitätsmodul in GN/m²	Schubmodul in GN/m²	Querkontraktionszahl
Aluminium	72	75	0,34
Kupfer	126	140	0,35
Messing	100	125	0,38
Stahl V2A	196	170	0,28
Glas	76	75	0,17
Al$_2$O$_3$	400		

2.7.2 Flüssigkeiten

Während der starre Körper ein idealer Festkörper ist, können in idealen Flüssigkeiten die Moleküle beliebig ohne nennenswerte Kräfte verschoben werden, sie sind, ohne dass sich ihr Volumen ändert, beliebig deformierbar. Auf der Erde ist eine Flüssigkeit immer der Schwerkraft ausgesetzt, daher wird ein flüssiger Körper immer zum einen von der Form des Gefäßes begrenzt und zum anderen durch eine „freie" Oberfläche, die immer senkrecht zu den auf sie angreifenden Kräften verläuft. Diese sind die Schwerkraft, die „inneren" zwischenmolekularen Kräfte, welche die Flüssigkeit zusammenhalten, und ggf. Trägheitskräfte, die beim Beschleunigen des Gefäßes auftreten. Bei nicht allzu kleinen freien Oberflächen verlaufen diese bei ruhenden Flüssigkeiten senkrecht zur Richtung der Schwerkraft.

---

[1] Von tendere, lat. spannen. „Spannungstensor" ist im Grunde eine unsinnige Verdopplung, hat sich aber eingebürgert, da in der Physik auch noch andere Größen durch Tensoren beschrieben werden.

Druck in Flüssigkeiten

Aufgrund der leichten Verschiebbarkeit der Flüssigkeitsmoleküle können nur Normalspannungen senkrecht zur Gefäßoberfläche oder zu freien Oberflächen Deformationen der Flüssigkeit bewirken. Umgekehrt bewirken Flüssigkeiten nur Spannungen senkrecht zur Gefäßoberfläche bzw. zur freien Oberfläche. Normalspannungen insbesondere bei Flüssigkeiten und Gasen bezeichnet man als Druck P.

$$P := \frac{F_N}{A} \, , \ [P] = \frac{\text{N}}{\text{m}^2} := \text{Pa} \, . \tag{2.352}$$

Wird auf eine Flüssigkeit, die allseitig von einem Gefäß umschlossen ist, an einer Stelle Kraft ausgeübt, z. B. dadurch, dass ein Kolben in die Flüssigkeit gedrückt wird, so erhöht sich wegen der leichten Verschiebbarkeit der Moleküle an jeder Stelle der Flüssigkeit der Druck. Die Flüssigkeit bewirkt an jeder Stelle der Oberfläche wiederum eine Kraft senkrecht zu ihr. Eine ebene Oberfläche im Raum beschreibt man mit Hilfe eines Vektors, der senkrecht zur Oberfläche gerichtet ist und dessen Betrag die Größe der Fläche hat. Gekrümmte Oberflächen zerlegt man in viele infinitesimal kleine Teilflächen $d\vec{a}$, die lokal die Lage des Oberflächenstücks beschreiben. An dieser Stelle bewirkt der Druck P, der als skalare Größe keine Richtung aufweist, eine Kraft

$$d\vec{F} = P d\vec{a} \, . \tag{2.353}$$

Die gleichmäßige Druckerhöhung durch eine an einer Stelle des Gefäßes angreifenden Normalkraft wird in vielfältiger Weise bei hydraulischen Anlagen ausgenutzt. Als Beispiel seien nur eine hydraulisch betriebene Hebebühne oder eine hydraulische Presse genannt.

Durch eine Kraft F_1 auf den Kolben des ersten Zylinders wird der Druck in dem Gefäß, das die Flüssigkeit vollständig umschließt, erhöht. Diese Druckerhöhung ΔP erfahren alle Teile der Gefäßwand, insbesondere auch der Kolben im zweiten Zylinder. Dort bewirkt ΔP eine Kraft F_2.

$$\frac{F_1}{A_1} = \Delta P = \frac{F_2}{A_2} \ \Rightarrow \ \frac{F_1}{F_2} = \frac{A_1}{A_2} \tag{2.354}$$

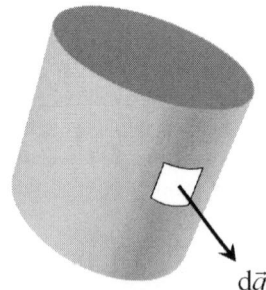

Abb. 2.113 *Oberflächenelement einer gekrümmten Gefäßfläche.*

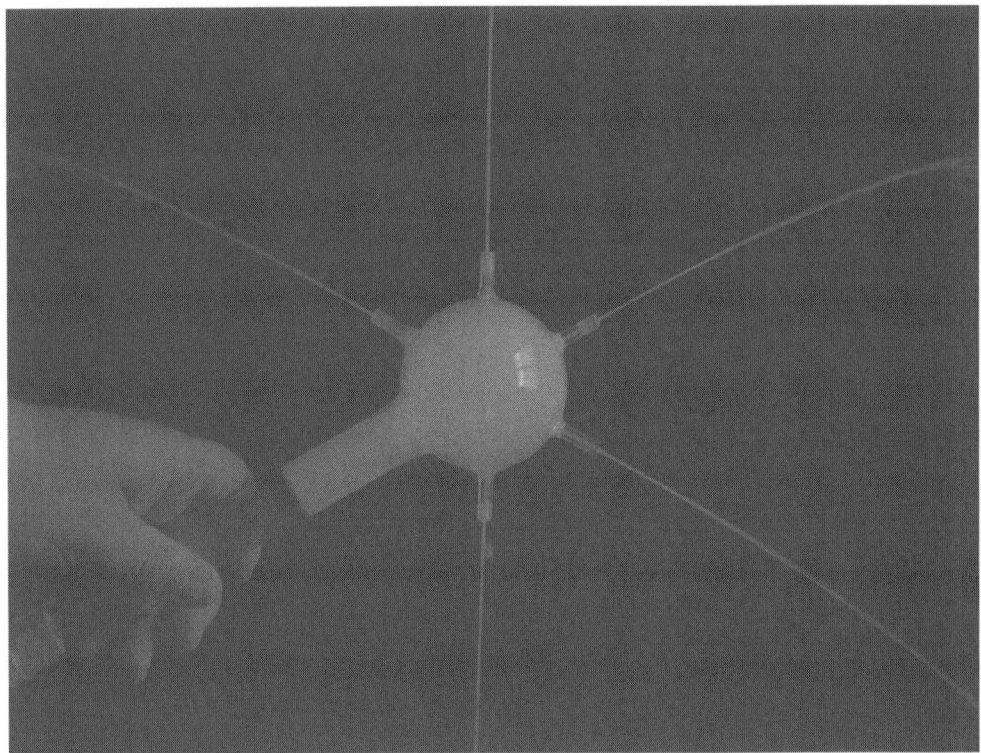

Abb. 2.114 *Allseitige Druckerhöhung durch die Wirkung einer lokalen Normalkraft.*

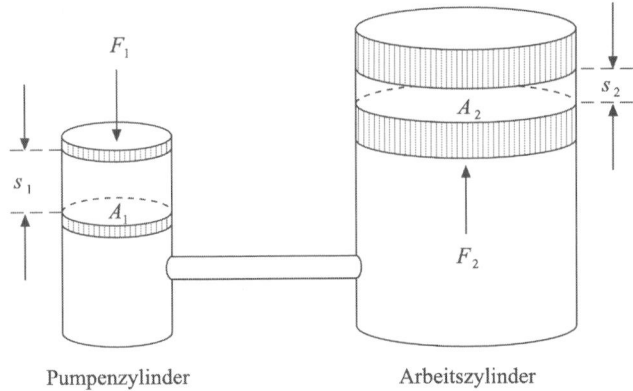

Pumpenzylinder   Arbeitszylinder

Abb. 2.115 *Hydraulisch betriebene Hebebühne.*

Ist die Kolbenfläche des zweiten Zylinders wesentlich größer als die des ersten Zylinders, so ist auch die Kraft F_2 viel größer als F_1. Mit einer kleinen Kraft F_1 kann dann eine große Last über F_2 angehoben werden. Unter der Annahme, dass die Flüssigkeit (nahezu) inkompressibel ist, ist das Volumen ΔV_1, das im ersten Zylinder beim Hereindrücken des Kolbens die Flüssigkeit im Gefäß verdrängt, gleich dem Volumen ΔV_2, das die Flüssigkeit beim Kolben des zweiten Zylinders gewinnt.

$$\Delta V_1 = A_1 s_1 = \Delta V_2 = A_2 s_2 \Rightarrow \frac{s_2}{s_1} = \frac{A_1}{A_2} \,. \tag{2.355}$$

Der Weg, den der Kolben im ersten Zylinder zurücklegt, ist somit wesentlich größer als der Weg des Kolbens im zweiten Zylinder. Auch hier zeigt sich die Gültigkeit der „goldenen Regel der Mechanik".

Schweredruck von Flüssigkeiten
Auf die Flüssigkeit in einem quaderförmigen Gefäß wirkt immer die Schwerkraft, dadurch wird der Boden des Gefäßes mit der Gewichtskraft

$$F_G = m_{Fl} g = \rho_{Fl} V_Q g = \rho_{Fl} A_Q h g \tag{2.356}$$

der Flüssigkeit belastet, dabei ist ρ_{Fl} die Dichte der Flüssigkeit, A_Q die Bodenfläche und h die Höhe des Quaders. Damit erzeugt die Flüssigkeit mit (2.352) auf dem Boden einen Schweredruck P_S

$$P_S = \frac{F_G}{A_Q} = \rho_{Fl} h g \,. \tag{2.357}$$

Da das Gefäß von Luft umgeben ist, die wiederum auf der freien Oberfläche einen Druck P_L erzeugt, beträgt der Gesamtdruck auf den Boden

$$P_B = P_S + P_L = \rho_{Fl} h g + P_L \,. \tag{2.358}$$

Der Gesamtdruck einer Flüssigkeit setzt sich immer aus dem externen Druck und dem Schweredruck der Flüssigkeit zusammen. Dies ist auch die Erklärung des so genannten hydrostatischen Paradoxons.

> Der hydrostatische Druck oder Schweredruck in einer Flüssigkeit hängt nicht von der Gefäßform, sondern nur von der Höhe der Flüssigkeitssäule ab.

Dazu betrachten wir ein Gefäß, das folgendes Profil hat:

Jede Schicht möge die Höhe h haben. Der Druck auf den (gedachten) Boden der ersten Schicht beträgt mit (2.358) $P_1 = P_L + \rho g h$. Dieser Druck ist wiederum der Druck, der als „äußerer" Druck auf die nächste Schicht wirkt. Auf deren gedachten Boden herrscht somit der Druck $P_2 = P_1 + \rho g h = P_L + \rho g h + \rho g h = P_L + \rho g 2h$. Auf dem Boden des Gefäßes und damit der vierten Schicht beträgt schließlich der Druck $P_4 = P_L + \rho g 4h$, unabhängig von den seitlichen Ausdehnungen der Zwischenstufen.

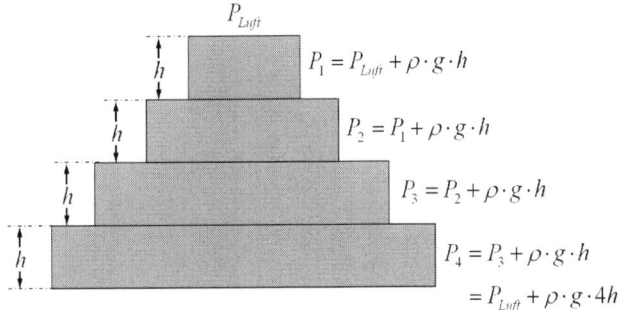

P_{Luft}

$P_1 = P_{Luft} + \rho \cdot g \cdot h$

$P_2 = P_1 + \rho \cdot g \cdot h$

$P_3 = P_2 + \rho \cdot g \cdot h$

$P_4 = P_3 + \rho \cdot g \cdot h$

$\quad\ = P_{Luft} + \rho \cdot g \cdot 4h$

Abb. 2.116 *Zum hydrostatischen Paradoxon.*

Der Schweredruck oder hydrostatische Druck bewirkt wegen der leichten Verschiebbarkeit der Flüssigkeitsmoleküle Kräfte auf beliebig orientierte Gefäßwände, d. h. sowohl auf die Seitenwände als auch nach oben bzw. unten. Bei miteinander verbundenen Gefäßen, man nennt sie auch „kommunizierende Röhren", stellen sich die Flüssigkeitsstände so ein, dass die Kraft, die die Flüssigkeit des einen Gefäßes auf eine als Abgrenzung zum anderen Gefäß gedachte Querschnittsfläche der Verbindung bewirkt, gleich der Gegenkraft ist, die die andere Flüssigkeit bewirkt. Da die Grenzfläche für beide Gefäße gleich ist, liegt beim Kräftegleichgewicht auch Druckgleichheit vor. Bei Flüssigkeiten mit gleicher Dichte sind die Flüssigkeitsspiegel, d. h. die freien Oberflächen zur Umgebung, auf gleicher Höhe, bezogen auf die gedachte Grenzfläche zwischen den beiden Gefäßen. Sind dagegen die Dichten der Flüssigkeiten in den Gefäßen unterschiedlich, so stellen sich unterschiedlich hohe Flüssigkeitsspiegel ein.

Unter der Voraussetzung, dass der Umgebungsdruck (Luftdruck) auf die kommunizierenden Röhren gleich ist und der Durchmesser der Verbindung klein gegen die Höhen der Flüssigkeitssäulen ist, beträgt die Höhendifferenz der Flüssigkeitsspiegel bei Flüssigkeiten mit unterschiedlicher Dichte in den Gefäßen

$$\rho_1 h_1 g + P_L = \rho_2 h_2 g + P_L \;\Rightarrow\; \frac{h_1}{h_2} = \frac{\rho_1}{\rho_2}, \;\text{mit}$$

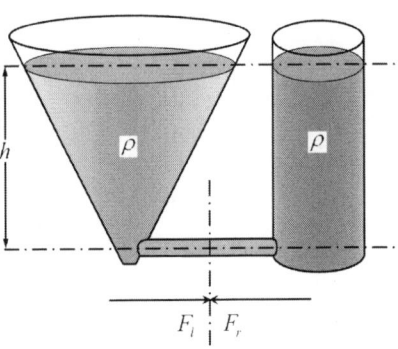 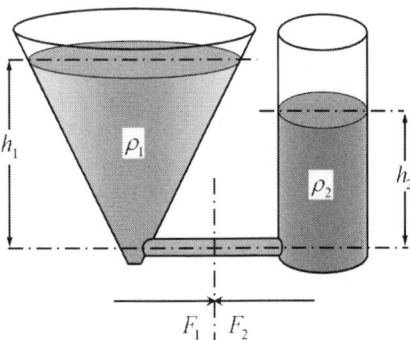

Abb. 2.117 *Flüssigkeitsspiegel bei verbundenen Gefäßen.*

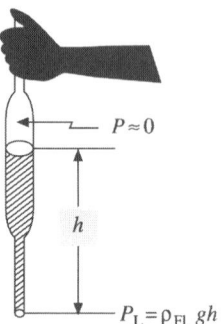

$P \approx 0$

h

$P_L = \rho_{Fl}\, gh$

Abb. 2.118   *Zur Wirkungsweise einer Pipette.*

$$\Delta h := h_1 - h_2 \;\Rightarrow\; \Delta h = h_2 (\frac{\rho_2}{\rho_1} - 1)\,. \tag{2.359}$$

Die Bedeutung des äußeren Luftdrucks auf die Flüssigkeitsspiegel wird bei der Funktion einer Pipette, die im Wesentlichen eine in der Mitte verdickte Röhre darstellt, deutlich: Taucht man sie in ein Gefäß mit einer Flüssigkeit und verschließt dann das Ende, das nicht in die Flüssigkeit getaucht wurde, so kann man mit der Pipette eine gewisse Menge Flüssigkeit einschließen, auch wenn das nicht verschlossene Ende aus dem Gefäß gezogen wird.

Kurz nachdem die Pipette aus dem Gefäß gezogen wurde, fließt etwas Flüssigkeit heraus, bis der Druck an dem offenen Ende gleich dem Luftdruck der Umgebung ist. Der Druck zwischen verschlossenem Ende und Flüssigkeit sinkt stark ab, er kann gegen den äußeren Luftdruck vernachlässigt werden. Die Höhe der Flüssigkeitssäule in der Pipette beträgt dann

$$h_{Fl} = \frac{P_L}{\rho g}\,. \tag{2.360}$$

Dank des hydrostatischen Paradoxons kann man bei entsprechend ausgebauchten Pipetten vergleichsweise viel Flüssigkeit einschließen.

Ebenfalls als Konsequenz des Zusammenspielens von äußerem Luftdruck und hydrostatischem Druck erklärt sich die Funktionsweise eines Flüssigkeitshebers, mit dem man aus Gefäßen, die nicht durch Kippen entleerbar sind, z. B. aus einem Tank, die Flüssigkeit entfernen kann.

Damit die Flüssigkeit aus dem Tank strömen kann, muss der Schlauch zum einen vollständig mit Flüssigkeit gefüllt sein. Zum anderen muss sich das Schlauchende, das sich nicht im Tank befindet, unterhalb des Flüssigkeitsspiegels im Tank befinden. Auf die Flüssigkeit im Tank und am freien Ende des Schlauches wirkt der äußere Luftdruck. Für die höchste Stelle des Schlauches, die wir als Grenze zwischen tankseitigem Schlauchende und freiem Ende festlegen, ergeben sich mit z_G als Höhe der Grenze, z_T als Höhe des Flüssigkeitsspiegels im Tank bzw. z_f als Höhe des freien Endes folgende Drücke:

- tankseitig: $P_t = P_L + \rho g(z_t - z_G) = P_L - \rho g h_t\,,$
- freies Ende $P_f = P_L + \rho g(z_T - z_f) = P_L - \rho g h_f\,.$

$$\tag{2.361}$$

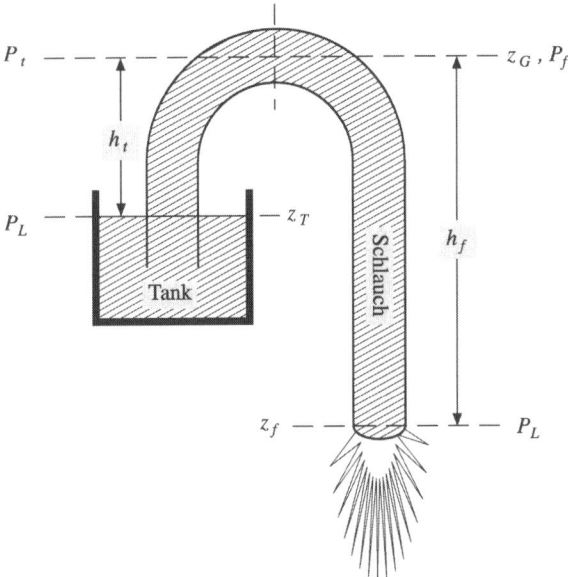

Abb. 2.119 *Flüssigkeitsheber.*

Da die tankseitige Höhe der Grenze kleiner ist als die Höhe gegenüber dem freien Ende, ist der tankseitige Druck auch größer. Angetrieben durch die Kraft, bewirkt durch die Druckdifferenz, beginnt die Flüssigkeit zu strömen.

Auftriebskräfte

Befindet sich ein fester Körper in einer Flüssigkeit, so erfahren die Grenzflächen Kräfte, die von dem Druck durch die Flüssigkeit bewirkt werden. Für einen vollständig von Flüssigkeit umgebenen Quader, dessen eine Seite parallel zum Flüssigkeitsspiegel verläuft, heben sich die seitlichen Kräfte auf. Die auf der Oberseite wirkende, nach unten gerichtete Kraft ist wegen des kleineren Abstandes zum Flüssigkeitsspiegel dem Betrage nach kleiner als die nach oben gerichtete Kraft auf die Unterseite des Quaders. Damit ergibt sich eine nach oben gerichtete vom Druck der Flüssigkeit verursachte Gesamtkraft, der so genannte Auftrieb.

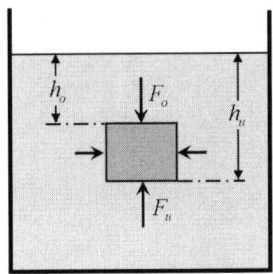

Abb. 2.120 *Auftrieb eines von Flüssigkeit umgebenen Quaders.*

Mit h_o und h_u als Abstände der Oberseite bzw. der Unterseite vom Flüssigkeitsspiegel und A als Fläche von Ober- und Unterseite beträgt der Auftrieb

$$F = A(P_L + \rho g h_u) - A(P_L + \rho g h_o) = A\rho g(h_u - h_o) = \rho g V_Q .\tag{2.362}$$

Dieser Zusammenhang, den wir für einen Quader hergeleitet haben, gilt allgemein für beliebig geformte Körper. Die Auftriebskraft ist dem Betrage nach gleich der Gewichtskraft der von dem Körper verdrängten Flüssigkeit. Diese Tatsache wurde im Altertum bereits von Archimedes erkannt und wird ihm zu Ehren auch Archimedisches Prinzip genannt.

> Ein Körper, der sich in einer Flüssigkeit befindet, erfährt eine Auftriebskraft, die dem Betrage nach gleich der Gewichtskraft der von ihm verdrängten Flüssigkeit ist.

Neben der Auftriebskraft wirkt auf den Körper auch noch die Schwerkraft.

$$F_{res} = \rho_{Fl} g V_K - m_K g = (\rho_{Fl} - \rho_K) g V_K \tag{2.363}$$

Ist die Dichte des Körpers größer als die Dichte der Flüssigkeit, so ist die resultierende Kraft negativ, d. h. nach unten gerichtet, der Körper sinkt. Bei gleichen Dichten ist die Resultierende null, der Körper ist in einem (indifferenten) Gleichgewicht, man sagt, er schwebt in der Flüssigkeit. Ist dagegen die Dichte des Körpers kleiner als die Dichte der Flüssigkeit, so beschleunigt ihn die Resultierende nach oben. Er wird irgendwann den Flüssigkeitsspiegel durchdringen, so dass die Masse der von ihm verdrängten Flüssigkeit und damit auch der Auftrieb immer kleiner werden. Ist schließlich ihre Masse gleich der Masse des Körpers, so ist die Auftriebskraft gleich der Gewichtskraft des Körpers und das Gleichgewicht ist erreicht, der Körper schwimmt auf der Flüssigkeit.

Zu beachten ist, dass in (2.363) ρ_K die mittlere Dichte des Körpers ist. Ein Schiff aus Stahl schwimmt auf dem Wasser, da der Rumpf im Wesentlichen Luft umschließt, daher können wir (2.363) auch umformulieren.

$$F_{res} = m_{Fl,verdrängt} g - m_K g \tag{2.364}$$

Der Körper befindet sich immer dann im Gleichgewicht, wenn seine Masse gleich der Masse der von ihm verdrängten Flüssigkeit ist. Ein schwimmendes Schiff befindet sich somit im Gleichgewicht. Ein Teil des Schiffes ragt aus dem Wasser. (2.364) beschreibt nur das Gleichgewicht bezüglich Translation. Um auch ein Gleichgewicht bezüglich Rotation zu erreichen, muss auch die Summe aller Drehmomente der auf das Schiff wirkenden Kräfte, also Auftriebs- und Gewichtskraft, null sein. Ein stabiles Gleichgewicht liegt vor, wenn der Angriffspunkt der Auftriebskraft oberhalb des Schwerpunktes liegt. Dabei wird die Lage des Schiffsschwerpunktes von der Massenverteilung des gesamten Schiffes, d. h. der Teile über und unter der Wasserlinie festgelegt. Der Angriffspunkt der Auftriebskraft dagegen wird vom Schwerpunkt der verdrängten Wassermenge bestimmt, unter Annahme einer homogenen Dichte des Wassers somit von der Form des Schiffes unter Wasser. Man nennt daher den Angriffspunkt der Auftriebskraft auch den Formschwerpunkt des Schiffsrumpfes.

Um eine möglichst hohe Stabilität zu erreichen, versucht man bei der Schiffskonstruktion, den Schiffsschwerpunkt möglichst tief zu platzieren, z. B. bei Segelyachten durch Anbringen eines Bleikiels.

Schweredruck bei Gasen

Im Gegensatz zu Festkörpern und Flüssigkeiten sind bei Gasen die zwischenmolekularen Kräfte sehr klein, ihre Dichten sind ebenfalls vergleichsweise gering. Ein Gas nimmt immer die Form des umschließenden Gefäßes an. Ändert sich sein Volumen, so tut es auch das Gas, es ist somit leicht komprimierbar. Als ideal bezeichnet man ein Gas, bei dem es überhaupt keine zwischenmolekularen Kräfte gibt, die Moleküle also nur elastisch kollidieren. Wir haben bereits in (2.220) gesehen, dass durch permanente Kollisionen von Gasmolekülen mit Gefäßwänden eine mittlere Kraft auf diese erzeugt wird, das Gas somit einen Druck ausübt.

Bei einem idealen Gas besteht folgender Zusammenhang zwischen Gefäßvolumen, Masse des Gases, Druck und Temperatur

$$PV = mR_s T \,, \tag{2.365}$$

dies ist die Zustandsgleichung des idealen Gases. R_s ist die spezifische Gaskonstante, sie ist abhängig von der stofflichen Zusammensetzung des Gases. Damit beträgt dessen Dichte

$$\rho = \frac{m}{V} = \frac{P}{R_s T} \ \Rightarrow \rho \sim P, \text{ wenn } T = \text{const.} \tag{2.366}$$

Die Schwerkraft wirkt natürlich auch auf Gase, somit herrscht auch ein entsprechender Schweredruck, dieser kann jedoch nicht mit (2.357) berechnet werden, da die Dichte des Gases mit der Höhe variiert.

Beschränken wir uns jedoch auf nur eine sehr dünne Schicht der Dicke dz, die sich in der Höhe z befinden soll, wobei wir die dort vorliegende Dichte $\rho(z)$ in dem Bereich $[z, z + dz]$ als konstant ansehen, so lautet der Druck in Anlehnung an (2.357)

$$P(z) = \rho(z) g dz + P_{ext} \,. \tag{2.367}$$

Der äußere Druck P_{ext} ist aber der Schweredruck der Höhe $z + dz$.

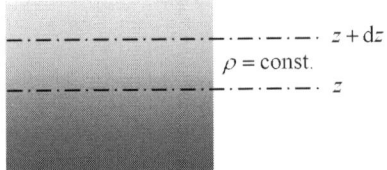

Abb. 2.121 *Zur Herleitung der barometrischen Höhenformel. In der Gasschicht wird die Dichte als konstant angenommen.*

Die Druckdifferenz an der Schicht beträgt somit mit (2.366)

$$dP := P(z + dz) - P(z) = -\rho(z)g\,dz = -\frac{P(z)}{R_s T}g\,dz\;. \tag{2.368}$$

Dies ist eine Differentialgleichung für den Druck $P(z)$ in Abhängigkeit von der Höhe z. Wir stellen (2.368) so um, dass die Variablen P und z auf der linken bzw. rechten Seite der Gleichung stehen und integrieren beide Seiten von der Referenzhöhe null bis zu der Höhe, in der wir den Schweredruck berechnen wollen.

$$\frac{dP}{P} = -\frac{g}{R_s T}dz \;\Rightarrow\; \int_{P(0)}^{P(h)}\frac{dP}{P} == -\frac{g}{R_s T}\int_0^h dz \;\Rightarrow\; \ln\frac{P(h)}{P(0)} = -\frac{g}{R_s T}h$$

$$\Rightarrow\; P(h) = P(0)e^{-\frac{g}{R_s T}h} \tag{2.369}$$

Dieser Zusammenhang ist auch als „barometrische Höhenformel" bekannt, der Schweredruck eines Gases sinkt exponentiell mit steigender Höhe. Für Luft ergeben sich unter der Annahme einer konstanten Erdbeschleunigung und einer konstanten Temperatur von $0\,°C$ die speziellen Werte

$$P(h) = 1013\ \text{hPa}\ e^{-\frac{h}{7{,}7\ \text{km}}}\;, \tag{2.370}$$

dabei werden die Höhen auf die mittlere Höhe des Meeresspiegels bezogen. Auf dem Mt. Everest mit etwa 8800 m Höhe über dem Meeresspiegel beträgt der Luftdruck nur noch etwa 30 % des Luftdrucks auf Meeresniveau.

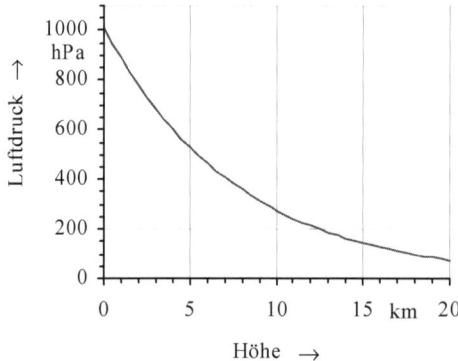

Abb. 2.122 *Verlauf des Luftdrucks mit der Höhe.*

2.7.3   Strömungen

Von einer Strömung spricht man in Alltag, wenn sich insbesondere Flüssigkeiten oder Gase in eine bestimmte Vorzugsrichtung bewegen, bei einem Fluss strömt das Wasser vom Berg ins Tal, Gas strömt durch ein Rohr zur Heizung, westliche Windströmungen bringen Regen, elektrischer Strom fließt durch Drähte... Manchmal überträgt man den Begriff Strömung oder Strom auf gleichartige Objekte, die sich in ähnlicher Weise bewegen: Ein Menschenstrom bewegt sich bei einem Karnevalsumzug durch die Straßen, Strömungen im Meinungsbild beeinflussen die Politik... In der Physik kennt man Ströme geladener Teilchen, die elektrische Energie transportieren, Massenströme, wenn Flüssigkeiten, Gase oder auch feste Schüttgüter fließen. Allgemein bezeichnet man als Strom die zeitliche Änderung einer mengenartigen physikalischen Größe. Im Zusammenhang mit den Newtonschen Axiomen haben wir Kräfte als Impulsströme, Drehmomente als Drehimpulsströme und Leistung als Energiestrom kennen gelernt. Allen Strömen gemeinsam ist die kollektive Bewegung, die tendenziell in eine Richtung erfolgt. Strömen Objekte, die so klein sind, dass man sie nicht einzeln unterscheiden kann, so sagt man auch, ein Medium strömt.

Stromdichte, Kontinuitätsgleichung
Wir wollen nun die Eigenschaften eines Flüssigkeitsstromes untersuchen. Für andere Ströme gelten die Aussagen sinngemäß. Mit der Bewegung sind ein Materie- und damit ein Massenstrom verbunden, pro Zeiteinheit strömt bei einem Fluss eine bestimmte Menge Wasser zu Tal. Weiterhin kann die Strömung langsam oder schnell sein. Um die gleiche Menge Wasser zu transportieren, kann beim schnell fließenden Gewässer seine Querschnittsfläche senkrecht zur Strömungsrichtung kleiner sein als beim langsam fließenden.

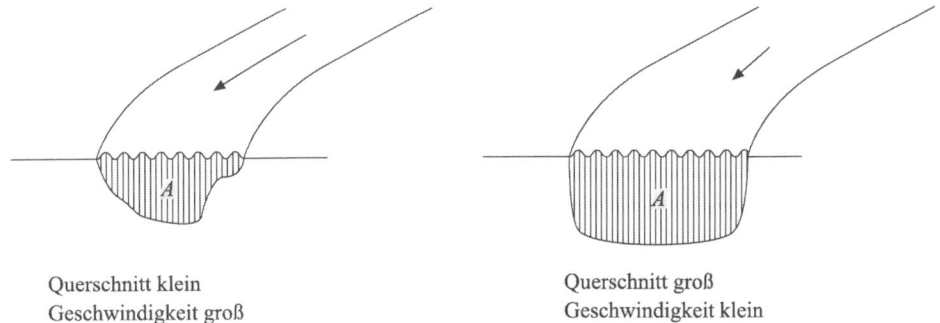

Querschnitt klein   Querschnitt groß
Geschwindigkeit groß   Geschwindigkeit klein

Abb. 2.123 Querschnittsfläche und Strömungsgeschwindigkeit bei Flüssen, die die gleiche Wassermenge pro Zeit transportieren.

Um diese Strömungseigenschaften berücksichtigen zu können, führen wir die Stromdichte

$$j_m := \frac{\dot{m}}{A_{Querschnitt}} \tag{2.371}$$

ein. Zu beachten ist, dass die Normale zur Querschnittsfläche $A_{Querschnitt}$ senkrecht zur Bewegungsrichtung verläuft. Während der Zeitspanne dt fließt durch die Querschnittsfläche die Flüssigkeitsmenge d$m = \rho A_{querschnitt}$ds. Mit (2.371) beträgt die Stromdichte

$$j_m = \frac{1}{A_{Querschnitt}}\frac{dm}{dt} = \frac{1}{A_{Querschnitt}}\frac{\rho A_{Querschnitt}\,ds}{dt} = \rho\frac{ds}{dt} = \rho v_{Strom}, \tag{2.372}$$

dabei ist v_{Strom} die mittlere Strömungsgeschwindigkeit in der Querschnittsfläche. Normalerweise ist bei einer Strömung nicht davon auszugehen, dass die Strömungsgeschwindigkeit überall in der Querschnittsfläche die gleiche ist. Um die unterschiedlichen Strömungsgeschwindigkeiten zu berücksichtigen und beschreiben zu können, erweitern wir mit der lokalen Geschwindigkeit $\vec{v}$ die Stromdichte zu einer vektoriellen Größe

$$\vec{j}_m = \rho\vec{v}\,. \tag{2.373}$$

Die Gesamtheit aller Stromdichtevektoren bezeichnet man auch als Strömungsfeld. Sind die Stromdichtevektoren im gesamten Strömungsfeld konstant, so spricht man auch von einem homogenen Strömungsfeld. Will man bei einem homogenen Strömungsfeld den Strom durch eine beliebig orientierte ebene Messfläche A_{MF} bestimmen, so ist zu beachten, dass der Strom maximal ist, wenn die Messfläche senkrecht zur Stromdichte gerichtet ist, und der Strom null wird, wenn sie in Richtung der Stromdichtevektoren verläuft. Wenn wir die Orientierung der Messfläche mit dem Normalenvektor $\vec{n}$ beschreiben, so beträgt der Strom

$$I = |\,\vec{j}_m\,|\,A_{MF}\cos(\angle(\vec{j}_m,\vec{n})) = -\vec{j}_m \bullet \vec{A}_{MF}\,. \tag{2.374}$$

$\vec{A}_{MF}$ ist der Flächenvektor mit dem Betrag des Flächeninhaltes und der Normalenrichtung. Nach (2.374) kann der Strom negativ werden, wenn der Winkel zwischen Flächenvektor und Stromdichte zwischen 0° und 90° liegt. Das Vorzeichen eines (in unserem Fall) Massenstromes ist für die Bilanzierung der Masse eines Systems von Bedeutung (siehe 2.4.1 (System und Systemgrenze)). Ist der Strom positiv, so fließt Masse in das System, im anderen Fall aus dem System. Das System wird unter anderem durch die Messfläche begrenzt. Da aufgrund einer Konvention in der Geometrie die Normalenvektoren von geschlossenen Flächen immer nach außen zeigen, muss in (2.374) das Minuszeichen eingeführt werden.

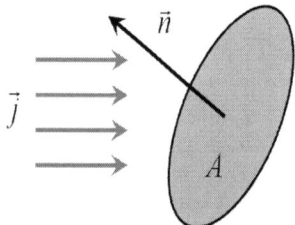

Abb. 2.124 *Stromdichte und Flächennormale: Richtungskonvention.*

Wird das System von mehreren durchströmten Flächen begrenzt, so muss man für den Gesamtstrom, der die Änderung der Systemmasse beschreibt, über alle Teilströme summieren. Variieren Stromdichte und Flächenorientierung räumlich, so muss man die Systemhülle in infinitesimal kleine Teilflächen $d\vec{a}$ aufteilen, in denen die Stromdichte konstant ist. Somit können wir die Masse des Systems unter der Voraussetzung bilanzieren, dass es keine „Quellen" und keine „Senken" für Massen gibt, d. h. dass im System keine Masse aus dem „Nichts" erzeugt wird und keine im „Nichts" verschwindet:

$$\frac{dm_{Sys}}{dt} = \sum_i \Delta I_{m,i} = -\sum_i \vec{j}_{m,i} \bullet \Delta \vec{A}_i \rightarrow$$

$$\frac{dm_{Sys}}{dt} = \int dI_m = - \underset{\substack{\text{geschlossene} \\ \text{Hüllfläche des} \\ \text{Systems}}}{\oint \vec{j} \bullet d\vec{a}} = - \underset{\substack{\text{geschlossene} \\ \text{Hüllfläche des} \\ \text{Systems}}}{\oint \rho \vec{v} \bullet d\vec{a}} \qquad (2.375)$$

Diesen Zusammenhang nennt man auch die Kontinuitätsgleichung für Massenströme. Sie kann man für jede Art von Strömen mengenartiger physikalischer Größen aufstellen. Sie bedeutet allgemein:

> Die (zeitliche) Änderung einer mengenartigen Größe wird, wenn es keine Quellen oder Senken im System gibt, durch Ströme, die durch die Systemhülle hindurchgehen, bewirkt.

Dabei ist der Strom darstellbar als Skalarprodukt aus Stromdichte und Flächenelement. Die Stromdichte kann wiederum zergliedert werden in Dichte der mengenartigen Größe und Geschwindigkeit. Zu bemerken ist, dass der Strom eine skalare Größe ist, die nur zwischen den Richtungen „in das System" und „aus dem System" unterscheiden kann, während die Stromdichte die räumliche Information trägt.

Im Folgenden wollen wir reibungsfreie Massenströme betrachten. Weiterhin soll das Medium inkompressibel sein, was bei Flüssigkeiten und festen Schüttgütern immer der Fall ist, bei Gasen nur, wenn die Strömungsgeschwindigkeit kleiner ist als ein Drittel der Schallgeschwindigkeit[1]. Wir nehmen ferner an, dass die Dichte des Mediums konstant ist, also im Falle von Gasen keine Dichtevariation aufgrund des Schweredrucks zu berücksichtigen ist.

Für einen Abschnitt eines Rohres, das von einer Flüssigkeit durchströmt wird, können wir somit die Massen bilanzieren:

Abb. 2.125 *Massenstrom durch ein Rohr.*

$$\dot{m}_{Sys} = \dot{m}_{Rohrabschnitt} = \dot{m}_{ein} + \dot{m}_{aus} = 0. \qquad (2.376)$$

Gemäß der Konvention ist $\dot{m}_{ein} > 0$. Sind zusätzlich noch die Massenströme in bzw. aus dem System zeitlich konstant, so spricht man von einer stationären Strömung. Unter der Voraussetzung, dass die Flüssigkeit nur durch die Stirnflächen des Rohres fließen kann und

---

[1]   Diese beträgt bei Luft unter „Normbedingungen" 340 m/s.

diese senkrecht zur Strömungsrichtung stehen, können wir (2.376) mit (2.373) und (2.374) umformen.

$$0 = -\rho \vec{\bar{v}}_{ein} \bullet \vec{A}_{ein} - \rho \vec{\bar{v}}_{aus} \bullet \vec{A}_{aus} = \rho \bar{v}_{ein} A_{ein} - \rho \bar{v}_{aus} A_{aus} \Rightarrow \bar{v}_{ein} A_{ein} = \bar{v}_{aus} A_{aus}. \qquad (2.377)$$

Da man die Ein- und Austrittsfläche des Rohrabschnittes beliebig platzieren kann, ist für beliebige Flächen $\bar{v} A_{\perp} = const$.[1] Fließt eine Flüssigkeit durch ein Rohr, das sich verengt, so wird die Strömungsgeschwindigkeit größer, die Moleküle werden beschleunigt.

Unter der Voraussetzung konstanter Dichte rechnet man häufig auch statt mit Massenströmen mit Volumenströmen.

$$\dot{V} := -\vec{v} \bullet \vec{A} = -vA\cos(\angle(\vec{v}, \vec{A})) \qquad (2.378)$$

Das Minuszeichen ergibt sich aus der Konvention $\dot{m}_{ein} > 0$. Zwischen Volumen- und Massenstrom besteht der Zusammenhang

$$\dot{m} = \rho \dot{V} = -\rho vA\cos(\angle(\vec{v}, \vec{A})). \qquad (2.379)$$

Sind Normalenvektor und Geschwindigkeit an Eintritts- und Austrittsfläche kollinear, so beträgt aufgrund der Orientierung dieser Begrenzungsflächen des Systems (Rohres) $\dot{V}_{ein} = \bar{v}_{ein} A_{ein}$ bzw. $\dot{V}_{aus} = -\bar{v}_{aus} A_{aus}$. Dies entspricht der Vorzeichenkonvention für Ströme in oder aus Systemen und (2.376) lautet dann $\dot{m}_{Sys} = 0 = \rho \dot{V}_{ein} + \rho \dot{V}_{aus}$.

Energiesatz

Greifen an einer Flüssigkeit, die durch ein Rohr strömt, in einem gewissen Abschnitt Kräfte an, so wird an jedem Molekül Arbeit verrichtet. Gemäß (2.132) wird dessen kinetische Energie am Ende des Rohrabschnittes gegenüber der am Anfang geändert. Einem Massenstrom $\dot{m}$, der durch einen Abschnitt des Rohres strömt, wird entsprechend ein Energiestrom (2.152) zu- oder abgeführt.

Auf die Flüssigkeit wirkende Kräfte können sein

- Kräfte, die senkrecht zu beiden Querschnittsflächen am Ende des betrachteten Rohrabschnittes wirken,
- die Schwerkraft.

Unter der Annahme, dass die ersten Kräfte zeitlich konstant sind, ebenso wie die Höhendifferenz, die der Flüssigkeitsstrom überwindet, beträgt der Energiestrom mit (2.152), der der Flüssigkeit zu- oder abgeführt werden muss, um die Strömungsgeschwindigkeit am Ausgang gegenüber der am Eingang zu ändern

$$P = \frac{\dot{m}}{2}(\bar{v}_{aus}^2 - \bar{v}_{ein}^2) = \vec{F}_{ein} \bullet \frac{d\vec{s}_{ein}}{dt} + \vec{F}_{aus} \bullet \frac{d\vec{s}_{aus}}{dt} - \Delta \dot{E}_{pot} \Rightarrow$$

$$\frac{\dot{m}}{2}(\bar{v}_{aus}^2 - \bar{v}_{ein}^2) = \vec{F}_{ein} \bullet \vec{\bar{v}}_{ein} + \vec{F}_{aus} \bullet \vec{\bar{v}}_{aus} - \dot{m}g(h_{aus} - h_{ein}). \qquad (2.380)$$

---

[1]   Da die Strömungsgeschwindigkeit im Rohrquerschnitt variieren kann, gehen wir von der mittleren Geschwindigkeit aus.

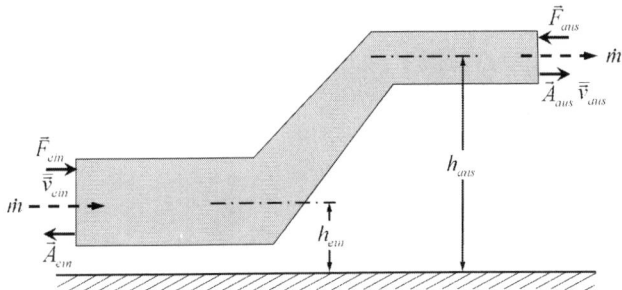

Abb. 2.126   *Rohr mit unterschiedlichem Durchmesser und unterschiedlichen Höhen.*

Die äußeren Kräfte $\vec{F}_{ein}$ und $\vec{F}_{aus}$ an den Enden des Rohres bewirken nach (2.353) einen Druck in der Flüssigkeit, daher gilt wegen der unterschiedlichen Richtungen von Kraft und Flächennormalen

$$\vec{F}_{ein} \bullet \vec{v}_{ein} = -P_{ein}\vec{A}_{ein} \bullet \vec{v}_{ein}, \ \vec{F}_{aus} \bullet \vec{v}_{aus} = -P_{aus}\vec{A}_{aus} \bullet \vec{v}_{aus} . \tag{2.381}$$

Mit Hilfe von (2.378) können wir (2.381) durch den Volumenstrom $\dot{V} = \dot{m}/\rho$ ausdrücken und in (2.380) einsetzen.

$$\vec{F}_{ein} \bullet \vec{v}_{ein} = P_{ein}\dot{V} = P_{ein}\frac{\dot{m}}{\rho}, \ \vec{F}_{aus} \bullet \vec{v}_{aus} = -P_{aus}\dot{V} = -P_{aus}\frac{\dot{m}}{\rho} \Rightarrow$$

$$\frac{\dot{m}}{2}(\vec{v}_{aus}^2 - \vec{v}_{ein}^2) = P_{ein}\frac{\dot{m}}{\rho} - P_{aus}\frac{\dot{m}}{\rho} - \dot{m}g(h_{aus} - h_{ein}) . \tag{2.382}$$

Bringen wir alle Terme, die Größen am Rohranfang beschreiben, auf die linke, die Größen vom Rohrende auf die rechte Seite von (2.382), dividieren sie durch $-\dot{m}$, so erhalten wir die Bernoulli[1]-Gleichung.

$$P_{ein} + \rho g h_{ein} + \frac{\rho}{2}\vec{v}_{ein}^2 = P_{aus} + \rho g h_{aus} + \frac{\rho}{2}\vec{v}_{aus}^2 = const \tag{2.383}$$

Diese setzt die Drücke in einem Abschnitt eines Rohres oder sonstigem Gefäß, das von einer Flüssigkeit durchströmt wird, in Beziehung. Speziell bezeichnet man $\rho g h$ als Schweredruck, $\frac{\rho}{2}v^2$ als Staudruck. Den äußeren Druck P und $\rho g h$ fasst man auch zum statischen Druck zusammen, der Staudruck oder dynamische Druck tritt nur auf, wenn sich die Flüssigkeit bewegt. Im Grenzfall $v \to 0$ erhalten wir für den statischen Druck

$$P_{ein} + \rho g h_{ein} = P_{aus} + \rho g h_{aus} = const . \Rightarrow \Delta P = \rho g \Delta h , \tag{2.384}$$

d. h. durch Messung der Höhendifferenz der Flüssigkeitsspiegel in einem U-Rohr kann man die Druckdifferenz auf die Flüssigkeitsspiegel oder bei einem bekannten Druck den anderen messen. Auf diesem Prinzip beruhen einige Manometer (Druckmesser). Anderseits muss

---
[1]   D. Bernoulli (1700–1782).

ebenfalls eine Druckdifferenz an den Enden eines horizontal verlaufenden Rohres anliegen, um die Flüssigkeit aus der Ruhe in Bewegung zu setzen.

Anwendungen der Bernoulli-Gleichung

Ausfließen aus einem Gefäß
In einem mit Flüssigkeit gefülltem Gefäß befindet sich unterhalb des Flüssigkeitsspiegels eine kleine Öffnung, aus der die Flüssigkeit ausströmen kann. Mit Hilfe der Bernoulli-Gleichung können wir die Ausströmgeschwindigkeit berechnen.

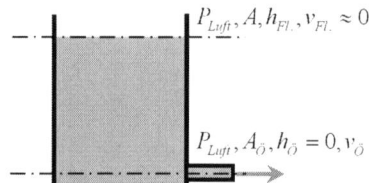

Abb. 2.127   *Eine Flüssigkeit strömt aus einer kleinen Öffnung.*

Wir nehmen dabei an, dass auf den Flüssigkeitsspiegel des Gefäßes und auf die durch das Loch ausströmende Flüssigkeit der äußere Luftdruck P_{Luft} wirkt. Das Gefäß können wir als Rohr mit sehr unterschiedlichen Eintritts- und Austrittsöffnungen auffassen, zum einen der Flüssigkeitsspiegel oben im Gefäß als Eintrittsöffnung, zum anderen die vergleichsweise enge Austrittsöffnung. Daher wird die Strömungsgeschwindigkeit, mit der der Flüssigkeits-spiegel sinkt, wegen (2.377) vernachlässigbar sein gegenüber der Geschwindigkeit $v_{\ddot{O}}$ in der Austrittsöffnung. Damit vereinfacht sich die Bernoulli-Gleichung (2.383) zu

$$P_{Luft} + \rho g h_{Fl} = P_{Luft} + \frac{\rho}{2} v_{\ddot{O}}^2 \qquad (2.385)$$

und wir erhalten bei bekannter Höhe h_{Fl} des Flüssigkeitsspiegels über der Austrittsöffnung die Austrittsgeschwindigkeit

$$v_{\ddot{O}} = \sqrt{2 g h_{Fl}} \; . \qquad (2.386)$$

Dies entspricht der Geschwindigkeit, die ein aus der gleichen Höhe frei fallender Körper erreichen würde. Da wir nur Drücke zueinander in Beziehung gesetzt haben, spielt die Aus-flussrichtung keine Rolle. Die Austrittsöffnung kann an der Seite des Gefäßes, an seinem Boden oder wie bei einer Gießkanne auch schräg angeordnet sein.

Venturi-Effekt
Strömt eine Flüssigkeit durch einen Rohrabschnitt, der sich an einer Stelle verengt, so erhöht sich hinter der Engstelle gemäß (2.377) die Strömungsgeschwindigkeit. Verläuft das Rohr

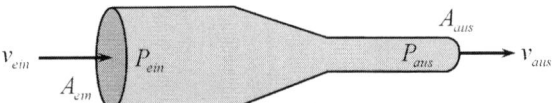

Abb. 2.128   *Zum Venturi-Effekt.*

horizontal und sind statischer Druck P_{ein} sowie Strömungsgeschwindigkeit v_{ein} im Eingang gegeben, so stellt sich im Ausgang ein Druck

$$P_{aus} = P_{ein} + \frac{\rho}{2}(v_{ein}^2 - v_{aus}^2) \tag{2.387}$$

ein.

Mit den Rohrquerschnittsflächen A_{ein} und A_{aus} unter Beachtung von (2.377) erhalten wir

$$v_{aus} = \frac{A_{ein}}{A_{aus}} v_{ein} \Rightarrow P_{aus} = P_{ein} + \frac{\rho}{2}(v_{ein}^2 - (\frac{A_{ein}}{A_{aus}} v_{ein})^2), \tag{2.388}$$

da jedoch $A_{ein} > A_{aus}$ ist, ist $P_{aus} < P_{ein}$. Dies gilt für beliebige Strömungen inkompressibler Medien, man nennt dies auch den Venturi-Effekt:

> Steigt die Strömungsgeschwindigkeit in einem Medium, so sinkt der statische Druck.

Die Funktion von Flüssigkeitszerstäubern und Wasserstrahlpumpen basiert auf dem Venturi-Effekt: Wasser wird durch ein Rohr gepumpt, das eine Engstelle aufweist. In dieser Engstelle befindet sich ein Abzweig, der mit einem zu evakuierenden Gefäß verbunden ist. Ist die Strömungsgeschwindigkeit des Wassers in der Engstelle so groß, dass der statische Druck kleiner wird als der statische (Luft-)Druck im Vakuumgefäß, so wird, getrieben von der Druckdifferenz, die Luft aus dem Gefäß abgesaugt.

Die Auftriebskraft der Tragflächen bei Flugzeugen wird ebenfalls durch den Venturi-Effekt bewirkt. Aufgrund des Profils einer Tragfläche legt der Luftstrom oberhalb der Tragfläche

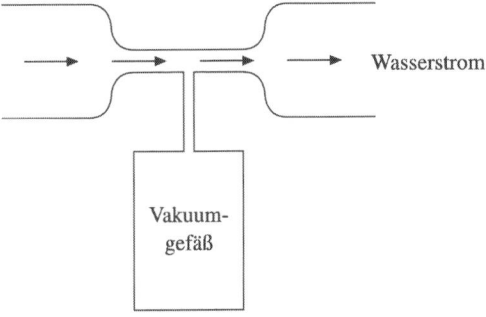

Abb. 2.129   *Wasserstrahlpumpe.*

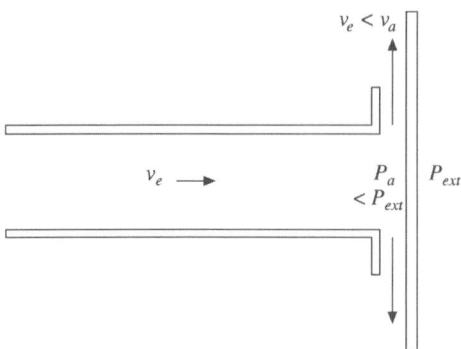

Abb. 2.130 *Hydrodynamisches Paradoxon.*

einen längeren Weg zurück als der Luftstrom längs der Unterseite. Die dadurch entstehende Druckdifferenz erzeugt die Auftriebskraft. Ein Flugzeug muss daher mit einer gewissen Mindestgeschwindigkeit fliegen, damit die Auftriebskraft die Gewichtskraft kompensiert.

Für Verblüffung sorgt häufig das so genannte hydrodynamische Paradoxon. Wird ein Schlauchende sehr dicht an eine Platte gepresst, so dass das Wasser nur durch einen schmalen Spalt radial ausströmen kann, so sinkt in dem Spalt der statische Druck, weil die Strömungsgeschwindigkeit stark erhöht wird. Ist der Umgebungsdruck größer als der statische Druck in dem Spalt, so wird die Platte an das Schlauchende gedrückt.

Impulssatz bei Massenströmen
Bei einer stationären Flüssigkeitsströmung hat jedes Molekül, das sich in dem Strom bewegt, einen Impuls, neben dem Massenstrom erfolgt gleichzeitig auch ein Impulsstrom und somit eine Kraft in Strömungsrichtung

$$\vec{F} = \dot{m}\vec{v} = \rho \dot{V}\vec{v} \, . \tag{2.389}$$

Diese Kraft erfährt z. B. eine Wand, gegen die ein Wasserstrahl gespritzt wird. Die Kraft auf die Eintritts- und Austrittsfläche eines Rohrabschnittes beträgt mit (2.389) und (2.378)

$$\vec{F}_{ein} = -\rho(\vec{A}_{ein} \bullet \vec{v}_{ein})\vec{v}_{ein} = -\rho A_{ein} v_{ein} \cos(180°)\vec{v}_{ein} = \rho A_{ein} v_{ein} \vec{v}_{ein}$$
$$\vec{F}_{aus} = -\rho(\vec{A}_{aus} \bullet \vec{v}_{aus})\vec{v}_{aus} = -\rho A_{aus} v_{aus} \cos(0°)\vec{v}_{aus} = -\rho A_{aus} v_{aus} \vec{v}_{aus} \, . \tag{2.390}$$

Bei einem geraden Rohrstück mit gleich großen Ein- und Austrittsflächen sind die Geschwindigkeiten gleich und damit die Kräfte entgegengesetzt gleich groß, die Gesamtkraft auf die Flüssigkeit ist null.

Sind die Ein- und Austrittsflächen eines geraden Rohrstückes unterschiedlich groß, so lautet mit (2.377) die Kraft auf die Austrittsfläche in Abhängigkeit von der Kraft auf die Eintrittsfläche

$$\vec{F}_{aus} = -\rho A_{aus} \frac{A_{ein}}{A_{aus}} v_{ein} \frac{A_{ein}}{A_{aus}} \vec{v}_{ein} = -\frac{A_{ein}}{A_{aus}} \vec{F}_{ein} \, , \tag{2.391}$$

die resultierende Kraft beträgt dann

$$\vec{F}_{res} = \vec{F}_{aus} + \vec{F}_{ein} = -\frac{A_{ein}}{A_{aus}}\vec{F}_{ein} + \vec{F}_{ein} = -(\frac{A_{ein}}{A_{aus}} - 1)\vec{F}_{ein} \; . \tag{2.392}$$

Diese Kraft beschleunigt die Flüssigkeit (siehe Kontinuitätsgleichung S. 180) und muss von der Halterung des Rohres, das sich ja nicht bewegen soll, aufgefangen werden. Ändert sich außerdem noch die Richtung der Strömung, so ergibt sich die Resultierende zu

$$\vec{F}_{res} = \vec{F}_{aus} + \vec{F}_{ein} = -\rho A_{aus}\frac{A_{ein}}{A_{aus}}v_{ein}\vec{v}_{aus} + \rho A_{ein}v_{ein}\vec{v}_{ein}$$

$$\vec{F}_{res} = \rho A_{ein}v_{ein}(\vec{v}_{ein} - \vec{v}_{aus}) \; . \tag{2.393}$$

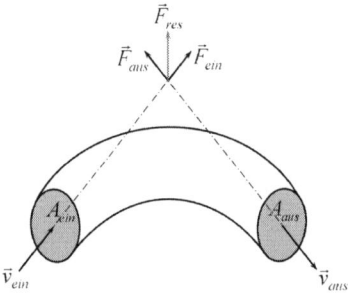

Abb. 2.131 *Kraft auf einen von einer Flüssigkeit durchströmten Rohrkrümmer.*

Viskose Flüssigkeiten
Von viskosen Flüssigkeiten spricht man, wenn zwischen den sich bewegenden Molekülen und der Gefäßwand oder unter den Molekülen Reibungskräfte wirken. Diese Reibungskräfte hemmen die Bewegung, der Flüssigkeit wird ein Energiestrom $\dot{W}_{Reib}$ entzogen. Um durch ein horizontal verlaufendes Rohrstück eine Flüssigkeit mit konstanter Geschwindigkeit strömen zu lassen, muss eine entsprechende Leistung zugeführt werden.

$$(2.282) \Rightarrow \frac{\dot{m}}{2}(\bar{v}_{aus}^2 - \bar{v}_{ein}^2) = 0 = P_{ein}\dot{V}_{ein} + P_{aus}\dot{V}_{aus} - \dot{W}_{Reib} \; . \tag{2.394}$$

Zum Aufrechterhalten des Volumenstroms $\dot{V}_{ein} = -\dot{V}_{aus}$ muss daher die Druckdifferenz

$$\Delta P := P_{ein} - P_{aus} = \frac{\dot{W}_{Reib}}{\dot{V}_{ein}} \tag{2.395}$$

zwischen Eingang und Ausgang vorliegen. Wir haben im Abbschnitt 2.3.5 (Innere Reibung) gesehen, dass Kräfte der inneren Reibung bei laminarer Strömung ~ v, die abgeführte Leistungen somit ~ v^2, bei turbulenter Strömung dagegen ~ v^2, die Leistungen also ~ v^3 sind. Bei laminaren Strömungen gleiten die einzelnen Flüssigkeitsschichten aneinander vorbei, ohne sich zu durchmischen. Turbulente Strömungen durchmischen sich in einem unübersichtlichen Muster, wobei Wirbel entstehen und auch wieder verschwinden können. Welches Strömungsmuster entsteht, hängt von der Geometrie des Rohrs, der Dichte und der Viskosität der Flüssigkeit sowie von der Strömungsgeschwindigkeit ab. Mit den Volumenströmen $\dot{V} = Av$ ist

$$\Delta P \sim \dot{V} \text{ (laminare Strömung) oder } \Delta P \sim \dot{V}^2 \text{ (turbulente Strömung).} \qquad (2.396)$$

Im Falle der laminaren Strömung nennt man den Proportionalitätsfaktor auch Strömungswiderstand R_{Rohr}.

Laminare Strömungen
Bei diesem Modell der Strömung gliedert man die Flüssigkeit in einzelne Schichten mit jeweils konstanter Strömungsgeschwindigkeit, die unter Einfluss von Reibung aneinander vorbeigleiten. Aufgrund der Relativgeschwindigkeit zwischen den Schichten wird ein zuerst würfelförmiges Flüssigkeitsvolumen mit der Zeit geschert, die Reibungskräfte bewirken Schubspannungen zwischen den Schichten.

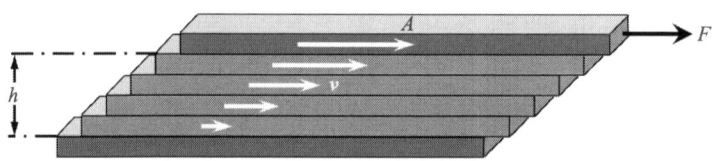

Abb. 2.132 *Schichtenmodell einer laminaren Strömung.*

Ein einfacher Ansatz von Newton verknüpft die Schubspannung $\tau = F/A$ zwischen der untersten und der obersten Schicht (Fläche A) eines quaderförmigen Ausschnitts aus der strömenden Flüssigkeit (Höhe h) mit der Relativgeschwindigkeit der Schichten.

$$\tau \sim \frac{v_{oben} - v_{unten}}{h} \qquad (2.397)$$

Den Proportionalitätsfaktor nennt man „dynamische Viskosität η" der Flüssigkeit, ihre Einheit wird in $[\eta/v] = $ Pa $\cdot$ s angegeben. Er beschreibt anschaulich die Zähigkeit der Flüssigkeit, Honig ist also etwa viskoser als Wasser. Allgemein nimmt die Viskosität mit sinkender Temperatur zu, daher sollte das Motorenöl im Winter eine niedrigere Viskosität aufweisen als das für den Sommerbetrieb.

Je nach Rohrgeometrie können die gegeneinander gleitenden Schichten anders als im obigen ebenen Modell geformt sein, entsprechend bilden sich andere räumliche Geschwindigkeitsprofile aus. Für den allgemeinen Fall einer gradlinigen radialsymmetrischen laminaren Strömung lautet das Newtonsche Reibungsgesetz

$$\tau = \eta \frac{dv}{dr}, \tag{2.398}$$

dabei bezeichnet r die Koordinate senkrecht zur Strömungsrichtung. Das Geschwindigkeitsprofil in einem zylindersymmetrischen Rohr mit dem Durchmesser D_{Rohr} gehorcht dem Hagen-Poiseulleschen Gesetz, das wir hier nicht aus (2.398) herleiten wollen.

$$v(r) = \frac{P_{ein} - P_{aus}}{4\eta l_{Rohr}} \left(\left(\frac{D_{Rohr}}{2} \right)^2 - r^2 \right) \tag{2.399}$$

Für eine stationäre Strömung ist im Einklang mit (2.395) eine Druckdifferenz $P_{ein} - P_{aus}$ längs eines Rohrabschnittes der Länge l_{Rohr} erforderlich. (2.399) beschreibt ein parabolisches Geschwindigkeitsprofil, die Flüssigkeit ruht in unmittelbarer Umgebung der Rohrwände, die Geschwindigkeit erreicht in der Rohrmitte das Maximum

$$v_{max}(r = 0) = \frac{P_{ein} - P_{aus}}{4\eta l_{Rohr}} \left(\frac{D_{Rohr}}{2} \right)^2. \tag{2.400}$$

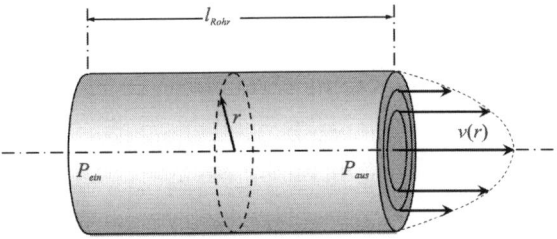

Abb. 2.133 *Parabolisches Geschwindigkeitsprofil gemäß dem Hagen-Poiseulleschen Gesetz.*

Der Massenstrom durch das Rohr ergibt sich aus der Integration über die einzelnen Schichten (konzentrische Zylinder), in denen die Strömungsgeschwindigkeiten konstant sind.

$$\dot{m} = \int \mathrm{d}m(r) = \int_0^{D/2} \rho v(r) \mathrm{d}A = \rho \int_0^{D/2} \frac{P_{ein} - P_{aus}}{4\eta l_{Rohr}} ((\frac{D_{Rohr}}{2})^2 - r^2) 2\pi r \mathrm{d}r$$

$$\dot{m} = 2\pi\rho \frac{P_{ein} - P_{aus}}{4\eta l_{Rohr}} ((\frac{D_{Rohr}}{2})^2 \frac{1}{2}(\frac{D_{Rohr}}{2})^2 - \frac{1}{4}(\frac{D_{Rohr}}{2})^4)$$

$$\dot{m} = \pi\rho \frac{P_{ein} - P_{aus}}{8\eta l_{Rohr}} (\frac{D_{Rohr}}{2})^4 = \rho \dot{V} \tag{2.401}$$

(2.401) nach $\Delta P = P_{ein} - P_{aus}$ aufgelöst ergibt in Anlehnung an (2.396)

$$\Delta P = \frac{8\eta l_{Rohr}}{\pi(\frac{D_{Rohr}}{2})^4} \dot{V} = R_{Rohr} \dot{V} . \tag{2.402}$$

R_{Rohr} spielt dabei die Rolle des „Rohrwiderstandes". Halbiert man den Durchmesser eines Rohrabschnitts, so muss die Druckdifferenz 16-mal so groß sein, um die gleiche Menge Flüssigkeit strömen zu lassen.

Turbulente Strömung
Die vorher behandelte laminare Strömung kommt nur bei „kleinen" Geschwindigkeiten vor. Was nun genau unter „klein" zu verstehen ist, hängt von dem Rohrdurchmesser, der Dichte und der Viskosität der Flüssigkeit ab. Auskunft darüber, ob eine Strömung durch ein Rohr laminar oder turbulent sein wird, gibt die so genannte Reynoldszahl[1]

$$Re := \frac{\rho D_{Rohr} \bar{v}}{\eta} . \tag{2.403}$$

Aus Versuchen weiß man, dass Strömungen mit Reynoldszahlen < 2000 laminar sind, bei Reynoldszahlen > 3000 dagegen turbulent. Welche Strömungsform im Zwischenbereich angenommen wird, hängt von verschiedenen Parametern wie z. B. Oberflächenrauheit des Rohres ab.

Da die bei turbulenter Strömung abgeführte Leistung $\sim \bar{v}^3$ ist, ist die für eine stationäre Strömung erforderliche Druckdifferenz gemäß (2.396) $\sim \bar{v}^2$. Daher wird diese Druckdifferenz häufig auch analog zum dynamischen Druck in (2.383) angegeben

$$\Delta P = \varsigma \frac{\rho}{2} \bar{v}^2 . \tag{2.404}$$

---

[1]   Benannt nach O. Reynolds (1842–1912).

Der Widerstandsbeiwert ζ setzt sich wiederum zusammen aus der Länge des Rohrabschnitts, dem Rohrdurchmesser und der Rohrreibungszahl λ, in sie gehen Rauheit der Rohroberfläche und Reynoldszahl ein.

$$\varsigma = \lambda \frac{l}{D_{Rohr}} \tag{2.405}$$

Auch für laminare Strömungen können wir die Druckdifferenz wie in (2.404) formulieren. Vergleichen wir (2.402) mit (2.404) unter Beachtung von $\dot{V} = \rho A_{Rohr} \bar{v}$, so erhalten wir:

$$\Delta P = \frac{8\eta l_{Rohr}}{\pi (\frac{D_{Rohr}}{2})^4} \dot{V} = \frac{32\eta l_{Rohr}}{D_{Rohr}^2} \rho \bar{v} = \lambda \frac{l}{D_{Rohr}} \frac{\rho}{2} \bar{v}^2 \Rightarrow \lambda = \frac{64\eta}{\rho D_{Rohr} \bar{v}} \tag{2.406}$$

Mit (2.403) lautet λ in Abhängigkeit von der Reynoldszahl Re

$$\lambda = \frac{64}{Re} . \tag{2.407}$$

3 Thermodynamik

Die Wärmelehre oder Thermodynamik beschäftigt sich mit allen Erscheinungen der Physik, die mit den menschlichen Sinnesempfindungen „warm" und „kalt" zu tun haben. Wärme stellt außerdem eine wichtige Energieform dar, die für die unterschiedlichsten technischen Anwendungen eine große Bedeutung hat. Insbesondere der effiziente Wechsel von Energieträgern spielt in Zeiten knapper Ressourcen eine immer größere Rolle.

Erschien die Wärme zunächst als völlig neues Naturphänomen, dem man sogar einen eigenen Stoff, das „Phlogiston", zuschrieb, um z. B. die Übertragung von Wärme von einem Körper auf einen anderen zu erklären, so wurden im Laufe der Zeit wichtige Brücken zur Mechanik geschlagen, die mit der Einführung des Energiebegriffes einhergingen. Lange Zeit waren die Ursachen der Erscheinungen im Zusammenhang mit Wärme unklar, man beschränkte sich in der phänomenologischen Thermodynamik auf das Finden von Zusammenhängen zwischen messbaren Größen makroskopischer Objekte. Diese Erkenntnisse wurden in den „Hauptsätzen" der Thermodynamik verankert.

Erst mit der mikroskopischen Theorie konnte die Ursache der Wärmephänomene geklärt werden. Wärme kann man auf die ungeordnete Bewegung der Atome bzw. Moleküle makroskopischer Objekte zurückführen, die thermische Energie ist nichts anderes als die kinetische Energie der mikroskopischen Bausteine. Die phänomenologischen thermischen Größen makroskopischer Objekte können über die Statistik mechanischer Größen ihrer Bausteine ermittelt werden. Ein wichtiger Zweig der Thermodynamik ist daher die statistische Physik, deren Einfluss auf die Festkörper-, Laser- oder Astrophysik, um nur einige Gebiete zu nennen, mittlerweile weit über den Bereich der klassischen Thermodynamik hinausgeht.

3.1 Temperatur

Sie ist die zentrale physikalische Größe der Thermodynamik und beschreibt den thermischen Zustand von Objekten, d. h. ob sie warm oder kalt sind. Die Einheit für die Temperatur ist die Basisgröße Kelvin. Im Alltag werden Temperaturen in der Regel in Grad Celsius (°C), in den USA auch in Grad Fahrenheit (°F) angegeben.

Um die Temperatur eines Objektes messen zu können, benötigt man ein geeignetes Messinstrument, ein so genanntes Thermometer. In der menschlichen Haut sind solche Messfühler eingebaut, wir können durch „Handauflegen" unter verschiedenen Objekten feststellen, welche wärmer und welche kälter sind. Die Sinneszellen ändern, abhängig von der Temperatur des befühlten Gegenstandes, die Signale, die sie über die Nerven zum Gehirn senden.

Auch andere Thermometer ändern in charakteristischer Weise ihre Eigenschaften in Abhängigkeit von der Temperatur des zu messenden Gegenstandes.

- Die meisten Körper, gleichgültig ob fest, flüssig oder gasförmig, verändern bei Temperaturänderung ihr Volumen. In den meisten Fällen wird das Volumen mit steigender Temperatur größer, nur bei speziellen Kunststoffen ist das Verhalten umgekehrt.
- Viele Stoffe ändern bei ganz charakteristischen Temperaturen ihren Aggregatzustand, Festkörper schmelzen oder Flüssigkeiten verdampfen bei steigenden Temperaturen bzw. Flüssigkeiten erstarren oder Gase kondensieren bei sinkenden Temperaturen.
- Elektrisch leitende Materialien ändern ihren elektrischen Widerstand in Abhängigkeit von der Temperatur.
- Gewisse Kombinationen von leitenden Materialien erzeugen elektrische Spannungen, wenn ihre Kontaktstellen unterschiedliche Temperaturen aufweisen.
- Magnetische Eigenschaften werden durch die Temperatur beeinflusst.

Änderungen der Eigenschaften von Gegenständen, die in Abhängigkeit von der Temperatur erfolgen, nennt man auch thermometrisch, d. h. temperaturmessend. Von Werten der physikalischen Größen thermometrischer Eigenschaften kann man auf die Temperatur zurückschließen. Hat sich z. B. die Temperatur von 10 °C auf 50 °C geändert, so ist die Flüssigkeitssäule eines bestimmten Thermometers um 1,2 cm gestiegen.

3.1.1   Temperaturskalen

Um eine Temperaturskala, mit der man den Maßzahlen der thermometrischen Größe konkrete Temperaturen zuordnen kann, festlegen zu können, braucht man Zustandsänderungen, die bei ganz bestimmten Temperaturen oder in sehr eng begrenzten Temperaturbereichen erfolgen. Als besonders geeignet erweisen sich Änderung des Aggregatzustandes oder Phasenübergänge, diese finden meist bei charakteristischen Temperaturen statt. Diese Temperaturen nennt man auch Fixpunkte einer Temperaturskala.

Die heute am meisten gebrauchte Temperaturskala ist die Celsius[1]-Skala, sie bezieht sich auf zwei Fixpunkte des Wassers. Als 0 °C wird der Gefrierpunkt, als 100 °C der Siedepunkt des Wassers, jeweils bei Normaldruck von 1013 hPa festgelegt. 1 °C ist somit der hundertste Teil dieser linear geteilten Skala. Die Linearität, d. h. die Proportionalität der Änderung der thermometrischen Größe ΔX, z. B. die Höhe der Flüssigkeitssäule eines Thermometers, und der Temperaturänderung ΔT, ist für den praktischen Gebrauch eines Thermometers von großer Bedeutung. Dies ist bei der Auswahl der Flüssigkeit zu beachten.

$$\Delta X \sim \Delta T \tag{3.1}$$

Beziehen wir alle Größen auf 0 °C, so können wir aus den gemessenen Größen $X(T)$ die Temperatur T berechnen.

$$\Delta X := X(T) - X(0°C) = k(T - 0°C) \text{ mit } X(100°C) - X(0°C) = k(100°C - 0°C)$$

$$\Rightarrow T = \frac{X(T) - X(0°C)}{X(100°C) - X(0°C)} 100°C \tag{3.2}$$

---

[1]   Sie wurde 1742 von A. Celsius (1701–1744) festgelegt.

Insbesondere können Werte unterhalb von 0 °C und oberhalb von 100 °C durch lineare Extrapolation von (3.2) bestimmt werden. Andere Temperaturskalen sind die schon erwähnte Fahrenheit[1]-Skala. Sie benutzt drei Fixpunkte: 0 °F ist die tiefste Temperatur, die man seinerzeit mit einer Kältemischung erreichen konnte, die Temperatur menschlichen Blutes definieren 100 °F und die Siedetemperatur von Quecksilber 600 °F. Die absolute oder Kelvin[2]-Temperaturskala beginnt beim „absoluten Nullpunkt" der Temperatur, auf dessen Festlegung wir später genauer eingehen werden, und hat als oberen Fixpunkt den so genannten Tripelpunkt des Wassers bei 273,15 K. Unter einem „Tripelpunkt" versteht man den Zustand eines chemisch reinen Stoffes, bei dem die drei Aggregatzustände fest, flüssig und gasförmig koexistieren. Befindet sich der Stoff in einem Gefäß, so wird ein Teil davon von dem Stoff in fester Form, ein anderer Teil von der flüssigen Phase und der Rest von dem gasförmigen Stoff eingenommen. Bei einer ganz bestimmten Temperatur und einem ganz bestimmten Druck im Gefäß bleiben die Mengen des Stoffes in den jeweiligen Phasen zeitlich konstant, was man experimentell sehr leicht feststellen kann. Bei anderen Temperaturen und anderen Drücken kann sich eine der Phasen zugunsten der anderen auflösen, Eis schmilzt, Wasser verdampft usw. Im Falle des Wassers koexistieren Eis, flüssiges Wasser und Wasserdampf bei 0,01 °C. Um nicht von der „bewährten" Skalenteilung der Celsiusskala abweichen zu müssen, wurde die Tripeltemperatur des Wassers auf den Wert 273,15 K festgelegt.

Die Fixpunkte sind so festgelegt, dass sie einen großen Temperaturbereich abdecken, damit es immer möglich ist, thermometrische Medien zu finden, deren Verhalten bei Temperaturänderung zwischen den Fixpunkten zumindest näherungsweise linear ist.

Tab. 3.1 *Fixpunkte der internationalen Temperaturskala von 1990 beim Druck von 1013,25 hPa.*

Gleichgewichtszustand	Temperatur in K	Temperatur in °C
Siedepunkte Helium (versch. *P*)	3…5	−270,15…−268,15
Tripelpunkt Wasserstoff	13,8033	−268,15
Tripelpunkt Neon	24,5561	−248,5939
Tripelpunkt Sauerstoff	54,3584	−218,7916
Tripelpunkt Argon	83,8058	−189,3442
Tripelpunkt Quecksilber	234,3156	−38,8344
Tripelpunkt Wasser	273,16	0,01
Schmelzpunkt Gallium	302,9146	29,7646
Erstarrungspunkt Indium	429,7485	156,5985
Erstarrungspunkt Zinn	505,078	231,928
Erstarrungspunkt Zink	692,677	419,527
Erstarrungspunkt Aluminium	933,473	660,323
Erstarrungspunkt Silber	1234,93	961,78
Erstarrungspunkt Gold	1337,33	1064,18
Erstarrungspunkt Kupfer	1357,77	1084,62

---

[1]   Sie wurde 1714 von D. G. Fahrenheit (1686–1736) definiert.
[2]   Zu Ehren von W. Thomson (1824–1907), ab 1892 Lord Kelvin.

Tab. 3.2   *Beispiele von Thermometern.*

Typ	Messbereich in °C			Messprinzip
Flüssigkeitsthermometer, gefüllt mit				Thermische Ausdehnung einer
- Alkohol	– 110	bis	210	Flüssigkeit, die sich in einer Glaska-
- Toluol	– 90	bis	100	pillare befindet.
- Quecksilber	– 38	bis	800	Messgröße: Flüssigkeitsstand
Bimetallthermometer	– 50	bis	400	Zwei fest miteinander verbundene Metalle dehnen sich unterschiedlich aus, dadurch krümmt sich das Bimetall
Thermoelemente				Herrschen an den Kontaktstellen von
- Cu-Konstantan	– 200	bis	400	2 verschiedenen Metallen unter-
- Fe-Konstantan	– 200	bis	700	schiedliche Temperaturen, so ent-
- NiCr-Konstantan	– 200	bis	900	steht eine Thermospannung
- Pt-PtRh	0	bis	1500	
- W-WMo	0	bis	3200	
Widerstandsthermometer				Der elektrische Widerstand ändert
- Platin	– 250	bis	1000	sich mit der Temperatur
- Nickel	– 60	bis	180	
- Heißleiter (Halbleiter)	– 270	bis	400	
Gasthermometer	– 272	bis	2000	In einem Gefäß eingeschlossenes Gas ändert seinen Druck in Abhängigkeit von der Temperatur
Pyrometer	– 30	bis	3000	Ein warmes Objekt emittiert elektromagnetische Strahlung, deren Spektrum charakteristisch für die Temperatur ist

3.1.2   Temperaturmessung

Nachdem wir nun einiges über die Temperatur und Thermometer erfahren haben, müssen wir den eigentlichen Messvorgang genauer beleuchten. Mit Ausnahme von Pyrometern müssen alle Thermometer in Kontakt mit dem Objekt, dessen Temperatur gemessen werden soll, gebracht werden. Welche Bedingungen ein guter thermischer Kontakt erfüllen muss, werden wir im Kapitel 3.10 erfahren. Da wir nicht die Temperatur des Thermometers messen wollen, sondern die Temperatur des Messobjektes, müssen wir für die Gültigkeit der Messung eine wichtige Annahme machen:

> Bei einer Temperaturmessung müssen Messobjekt und Thermometer die gleiche Temperatur aufweisen, diesen Zustand nennt man thermisches Gleichgewicht

In der Mechanik haben wir das Gleichgewicht kennen gelernt. Ein Objekt befindet sich im Gleichgewicht, wenn sich sein Bewegungszustand nicht ändert. Ein Körper befindet sich im thermischen Gleichgewicht, wenn sich seine Temperatur nicht ändert.

Werden Objekte mit unterschiedlichen Temperaturen in Kontakt gebracht, so findet ein Temperaturausgleich statt: das wärmere Objekt wird kälter, das kältere wird wärmer, bis beide die gleiche Temperatur aufweisen. Der Wert der gemeinsamen Endtemperatur liegt zwischen den Temperaturen, die die Objekte hatten, bevor sie in Kontakt gebracht wurden. Nachdem der Ausgleichsprozess stattgefunden hat, ändert sich die gemeinsame Temperatur der beiden Objekte nicht mehr, sie befinden sich im thermischen Gleichgewicht. Das Gleichgewicht ist stabil, auch bei kleinen Störungen wird es nicht verlassen. Man nennt derartige Ausgleichsvorgänge auch „irreversibel", da sie nur mit Einsatz von Energie wieder umgekehrt werden können. Damit etwas ausgeglichen werden kann, muss vorher ein Unterschied bestanden haben. Weisen daher zwei Objekte die gleiche Temperatur auf so sind sie „per se" im thermischen Gleichgewicht, ohne dass ein Ausgleichsprozess stattgefunden hat.

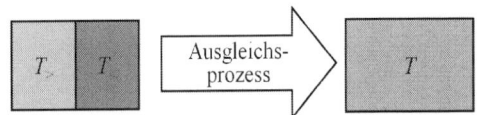

Abb. 3.1   *Thermisches Gleichgewicht zwischen zwei Objekten im direkten Kontakt.*

Der Temperaturausgleich muss nicht zwingend durch direkten Kontakt erfolgen: Befinden sich zwei Objekte „an der frischen Luft", wobei das eine kälter als die Umgebungsluft, das andere dagegen wärmer sein soll, so werden nach einiger Zeit beide die Temperatur der Luft aufweisen. Selbst wenn sie danach in direkten Kontakt gebracht werden, ändert sich ihre Temperatur nicht, sie befinden sich ja schon im thermischen Gleichgewicht.

> Zwei Objekte, die sich jeweils im thermischen Gleichgewicht mit einem dritten befinden, sind auch untereinander im thermischen Gleichgewicht.

Diese Tatsache, die „nur" die Erfahrung widerspiegelt, erscheint so selbstverständlich, dass man sie auch als „Nullten" Hauptsatz der Thermodynamik bezeichnet. Nur wenn man seine Gültigkeit voraussetzt, ist eine Temperaturmessung überhaupt möglich.

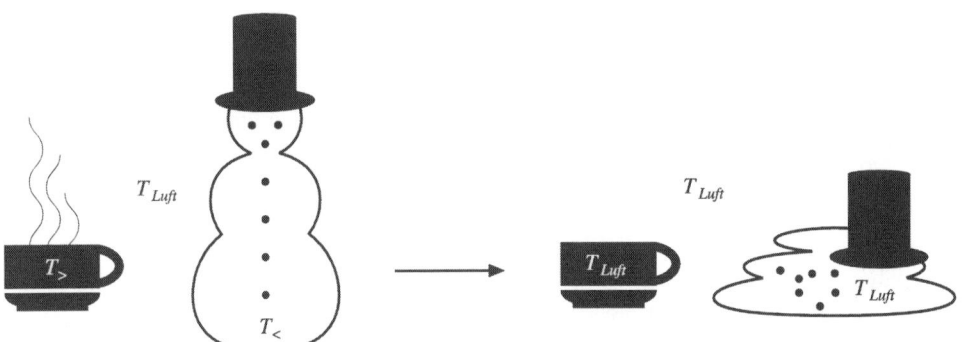

Abb. 3.2   *Thermisches Gleichgewicht zwischen zwei Objekten, die sich mit einem dritten im thermischen Gleichgewicht befinden.*

Selbstverständlich gilt die Aussage auch für beliebig viele Objekte: alle befinden sich im Gleichgewicht, wenn sie die gleiche Temperatur haben. Der Temperaturausgleich kann auch berührungslos, ohne dazwischen geschaltete Körper, durch elektromagnetische Strahlung erfolgen.

3.2   Thermodynamische Systeme

Im Kapitel 2.41 haben wir schon den Begriff „System" kennen gelernt. Unter einem System versteht man allgemein ein Objekt oder eine Gruppe von Objekten, die durch eine System-grenze von dem „Rest der Welt", der Umgebung, getrennt werden. Die Systemgrenze dient zur Bilanzierung mengenartiger physikalischer Größen, die durch die Systemgrenze hindurchtreten, in der Thermodynamik sind dies insbesondere Materie und Energie, diese wiederum aufgeschlüsselt nach mechanischer Arbeit und thermischer Energie, die wir künftig vereinfachend als „Wärme" bezeichnen wollen.

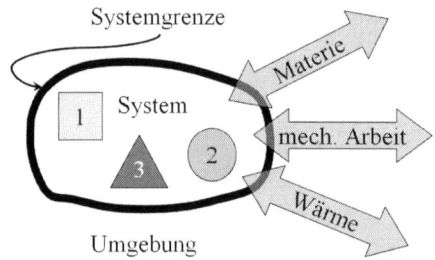

Abb. 3.3   *System und Systemgrenze.*

Hinsichtlich der Durchlässigkeit ihrer Grenzen für Energie und Materie werden folgende Typen von Systemen unterschieden:

- Abgeschlossenes System.
  Seine Grenze lässt weder Energie noch Materie durch. Ein Beispiel für ein abgeschlossenes System ist die Thermoskanne.
- Geschlossenes System.
  Es kann mit der Umgebung Energie austauschen. Das Aggregat eines Kühlschranks oder eine Warmwasserheizung stellen geschlossene Systeme dar.
- Adiabates System.
  Dieses System stellt einen Sonderfall des geschlossenen Systems dar. Energie kann nur in Form mechanischer Arbeit mit der Umgebung ausgetauscht werden. Besonders bei schnellen Vorgängen kann der Transfer von Wärme gegen den Transfer von mechanischer Arbeit, der z. B. durch eine Kolbenbewegung erfolgen kann, vernachlässigt werden.
- Offenes System.
  Hier kann sowohl Energie als auch Materie über die Systemgrenze gelangen. Verbrennungsmotoren oder Turbinen stellen Beispiele für offene Systeme dar.

Sind die physikalischen Größen, die ein System beschreiben, wie z. B. Druck, Temperatur, Dichte ..., überall gleich, so spricht man von einem homogenen System, sonst von einem heterogenen.

3.2.1   Zustandsgrößen in der Thermodynamik

In der Mechanik haben wir die Position eines Objektes, dessen konkrete Gestalt für die Betrachtung ohne Bedeutung ist, durch drei Ortskoordinaten beschrieben, während der Bewegungszustand durch seinen Impuls angegeben wird. Weitere Zustandsgrößen sind die kinetische und, wenn die Bewegung unter dem Einfluss einer konservativen Kraft erfolgt, die potentielle Energie. Meistens werden die Werte dieser physikalischen Größen bei einer Bewegung verändert, es erfolgt eine Zustandsänderung oder ein „Prozess". Bei mengenartigen Größen haben wir diese Änderung auch als „Strom" bezeichnet, eine Kraft, die den Impuls eines Objektes ändert, haben wir daher auch „Impulsstrom" genannt. Charakteristisch für die Zustandsgrößen ist (2.13), ihre Änderung kann man immer als Differenz ihres Wertes zum Ende des Prozesses und ihres Wertes zu Anfang des Prozesses darstellen, unabhängig davon, wie im Einzelnen der Prozess erfolgt ist.

$$\Delta Z = Z(t_E) - Z(t_A) := Z_E - Z_A \tag{3.3}$$

Nach dem Durchlaufen eines geschlossenen Weges, bei dem der Endpunkt mit dem Anfangspunkt identisch ist, hat sich eine Zustandsgröße nicht geändert.

Neben den Zustandsgrößen gibt es auch noch so genannte Prozessgrößen, ihr Wert hängt im Allgemeinen davon ab, auf welche Weise die Zustandsänderung erfolgt ist. Ein Beispiel ist die Länge des zurückgelegten Weges: Bei einer Kreisbewegung hat man die Länge des Kreisumfanges zurückgelegt, wenn der Anfangspunkt der Bewegung wieder erreicht wird, die Verschiebung dagegen ist null. Bei der Arbeit hängt es von der Kraft ab, ob eine Abhängigkeit vom Weg besteht. Liegt Reibung vor, ist das der Fall. Je länger der Weg ist, umso mehr Reibungsarbeit wird verrichtet bei gleicher Reibungskraft. Ist der Weg geschlossen, wird trotzdem eine von null verschiedene Reibungsarbeit verrichtet. Ist die Kraft jedoch konservativ, so ist die Arbeit unabhängig von dem Weg, der bei der Zustandsänderung eingeschlagen wurde.

In der Thermodynamik werden Systeme meistens mit den „thermischen Zustandsgrößen" Druck P, Temperatur T und dem Volumen V beschrieben. Diese sind in der Regel direkt messbar. Druck und Temperatur sind „intensive" Größen, sie ändern ihren Wert nicht, wenn man das System teilt, dagegen ist das Volumen eine „extensive" Größe, die direkt von der Systemgröße abhängt. Für die Beschreibung des energetischen Zustandes eines thermodynamischen Systems verwendet man die so genannten „kalorischen" Zustandsgrößen, die wir in späteren Kapiteln kennen lernen werden. Kalorische Zustandsgrößen sind auch extensive Größen.

Wir haben eben den Begriff des thermischen Gleichgewichtes als einen Zustand eines Systems, bei dem alle Systemkomponenten die gleiche Temperatur aufweisen, kennen gelernt. Diese Temperatur ist dann zeitlich konstant, ebenso wie die weiteren Zustandsgrößen. Werden diese Größen über eine Gleichung miteinander verknüpft, so nennt man diese Gleichung auch Zustandsgleichung.

3.3   Thermische Ausdehnung

Die Erfahrung zeigt, dass sich die meisten Körper, gleichgültig ob fest, flüssig oder gasförmig, bei einer Erhöhung der Temperatur ausdehnen, d. h. ihr Volumen vergrößern. Ausnahmen sind bestimmte Kunststoffe, die als „Schrumpfschläuche" gern in der Elektrotechnik zur Isolation verwendet werden und Wasser in einem sehr kleinen Temperaturbereich von $0\,°C$ bis etwa $4\,°C$.

3.3.1   Festkörper: Längenausdehnung

Bei Festkörpern wird die Ausdehnung üblicherweise für jede seiner drei Dimensionen einzeln betrachtet, man spricht daher von eindimensionaler oder Längenausdehnung. Bei nicht allzu starker Erwärmung ist die relative Längenänderung Δl, d. h. die Längenänderung bezogen auf die Ausgangslänge l, proportional zur Temperaturänderung ΔT

$$\frac{\Delta l}{l} = \alpha \Delta T\,.\tag{3.4}$$

Der Proportionalitätsfaktor α heißt auch (linearer) Längenausdehnungskoeffizient, $[\alpha] = K^{-1}$. Er ist für die meisten Materialien (nahezu) konstant in einem Bereich von $0\,°C$ bis $100\,°C$ und wird häufig tabelliert für eine Bezugstemperatur von $0\,°C$ (α_0, l_0) oder $20\,°C$ (α_{20}, l_{20}). Wenn also die Länge eines Körpers bei $20\,°C$ bekannt ist, kann man mit (3.4) seine Länge bei anderen Temperaturen berechnen.

$$\Delta l = l(T) - l_{20} = l_{20}\alpha_{20}\Delta T \Rightarrow l(T) = l_{20}(1 + \alpha_{20}(T - 20°C))\tag{3.5}$$

Tab. 3.3   *Lineare Längenausdehnungskoeffizienten einiger fester Stoffe im Temperaturbereich von $0\,°C$–$100\,°C$.*

Stoff	$10^6\alpha$ in K^{-1}
Aluminium	23,8
Kupfer	16,4
Stahl C 60	11,2
VA-Stahl	16,4
Glas	9,0
Quarzglas	0,5

Soll die Längung Δl eines Körpers, ausgehend von einer beliebigen anderen Temperatur T_2 berechnet werden, so können wir mit Hilfe von (3.5) auf die Ausdehnungskoeffizienten bei einer Referenztemperatur T_0 zurückgreifen.

$$\Delta l = l(T_1) - l(T_2) = l_{20}(1 + \alpha_{20}(T_1 - 20°C)) - l_{20}(1 + \alpha_{20}(T_2 - 20°C))$$
$$l(T_1) - l(T_2) = l_{20}\alpha_{20}(T_1 - T_2)\,.\tag{3.6}$$

Der Ausdehnungskoeffizient α_{T_2} bezüglich einer anderen Referenztemperatur T_2 lautet dann

$$\frac{l(T_1)-l(T_2)}{l(T_2)}=\frac{l_{20}\alpha_{20}}{l_{20}(1+\alpha_{20}(T_2-20°C))}(T_1-T_2)=\frac{\Delta l}{l(T_2)}=\alpha_{T_2}\Delta T$$

$$\Rightarrow \alpha_{T_2}=\frac{\alpha_{20}}{1+\alpha_{20}(T_2-20°C)}\,. \tag{3.7}$$

Mit den Werten aus **Tab. 3.3** ändern sich die Ausdehnungskoeffizienten allerdings nur um Bruchteile von einem Promille. Ist die lineare Näherung nicht ausreichend, so wird (3.4) um nicht lineare Terme ergänzt

$$\frac{\Delta l}{l_0}=\alpha_0\Delta T+\beta_0\Delta T^2+\gamma_0\Delta T^3\,. \tag{3.8}$$

Ist die Dimension eines Körpers wesentlich größer als die anderen beiden wie z. B. bei Stäben, so wird seine temperaturbedingte Volumenänderung praktisch nur von seiner Längenänderung bestimmt, die Änderung der anderen Dimensionen kann vernachlässigt werden. Sind die Dimensionen vergleichbar, so muss die Änderung jeder Dimension gemäß (3.5) berücksichtigt werden. Das Volumen eines Quaders ergibt sich dann zu

$$V(T)=l(T)b(T)h(T)=l_{20}b_{20}h_{20}(1+\alpha_{20}(T-20°C))^3$$

$$V(T)\approx V_{20}(1+3\alpha_{20}(T-20°C)) \Rightarrow \frac{V(T)-V_{20}}{V_{20}}=\frac{\Delta V}{V_{20}}\approx 3\alpha_{20}(T-20°C)\,, \tag{3.9}$$

dabei haben wir die quadratischen und kubischen Terme von $T-20\,°C$ vernachlässigt. Vergleichen wir (3.9) mit (3.4), so ist der Volumenausdehnungskoeffizient bei Festkörpern dreimal so groß wie der Längenausdehnungskoeffizient. (3.9) gilt für beliebig geformte Körper und auch für Hohlräume, wie z. B. Tanks. In ähnlicher Weise können wir für flächenhafte Körper einen Flächenausdehnungskoeffizienten definieren, er ist doppelt so groß wie der Längenausdehnungskoeffizient.

$$\frac{\Delta A}{A_{20}}\approx 2\alpha_{20}(T-20°C) \tag{3.10}$$

Thermische Ausdehnung hat großen Einfluss in viele Bereiche der Technik, bei Pendeluhren bewirkt die veränderte Länge des Pendels eine veränderte Schwingungsdauer, was zu einer falschen Zeitangabe führt. Genaue Uhren haben daher Pendel, die konstruktiv so gestaltet sind, dass die Ausdehnung die Pendellänge nicht ändert.

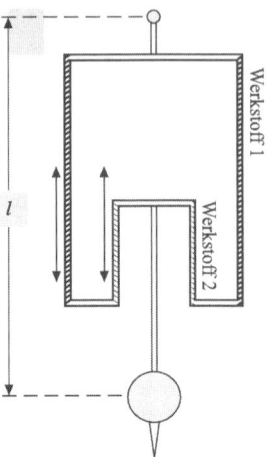

Abb. 3.4 *Ausgleichspendel bei einer Uhr. Die Längen und Werkstoffe der einzelnen Stäbe werden so gewählt, dass die Gesamtlänge des Pendels für alle Temperaturen konstant ist.*

Die Änderung des Volumens (3.9) bedeutet aber auch, dass sich die Dichte des Körpers mit der Temperatur ändert, da seine Masse konstant bleibt. Mit der Definition der Dichte (2.172) erhalten wir

$$\rho := \frac{m}{V} = \frac{m}{V_0(1 + 3\alpha\Delta T)} = \frac{\rho_0}{1 + 3\alpha\Delta T} \quad \Rightarrow^1 \quad \rho \approx \rho_0(1 - 3\alpha\Delta T)$$

$$\Rightarrow \frac{\rho(T) - \rho_0}{\rho_0} = \frac{\Delta\rho}{\rho_0} = -3\alpha\Delta T. \tag{3.11}$$

Dehnt sich der Körper aus, so wird seine Dichte kleiner.

Kräfte bei thermischer Ausdehnung

Wird die Temperaturerhöhung, aufgrund derer sich ein Stab gelängt hat, zurückgenommen, so nimmt er auch wieder seine Ausgangslänge ein, die Deformation ist reversibel. Wird die Ursache der Deformation zurückgenommen, so verschwindet auch die verursachte Wirkung, die Deformation. Im Kapitel 2.71 haben wir die elastische Deformation von festen Körpern durch äußere Kräfte kennen gelernt. Die mechanische Spannung ist dabei proportional zur relativen Dehnung, d. h. Längenänderung. Kräfte, die einen Festkörper an seiner thermischen Ausdehnung hindern, deformieren ihn elastisch. Mit (2.347) ergibt sich die mechanische Spannung σ, die erforderlich ist, um eine Längenänderung zu verhindern, zu

$$\frac{\Delta l}{l} = \alpha\Delta T = \frac{\sigma}{E}. \tag{3.12}$$

---

[1]   Hier wird $(1 + x)^n \approx 1 + nx$ verwendet. Dabei muss $x \ll 1$ sein.

Ein 1 m langer Stahlstab ($\alpha = 10^{-5}\,\mathrm{K}^{-1}$, Elastizitätsmodul $E = 170\,\mathrm{GN/m^2}$) mit einer Querschnittsfläche von 1 cm² wir bei Erwärmung um 40 C um 0,4 °/$_{oo}$ länger. Um dies zu verhindern, ist eine Kraft von etwa 7000 N erforderlich. Man sieht, dass selbst bei mäßigen Temperaturschwankungen (40 C entsprechen etwa den jahreszeitlichen Schwankungen zwischen kalter Winternacht und heißem Sommertag) bei unterdrückter thermischer Ausdehnung enorme Kräfte auftreten können, die schnell zu Schäden an Anlagen und Einrichtungen führen können.

Daher ist man in der Technik bestrebt, die Unterdrückung der thermischen Ausdehnung zu verhindern, z. B. durch Dehnungsfugen in Bauwerken, Wälzlagern bei Brücken, Ausgleichsstücken in Rohren usw. Anderseits kann man auch sehr kraftschlüssige Verbindungen zwischen Bauteilen durch Aufschrumpfen herstellen. Soll z. B. ein Rohr an einem Stutzen befestigt werden, so wählt man den Rohrdurchmesser so, dass es im erwärmten Zustand gerade über den Stutzen passt. Kühlt es ab, so wird es mit großer Kraft an den Stutzen gepresst. Beim Abkühlen von Schmelzen ist darauf zu achten, dass die Wärmeabfuhr nicht zu schnell geschieht, da sonst aufgrund der Temperaturunterschiede nach der Erstarrung innere Spannungen im Werkstück auftreten können, die seine mechanische Festigkeit stark beeinträchtigen können. Diese inneren Spannungen werden bei so genannten Sicherheitsgläsern gezielt aufgebaut, damit bei Glasbruch das Glas in sehr viele kleine, aber ungefährliche Scherben zerspringt anstatt in wenige große.

3.3.2   Flüssigkeiten

Da Flüssigkeiten sich aufgrund ihrer leichten Verformbarkeit im Wesentlichen der Form eines Gefäßes anpassen, ist nur ihre Volumenänderung von Bedeutung. In linearer Näherung ändert sich das Volumen, das eine Flüssigkeit einnimmt, bei Temperaturänderung in Anlehnung an (3.9) gemäß

$$\frac{\Delta V}{V} = \gamma_{Fl}\Delta T \,, \tag{3.13}$$

dabei ist γ_{Fl} der Volumenausdehnungskoeffizient der Flüssigkeit. Zu beachten ist, dass γ_{Fl} nur schwer direkt aus der Höhe des Flüssigkeitsspiegels bestimmt werden kann, da das Gefäß sein Volumen gemäß (3.9) ebenfalls ändert, so dass sich scheinbar ein geringerer Volumenausdehnungskoeffizient

$$\gamma_{schein} = \gamma_{Fl} - 3\alpha_{Gefäß} \tag{3.14}$$

ergibt. Oft kann die Ausdehnung des Gefäßes vernachlässigt werden, für die direkte Bestimmung von γ_{Fl} eignet sich die von Dulong[1] und Petit[2] angegebene Methode. Sie bestimmt γ_{Fl} über den Höhenunterschied der Flüssigkeitsspiegel, der sich einstellt, wenn in zwei miteinander verbundenen Gefäßen die Flüssigkeiten unterschiedliche Dichten aufweisen.

---

[1]   P. L. Dulong (1785–1838).
[2]   A.T. Petit (1791–1820).

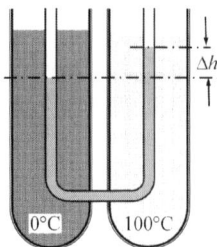

Abb. 3.5 *Bestimmung des Volumenausdehnungskoeffizienten von Flüssigkeiten nach Dulong und Petit.*

Abb. 2.117 zufolge ist der Schweredruck von der warmen Flüssigkeit links und der kalten Flüssigkeit rechts in der Verbindung der beiden Gefäße gleich. Somit können wir γ_{Fl} berechnen.

$$\rho(T_l)gh_l = \rho(T_r)gh_r, \text{ mit } h_l = h_r + \Delta h \text{ und } (3.11)$$

$$\Rightarrow \rho_0(1 - \gamma_{Fl}(T_l - T_r)g(h_r + \Delta h) = \rho_0 gh_r \Rightarrow \gamma_{Fl} = \frac{1}{T_l - T_r}\frac{\Delta h}{h_r} \tag{3.15}$$

Dabei haben wir $(T_l - T_r)\Delta h$ vernachlässigt. Die Ausdehnung der Gefäße spielt bei diesem Verfahren keine Rolle.

Tab. 3.4 *Volumenausdehnungskoeffizienten einiger Flüssigkeiten bei 20 °C.*

Stoff	$10^3\,\gamma$ in K^{-1}
Wasser	0,18
Quecksilber	0,1818
Heizöl	0,9 … 1,0
Benzin	1,01 … 1,06
Äthanol	1,12
Benzol	1,15
Pentan	1,60

Die Flüssigkeiten haben im Vergleich zu Festkörpern einen etwa 3- bis 50fach größeren Ausdehnungskoeffizienten, so dass man häufig die Ausdehnung des Gefäßes vernachlässigen kann.

Zu erwähnen ist die ausgeprägte Temperaturabhängigkeit des Ausdehnungskoeffizienten bei Wasser. Zwischen 0 °C und 4 °C ist er negativ, d. h. Wasser verringert in diesem Temperaturbereich bei Erwärmung sein Volumen, oberhalb von 4 °C dagegen positiv. Diese Tatsache hat zur Konsequenz, dass im Winter Gewässer an der Oberfläche gefrieren, denn dort befindet sich Wasser von etwa 0 °C, während Wasser mit 4 °C aufgrund der größeren Dichte nach unten sinkt und somit Fischen weiterhin als Lebensraum zur Verfügung steht.

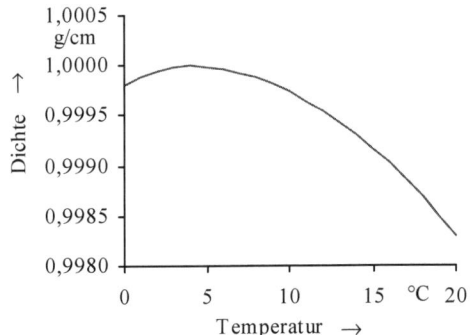

Abb. 3.6 *Verlauf der Dichte von Wasser in Abhängigkeit von der Temperatur.*

Kräfte bei thermischer Ausdehnung von Flüssigkeiten

Ebenso wie Festkörper bewirken auch Flüssigkeiten Kräfte, wenn ihre thermische Ausdehnung behindert wird. Auch hier können die Atome bzw. Moleküle der Flüssigkeit nicht ihre „Sollpositionen" einnehmen, die Flüssigkeit wird elastisch deformiert. Beim Festkörper legt der Elastizitätsmodul (2.346) fest, welche mechanische Spannung für eine Deformation erforderlich ist. Die entsprechende Größe bei Flüssigkeiten ist die Kompressibilität

$$\kappa := -\frac{1}{V}\frac{\Delta V}{\Delta P} \quad \text{oder} \quad \kappa\Delta P = -\frac{\Delta V}{V} \quad \text{mit } [\kappa] = \text{Pa}^{-1}. \tag{3.16}$$

Sie gibt an, welche Druckerhöhung bei einer relativen Volumenverkleinerung (Minuszeichen!) zu erwarten ist. Da eine Volumenänderung auch eine Dichteänderung bewirkt, können wir κ auch durch die Dichte ausdrücken.

$$V = \frac{m}{\rho}, \quad \frac{\Delta V}{\Delta\rho} = \frac{dV}{d\rho} = -\frac{m}{\rho^2} \Rightarrow \kappa = -\frac{\rho}{m}(-\frac{m}{\rho^2})\frac{\Delta\rho}{\Delta P} = \frac{1}{\rho}\frac{\Delta\rho}{\Delta P}. \tag{3.17}$$

Wird die thermische Ausdehnung unterdrückt, so wird die Flüssigkeit von der Dichte $\rho(T)$ auf die Dichte ρ_0 komprimiert. Mit (3.11) erhalten wir

$$\Delta\rho = \rho_0 - \rho(T) = \kappa\rho(T)\Delta P = \kappa\frac{\rho_0}{1+\gamma_{Fl}\Delta T}\Delta P = \rho_0 - \frac{\rho_0}{1+\gamma_{Fl}\Delta T} \Rightarrow$$

$$\Delta P = \frac{\gamma_{Fl}}{\kappa}\Delta T. \tag{3.18}$$

Zu beachten ist, dass wir bei der obigen Betrachtung die Gefäßausdehnung außer Acht gelassen haben, sonst muss der scheinbare Ausdehnungskoeffizient (3.14) verwendet werden. Für Wasser ergibt sich mit $\kappa = 5 \cdot 10^{-10}$ Pa^{-1} und $\gamma_W = 2 \cdot 10^{-4}$ K^{-1} bei einer Temperaturerhöhung ΔT um 10 K eine Druckerhöhung um $4 \cdot 10^6$ Pa.

3.3.3   Gase

Im Gegensatz zu Festkörpern und Flüssigkeiten sind Gase leicht komprimierbar, außerdem füllen sie immer das gesamte Gefäßvolumen aus. Sind die Auswirkungen der Schwerkraft (siehe Kapitel 2.7.2 (Schweredruck bei Gasen)) vernachlässigbar, so herrscht überall im Gefäß der gleiche Druck. Wird ein Gas erwärmt, so möchte es sich ebenso wie Flüssigkeiten und Festkörper ausdehnen. Da das Gefäß in der Regel aus festem Material mit vergleichsweise kleiner thermischer Ausdehnung besteht, wird das Volumen des Gefäßes kaum geändert, also erhöht sich der Druck im Gas. Um gleiche Verhältnisse wie bei Festkörpern und Flüssigkeiten zu schaffen, darf das Gefäß die Volumenausdehnung nicht behindern, es muss so leicht zu deformieren sein, dass die thermische Ausdehnung des Gases bei konstantem Druck erfolgen kann. Beispielsweise kann das Gas in einem Ballon eingeschlossen sein, dessen Hülle vernachlässigbare Kräfte zur Deformation benötigt, oder das Gas befindet sich in einem Zylinder mit sehr leicht verschiebbarem Kolben. Im Folgenden wollen wir ideale Gase betrachten, davon abweichende Eigenschaften bei realen Gasen werden wir im Kapitel 3.9 behandeln.

Ideale Gase
Beim idealen starren Festkörper werden die Atome bzw. Moleküle durch starke Kräfte unverrückbar in ihren Positionen gehalten, bei idealen Flüssigkeiten dagegen sind die Kräfte vernachlässigbar, so dass sie leicht verschiebbar sind, aber die Atome oder Moleküle weisen ein definiertes Eigenvolumen auf, somit nimmt die Flüssigkeit ein bestimmtes Volumen ein. Bei idealen Gasen sind einerseits die Kräfte zwischen den Molekülen vernachlässigbar, anderseits ist ihr Eigenvolumen gegenüber dem Gefäßvolumen ebenfalls vernachlässigbar.

Die einzige Wechselwirkung der Teilchen erfolgt durch elastische Stöße. Alle Gase verhalten sich ideal bei hohen Temperaturen und bei geringen Drücken, wobei die konkreten Grenzen von der Gasart abhängen.

Thermische Ausdehnung idealer Gase
Messungen von Charles[1] und Gay-Lussac[2] ergaben, dass das Volumen bei idealen Gasen sich linear mit der Temperatur ändert. Die Randbedingung bei diesen Experimenten war, dass die Menge des eingeschlossenen Gases konstant war.

$$\frac{\Delta V}{V} = \gamma_{Gas} \Delta T \,, \tag{3.19}$$

dabei ist γ_{Gas} unabhängig von der Gasart. Bezogen auf die Referenztemperatur $T_0 = 0\,^\circ C$ lautet (3.19)

$$V(T) = V_0 + V_0 \gamma_{0,Gas}(T - T_0) = V_0 \gamma_{0,Gas} T + V_0 - V_0 \gamma_{0,Gas} T_0 \,. \tag{3.20}$$

---

[1]   J. Charles (1746–1823).
[2]   J. L. Gay-Lussac (1778–1850).

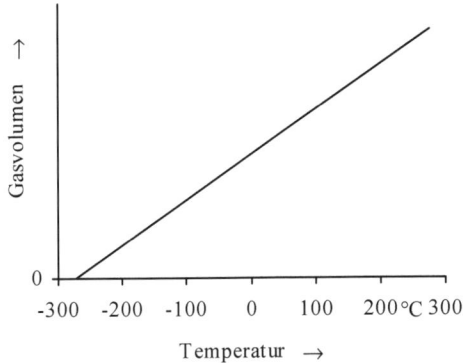

Abb. 3.7 *Verlauf der Funktion V(T) für ein ideales Gas.*

Der Verlauf der Funktion $V(T)$ ist für alle idealen Gase der gleiche und damit ist insbesondere die Steigung der Geraden gleich. $\gamma_{0,Gas}$ hat dabei immer den gleichen Wert von $1/273,15°C$. Extrapoliert man die Gerade zu $V = 0$, so verschwindet das Volumen bei einer Temperatur von

$$0 = V_0\gamma_{0,Gas}T + V_0 - V_0\gamma_{0,Gas}T_0 \Rightarrow T(V = 0) = T_0 - \frac{1}{\gamma_{0,Gas}} = -273,15°C \,. \tag{3.21}$$

Da ein ideales Gas nicht weniger als gar kein Volumen einnehmen kann, stellt diese Temperatur die kleinste mögliche Temperatur dar, daher spricht man auch vom absoluten Nullpunkt der Temperatur. Die Kelvin-Skala beginnt bei dieser Temperatur, sie hat die gleiche Teilung wie die Celsius-Skala. Temperaturen, die in der Celsius-Skala angegeben werden, wollen wir künftig mit einem Index „C" kennzeichnen. Selbstverständlich verhält sich ein Gas bei sehr tiefen Temperaturen nicht mehr ideal. Werden aufgrund des Zusammenziehens die Abstände zwischen den Molekülen hinreichend klein, so gewinnen die zwischenmolekularen Kräfte an Bedeutung, ebenfalls kann das Eigenvolumen der Moleküle nicht mehr gegen das Gefäßvolumen vernachlässigt werden.

Beziehen wir uns in (3.19) auf den absoluten Nullpunkt der Temperatur, 0 K, so gilt aufgrund des Strahlensatzes in **Abb. 3.7**

$$\frac{V(T)}{T} = \frac{V(273,15K)}{273,15K} = const. \tag{3.22}$$

Diesen Zusammenhang nennt man auch das Gay-Lussac-Gesetz.

3.4   Die Zustandsgleichung idealer Gase

Neben dem Gesetz von Gay-Lussac, das die thermische Ausdehnung idealer Gase bei konstantem Druck beschreibt, gibt es einen weiteren, für alle Gase gültigen Zusammenhang zwischen dem Druck und dem Volumen. Gase sind kompressibel, es ist jedoch zu erwarten, dass sich bei Volumenverkleinerung der Druck erhöht. Die Experimente von Boyle[1] im Jahre 1662 und Mariotte[2] 17 Jahre später ergaben, dass bei konstanter Temperatur und konstanter Gasmenge das Produkt

$$PV = const.$$ (3.23)

ist. Das Boyle-Mariottesche Gesetz und das Gay-Lussac-Gesetz verknüpfen die Zustandsgrößen P und V bzw. V und T miteinander, sie sind somit Zustandsgleichungen. Beide kann man zur Zustandsgleichung idealer Gase kombinieren.

Zur ihrer Herleitung betrachten wir ein ideales Gas, das sich in einem Zylinder befindet, dabei ist das Volumen durch einen verschiebbaren Kolben variierbar.

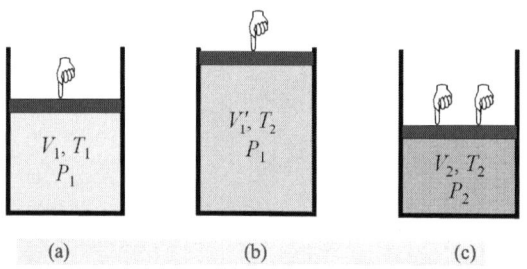

Abb. 3.8 *Zur Herleitung der Zustandsgleichung: (a) Ausgangszustand V_1, P_1, T_1, (b) isobare Erwärmung P_1, V'_1, T_2, (c) isotherme Kompression T_2, V_2, P_2.*

Zunächst nimmt das Gas das Volumen V_1 bei einem Druck P_1 und einer Temperatur T_1 ein (**Abb. 3.8**(a)). Bei konstantem Druck P_1 wird es auf die Temperatur T_2 erwärmt, das Volumen vergrößert sich auf V'_1 (**Abb. 3.8**(b)). Das Gay-Lussac-Gesetz (3.22) ergibt

$$\frac{V_1}{T_1} = \frac{V'_1}{T_2}.$$ (3.24)

Schließlich wird das Gas bei konstanter Temperatur T_2 auf ein Volumen V_2 komprimiert (**Abb. 3.8**(c)), der dabei herrschende Druck P_2 wird durch das Boyle-Mariottesche Gesetz bestimmt.

$$P_1 V'_1 = P_2 V_2.$$ (3.25)

Die Kombination von (3.25) und (3.24) ergibt

$$P_1 V'_1 = P_1 \frac{V_1}{T_1} T_2 = P_2 V_2 \Rightarrow \frac{P_1 V_1}{T_1} = \frac{P_2 V_2}{T_2} = C = const.$$ (3.26)

---

[1]   R. Boyle (1627–1691).
[2]   E. Mariotte (1620–1684).

Da P und T in (3.26) intensive Größen sind, welche ihren Wert bei einer Teilung des Systems Gasmenge nicht ändern, das Volumen dagegen eine extensive, für die Gasmenge repräsentative Größe ist, muss die Konstante C ebenfalls eine extensive Größe sein. Diese kann z. B. zur Masse des Gases, das sich in dem Volumen befindet, proportional sein.

$$\frac{PV}{T} = C = m_{Gas} R_s \tag{3.27}$$

Den Proportionalitätsfaktor R_s nennt man auch spezifische Gaskonstante. Sie ist abhängig von der Art des Gases, da natürlich auch die Masse des Gases von der Gasart abhängt, das Produkt dagegen in (3.27) wiederum gasartunabhängig sein muss. (3.27) verknüpft alle thermischen Zustandsgrößen des idealen Gases, daher nennt man diese Gleichung auch die Zustandsgleichung des idealen Gases. Aus (3.27) ist die Dichte des Gases bestimmbar:

$$\rho = \frac{m_{Gas}}{V} = \frac{P}{R_s T} \tag{3.28}$$

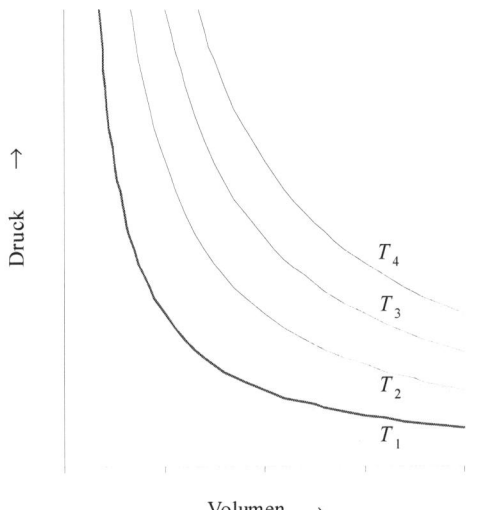

Abb. 3.9 *Isothermen eines idealen Gases bei verschiedenen Temperaturen.*

Erwärmt man ein Gas in einem Gefäß, dessen Volumen sich nicht ändert, so erhöht sich der Druck. Setzten wir $V_1 = V_2$ in (3.26), so erhalten wir eine andere Formulierung des Gay-Lussac-Gesetzes.

$$\frac{P_1}{T_1} = \frac{P_2}{T_2} = const. \quad \text{bzw.} \quad \frac{P(T)}{T} = \frac{P(273,15K)}{273,15K} = const. \tag{3.29}$$

(3.29) ist die Grundlage für die Funktion von Gasthermometern, die ein ideales Gas als thermometrisches Medium verwenden. Diese Gleichung erfüllt über einen sehr großen

Temperaturbereich[1] die Forderung nach linearer Abhängigkeit der thermometrischen Messgröße Gasdruck von der Temperatur. Ein Gasthermometer benötigt zur Festlegung der Skala nur noch einen experimentell darstellbaren Fixpunkt. Ausgewählt wurde 1954 vom Comité International des Poids et Mesures der Tripelpunkt des Wassers, dessen Temperatur man zu 273,15 K festgelegt hat.

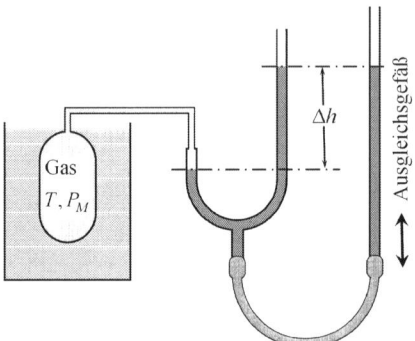

Abb. 3.10 *Prinzipieller Aufbau eines Gasthermometers nach Jolly[2].*

Das ideale Gas ist in der Messsonde eingeschlossen, die an ein Flüssigkeitsmanometer angeschlossen ist. Damit das Gasvolumen in der Messsonde konstant bleibt, wird der Flüssigkeitsspiegel an dieser Seite immer auf der gleichen Höhe gehalten. Dies erreicht man durch Heben bzw. Senken eines mit dem Manometer verbundenen Ausgleichsgefäßes, so dass der Druck der Flüssigkeit in der Höhe des U-Rohr-Schenkels auf der Seite der Messsonde dem Gasdruck in ihr entspricht. Der Höhenunterschied Δh der Flüssigkeitsspiegel in den Schenkeln des U-Rohrs gibt den Druck P_M in der Messsonde an.

$$P_M = \rho_{Fl} g \Delta h + P_{ext.} \tag{3.30}$$

Die Genauigkeit der Anzeige hängt von der Konstanz der Temperatur des Flüssigkeitsmanometers und des äußeren Luftdrucks $P_{ext.}$ ab.

Das Gesetz von Avogadro

Ideale Gase bestehen aus Atomen bzw. Molekülen, die praktisch keine Kräfte aufeinander ausüben, außer bei (gelegentlichen) elastischen Kollisionen. Da das Eigenvolumen der Moleküle gegen das Gefäßvolumen vernachlässigbar ist, besteht ein ideales Gas im Wesentlichen aus Vakuum. Die Masse des Gases, das nur aus einer Sorte Moleküle besteht, ergibt sich aus der Masse des Einzelmoleküls multipliziert mit der Gesamtzahl der Moleküle.

Die linke Seite der Zustandsgleichung des idealen Gases (3.27) besteht nur aus Größen, die unabhängig von der Gasart sind. Mit dem Volumen als extensive Größe ist daher der gesamte Ausdruck extensiv, d. h. abhängig von der Gasmenge. Alternativ zur Gesamtmasse können

---

[1]   Bei der Verwendung von Helium reicht der Temperaturbereich von ca. 1 K bis über 2000 K (siehe **Tab. 3.2**).
[2]   P. von Jolly (1809–1884).

wir auch die Gasmenge durch die Anzahl der Moleküle beschreiben, dies ist die Aussage des Gesetzes, das Avogadro[1] 1810 formulierte.

> Ideale Gase enthalten bei gleich großem Druck, gleicher Temperatur und gleichem Volumen eine gleiche Anzahl von Molekülen, unabhängig von der Art des Gases.

Damit können wir die rechte Seite von (3.27) proportional zur Molekülzahl N_M ansehen.

$$\frac{PV}{T} = C = k_B N_M \tag{3.31}$$

Dies ist die gasartunabhängige Formulierung der Zustandsgleichung idealer Gase, der Proportionalitätsfaktor heißt Boltzmann[2]-Konstante $k_B = 1{,}38 \cdot 10^{-23}$ J/K.

Mit der Einführung des Gesetzes von Avogadro war seinerseits die absolute Zahl der Moleküle in einem „handhabbaren" Volumen nicht bekannt, man ahnte nur, dass sie sehr groß sein muss. Daher „behalf" man sich mit einer Ersatzgröße, der Stoffmenge.

Stoffmenge und relative Molekülmasse
Als Standard der Stoffmenge ν definierte man die Zahl N_A der Atome, die 1 g des leichtesten Elementes, nämlich Wasserstoff, enthalten. Die Stoffmenge ist eine Basisgröße, ihre Einheit ist 1 mol. Aus Gründen der besseren experimentellen Darstellbarkeit wird heute das mol auf der Basis des Kohlenstoffisotopes[3] C-12 festgelegt.

> Die Stoffmenge 1 mol umfasst die gleiche Zahl von Molekülen eines reinen Stoffes wie 12 g des Kohlenstoffisotopes C-12.

Als „reinen Stoff" bezeichnet man ein Material, das man nicht durch „physikalische" Methoden wie z. B. Zentrifugieren, Destillieren usw., sondern nur durch „chemische" Methoden zerlegen kann. Die Zahl N_A nennt man auch zu Ehren von Avogadro die Avogadrozahl.

Ein mol Stoffmenge eines idealen Gases, insbesondere 1 g atomarer Wasserstoff, nimmt unter Normbedingungen $P = 1013$ hPa, $T_C = 0\,°C$ ein Volumen von 22,4 l ein. Damit ergibt sich für Wasserstoff die spezifische Gaskonstante R_H zu 8,31 J/gK. Drückt man die Gasmasse m_{Gas} der rechten Seite von (3.27) durch die Zahl der Moleküle N_M und diese wiederum durch die Stoffmenge ν und N_A aus,

$$\frac{PV}{T} = m_{Gas} R_s = N_M m_M R_s = \nu N_A m_M R_s, \tag{3.32}$$

---

[1]   A. Avogadro (1776–1856).
[2]   L. Boltzmann (1844–1906).
[3]   Als Isotop bezeichnet man Atome, die die gleichen chemischen Eigenschaften, aber unterschiedliche Massen aufweisen. „isos" heißt auf griechisch „gleich". Isotop bedeutet „von gleicher Struktur".

so sieht man, dass $N_A m_M R_s$ eine gasartunabhängige Konstante sein muss, die den Wert von R_H hat. Diese Konstante bezeichnet man als „allgemeine" Gaskonstante R. Damit können wir die Zustandsgleichung sowohl gasartabhängig als auch gasartunabhängig darstellen.

$$\frac{PV}{T} = m_{Gas} R_s = k_B N_M = \nu R \implies R = k_B N_A = 8{,}31 \frac{J}{gK}$$

- gasartabhängig: $PV = m_{Gas} R_s T$
- gasartunabhängig: $PV = \nu R T$ (3.33)

Damit ergibt sich der Zusammenhang zwischen allgemeiner und spezifischer Gaskonstanten.

$$\frac{R}{R_s} = \frac{m_{Gas}}{\nu} := M_{mol} \tag{3.34}$$

Die molare Masse M_{mol} gibt an, welche Masse N_A Moleküle eines anderen Stoffes hat. Alternativ verwendet man auch die „relative Molekülmasse", sie ist eine dimensionslose Zahl, d. h. M_{mol} wird durch die molare Masse von atomarem Wasserstoff dividiert. Die Bestimmung der relativen Atommassen war eine schwierige Aufgabe der Chemie, sie kann aus der Massenbilanz chemischer Reaktionen ermittelt werden. Die relativen Atommassen sind heute üblicherweise im Periodensystem der Elemente tabelliert. Ist bekannt, aus welchen Atomen ein reiner Stoff zusammengesetzt ist, kann man die molare Masse berechnen. So setzt sich Wasser aus zwei Wasserstoffatomen (relative Atommasse 1) und einem Sauerstoffatom (relative Atommasse 16) zusammen. Wasser hat somit die molare Masse von 18 g/mol. Im Folgenden wollen wir die molaren Massen eines bestimmten Stoffes durch einen Index mit der chemischen Formel kennzeichnen, die molare Masse von Wasser also mit M_{H_2O}.

Ungeklärt ist bei der Definition der Stoffmenge, wie groß die absolute Anzahl der Atome oder Moleküle wirklich ist. Der Wert ist erst lange nach der Einführung des Begriffes „Stoffmenge" bestimmt worden. Eine Methode dafür ist besonders anschaulich: Auf einer Wasseroberfläche breitet sich eine zusammenhängende Schicht einer bestimmten Menge Öl aus. Mit wachsender Fläche der Schicht wird diese immer dünner, bis ihre Dicke nur noch eine Moleküllage groß ist. Breitet sich die Schicht weiter aus, bekommt sie an manchen Stellen „Löcher", sie bleibt nicht mehr zusammenhängend. Misst man die Schichtdicke, z. B. durch Auswertung der Farben von Interferenzstreifen reflektierten Lichtes, so kann man das Volumen eines Moleküls ermitteln. Aus dem Gesamtvolumen ist dann die Gesamtzahl der Moleküle bestimmbar. Der Wert der Avogadrozahl lautet

$$N_A = 6{,}022 \cdot 10^{23} \ \text{mol}^{-1}.$$

Die Masse eines Wasserstoffatoms beträgt somit $M_H N_A = 1{,}66 \cdot 10^{-24}$ g.

Gasgemische

Befinden sich in einem Gefäß unterschiedliche Molekülarten, so spricht man von einem Gasgemisch, wie z. B. Luft. Diese besteht aus etwa 78 % Stickstoff, 21 % Sauerstoff, 1 %

Argon sowie weiteren „Spurengasen". Die Gesamtzahl der Moleküle ist die Summe von den Molekülzahlen der einzelnen Sorten, damit lautet die Zustandsgleichung

$$\frac{PV}{T} = k_B (N_1 + N_2 + N_3 ...) = R(v_1 + v_2 + v_3 ...) \quad \text{und mit (3.34)}$$

$$\frac{PV}{T} = m_1 R_{s,1} + m_2 R_{s,2} + m_3 R_{s,3} ... \tag{3.35}$$

Das Gefäßvolumen V und die Temperatur T ist für alle Moleküle gleich, jede Gasart baut einen eigenen Teildruck oder Partialdruck auf.

$$P = \frac{k_B T}{V} N_1 + \frac{k_B T}{V} N_2 + \frac{k_B T}{V} N_3 ... = P_1 + P_2 + P_3 ...$$

$$P = \frac{m_1 R_{s,1} T}{V} + \frac{m_2 R_{s,2} T}{V} + \frac{m_3 R_{s,3} T}{V} ... = P_1 + P_2 + P_3 .... \tag{3.36}$$

(3.36) ist auch als „Daltonsches[1] Gesetz" bekannt. Zu beachten ist, dass zwar die Gesamtmasse eines Gasgemisches, nicht aber die Gesamtstoffmenge definiert ist. Häufig kann man sich aber bei bekannter Zusammensetzung der Mischung mit einer „mittleren" Stoffmenge behelfen, wenn man die einzelnen Stoffmengen mit dem Anteil der Gasart gewichtet. Für Luft ergibt sich dann eine mittlere Stoffmenge von ca. 29 g/mol.

Spezifische und molare Größen

Um z. B. Stoffeigenschaften zu beschreiben, ist es häufig sinnvoll, extensive Größen unabhängig von der Systemgröße anzugeben. Die extensive Größe bezieht man auf eine Größe, die die Systemgröße beschreibt, üblicherweise die Masse oder auch die Stoffmenge. Wird eine Größe auf die Masse des Systems bezogen, so spricht man von „spezifischen" Größen, beim Bezug auf die Stoffmenge von „molaren" Größen. Beispiele sind das spezifische Volumen, es ist der Kehrwert der Dichte, die spezifische Gaskonstante oder die molare Masse.

3.5   Mikroskopische Beschreibung der Wärme – kinetische Gastheorie

Die in den vorigen Kapiteln vorgestellten Zusammenhänge beschreiben Ergebnisse von Experimenten, erklären diese aber nicht. Erste Hinweise darauf, dass thermische Phänomene auf die ungeordnete Bewegung der mikroskopischen Bausteine der Materie zurückgeführt werden können, gaben die Beobachtungen des Botanikers R. Brown. Unter dem Mikroskop bemerkte er eine unregelmäßige Zitterbewegung von Pollen, die sich in einer Flüssigkeit befanden. Die Zitterbewegung der Pollen kann auf Kollisionen mit den Molekülen der Flüssigkeit zurückgeführt werden.

---

[1]   J. Dalton (1766–1844).

3.5.1   Kinetische Energie und Temperatur eines idealen Gases

Die Eigenschaften eines idealen Gases haben wir schon kennen gelernt: die Moleküle üben keine Kräfte aufeinander aus, sie kollidieren allenfalls elastisch mit anderen Molekülen oder mit der Gefäßwand. Das Volumen, das sie einnehmen, ist gegenüber dem Gefäßvolumen vernachlässigbar, daher können wir die Moleküle als Massenpunkte behandeln, die sich zwischen zwei Stößen gleichförmig bewegen. Den Einfluss weiterer Kräfte, wie z. B. der Schwerkraft, und damit eine Höhenabhängigkeit des Druckes können wir bei nicht allzu großen Gefäßen vernachlässigen.

Im Kapitel 2.5.3 haben wir gesehen, dass ein Molekül, das mit einer festen Wand elastisch kollidiert, seinen Impuls um

$$\Delta \vec{p} = 2m_M \vec{v} \qquad\qquad (3.37)$$

ändert. Diese Impulsänderung erfährt die Wand ebenfalls als Impulsübertrag. Da sich sehr viele Moleküle in makroskopischen Gefäßen befinden, erfährt die Wand durch sehr viele Impulsüberträge pro Zeit nach (2.220) eine mittlere Kraft. Da das Gefäß mit dem Gas insgesamt ruhen soll, bewegt sich der Schwerpunkt des Gases auch nicht. Zu jedem Molekül, das sich mit einer Geschwindigkeit $\vec{v}$ bewegt, gibt es mit sehr hoher Wahrscheinlichkeit ein anderes Molekül mit der Geschwindigkeit $-\vec{v}$. Nehmen wir vereinfachend an, dass das Gefäß würfelförmig ist, so ist der zeitliche Mittelwert der Geschwindigkeitskomponente parallel zur der betrachteten Wand null.

Daher ist die mittlere Kraft senkrecht zur Wand gerichtet. Zur Berechnung dieser Kraft betrachten wir zunächst nur Moleküle, mit einer Geschwindigkeit $\vec{v}$ auf die Wand mit der

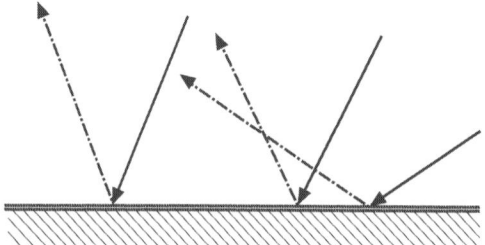

Abb. 3.11   *Moleküle unterschiedlicher Geschwindigkeiten prallen auf eine Wand.*

Normalen in x-Richtung und der Fläche A_W zubewegen. Innerhalb einer Zeitspanne Δt prallen alle Moleküle auf die Wand, die sich in einem Volumen $V' = A_W v_x \Delta t$ vor der Wand befinden. Die Anzahl dieser Moleküle beträgt

$$N_{\vec{v}}(V') = \frac{N_{\vec{v}}}{2} \frac{V'}{V} = \frac{N_{\vec{v}}}{2} \frac{v_x \Delta t A_W}{V}, \tag{3.38}$$

dabei ist V das Gefäßvolumen und N die Anzahl aller Gasmoleküle. Der Faktor ½ berücksichtigt die Tatsache, dass sich im Mittel nur die Hälfte der Moleküle mit $\vec{v}$ auf die Wand zubewegen. Damit erhalten wir mit (3.37) die von ihnen bewirkte Kraft senkrecht zur Wand

$$F_{\vec{v}} = \frac{\Delta p_x}{\Delta t} = N_{\vec{v}}(V') \frac{2 m_M v_x}{\Delta t} = \frac{N_{\vec{v}}}{V} A_W m_M v_x^2. \tag{3.39}$$

Die Gesamtkraft ist die Summe der Teilkräfte, die alle N_M Moleküle unterschiedlicher Geschwindigkeit bewirken.

$$F = \sum_i F_i = \sum_i \frac{N_i}{V} A_W m_M v_{x,i}^2 = \frac{N_M}{V} A_W m_M \left(\frac{1}{N_M} \sum N_i v_{x,i}^2 \right). \tag{3.40}$$

Der Ausdruck in der Klammer ist aber der Mittelwert von $v_{x,i}^2$, also der Quadrate von den x-Komponenten der Molekülgeschwindigkeiten.

$$F = \frac{N_M}{V} A_W m_M < v_{x,i}^2 >. \tag{3.41}$$

Da der Schwerpunkt des Gases ruht, daher keine Bewegungsrichtung bevorzugt wird, gilt

$$< v_{x,i}^2 > = < v_{y,i}^2 > = < v_{z,i}^2 >. \tag{3.42}$$

Anderseits ist

$$| \vec{v} |^2 = v^2 = \vec{v} \bullet \vec{v} = v_x^2 + v_y^2 + v_z^2 \tag{3.43}$$

und damit unter Berücksichtigung von (3.42)

$$< v_x^2 > = \frac{1}{3} < v^2 >. \tag{3.44}$$

Makroskopisch betrachtet wird die Kraft F von dem Druck des Gases verursacht.

$$F = P A_W \Rightarrow P = \frac{N_M}{V} \frac{1}{3} m_M < v^2 > \tag{3.45}$$

Da m_M <v²> die doppelte mittlere kinetische Energie eines Moleküls ist, können wir (3.45) auch durch sie ausdrücken

$$PV = N_M \frac{2}{3} < E_{kin,M} >$$
(3.46)

Diese Gleichung setzt die makroskopischen thermischen Zustandsgrößen P und V mit dem Mittelwert einer mikroskopischen Größe in Beziehung. Vergleichen wir (3.46) mit (3.31), so können wir

$$PV = N_M \frac{2}{3} < E_{kin,M} > = k_B N_M T \quad \text{oder} \quad < E_{kin,M} > = \frac{3}{2} k_B T$$
(3.47)

setzen. Die Temperatur eines idealen Gases folgt unmittelbar aus der mittleren kinetischen Energie seiner Moleküle. Weist ein Gas oder ein anderer Körper eine Temperatur oberhalb des absoluten Nullpunktes auf, so bewegen sich seine Moleküle ungeordnet, d. h. es resultiert keine makroskopische Bewegung. Der mittleren kinetischen Energie eines Moleküls kann man eine entsprechende thermische Energie zuordnen.

Der Gleichverteilungssatz
Bei unseren Überlegungen haben wir die Gasmoleküle als Massenpunkte angesehen. Diesen ordnet man, wie wir im Kapitel 2.6.1 gesehen haben, drei Freiheitsgrade der Translation zu. Da beim ruhenden Gas keine Bewegungsrichtung ausgezeichnet ist, teilen sich die kinetische Energie und damit auch die thermische Energie zu gleichen Teilen auf diese drei Freiheitsgrade auf. Jedem Freiheitsgrad eines Moleküls kann man somit die thermische Energie

$$< E_f > = \frac{1}{2} k_B T$$
(3.48)

zuweisen. Bei Gasgemischen hat dies zur Folge, dass Moleküle mit größerer Masse im Mittel langsamer fliegen als leichtere. Ist bei komplexeren Molekülen auch Bewegungsenergie in anderen Bewegungsformen als Translation vorhanden, so wird jedem Freiheitsgrad dieser Bewegungen ebenfalls $<E_f>$ zugeordnet. So können starre Moleküle z. B. um ihre Hauptträgheitsachsen rotieren. Damit erhöht sich die Zahl der Freiheitsgrade um maximal drei. Sind die Moleküle nicht als starre Körper anzusehen, so können Teile von ihnen gegeneinander schwingen. Diese Bewegung hat ebenfalls zusätzliche Freiheitsgrade. Die gesamte thermische Energie eines Moleküls im idealen Gas setzt sich aus den thermischen Energien aller Freiheitsgrade zusammen.

$$< E_{th} > = (f_{Translation} + f_{Rotation} + f_{Schwingung}) \frac{1}{2} k_B T$$
(3.49)

Für die Erzeugung des Gasdruckes ist jedoch immer nur die Translationsbewegung der Moleküle von Bedeutung.

3.5.2 Geschwindigkeitsverteilung der Moleküle

In den vorigen Überlegungen haben wir die individuellen Bewegungen der Moleküle durch ihre mittlere kinetische Energie beschrieben. Durch die Kollisionen mit anderen Molekülen werden jedoch ständig ihre Geschwindigkeiten und damit auch die kinetischen Energien geändert. Wir wollen nun herausfinden, wie die unterschiedlichen kinetischen Energien auf die Moleküle verteilt sind: variieren sie nur in einem kleinen Bereich oder gibt es große Unterschiede?

Der Boltzmann-Faktor

Im Kapitel 2.7.2 (Schweredruck bei Gasen) haben wir den Schweredruck von Gasen mit Hilfe der „barometrischen Höhenformel" (2.369) berechnet. Sie setzt den Gasdruck mit dem auf einer Referenzhöhe in Beziehung, dabei wird vereinfachend vorausgesetzt, dass sich das Gas im thermischen Gleichgewicht befindet, also überall die gleiche Temperatur herrscht. Nach (3.31) ist die Zahl der Moleküle N_M pro Volumeneinheit V, d. h. die Molekülzahldichte proportional zum Druck

$$n := \frac{N_M}{V} = \frac{P}{k_B T}. \tag{3.50}$$

Damit können wir die barometrische Höhenformel umschreiben.

$$n(h) = n(h=0)e^{-\frac{gh}{R_s T}}, \text{ mit } R_s = \frac{R}{M_{mol}} = \frac{R\nu}{m_{Gas}} = \frac{R\nu}{N_M m_M} = \frac{k_B N_A \nu}{N_A \nu m_M} = \frac{k_B}{m_M}$$

$$\Rightarrow n(h) = n(h=0)e^{-\frac{m_M gh}{k_B T}} = n(h=0)e^{-\frac{E_{pot,M}}{k_B T}} \tag{3.51}$$

(3.51) können wir folgendermaßen interpretieren: Die Molekülzahldichte sinkt exponentiell mit steigender Höhe, die die Moleküle erreichen, bzw. mit wachsender potentieller Energie, die die Moleküle bei ihrer Bewegung durch die Hubarbeit gegen die Schwerkraft gewinnen. Damit dies geschehen kann, müssen die Moleküle ihre Geschwindigkeit bei Kollisionen durch eine vertikale Geschwindigkeitskomponente nach oben „auffrischen". Zum Erreichen größerer Höhen muss dies entsprechend oft geschehen, was aber weniger wahrscheinlich ist. Somit ist die Molekülzahldichte in großen Höhen entsprechend klein. Ist jedoch die Temperatur höher, so ist die mittlere kinetische Energie größer und damit gehen auch die Geschwindigkeitskomponenten nach oben. Daher erreichen mehr Moleküle größere Höhen. Formen wir (3.51) etwas um, so wird das Verhältnis der Molekülzahldichte in einer Höhe h zur Molekülzahldichte bei der Referenzhöhe $h = 0$ angegeben.

$$\frac{n(h)}{n(h=0)} = e^{-\frac{m_M gh}{k_B T}} = e^{-\frac{E_{pot,M}(h)-E_{pot,M}(h=0)}{k_B T}} \tag{3.52}$$

Der Exponentialausdruck wird auch als „Boltzmann-Faktor" bezeichnet. Verallgemeinernd sagt man auch, die Moleküle auf der Höhe $h = 0$ befinden sich im „Grundzustand", die Moleküle auf der Höhe h dagegen im „angeregten Zustand". Der Boltzmann-Faktor gibt allgemein die Zahl der Moleküle an, die die Schwelle zwischen einem Grundzustand mit niedriger Energie und einem angeregten Zustand mit höherer Energie aufgrund der thermischen Bewegung überwunden haben, bezogen auf die Zahl der Moleküle im Grundzustand.

$$\frac{Molekülezahl(dichte)\ im\ angeregten\,Zustand}{Molekülezahl(dichte)\ im\ Grundzustand} = e^{-\frac{E(anger.\ Zust.)-E(Grundzust.)}{k_B T}} \tag{3.53}$$

Mit Hilfe des Boltzmann-Faktors werden zahlreiche Phänomene, bei denen die thermische Anregung eine Rolle spielt, beschrieben, wie z. B. die Verdampfung von Flüssigkeiten, die Elektronenemission aus Kathoden und die Leitfähigkeit von Halbleitern.

Statistisches Gewicht

Entscheidend für das Erreichen eines angeregten Zustandes ist die Höhe der zu überwindenden Energieschwelle, gibt es mehrere angeregte Zustände, deren Energie E_a jedoch gleich ist, so werden alle gemäß (3.53) besetzt. Die Zahl der unterschiedlichen Zustände mit der gleichen Anregungsenergie berücksichtigt man durch das „statistische Gewicht" g_a der angeregten Zustände. Gliedert sich auch der Grundzustand in unterschiedliche Zustände mit der gleichen Energie E_G, so ist auch sein statistisches Gewicht zu beachten.

$$\frac{N(E_a)}{N(E_G)} = \frac{g_a}{g_G} e^{-\frac{E_a-E_G}{k_B T}} \tag{3.54}$$

Alternativ zur Zahl der Moleküle, die sich in unterschiedlichen Zuständen (Grundzustand oder angeregte Zustände) befinden, berechnet man auch die relative Häufigkeit, mit der Moleküle die Zustände besetzen. Allgemein ist die relative Häufigkeit w, mit der ein spezielles Ereignis stattfindet, definiert als

$$w := \frac{Anzahl\ des\ speziellen\ Ereignisses}{Anzahl\ aller\ möglichen\ Ereignisse}. \tag{3.55}$$

Damit ist die relative Häufigkeit, mit der angeregte Zustände unterschiedlicher Energie E_i von einem Grundzustand aus besetzt werden, mit (3.54) zu berechnen.

$$w_i = \frac{N(E_i)}{N(E_G)+\sum_i N(E_i)} = \frac{\frac{N(E_i)}{N(E_G)}}{1+\sum_i \frac{N(E_i)}{N(E_G)}} = \frac{\frac{g_i}{g_G} e^{-\frac{E_i-E_G}{k_B T}}}{1+\sum_i \frac{g_i}{g_G} e^{-\frac{E_i-E_G}{k_B T}}}$$

$$w_i = \frac{g_i e^{-\frac{E_i-E_G}{k_B T}}}{g_G+\sum_i g_i e^{-\frac{E_i-E_G}{k_B T}}} = C_{norm}\, g_i\, e^{-\frac{E_i-E_G}{k_B T}} \tag{3.56}$$

Der so definierte Normierungsfaktor C_{norm} bewirkt, dass die Summe aller relativen Häufigkeiten eins ergibt.

Aus einer errechneten oder experimentell festgestellten relativen Häufigkeit von Ereignissen oder Messergebnisse kann man anderseits auch eine Vorhersage treffen, mit welcher Wahrscheinlichkeit ein bestimmtes Ereignis auftritt oder ein bestimmter Wert einer Größe gemessen wird. Die relative Häufigkeit von tatsächlich eingetretenen Ereignissen oder gemessenen Größen entspricht der Wahrscheinlichkeit des Auftretens zukünftiger Ereignisse oder Messergebnissen. Trägt man die relative Häufigkeit von Werten einer Größe gegen die Werte auf, so spricht man von einer Verteilung der Werte. Ein Beispiel ist die Verteilung der Schuhgrößen aller Deutschen.

3.5.3 Maxwellsche Geschwindigkeitsverteilung

Befindet sich ein ideales Gas in einem nicht allzu großen Gefäß, so kann man den Einfluss der Schwerkraft vernachlässigen, der Druck im Gefäß ist überall konstant. Die Zustände, die die Moleküle einnehmen können, unterscheiden sich hinsichtlich der kinetischen Energie, diese hängt neben der Masse der Moleküle nur vom Betrag ihrer Geschwindigkeit ab.

Ein Problem ergibt sich bei der Erstellung von Verteilungen physikalischer Größen, die im Gegensatz zu den oben erwähnten Schuhgrößen jeden beliebigen Wert annehmen können: Um für die Angabe einer Häufigkeit sinnvoll zählen zu können, müssen für die Werte geeignete Intervalle definiert werden, in die die aufgetretenen Werte einsortiert werden. Sind sehr viele unterschiedliche Werte zu erwarten, so können die Intervalle klein sein, bei wenigen Werten sollten sie größer sein. Bei einem Gas mit typischerweise 10^{23} Molekülen können wir die Geschwindigkeitsintervalle, in die die Moleküle einsortiert werden, differentiell klein machen. Wir wollen also die relative Häufigkeit, mit der Moleküle Geschwindigkeitsbeträge im Intervall $[v, v + dv]$ aufweisen, bestimmen.

$$w(v) := \frac{N([v, v + dv])}{N} = C_{norm} g(v) e^{-\frac{m_M v^2}{2k_B T}} . \tag{3.57}$$

Das statistische Gewicht der Zustände mit verschiedenen Geschwindigkeitsbeträgen können wir durch folgende Überlegungen erhalten. Tragen wir die Geschwindigkeiten aller Moleküle, deren kinetische Energie und damit auch Betrag der Geschwindigkeit gleich sind, in einem

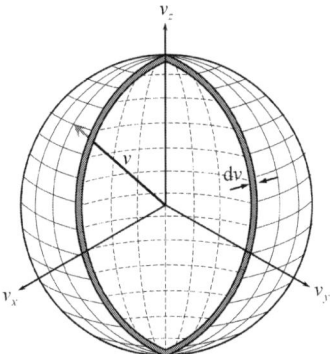

Abb. 3.12 *Geschwindigkeitskugel für alle Moleküle, deren Geschwindigkeiten den gleichen Betrag haben.*

dreidimensionalen Koordinatensystem ein, so beschreibt ihre Gesamtheit eine Kugel um den Ursprung mit dem Geschwindigkeitsbetrag als Radius.

Die einzelnen Zustände der Moleküle unterscheiden sich nur in ihrer Bewegungsrichtung. Um die Zustände unterscheiden zu können, müssen sich ihre Richtungen „merklich" unterscheiden. Somit beansprucht jeder individuelle Geschwindigkeitsvektor eine bestimmte Fläche auf der Geschwindigkeitskugel. Das statistische Gewicht des Geschwindigkeitsintervalls $[v, v + dv]$ entspricht daher dem Volumen der Kugelschale, dividiert durch das Volumen $V_{\vec{v}}$ der Zelle, die jeder individuelle Geschwindigkeitsvektor beansprucht.[1]

$$g(v) = \frac{4\pi v^2 dv}{V_{\vec{v}}} \tag{3.58}$$

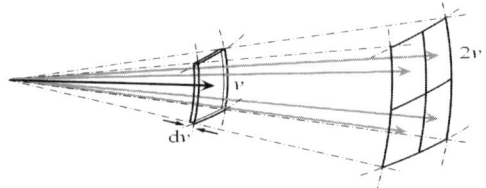

Abb. 3.13 *Zellen, die die individuellen Geschwindigkeitsvektoren auf der Geschwindigkeitskugel beanspruchen.*

Damit erhalten wir die relative Häufigkeit

$$w(v) = \frac{C_{norm}}{V_{\vec{v}}} 4\pi v^2 e^{-\frac{m_M v^2}{2k_B T}} dv . \tag{3.59}$$

Den unbekannten Vorfaktor $C_{norm}/V_{\vec{v}}$ erhalten wir durch die Überlegung, dass die Summe über alle relativen Häufigkeiten eins sein muss, d. h. jedes Molekül weist einen Geschwindigkeitsbetrag im Intervall $[0, \infty]$ auf.

$$\int_0^\infty \frac{C_{norm}}{V_{\vec{v}}} 4\pi v^2 e^{-\frac{m_M v^2}{2k_B T}} dv = 1 \implies \frac{C_{norm}}{V_{\vec{v}}} = \left(\frac{m_M}{2\pi k_B T}\right)^{\frac{3}{2}} \tag{3.60}$$

Die relative Häufigkeit, mit der die unterschiedlichen Geschwindigkeiten auftreten, wird durch die Maxwellsche[2] Verteilungsfunktion

$$w(v) := f(v)dv = 4\pi v^2 \left(\frac{m_M}{2\pi k_B T}\right)^{\frac{3}{2}} e^{-\frac{m_M v^2}{2k_B T}} dv \tag{3.61}$$

---

[1]   Im Rahmen der klassischen Physik kann keine Aussage über die Größe dieses Volumens gemacht werden. Erst in der Quantenmechanik ist dies durch die Unschärferelation, der zufolge Ort und Impuls eines Moleküls nicht gleichzeitig exakt bestimmt werden können, möglich.

[2]   J. C. Maxwell (1831–1879). Manchmal wird die Verteilung auch „Maxwell-Boltzmannsche Verteilungsfunktion" genannt.

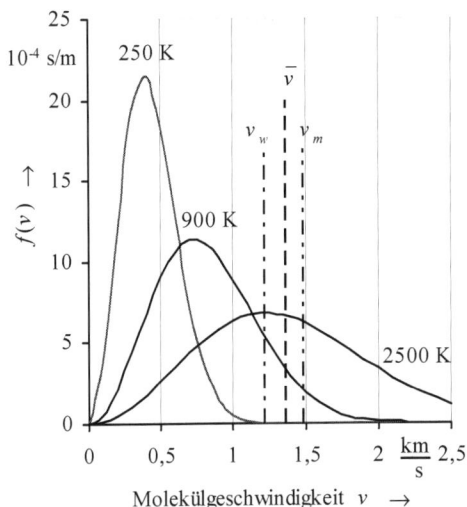

Abb. 3.14 *Verlauf der Maxwell-Verteilung bei verschiedenen Temperaturen für Stickstoff N_2.*

beschrieben. Die Funktion $f(v)$ bezeichnet man auch als Verteilungsfunktion, sie gibt die Anzahl der Moleküle pro Intervall dv an.

Die Maxwell-Verteilung weist ein charakteristisches Maximum auf, sehr kleine und sehr große Geschwindigkeiten sind sehr unwahrscheinlich. Die Lage und die Höhe des Maximums hängen von der Temperatur des Gases ab, es verschiebt sich mit steigender Temperatur zu höheren Geschwindigkeiten, gleichzeitig flacht es ab. Für die Maxwell-Verteilung können drei charakteristische Geschwindigkeiten definiert werden:

1. Die mittlere Geschwindigkeit v_m. Sie wird aus der mittleren kinetischen Energie (3.47) eines Moleküls berechnet.

$$< E_{kin,M} > = \frac{m_M}{2} < v^2 > = \frac{3}{2} k_B T \; \Rightarrow \; v_m := \sqrt{< v^2 >} = \sqrt{\frac{3 k_B T}{m_M}} \qquad (3.62)$$

2. Die wahrscheinlichste Geschwindigkeit v_w ist die Geschwindigkeit, bei der die Maxwell-Verteilung $f(v)$ ihr Maximum hat. Die Nullstellen der Ableitung von (3.60) sind $v = 0$ und

$$v_w = \sqrt{\frac{2 k_B T}{m_M}} = \sqrt{\frac{2}{3}} v_m \;. \qquad (3.63)$$

3. Die Durchschnittsgeschwindigkeit $\bar{v}$ ist der arithmetische Mittelwert aller vorkommenden Geschwindigkeiten. Der arithmetische Mittelwert ist definiert als die Summe aller vorkommenden Geschwindigkeiten, dividiert durch die Anzahl der vorkommenden Werte. Im Falle einer kontinuierlichen Geschwindigkeitsverteilung ist die Zahl der Moleküle, die eine Geschwindigkeit im Intervall $[v, v + dv]$ aufweisen, durch Gesamtzahl der Moleküle

mal relativer Häufigkeit der Geschwindigkeit (3.60) in dem Intervall gegeben. Die Summe geht dann über in ein Integral über alle möglichen Geschwindigkeiten.

$$\bar{v} = \frac{1}{N}\sum_i v_i = \frac{1}{N}\int_0^\infty Nvf(v)\mathrm{d}v = \sqrt{\frac{8k_BT}{\pi m_M}} = \sqrt{\frac{8}{3\pi}}v_m \tag{3.64}$$

Ihr Wert liegt zwischen der mittleren und der wahrscheinlichsten Geschwindigkeit.

Bei vielen Prozessen, die durch thermische Anregung zustande kommen, ist die Zahl der Moleküle, Elektronen usw., die eine bestimmte Energieschwelle überschreiten, wichtig. Um diese zu bestimmen, müssen wir die relative Häufigkeit der Geschwindigkeiten $w(v)$ in (3.60) in eine relative Häufigkeit der kinetischen Energien, $w(E_{kin})$, umformen. Mit

$$E_{kin} = \frac{m_M}{2}v^2 \Rightarrow v = \sqrt{\frac{2E_{kin}}{m_M}} \quad \text{und} \quad \frac{\mathrm{d}E_{kin}}{\mathrm{d}v} = m_M v$$

$$\Rightarrow \mathrm{d}v = \frac{\mathrm{d}E_{kin}}{m_M\sqrt{\frac{2E_{kin}}{m_M}}} = \frac{\mathrm{d}E_{kin}}{\sqrt{2m_M E_{kin}}} \tag{3.65}$$

erhalten wir die Maxwellsche Energieverteilung

$$w(E_{kin}) := f(E_{kin})\mathrm{d}E_{kin} = \frac{2}{\sqrt{\pi}}(k_BT)^{-\frac{3}{2}}\sqrt{E_{kin}}\,e^{-\frac{E_{kin}}{k_BT}}\mathrm{d}E_{kin}. \tag{3.66}$$

Die Zahl der Moleküle mit Energien oberhalb einer Schwelle E_0 berechnen wir, indem wir die Verteilungsfunktion $f(E_{kin})$ integrieren.

$$N(E_{kin} \geq E_0) = N\int_{E_0}^\infty f(E_{kin})\mathrm{d}E_{kin} = \frac{2N}{\sqrt{\pi}}(k_BT)^{-\frac{3}{2}}\int_{E_0}^\infty \sqrt{E_{kin}}\,e^{-\frac{E_{kin}}{k_BT}}\mathrm{d}E_{kin} \tag{3.67}$$

Ist die Energie E_0 wesentlich größer als $^3/_2k_bT$, so wird $f(E_{kin})$ im Wesentlichen durch den stark mit der Energie abfallenden Exponentialterm bestimmt, der Wurzelterm kann als konstant angesehen werden. (3.67) vereinfacht sich dann zu

$$N(E_{kin} \geq E_0) = \frac{2N}{\sqrt{\pi}}(k_BT)^{-\frac{3}{2}}\sqrt{E_0}\int_{E_0}^\infty e^{-\frac{E_{kin}}{k_BT}}\mathrm{d}E_{kin}$$

$$N(E_{kin} \geq E_0) = \frac{2N}{\sqrt{\pi}}(k_BT)^{-\frac{3}{2}}\sqrt{E_0}(-k_BT)\left[e^{-\frac{E_{kin}}{k_BT}}\right]_{E_0}^\infty = N\sqrt{\frac{4E_0}{\pi k_BT}}\,e^{-\frac{E_0}{k_BT}}. \tag{3.68}$$

Zu beachten ist die starke Temperaturabhängigkeit der Molekülzahl mit E_{kin} oberhalb der Schwelle E_0. Vergleichen wir die Zahl der Moleküle bei zwei unterschiedlichen Gastemperaturen

$$T_1 = a \frac{E_0}{k_B} \quad \text{und} \quad T_2 = b \frac{E_0}{k_B}, \tag{3.69}$$

die wir durch E_0 ausdrücken, so beträgt das Verhältnis

$$\frac{N(E_{kin} \geq E_0, T_1)}{N(E_{kin} \geq E_0, T_2)} = \frac{b}{a} e^{-\left(\frac{1}{a} - \frac{1}{b}\right)}. \tag{3.70}$$

Mit $a = 0{,}2$ und $b = 0{,}1$ erhalten wir

$$\frac{N(E_{kin} \geq E_0, T_1)}{N(E_{kin} \geq E_0, T_2)} = \frac{1}{2} e^5 = 148{,}4, \tag{3.71}$$

d. h. eine chemische Reaktion in einem Gas, bei der die Schwelle E_0 überwunden werden muss, findet bei der höheren Temperatur ca. 150-mal häufiger statt.

3.6 Erster Hauptsatz der Thermodynamik

Im vorigen Kapitel 3.5 wurde gezeigt, dass die Temperatur eines Gases aus der kinetischen Energie der Moleküle berechnet werden kann. Soll die Temperatur geändert werden, so muss die kinetische Energie der Moleküle geändert werden, dem Gas also Energie zu- oder abgeführt werden. Dies gilt nicht nur für Gase, sondern für alle thermodynamischen Systeme.

Schon bevor erkannt wurde, dass Wärme aus der ungeordneten mikroskopischen Bewegung der Atome bzw. Moleküle herrührt, wurde durch die Untersuchungen von R. Mayer[1] und J. Joule deutlich, dass Wärme eine Form von Energie ist, die die gleichen Eigenschaften wie die Energie in der Mechanik aufweist. Schon mit der alten Modellvorstellung vom „Wärmestoff" konnte zwar die Übertragung von Wärme durch Kontakt eines kälteren Objektes mit einem wärmeren verstanden werden, die Erklärung der Entstehung von Reibungswärme bei Bewegungen war jedoch nicht möglich. Wärme und mechanische Energie waren zwei unabhängige Größen, dies dokumentieren auch die alten Einheiten „Kalorie"[2] für Wärme und „Kilopondmeter"[3] für mechanische Energie.

Durch entsprechende Experimente gelang es Joule 1850, das „mechanische Wärmeäquivalent" zu bestimmen. Damit konnte er bei vollständiger Umwandlung von mechanischer Energie in

---

[1] R. Mayer (1814–1878), deutscher Arzt.
[2] 1 Kalorie ist die Energie, die nötig ist, um 1 g Wasser von 14,5 °C auf 15,5 °C zu erwärmen.
[3] 1 Kilopondmeter ist die Arbeit, die verrichtet werden muss, um die Masse von 1 kg 1 m gegen die Schwerkraft anzuheben. Die Masse erhält die entsprechende potentielle Energie.

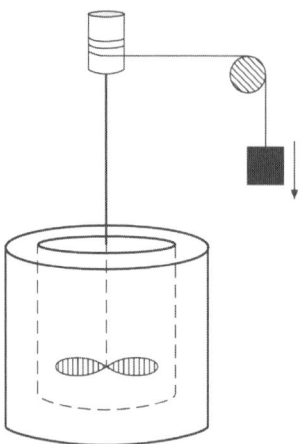

Abb. 3.15   *Apparatur von Joule zur Bestimmung des mechanischen Wärmeäquivalentes.*

Wärme die dadurch erzielte Temperaturerhöhung in Beziehung zur umgesetzten mechanischen Energie setzen.

Durch ein Gewicht, das sich unter Einfluss der Schwerkraft nach unten bewegt, werden über ein Seil Flügelräder angetrieben, die in einem thermisch von der Umgebung isolierten Gefäß Wasser umrühren. Durch entsprechend ausgelegte Kammern, in denen die Reibung so groß ist, dass keine nennenswerte makroskopische Strömung entsteht, bewegt sich das Gewicht so langsam nach unten, dass es auch keine kinetische Energie aufweist. Somit wird die potentielle Energie des Gewichtes am Anfang des Experimentes vollständig in Wärme umgewandelt. Der von Joule ermittelte Umrechnungsfaktor von Kalorie in die heute gebräuchliche Einheit für (mechanische) Energie, dem Newtonmeter, lautet

$$1 \text{ Kalorie} = 4{,}1868 \text{ Nm.} \tag{3.72}$$

Die Experimente von Joule haben gezeigt, dass mechanische Arbeit vollständig durch Reibung in Wärme überführt werden kann. Die Erfahrung zeigt, dass es umgekehrt nicht möglich ist, Wärme vollständig in mechanische Arbeit, z. B. durch „Wärmekraftmaschinen", umzuwandeln. Welche Beschränkungen für diese Richtung der Umwandlung existieren, werden wir im Kapitel 3.8 kennen lernen.

3.6.1   Formulierungen des 1. Hauptsatzes

Bei der Betrachtung von Bewegungen haben wir in vielen Fällen den Einfluss von Reibung vernachlässigt, um die Eigenschaften der Bewegung quantitativ leichter erfassen zu können. Reibung ist eine nichtkonservative Kraft (siehe Kapitel 2.3.9 (Energiesatz bei nicht konservativen Kräften)), durch sie wird die gesamte mechanische Energie des Objektes vermindert. Da jede Bewegung dem Einfluss von Reibung unterworfen ist, kommt letztlich jede Bewegung auch irgendwann einmal zur Ruhe. Diese Erfahrung bedeutet:

Es gibt kein Perpetuum mobile!

Da die mechanische Energie nicht verschwindet, sondern, wie die Experimente von Joule gezeigt haben, durch Reibung in Wärme umgewandelt wird, hat R. Mayer 1842 den Energiesatz der Mechanik erweitert. Fassen wir das Objekt, das sich unter Einfluss von Reibung bewegt und das Medium, das durch die erzeugte Reibungswärme aufgeheizt wird, zu einem abgeschlossenen System (siehe Seite 196) zusammen, so erhalten wir die von H. von Helmholtz[1] 1847 angegebene Formulierung des 1. Hauptsatzes der Thermodynamik.

In einem abgeschlossenen System bleibt die Summe aller Energien konstant, insbesondere die Summe aus mechanischer Energie und thermischer Energie.

Innere Energie
Die Helmholtzsche Formulierung des ersten Hauptsatzes legt nahe, die gesamte Energie innerhalb der Systemgrenze eines thermodynamischen Systems im Schwerpunktsystem als „innere Energie" des Systems zu definieren. Somit gehören die potentielle Energie und die kinetische Energie des Schwerpunktes sowie die Rotationsenergie, falls sich das System als Ganzes dreht, nicht zur inneren Energie. Für die meisten thermodynamischen Fragestellungen genügt die Definition von Kelvin, wonach die innere Energie eines Systems in der ungeordneten Bewegung seiner Atome bzw. Moleküle steckt. Hinzu kommen noch die Energie, die die Atome und Moleküle aufgrund ihrer Wechselwirkung miteinander haben, und die innere Energie jedes einzelnen Teilchens. Somit kann man über den absoluten Wert der inneren Energie in der Regel keine Aussage treffen. Bei vielen Problemen reicht es jedoch aus, ihre Änderung zu betrachten.

Diese Änderung der inneren Energie eines Systems erfolgt durch Energietransport über die Systemgrenze, in der Thermodynamik werden wir uns bei geschlossenen Systemen auf zwei Mechanismen beschränken, nämlich auf den Transport von

- Wärme, d. h. durch Kontakt des Systems mit einer Umgebung, die wärmer oder kälter ist. Die Energie wird durch unterschiedliche ungeordnete Teilchenbewegung beiderseits der Systemgrenze übertragen.
- Mechanische Arbeit. Hier wird die Energie durch makroskopische Kräfte oder Drehmomente, die zwischen Umgebung und System wirken, übertragen.

Andere Energieformen bzw. Energieträger, wie z. B. elektrische Energie, chemische Energie oder Strahlung werden wir in eine der beiden Kategorien einsortieren, je nachdem ob die Übertragung durch viele mikroskopische ungeordnete Teilbewegungen oder durch eine makroskopische Bewegung erfolgt.

Bei einem offenen System bewegt sich zusätzlich noch Materie als Massenstrom über die Systemgrenze, dieser transportiert einen makroskopischen Strom von kinetischer Energie aus der kollektiven Bewegung und einen Wärmestrom, der aus der Temperatur der Materie und damit aus der ungeordneten Bewegung herrührt.

---

[1]   H. von Helmholtz (1821–1894).

Betrachten wir das thermodynamische System als eine Maschine, bei der der Energieträger gewechselt wird, wie z. B. einen Motor oder eine elektrische Heizung, dann können wir den 1. Hauptsatz der Thermodynamik alternativ formulieren.

> Es gibt keine Maschine, die ständig Arbeit abgibt, ohne Energie aufzunehmen.

Da eine solche Maschine gegen den ersten Hauptsatz der Thermodynamik verstoßen würde, nennt man sie auch Perpetuum mobile 1. Art. Ein Perpetuum mobile verletzt demzufolge den 2. Hauptsatz der Thermodynamik (siehe Kapitel 3.8).

Für die über die Systemgrenze transportierten Wärmen Q bzw. die mechanischen Arbeiten W gilt die übliche Vorzeichenkonvention: Energien, die in das System gebracht werden und damit die innere Energie U vergrößern, zählt man positiv, Energien, die aus dem System gelangen dagegen, negativ.

$$\Delta U = Q_{zu} - | Q_{ab} | + W_{zu} - | W_{ab} | \qquad (3.73)$$

Saldiert man alle mechanischen Arbeiten zur Nettoarbeit W und alle Wärmen zur über die Systemgrenze gelangten Nettowärme Q, so lautet der 1. Hauptsatz der Thermodynamik

$$\Delta U = Q + W . \qquad (3.74)$$

Zu bemerken ist, dass eine Aufschlüsselung der inneren Energie in verschiedene Energieformen nicht sinnvoll ist, da das Innere des Systems während eines Prozesses nicht betrachtet wird, sondern nur die Form der über die Systemgrenze transferierte Energie. Hilfreich ist da der Vergleich mit einem Bankkonto: Entscheidend ist der Kontostand, er wird nicht nach Geldscheinen, Münzen etc. aufgeschlüsselt. Seine Änderung erfolgt durch „makroskopische" Überweisungen wie, z. B. Gehaltszahlungen, Miete usw., und durch „mikroskopischen" Zu- oder Abfluss in Form von Barabhebungen, Einzahlungen, Einkäufen mit der Kreditkarte, um nur einige Möglichkeiten zu nennen. Ob ein Einkauf durch das Geld der Gehaltszahlung oder das einer anderen Einzahlung getätigt wird, ist ohne Bedeutung. Interessant ist ja nur der Kontostand.

Innere Energie als Zustandsgröße

Der erste Hauptsatz hat zur Konsequenz, dass die innere Energie eines Systems eine Zustandsgröße, wie in Kapitel 3.2.1 beschrieben, ist. Wird der Zustand des Systems durch einen Prozess geändert, so berechnet sich mit (3.3) die Änderung der inneren Energie aus der Differenz der inneren Energien am Anfang und am Ende des Prozesses. Zur Untermauerung der Behauptung betrachten wir einen Kreisprozess, d. h. eine Folge von drei Zustandsänderungen. Ist U eine Zustandsgröße, so ist $\Delta U = 0$, wenn der Anfangszustand wieder erreicht wird.

Wir beginnen mit Anfangszustand Z_1 mit den thermischen Zustandsgrößen P_1, V_1 und T_1 und der inneren Energie U_1. Durch Energietransfer $E_{21} = Q_{21} + W_{21}$ gelangt das System in den Zustand Z_2 mit P_2, V_2 und T_2 sowie $U_2 = U_1 + E_{21}$. Zu beachten ist, dass Q_{21} bzw. W_{21} positiv oder negativ sein können, je nachdem, ob die Energie zu- oder abgeführt wird. Um in den Zustand Z_3 mit P_3, V_3 und T_3 zu gelangen, muss die Energie $F_{32} = Q_{32} + W_{32}$ über die Systemgrenze gelangen, U_3 beträgt $U_2 + E_{32} = U_1 + E_{21} + E_{32}$. Erreicht schließlich das System

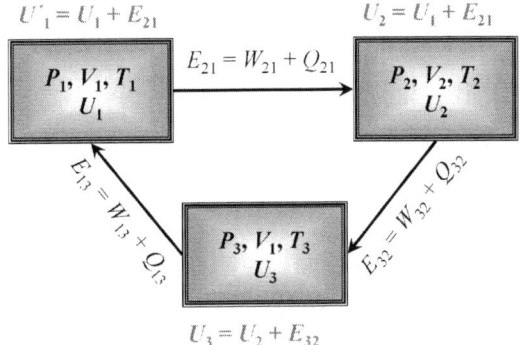

Abb. 3.16 *Kreisprozess, bei dem ein thermodynamisches System drei Zustandsänderungen erfährt.*

durch weiteren Energietransfer E_{13} den Ausgangszustand, so haben die thermischen Zustandsgrößen wieder die Werte P_1, V_1 und T_1. Die innere Energie ist somit

$$U'_1 = U_3 + E_{13} = U_1 + E_{21} + E_{32} + E_{13}$$
$$U'_1 = U_1 + Q_{21} + Q_{32} + Q_{13} + W_{21} + W_{32} + W_{13} \,. \tag{3.75}$$

Ist nun $U'_1 < U_1$, so gibt das System bei jedem Umlauf Energie ab, wäre demnach ein Perpetuum mobile. Im umgekehrten Fall würde das System ständig Energie aus der Umgebung aufnehmen, somit wäre diese ein Perpetuum mobile. Daher muss $U'_1 = U_1$ sein, bei einem Umlauf ändert sich die innere Energie des Systems nicht, U ist eine (kalorische) Zustandsgröße. Für beliebige Prozesse gilt somit (3.3).

$$\Delta U = U_E - U_A \tag{3.76}$$

Bei einem Kreisprozess ist $\Delta U = 0$, daher ist die Summe aller bei den unterschiedlichen Prozessteilschritten zu- bzw. abgeführten Wärmen und mechanischen Arbeiten null.

$$\Delta U = 0 = Q_{zu} - |Q_{ab}| + W_{zu} - |W_{ab}| \tag{3.77}$$

Dabei kann sowohl die Differenz der Wärmen als auch die Differenz der mechanischen Arbeiten von null verschieden sein. Ist

$$Q_{zu} - Q_{ab} > 0 \quad \text{und} \quad W_{zu} - W_{ab} < 0 \,, \tag{3.78}$$

so nimmt das System Wärme auf und gibt mechanische Arbeit ab, „wandelt" also die Energieform bzw. wechselt den Energieträger der durch das System transportierten Energie. Diese Systeme bezeichnet man auch als „Wärmekraftmaschine". Beispiele sind alle Verbrennungsmotoren, Gasturbinen, Düsentriebwerke … Im umgekehrten Fall,

$$Q_{zu} - Q_{ab} < 0 \quad \text{und} \quad W_{zu} - W_{ab} > 0 \,, \tag{3.79}$$

nimmt das System mechanische Arbeit auf und gibt Wärme ab, man spricht dann von einer „Arbeitsmaschine". Beispiele hierfür sind Wärmepumpen und Kühlaggregate. Auf diese beiden Typen thermodynamischer Maschinen werden wir im Kapitel 3.7 noch genauer eingehen.

Im Gegensatz zur inneren Energie sind Wärme und mechanische Arbeit so genannte „Prozessgrößen", deren Wert von der Art der Zustandsänderung abhängt, mit der das System vom Anfangszustand in den Endzustand gelangt (siehe Kapitel 3.2.1).

3.6.2   Wärme und Wärmekapazität

Im vorangegangenen Kapitel haben wir als Wärme die Energie bezeichnet, die durch thermischen Kontakt eines Systems mit der Umgebung über die Systemgrenze transportiert wird. Die Erfahrung zeigt, dass hierfür ein Temperaturunterschied erforderlich ist, Wärme fließt immer vom wärmeren Objekt zum kälteren, wie wir es schon beim „Nullten Hauptsatz" gesehen haben. An der Grenze treten die Atome oder Moleküle von System und Umgebung in Kontakt, die Teilchen mit der höheren thermisch bedingten Bewegungsenergie des wärmeren Körpers wechselwirken mit den Teilchen des kälteren und vergrößern deren mittlere Bewegungsenergie. Auf die verschiedenen Mechanismen der Wärmeübertragung werden wir im Kapitel 3.10 eingehen.

Wenn Wärme übertragen wird, so ändert sich in der Regel die Temperatur des Systems. Ausnahmen sind Prozesse, in denen sich der Aggregatzustand ändert, und „isotherme" Zustandsänderungen. Den Zusammenhang zwischen der übertragenen Wärme und der erzielten Temperaturänderung des Systems beschreibt die Wärmekapazität des Systems

$$C := \frac{Q}{\Delta T}, \quad [C] = \frac{J}{K}.$$
(3.80)

Zu beachten ist, dass C immer positiv ist: zugeführte Wärme bewirkt eine Temperaturerhöhung ($\Delta T > 0$), abgeführte Wärme dagegen eine Temperaturerniedrigung ($\Delta T < 0$). Da Q eine Prozessgröße ist, ist die Wärmekapazität C ebenfalls eine Prozessgröße. In sie geht auch die Größe des Systems ein, daher ist sie eine extensive Größe, ebenso wie die Wärme. Je größer das System ist, umso kleiner wird bei gegebenem Q die erzielte Temperaturänderung ΔT sein. Besteht das System aus einem bestimmten Stoff, so verwendet man gern zur Charakterisierung seiner thermischen Eigenschaften die

- spezifische Wärmekapazität $\quad c_s := \dfrac{C}{m_{Sys}}, \quad [c_s] = \dfrac{J}{gK}$

- molare Wärmekapazität $\quad c_m := \dfrac{C}{\nu_{Sys}}, \quad [c_m] = \dfrac{J}{molK}.$
(3.81)

Zwischen diesen beiden intensiven Größen besteht folgender Zusammenhang:

$$\frac{c_m}{c_s} = \frac{C}{\nu_{Sys}} \frac{m_{Sys}}{C} = \frac{m_{Sys}}{\nu_{Sys}} = M_{mol}$$
(3.82)

Untersucht man die Wärmekapazität verschiedener Stoffe, so zeigt sich, dass sie von der Temperatur abhängt. Daher definiert (3.80) nur eine mittlere Wärmekapazität. Für kleine Temperaturänderung dT gilt

$$dQ = C(T)dT .$$ (3.83)

Für endliche Temperaturänderungen ΔT muss die bei einer Zustandsänderung zu transportierende Wärme durch Integration von (3.83) berechnet werden.

$$Q = \int_{T_A}^{T_E} C(T)dT = m_{Sys} \int_{T_A}^{T_E} c_s(T)dT = \nu_{Sys} \int_{T_A}^{T_E} c_m(T)dT$$ (3.84)

Für viele Temperaturbereiche ist es jedoch ausreichend, die mittlere Wärmekapazität für Zustandsänderungen bei konstantem Druck, die in Tabellenwerken nachzuschlagen ist, zu verwenden. Beispiele gibt Tabelle 3.5.

Tab. 3.5 *Spezifische und molare Wärmekapazitäten einiger Stoffe bei $T_C = 20\,°C$ und $P = 1013\,hPa$.*

Stoff	$c_{s,P}$ in J/gK	$C_{m,P}$ in J/molK
Aluminium	0,900	24,3
Kupfer	0,386	24,5
Eisen	0,462	25,2
Äthanol	2,365	110,8
Wasser	4,187	75,4
Quecksilber	0,140	28,3

Auffällig ist die sehr große Wärmekapazität von Wasser, die man häufig zur Speicherung von thermischer Energie nutzt. So muss in Heizungsanlagen mit Wasser als Wärmeträger bei weitem nicht so viel davon durch Pumpen umgewälzt werden wie bei anderen Wärmeträgern. Schon das bei thermischen Solaranlagen verwendete Wasser-Glykol-Gemisch weist eine deutlich kleinere Wärmekapazität auf und um eine entsprechende Wärmemenge transportieren zu können, muss der Wärmeträger eine höhere Temperatur aufweisen. Ein wichtiger Nachteil von Wasser ist der vergleichsweise kleine Temperaturbereich von 0 °C bis 100 °C, in dem es als Flüssigkeit vorliegt. Sowohl Eis als auch Wasserdampf haben deutlich kleiner Wärmekapazitäten.

Das milde Seeklima wird ebenfalls durch die große Speicherfähigkeit von Wasser bewirkt: Im Sommer dauert der Aufheizvorgang lange, die Temperaturen steigen nur schwach, dagegen verhindert ein relativ warmes Meer durch langsame Abkühlung einen starken Temperaturabfall. Vergleichen wir das von Joule gemessene mechanische Wärmeäquivalent (3.72) mit der Wärmekapazität des Wassers in **Tab. 3.5**, so stellen wir fest, dass der numerische Wert gleich ist. Joules Wärmeäquivalent stellt genau die Wärmekapazität von Wasser dar, die Wärmezufuhr erfolgte allerdings nicht durch Kontakt mit einem wärmeren Objekt, sondern durch Reibung.

Wärmekapazität und innere Energie

Wie wir in Kapitel 3.5.1 gesehen haben, ist die „Ursache" für die Temperatur eines Systems die Energie der ungeordneten Bewegung seiner Teilchen. Zählt man zur inneren Energie nur die Translations-, Rotations- und Schwingungsenergie der N Atome oder Moleküle, so beträgt diese mit (3.49)

$$U = N < E_{th} > = N \frac{f}{2} k_B T = v \frac{f}{2} R T \ , \tag{3.85}$$

d. h. beim idealen Gas hängt die innere Energie nur von der Temperatur ab. Diese Tatsache hatte Gay-Lussac auch ohne Kenntnis der mikroskopischen Beschreibung der Wärme in seinem Überströmversuch festgestellt. Bei diesem Experiment konnte ein ideales Gas aus einem Behälter in ein anderes, evakuiertes Gefäß strömen, dabei waren beide thermisch von der Umgebung isoliert, so dass keine Wärme nach außen übertragen werden konnte. Gay-Lussac stellte fest, dass die Temperatur in diesem abgeschlossenen System vor der Expansion des Gases in den leeren Behälter gleich der Temperatur nach der Expansion war. Anschaulich kann man sich dieses Verhalten dadurch erklären, dass beim idealen Gas die Moleküle keine Kräfte aufeinander ausüben, außer bei einer Kollision, ihre mittlere Bewegungsenergie ist unabhängig von dem Weg, den sie zwischen zwei Stößen zurücklegen. Damit ist die Temperatur des Gases unabhängig von dem Volumen, in dem sich das Gas befindet. Der Druck auf die Gefäßwände reduziert sich allerdings dem Boyle-Mariotteschen Gesetz (3.23) gemäß, da pro Zeiteinheit weniger Moleküle mit den Gefäßwänden kollidieren.

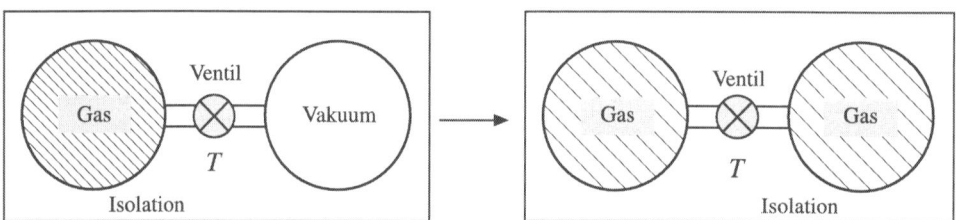

Abb. 3.17 *Überströmversuch von Gay-Lussac. Die Temperaturen vor und nach der Expansion sind gleich.*

Wirken allerdings Kräfte zwischen den Molekülen, wie das bei realen Gasen der Fall ist, so ändert sich die Temperatur. Diesen Effekt, nennt man auch Joule-Thomson-Effekt, er spielt bei der Verflüssigung von Gasen eine wichtige Rolle.

Bei Flüssigkeiten und Festkörpern gilt (3.85) ebenfalls, nur muss die Zahl der Freiheitsgrade bekannt sein. Bei kristallinen Festkörpern, bei denen die Atome in einer sehr regelmäßig aufgebauten Kristallstruktur angeordnet sind, kann man die Zahl der Freiheitsgrade des Atoms angeben: es liegen die Freiheitsgrade für Schwingungen in drei Dimensionen um die Gleichgewichtslage vor.[1] Da die Energie sowohl als potentielle Energie als auch als kinetische Energie vorliegen kann, ordnet man jeder Schwingungsrichtung zwei Freiheitsgrade zu. Jedes Atom im Kristall hat somit sechs Freiheitsgrade der Schwingung. Die innere Energie ist

---

[1]   Translationsbewegung und Rotation ist im Kristall nicht möglich.

ebenfalls nur abhängig von der Temperatur. Da (3.85) die thermische Zustandsgröße T mit der energetischen Zustandsgröße U in Beziehung setzt, nennt man diese Gleichung auch „kalorische" Zustandsgleichung. Für reale Gase und andere Systeme kann sie auch von anderen Zustandsgrößen abhängen.

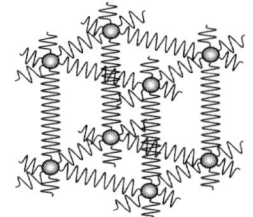

Abb. 3.18 *Atome im Kristall werden elastisch in ihrer Gleichgewichtslage gehalten.*

Isochore und isobare Wärmekapazität

Bei Wärmekapazitäten wird in der Praxis nur zwischen zwei Arten von Zustandsänderungen unterschieden: zwischen der isochoren, bei der das Volumen des Systems konstant bleibt, und der isobaren Zustandsänderung bei konstantem Druck. In beiden Fällen liegt ein geschlossenes System vor.

Bleibt das Volumen des geschlossenen Systems bei einer Temperaturänderung konstant, so wird keine Arbeit unter dem Einfluss äußerer Kräfte verrichtet, daher gelangt Energie nur als Wärme über die Systemgrenze. (3.73) vereinfacht sich dann zu

$$\Delta U = U_E - U_A = Q = \int_{T_A}^{T_E} C_V(T)\mathrm{d}T = \overline{C}_V \Delta T = \overline{C}_V(T_E - T_A) , \tag{3.86}$$

dabei bezeichnet der Index V die isochore Prozessführung. Ist die Temperaturabhängigkeit von C_V nicht allzu groß, rechnet man in der Regel mit der mittleren Wärmekapazität. Da, wie wir vorher gesehen haben, die innere Energie eines Systems nur von seiner Temperatur abhängt, gilt (3.86) auch für andere Zustandsänderungen. Für kleine Temperaturänderungen $\mathrm{d}T$ gilt analog zu (3.83)

$$\mathrm{d}U = C_V(T)\mathrm{d}T . \tag{3.87}$$

Während sich beim isochoren Prozess der Druck verändert, weil die thermische Ausdehnung behindert wird, erfolgt bei der isobaren Zustandsänderung eine durch die thermische Ausdehnung bestimmte Volumenänderung gegen den Umgebungsdruck. Gegen die vom Umgebungsdruck bewirkte Kraft wird vom System bei Temperaturänderung auch noch Arbeit verrichtet. Nehmen wir vereinfachend an, dass das System ein Zylinder und die verschiebbare Systemgrenze ein Kolben ist, so wird mit (2.131) und (2.353) die Arbeit

$$W = \int_{\vec{s}_A}^{\vec{s}_E} \vec{F} \bullet \mathrm{d}\vec{s} = -\int_{\vec{s}_A}^{\vec{s}_E} P\vec{A} \bullet \mathrm{d}\vec{s} = -\int_{V_A}^{V_E} P\mathrm{d}V \tag{3.88}$$

verrichtet. Die Normale von der Querschnittsfläche des Kolbens $\vec{A}$ verläuft gemäß der Konvention in 2.7.3 nach außen, die äußere Kraft ist dagegen nach innen gerichtet, daher das Minuszeichen. Bei Verkleinerung des Volumens ist $d\vec{s}$ entgegengesetzt zu $\vec{A}$ gerichtet, die verrichtete Arbeit wird positiv, also dem System zugeführt. Da beim Verrichten der Arbeit das Volumen des Systems verändert wird, nennt man diese Arbeit auch „Volumenänderungsarbeit" W_V. Bei der isobaren Zustandsänderung beträgt die Änderung der inneren Energie

$$\Delta U = Q - \int_{V_A}^{V_E} P dV = Q - P(V_E - V_A) \,. \tag{3.89}$$

(a)   (b)

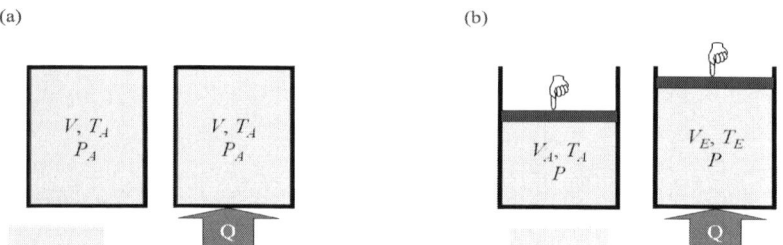

Abb. 3.19 *(a) Isochore und (b) isobare Zustandsänderung (Erwärmung) eines geschlossenen Systems. Die Hand symbolisiert eine konstante äußere Kraft, die auf den Kolben wirkt.*

Damit ergibt sich die Wärme Q, die für eine Temperaturänderung $\Delta T = T_E - T_A$ erforderlich ist, mit (3.86) zu

$$Q = \Delta U + P(V_E - V_A) \;\Rightarrow\; Q = \overline{C}_P \Delta T = \overline{C}_V \Delta T + P \Delta V \,. \tag{3.90}$$

Die mittlere Wärmekapazität $\overline{C}_P$ bei konstantem Druck lautet somit

$$\overline{C}_P = \overline{C}_V + P \frac{\Delta V}{\Delta T} \,. \tag{3.91}$$

Beim idealen Gas wird die Volumenänderung in Abhängigkeit von der Temperaturänderung durch die Zustandsgleichung (3.33) bestimmt.

$$P \Delta V = \nu R \Delta T \;\Rightarrow\; \overline{C}_P = \overline{C}_V + \nu R \;\Rightarrow\; \overline{c}_{m,P} = \overline{c}_{m,V} + R \;\text{ und }\; \overline{c}_{s,P} = \overline{c}_{s,V} + R_s \,. \tag{3.92}$$

Festkörper ändern ihr Volumen gemäß (3.9), damit beträgt die mittlere Wärmekapazität bei konstantem Druck

$$\overline{C}_P = \overline{C}_V + P3\alpha V_0 \;\Rightarrow\; \overline{c}_{s,P} = \overline{c}_{s,V} + P \frac{3\alpha}{\rho_0} \,. \tag{3.93}$$

Erfolgt die isobare Zustandsänderung z. B. von Eisen bei einem Luftdruck von 1013 hPa, so weichen die spezifischen isochoren und isobaren Wärmekapazitäten nur um $3{,}8 \cdot 10^{-10}$ J/gK voneinander ab. Vergleicht man das mit der Wärmekapazität von Eisen in **Tab. 3.5**, so kann man für Festkörper davon ausgehen, dass isochore und isobare Wärmekapazitäten praktisch gleich sind.

Enthalpie

Bei isobarer Zustandsänderung wird insbesondere beim idealen Gas Volumenänderungsarbeit verrichtet. Die umgesetzte Wärme (3.90) wird nur aus den Zustandsgrößen P und der Änderung der Zustandsgrößen ΔU und ΔV des Systems berechnet. Analog zur isochoren Zustandsänderung muss daher die Wärme ebenfalls durch die Änderung einer Zustandsgröße, die das System beschreibt, darstellbar sein. Diese Größe nennt man „Enthalpie" H

$$Q_{isobar} := \Delta H = \Delta U + P\Delta V \;\Rightarrow\; \Delta H = \Delta(U + PV) \;\Rightarrow\; H := U + PV\,. \tag{3.94}$$

Entsprechend der Definition der Wärmekapazität (3.80) besteht der Zusammenhang

$$C_P := \frac{Q_{isobar}}{\Delta T} = \frac{\Delta H}{\Delta T}\,, \tag{3.95}$$

oder, falls die Wärmekapazität von der Temperatur abhängt, analog zu (3.87)

$$dH = C_P(T)dT\,. \tag{3.96}$$

So wie (3.87) gilt (3.96) auch für beliebige Zustandsänderungen. Somit können wir den energetischen Zustand eines Systems durch die innere Energie oder durch die Enthalpie beschreiben. Bei beiden sind die Änderungen gleich den Differenzen ihrer Werte aus End- und Anfangszustand, unabhängig von der Art der Zustandsänderung. Bei Prozessen, die unter konstantem Druck stattfinden, wird vorzugsweise die Enthalpie gebraucht.

Wärmekapazität von Gasen

Die innere Energie eines Gases hängt nach (3.85) neben seiner Temperatur von der Zahl der Freiheitsgrade seiner Moleküle ab. Da sie sich frei im Raum bewegen können, hat jedes Molekül drei Freiheitsgrade der Translation. Kann es weiterhin durch nicht zentrale Stöße zu Drehungen mit entsprechender Rotationsenergie angeregt werden, so kommen maximal drei weitere Freiheitsgrade für freie Rotationen um je eine Hauptträgheitsachse hinzu. Können Atome eines Moleküls gegeneinander schwingen, so kommen pro unabhängiger Schwingungsrichtung zwei weitere Freiheitsgrade hinzu. Mit (3.85) erhalten wir die molare Wärmekapazität bei konstantem Volumen und mit (3.92) bei konstantem Druck.

$$\Delta U = \nu \frac{f}{2} RT \;\Rightarrow\; c_{m,V} = \frac{f}{2} R \;\text{ und }\; c_{m,P} = \frac{f}{2} R + R = \frac{f+2}{2} R \tag{3.97}$$

Leicht messbar ist im Gegensatz zu den Wärmekapazitäten der so genannte „Adiabatenexponent" κ, er ist definiert als

$$\kappa := \frac{C_P}{C_V} = \frac{c_{s,P}}{c_{s,V}} = \frac{c_{m,P}}{c_{m,V}} \;\Rightarrow\; \kappa = \frac{f+2}{f} \tag{3.98}$$

Mit der experimentellen Bestimmung der Wärmekapazitäten bzw. des Adiabatenexponenten von Gasen erhält man Aufschluss über die Struktur der Moleküle und darüber, welche Rotationszustände oder welche Schwingungen angeregt werden. Für einige Basistypen von Molekülen ergeben sich folgende Adiabatenexponenten:

Tab. 3.6 *Theoretische Werte für den Adiabatenexponenten für verschiedene Molekültypen.*

Molekültyp		f (Translation)	f (Rotation)	f (Schwingung)	gesamt	κ
punktförmig	•	3			3	1,67
Hantel, starr	•—•	3	2		5	1,40
Hantel, elastisch	•ᗯ•	3	2	2	7	1,29
räumlich, starr	△	3	3		6	1,33

Die gemessenen Werte für verschiedene Gase sind in **Tab. 3.7** zusammengestellt.

Tab. 3.7 *Experimentelle Werte für Adiabatenexponenten und molare Wärmekapazitäten verschiedener Gase bei 20 °C und 1013 hPa.*

Gas		κ	$c_{m,V}$ in J/gK	$c_{m,P}$ in J/molK	f nach (3.98)
Helium	He	1,67	12,47	20,80	2,99
Argon	Ar	1,67	12,47	20,80	2,99
Wasserstoff	H_2	1,41	20,43	28,76	4,88
Sauerstoff	O_2	1,40	21,06	29,43	5,00
Stickstoff	N_2	1,40	20,76	29,09	5,00
Chlor	Cl_2	1,35	25,74	34,70	5,71
Kohlendioxid	CO_2	1,30	28,46	36,96	6,67
Schwefeldioxid	SO_2	1,29	31.40	40,39	6,90
Methan	CH_4	1,32	26,19	34,59	6,25
Ammoniak	NH_3	1,31	27,84	36,84	6,45
Äthan	C_2H_6	1,21	43,12	51,70	9,52

Gase, deren Moleküle aus nur einem Atom bestehen wie z B. die Edelgase Helium und Argon haben drei Freiheitsgrade. Gase aus Molekülen mit zwei Atomen wie H_2, O_2 und N_2 weisen fünf Freiheitsgrade auf, also zwei Freiheitsgrade der Rotation. Die grobe Form der Moleküle stellt eine Hantel dar, es werden thermisch Drehungen um die Hauptträgheitsachsen senkrecht zur Verbindungslinie der Atomkerne angeregt. Rotationen um die Verbindungslinie können nicht angeregt werden, da das Trägheitsmoment bezüglich dieser Achse zu klein ist. Beim Chlor scheint zumindest noch ein Freiheitsgrad hinzuzukommen. Anhand dieser Daten kann nicht entschieden werden, ob eine Rotation um die Verbindungslinie erfolgt oder Schwingungen angeregt werden.

Bei den mehratomigen Molekülen muss zwischen linearen und räumlich komplexeren Molekülen unterschieden werden. CO_2 und SO_2 sind offensichtlich lineare Moleküle, bei denen zusätzlich noch eine Schwingung angeregt zu sein scheint. Beim Methan sind dagegen die Atome räumlich angeordnet, es sind Rotationen um alle Hauptträgheitsachsen angeregt. Beim Ammoniak und beim Äthan scheinen zusätzlich noch Schwingungen angeregt zu sein.

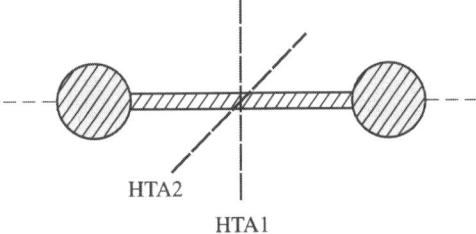

Abb. 3.20   *Zweiatomiges Molekül: Nur Rotation um Hauptträgheitsachsen senkrecht zur Verbindungslinie.*

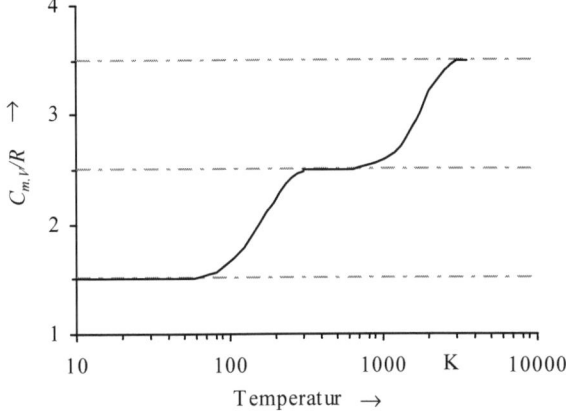

Abb. 3.21   *Molare Wärmekapazität $c_{m,V}$ von Wasserstoff in Abhängigkeit von der Temperatur. Oberhalb 3200 K zerfällt das Molekül.*

Aufschluss darüber, welche Freiheitsgrade thermisch angeregt werden, gibt die Temperaturabhängigkeit der molaren Wärmekapazität.

Der Verlauf weist zwei charakteristische Stufen auf. Unterhalb von etwa 50 K scheinen die Wasserstoffmoleküle nicht zu rotieren, es liegen nur drei Freiheitsgrade vor. Bei Raumtemperatur bis 700 K entspricht die Wärmekapazität der von fünf Freiheitsgraden, praktisch alle Moleküle rotieren. Mit noch größeren Temperaturen setzt die Schwingung der Wasserstoffatome im Molekül ein, ab ca. 3200 K zerfällt das Molekül, nachdem fast alle in Schwingung versetzt wurde in seine Bestandteile. In den Zwischenbereichen der Plateaus rotiert bzw. schwingt nur ein Teil der Moleküle.

Der stufenförmige Verlauf lässt auf Schwellenergien für Rotation und Schwingung, die die Moleküle durch thermische Anregung überwinden müssen, schließen. Um diese zu überwinden, muss die mittlere Energie pro Freiheitsgrad (3.48) größer sein. Die Energieschwellen sind nur quantenphysikalisch erklärbar. So darf der Drehimpuls L des Moleküls nur ganzzahlige Vielfache des so genannten Planckschen Wirkungsquantums[1] betragen. Die Energie-

---

[1]   Max Planck (1858 – 1947). Das Plancksche Wirkungsquantum h beträgt $6{,}62 \cdot 10^{-34}$ Js. Oft gebraucht man auch

$$\hbar := \frac{h}{2\pi} \cdot$$

schwelle für die Anregung einer Rotation um eine Hauptträgheitsachse mit dem Trägheits-moment J berechnet sich mit **Tab. 2.3** zu

$$E_{\text{rot,min}} = \frac{L^2}{2J} = \frac{\hbar^2}{2J}.$$ (3.99)

Je größer das Trägheitsmoment des Moleküls ist, umso kleiner ist die Energieschwelle, d. h. Stickstoff- oder Sauerstoffmoleküle beginnen schon bei tieferen Temperaturen zu rotieren. Daher ist auch offensichtlich, dass bei zweiatomigen Molekülen eine Rotation um die Ver-bindungslinie der Atomkerne aufgrund des vergleichsweise kleinen Trägheitsmomentes nicht angeregt werden kann.

Für Schwingungen gibt es eine ähnliche Schwelle, je größer die schwingende Masse ist, umso tiefer ist die Schwelle, daher sind im Gegensatz zum Stickstoff und Sauerstoff bei Raumtem-peratur Schwingungen der Chloratome im Molekül möglich. Die Reduktion der Freiheitsgrade der Moleküle bei sinkenden Temperaturen nennt man auch „Ausfrieren" der Freiheitsgrade.

Wärmekapazität bei Festkörpern
In kristallinen Festkörpern haben die Atome die Möglichkeit, in drei senkrecht zueinander stehende Raumrichtungen zu schwingen, die Zahl der Freiheitsgrade beträgt sechs, die mola-re Wärmekapazität somit gemäß (3.85) und (3.83)

$$c_{m,Kristall} = 3R = 24{,}9\,\frac{\text{J}}{\text{molK}}.$$ (3.100)

Dieser Wert ist unabhängig von dem geometrischen Aufbau des Kristalls und der Art der Atome. (3.100) ist auch als „Dulong-Petitsche Regel" bekannt.

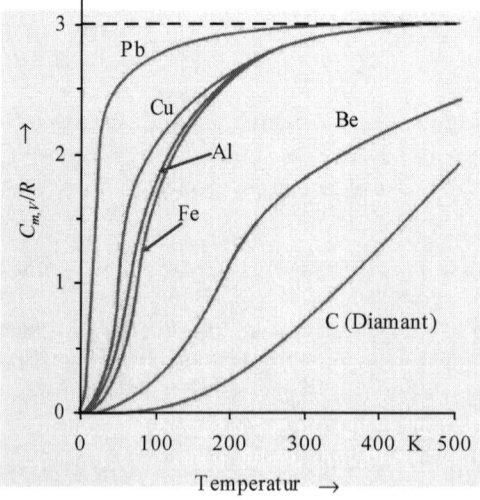

Abb. 3.22   *Verlauf der molaren Wärmekapazität von kristallinen Festkörpern in Abhängigkeit von der Temperatur.*

Für hohe Temperaturen erfüllen viele Festkörper die Dulong-Petitsche Regel (siehe auch **Tab. 3.5**): Je schwerer die Atome ist, umso niedriger sind die Temperaturen, bei denen eine Abweichung erfolgt. Zu tiefen Temperaturen frieren die Freiheitsgrade aus, es sind nicht mehr unabhängige Schwingungen, sondern kollektive Wellenbewegungen der Atome (Phononen) möglich. Bei sehr niedrigen Temperaturen verläuft $c_m \sim T^3$.

Messung von Wärmekapazitäten, Kalorimetrie

Wärmekapazitäten von insbesondere Festkörpern und Flüssigkeiten kann man einfach in so genannten Mischungskalorimetern messen. Sie beruhen auf dem Prinzip, dass in einem abgeschlossenen System nach einer gewissen Zeit sich alle Objekte im thermischen Gleichgewicht befinden, ihre Temperaturen sind gleich. Die bei dem Ausgleichsprozess umgesetzten Wärmen kann man mit Hilfe der Energieerhaltung bilanzieren und mit (3.84) bzw. (3.86) aus den gemessenen Temperaturen die Wärmekapazitäten bestimmen.

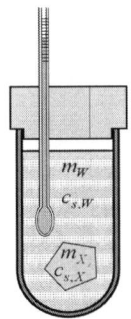

Abb. 3.23 *Mischungskalorimeter zur Bestimmung der Wärmekapazität von Festkörpern und Flüssigkeiten.*

Als Kalorimeter wird ein thermisch von der Umwelt abgekoppeltes Isoliergefäß verwendet, in das eine Flüssigkeit mit bekannter Wärmekapazität, meist Wasser, gefüllt ist. Gefäß und Wasser haben anfangs die Temperatur T_K. In das Gefäß bringt man nun die Probe, die eine andere Temperatur T_X aufweist. Ist die Probe heißer als das Kalorimeter mit Wasser, so wird beim Temperaturausgleich auf die Endtemperatur T_m Wärme von der Probe auf das Wasser und das Gefäß übertragen. Aufgrund der Energieerhaltung muss die Summe der von den Teilsystemen Probe, Wasser und Gefäß abgegebenen bzw. aufgenommenen Wärmen null sein.

$$Q_X + Q_W + Q_G = 0 \implies$$
$$m_X c_{s,X}(T_m - T_X) + m_W c_{s,W}(T_m - T_K) + C_G(T_m - T_K) = 0 \tag{3.101}$$

Werden die Temperaturen gemessen, so kann man bei bekannter Wärmekapazität des Wassers und des Gefäßes die unbekannte spezifische Wärmekapazität $c_{s,X}$ der Probe berechnen.

$$c_{s,X} = \frac{-m_W c_{s,W}(T_K - T_m) - C_G(T_K - T_m)}{m_X(T_X - T_m)} = \frac{(m_W c_{s,W} + C_G)(T_m - T_K)}{m_X(T_X - T_m)} \tag{3.102}$$

(3.102) ist auch als „Richmannsche[1] Mischungsregel" bekannt. Sie begründet auch die Einführung der Einheit „Kalorie" als Einheit für Wärme, denn mit der Festlegung der Wärmekapazität von Wasser zu 1 cal/gK werden alle Wärmen relativ zu den Wärmen, die Wasser bei gleicher Temperaturänderung umsetzt, gemessen. Erst das mechanische Wärmeäquivalent (3.72) schafft die „Brücke" zu anderen Energieformen.

Hervorzuheben ist auch der Vorteil, eine Flüssigkeit als Referenz zu verwenden, sie umschließt perfekt eine feste Probe bzw. mischt sich mit einer flüssigen, so dass immer ein sehr guter Kontakt beider Teilsysteme Flüssigkeit und Probe gegeben ist. Falls die Wärmekapazität des Gefäßes nicht bekannt ist, kann man sie leicht durch eine Messung wie oben, allerdings ohne eine Probe, ermitteln. In diesem Fall füllt man Wasser in das leere Gefäß, dann müssen aber beide unterschiedliche Temperaturen aufweisen. Der „Wasserwert" des Kalorimeters, wie man seine Wärmekapazität auch nennt beträgt dann

$$C_G = \frac{m_W c_{s,W} (T_W - T_m)}{(T_G - T_m)}.$$
(3.103)

3.6.3 Spezielle Zustandsänderungen idealer Gase

Wir haben im Kapitel 3.3 gesehen, dass die thermische Ausdehnung von Gasen wesentlich größer ist als bei Flüssigkeiten und Festkörpern. Daher ist auch die Volumenänderungsarbeit von geschlossenen Systemen, die aus Festkörpern oder Flüssigkeiten bestehen, z. B. bei der isobaren Zustandsänderung vernachlässigbar. Daher wollen wir uns auf Zustandsänderungen von idealen Gasen und die dabei verrichtete Volumenänderungsarbeit (3.88) konzentrieren. Besonders anschaulich kann man die Arbeit im Arbeitsdiagramm, das wir im Kapitel 2.3.9 (Arbeit bei nicht konstanter Kraft) kennen gelernt haben, darstellen. Statt jedoch die wirkende Kraft gegen die Position des Objektes aufzutragen, werden wir den Druck im System über dem Systemvolumen auftragen. Die verrichtete Volumenänderungsarbeit können wir aus der Fläche unter der $P(V)$-Kurve bestimmen.

Wir wollen nun vier Grundtypen von Zustandsänderungen des idealen Gases kennen lernen. Aus diesen werden wir die Kreisprozesse für thermodynamische Maschinen, die wir im Kapitel 3.7 behandeln werden, modellieren. Diese haben als Umformer von Energie, die über die Systemgrenzen transportiert wird, eine große technische Bedeutung. Bei den Betrachtun-

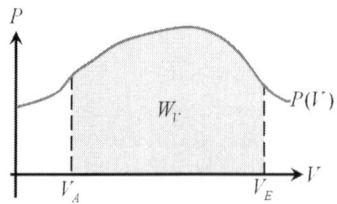

Abb. 3.24 *Arbeitsdiagramm (P-V-Diagramm).*

---

[1]   G. W. Richmann (1711–1753).

gen gehen wir davon aus, dass die Wärmekapazität des idealen Gases in dem relevanten Temperaturbereich konstant ist.

Bei den folgenden Betrachtungen werden wir davon ausgehen, dass das Gas während einer Zustandsänderung durch die Zustandsgleichung (3.33) beschrieben werden kann. Damit (3.33) gültig ist, muss sich das Gas im thermischen Gleichgewicht befinden. Die Zustandsänderung muss somit so langsam vonstatten gehen, dass sich das Gas nicht merklich vom Gleichgewicht entfernt. Das bedeutet, dass im Gas keine Druck- und Temperaturunterschiede vorliegen dürfen. Eine solche Zustandsänderung nennt man auch „quasistatisch". Weiterhin wollen wir annehmen, dass makroskopische Bewegungen, wie z. B. die Bewegung eines Kolbens in einem Zylinder, nicht durch Reibung beeinflusst werden.

Isobare Zustandsänderung

In diesem Fall bleibt der Druck P_0 des Gases (Stoffmenge v) konstant, es befindet sich in einem Gefäß, bei dem mindestens eine Wand beweglich ist, wie z. B. ein Zylinder mit einem verschiebbaren Kolben. Wir wählen als unabhängige Zustandsgröße die Temperatur T. Nach dem Gesetz von Gay-Lussac (3.22) ist

$$V(T) = \frac{V(273,15\,\text{K})}{273,15\,\text{K}} T = \frac{vR}{P_0} T \ . \tag{3.104}$$

Die Volumenänderungsarbeit bei konstantem Druck P_0 beträgt gemäß (3.88)

$$W_V = -\int_{V_A}^{V_E} P_0 \mathrm{d}V = -P_0 (V_E - V_A) \ , \tag{3.105}$$

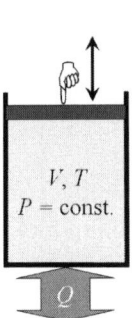

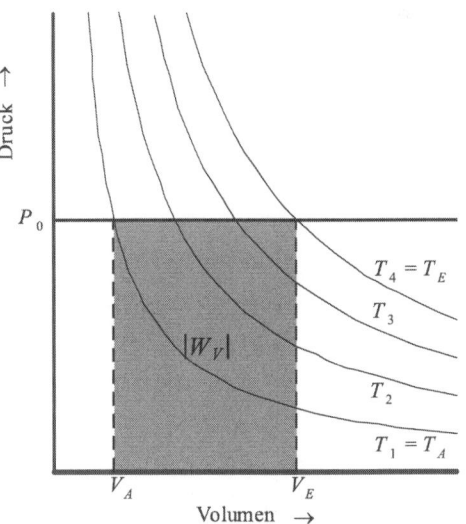

Abb. 3.25 *Isobare Zustandsänderung.*

Abb. 3.26 *Isobare Zustandsänderung im P-V-Diagramm. Die Volumenänderungsarbeit wird durch das Rechteck dargestellt.*

sie ist > 0, wenn das Gas komprimiert wird, d. h. $V_E < V_A$. Die umgesetzte Wärme erhält man aus (3.84) und (3.97) mit der Zahl der Freiheitsgrade f der Gasmoleküle.

$$Q = \int_{T_A}^{T_E} C_P(T)dT = \nu c_{m,P}(T_E - T_A) = \nu R \frac{f+2}{2}(T_E - T_A) \tag{3.106}$$

Um das Gas isobar zu komprimieren, muss nach (3.33) das Gas abgekühlt werden. Die innere Energie des Gases verkleinert sich daher ebenfalls gemäß (3.86).

$$\Delta U = \int_{T_A}^{T_E} C_V(T)dT = \nu c_{m,V}(T_E - T_A) = \nu R \frac{f}{2}(T_E - T_A) \tag{3.107}$$

Isochore Zustandsänderung

In diesem Fall wird die Temperatur des idealen Gases, das in ein Gefäß mit starren Wänden eingeschlossen ist, so dass das Volumen V_0 konstant bleibt, verändert. Als unabhängige Zustandsgröße wählen wir wiederum die Temperatur T, die Druckänderung beschreibt das Gay-Lussac-Gesetz (3.29).

$$p(T) = \frac{p(273,15\,\mathrm{K})}{273,15\,\mathrm{K}}T = \frac{\nu R}{V_0}T \tag{3.108}$$

Da das Volumen des Systems bei der Zustandsänderung konstant ist, wird auch keine Volumenänderungsarbeit verrichtet. Die erforderliche Wärme, die der Änderung der inneren Energie entspricht, beträgt

$$Q = \Delta U = \int_{T_A}^{T_E} C_V(T)dT = \nu c_{m,V}(T_E - T_A) = \nu R \frac{f}{2}(T_E - T_A) \tag{3.109}$$

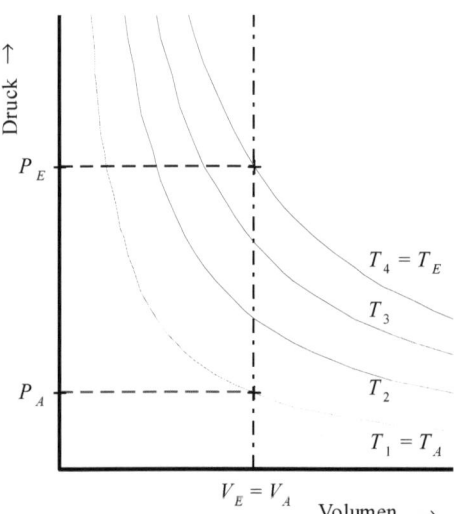

Abb. 3.27 *Isochore Zustandsänderung im P-V-Diagramm.*

Isotherme Zustandsänderung

Der Zustand des idealen Gases wird bei konstanter Temperatur T_0 geändert, es befindet sich z. B. in einem Zylinder mit beweglichem Kolben und hat thermischen Kontakt zur Umgebung, mit der es Wärme austauschen kann. Druck und Volumen werden bei der isothermen Zustandsänderung durch das Boyle-Mariottesche Gesetz (3.23) verknüpft.

$$P(V) = \frac{P(273,15K)V(273,15K)}{V} = \frac{\nu RT_0}{V} \tag{3.110}$$

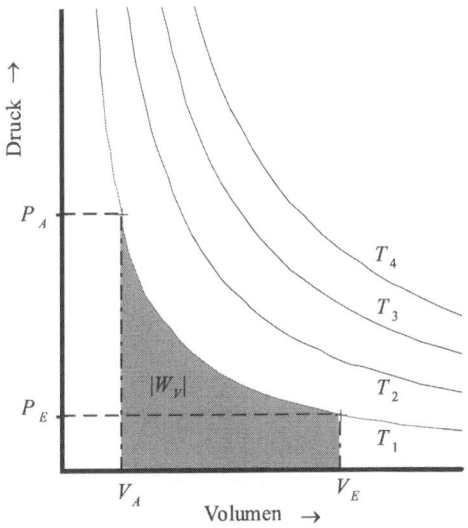

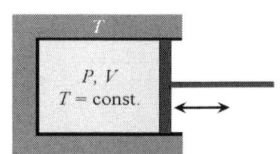

Abb. 3.28 *Isotherme Zustandsänderung im P-V-Diagramm.*   **Abb. 3.29** *Isotherme Zustandsänderung.*

Die Volumenänderungsarbeit berechnen wir mit (3.88) unter Beachtung von (3.110)

$$W_V = -\int_{V_A}^{V_E} P(V)dV = -\nu RT_0 \int_{V_A}^{V_E} \frac{dV}{V} = -\nu RT_0 \ln(\frac{V_E}{V_A}) .^{[1]} \tag{3.111}$$

Da die Temperatur konstant ist, ändert sich die innere Energie (3.74) nicht. Somit ist die umgesetzte Wärme entgegengesetzt gleich groß wie die Volumenänderungsarbeit. was an Arbeit abgegeben wird, wird als Wärme vom System aufgenommen.

$$Q = -W_V = \nu RT_0 \ln(\frac{V_E}{V_A}) \tag{3.112}$$

---

[1]   Hier wurde berücksichtigt, dass $\int x^{-1}dx = \ln x + C$ und $\ln a - \ln b = \ln(a/b)$ ist.

Adiabatische Zustandsänderung

Bei dieser Zustandsänderung tauscht das System nur mechanische Arbeit mit der Umgebung aus, die Systemgrenze ist „adiabat", d. h. wärmeundurchlässig, der Transfer von Arbeit kann z. B. durch einen beweglichen Kolben geschehen. Bei der Bestimmung des Druckverlaufes in Abhängigkeit von Systemvolumen müssen wir beachten, dass sich auch die Temperatur bei dem Prozess ändert. Wird mechanische Arbeit über die Systemgrenze gebracht, so ändert sich die innere Energie, da im Gegensatz zur isothermen Zustandsänderung keine Wärme ausgetauscht wird. Mit der inneren Energie ändert sich aber auch die Temperatur des Systems. Für kleine Temperatur- und Volumenänderungen gilt (3.87), damit lautet der 1. Hauptsatz (3.74)

$$dU = dW = C_V dT = -P(V)dV \,, \tag{3.113}$$

dabei wurde berücksichtigt, dass keine Wärme ausgetauscht wird. P, V und T sind aber über die Zustandsgleichung des idealen Gases (3.33) miteinander verknüpft, damit lautet (3.113)

$$C_V dT = \nu c_{m,V} dT = -\frac{\nu R T}{V} dV \,. \tag{3.114}$$

(3.114) ist eine Differentialgleichung für die Funktion $T(V)$, wir können sie in ähnlicher Weise lösen wie (2.368) bei der Berechnung der barometrischen Höhenformel für den Schweredruck bei Gasen. Trennen der Variablen T und V und Integration der beiden Seiten der Gleichung ergeben

$$c_{m,V} \int_{T_A}^{T_E} \frac{dT}{T} = -R \int_{V_A}^{V_E} \frac{dV}{V} \;\Rightarrow\; \ln(\frac{T_E}{T_A}) = -\frac{R}{c_{m,V}} \ln(\frac{V_E}{V_A}) \,. \tag{3.115}$$

Führen wir den in (3.98) definierten Adiabatenexponenten ein, so erhalten wir mit (3.92)

$$\frac{R}{c_{m,V}} = \frac{c_{m,P} - c_{m,V}}{c_{m,V}} = \frac{c_{m,P}}{c_{m,V}} - 1 = \kappa - 1 \tag{3.116}$$

$$\Rightarrow \ln(\frac{T_E}{T_A}) = (1-\kappa)\ln(\frac{V_E}{V_A}) \;\Rightarrow\; \ln\left(\frac{T_E}{T_A}\right) = \ln\left(\frac{V_E}{V_A}\right)^{1-\kappa} \;\Rightarrow\; \left(\frac{T_E}{T_A}\right) = \left(\frac{V_E}{V_A}\right)^{1-\kappa}. \tag{3.117}$$

Bringen wir die die Zustandsgrößen für den Endzustand auf die linke, die für den Anfangszustand auf die rechte Seite der Gleichung, so lautet (3.116) schließlich

$$\frac{T_E}{V_E^{1-\kappa}} = \frac{T_A}{V_A^{1-\kappa}} \;\Rightarrow\; T_E V_E^{\kappa-1} = T_A V_A^{\kappa-1} \;\Rightarrow\; T V^{\kappa-1} = const \,. \tag{3.118}$$

Um den Zusammenhang zwischen P und V zu erhalten, ersetzten wir T unter Beachtung der Zustandsgleichung des idealen Gases durch P

$$\frac{P_E V_E}{\nu R} V_E^{\kappa-1} = \frac{P_A V_A}{\nu R} V_A^{\kappa-1} \;\Rightarrow\; P_E V_E^{\kappa} = P_A V_A^{\kappa} \;\Rightarrow\; P V^{\kappa} = const \,. \tag{3.119}$$

Drücken wir schließlich V durch T in (3.119) aus, so haben wir auch die Abhängigkeit zwischen P und T

$$P_E\left(\frac{\nu R T_E}{P_E}\right)^{\kappa} = P_A\left(\frac{\nu R T_A}{P_A}\right)^{\kappa} \;\Rightarrow\; T_E^{\kappa}P_E^{1-\kappa} = T_A^{\kappa}P_A^{1-\kappa} \;\Rightarrow\; T^{\kappa}P^{1-\kappa} = const. \qquad (3.120)$$

(3.118), (3.119) und (3.120) nennt man auch die Poissonschen Gleichungen. Stellen wir $P(V)$ im Arbeitsdiagramm dar, so sehen wir, dass die Kurve etwas steiler verläuft als die Isotherme. Hier zeigt sich anschaulich, dass bei Kompression die unterdrückte Wärmeabfuhr zu einer Temperaturerhöhung führt. Dies kann man beim Aufpumpen eines Fahrradreifens feststellen, bei schneller Pumpbewegung erwärmt sich die Pumpe, da die Wärmeabfuhr relativ langsam erfolgt. Wird umgekehrt Gas sehr schnell entspannt, wie z. B. beim Entkorken einer Sektflasche, d. h. sein Druck erniedrigt, so sinkt seine Temperatur, da durch die Volumenänderungsarbeit die innere Energie vermindert wird.

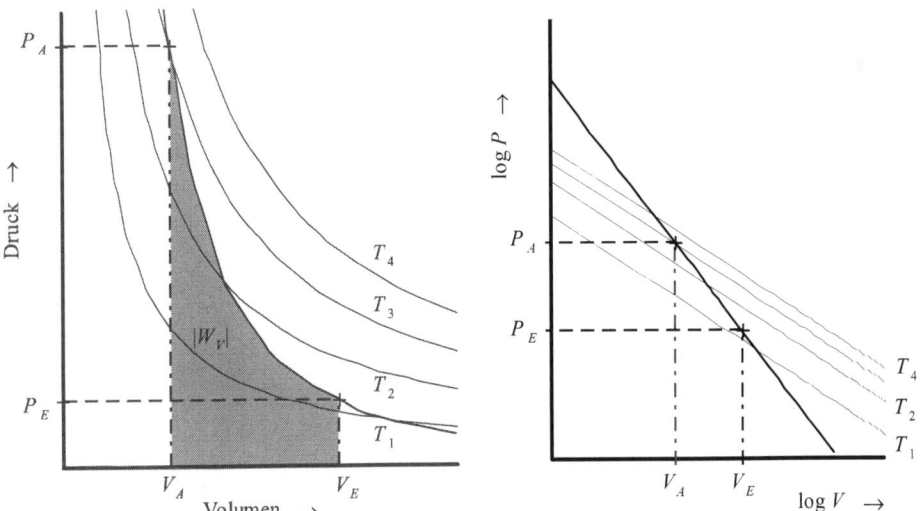

Abb. 3.30   *Adiabate im P-V-Diagramm.*

Die Volumenänderungsarbeit entspricht der Änderung der inneren Energie

$$W_V = \Delta U = \nu c_{m,V}(T_E - T_A) = \nu c_{m,V}\left(\frac{P_E V_E}{\nu R} - \frac{P_A V_A}{\nu R}\right). \qquad (3.121)$$

Berücksichtigen wir (3.116), so beträgt

$$W_V = \frac{P_E V_E - P_A V_A}{\kappa - 1}. \qquad (3.122)$$

Polytrope Zustandsänderung

Die isobaren, isochoren, isothermen und adiabatischen Zustandsänderungen stellen Idealisierungen realer Zustandsänderungen des idealen Gases dar. Die isotherme Zustandsänderung erfolgt bei perfektem Wärmekontakt des Systems mit der Umgebung, so dass die Energie, die als Volumenänderungsarbeit zugeführt wird, sofort als Wärme abgeführt werden kann. Dagegen ist das System bei der adiabatischen Zustandsänderung thermisch vollständig von der Umgebung abgekoppelt. Vergleichen wir die beiden Zusammenhänge zwischen P und V, nämlich das Boyle-Mariottesche Gesetz (3.23) für die isotherme und die Poisson-Gleichung (3.119) für die adiabatische Zustandsänderung, so variiert der der Exponent von V zwischen 1 und κ. Reale Prozesse sind weder vollständig isotherm oder vollständig adiabatisch, so können wir diese polytropen Zustandsänderungen durch einen Exponenten mit einem Wert zwischen 1 und κ beschreiben. Diesen Exponenten n nennt man auch „Polytropenexponent".

$$PV^n = const. \tag{3.123}$$

Die Volumenänderungsarbeit können wir im Gegensatz zur adiabatischen Zustandsänderung nicht über die Änderung der inneren Energie berechnen, da gleichzeitig auch Wärme umgesetzt wird. Wir müssen vielmehr W_V mit (3.88) berechnen.

$$W_V = -\int_{V_A}^{V_E} P(V)dV = -P_A V_A^n \int_{V_A}^{V_E} \frac{dV}{V^n} = -P_A V_A^n \left[\frac{V^{1-n}}{1-n}\right]_{V_A}^{V_E}$$

$$W_V = -\frac{P_A V_A^n}{1-n}(V_E^{1-n} - V_A^{1-n}) = \frac{P_A V_A}{1-n}(1 - (\frac{V_E}{V_A})^{1-n}) \tag{3.124}$$

Wir können die Volumenänderungsarbeit auch durch die Temperaturen ausdrücken, wenn wir die Drücke in (3.123) über die Zustandsgleichung (3.33) durch die Temperaturen ausdrücken

$$P_E V_E^n = P_A V_A^n \Rightarrow \frac{\nu R T_E}{V_E}V_E^n = \frac{\nu R T_A}{V_A}V_A^n \Rightarrow \frac{T_E}{T_A} = \frac{V_A^{n-1}}{V_E^{n-1}} = \frac{V_E^{1-n}}{V_A^{1-n}} \tag{3.125}$$

$$\Rightarrow W_V = \frac{\nu R T_A}{1-n}(1 - \frac{T_E}{T_A}) = \frac{\nu R}{n-1}(T_E - T_A). \tag{3.126}$$

Die umgesetzte Wärme erhalten wir aus dem 1. Hauptsatz (3.74)

$$Q = \Delta U - W_V = \nu c_{m,V}(T_E - T_A) - \frac{\nu R}{n-1}(T_E - T_A)$$

$$(3.116) \Rightarrow c_{m,V} = \frac{R}{\kappa - 1} \Rightarrow Q = \nu R(\frac{1}{\kappa - 1} - \frac{1}{n-1})(T_E - T_A). \tag{3.127}$$

In ähnlicher Weise können wir auch die isobare und die isochore Zustandsänderung als Idealisierung realer Prozesse ansehen. Im Falle der isobaren Zustandsänderung findet ein vollständiger Druckausgleich zwischen System und Umgebung statt, während im isochoren Fall das System hinsichtlich mechanischer Arbeit perfekt isoliert ist. Wir können dem isobaren Prozess mit

$$P = const = PV^0 \tag{3.128}$$

den Polytropenexponent null zuordnen, während er im isochoren Fall wegen

$$V = const = P^0V \tag{3.129}$$

formal gegen unendlich strebt. Dies können wir uns auch dadurch veranschaulichen, dass im P-V-Diagramm die Steigung der horizontalen Isobaren null ist, für die senkrecht verlaufende Isochore beträgt die Steigung dagegen unendlich.

3.7 Thermodynamische Maschinen

Der 1. Hauptsatz der Thermodynamik bedeutet, dass die innere Energie eine Zustandsgröße ist, ihr Wert ändert sich bei einem Kreisprozess, bei dem das System eine Folge von Zustandsänderungen durchläuft, wobei der Anfangs- und der Endzustand gleich sind, nicht. Sehr wohl kann aber die Energie, die über die Systemgrenze gelangt, ihre Form bzw. ihren Träger wechseln. Diese Energiewandler haben eine sehr große technische Bedeutung, gilt es doch häufig, Energie von den in der Natur vorhandenen Trägern auf technisch nutzbare Träger zu überführen. Beispiele für derartige Systeme sind Verbrennungsmotoren, Dampfmaschinen, Kühlaggregate, Elektromotoren und Generatoren. Wir wollen uns hier auf Maschinen konzentrieren, bei denen zum einen die Energie als Wärme und zum anderen als mechanische Arbeit die Systemgrenze passiert, diese System nennt man thermodynamische Maschinen.

Die Bedeutung von derartigen periodisch arbeitenden Energiewandlern, die durch Kreisprozesse beschrieben werden können, liegt darin, dass sie bei ihrer „Arbeit" selber unverändert bleiben. So ist ein Verbrennungsmotor eines Autos nach einer Fahrleistung von 100 000 km (bis auf ein paar kleine Verschleißerscheinungen) der gleiche wie beim Neuwagen. Lediglich wurde die bei der Verbrennung von etwa 8 000 l Treibstoff entstandene Wärme während des Betriebes in kinetische Energie des Autos umgewandelt. Daneben gibt es auch nicht periodisch arbeitende Energiewandler wie z. B. Raketen. Sie sind, da sie in der Regel nicht nachgetankt werden, nach dem Flug „verbraucht". Ausnahmen sind die modernen Raumfähren, die zumindest teilweise periodisch arbeiten.

3.7.1 Kreisprozesse

Unter einem Kreisprozess versteht man eine Folge von Zustandsänderungen eines thermodynamischen Systems, wobei der Anfangs- und der Endzustand identisch sind. Wir wollen uns im Folgenden auf Kreisprozesse eines geschlossenen Systems, das aus einem idealen Gas besteht, beschränken. Die Aussagen gelten jedoch allgemein für beliebige Systeme. Mechanische Arbeit soll als Volumenänderungsarbeit reibungsfrei über die Systemgrenze transportiert werden. Wir betrachten einen Kreisprozess, der aus einer Folge von drei verschiedenen

Zustandsänderungen besteht, im *P-V*-Diagramm. Die End- bzw. Anfangszustände der Teilprozesse können durch die thermischen Zustandsgrößen *P, V* und *T* beschrieben werden. Wir gehen davon aus, dass die Zustandsänderungen quasistatisch geschehen, die thermischen Zustandsgrößen also zu jedem Zeitpunkt durch die Zustandsgleichung (3.33) miteinander verknüpft sind.

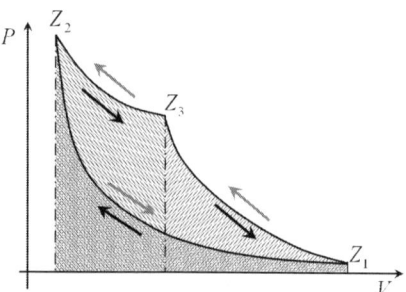

Abb. 3.31   *Kreisprozess mit drei Zustandsänderungen im P-V-Diagramm.*

Die Volumenänderungsarbeit, die bei jedem Teilprozess über die Systemgrenze gelangt, wird durch die Fläche unter der Kurve *P(V)* dargestellt. Wird das Volumen bei dem Teilprozess verkleinert, so wird die Arbeit dem System zugeführt, sie ist nach (3.88) und der Konvention positiv, im umgekehrten Fall gibt das System Arbeit ab. Die Folge der Zustandsänderungen kann in zwei unterschiedlichen Richtungen durchlaufen werden, nach dem Drehsinn unterscheidet man „rechtsläufige" und „linksläufige" Kreisprozesse.

Rechtsläufige Kreisprozesse
Vergleichen wir nach **Abb. 3.31** für einen Umlauf die Volumenänderungsarbeit[1] W_{21} der Zustandsänderung $Z_1 \rightarrow Z_2$, bei der das Volumen des Systems verkleinert wird, mit den Zustandsänderungen $Z_2 \rightarrow Z_3$ und $Z_3 \rightarrow Z_1$, bei denen das Volumen sich vergrößert, so ist $W_{32} + W_{13}$ vom Betrage her größer als W_{21}. Expansionsarbeit wird jedoch vom System abgegeben, Kompressionsarbeit dagegen aufgenommen, somit gibt das System netto Arbeit ab. Der Betrag dieser Arbeit wird im *P-V*-Diagramm durch die von den *P(V)*-Kurven des Kreisprozesses eingeschlossene Fläche dargestellt.

$$W_{netto} = W_{21} + W_{32} + W_{13} = .W_{21} - |W_{32}| - |W_{13}| < 0 . \qquad (3.130)$$

Da dem 1. Hauptsatz der Thermodynamik zufolge die innere Energie bei einem Umlauf unverändert bleibt, muss das System genauso viel Wärme aufnehmen, wie es Arbeit abgegeben hat. Das System wandelt die als Wärme zugeführte Energie in mechanische Arbeit um.

Rechtsläufige Kreisprozesse beschreiben Wärmekraftmaschinen.

---

[1]   Der erste Index bezeichnet den Endzustand, der zweite Index den Anfangszustand.

Linksläufige Kreisprozesse
Entsprechend umgekehrt liegen hier die Verhältnisse. Der Betrag der Kompressionsarbeit $W_{32} + W_{13}$ ist größer als der der Expansionsarbeit W_{21}. Das System nimmt netto mechanische Arbeit auf und gibt im Gegenzug Wärme ab, es wandelt mechanische Arbeit in Wärme um. Wie beim rechtsläufigen Kreisprozess stellt die von den $P(V)$-Kurven eingeschlossene Fläche die zum Betrieb erforderliche mechanische Arbeit dar.

$$W_{netto} = W_{21} + W_{32} + W_{13} = -\mid W_{21} \mid + W_{32} + W_{13} > 0 \,. \tag{3.131}$$

Linksläufige Kreisprozesse beschreiben Arbeitsmaschinen.

Hervorzuheben ist, dass eine thermodynamische Maschine nur dann Energie von einem Träger auf einen anderen bringt, wenn der zugrunde gelegte Kreisprozess aus mindestens zwei verschiedenen Zustandsänderungen besteht. Nur dann unterscheiden sich die Flächen unter den $P(V)$-Kurven bei Kompression und Expansion. Gibt es nur Teilprozesse mit gleicher Zustandsänderung, so sind Kompressions- und Expansionsarbeit dem Betrage nach gleich, bei einem Umlauf wird netto weder mechanische Arbeit noch Wärme über die Systemgrenze transportiert. Das gleiche ist der Fall, wenn wie in **Abb. 3.31** die drei Zustände Z_1, Z_2 und Z_3 auf der gleichen $P(V)$-Kurve liegen.

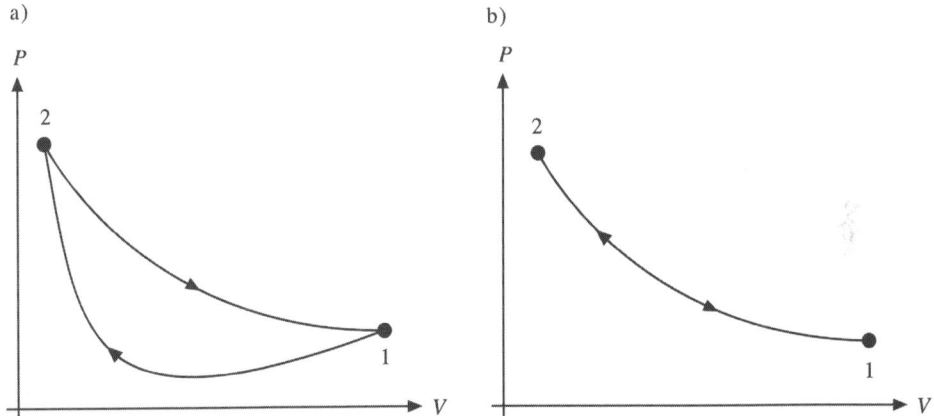

Abb. 3.32 *Kreisprozesse zwischen zwei Zuständen: (a) unterschiedliche Zustandsänderungen, (b) gleiche Zustandsänderungen.*

Effizienzmaße thermodynamischer Maschinen
Als Effizienz bezeichnet man ganz allgemein das Verhältnis aus dem Nutzen einer Maßnahme und dem Aufwand zur Durchführung derselben.

$$Effizienz := \frac{Nutzen}{Aufwand} \tag{3.132}$$

In der Technik beschreibt man üblicherweise den Nutzen und den Aufwand durch physikalische Größen gleichen Typs, so dass die Effizienz durch eine dimensionslose Zahl beschrieben wird. Sowohl Wärmekraftmaschinen als auch Arbeitsmaschinen nehmen in den unterschiedlichen Teilprozessen mechanische Arbeit auf und geben sie wieder ab, ebenso verhält es sich bei den umgesetzten Wärmen. Aus Gründen, die wir im Kapitel 3.8 behandeln werden, bilanziert man zu- und abgeführte Wärmen getrennt, die mechanische Arbeit zusammen. Zu beachten ist, dass die umgesetzten Energien immer als Beträge in die Effizienzmaße eingehen.

Wirkungsgrad einer Wärmekraftmaschine
Eine Wärmekraftmaschine wird eingesetzt, um verfügbare thermische Energie, die als Wärme dem System zugeführt wird, als mechanische Arbeit dem System zu entziehen und für andere Zwecke, z.B. den Antrieb von Fahrzeugen, zu nutzen. Den Nutzen stellt somit die netto abgeführte mechanische Arbeit dar, den Aufwand dagegen die zugeführte Wärme.

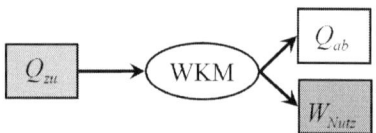

Abb. 3.33   *Energiefluss bei einer Wärmekraftmaschine.*

Als Effizienzmaß definiert man daher den Wirkungsgrad η, das Verhältnis aus abgeführter mechanischer Arbeit und aufgenommener Wärme.

$$\eta := \frac{|W_{Nutz}|}{Q_{zu}} \tag{3.133}$$

Da eine Wärmekraftmaschine nicht mehr mechanische Arbeit abgeben kann, als ihr Wärme zugeführt wird, ist der Wirkungsgrad immer < 1.

Leistungszahl einer Wärmepumpe
Arbeitsmaschinen werden in zwei unterschiedlichen Bereichen eingesetzt, zum einen als Wärmepumpe und zum anderen als Kühlaggregat bzw. Kältemaschine. Wärmepumpen werden z.B. als Heizung eingesetzt, dabei nimmt sie Wärme, die frei verfügbar ist, aus einem Teil der Umgebung auf und gibt sie an einen anderen Teil der Umgebung, dem zu heizenden Raum, ab. Zum Betrieb wird mechanische Arbeit dem System zugeführt. Üblicherweise ist der Teil der Umgebung, aus dem die Wärme in das System gelangt, kälter als der Teil, in dem die Wärme eingespeist wird.

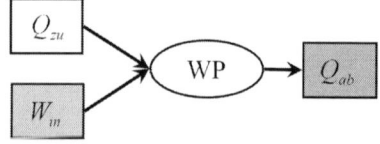

Abb. 3.34   *Energiefluss bei einer Wärmepumpe.*

Der Nutzen ist somit die Wärme, die in den zu heizenden Raum eingespeist wird, dafür muss die zum Betrieb der Wärmepumpe erforderliche mechanische Arbeit eingesetzt werden. Die zugeführte Wärme geht in die Effizienzrechnung nicht ein, da sie ohne Aufwand „aus unerschöpflichen Quellen" zur Verfügung steht. Als Effizienzmaß wird somit die Leistungszahl ε_{WP} definiert.

$$\varepsilon_{WP} := \frac{|Q_{ab}|}{W_{netto}} \qquad (3.134)$$

Leistungszahl eines Kühlaggregates
Das Kühlaggregat wird in gleicher Weise wie eine Wärmepumpe betrieben, allerdings ist der Nutzen ein anderer. Durch den Entzug von Wärme soll ein Teil der Umgebung, z. B. ein Kühlschrank, gekühlt werden. Gleichzeitig ist Wärme in einen anderen Teil der Umgebung abzuführen. Ebenso wie bei der Wärmepumpe muss zum Betrieb des Kühlaggregates mechanische Arbeit zugeführt werden.

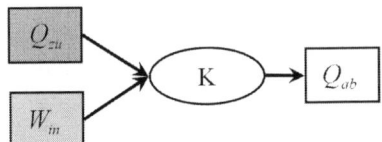

Abb. 3.35 *Energiefluss bei einem Kühlaggregates.*

Die abgegebene Wärme geht nicht in die Effizienz ein, sie stellt „Abwärme" oder „Abfall" dar.[1] Die Leistungszahl ε_K lautet somit

$$\varepsilon_K := \frac{Q_{zu}}{W_{netto}} . \qquad (3.135)$$

3.7.2 Carnotscher Kreisprozess

Dieser Kreisprozess wurde 1824 von S. Carnot[2] vorgeschlagen, um Dampfmaschinen zu beschreiben und insbesondere ihren maximalen Wirkungsgrad abzuschätzen. Der Carnot-Prozess basiert auf vier Zustandsänderungen, die ein ideales Gas in einem geschlossenen System erfährt. Dieses System können wir uns als Zylinder mit beweglichem Kolben, in dem ein ideales Gas eingeschlossen ist, vorstellen. Das ideale Gas nennt man häufig auch „Arbeitsmedium" der Maschine.

---

[1] Für dessen Abfuhr muss in der Praxis in vielen Fällen ebenfalls Aufwand getrieben werden.
[2] N. L. S. Carnot (1796 – 1832).

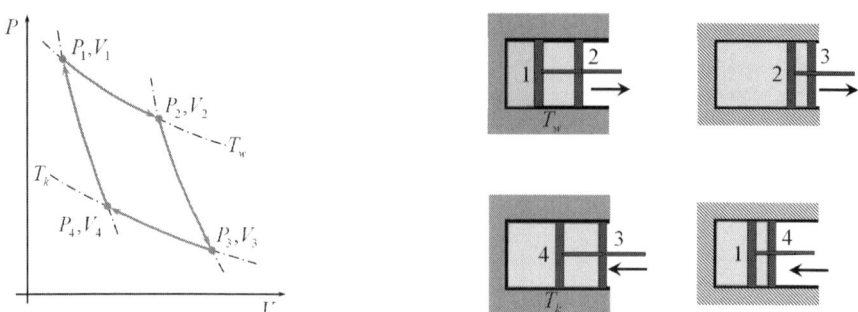

Abb. 3.36 *Rechtsläufiger Carnot-Prozess im P-V-Diagramm und als Zustandsänderung eines idealen Gases, das in einem Zylinder mit beweglichen Kolben eingeschlossen ist.*

Carnot-Prozess rechtsläufig

Wir betrachten zuerst den rechtsläufigen Kreisprozess, der eine Wärmekraftmaschine beschreibt. Beim ersten Teilprozess expandiert das Gas isotherm, das System gibt mechanische Arbeit ab, und da sich die innere Energie nicht ändert, nimmt es den gleichen Betrag als Wärme auf. Diese Wärme wird von einem Teil der Umgebung bereitgestellt, der sich auf mindestens der gleichen Temperatur wie das Gas in dem System befindet, diesen Teil nennen wir daher Heizung. Genau genommen muss, damit Wärme fließen kann, gemäß dem Nullten Hauptsatz der Thermodynamik eine Temperaturdifferenz zwischen Heizung und Gas vorliegen. Da die Zustandsänderung quasistatisch ablaufen soll, können wir die Temperaturdifferenz vernachlässigen. Mechanische Arbeit und Wärme betragen nach (3.111) und (3.112)

$$W_{21} = -\nu R T_w \ln(\frac{V_2}{V_1}), \quad Q_{21} = \nu R T_w \ln(\frac{V_2}{V_1}), \tag{3.136}$$

dabei ist T_w die Temperatur der (warmen) Heizung und ν die Stoffmenge des Gases im System.

Im nächsten Teilprozess wird der Zylinder von der Heizung abgekoppelt, das Gas expandiert weiter. Da nun kein thermischer Kontakt zu Teilen der Umgebung vorliegt, ist die Zustandsänderung adiabatisch. Dabei kühlt das Gas von T_w auf T_k ab. Die abgegebene mechanische Arbeit entspricht der Änderung der inneren Energie des Gases gemäß (3.121).

$$W_{32} = \nu c_{m,V}(T_k - T_w), \quad Q_{32} = 0. \tag{3.137}$$

Mit Erreichen der Temperatur T_k wird das System mit einem anderen Teil der Umgebung in Kontakt gebracht, dabei wird das Gas isotherm komprimiert. Dem System wird mechanische Arbeit zugeführt, im Gegenzug wird Wärme abgegeben an den Teil der Umgebung, der ebenfalls höchstens die Temperatur T_k aufweisen darf. Diesen Teil, der die vom System abgegebene Wärme aufnimmt, nennt man Kühlung. Wie bei der Heizung gilt auch hier, dass Wärme nur abgeführt werden kann, wenn zwischen Gas und Kühlung eine Temperaturdifferenz besteht, die aber bei quasistatischer Zustandsänderung vernachlässigbar klein sein kann. Mechanische Arbeit und Wärme ergeben sich zu

$$W_{43} = -\nu R T_k \ln(\frac{V_4}{V_3}) \, , \quad Q_{43} = \nu R T_k \ln(\frac{V_4}{V_3}) \, . \tag{3.138}$$

Im letzten Teilprozess wird das System wieder von der Kühlung abgekoppelt. Das Gas wird adiabatisch komprimiert, bis es wieder den Ausgangszustand mit P_1, V_1 und T_w erreicht hat. Dabei wird dem System die mechanische Arbeit

$$W_{14} = \nu c_{m,V} (T_w - T_k) \tag{3.139}$$

zugeführt, die umgesetzte Wärme ist null. Vergleichen wir (3.139) mit (3.137), so ist die Summe der mechanischen Arbeiten in den adiabatischen Zustandsänderungen null, dies ist einleuchtend, da sie die gleichen Isothermen „überbrücken". Die Nutzarbeit pro Umlauf ist die Summe der mechanischen Arbeiten bei den isothermen Teilprozessen.

$$W_{Nutz} = W_{21} + W_{43} = -\nu R(T_w \ln(\frac{V_2}{V_1}) + T_k \ln(\frac{V_4}{V_3})) \tag{3.140}$$

Zu beachten ist, dass das Gas adiabatisch vom Zustand mit dem Volumen V_2 in den Zustand mit V_3 gelangt, ebenso vom Zustand V_4 in den Ausgangszustand V_1. Damit ergeben sich nach (3.118) folgende Beziehungen.

$$T_w V_2^{\kappa-1} = T_k V_3^{\kappa-1} \, , \quad T_k V_4^{\kappa-1} = T_w V_1^{\kappa-1} \tag{3.141}$$

Dividieren wir die Gleichungen durcheinander, so erhalten wir

$$\frac{V_4^{\kappa-1}}{V_3^{\kappa-1}} = \frac{V_1^{\kappa-1}}{V_2^{\kappa-1}} \Rightarrow \frac{V_4}{V_3} = \frac{V_1}{V_2} \Rightarrow \frac{V_2}{V_1} = \frac{V_3}{V_4} \, . \tag{3.142}$$

Berücksichtigen wir (3.142) in (3.140), so beträgt die Nutzarbeit

$$W_{Nutz} = -\nu R(T_w \ln(\frac{V_2}{V_1}) - T_k \ln(\frac{V_3}{V_4})) = -\nu R(T_w - T_k) \ln(\frac{V_2}{V_1}) \tag{3.143}$$

und damit der Wirkungsgrad der Wärmekraftmaschine mit (3.133) und (3.136)

$$\eta_C = \frac{|W_{Nutz}|}{Q_{zu}} = \frac{-\nu R(T_w - T_k) \ln(\frac{V_2}{V_1})}{-\nu R T_w \ln(\frac{V_2}{V_1})} = 1 - \frac{T_k}{T_w} \, . \tag{3.144}$$

Das Ergebnis ist bemerkenswert: der Wirkungsgrad der Carnot-Maschine hängt weder von der Art des Gases ab noch von der Menge. Die einzigen Größen, die den Wirkungsgrad bestimmen, sind die Temperaturen von der Heizung und der Kühlung. Besonders hohe Wirkungsgrade sind erzielbar, wenn

- die Temperatur der Kühlung besonders niedrig ist oder
- die Temperatur der Heizung sehr hoch ist.

Der Grenzfall $\eta_C = 1$ wird erreicht, wenn entweder die Temperatur der Kühlung 0 K beträgt oder die Temperatur der Heizung gegen unendlich strebt. In der Regel benutzt man bei allen Wärmekraftmaschinen zur Kühlung „Teile der Umwelt", wie z. B. die Umgebungsluft, Wasser usw. Anderseits darf die Temperatur der Heizung auch nicht zu hoch sein, da sonst die Werkstoffe, aus denen sie bzw. die Maschine besteht, zerstört werden. Reizt man die Werkstoffeigenschaften voll aus, so wird der Wirkungsgrad der Wärmekraftmaschine durch die Temperatur der Kühlung beschränkt.

Thermodynamische Definition der Temperatur
Die alleinige Abhängigkeit des Wirkungsgrades einer durch den Carnot-Prozess beschreibbaren Wärmekraftmaschine ermöglicht eine Temperaturmessung, die im Gegensatz zu den in Kapitel 3.1.2 beschriebenen Methoden unabhängig von den Eigenschaften eines thermometrischen Mediums ist. Wie wir gesehen haben, tragen nur die isothermen Teilprozesse zur Energieumsetzung bei. Da sich die Maschine mit der Heizung bzw. der Kühlung (nahezu) im thermischen Gleichgewicht befinden, können Volumenänderungsarbeit und Wärme ohne Ausgleichsvorgänge „verlustfrei" ineinander überführt werden. Solche Zustandsänderungen sind „reversibel", wenn die Volumenänderungsarbeit als potentielle Energie gespeichert wird. In diesem Fall können wir η_C wechselweise durch die Volumenänderungsarbeit und durch die Wärmen, die der Heizung entzogen bzw. der Kühlung zugeführt werden, ausdrücken.

$$\eta_C = \frac{|W_{Nutz}|}{Q_{zu}} = \frac{|W_{21}| - W_{43}}{|W_{21}|} = 1 - \frac{W_{43}}{|W_{21}|} = 1 - \frac{T_k}{T_w} \Rightarrow \frac{T_k}{T_w} = \frac{W_{zu}}{W_{ab}} \tag{3.145}$$

Damit kann die Messung der Temperatur auf die Messung von mechanischen Arbeiten zurückgeführt werden. Zur Festlegung der Temperaturskala muss nur noch ein Fixpunkt, z. B. der Tripelpunkt von Wasser gewählt werden. Weist die Kühlung der Carnot-Maschine diese Temperatur auf, so kann über die Messung der mechanischen Arbeiten bei den isothermen Zustandsänderungen die Temperatur der Heizung bestimmt werden. Da als Arbeitsmedium ideales Gas verwendet wird, entspricht die „mechanische" Temperaturskala der des Gasthermometers, wie es auf Seite 207 beschrieben wurde.

Carnot-Prozess linksläufig
Hier wird die Carnot-Maschine als Arbeitsmaschine, d. h. entweder als Wärmepumpe oder als Kühlaggregat, betrieben. Die Teilprozesse sind die gleichen wie bei der Betriebsart „Wärmekraftmaschine", werden aber in umgekehrter Richtung durchlaufen. Da Anfangs- und Endzustände vertauscht sind, kehren sich auch die Vorzeichen der mechanischen Arbeiten und Wärmen, die die Systemgrenze passieren, um.

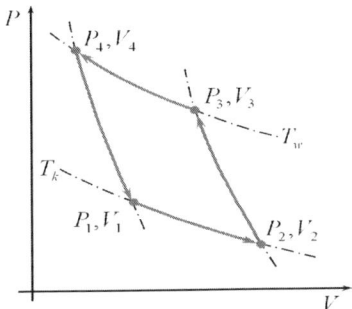

Abb. 3.37 *Linksläufiger Carnot-Prozess im P-V-Diagramm.*

Bei der ersten Zustandsänderung expandiert das Gas isotherm, das System gibt mechanische Arbeit ab bei gleichzeitiger Aufnahme von Wärme aus Teilen der Umgebung mit mindestens der Temperatur T_k. Damit fungiert der Teil nicht mehr als Kühlung zur Wärmeabfuhr, sondern als Wärmequelle in ähnlicher Weise wie die Heizung beim rechtsläufigen Carnot-Prozess. Es schließt sich eine adiabatische Kompression an, bei der sich das Gas auf T_w erwärmt. Dann wird das Gas auf dieser Temperatur komprimiert, wobei mechanische Arbeit dem System zugeführt und der gleiche Betrag als Wärme in einen anderen Teil der Umgebung abgeführt wird. Diese Wärmesenke darf höchstens die Temperatur T_w aufweisen. Wie auch beim rechtsläufigen Carnot-Prozess sollen die Zustandsänderungen quasistatisch ablaufen, so dass Temperaturdifferenzen zwischen Gas und Wärmequelle bzw. Gas und Wärmesenke keine Rolle spielen. Nach der isothermen Kompression folgt eine adiabatische Expansion auf das Ausgangsvolumen, bei der sich das Gas auf T_k abkühlt.

Ebenso wie beim rechtsläufigen Carnot-Prozess heben sich die bei den adiabatischen Zustandsänderungen umgesetzten mechanischen Arbeiten weg. Damit entspricht die netto aufgenommene mechanische Arbeit bis auf das Vorzeichen der Nutzarbeit (3.143) des rechtsläufigen Kreisprozesses ebenso wie die an die Wärmesenke abgegebene Wärme dem Betrage nach gleich der von der Heizung aufgenommenen Wärme ist. Mit der Definition (3.134) erhalten wir die Leistungszahl der Carnot-Wärmepumpe

$$\varepsilon_{C,WP} := \frac{|Q_{43}|}{W_{netto}} = \frac{\nu R T_w \ln(\frac{V_2}{V_1})}{\nu R (T_w - T_k) \ln(\frac{V_2}{V_1})} = \frac{T_w}{T_w - T_k} = \frac{1}{\eta_C} \, . \tag{3.146}$$

Aufgrund des anderen Nutzens beträgt die Leistungszahl eines Kühlaggregates, das durch einen linksläufigen Carnot-Prozess beschrieben werden kann

$$\varepsilon_{C,K} := \frac{Q_{21}}{W_{netto}} = \frac{\nu R T_k \ln(\frac{V_2}{V_1})}{\nu R (T_w - T_k) \ln(\frac{V_2}{V_1})} = \frac{T_k}{T_w - T_k} = \frac{T_w}{T_k} \frac{1}{\eta_C} \, , \tag{3.147}$$

sie ist höher als die der Wärmepumpe. Sowohl Wärmepumpe als auch Kühlaggregat arbeiten am effektivsten, wenn die Temperaturdifferenz zwischen Wärmequelle und Wärmesenke besonders klein ist. Die Wärmepumpe als Heizgerät schöpft einen Teil der Energie, die sie als Wärme an den zu heizenden Raum abgibt, aus der „Umwelt", d. h. aus der Umgebungsluft, dem Grundwasser oder dem Erdreich. Da diese Temperaturen im Allgemeinen nicht beeinflusst werden können, wird die Leistungszahl durch sie beschränkt. So arbeiten Wärmepumpen im Winter mit geringen Außentemperaturen ineffizienter als im Frühjahr oder Herbst. Außerdem sollte die Temperatur, bei der die Wärme abgegeben wird, möglichst tief sein, daher sind Niedertemperaturheizungsanlagen mit entsprechend tiefen Heizkörpertemperaturen besonders geeignet für Wärmepumpen.

Entsprechendes gilt für das Kühlaggregat. Es muss die Wärme, die es aus dem zu kühlenden Raum abzieht, und die mechanische Arbeit, die zum Betrieb erforderlich ist, als Abwärme in die Umwelt einspeisen. Diese befindet sich bei Kühlschränken meist auf Wohnraumtemperatur, bei Klimaanlagen dagegen auf Außentemperatur. Somit arbeiten beide im Sommer am uneffektivsten. Eine Tiefkühltruhe ist ineffektiver als ein Kühlschrank, da die Temperaturdifferenz zur Umwelt wesentlich größer ist.

3.7.3 Vergleichsprozesse für reale thermodynamische Maschinen

Die Carnot-Maschine stellt ein Modell für eine ideale Dampfmaschine dar, ihre praktische Konstruktion ist nur sehr schwer möglich. Ihr herausragendes Merkmal ist, dass sie für ihren Betrieb nur zwei Temperaturniveaus für Heizung und Kühlung benötigt und die Eigenschaften des Arbeitsmediums keine Rolle spielen. Im Gegensatz zur Carnot-Maschine sind viele reale Maschinen offene Systeme, wie z. B. Verbrennungsmotoren, Düsentriebwerke oder Dampfturbinen. Da die quantitative Behandlung von idealen Gasen in geschlossenen Systemen vergleichsweise einfach ist, wollen wir reale thermodynamische Maschinen durch Kreisprozesse eines idealen Gases im geschlossenen System modellieren. Solche Prozesse nennt man auch „Vergleichsprozesse".

Dabei werden wir die Zustandsänderungen des idealen Gases, die wir im Kapitel 3.6.3 kennen gelernt haben, verwenden. Die Zustandsänderungen sollen wie beim Carnot-Prozess quasistatisch erfolgen, die thermischen Zustandsgrößen des Gases sollen zu jedem Zeitpunkt die Zustandsgleichung (3.33) erfüllen und Reibungseffekte zu vernachlässigen sein.

Otto-Motor (Viertakt)
Dieser nach seinem Erfinder N. Otto[1] benannte Verbrennungsmotor ist in Kraftfahrzeugen sehr verbreitet. Der Zylinder, in dem Verbrennungsgase einen Kolben bewegen, stellt ein offenes System dar, in das ein Benzin-Luft-Gemisch gebracht wird und nach dessen Zündung und Verbrennung die Endprodukte der chemischen Reaktion, die Abgase, wieder aus dem Zylinder entfernt werden. Man unterscheidet üblicherweise vier Phasen (Takte) der periodischen Bewegung des Kolbens:

---

[1]   N. Otto (1832–1892).

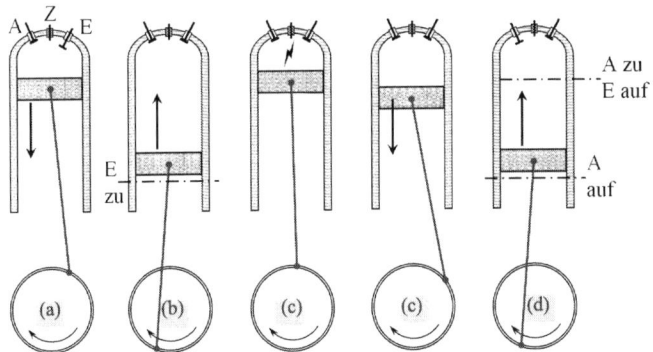

Abb. 3.38 *Vier Takte des Otto-Zyklus: (a) Ansaugen des Benzin-Luftgemisches, (b) Verdichten des Benzin-Luftgemisches, (c) Arbeitstakt: Zündung mit anschließender Expansion der Verbrennungsgase und Druckentlastung, (d) Ausstoßen der Abgase aus dem Zylinder.*

Die Steuerung des Stofftransportes erfolgt durch Ventile, die über eine so genannte Nocken-welle mit der Kolbenbewegung synchronisiert werden. Der Vergleichsprozess beschreibt die Takte (b) und (c), die Takte (a) und (d) dienen nur dem Stofftransport.

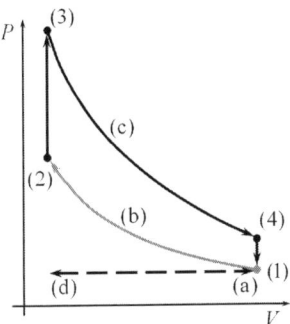

Abb. 3.39 *Der Otto-Prozess (Vergleichsprozess für den Otto-Motor) im P-V-Diagramm.*

Nach dem Ansaugen bei Umgebungsdruck P_1 wird das Benzin-Luft-Gemisch im Takt (b) adiabatisch komprimiert, es besteht kein nennenswerter thermischer Kontakt zu Teilen der Umgebung. Bei der Kompression bewegt sich der Kolben vom „unteren Totpunkt" zum „oberen Totpunkt"[1], das Volumen des Gases vermindert sich von V_1 auf V_2, der Druck erhöht sich auf P_2. Es folgt der Takt (c): am oberen Totpunkt erfolgt die Zündung des Gemisches, die sehr schnelle Explosion kann als isochores Heizen beschrieben werden, bei dem sich der Druck im Zylinder stark erhöht. Da das Volumen sich nicht ändert, bezeichnet man den Otto-

---

[1] In diesen Positionen kehrt sich die Bewegungsrichtung des Kolbens um. Die Pleuelstange, die die Translations-bewegung des Kolbens in eine Rotationsbewegung der Kurbelwelle umsetzt, kann in dieser Stellung kein Drehmoment bewirken. Besonders beim Starten des Motors ist es wichtig, dass diese Punkte schnell überwun-den werden.

Prozess auch als „Gleichraumprozess". Ist der maximale Druck P_3 erreicht, so expandiert das Gas adiabatisch bis zum unteren Totpunkt. Durch das Öffnen des Auslassventils wird der Druck P_4 wieder auf den Umgebungsdruck P_1 gebracht, die Zustandsänderung am unteren Totpunkt ist isochor. Die in den vier Teilprozessen adiabatisch-isochor-adiabatisch-isochor umgesetzten Energien betragen mit (3.109) und (3.121)

$$
\begin{aligned}
(1) \to (2) \qquad & W_{21} = C_{V,BLG}(T_2 - T_{1)}) \qquad & Q_{21} = 0 \\
(2) \to (3) \qquad & W_{32} = 0 \qquad & Q_{32} = C_{V,BLG}(T_3 - T_2) \\
(3) \to (4) \qquad & W_{43} = C_{V,A}(T_4 - T_3) \qquad & Q_{21} = 0 \\
(4) \to (1) \qquad & W_{14} = 0 \qquad & Q_{14} = C_{V,A}(T_1 - T_4)
\end{aligned}
\tag{3.148}
$$

Unter der Annahme, dass die Wärmekapazitäten $C_{V,BLG}$ des Benzin-Luft-Gemisches und $C_{V,A}$ des Abgases näherungsweise gleich sind, ergibt sich der Wirkungsgrad des Otto-Motors zu

$$
\eta_{Otto} = \frac{|W_{21} + W_{43}|}{Q_{32}} = \frac{|T_2 - T_1 + T_4 - T_3|}{T_3 - T_2} = \frac{T_1 - T_2 + T_3 - T_4}{T_3 - T_2}.
\tag{3.149}
$$

Die Zustandsänderung von $(1) \to (2)$ und $(3) \to (4)$ erfolgt adiabatisch, daher bestehen folgende Zusammenhänge gemäß (3.118)

$$
T_2 V_2^{\kappa-1} = T_1 V_1^{\kappa-1} \quad \text{und} \quad T_3 V_2^{\kappa-1} = T_4 V_1^{\kappa-1} \Rightarrow \frac{T_2}{T_1} = \frac{T_3}{T_4} = (\frac{V_1}{V_2})^{\kappa-1}.
\tag{3.150}
$$

Berücksichtigt man (3.150) in (3.149), so kann man den Wirkungsgrad statt durch die schwer zu bestimmenden Temperaturen durch die leicht messbaren Volumina ausdrücken.

$$
\eta_{Otto} = \frac{T_1 - T_2 + T_3 - T_4}{T_3 - T_2} = 1 - \frac{T_4 - T_1}{T_3 - T_2} = 1 - \frac{T_4 - T_1}{T_3(1 - \dfrac{T_2}{T_3})}
$$

$$
\eta_{Otto} = 1 - \frac{T_4 - T_1}{T_3(1 - \dfrac{T_1}{T_4})} = 1 - \frac{T_4 - T_1}{\dfrac{T_3}{T_4}(T_4 - T_1)} = 1 - \frac{T_4}{T_3} = 1 - (\frac{V_2}{V_1})^{\kappa-1}
\tag{3.151}
$$

Der Wirkungsgrad des Otto-Motors ist vom Adiabatenexponenten und damit von der Gasart abhängig. Da das Benzin-Luft-Gemisch zum großen Teil aus Stickstoff besteht, kann man κ mit 1,4 annähern. Das Verhältnis V_1/V_2 nennt man auch Kompressionsverhältnis, es schwankt bei Ottomotoren zwischen 6 und 12. Der Wirkungsgrad, den man im Idealfall mit (3.151) erreichen kann, beträgt zwischen 0,51 und 0,63. In der Praxis werden diese Werte jedoch bei weitem nicht erreicht, da die Zustandsänderungen bei typischen Drehzahlen von 2 000 min^{-1} bis 4000 min^{-1} nicht mehr quasistatisch sind und trotz Schmierung Reibung nicht zu vernachlässigen ist. Reale Wirkungsgrade liegen bei etwa 0,25.

Diesel-Motor

Neben dem Otto-Motor ist der Diesel[1]-Motor ebenfalls in Automobilen, besonders in Nutzfahrzeugen, aber auch in Schiffen und bei stationären Antrieben sehr verbreitet. Im Gegensatz zum Otto-Motor wird zunächst durch den Kolbenhub die reine Luft im Zylinder so stark komprimiert, dass der im oberen Totpunkt eingespritzte Kraftstoff sich selbst entzündet. Die Verbrennungsgase treiben den Kolben wieder in Richtung des unteren Totpunktes, wo die Abgase schließlich ausgestoßen werden. Wie beim Ottomotor unterscheidet man im Dieselzyklus ebenfalls vier Takte, die im Wesentlichen die gleichen Aufgaben erfüllen: Ansaugtakt, Kompression, Arbeitstakt, Ausstoßen des Abgases. Beim Diesel-Prozess, dem Vergleichsprozess für den Diesel-Motor bleiben der erste und der letzte Takt unberücksichtigt, da sie nur dem Zuführen der Luft und der Abfuhr des Abgases dienen.

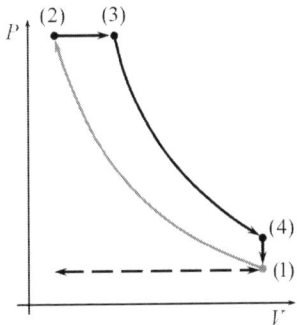

Abb. 3.40 *Der Dieselprozess im P-V-Diagramm.*

Nachdem die Luft bei Umgebungsdruck P_1 angesaugt wurde, wird sie adiabatisch von V_1 bis zum oberen Totpunkt auf V_2 und P_2 verdichtet. Mit Beginn des Arbeitstaktes wird der Kraftstoff durch spezielle Düsen in den Zylinder eingespritzt, aufgrund der hohen Temperatur nach der adiabatischen Kompression entzündet er sich selbst. Der Einspritzvorgang erfolgt so, dass die Verbrennung näherungsweise isobar erfolgt. Daher heißt der Dieselprozess auch „Gleichdruckprozess". Der Kolben hat sich weiter bewegt und das Gasvolumen ist auf V_3 angestiegen. Ist die Verbrennung erfolgt, so expandieren die Verbrennungsgase adiabatisch, bis der Kolben wieder den unteren Totpunkt bei V_1 erreicht hat. Das Öffnen des Auslassventils reduziert den Druck P_4 isochor auf den Umgebungsdruck P_1. Mit (3.105), (3.106), (3.109) und (3.121) können wir die in den Teilprozessen umgesetzten Energien berechnen.

$$
\begin{array}{lll}
(1) \rightarrow (2) & W_{21} = C_{V,L}(T_2 - T_1) & Q_{21} = 0 \\[6pt]
(2) \rightarrow (3) & W_{32} = -P_2(V_3 - V_2) = -\nu R(T_3 - T_2) \;\Rightarrow & \\[4pt]
& W_{32} = (1-\kappa)C_{V,L}(T_3 - T_2) & Q_{32} = C_{P,L}(T_3 - T_2) \\[6pt]
(3) \rightarrow (4) & W_{43} = C_{V,A}(T_4 - T_3) & Q_{21} = 0 \\[6pt]
(4) \rightarrow (1) & W_{14} = 0 & Q_{14} = C_{V,A}(T_1 - T_4)
\end{array}
\qquad (3.152)
$$

---

[1] R. Diesel (1858–1913).

Bei den Teilprozessen (1) → (2) und (2) → (3) kann man davon ausgehen, dass die maßgebliche Wärmekapazität die der Luft ist. Wie beim Otto-Prozess setzen wir näherungsweise die Wärmekapazität $C_{V,L}$ der Luft gleich der Wärmekapazität $C_{V,A}$ des Abgases. Damit erhalten wir mit (3.92) und (3.98) den Wirkungsgrad des Diesel-Motors.

$$\eta_{Diesel} = \frac{|W_{21} + W_{32} + W_{43}|}{Q_{32}} \Rightarrow$$

$$\eta_{Diesel} = \frac{|C_V(T_2 - T_1) + (1 - \kappa)C_{V,L}(T_3 - T_2) + C_V(T_4 - T_3)|}{\kappa C_V(T_3 - T_2)} \Rightarrow$$

$$\eta_{Diesel} = 1 - \frac{(T_4 - T_1)}{\kappa(T_3 - T_2)} \tag{3.153}$$

Die Temperaturen können wir über die Beziehung (3.118) durch die Volumina, die das Gas bei diesen Zuständen einnimmt, ausdrücken. Es gilt

$$T_2 V_2^{\kappa-1} = T_1 V_1^{\kappa-1}, \ T_3 V_3^{\kappa-1} = T_4 V_1^{\kappa-1} \ \text{und} \ P_2 = P_3 \Rightarrow \frac{V_2}{T_2} = \frac{V_3}{T_3}. \tag{3.154}$$

Diese Beziehungen setzen wir in (3.153) ein und erhalten

$$\eta_{Diesel} = 1 - \frac{T_3(\frac{T_4}{T_3} - \frac{T_1}{T_3})}{\kappa T_3(1 - \frac{T_2}{T_3})} = 1 - \frac{(\frac{T_4}{T_3} - \frac{T_1}{T_2}\frac{T_2}{T_3})}{\kappa(1 - \frac{T_2}{T_3})} \Rightarrow$$

$$\eta_{Diesel} = 1 - \frac{((\frac{V_3}{V_1})^{\kappa-1} - (\frac{V_2}{V_1})^{\kappa-1}\frac{V_2}{V_3})}{\kappa(1 - \frac{V_2}{V_3})}. \tag{3.155}$$

Das Verhältnis V_1/V_2 wird wie beim Otto-Motor als Kompressionsverhältnis K bezeichnet, V_3/V_2 heißt auch Einspritzverhältnis E. Durch diese Größen ausgedrückt lautet der Wirkungsgrad des Diesel-Prozesses

$$\eta_{Diesel} = 1 - \frac{((\frac{E}{K})^{\kappa-1} - (\frac{1}{K})^{\kappa-1}\frac{1}{E})}{\kappa(1 - \frac{1}{E})} = 1 - \frac{K^{1-\kappa}(E^\kappa - 1)}{\kappa(E - 1)}. \tag{3.156}$$

Das Kompressionsverhältnis ist mit $K = 12...36$ wesentlich höher als beim Otto-Motor, daher weist ein Diesel-Motor auch einen deutlich größeren Wirkungsgrad auf. Ein weiterer

Vorteil ist, dass die Herstellung des Kraftstoffes aus Erdöl für einen Diesel-Motor nicht so aufwendig ist wie für einen Otto-Motor, er kann auch „nachwachsende" Kraftstoffe wie z. B. Rapsöl verbrennen.

Seiliger-Prozess

Der Otto- oder Gleichraumprozess und der Diesel- oder Gleichdruckprozess stellen Grenzfälle des von M. Seiliger[1] 1911 vorgeschlagenen Vergleichsprozesses dar. Dabei wird die Zustandsänderung zwischen adiabatischer Kompression und adiabatischer Expansion durch einen isochoren und einen isobaren Teilprozess modelliert. Bei Otto-Motoren ist der isochore Anteil dominant, beim Diesel-Motor dagegen der isobare.

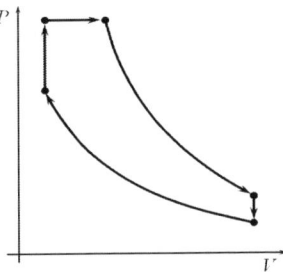

Abb. 3.41   *Seiliger-Prozess im P-V-Diagramm.*

Stirling-Motor

Diese, auch oft als Heißluftmotor bezeichnete Wärmekraftmaschine, benutzt Luft als Arbeitsmedium. Es wird keine Materie zu- oder abgeführt, daher stellt der schon 1816 von Stirling[2] erfundene Motor tatsächlich ein geschlossenes System dar. Das Gas befindet sich in einem Zylinder, der an einer Stelle thermischen Kontakt zur Heizung und an einer anderen Stelle Kontakt zur Kühlung hat. Zwei Kolben bewegen sich in dem Zylinder: ein „Arbeitskolben", mit dem mechanische Arbeit über die Systemgrenze gebracht wird, und ein „Verdrängerkolben", der das Gas im System von der Kühlung zur Heizung und umgekehrt befördert. Dabei bewegt sich das Gas durch einen Kanal, in dem sich ein so genannter „Regenerator" befindet, auf dessen Funktion wir noch genauer eingehen werden.

Beim rechtläufigen Kreisprozess erfährt das Gas vier Zustandsänderungen, nämlich

- isotherme Expansion bei gleichzeitiger Aufnahme von Wärme aus der Heizung bei T_w,
- isochores Abkühlen,
- isotherme Kompression bei gleichzeitiger Abgabe von Wärme an die Kühlung bei T_k,
- isochore Erwärmung.

---

[1]   M. Seiliger (1867–1935).
[2]   R. Stirling (1790–1878).

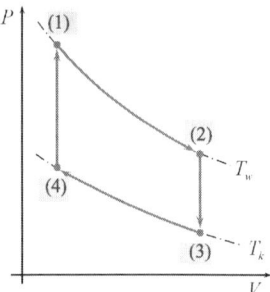

Abb. 3.42 *Stirling-Prozess im P-V-Diagramm.*

Die Abfolge der obigen Teilprozesse kann durch eine um eine viertel Periode versetzte Bewegung der beiden Kolben, die über Pleuelstangen mit einer Kurbelwelle verbunden sind, näherungsweise realisiert werden. In den Totpunkten sind die Geschwindigkeiten der Kolben sehr klein im Vergleich zu denen in der Zylindermitte.

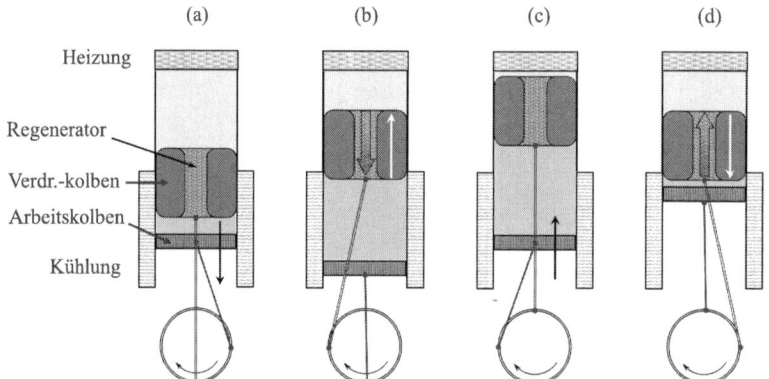

Abb. 3.43 *Stirling-Motor. Realisierung der Teilprozesse durch die Bewegung der Kolben. (a) isotherme Expansion, (b) isochore Abkühlung, (c) isotherme Kompression, (d) isochore Erwärmung.*

Während der isothermen Expansion (a) befindet sich das Gas in der Nähe der Heizung, der Verdrängerkolben befindet sich am unteren Totpunkt, durch die Bewegung des Arbeitskolbens wird das dem Gas zur Verfügung stehende Volumen vergrößert. Bei der anschließenden isochoren Abkühlung (b) wird durch den Kolbenhub des Verdrängerkolbens das Gas durch den Kanal zur Kühlung befördert. Das Gasvolumen V_2 bleibt dabei konstant, da sich der Arbeitskolben in der Nähe des unteren Totpunktes jetzt kaum bewegt. Zum Ende der isochoren Abkühlung (b) befindet sich der Verdrängerkolben beim oberen Totpunkt. Der Arbeitskolben bewegt sich und komprimiert das Gas isotherm (c). Schließlich wird mit dem isochoren Erwärmen (d) des Gases im Volumen V_1, bei dem sich der Arbeitskolben am oberen Totpunkt befindet und der Verdrängerkolben das Gas durch den Kanal zur Heizung befördert, der Kreisprozess geschlossen.

Die in den Teilprozessen über die Systemgrenze gebrachten mechanischen Arbeiten und Wärmen betragen

$$(1) \rightarrow (2) \qquad W_{21} = -\nu R T_w \ln(\frac{V_2}{V_1}) \qquad Q_{21} = \nu R T_w \ln(\frac{V_2}{V_1})$$

$$(2) \rightarrow (3) \qquad W_{32} = 0 \qquad Q_{32} = \nu c_{m,V}(T_k - T_w)$$

$$(3) \rightarrow (4) \qquad W_{43} = -\nu R T_k \ln(\frac{V_1}{V_2}) \qquad Q_{43} = \nu R T_k \ln(\frac{V_1}{V_2})$$

$$(4) \rightarrow (1) \qquad W_{14} = 0 \qquad Q_{14} = \nu c_{m,V}(T_w - T_k) \qquad (3.157)$$

Damit können wir den Wirkungsgrad des Stirling-Motors berechnen

$$\eta_{Stirling} = \frac{|W_{21} + W_{43}|}{Q_{21} + Q_{41}} = \frac{| -\nu R T_w \ln(\frac{V_2}{V_1}) - \nu R T_k \ln(\frac{V_1}{V_2}) |}{\nu R T_w \ln(\frac{V_2}{V_1}) + \nu c_{m,V}(T_w - T_k)} . \qquad (3.158)$$

In (3.158) ist die für das isochore Aufheizen benötigte Wärme als Aufwand bilanziert worden. Dieses Vorgehen ist korrekt, wenn die Wärme z. B. aus der Heizung entnommen wird. Aus (3.157) geht hervor, dass die isochoren Wärmen dem Betrage nach gleich sind. Durch den Regenerator in dem Kanal, durch den das Gas vom Verdrängerkolben zwischen Heizung und Kühlung während der isochoren Zustandsänderungen befördert wird, kann die Wärme zwischengespeichert werden. Der Regenerator übernimmt die vom Gas während des isochoren Abkühlens abgegebene Wärme und führt sie ihm beim isochoren Erwärmen wieder zu. Damit bleibt diese Wärme im System und geht nicht in die Bilanz für den Wirkungsgrad ein. Unter der Annahme des vollständigen Transfers der isochoren Wärmen lautet der Wirkungsgrad des Stirling-Motors

$$\eta_{Stirling} = \frac{| -\nu R T_w \ln(\frac{V_2}{V_1}) - \nu R T_k \ln(\frac{V_1}{V_2}) |}{\nu R T_w \ln(\frac{V_2}{V_1})} = \frac{T_w - T_k}{T_w} \qquad (3.159)$$

und ist damit gleich dem Wirkungsgrad der Carnot-Maschine. Ohne oder bei unvollständigem Transfer der isochoren Wärmen durch den Regenerator ist der Wirkungsgrad kleiner. Kann nur der Anteil A der Wärme, die bei der isochoren Abkühlung im Regenerator gespeichert wird, dem Gas bei der isochoren Erwärmung wieder zugeführt werden, so ergibt sich mit (3.92) und (3.98) ein Wirkungsgrad von

$$
\eta_{Stirling} = \frac{\nu R \ln(\frac{V_2}{V_1})(T_w - T_k)}{\nu R T_w \ln(\frac{V_2}{V_1}) + \nu R \frac{1-A}{\kappa-1}(T_w - T_k)} = \frac{T_w - T_k}{T_w + \frac{(1-A)}{(\kappa-1)} \frac{T_w - T_k}{\ln(\frac{V_2}{V_1})}}
$$

$$
\eta_{Stirling} = \eta_C \frac{1}{1 + \frac{(1-A)}{(\kappa-1)} \frac{\eta_C}{\ln(\frac{V_2}{V_1})}}. \tag{3.160}
$$

Obwohl der Stirling-Motor schon lange bekannt ist, hat er sich gegenüber anderen Wärmekraftmaschinen nicht durchsetzten können, der in der Praxis erreichte Wirkungsgrad liegt weit unter den realen Wirkungsgraden von Otto- und Dieselmotoren. Dies liegt zum einen an dem nur unvollständigen Transfer der isochoren Wärmen, zum anderen aber auch an der praktischen Realisierung der Kolbensteuerung, durch die die Spitzen im P-V-Diagramm beim Übergang isotherme in isochore Zustandsänderung stark „abgerundet" werden. Dadurch wird die Nutzarbeit entsprechend reduziert.

Außerdem ist zu berücksichtigen, dass im Gegensatz zu den Verbrennungsmotoren, bei denen die Wärme durch eine chemische Reaktion im System erzeugt wird, die Wärme der Heizung beim Stirling-Motor die Systemgrenze passieren muss. Daher ist die mittlere Gastemperatur bei der isothermen Wärmeaufnahme wegen interner Ausgleichsprozesse deutlich kleiner als bei einer „echten" Verbrennung. Entsprechendes gilt auch für die Wärmeabfuhr: beim Verbrennungsmotor wird das heiße Abgas in die Umwelt „entsorgt", beim Stirling-Motor wird die Wärme durch thermischen Kontakt abgeführt, das Gas bleibt also relativ warm. Aufgrund der kleinen Differenz zwischen den Gastemperaturen beim isothermen Heizen bzw. Kühlen ist nur ein geringer Wirkungsgrad zu erwarten.

In letzter Zeit hat der Stirling-Motor beim Einsatz regenerativer Energien an Bedeutung gewonnen. Energie zum Heizen kann in beliebiger Form angeboten werden, also auch z. B. als Solarenergie. Wird mit dem Stirling-Motor ein Generator zur Erzeugung von elektrischer Energie angetrieben, so ist der Gesamtwirkungsgrad der Anlage vergleichbar mit dem von Photovoltaikanlagen.

Wird der Stirling-Motor extern mechanisch angetrieben, so wird der Kreisprozess linksläufig durchlaufen, die Maschine arbeitet als Wärmepumpe bzw. Kühlaggregat. Bei der hohen Temperatur T_w wird Wärme in eine Wärmesenke abgegeben, bei der tiefen Temperatur T_k dagegen Wärme aus einer Wärmequelle aufgenommen. Die Leistungszahlen entsprechen denen einer linksläufig betriebenen Carnot-Maschine, wenn die isochoren Wärmen vollständig innerhalb des Systems übertragen werden können, im anderen Fall sind sie geringer.

3.7.4   Kreisprozesse für Turbinen

Die thermodynamischen Maschinen, die wir im vorigen Kapitel kennen gelernt haben, bezeichnet man auch als „Kolbenmaschinen", da die Übertragung der mechanischen Arbeit
durch die Bewegung eines Kolbens in einem Zylinder übertragen wird. Diese Arbeit geht mit
der Änderung des Systemvolumens einher und wird daher auch Volumenänderungsarbeit
genannt. Bei Turbinen dagegen wird die mechanische Arbeit durch Rotation eines Schaufelrades übertragen, das durch ein strömendes Medium angetrieben wird. Aus diesem Grund ist
eine Turbine ein offenes System, Maschinen dieser Art heißen auch Strömungsmaschinen.

Schließen wir jedoch den Stoffkreislauf, indem das aus der Turbine strömende Medium wieder
ihrem Eingang zugeführt wird, so erhalten wir ein geschlossenes System. Zur Aufrechterhal-
tung des Materiestromes können wir eine Pumpe in den Kreislauf einfügen, die von einem Teil
der mechanischen Arbeit, die von der Turbine bereitgestellt wird, angetrieben wird. Damit die
Turbine als Wärmekraftmaschine arbeiten kann, werden in dem Kreislauf Einrichtungen zur
Wärmezufuhr vor dem Eingang und zur Wärmeabfuhr hinter dem Ausgang der Turbine vorge-
sehen. Der thermische Zustand des Mediums wird im Allgemeinen durch die Turbine, die
Wärmezufuhr, die Pumpe und die Wärmeabfuhr geändert. Diese Zustandsänderungen durchläuft das Medium zyklisch und sie können durch einen Kreisprozess beschrieben werden.

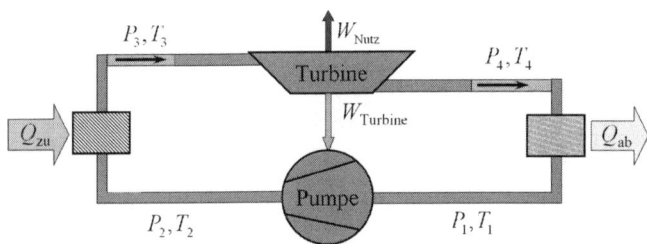

Abb. 3.44   *Turbine mit geschlossenem Stoffkreislauf.*

Joule-Prozess
Dieser Kreisprozess wird zur Beschreibung von Gasturbinen, die als Flugzeugantriebe oder
in Kraftwerken eingesetzt werden, verwendet. Bei einer Gasturbine wird Luft in einem

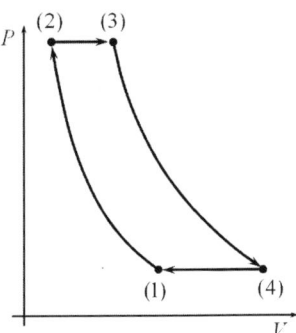

Abb. 3.45   *Joule-Prozess im P-V-Diagramm.*

Verdichter, d. h. durch die Pumpe in **Abb. 3.44**, adiabatisch komprimiert. Dann wird durch Verbrennung von Kraftstoff, der in die Brennkammer eingespritzt wird, das Gas isobar erhitzt, bevor es in der Turbine adiabatisch expandieren kann. Der Kreisprozess wird geschlossen durch eine isobare Abkühlung der ausgestoßenen Abgase.

Die in den einzelnen Teilprozessen umgesetzten Energien berechnen wir mit (3.105), (3.106) und (3.121) sowie   (3.92) und (3.98).

$$
\begin{aligned}
(1) \to (2) \quad & W_{21} = C_V(T_2 - T_1) \qquad\qquad Q_{21} = 0 \\
(2) \to (3) \quad & W_{32} = -P_2(V_3 - V_2) \\
& W_{32} = (1-\kappa)C_V(T_3 - T_2) \quad Q_{32} = C_P(T_3 - T_2) \\
(3) \to (4) \quad & W_{43} = C_V(T_4 - T_3) \qquad\qquad Q_{43} = 0 \\
(4) \to (1) \quad & W_{14} = (1-\kappa)C_V(T_1 - T_4) \quad Q_{14} = C_P(T_1 - T_4)
\end{aligned}
\tag{3.161}
$$

Dabei haben wir angenommen, dass sich die Wärmekapazitäten von Luft, Verbrennungs- und Abgasen gleich sind. Der Wirkungsgrad beträgt dann

$$
\eta_{Joule} = \frac{|W_{21} + W_{32} + W_{43} + W_{14}|}{Q_{32}} = 1 - \frac{T_4 - T_1}{T_3 - T_2},
\tag{3.162}
$$

er hängt in gleicher Weise von den Temperaturen der End- und Anfangszustände der Teilprozesse ab wie der Wirkungsgrad des Otto-Prozesses (3.151). Der Wirkungsgrad des Joule-Prozesses wird vorzugsweise durch die Drücke P_1 und P_2 vor bzw. hinter dem Verdichter angegeben, da die Gasvolumina in den einzelnen Baugruppen des Systems nicht erfasst werden können. Mit (3.120) können wir (3.162) umformen.

$$
\eta_{Joule} = 1 - \frac{T_4 - T_1}{T_3 - T_2} = 1 - \frac{T_4}{T_3} = 1 - \left(\frac{P_1}{P_2}\right)^{\frac{\kappa-1}{\kappa}}
\tag{3.163}
$$

Die Wirkungsgrade von Otto-Prozess und Joule-Prozess sind gleich, wenn das Temperaturverhältnis T_4/T_3 gleich ist und damit

$$
\left(\frac{V_2}{V_1}\right)_{Otto}^{\kappa-1} = \left(\frac{P_1}{P_2}\right)_{Joule}^{\frac{\kappa-1}{\kappa}}.
\tag{3.164}
$$

Das Verhältnis P_2/P_1 heißt auch Verdichtungsverhältnis. Zur Erzielung von hohen Wirkungsgraden muss also beim Otto-Motor das Kompressionsverhältnis möglichst groß sein, bei der Joule-Turbine dagegen das Verdichtungsverhältnis. Beim Otto-Motor ist dies unkritisch, da die Temperaturspitze T_3 nur kurzzeitig vorliegt, während bei der Juole-Turbine der Einlass der Turbine ständig der hohen thermischen Belastung ausgesetzt ist, die bei etwa 1300 °C liegt.

Ericsson[1]-Prozess

Dieser Prozess wird zur Beschreibung von ortsfesten Gasturbinen herangezogen. Im Verdichter wird das Gas bei der Kompression gleichzeitig gekühlt, somit erfolgt dort eine isotherme Kompression. In der Hochdruckzuleitung zur Turbine expandiert das Gas isobar, während in der Turbine isotherm Wärme zugeführt und mechanische Arbeit abgegeben wird. In der Niederdruckleitung von der Turbine zum Verdichter wird das Gas isobar komprimiert.

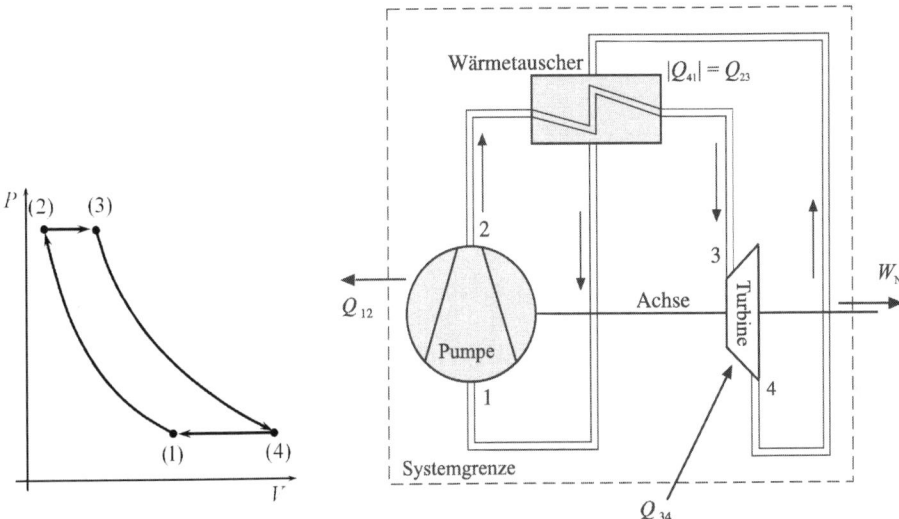

Abb. 3.46 *Ericsson-Prozess im P-V-Diagramm und als geschlossener Stoffkreislauf.*

Die umgesetzten Energien können mit (3.105), (3.106), (3.111) und (3.112) unter Berücksichtigung von   (3.92) und (3.98) berechnet werden.

$(1) \rightarrow (2)$	$W_{21} = -\nu R T_k \ln(\dfrac{V_2}{V_1})$	$Q_{21} = \nu R T_k \ln(\dfrac{V_2}{V_1})$
$(2) \rightarrow (3)$	$W_{32} = (1-\kappa)C_V(T_w - T_k)$	$Q_{32} = C_P(T_w - T_k)$
$(3) \rightarrow (4)$	$W_{43} = -\nu R T_w \ln(\dfrac{V_4}{V_3})$	$Q_{43} = \nu R T_w \ln(\dfrac{V_4}{V_3})$
$(4) \rightarrow (1)$	$W_{32} = (1-\kappa)C_V(T_k - T_w)$	$Q_{14} = C_P(T_k - T_w)$

$$(3.165)$$

Der Wirkungsgrad der Ericsson-Turbine beträgt

$$\eta_{Ericsson} = \frac{|W_{21} + W_{32} + W_{43} + W_{14}|}{Q_{32} + Q_{43}} = \frac{\nu R(T_w \ln(\frac{V_4}{V_3}) + T_k \ln(\frac{V_2}{V_1}))}{C_P(T_w - T_k) + \nu R T_w \ln(\frac{V_4}{V_3})}. \tag{3.166}$$

---

[1]   J. Ericsson (1803–1899).

Die Zustände 2 und 3 sowie 1 und 4 sind durch isobare Prozesse miteinander verbunden.

$$\frac{V_3}{V_2} = \frac{T_w}{T_k} = \frac{V_4}{V_1} \quad \Rightarrow \quad \frac{V_4}{V_3} = \frac{V_4}{V_1}\frac{V_1}{V_2}\frac{V_2}{V_3} = \frac{T_w}{T_k}\frac{T_k}{T_w}\frac{V_1}{V_2} = \frac{V_1}{V_2} \quad \Rightarrow \tag{3.167}$$

$$\eta_{Ericsson} = \frac{\nu R \ln(\dfrac{V_4}{V_3})(T_w - T_k)}{C_P (T_w - T_k) + \nu R T_w \ln(\dfrac{V_4}{V_3})} \tag{3.168}$$

Kann die Wärme, die bei der isobaren Abkühlung von $4 \rightarrow 1$ abzuführen ist, innerhalb des Systems für die isobare Erwärmung von $2 \rightarrow 3$ genommen werden, so muss Q_{23} in der Bilanz für den Wirkungsgrad nicht berücksichtigt werden. In diesem Fall erzielt die Ericsson-Turbine den Wirkungsgrad einer Carnot-Maschine.

3.7.5   1. Hauptsatz für offene Systeme

Die Erweiterung des Energiesatzes der Mechanik, den 1. Hauptsatz der Thermodynamik, haben wir bislang auf geschlossene Systeme angewandt. Die Erhaltung der Energie einschließlich der thermischen gilt natürlich auch für offene Systeme wie Turbinen, Verbrennungsmotoren usw. Wir wollen nun den 1. Hauptsatz für offene Systeme kennen lernen, durch die ein zeitlich konstanter Massenstrom geht. Bei der Herleitung der Bernoulli-Gleichung (2.383) haben wir ein offenes System betrachtet, durch das ein konstanter Massenstrom $\dot{m}$ fließt. Die äußeren Kräfte, die an den Molekülen der strömenden Masse angreifen, verrichten längs ihres Weges Arbeit, dadurch ändert sich im Allgemeinen die Strömungsgeschwindigkeit. Dem Massenstrom wird ein entsprechender Energiestrom oder eine Leistung $\dot{W}_{str.}$ gemäß (2.380) zu- oder abgeführt.

Nun wollen wir in dieser Leistungsbilanz die thermische Energie, die von der ungeordneten Bewegung der Moleküle im Massenstrom herrührt, berücksichtigen. Das System soll mechanische Arbeit, z. B. über ein Schaufelrad, sowie Wärme mit der Umgebung austauschen.

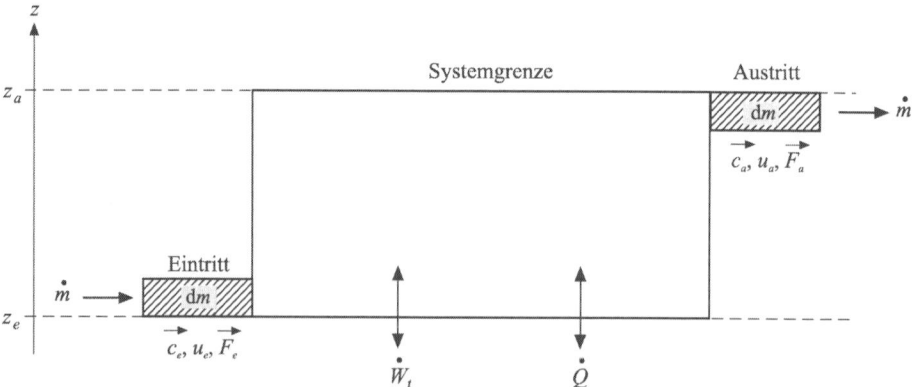

Abb. 3.47 *Offenes System, durch das ein zeitlich konstanter Massenstrom fließt.*

Der Energiestrom, der von den äußeren Kräften $\vec{F}_e$ und $\vec{F}_a$ beim Eintritt in das System bzw. beim Austritt aus dem System auf den Massenstrom herrührt, wird durch die Zu- oder Abfuhr von mechanischer Arbeit, sie nennt man auch „technische Arbeit" oder Wärme, vergrößert bzw. verkleinert. Durch ihn werden am Austritt des Massenstroms zum einen die Strömungsgeschwindigkeit $\vec{c}_a$ und zum anderen die innere Energie U_a aufgrund der ungeordneten thermischen Bewegung der Moleküle im Bezugssystem, das mit der Strömung mitgeführt wird, gegenüber den Werten am Eintritt in das System geändert. Ferner kann die potentielle Energie, z. B. im Schwerefeld der Erde, geändert werden.

$$\dot{W}_{str} = \vec{F}_e \bullet \vec{c}_e + \vec{F}_a \bullet \vec{c}_a - \Delta\dot{E}_{pot} + \dot{W}_t + \dot{Q} = \Delta\dot{E}_{kin} + \Delta\dot{U}^{\ 1}$$

$$\Rightarrow \vec{F}_e \bullet \vec{c}_e + \vec{F}_a \bullet \vec{c}_a - \dot{m}g(z_a - z_e) + \dot{W}_t + \dot{Q} = \frac{\dot{m}}{2}(c_a^2 - c_e^2) + \dot{U}_a - \dot{U}_e \qquad (3.169)$$

Die Energieströme aufgrund der Kräfte $\vec{F}_e$ und $\vec{F}_a$, die am Eingang bzw. am Ausgang des Systems wirken, beschreiben wir durch den Druck, den sie in dem System bewirken, und den Massenstrom gemäß (2.382). Weiterhin spalten wir die innere Energie in ein Produkt aus spezifischer, auf die Masse bezogener innerer Energie und Masse auf.

$$u := \frac{U}{m} \Rightarrow \dot{U} = \dot{m}u \qquad (3.170)$$

Damit können wir (3.169) umformen.

$$\dot{W}_t + \dot{Q} = \frac{\dot{m}}{2}(c_a^2 - c_e^2) + \dot{m}g(z_a - z_e) + \dot{m}(u_a - u_e) + P_a\frac{\dot{m}}{\rho_a} - P_e\frac{\dot{m}}{\rho_e} \qquad (3.171)$$

Führen wir außerdem in Anlehnung an (3.170) die spezifischen, auf die Masse bezogenen Volumina v_s ein (sie sind die Kehrwerte der Dichten: $v_s = 1/\rho$), dann erhalten wir

$$\dot{W}_t + \dot{Q} = \dot{m}(\frac{1}{2}(c_a^2 - c_e^2) + g(z_a - z_e) + u_a - u_e + P_a v_a - P_e v_e) . \qquad (3.172)$$

Der Ausdruck $u + Pv$ entspricht der in (3.94) definierten Enthalpie, bezogen auf die Masse. Sie heißt daher auch spezifische Enthalpie h. Damit lautet der 1. Hauptsatz der Thermodynamik für offene Systeme, durch die ein zeitlich konstanter Massenstrom fließt,

$$\dot{W}_t + \dot{Q} = \dot{m}(\frac{1}{2}(c_a^2 - c_e^2) + g(z_a - z_e) + h_a - h_e) . \qquad (3.173)$$

Beziehen wir den Strom von technischer Arbeit $\dot{W}_t$ und den Wärmestrom $\dot{Q}$ auf den Massenstrom $\dot{m}$, so erhalten wir die spezifische, über die Systemgrenze transportierte technische Arbeit w_t und Wärme q. Für die spezifischen Größen lautet (3.173)

$$w_t + q = \frac{1}{2}(c_a^2 - c_e^2) + g(z_a - z_e) + h_a - h_e . \qquad (3.174)$$

---

[1]   Abweichend werden Strömungsgeschwindigkeiten im Folgenden mit „c" und Höhen mit „z" bezeichnet.

Drücken wir die spezifischen Enthalpien h durch $u + Pv$ aus, so erhalten wir für den Fall, dass sich die Strömungsgeschwindigkeit nicht ändert und die Höhe des Einganges in das System gleich der Höhe des Ausgangs aus dem System ist,

$$w_t + q = u_a - u_e + P_a v_a - P_e v_e = \Delta u + P_a v_a - P_e v_e . \tag{3.175}$$

Fassen wir das Massenelement dm des Massenstroms als geschlossenes System auf, so wird dessen Änderung der inneren Energie durch Zu- oder Abfuhr von Volumenänderungsarbeit und Wärme bewirkt. Dabei wird durch die Volumenänderungsarbeit eine Änderung des spezifischen Volumens bzw. der Dichte bewirkt. Die Wärme entspricht der spezifischen Wärme, die über die Grenze des offenen Systems gelangt. Mit dem 1. Hauptsatz für geschlossene Systeme (3.74) erhalten wir unter der Voraussetzung, dass keine Reibung zu berücksichtigen ist und keine Ausgleichsprozesse stattfinden,

$$w_t + q = q - \int_{v_e}^{v_a} P(v)\mathrm{d}v + P_a v_a - P_e v_e \;\Rightarrow\; w_t = - \int_{v_e}^{v_a} P(v)\mathrm{d}v + P_a v_a - P_e v_e . \tag{3.176}$$

Wir vergleichen die Flächen im P-v-Diagramm einer beliebigen Zustandsänderung, die das Massenelement dm zwischen Eingang und Ausgang des offenen Systems erfährt. Fassen wir für die Berechnung der Flächen entweder das spezifische Volumen v als unabhängige Variable auf oder den Druck P, so gilt wegen der Gleichheit der Flächen der Zusammenhang

$$P_a v_a + \int_{v_a}^{v_e} P(v)\mathrm{d}v = P_e v_e + \int_{P_e}^{P_a} v(P)\mathrm{d}P . \tag{3.177}$$

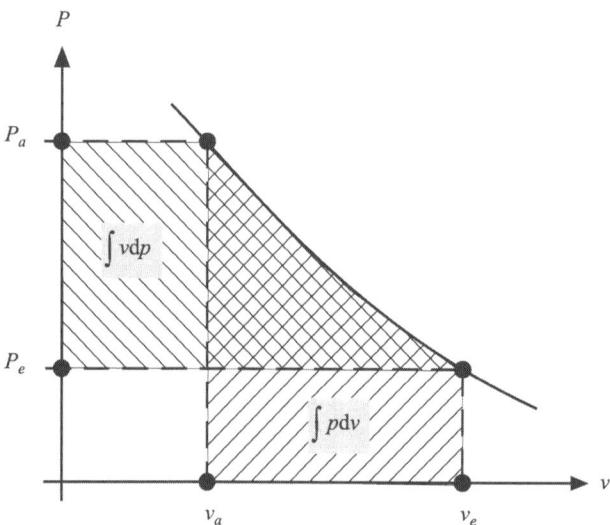

Abb. 3.48 *Flächen, die von der P(v)-Kurve zwischen (P_e und v_e), dem Zustand beim Eintritt in das offene System und dem Zustand (P_a und v_a) beim Austritt eingeschlossen werden.*

Mit dem Vertauschen der Integrationsgrenzen wechselt das Integral auf der linken Seite von (3.177) sein Vorzeichen. Damit können wir die spezifische technische Arbeit auch folgendermaßen ausdrücken:

$$w_t = \int_{P_e}^{P_a} v(P)\mathrm{d}P \tag{3.178}$$

Damit können wir den 1. Hauptsatz für offene Systeme für den Fall $c_a = c_e$ und $z_a = z_e$ formulieren

$$h_a - h_e = w_t + q = q + \int_{P_e}^{P_a} v(P)\mathrm{d}P \,. \tag{3.179}$$

Für geschlossene Systeme lautet er in analoger Formulierung

$$u_a - u_e = w_V + q = q - \int_{v_e}^{v_a} P(v)\mathrm{d}v \,. \tag{3.180}$$

Beide Formulierungen sind gleichwertig und auch nicht auf die jeweiligen Systeme beschränkt. Allerdings wird (3.179) für offene, (3.180) dagegen für geschlossene Systeme bevorzugt.

3.8   2. Hauptsatz der Thermodynamik

Mit der Formulierung des 1. Hauptsatzes der Thermodynamik wird der Energiesatz der Mechanik auf andere Energieformen, insbesondere auf thermische Energie erweitert. War die Erhaltung der mechanischen Energie in einem abgeschlossenen System an die Bedingung geknüpft, dass die zu dem System gehörenden Objekte nur über konservative Kräfte wechselwirken, so ist diese Einschränkung im 1. Hauptsatz aufgehoben. Ihm zufolge kann die Energie den Träger beliebig wechseln. Beispiele für (nahezu) vollständige Umwandlung von Energie sind der Generator, in dem mechanische Energie in elektrische umgewandelt wird, und der Elektromotor für die umgekehrte Richtung.

Allerdings zeigt die tägliche Erfahrung, dass jede makroskopische Bewegung von Reibung begleitet wird, diese führt als nicht-konservative Kraft mechanische Energie in thermische Energie über. Reibung reduziert die Relativgeschwindigkeit gegenüber der Umgebung, bis das Objekt relativ zu ihr in Ruhe ist. Dabei wurde die mechanische Energie in thermische Energie, in Bewegungsenergie ungeordneter Molekülbewegung überführt, die Temperatur ist entsprechend gestiegen. Die umgekehrte Richtung ist noch nicht beobachtet worden: Ein Objekt setzt sich relativ zur Umgebung in Bewegung, dabei wird die Temperatur kleiner.

3.8.1   Irreversible Prozesse

Bewegung unter dem Einfluss von Reibung ist ein charakteristisches Beispiel für einen irreversiblen Vorgang. Allgemein bezeichnet man Prozesse als irreversibel, wenn sie „nicht von selbst" umkehrbar sind, also vom Endzustand der Anfangszustand nicht ohne äußere Einflussnahme erreicht werden kann. Äußere Einflussnahme bedeutet in der Regel eine Zufuhr von Energie. Da alle makroskopischen Bewegungsvorgänge unter dem Einfluss von Reibung stattfinden, sind auch alle Bewegungen irreversible Vorgänge.[1]

Andere Beispiele irreversibler Prozesse sind Ausgleichsvorgänge, die im „Nullten" Hauptsatz der Thermodynamik die Basis für die Messung von Temperaturen bilden. Als „thermisches Gleichgewicht" wird der Zustand eines abgeschlossenen Systems bezeichnet, bei dem alle zum System gehörenden Objekte die gleiche Temperatur aufweisen. Ohne äußeren Einfluss, der auch die Abkopplung des Systems von der Umwelt erfordern würde, verbleibt das System im thermischen Gleichgewicht, es werden nicht „von selbst" einige Stellen im System wärmer und andere dafür kälter.

Ein weiterer Ausgleichsprozess ist der Druckausgleich zwischen zwei Behältern, in denen sich z. B. ein Gas befindet. Werden die Behälter miteinander verbunden, so stellt sich in beiden der gleiche Druck ein, der zwischen den Drücken in den Behältern vor dem Ausgleich liegt. Auch hier ist der Gleichgewichtszustand stabil. Ausgeglichen werden auch unterschiedliche Dichten einzelner Stoffe innerhalb eines abgeschlossenen Systems, bei Festkörpern oder Flüssigkeiten erfolgt der Ausgleich durch einen Diffusionsvorgang, bei (idealen) Gasen weisen unterschiedliche Teile des Systems unterschiedliche Partialdrücke auf, so dass ein Druckausgleich für jedes Gas erfolgt. Allgemein kann man sagen:

In einem abgeschlossenen System werden Unterschiede in den intensiven Zustandsgrößen, wie z. B. Druck, Temperatur oder Dichte ausgeglichen.

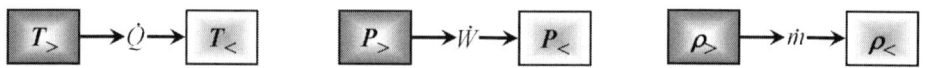

Abb. 3.49 *Ausgleichsprozesse der intensiven Größen eines abgeschlossenen Systems und die entsprechenden Ströme.*

In linearer Näherung sind die Ströme proportional zum Unterschied der intensiven Größen in den einzelnen Teilsystemen.

$$\dot{Q} \sim T_> - T_< \qquad\qquad \dot{W} \sim P_> - P_< \qquad\qquad \dot{m} \sim \rho_> - \rho_< \qquad (3.181)$$

Ist eines der Teilsysteme, zwischen denen Ausgleichsvorgänge stattfinden, wesentlich größer als andere, so ändern sich dessen intensive Größen kaum. Solche Teilsysteme bezeichnet man auch als „Reservoirs" oder „Bäder", im Falle eines Temperaturausgleichs als „Wärmereservoir" oder „Wärmebad". Seine Temperatur ändert sich nicht, wenn ihm Wärme zu- oder abgeführt wird, die Wärmekapazität strebt gegen unendlich.

So wie Bewegungsvorgänge immer von Reibung begleitet werden, so erfolgen bei allen Prozessen, in denen Drücke, Temperaturen oder Dichten geändert werden, Ausgleichsprozesse.

---

[1]   Allerdings kann die Umwandlung von mechanischer Energie z. B. bei Satelliten oder der Planetenbewegung sehr lange dauern.

Die Annahme reversibler Zustandsänderungen bei den Kreisprozessen zur Beschreibung thermodynamischer Maschinen stellt ebenfalls eine Idealisierung dar, so wie die reibungsfreie Bewegung in der Mechanik. Näherungsweise können wir reversible Prozessführung annehmen, wenn die Druck-, Temperatur- oder Dichteunterschiede zwischen System und Umgebung klein gegen die Drücke, Temperaturen oder Dichten während der Zustandsänderung sind.

Sind die intensiven thermischen Zustandsgrößen durch den Prozess vorgegeben, so bedingt eine reversible Prozessführung u. U. erhebliche Anforderungen an die „Gestaltung" der Umgebung, da ihre Größen entsprechend „nachgeführt" werden müssen. Wird von einem System ein Kreisprozess durchlaufen, so tut dies die Umgebung wegen der Nachführung ihrer intensiven Größen ebenfalls. Wie das System bleibt auch die Umgebung bei einem Umlauf hinsichtlich ihrer intensiven Größen unverändert.

3.8.2   Wirkungsgrade thermodynamischer Maschinen

Alle im Kapitel 3.7 vorgestellten thermodynamischen Maschinen hatten eine Gemeinsamkeit: Damit eine Wärmekraftmaschine während ihres Betriebes unverändert bleibt, durchläuft ihr Arbeitsmedium, in unseren Fällen ein ideales Gas, einen Kreisprozess, bei dem in mindestens einem Teilprozess Wärme an die Umgebung abgegeben wird. Diese Tatsache ist offensichtlich ein Merkmal aller Wärmekraftmaschinen und wurde 1851 von Lord Kelvin und in ähnlicher Weise von Max Planck 1897 als 2. Hauptsatz der Thermodynamik formuliert:

> Es gibt keine periodisch arbeitende Maschine, die nur mechanische Arbeit abgibt und Wärme aus einem Wärmereservoir aufnimmt.

Eine solche Wärmekraftmaschine bezeichnet man auch als „Perpetuum mobile 2. Art". Es verstößt nicht gegen den 1. Hauptsatz, also gegen die Erhaltung der Energie, aber gegen Beschränkungen hinsichtlich der Umwandelbarkeit von Energie, insbesondere von thermischer Energie in mechanische. Dies ist letztlich eine Konsequenz der Irreversibilität von Prozessen. Bei der Bestimmung des mechanischen Wärmeäquivalentes durch Joule wurde die innere Energie des Wassers durch mechanische Arbeit, in diesem Fall Reibungsarbeit eines rotierenden Schaufelrades, erhöht. Im umgekehrten Fall müsste sich das Schaufelrad in Bewegung setzen unter gleichzeitiger Abkühlung des Wassers. Da die Zusammenhänge im Einzelfall durchaus unübersichtlich sein können, gibt es immer wieder Patentanmeldungen von Geräten, die ein Perpetuum mobile 2. Art darstellen. Aus der Tatsache, dass beim Betrieb einer periodisch arbeitenden Wärmekraftmaschine immer auch Wärme abgegeben wird, selbst wenn sie reversibel betrieben wird, folgt, dass der Energieumwandlung ein Ausgleichsprozess mit einem Wärmestrom von der Heizung zur Kühlung einhergeht.

Bei einem Ausgleichsprozess fließt Wärme immer von warm nach kalt. Diese Gesetzmäßigkeit schlägt sich in einer von Clausius[1] stammenden alternativen Formulierung des 2. Hauptsatzes der Thermodynamik nieder.

---

[1]   R. Clausius (1822–1888).

Es gibt keine periodisch arbeitende Kältemaschine, die nur Wärme von einem kälteren Raum in einen wärmeren überträgt.

Für den Betrieb einer Kältemaschine ist generell mechanische Arbeit erforderlich. Beide Formulierungen des 2. Hauptsatzes sind äquivalent. Kombiniert man ein Perpetuum mobile 2. Art nach Kelvin mit einer „normalen" Wärmepumpe, so entsteht ein Perpetuum mobile 2. Art nach Clausius, denn die Kombination befördert Wärme von kalt nach warm, ohne dass

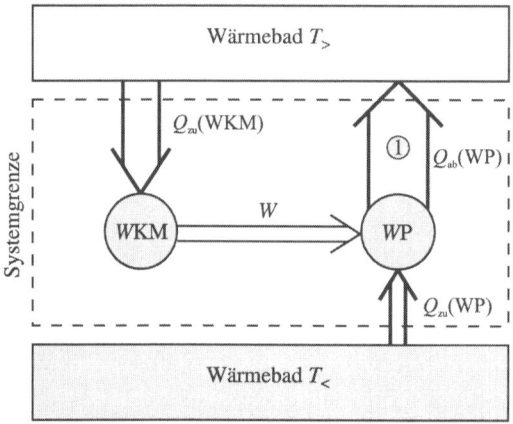

Abb. 3.50 *Die Kombination einer Wärmekraftmaschine, die gegen den 2. Hauptsatz verstößt, mit einer normalen Wärmepumpe ergibt eine Kältemaschine, die ein Perpetuum mobile 2. Art darstellt.*

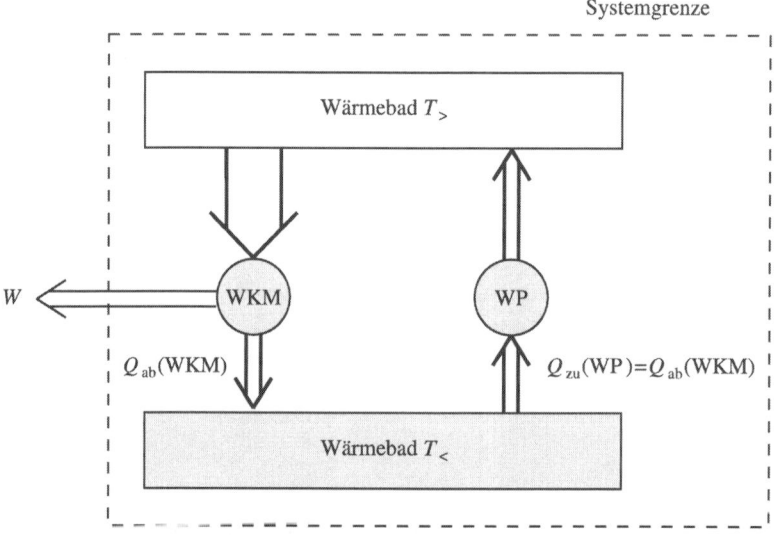

Abb. 3.51 *Die Kombination einer Wärmepumpe, die gegen den 2. Hauptsatz verstößt, mit einer normalen Wärmekraftmaschine ergibt eine Wärmekraftmaschine, die ein Perpetuum mobile 2. Art darstellt.*

ihr von außen mechanische Arbeit zugeführt wird. Die zum Betrieb der Wärmepumpe erforderliche Arbeit wird von dem Kelvinschen Perpetuum mobile bereitgestellt.

Auch im umgekehrten Fall, der Kombination eines Perpetuum mobile 2. Art nach Clausius mit einer „normalen" Wärmekraftmaschine, ist das resultierende Gesamtsystem ein Perpetuum mobile 2. Art nach Kelvin. Die Wärme, die von der Wärmekraftmaschine in Kühlung abgegeben wird, pumpt die Wärmepumpe ohne den Einsatz mechanischer Arbeit in die Heizung, so dass insgesamt keine Wärme an die Kühlung abgegeben wird.

Wir wollen nun untersuchen, wie sich irreversible Zustandsänderungen auf die Wirkungsgrade thermodynamischer Maschinen auswirken.

Carnot-Prozess mit irreversiblen Zustandsänderungen

Bei der folgenden Betrachtung wollen wir uns zunächst auf Ausgleichsprozesse zwischen dem idealen Gas in der Carnot-Maschine und der Heizung bzw. der Kühlung beschränken. Es soll nach wie vor der Einfluss von Reibung ausgeschlossen sein. Solche Ausgleichsprozesse bedeuten, dass zum einen die Heizung wärmer sein muss als das Gas, damit es Wärme aufnehmen kann, und zum anderen die Kühlung während der Abgabe von Wärme kälter sein muss als das Gas. Im besten Fall erfolgen die Zustandsänderungen polytrop mit sinkenden Temperaturdifferenzen, im schlechtesten Fall isotherm mit konstanten Temperaturunterschieden.

Offensichtlich ist die eingeschlossene Fläche, die die abgegebene mechanische Arbeit darstellt, kleiner als bei reversiblen Zustandsänderungen.

Im Falle des linksläufigen Carnot-Prozesses gilt hinsichtlich der Wärmeübertragung von der kalten Wärmequelle und der warmen Wärmesenke Entsprechendes: Damit Wärme aus der Wärmequelle zum Gas fließen kann, muss das Gas kälter sein als die Wärmequelle, bei der Abgabe in die Wärmesenke dagegen muss das Gas wärmer sein als sie. Somit sind die im P-V-Diagramm eingeschlossene Fläche und damit die erforderliche mechanische Arbeit größer als bei einer reversibel betriebenen Carnot-Wärmepumpe bzw. einem -Kühlaggregat. Mit größerem Aufwand bei gleichem Nutzen sind die Leistungszahlen daher kleiner.

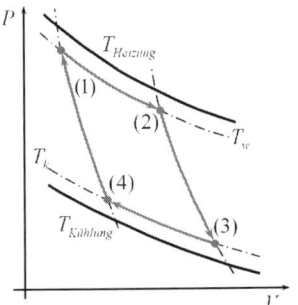

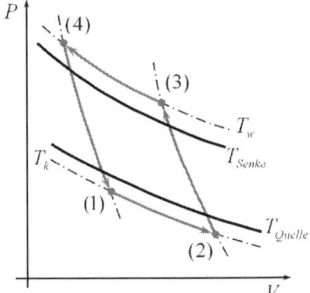

Abb. 3.52 *Rechtsläufiger Carnot-Prozess im P-V-Diagramm mit Temperaturdifferenzen zwischen Heizung bzw. Kühlung und Gas.*

Abb. 3.53 *Linksläufiger Carnot-Prozess im P-V-Diagramm mit Temperaturdifferenzen zwischen Wärmequelle bzw. Wärmesenke und Gas.*

Nun wollen wir untersuchen, wie sich Reibung auf den Wirkungsgrad einer nach dem Carnot-Prozess arbeitenden Wärmekraftmaschine auswirkt. Dabei nehmen wir vereinfachend an, dass die durch die Reibung entstehende Wärme dem Arbeitsmedium zufließt, wobei die Zustandsänderungen des Gases die gleichen sein sollen wie im reibungsfreien Fall. Weitere irreversible Prozesse sollen nicht zu berücksichtigen sein. Bei den isothermen Zustandsänderungen bleibt die innere Energie des Gases unverändert, was bei der Expansion an Wärme aufgenommen wird, gibt die Maschine als mechanische Arbeit ab. Ein Teil der abzugebenden Volumenänderungsarbeit W_V wird dem Gas jedoch als Reibungsarbeit W_{Reib} wieder zugeführt wird, daher ist die insgesamt bei der isothermen Expansion abgegebene mechanische Arbeit entsprechend kleiner.

$$\Delta U = 0 = Q_{zu} + W_V + W_{Reib} \Rightarrow Q_{zu} = -W_V - W_{Reib} = Q_{zu,rev} - W_{Reib} = W_{ab} \qquad (3.182)$$

Somit wird weniger Wärme aus der Heizung aufgenommen. Entsprechendes passiert bei der isothermen Kompression unter Abgabe von Wärme: Die zugeführte mechanische Arbeit, Volumenänderungsarbeit $W_V{'}$ und Reibungsarbeit $W_{Reib}{'}$ muss als Wärme an die Kühlung abgegeben werden.

$$\Delta U = 0 = Q_{ab} + W_V{'} + W_{Reib}{'} \Rightarrow Q_{ab} = -(W_V{'} + W_{Reib}{'})$$
$$\Rightarrow |Q_{ab}| = W_V{'} + W_{Reib}{'} = |Q_{ab,rev}| + W_{Reib}{'} \qquad (3.183)$$

Bei den adiabatischen Zustandsänderungen wird die innere Energie ausschließlich durch mechanische Arbeit geändert. Bei der Kompression bewirkt die Reibung eine schnellere Erwärmung des Gases, bei der Expansion wird die Abkühlung dagegen verlangsamt. Näherungsweise können wir davon ausgehen, dass sich die Effekte kompensieren. Der Wirkungsgrad der Carnot-Wärmekraftmaschine unter dem Einfluss von Reibung beträgt damit

$$\eta_{C,Reib} = \frac{|W_{netto}|}{Q_{zu}} = 1 - \frac{|Q_{ab}|}{Q_{zu}} = 1 - \frac{|Q_{ab,rev}| + W_{Reib}{'}}{Q_{zu,rev} - W_{Reib}}. \qquad (3.184)$$

Der Zähler im Bruch von (3.184) ist größer, der Nenner kleiner als bei reversibler Zustandsänderung, also ist der Wirkungsgrad insgesamt kleiner als bei einer reversibel arbeitenden Carnot-Maschine.

Im linksläufigen Betrieb als Wärmepumpe wird mehr Wärme an die Wärmesenke bei hoher Temperatur abgegeben, gleichzeitig wird weniger Wärme von der Wärmequelle bei niedriger Temperatur aufgenommen als im reibungsfreien Fall. Das wirkt sich mindernd auf die Leistungszahl aus.

$$\varepsilon_{WP,Reib} = \frac{|Q_{ab}|}{W_{netto}} = \frac{|Q_{ab}|}{|Q_{ab}| - Q_{zu}} = \frac{|Q_{ab,rev}| + W_{Reib}{'}}{|Q_{ab,rev}| + W_{Reib}{'} - Q_{zu,rev} + W_{Reib}} \qquad (3.185)$$

In ähnlicher Weise senkt Reibung auch die Leistungszahl eines Carnot-Kühlaggregates.

$$\varepsilon_{K,Reib} = \frac{Q_{zu}}{W_{netto}} = \frac{Q_{zu}}{|Q_{ab}| - Q_{zu}} = \frac{Q_{zu,rev} - W_{Reib}}{|Q_{ab,rev}| + W'_{Reib} - Q_{zu,rev} + W_{Reib}} \tag{3.186}$$

Zusammenfassend können wir feststellen, dass sowohl Ausgleichsprozesse als auch Reibung die Effektivität der Carnot-Maschine mindern. Diese Feststellung gilt für alle periodisch arbeitenden thermodynamischen Maschinen.

Diese Aussage hätten wir auch so beweisen können: Bei reversibel arbeitenden thermodynamischen Maschinen ist die Arbeitszahl der Wärmepumpe gleich dem Kehrwert des Wirkungsgrades der Wärmekraftmaschine, da nur Aufwand und Nutzen vertauscht werden (siehe (3.133) und (3.134)). Wird durch eine Wärmekraftmaschine eine Wärmepumpe gleichen Typs angetrieben, so bleibt die Umgebung unverändert, die Wärmen, die die Wärmekraftmaschine der Heizung entzieht, werden durch die Wärmepumpe wieder ersetzt.[1]

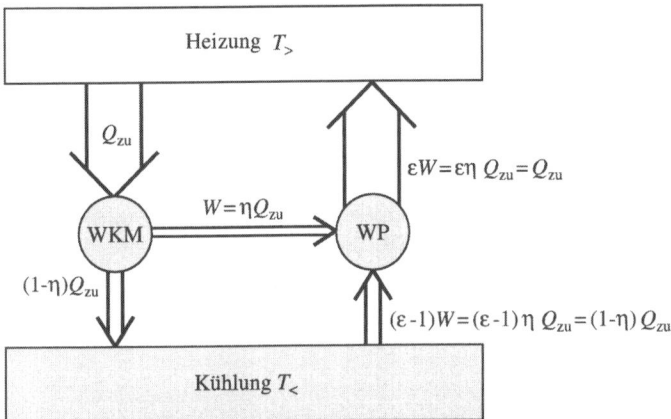

Abb. 3.54 *Eine Wärmekraftmaschine treibt eine Wärmepumpe gleichen Typs an. Beide arbeiten reversibel. Die Wärmepumpe kompensiert den von der Wärmekraftmaschine verursachten Wärmefluss von der Heizung zur Kühlung.*

Gäbe es eine Wärmekraftmaschine mit irreversiblen Prozessen, deren Wirkungsgrad größer ist als die reversibel arbeitende, die also mehr mechanische Arbeit zur Verfügung stellt, so könnte man mit ihr eine reversibel arbeitenden Wärmepumpe antreiben, die entsprechend mehr Wärme in die Heizung abgibt. Damit würde man netto Wärme von der Kühlung zur Heizung transportieren, ohne dass der Kombination mechanische Arbeit von außen zugeführt wird. Somit läge ein Perpetuum mobile 2. Art vor. Mit einer Kombination aus reversibel arbeitender Wärmekraftmaschine und irreversibler Wärmepumpe mit höherer Leistungszahl würden wir ebenfalls ein Perpetuum mobile 2. Art haben. Reversibel arbeitende thermodynamische Maschinen weisen immer den höheren Wirkungsgrad bzw. die höhere Leistungszahl gegenüber irreversibel arbeitenden Maschinen auf.

---

[1] Dies leuchtet für Systeme, die mit nur zwei Wärmereservoirs arbeiten, unmittelbar ein. Werden mehrere Wärmereservoirs unterschiedlicher Temperaturen benötigt, so kompensiert die Wärmepumpe „synchron" die Wärmeflüsse in oder aus den jeweiligen Reservoirs, die die Wärmekraftmaschine für ihren Betrieb benötigt.

Optimaler Wirkungsgrad einer Wärmekraftmaschine

Bei der Umwandlung von Wärme aus einem warmen Wärmereservoir in mechanische Arbeit durch eine periodisch arbeitende Wärmekraftmaschine wird immer auch Wärme in ein kaltes Reservoir gespeist. Die Kelvinsche Formulierung des 2. Hauptsatzes der Thermodynamik macht jedoch keine quantitative Aussage über die Wärme, die der Kühlung zuzuführen ist. Für eine reversible Wärmekraftmaschine mit einem idealen Gas als Arbeitsmedium, die nur zwei Wärmebäder benötigt, können wir den Wirkungsgrad aus der kinetischen Gastheorie abschätzen: Befindet sich das Gas auf der Temperatur der Heizung, so hat jedes Molekül des Gases die thermische Energie $f/2k_BT_H$. Nachdem das Gas die Temperatur der Kühlung angenommen hat, hat sich sie thermische Energie jedes Moleküls auf $f/2k_BT_K$ reduziert. Die Differenz dieser thermischen Energien kann höchstens als mechanische Arbeit abgegeben werden. Bezieht man die als mechanische Arbeit abgebbare thermische Energie auf die Ausgangsenergie, so erhält man einen „molekularen" Wirkungsgrad

$$\eta_{Molekül} := \frac{E_{th}(T_H) - E_{th}(T_K)}{E_{th}(T_H)} = \frac{\dfrac{f}{2}k_B(T_H - T_K)}{\dfrac{f}{2}k_BT_H} = 1 - \frac{T_K}{T_H} . \tag{3.187}$$

Dieser Wirkungsgrad entspricht dem einer reversibel arbeitenden Carnot-Maschine. Daher ist zu vermuten, dass dieser Wirkungsgrad der größtmögliche ist für reversibel arbeitende Wärmekraftmaschinen, die als Heizung und zur Kühlung zwei Wärmereservoirs benutzen. Er hängt nur von den Temperaturen, nicht aber von den Eigenschaften des Arbeitsmediums ab. Die an die Kühlung abgegeben Wärme beträgt mit (3.133) mindestens

$$\eta_{opt.} = 1 - \frac{T_K}{T_H} = 1 - \frac{|Q_{ab}|}{Q_{zu}} \quad \Rightarrow \quad |Q_{ab}| = \frac{T_K}{T_H}Q_{zu} . \tag{3.188}$$

Dieser optimale Wirkungsgrad schlägt sich in der dritten Formulierung des 2. Hauptsatzes der Thermodynamik nieder:

> Der Wirkungsgrad einer reversibel arbeitenden Carnot-Wärmekraftmaschine ist der größtmögliche, den Wärmekraftmaschinen, die Wärme aus einer Heizung definierter Temperatur in mechanische Arbeit umwandeln und die Abwärme in eine Kühlung definierter Temperatur abführen, aufweisen können.
> Arbeiten diese Maschinen reversibel, so erreichen sie immer diesen Wirkungsgrad.

Gäbe es eine Wärmekraftmaschine mit größerem Wirkungsgrad, so könnte diese eine Carnot-Wärmepumpe antreiben, die wegen des „Überangebotes" an mechanischer Arbeit mehr Wärme in die Heizung abgeben würde, als die Wärmekraftmaschine entnähme. Die Kombination aus beiden stellt daher ein Perpetuum mobile 2. Art dar. Auch der andere Fall, die Kombination aus Wärmepumpe mit größerem Wirkungsgrad als der nach Carnot und einer Carnot-Maschine, wäre ebenfalls ein Perpetuum mobile 2. Art. Dic Wärmepumpe nutzt die angebotene mechanische Arbeit besser aus und gibt mehr Wärme in die Heizung ab, als die Carnot-Maschine aufnimmt. Befinden sich beide mit den Wärmereservoirs in einem abgeschlossenen System, so bedeutet das, dass die innere Energie des Systems, die sich aus den inneren Energien U_1 und U_2 der beiden Wärmereservoirs zusammensetzt, wachsen würde.

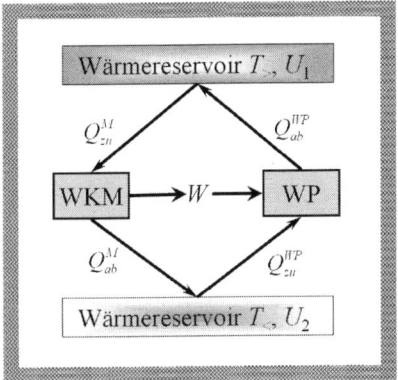

Abb. 3.55 *Kombination von Wärmekraftmaschine und Wärmepumpe in einem abgeschlossenen System. Beide können keine größeren Wirkungsgrade bzw. Leistungszahlen als die nach Carnot aufweisen. Sonst wäre die Kombination ein Perpetuum mobile 2. Art und die innere Energie des Systems würde sich ändern.*

Wärmekraftmaschinen, die mit mehreren Wärmereservoirs unterschiedlicher Temperaturen arbeiten, haben Wirkungsgrade, die unterhalb derer liegen, die von Maschinen erreicht werden, die Wärmereservoirs mit der maximalen Temperatur bzw. der minimalen Temperatur benutzen.

$$\eta < 1 - \frac{T_{\min}}{T_{\max}} \tag{3.189}$$

3.8.3 Entropie

Wir haben gesehen, dass irreversible Prozesse die Effizienz thermodynamischer Maschinen herabsetzen. Um die Irreversibilität beurteilten zu können, benötigen wir ein Maß dafür. Aus dem Vergleich der Wirkungsgrade von Carnot-Maschinen mit reversibler und irreversibler Prozessführung erhalten wir:

$$\eta_C^{(rev)} = 1 - \frac{|Q_{ab}^{(rev)}|}{Q_{zu}^{(rev)}} = 1 + \frac{Q_{ab}^{(rev)}}{Q_{zu}^{(rev)}} = 1 - \frac{T_K}{T_H} \Rightarrow \frac{Q_{ab}^{(rev)}}{T_K} + \frac{Q_{zu}^{(rev)}}{T_H} = 0 \tag{3.190}$$

$$\eta_C^{(irr)} = 1 - \frac{|Q_{ab}^{(irr)}|}{Q_{zu}^{(irr)}} = 1 + \frac{Q_{ab}^{(irr)}}{Q_{zu}^{(irr)}} < 1 - \frac{T_K}{T_H} \Rightarrow \frac{Q_{ab}^{(irr)}}{T_K} + \frac{Q_{zu}^{(irr)}}{T_H} < 0 \tag{3.191}$$

Die Größe $\frac{Q}{T}$ bezeichnet man auch als „reduzierte" Wärme, d. h. auf die Temperatur des Reservoirs, bei der die Wärme fließt, bezogene Wärme. Damit haben wir ein weiteres Unterscheidungsmerkmal zwischen reversibler und irreversibler Prozessführung bei einer Carnot-Maschine: im reversiblen Fall ist die Summe der reduzierten Wärmen null, im irreversiblen dagegen kleiner null.

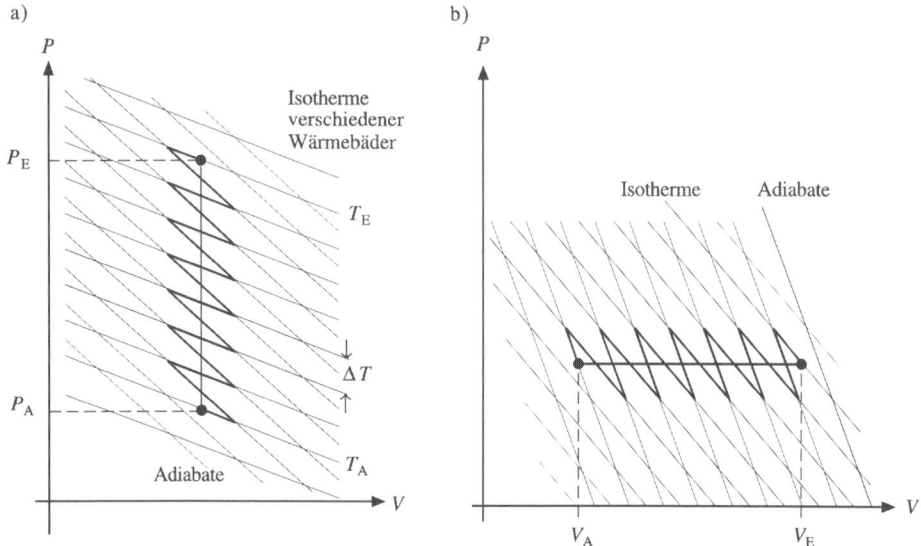

Abb. 3.56 *a) Isochorer und b) isobarer Prozess wird ersetzt durch eine Folge von isothermen und adiabatischen Zustandsänderungen.*

Andere Kreisprozesse, bei denen z. B. isochore oder isobare Zustandsänderungen erfolgen, stehen bei reversibler Prozessführung in Kontakt mit Wärmebädern unterschiedlicher Temperatur, um Ausgleichsvorgänge möglichst zu unterbinden. Den Wechsel von einem Wärmebad zu einem anderen können wir durch eine adiabatische Zustandsänderung realisieren. Damit können wir z. B. isochore und isobare Prozesse durch eine Folge von isothermen Prozessen, bei denen Wärme zwischen System und einem Wärmebad ausgetauscht wird, und adiabatischen Zustandsänderungen zum Wechsel der Wärmebäder ersetzt denken.

Damit können wir jeden beliebigen Kreisprozess durch eine Folge von elementaren Carnot-Prozessen ersetzen. Die eingeschlossene Fläche wird näherungsweise durch die von den Carnot-Prozessen eingeschlossene Fläche ersetzt. Die innen liegenden Teilstücke der Adiabaten werden von zwei benachbarten Elementarprozessen in gegenläufiger Richtung durchlaufen, sie tragen daher nichts zur Energiebilanz bei.

Damit ist für den durch elementare Carnot-Prozesse dargestellten beliebigen Kreisprozess die Summe aller reduzierten Wärmen bei reversibler Prozessführung ebenfalls null.

$$\sum_i \left(\frac{Q_{ab,i}^{(rev)}}{T_{K,i}} + \frac{Q_{zu,i}^{(rev)}}{T_{H,i}} \right) = \sum_i \frac{Q_i^{(rev)}}{T_i} = 0 \tag{3.192}$$

Zu beachten ist, dass dem System zugeführte Wärmen positiv, abgeführte Wärme negativ bilanziert werden. Ein beliebiger Kreisprozess wird umso besser durch die elementaren Carnot-Prozesse modelliert, je geringer die Temperaturunterschiede zwischen den einzelnen Wärmebädern sind. Führt man den Grenzübergang zu unendlich kleinen Temperaturunter-

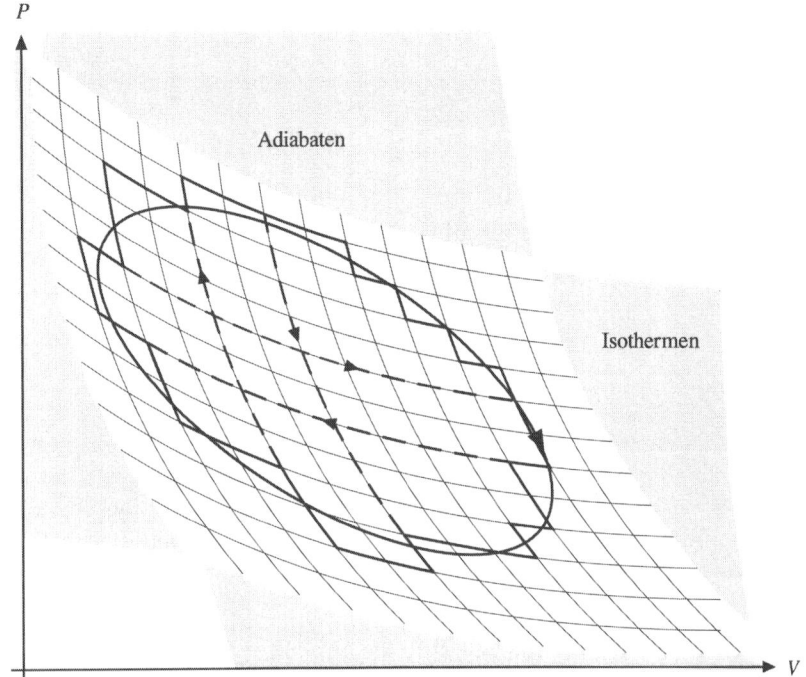

P

Adiabaten

Isothermen

V

Abb. 3.57 *Beliebiger Kreisprozess wird durch eine Folge von Carnot-Prozessen ersetzt. Die abgegebene mechanische Arbeit wird im P-V-Diagramm durch die eingeschlossene Fläche dargestellt. Bei nicht allzu grober Rasterung sind die Fläche des Kreisprozesses und die Summe der Flächen der Carnot-Prozesse gleich.*

schieden durch, so werden die mit den Wärmebädern ausgetauschten Wärmen infinitesimal klein. Damit geht die Summe aus (3.192) in ein Integral über.

$$\oint \frac{dQ^{(rev)}}{T} = 0 \tag{3.193}$$

„$\oint$" symbolisiert, dass das System einen Kreisprozess durchlaufen hat. Die Summe der reduzierten Wärmen, die sich bei einem Kreisprozess nicht ändert, bzw. das Integral erfüllen somit das Merkmal einer Zustandsgröße (3.3). Diese Zustandsgröße „Entropie" wurde von Clausius zur Quantifizierung des 2. Hauptsatzes der Thermodynamik eingeführt und ist über ihre infinitesimal kleine Änderung definiert:

$$dS := \frac{dQ^{(rev)}}{T}, \quad [S] = \frac{J}{K} \tag{3.194}$$

Für endliche Zustandsänderungen ändert sich die Entropie des Systems wie

$$\Delta S = S_E - S_A = \int_{Z_A}^{Z_E} \frac{dQ^{(rev)}}{T}, \tag{3.195}$$

dabei symbolisieren Z_E und Z_A die End- bzw. Anfangswerte für die jeweiligen Zustandsgrößen des Systems, die zur Beschreibung der Zustandsänderungen, bei denen die reduzierten
Wärmen umgesetzt werden, erforderlich sind. Damit haben wir neben der inneren Energie
eine zweite kalorische Zustandsgröße, die die Eigenschaften des Systems beschreibt. Die
absolute Größe für die Entropie eines Zustandes Z kann man festlegen, wenn man sie auf
einen Referenzzustand Z_0 bezieht.

$$\Delta S = S_E - S_A = \int_{Z_A}^{Z_0} \frac{dQ^{(rev)}}{T} + \int_{Z_0}^{Z_E} \frac{dQ^{(rev)}}{T} = \int_{Z_0}^{Z_E} \frac{dQ^{(rev)}}{T} - \int_{Z_0}^{Z_A} \frac{dQ^{(rev)}}{T} ,$$

$$\Delta S = S_E - S_0 - (S_A - S_0) \ \Rightarrow \ S(Z) = S_0 + \int_{Z_0}^{Z} \frac{dQ^{(rev)}}{T} \tag{3.196}$$

Wir werden später im 3. Hauptsatz der Thermodynamik einen „natürlichen" Referenzzustand
kennen lernen. Für die Praxis sind jedoch nur Entropiedifferenzen von Bedeutung, daher
kann Z_0 beliebig gewählt werden. Da Wärmen extensive Größen sind, ist auch die Entropie
eine extensive Größe. Zergliedert man ein System in verschiedene Teilsysteme, so ist die
Entropie des Systems die Summe der Entropien der Teilsysteme. Die Entropie ist eine mengenartige Größe.

$$S_{System} = S_1 + S_2 \dots \tag{3.197}$$

Aus (3.195) folgt, dass die Entropieänderung reversibel geführter adiabatischer Zustandsänderungen null ist, da keine Wärme ausgetauscht wird. Daher nennt man die adiabatische
Zustandsänderung auch „isentrop", d. h. die Entropie bleibt konstant.

Entropieänderung bei Zustandsänderungen des idealen Gases

Isotherme Zustandsänderung
Die infinitesimalen Wärmen in (3.195) werden bei konstanter Temperatur T_0 umgesetzt. Da
die innere Energie des idealen Gases bei der isothermen Zustandsänderung konstant ist, ist
die gesamte mit dem Reservoir ausgetauschte Wärme dem Betrage nach gleich der mechanischen Arbeit. Mit (3.112) können wir die Entropieänderung berechnen.

$$\Delta S_{isotherm} = \frac{Q_{isotherm}}{T_0} = \nu R \ln(\frac{V_E}{V_A}) \tag{3.198}$$

Isochore und isobare Zustandsänderung
Hier bleibt die Temperatur nicht konstant. Die infinitesimalen Wärmen erhalten wir aus
(3.83). Unter der Annahme konstanter Wärmekapazitäten C_V und C_P lautet die Entropieänderung für die isochore Zustandsänderung

$$\Delta S_{isochor} = \int_{T_A}^{T_E} \frac{dQ}{T} - C_V \int_{T_A}^{T_E} \frac{dT}{T} = C_V \ln(\frac{T_E}{T_A}) = C_V \ln(\frac{P_E}{P_A}) , \tag{3.199}$$

und für die isobare Zustandsänderung

$$\Delta S_{isobar} = C_P \int_{T_A}^{T_E} \frac{dT}{T} = C_P \ln(\frac{T_E}{T_A}) = C_P \ln(\frac{V_E}{V_A}) = (C_V + \nu R) \ln(\frac{V_E}{V_A}). \tag{3.200}$$

Beliebige Zustandsänderungen
Allgemein können wir die Änderung der Entropie gemäß (3.195) unter Verwendung des
1. Hauptsatzes der Thermodynamik (3.74) in differentieller Form

$$dU = dQ + dW = dQ - PdV \tag{3.201}$$

berechnen, wenn die Abhängigkeit der inneren Energie U von den thermischen Zustandsgrößen (kalorische Zustandsgleichung) und $P(V)$ bekannt ist.

$$\Delta S = S_E - S_A = \int_{Z_A}^{Z_E} \frac{dQ^{(rev)}}{T} = \int_{Z_A}^{Z_E} \frac{dU + PdV}{T} \tag{3.202}$$

Die kalorische Zustandsgleichung liegt im Allgemeinen in der Form

$$dU = C_V(T, P)dT \tag{3.203}$$

vor. Beim idealen Gas und bei kristallinen Festkörpern beträgt $C_V = \nu \frac{f}{2} R$, wobei die Zahl
der Freiheitsgrade f temperaturabhängig ist („Ausfrieren" von Freiheitsgraden). Bei anderen
Stoffen muss C_V in der Regel experimentell ermittelt werden. Beim idealen Gas ist der Zusammenhang $P(V)$ durch die Zustandsgleichung (3.33) gegeben, bei Festkörpern und Flüssigkeiten kann die Volumenänderungsarbeit, die in der Regel gegen den äußeren Luftdruck
erfolgt, vernachlässigt werden. Für ein ideales Gas ändert sich die Entropie bei einer Zustandsänderung von Z_A nach Z_E unter Annahme konstanter Wärmekapazität

$$\Delta S = \int_{T_A}^{T_E} \frac{C_V dT}{T} + \int_{V_A}^{V_E} \frac{\nu RTdV}{VT} = C_V \ln(\frac{T_E}{T_A}) + \nu R \ln(\frac{V_E}{V_A}). \tag{3.204}$$

Die Entropieänderungen (3.198), (3.199) und (3.200) für die speziellen Zustandsänderungen
des idealen Gases können aus (3.204) unter Beachtung von (3.33) hergeleitet werden.

Wärmediagramm (*T-S*-Diagramm)
Bei der Behandlung thermodynamischer Maschinen im Kapitel 3.7 haben wir die umgesetzte
mechanische Arbeit, im geschlossenen System Volumenänderungsarbeit, im *P-V*-Diagramm
als Flächen unter der $P(V)$-Kurve dargestellt. Unter Verwendung der Definition der Entropie
(3.194) können wir in ähnlicher Weise die reversibel umgesetzten Wärmen im *T-S*-Diagramm
als Flächen unter der Kurve $T(S)$ bestimmen.

$$dS = \frac{dQ^{(rev)}}{T} \quad \Rightarrow \quad dQ^{(rev)} = TdS \quad \Rightarrow \quad Q^{(rev)} = \int_{Z_A}^{Z_E} T(S)dS \tag{3.205}$$

Besonders einfach ist der Verlauf für die adiabatische oder isentrope Zustandsänderung. Da sich die Entropie nicht ändert, ist die $T(S)$-Kurve eine senkrechte Strecke zwischen den Temperaturen T_A und T_E.

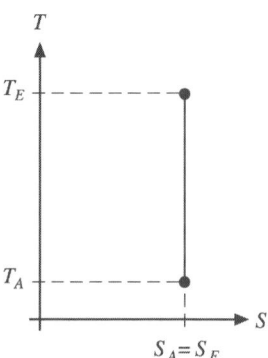

Abb. 3.58   *Adiabate oder Isentrope im T-S-Diagramm.*

Die $T(S)$-Verläufe für spezielle Zustandsänderungen des idealen Gases ergeben sich aus (3.198), (3.199) und (3.200). Die Isotherme ist eine horizontal verlaufende Strecke zwischen S_A und S_E.

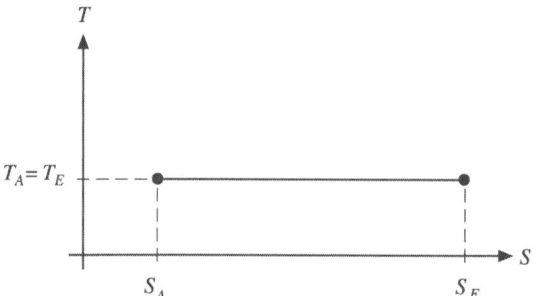

Abb. 3.59   *Isotherme im T-S-Diagramm.*

Lösen wir (3.199) nach T auf, so erhalten wir für die isochore Zustandsänderung

$$S_E - S_A = C_V \ln\left(\frac{T_E}{T_A}\right) \implies T_E = T_A e^{\frac{S_E - S_A}{C_V}} \cdot \tag{3.206}$$

einen exponentiellen Verlauf, ebenso wie bei der isobaren Zustandsänderung, die wegen $C_P = \kappa C_V$ etwas flacher verläuft.

$$S_E - S_A = C_P \ln\left(\frac{T_E}{T_A}\right) \implies T_E = T_A e^{\frac{S_E - S_A}{C_P}} = T_A e^{\frac{S_E - S_A}{\kappa C_V}} \tag{3.207}$$

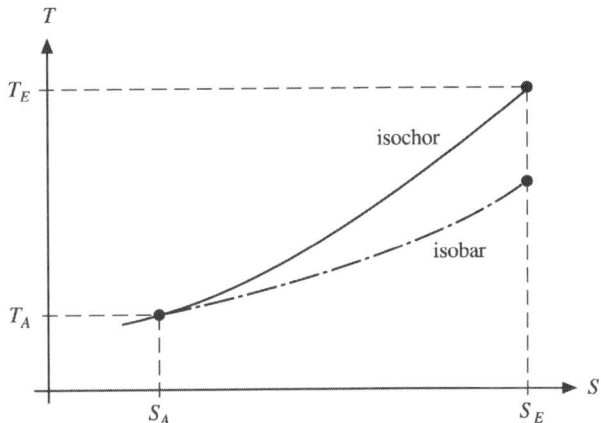

Abb. 3.60   *Isochore und Isobare im T-S-Diagramm.*

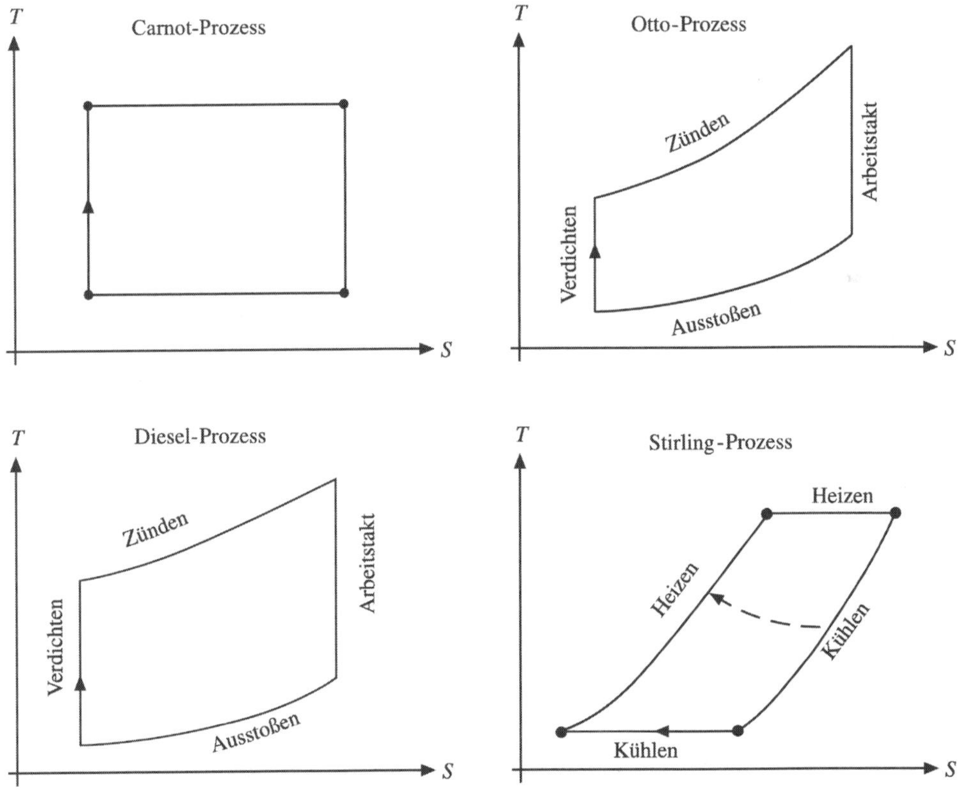

Abb. 3.61 *Carnot-, Otto-, Diesel- und Stirling-Prozess im T-S-Diagramm.*

Der Carnot-Prozess mit zwei isothermen und zwei adiabatischen Zustandsänderungen beschreibt im T-S-Diagramm ein Rechteck, im Betrieb „Wärmekraftmaschine" entspricht die Fläche unter der oberen Isothermen der aus der Heizung entnommenen Wärme, während die Fläche unter der unteren Isothermen die der Kühlung zugeführten Abwärme darstellt. Die vom Rechteck eingeschlossene Fläche ist dem Betrage nach gleich der mechanischen Arbeit. Damit ist auch anschaulich klar, warum der Wirkungsgrad der Carnot-Maschine der optimale bei Betrieb zwischen Wärmereservoirs mit zwei Temperaturen ist.

Bei den anderen Kreisprozessen kann man ebenfalls im T-S-Diagramm leicht die zu- und abgeführten Wärmen ablesen. Die von den Kurven eingeschlossenen Flächen stellen bei rechtsläufigem Betrieb die abgeführte mechanische Arbeit dar.

Entropie und Irreversibilität
Wir wollen nun untersuchen, wie sich die Entropie zur Quantifizierung der Irreversibilität von Prozessen verwenden lässt. Die Summe der reduzierten Wärmen eines Kreisprozesses, bei dem Teilprozesse irreversibel geführt werden, ist in Anlehnung an (3.191) kleiner null. Dies gilt insbesondere für einen Kreisprozess zwischen zwei Zuständen Z_A und Z_E, dabei soll die Zustandsänderung vom Anfangs- in den Endzustand irreversibel, die Zustandsänderung vom Endzustand zurück in den Anfangszustand dagegen reversibel geführt werden.

$$\oint \frac{dQ}{T} < 0 \;\;\Rightarrow\;\; 0 > \int_{Z_A}^{Z_E} \frac{dQ^{(irr)}}{T} + \int_{Z_E}^{Z_A} \frac{dQ^{(rev)}}{T} \tag{3.208}$$

Das Integral über die reduzierten Wärmen bei reversibler Prozessführung stellt nach (3.195) die Entropieänderung des Systems aufgrund der Zustandsänderung von Z_E nach Z_A dar.

$$0 > \int_{Z_A}^{Z_E} \frac{dQ^{(irr)}}{T} + S_A - S_E \;\;\Rightarrow\;\; S_E - S_A > \int_{Z_A}^{Z_E} \frac{dQ^{(irr)}}{T}\,. \tag{3.209}$$

Durch irreversible Prozessführung ändert sich somit die Entropie stärker als die Summe der irreversibel mit den Wärmebädern ausgetauschten Wärmen. Je größer der Unterschied, desto

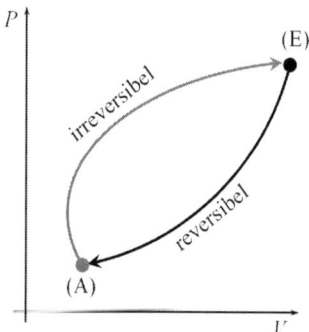

Abb. 3.62 *Kreisprozess mit teilweise irreversibler Prozessführung.*

größer ist die Irreversibilität der Zustandsänderung. Um die Entropieänderung zu berechnen, müssen wir wegen (3.195) die Summe der reduzierten Wärmen für eine reversible Prozessführung vom Anfangs- zum Endzustand ermitteln.

Beim adiabatischen Prozess tauscht das System auch bei irreversibler Prozessführung keine Wärme mit der Umgebung aus. Nach (3.209) ist daher $\Delta S > 0$, die Entropie des Endzustandes ist immer größer als die des Anfangszustandes. Dies ist eine weitere Formulierung des 2. Hauptsatzes der Thermodynamik:

Bei jeder irreversiblen Zustandsänderung eines adiabaten Systems wird die Entropie gesteigert, bei einer reversiblen Zustandsänderung bleibt sie konstant.
Je größer die Entropieänderung, umso größer ist auch die Irreversibilität des Prozesses.
Eine Zustandsänderung ist nicht möglich, wenn die Entropie in einem adiabaten System sinkt.

Ist das System keinerlei Einfluss von außen unterworfen (abgeschlossenes System), so ändert sich sein Zustand so lange, bis die Entropie ihr Maximum erreicht hat. Diesen Zustand bezeichnet man als thermisches Gleichgewicht. Befindet sich ein aus zwei Teilsystemen bestehendes adiabates System nicht im thermischen Gleichgewicht, so fließen zwischen ihnen so lange Entropieströme $\dot{S}$, bis das Gleichgewicht erreicht wird. Dann ist

$$\dot{S}_1 + \dot{S}_2 = 0 . \tag{3.210}$$

Mit (3.201) erhalten wir

$$0 = \frac{\dot{U}_1 + \dot{W}_1}{T_1} + \frac{\dot{U}_2 + \dot{W}_2}{T_2} = \frac{\dot{U}_1 + P_1 \dot{V}_1}{T_1} + \frac{\dot{U}_2 + P_2 \dot{V}_2}{T_2} . \tag{3.211}$$

Da das System abgeschlossen ist, muss $\dot{U}_1 = -\dot{U}_2$ und $\dot{V}_1 = -\dot{V}_2$ sein. Damit ist

$$0 = \frac{\dot{U}_1 + \dot{W}_1}{T_1} - \frac{\dot{U}_1 + \dot{W}_1}{T_2} = \dot{U}_1 \left(\frac{1}{T_1} - \frac{1}{T_2} \right) + \dot{V}_1 \left(\frac{P_1}{T_1} - \frac{P_2}{T_2} \right) . \tag{3.212}$$

Dieser Ausdruck wird null, wenn $T_1 = T_2$ und $P_1 = P_2$, dann ist ein Ausgleich der intensiven thermischen Zustandsgrößen erfolgt.

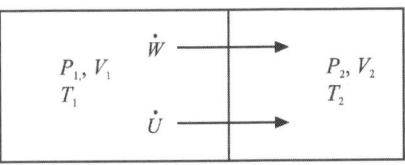

Abb. 3.63 *Abgeschlossenes System mit zwei Teilsystemen, zwischen denen ein Temperatur- und Druckausgleich erfolgen kann.*

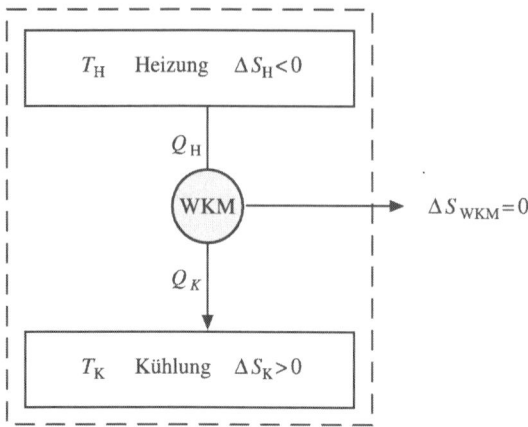

Abb. 3.64 *Wärmekraftmaschine, Heizung und Kühlung zusammengefasst zum adiabaten System.*

Betrachtet man wie Clausius das Universum als abgeschlossenes System, so strebt auch dieses dem Gleichgewichtszustand zu. Dieser wurde plakativ „Wärmetod des Universums" genannt. Da aber der 2. Hauptsatz der Thermodynamik aus „irdischen" Erfahrungen gewonnen wurde, ist zumindest zweifelhaft, ob man wirklich einen Wärmetod des Universums erwarten muss.

Damit können wir allgemeine Aussagen über den erforderlichen Wärmefluss beim Betrieb einer Wärmekraftmaschine machen. Fassen wir die Wärmereservoirs Heizung und Kühlung sowie die Wärmekraftmaschine zu einem Gesamtsystem, das keinen thermischen Kontakt zur Umgebung hat (adiabates System), zusammen, so wird nur Wärme zwischen den Teilsystemen ausgetauscht.

Wird die Wärmekraftmaschine reversibel betrieben, so erfolgten auch die Wärmeflüsse aus der Heizung und in die Kühlung reversibel. Damit ändert sich die Entropie des gesamten Systems nicht. Die Entropieänderung der Wärmekraftmaschine ist null, da sie periodisch nach einem Kreisprozess arbeitet und die Entropie eine Zustandsgröße ist, deren Wert sich bei einem Kreisprozess nicht ändert. Die Entropieänderung der Heizung ist pro Zyklus daher entgegengesetzt gleich groß der Entropieänderung der Kühlung.

$$\Delta S_{System} = \Delta S_H + \Delta S_K + \Delta S_{WKM} = 0 \tag{3.213}$$

Erfolgt die Wärmeabgabe der Heizung und die Wärmeaufnahme der Kühlung isotherm, d. h. die Wärmekraftmaschine arbeitet mit zwei Wärmereservoirs, so erhalten wir aus (3.213)

$$\Delta S_H = -\frac{|Q_H^{(rev)}|}{T_H} \quad \text{und} \quad \Delta S_K = \frac{Q_K^{(rev)}}{T_K}{}^1 \Rightarrow Q_K = \frac{T_K}{T_H}|Q_H|. \tag{3.214}$$

---

[1]   Zu beachten ist, dass die Wärmen der Reservoirs das umgekehrte Vorzeichen haben wie die Wärmen der Maschine.

Damit ergibt sich die gleiche Beziehung wie (3.188). Verallgemeinernd kann man sagen: Der Wirkungsgrad einer Wärmekraftmaschine ist dann optimal, wenn sich die Entropie unter Einbeziehung der für den Betrieb erforderlichen Wärmereservoirs nicht ändert.

Bei nicht reversibler Prozessführung ändert sich die Entropie der Wärmekraftmaschine beim Durchlaufen des Kreisprozesses nicht, allerdings steigt gemäß (3.209) die Entropie des Systems. Werden wieder nur zwei Wärmebäder verwendet, so ist

$$\Delta S_{System} = \Delta S_H + \Delta S_K + \Delta S_{WKM} > 0 \Rightarrow \Delta S_H + \Delta S_K > 0$$

$$\Rightarrow -\frac{|Q_H^{(irr)}|}{T_H} + \frac{Q_K^{(irr)}}{T_K} > 0 \ ^1 \Rightarrow Q_K^{(irr)} > \frac{T_K}{T_H} |Q_H^{(irr)}| \ . \tag{3.215}$$

Eine irreversibel arbeitende Wärmekraftmaschine gibt bei gleicher aufgenommener Wärme aus der Heizung (Aufwand) mehr Wärme an die Kühlung ab, wandelt also weniger Wärme in mechanische Arbeit (Nutzen) um als eine reversibel arbeitende.

Ähnliches gilt für eine Wärmepumpe: arbeitet sie reversibel, so ist die Entropieänderung der Wärmequelle bei jedem Zyklus entgegengesetzt gleich groß wie die Entropieänderung der Wärmesenke.

$$\Delta S_Q = -\frac{|Q_Q^{(rev)}|}{T_Q} \quad \text{und} \quad \Delta S_S = \frac{Q_S^{(rev)}}{T_S} \Rightarrow Q_S = \frac{T_S}{T_Q} |Q_Q| \tag{3.216}$$

Mit $Q_S = |Q_Q| + W$ erhalten wir aus (3.216) den Zusammenhang zwischen der mechanischen Arbeit W, die zum Betrieb der Wärmepumpe erforderlich ist, und der aus der Wärmequelle aufgenommenen Wärme.

$$|Q_Q| = \frac{T_Q}{T_S - T_Q} W \tag{3.217}$$

Arbeitet die Wärmepumpe irreversibel, so steigt die Entropie des Systems aus Wärmepumpe, Wärmequelle und Wärmesenke, wobei sich die Entropie der Wärmepumpe nicht ändert.

$$\Delta S_H + \Delta S_K > 0 \Rightarrow -\frac{|Q_Q^{(irr)}|}{T_Q} + \frac{Q_S^{(irr)}}{T_S} > 0$$

$$\Rightarrow Q_S^{(irr)} = |Q_Q^{(irr)}| + W > \frac{T_S}{T_Q} |Q_Q^{(irr)}| \Rightarrow |Q_Q^{(irr)}| < \frac{T_Q}{T_S - T_Q} W \ , \tag{3.218}$$

---

[1]   Die Wärmen und die Entropieänderung der Reservoirs sind jedoch nach (3.195) über reversibel ausgetauschte Wärmen miteinander verknüpft. Die Wärmen $Q^{(irr)}$ müssen aus ΔS über reversible Ersatzprozesse berechnet werden.

d. h. die Wärmepumpe schöpft bei irreversibler Prozessführung weniger Wärme aus der Quelle als eine reversibel arbeitende bei gleichem Einsatz von mechanischer Arbeit (Aufwand) und gibt daher auch weniger Wärme in die Senke ab (Nutzen).

Die Entropieänderung durch Ausgleichsprozesse zwischen Teilsystemen eines abgeschlossenen Systems, bei denen Unterschiede in den intensiven Zustandsgrößen vorliegen, müssen wir nach (3.195) über reversible Ersatzprozesse, die die gleichen Zustandsänderungen bewirken, berechnen. Das bedeutet, dass wir die Systemgrenze öffnen müssen, damit die Zustandsänderungen der Teilsysteme reversibel in Kontakt mit entsprechenden Wärme- oder Druckreservoirs erfolgen können.

Die Entropieänderung eines abgeschlossenen Systems, bei dem ein Temperaturausgleich erfolgt, beträgt mit (3.195) und (3.197) unter Annahme konstanter Wärmekapazitäten C_1 und C_2 für die Teilsysteme

$$\Delta S_{System} = \Delta S_1 + \Delta S_2 = \int_{T_1}^{T_m} \frac{dQ^{(rev)}}{T} + \int_{T_1}^{T_m} \frac{dQ^{(rev)}}{T} = C_1 \int_{T_1}^{T_m} \frac{dT}{T} + C_2 \int_{T_2}^{T_m} \frac{dT}{T}$$

$$\Delta S_{System} = C_1 \ln(\frac{T_m}{T_1}) + C_2 \ln(\frac{T_m}{T_2}) . \tag{3.219}$$

Die Temperatur T_m der Teilsysteme nach dem Ausgleich berechnen wir mit Hilfe der Energieerhaltung.

$$\Delta U_{System} = 0 = Q_1 + Q_2 = C_1(T_m - T_1) + C_2(T_m - T_2) \quad \Rightarrow \quad T_m = \frac{C_1 T_1 + C_2 T_2}{C_1 + C_2} \tag{3.220}$$

Wir wollen die Grenzfälle gleicher und extrem unterschiedlicher Wärmekapazitäten der beiden Teilsysteme betrachten. Im Falle gleicher Wärmekapazitäten ist T_m der arithmetische Mittelwert aus T_1 und T_2, stellt dagegen ein Teilsystem ein Wärmereservoir mit unendlicher Wärmekapazität dar, so nimmt das andere Teilsystem nach dem Ausgleich seine Temperatur an. Bei gleichen Wärmekapazitäten $C_1 = C_2 = C$ beträgt die Entropieänderung des Systems

$$\Delta S_{System} = C \ln(\frac{T_m^2}{T_1 T_2}) = C \ln(\frac{(T_1 + T_2)^2}{4 T_1 T_2}) . \tag{3.221}$$

Ist das Teilsystem 1 ein Wärmereservoir mit unendlich großer Wärmekapazität, so erfährt es beim Ausgleichsprozess keine Temperaturänderung, seine Entropie ändert sich beim Austausch von Wärme wie

$$\Delta S_{Reservoir} = \frac{Q}{T_1} . \tag{3.222}$$

Aufgrund der Energieerhaltung im abgeschlossenen System wird die Wärme Q, die über die Grenze zwischen den beiden Teilsystemen transportiert wird, für das Teilsystem 1 negativ gezählt, wenn sie aus der Zustandsänderung des Teilsystems 2 berechnet wird.

$$Q = -C_2(T_1 - T_2) \tag{3.223}$$

a)

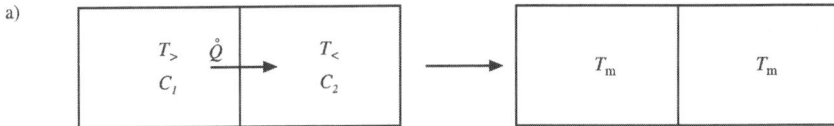

b)

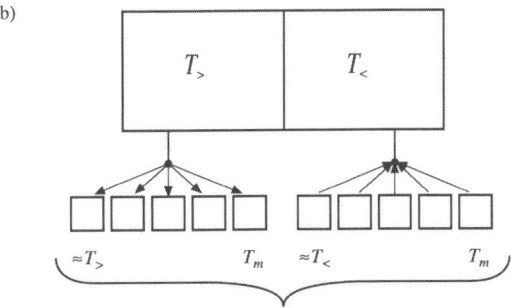

Reservoirs mit kleinen Temperaturunterschieden

Abb. 3.65 *Reversibler Ersatzprozess für den Temperaturausgleich zweier Teilsysteme eines adiabaten Systems.*

Damit beträgt die Entropieänderung des Systems

$$\Delta S_{System} = -C_2 \frac{T_1 - T_2}{T_1} + C_2 \ln(\frac{T_1}{T_2}) = C_2 (\frac{T_2 - T_1}{T_1} + \ln(\frac{T_1}{T_2})) . \tag{3.224}$$

Vergleichen wir die Entropieänderung aufgrund eines Temperaturausgleiches zwischen zwei Teilsystemen gleicher und sehr unterschiedlicher Wärmekapazität, so ist die Entropieänderung zwischen Letzteren immer größer, unabhängig von den Ausgangstemperaturen. Ausgleichsprozesse mit Wärmereservoirs sind also irreversibler. Die Entropieänderungen bei endlichen Unterschieden in den Wärmekapazitäten liegen zwischen den Kurven von **Abb. 3.66**.

Auch der Druckausgleich zwischen zwei Gefäßen wie beim Überströmversuch von Gay-Lussac (siehe **Abb. 3.17**) ist aufgrund seiner Irreversibilität mit einer Vergrößerung der Entropie verbunden. Zu ihrer Berechnung müssen wir wieder einen reversiblen Ersatzprozess heranziehen, dabei werden die Wärmereservoirs aus **Abb. 3.65** durch Druckreservoirs ersetzt. Alternativ können wir die Volumenvergrößerung des Gases durch einen beweglichen Kolben in einem abgeschlossenen Zylinder, der auf gleicher Temperatur gehalten wird, bewirken. Als Ersatzprozess bietet sich die isotherme Expansion von V_1 auf $V_1 + V_2$ an.

Die Entropieänderung beträgt mit (3.198)

$$\Delta S = \nu R \ln(\frac{V_1 + V_2}{V_1}) = N k_B \ln(\frac{V_1 + V_2}{V_1}) = k_B \ln(\frac{V_1 + V_2}{V_1})^N . \tag{3.225}$$

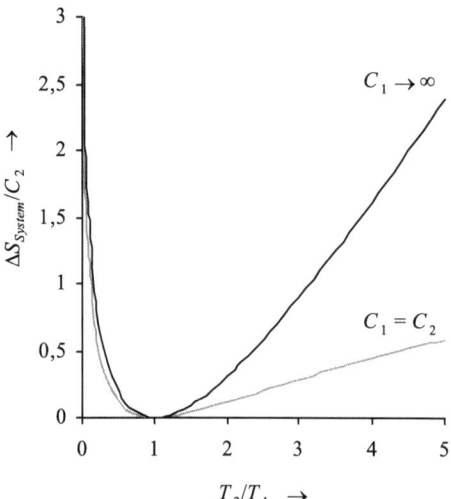

Abb. 3.66 *Vergleich der Entropieänderung zwischen zwei Teilsystemen gleicher und unterschiedlicher Wärme-kapazität in Abhängigkeit vom Verhältnis der Ausgangstemperaturen. Teilsystem 1 stellt im zweiten Fall ein Wärmereservoir dar.*

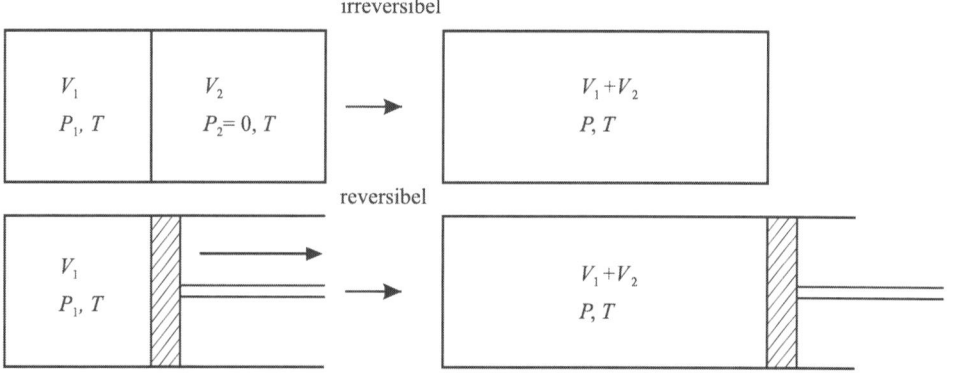

Abb. 3.67 *Ersatzprozess für den Überströmversuch von Gay-Lussac zur Berechnung der Entropieänderung.*

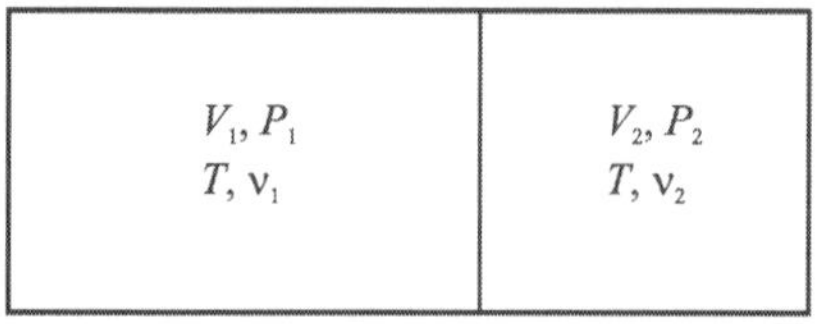

Abb. 3.68 *In zwei verbundenen Gefäßen befinden sich unterschiedliche Gase. Jedes Gas führt einen Gay-Lussac-schen Überströmversuch in das jeweils andere Gefäß aus.*

Befinden sich in den beiden Gefäßen unterschiedliche Gase, so erfolgt für jedes Gas ein Überströmen in das andere Gefäß, das für das betreffende Gas ein Vakuum darstellt. Die gesamte Entropieänderung ist die Summe der Entropieänderungen für jedes Gas.

$$\Delta S = \Delta S_{Gas\,1} + \Delta S_{Gas\,2} = \nu_1 R \ln(\frac{V_1+V_2}{V_1}) + \nu_2 R \ln(\frac{V_1+V_2}{V_2})$$

$$\Delta S = k_B (\ln(\frac{V_1+V_2}{V_1})^{N_1} + \ln(\frac{V_1+V_2}{V_2})^{N_2}) = k_B \ln \frac{(V_1+V_2)^{N_1+N_2}}{V_1^{N_1} V_2^{N_2}} \qquad (3.226)$$

Hier wurde die Stoffmenge ν durch die Zahl der Moleküle N ersetzt. Zu beachten ist, dass sich ideale Gase unabhängig von der Art der Moleküle gleich verhalten (siehe Kapitel 3.4 (Das Gesetz von Avogadro)). Daher gilt (3.226) auch, wenn sich in den Gefäßen Gas gleicher Art bei unterschiedlichen Drücken befindet.

Sind Drücke und Temperaturen der Gase vor dem Überströmen in das jeweils andere Gefäß gleich, so mischen sie sich nur noch und (3.226) stellt die so genannte „Mischungsentropie" dar. Diese drücken wir am besten mit (3.33) durch die Stoffmengen der Gase aus, die sich mischen.

$$\Delta S = \nu_1 R \ln(\frac{\nu_1+\nu_2}{\nu_1}) + \nu_2 R \ln(\frac{\nu_1+\nu_2}{\nu_2}) \qquad (3.227)$$

Wir können den Druck nach erfolgtem Ausgleich berechnen, wenn wir beachten, dass vor dem Ausgleich $\nu_1 = \dfrac{P_1 V_1}{RT}$ in dem Gefäß 1 und $\nu_2 = \dfrac{P_2 V_2}{RT}$ Mole Gas im Gefäß 2 sind und dann das Gas beim Druck P das Volumen $V_1 + V_2$ ausfüllt.

$$P(V_1+V_2) = (\nu_1+\nu_2)RT = (\frac{P_1 V_1}{RT} + \frac{P_2 V_2}{RT})RT \implies P = \frac{P_1 V_1 + P_2 V_2}{V_1+V_2} \qquad (3.228)$$

Vergleichen wir (3.228) mit (3.220), so haben die Drücke die Rolle der Temperaturen und die Volumina die der Wärmekapazitäten beim Temperaturausgleich übernommen. Die gesamte Entropieänderung, welche durch den Druckausgleich zwischen beiden Gefäßen erfolgt, ist die Summe der Entropieänderungen in den einzelnen Gefäßen. Drücken wir die Volumina in (3.198) durch die Drücke aus, so beträgt sie

$$\Delta S_{System} = \Delta S_1 + \Delta S_2 = \nu_1 R \ln(\frac{P_1}{P}) + \nu_2 R \ln(\frac{P_2}{P}). \qquad (3.229)$$

Entropie und die Entwertung von Energie
Wie wir gesehen haben, ist der Wirkungsgrad einer reversibel arbeitenden Carnot-Maschine der höchste, den Wärmekraftmaschinen erreichen können, wenn sie Wärme aus einer Hei-

zung konstanter Temperatur aufnehmen, ihr periodischer Betrieb erfordert, dass sie Wärme in eine Kühlung konstanter Temperatur abgeben. Ein Teil der thermischen Energie aus der Heizung wird somit „entwertet", wenn er in die Kühlung abgegeben wird. Die thermische Energie der Kühlung ist dem 2. Hauptsatz der Thermodynamik zufolge nicht weiter nutzbar. Der in die Kühlung abgeführte Teil der Wärme aus der Heizung ist so bemessen, dass die Entropie des Systems Heizung, Maschine und Kühlung konstant bleibt. Die thermische Energie der Heizung besteht folglich aus zwei Teilen: Nutzbare, in andere Energieformen wandelbare Energie und Energie, die als thermische Energie verbleibt.

Den Anteil von thermischer Energie, den man beliebig auf andere Energieträger verlagern kann, nennt man auch „Exergie", wie z. B. mechanische Arbeit, aber auch elektrische Energie, den Rest bezeichnet man als „Anergie". Der 1. Hauptsatz der Thermodynamik besagt:

$$\text{(thermische) Energie} = \text{Exergie} + \text{Anergie}$$

Irreversible Prozesse mindern den Wirkungsgrad von Wärmekraftmaschinen, damit ist der Anteil der Exergie kleiner als im reversiblen Fall, man spricht daher auch vom „Exergieverlust". Mit dem Exergieverlust geht die Steigerung der Entropie des Systems Heizung, Maschine und Kühlung einher. Den 2. Hauptsatz der Thermodynamik kann man auch so formulieren:

Irreversible Prozesse führen Exergie in Anergie über. Die Umwandlung von Anergie in Exergie ist nicht möglich.

Der Anteil von Exergie entspricht der mechanischen Arbeit, die eine Carnot-Maschine aus der thermischen Energie der Heizung überführt. Die Anergie entspricht der Abwärme, die der Kühlung zugeführt wird.

$$Exergie = \eta_C \, | \, Q_H \, | \, , \quad Anergie = (1 - \eta_C) \, | \, Q_H \, | \tag{3.230}$$

Vergleichen wir den Carnot-Wirkungsgrad mit dem einer irreversibel arbeitenden Maschine (siehe **Abb. 3.64**),

$$\eta_C = \frac{| \, W_C \, |}{| \, Q_H \, |} = 1 - \frac{T_K}{T_H} > 1 - \frac{Q_K}{| \, Q_H \, |} \tag{3.231}$$

und berücksichtigen, dass Q_H negativ ist, da sie der Heizung entzogen wird, so erhalten wir mit

$$\Delta S = \Delta S_H + \Delta S_K \, , \quad Q_H = T_H \Delta S_H \quad \text{und} \quad Q_K = T_K \Delta S_K \tag{3.232}$$

$$\frac{| \, W_C \, |}{| \, Q_H \, |} = 1 - \frac{T_K}{T_H} > 1 + \frac{T_K \Delta S_K}{T_H \Delta S_H} = 1 + \frac{T_K}{T_H} (\frac{\Delta S}{\Delta S_H} - 1) = 1 - \frac{T_K}{T_H} + \frac{T_K \Delta S}{T_H \Delta S_H}$$

$$\frac{| \, W_C \, |}{| \, Q_H \, |} > 1 - \frac{T_K}{T_H} - \frac{T_K \Delta S}{| \, Q_H \, |} \Rightarrow | \, W_C \, | \, > | \, W_C \, | - T_K \Delta S = W_{Nutz, irr} \, . \tag{3.233}$$

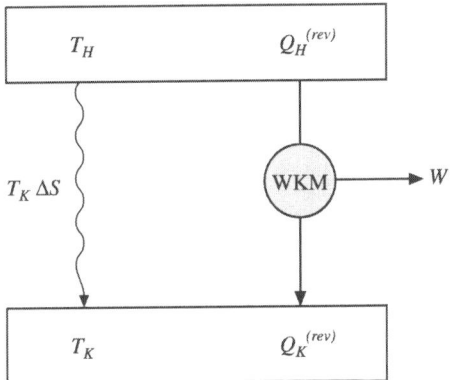

Abb. 3.69   *Bei einer irreversibel arbeitenden Wärmekraftmaschine wird ein Teil der aus der Heizung fließenden Wärme über einen „Kurzschluss" zur Kühlung geleitet, ohne dass mechanische Arbeit (Exergie) abgeführt wird.*

Durch die Vergrößerung der Entropie ΔS des gesamten Systems wird die maximale nutzbare Arbeit $|W_C|$ um $T_K \, \Delta S$ vermindert, gleichzeitig wird die Anergie um diesen Betrag vergrößert. Die Energie $T_K \, \Delta S$ gelangt sozusagen über einen „Kurzschluss" von der Heizung in die Kühlung, ohne dass sie zur Exergie und damit nutzbar wird.

Statistische Deutung der Entropie

Im Kapitel 3.5 haben wir gesehen, dass thermische Erscheinungen auf die ungeordnete Bewegung der Atome oder Moleküle eines Systems zurückzuführen sind. Beispielsweise sind Druck und Temperatur eines einatomigen idealen Gases nach (3.45) und (3.47) durch die mittlere kinetische Energie seiner Atome festgelegt. Makroskopische thermische Zustandsgrößen berechnen sich aus Mittelwerten mikroskopischer mechanischer Größen.

Wir haben weiterhin gesehen, dass im thermischen Gleichgewicht der Druck zwischen zwei mit Gas gefüllten Gefäßen ausgeglichen ist, in beiden herrscht der gleiche Druck. Nehmen wir an, dass die Volumina der Gefäße und die Temperatur gleich sind, so befinden sich in jedem der Gefäße gleich viele Moleküle. Ohne äußeren Einfluss werden die Moleküle sich nicht in eines der Gefäße begeben und in dem anderen ein Vakuum zurücklassen. Mit den Worten der Statistik kann man die Irreversibilität des Druckausgleiches auch so formulieren: Es ist sehr unwahrscheinlich, dass sich alle Moleküle in nur einem der Gefäße aufhalten. Dabei ist die Wahrscheinlichkeit bzw. die relative Häufigkeit, mit der ein bestimmtes Ereignis stattfindet oder das System einen bestimmten Zustand einnimmt, mit (3.55) definiert als das Verhältnis von Anzahl des Auftretens eines speziellen Zustandes zur Anzahl aller möglichen Zustände des Systems.

Damit wäre zu klären, was genau unter einem bestimmten Zustand eines Systems, in dem die Moleküle die Möglichkeit haben, sich ihr Gefäß für ihren Aufenthalt „auszusuchen", zu verstehen ist. Unter einem „Mikrozustand" verstehen wir den Aufenthalt eines bestimmten Moleküls in einem bestimmten Gefäß.

Die Wahrscheinlichkeit, dass sich z. B. ein Molekül im oberen Gefäß (siehe **Abb. 3.70**) aufhält, beträgt ½. Entsprechend ist die Wahrscheinlichkeit, dass sich N Moleküle im oberen Gefäß aufhalten, $(½)^N$. Bei 1 mol Gas mit $N = 10^{23}$ ist das $10^{-3000000000000000000000000}$, also nahezu beliebig unwahrscheinlich. Das Verhältnis der Wahrscheinlichkeiten

$$\frac{w(alle\ Moleküle\ irgendwo\ in\ beiden\ Gefäßen)}{w(alle\ Moleküle\ in\ einem\ Gefäß)} \qquad (3.234)$$

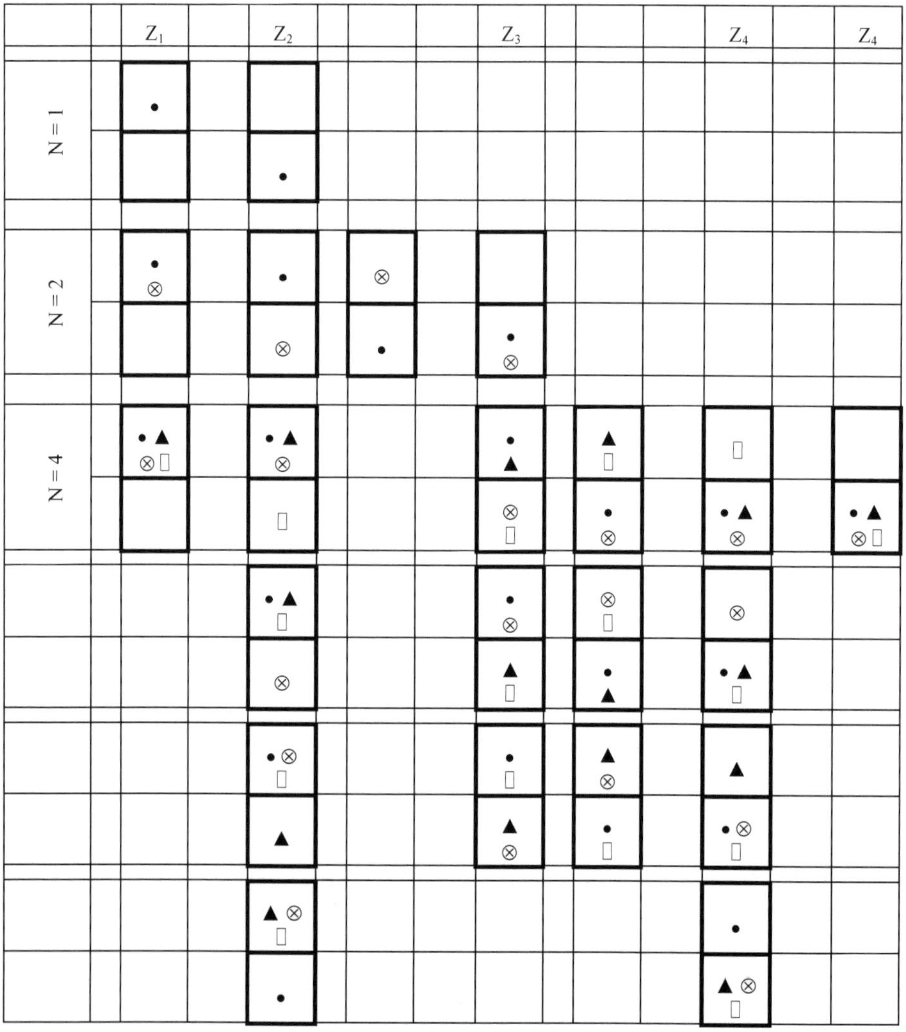

Abb. 3.70 Mikrozustände von Molekülen, die sich entweder im oberen oder im unteren Gefäß aufhalten können.

beträgt 2^N, da die Wahrscheinlichkeit, dass alle Moleküle irgendwo in beiden Gefäßen sind, eins beträgt. Sind die beiden Volumina unterschiedlich groß, so ist die Wahrscheinlichkeit, dass sich N Moleküle im Gefäß mit dem Volumen V_1 befinden,

$$w(V_1) = (\frac{V_1}{V_1 + V_2})^N \tag{3.235}$$

groß, denn $N_{\text{im Gefäß}} \sim V_{\text{Gefäß}}$. Entsprechend beträgt das Verhältnis (3.234)

$$\frac{w(V_1 \ oder \ V_2)}{w(V_1)} = (\frac{V_1 + V_2}{V_1})^N . \tag{3.236}$$

Der Logarithmus dieses Verhältnisses, multipliziert mit k_B entspricht der Entropieänderung (3.225), die ein ideales Gas erfährt, wenn es von einem Gefäß mit dem Volumen V_1 isotherm in ein leeres, evakuiertes Gefäß mit dem Volumen V_2 strömt. Damit ist die Entropieänderung bei einer irreversiblen Zustandsänderung verknüpft mit dem Verhältnis der Aufenthaltswahrscheinlichkeiten der Moleküle. Die Entropieänderung beinhaltet den Kehrwert der Wahrscheinlichkeit, mit der der irreversible Prozess „von selbst" in den Ausgangszustand zurückkehrt. Die Entropieänderung oder der Unterschied der Entropien zwischen End- und Anfangszustand beträgt im Fall $V_1 = V_2$

$$\Delta S = k_B \ln \frac{w(V_1 \ oder \ V_2)}{w(V_1)} = k_B \ln 2^N . \tag{3.237}$$

Wir wollen nun überprüfen, ob der Zustand „$N/2$ Moleküle in den Gefäßen" die Entropieänderung (3.237) liefert. Die Gesamtzahl aller Möglichkeiten, N Moleküle irgendwie auf die beiden Gefäße zu verteilen, ist 2^N, dabei kann die Zahl der Moleküle je Gefäß zwischen 0 und N variieren. Die Zahl der Möglichkeiten, n Moleküle im einen, und $N - n$ Moleküle im anderen Gefäß zu platzieren, beträgt analog zum Lottospiel[1] $\binom{N}{n}$, die Wahrscheinlichkeit dieses Zustandes somit

$$w(n \ in \ V_1 \ und \ (N-n) \ in \ V_2) = \binom{N}{n}(\frac{1}{2})^n(\frac{1}{2})^{N-n} = \binom{N}{n}(\frac{1}{2})^N . \tag{3.238}$$

Mit $n = N/2$ erhalten wir einen Entropieunterschied gegenüber $n = N$ von

$$\Delta S = k_B \ln(\frac{w(\frac{N}{2} \ in \ V_1 \ und \ \frac{N}{2} \ in \ V_2)}{w(N \ in \ V_1)}) = k_B \ln(\frac{\binom{N}{N/2}(\frac{1}{2})^N}{(\frac{1}{2})^N})$$

$$\Delta S = k_B \ln\binom{N}{N/2} = k_B \ln(\frac{N!}{((N/2)!)^2}) = k_B(\ln(N!) - 2\ln((\frac{N}{2})!)) . \tag{3.239}$$

---

[1] Beim Lottospiel werden 6 Kugeln von 49 Kugeln aus einer Trommel gezogen. Es gibt $\binom{49}{6}$ verschiedene Zahlenkombinationen, die gezogen werden können, wenn die Reihenfolge der Zahlen keine Rolle spielt.

Da N sehr groß ist, können wir (3.239) mit der Stirlingschen Formel[1] berechnen:

$$\Delta S \approx k_B \left(\left(N + \frac{1}{2}\right) \ln(N) - N + \ln(\sqrt{2\pi}) - 2\left(\left(\frac{N}{2} + \frac{1}{2}\right) \ln\left(\frac{N}{2}\right) - \frac{N}{2} + \ln(\sqrt{2\pi})\right) \right)$$

$$\Delta S \approx k_B \left(N \ln 2 + \ln 2 - \frac{1}{2} \ln(N) - \ln\sqrt{2\pi} \right) \approx k_B \ln 2^N \tag{3.240}$$

Da N in der Größenordnung von 10^{23} ist, können wir bis auf $N\ln 2$ alle Terme in (3.240) vernachlässigen. Somit liefert die Gleichverteilung der Moleküle näherungsweise den Entropieunterschied, den wir aufgrund der Irreversibilität des Druckausgleiches erwarten würden.

Die Entropie eines Zustandes ist also proportional zum Logarithmus der Wahrscheinlichkeit, mit der das System diesen Zustand einnimmt.[2]

$$S = k_B \ln w \tag{3.241}$$

Im thermischen Gleichgewicht nimmt das System den Zustand mit der höchsten Entropie, also den Zustand, der am wahrscheinlichsten auftreten wird, ein. Was wir hier für die isotherme Expansion eines Gases hergeleitet haben, gilt auch für andere Zustandsänderungen und andere Systeme. „Treibende Kraft" für ein abgeschlossenes System, ins thermische Gleichgewicht zu gelangen, ist die statistische Eigenschaft, den wahrscheinlichsten Zustand einzunehmen. (3.241) verdeutlicht auch die Mengeneigenschaft der Entropie. Die Wahrscheinlichkeit, dass zwei nicht miteinander wechselwirkende Systeme Sys_1 und Sys_2 jeweils einen bestimmten Zustand Z_1 bzw. Z_2 einnehmen, beträgt

$$w(Sys_1 \ im \ Z_1 \ und \ Sys_2 \ im \ Z_2) = w(Sys_1 \ im \ Z_1) w(Sys_2 \ im \ Z_2). \tag{3.242}$$

Daraus ergibt sich mit (3.241) die Entropie beider Systeme zu

$$\begin{aligned} S &= k_B \ln(w(Sys_1 \ im \ Z_1) w(Sys_2 \ im \ Z_2)) \\ &= k_B \ln(w(Sys_1 \ im \ Z_1)) + k_B \ln(w(Sys_2 \ im \ Z_2)) \\ &= S(Sys_1) + S(Sys_2) \end{aligned} \tag{3.243}$$

Ein weiterer Aspekt der Entropie soll noch herausgestellt werden: Sie beschreibt die Unordnung des Systems. Je mehr Möglichkeiten ein System hat, über unterschiedliche Mikrozustände in einen bestimmten Zustand zu gelangen, umso größer ist die Unordnung dieses Zustandes.

---

[1] $\ln(N!) \approx (N + \frac{1}{2}) \ln(N) - N + \frac{1}{2} \ln(2\pi)$.

[2] L. Boltzmann hat in seiner Formulierung der Entropie nicht den Logarithmus der Wahrscheinlichkeit, sondern den der (absolute) Häufigkeit oder die Zahl der Mikrozustände, mit denen ein Zustand realisiert werden kann, verwendet. Die für die Praxis relevanten Entropiedifferenzen bleiben jedoch in beiden Formulierungen gleich. Der Vorteil der Boltzmannschen Formulierung ist, dass die Entropie eines Zustandes, der sich nur von einem einzigen Mikrozustand realisieren lässt, null ist.

Dies soll anhand eines Kartenspiels, z. B. eines Skatspiels mit 32 Karten[1], verdeutlicht werden: Sollen alle Karten in einer ganz bestimmten Reihenfolge aufeinander liegen, so gibt es nur eine Möglichkeit, diesen Zustand zu realisieren. Etwa $(8!)^4 = 2{,}6 \cdot 10^{18}$ Möglichkeiten bestehen, die Karten in der Folge Kreuz, Pik, Herz und Karo aufeinander zu legen und die Sortierung erst schwarz, dann rot kann man mit etwa $(16!)^2 = 4{,}4 \cdot 10^{26}$ verschiedenen Reihenfolgen realisieren. Insgesamt gibt es $32! = 2{,}6 \cdot 10^{35}$ unterschiedliche Reihenfolgen für die 32 Spielkarten. Mit der „Lockerung" der Kriterien für die Sortierung der Karten steigen die Unordnung und damit die Entropie. Die „Erhöhung" der Ordnung durch „Verschärfung" der Sortierkriterien ist mit Aufwand verbunden.

Damit ist auch anschaulich klar, dass aufgrund der ungeordneten Bewegung der Moleküle ein System immer den Zustand maximaler Unordnung und damit maximaler Entropie anstrebt. Dieser Zustand ist aufgrund der durch die Randbedingungen oder Sortierkriterien, um den Begriff des Beispiels oben zu verwenden, am wahrscheinlichsten, da er durch die größte Zahl unterschiedlicher Mikrozustände realisiert werden kann.

Die statistische Behandlung der ungeordneten Teilchenbewegung spielt eine wichtige Rolle in der Physik zur Beschreibung von Eigenschaften fester Körper, von magnetischen Eigenschaften und der Strahlung des elektromagnetischen Strahlung im Hohlraum, um nur einige zu nennen. Um statistische Physik betreiben zu können, sind Aussagen über die Wahrscheinlichkeiten, mit der gewisse Zustände eines Systems auftreten können, erforderlich. Dies haben wir z. B. am Gleichverteilungssatz im Kapitel 3.5.1 gesehen: Moleküle nehmen jede Bewegungsmöglichkeit bei einer Energie mit gleicher Wahrscheinlichkeit wahr.

3. Hauptsatz der Thermodynamik, Nullpunkt der Entropie

Den Nullpunkt der (absoluten) Temperatur haben wir als die Temperatur kennen gelernt, bei der ein ideales Gas das Volumen null einnimmt. Zum anderen hat eine Carnot-Maschine, die ihre Abwärme bei 0 K in die Kühlung leitet, einen Wirkungsgrad von 1, d. h. die gesamte Wärme, die der Heizung entzogen wird, wird in mechanische Arbeit umgewandelt.

Um ein Medium abzukühlen, kann man ihm Wärme durch ein nach dem Carnot-Prozess arbeitendes Kühlaggregat entziehen. Nach (3.147) sinkt seine Leistungszahl mit sinkender Temperatur des zu kühlenden Mediums, somit wächst gemäß (3.135) die zum Betrieb des Aggregates erforderliche mechanische Arbeit. Zur Abkühlung des Mediums auf den absoluten Nullpunkt ist unendlich viel mechanische Arbeit zum Antrieb des Kühlaggregates erforderlich. Dies ist die Aussage des 3. Hauptsatzes der Thermodynamik:

Der Nullpunkt der absoluten Temperatur kann mit endlichem Aufwand nicht erreicht werden.

Allerdings ist man durch raffinierte Experimente dem absoluten Nullpunkt der Temperatur schon auf einige Mikrokelvin nahe gekommen.

---

[1]   Ein Skatspiel hat je 8 Karten (7, 8, 9, 10, Bube, Dame, König, As) in den 4 „Farben" Kreuz, Pik, Herz und Karo. Kreuz und Pik sind schwarz, Herz und Karo dagegen rot. Eine ganz bestimmte Reihenfolge der Karten stellt einen Mikrozustand des Spiels dar.

Temperaturen nahe dem absoluten Nullpunkt bedeuten nach (3.196), dass die Entropie gegen unendlich strebt, wenn nicht die Wärmekapazität des Systems gegen null sinkt. Nur in diesem Fall ist ein endlicher Wert für die Entropie bei tiefen Temperaturen zu erwarten. Experimente von Nernst[1] zeigten, dass die Entropie von reinen Stoffen, die als kristalline Festkörper unterschiedliche Kristallstrukturen aufweisen können, nicht von ihrer jeweiligen Kristallstruktur abhängt. Allgemein strebt die molare Entropie reiner Stoffe unabhängig von anderen thermodynamischen Parametern wie z. B. Druck, Dichte, Kristallstruktur... im thermischen Gleichgewicht einem konstanten Wert zu. M. Planck hat diese Entropie zu null gesetzt, im Einklang mit der statistischen Deutung der Entropie durch L. Boltzmann. Mit dieser Festlegung ist die Berechnung absoluter Entropien nach (3.196) möglich.

Der endliche Wert für die Entropie in der Nähe des absoluten Nullpunktes der Temperatur erfordert, dass die Wärmekapazität gegen null strebt. Dieses haben wir schon als „Ausfrieren der Freiheitsgrade" im Kapitel 3.6.2 (Wärmekapazität bei Festkörpern) kennen gelernt. Anschaulich gesehen „erstirbt" am absoluten Nullpunkt die ungeordnete Bewegung der Atome oder Moleküle. Das Gesetz von Debeye[2], dem zufolge die Wärmekapazitäten von Festkörpern bei tiefen Temperaturen $\sim T^3$ sind, bestätigt diese Tatsache.

Hervorzuheben ist, dass Stoffgemische und Systeme, die nicht im thermischen Gleichgewicht sind, auch am absoluten Nullpunkt der Temperatur noch eine von null verschiedene Entropie haben.

3.8.4   Thermodynamische Potentiale

Eine zentrale Aufgabe der Thermodynamik ist, die Umsetzung von Energie quantitativ zu beschreiben. Zur Bilanzierung wird die Welt in zwei Bereiche eingeteilt: in „System" und „Umgebung". In einigen Fällen haben wir diese Bereiche weiter unterteilt, um z. B. reversible und irreversible Vorgänge beschreiben zu können.

Während der 1. Hauptsatz Aussagen über die Menge der über die Systemgrenze transportierten Energie macht, beschreibt der 2. Hauptsatz die Vorzugsrichtung des Energietransportes. Bei mechanischen Systemen haben wir im Kapitel 2.3.9 (Potentielle Energie und Kraft) gesehen, dass ein Objekt sich unter dem Einfluss einer konservativen Kraft aus der Ruhe immer so bewegt, dass seine potentielle Energie gemindert wird. Die treibende Kraft ist nach (2.157) die (negative) Ableitung von E_{pot}. Die Orte, an welchen die potentielle Energie ihr Minimum hat, sind stabile Gleichgewichtslagen. Beim Austausch von Energie eines thermodynamischen Systems wird ebenfalls ein stabiles Gleichgewicht angestrebt, solange keine Hemmnisse im Wege stehen. Daher suchen wir thermodynamische Größen, die bei den Zustandsänderungen eines Systems die gleichen Eigenschaften aufweisen wie die potentielle Energie in der Mechanik. In Anlehnung an die potentielle Energie nennt man diese Größen thermodynamische Potentiale.

Für abgeschlossene Systeme ist die Entropie solch ein thermodynamisches Potential: das thermische Gleichgewicht ist charakterisiert durch ein Maximum der Entropie. Von dieser

---

[1]   W. Nernst (1864–1941).
[2]   P. Debeye (1884–1966).

Eigenschaft haben wir im vorigen Kapitel schon häufigen Gebrauch gemacht, um die Irreversibilität einer Zustandsänderung nach dem Aufheben von Zwangsbedingungen ins thermische Gleichgewicht anhand der Entropieänderung zu bewerten.

Nicht abgeschlossene Systeme können im Allgemeinen dadurch in abgeschlossene Systeme überführt werden, dass man die Umgebung mit in das System einschließt. Allerdings ist dies in vielen Fällen nicht erwünscht. Bei einem geschlossenen System, das Wärme und mechanische Arbeit mit der Umgebung austauschen kann, wird die innere Energie durch einen Wärmestrom und mechanische Leistung zeitlich geändert.

$$\dot{U} = \dot{Q} + \dot{W} \tag{3.244}$$

Der Wärmestrom ist von einem Entropiestrom begleitet, man sagt auch, der Wärmestrom hat die Entropie als Energieträger. Erfolgt die Wärmeübertragung isotherm, so können wir mit (3.209) den Wärmestrom durch den Entropiestrom ausdrücken.

$$\dot{U} \leq T\dot{S} + \dot{W} \;\Rightarrow\; \dot{U} - T\dot{S} \leq \dot{W} \;,\; T = const. \;\Rightarrow\; -\frac{\mathrm{d}}{\mathrm{d}t}(U - TS) \geq -\dot{W} \tag{3.245}$$

Dabei liegt die Ungleichheit im irreversiblen Fall vor. Der Ausdruck $U - TS$ ist von H. von Helmholtz als „Freie Energie" des Systems definiert worden.

$$F := U - TS \tag{3.246}$$

Sie beschreibt, wie viel mechanische Arbeit ein System isotherm abgeben kann. Ändert sich die innere Energie z. B. durch eine chemische Reaktion unter den Molekülen, so kann nicht die gesamte Energiedifferenz, sondern nur der um $T\dot{S}$ geminderte Teil als mechanische Arbeit, d. h. als Exergie $-\dot{W}$ vom System abgegeben werden. Kann von dem System keine mechanische Arbeit abgegeben werden, weil es z. B. sein Volumen nicht verändern kann, so sinkt die freie Energie

$$\frac{\mathrm{d}F}{\mathrm{d}t} \leq 0 \,, \tag{3.247}$$

bis zum Minimum, welches das thermische Gleichgewicht darstellt. Dieses hat bei isothermen und isochoren Systemen ein Minimum der freien Energie. Somit stellt diese für derartige Systeme ein thermodynamisches Potential dar, Differenzen zwischen den freien Energien unterschiedlicher Zustände sind die „Kräfte", welche die Zustandsänderungen bewirken.

Wird insbesondere Leistung durch Volumenänderung übertragen, so lautet (3.244):

$$\dot{U} \leq T\dot{S} - P\dot{V} \;\Rightarrow\; \dot{U} - T\dot{S} + P\dot{V} \leq 0 \,,\; T = const. \text{ und } P = const.$$
$$\Rightarrow \frac{\mathrm{d}}{\mathrm{d}t}(U - TS + PV) \leq 0 \tag{3.248}$$

Der Ausdruck $U - TS + PV$ wird auch „freie Enthalpie" oder „Gibbssches[1] Potential" genannt.

$$G := U - TS + PV \tag{3.249}$$

Ein System, das zwischen der Umgebung Temperatur und Druck ausgleichen kann, erreicht das thermische Gleichgewicht im Minimum der freien Enthalpie, sie ist das thermodynamische Potential für diese Systeme. Sie dient zur Beschreibung der Kinetik von chemischen Reaktionen, die isotherm und isobar, z. B. bei Umgebungstemperatur und Umgebungsdruck ablaufen. Differenzen in der freien Enthalpie sind die Triebkräfte, welche chemische Reaktionen bewirken.

Kann das System keine Wärme und damit keine Entropie austauschen, so ist der Entropiestrom in (3.248) null. Die Gleichung reduziert sich dann zu

$$\dot{U} \leq -P\dot{V} \Rightarrow \dot{U} + P\dot{V} \leq 0 \,, \ P = const. \ \Rightarrow \ \frac{\mathrm{d}}{\mathrm{d}t}(U + PV) \leq 0 \,. \tag{3.250}$$

$U + PV$ entspricht dabei der Enthalpie (3.94), sie ist das thermodynamische Potential für adiabate isobare Systeme. Setzen wir (3.94) in (3.249) ein, so erhalten wir

$$G = H - TS \,. \tag{3.251}$$

3.9   Reale Gase und Phasenänderungen

Makroskopische Objekte können grob in drei Klassen unterteilt werden, in Festkörper, in Flüssigkeiten und in Gase. Ihre Unterschiede beruhen im Wesentlichen auf der unterschiedlichen Größe der zwischen den Atomen bzw. Molekülen wirkenden Kräfte, die in der Regel beim Festkörper am stärksten und beim Gas am schwächsten sind. Wann ein Objekt bzw. der Stoff, aus dem es besteht, fest, flüssig oder gasförmig ist, hängt unter anderem von der Temperatur ab. Je intensiver die Bewegung der Atome ist, umso weniger treten die Wechselwirkungskräfte zwischen ihnen in Erscheinung. Bei hinreichend hohen Temperaturen sind alle Stoffe gasförmig.

3.9.1   Reale Gase

Gase, deren Eigenschaften wir bislang untersucht haben, waren „ideal", das Volumen, das die Moleküle einnehmen, ist vernachlässigbar gegenüber dem Volumen des Gefäßes, in dem sich das Gas befindet. Außerdem wirken keine Kräfte zwischen den Molekülen, außer während des sehr kurzen Zeitraums einer elastischen Kollision mit einem anderen Molekül oder mit der Gefäßwand. Das thermische Verhalten eines idealen Gases wird durch die thermische Zustandsgleichung (3.33) ($PV = \nu RT$) beschrieben.

Das Eigenvolumen der Moleküle vermindert das für ihre Bewegung zur Verfügung stehende Gefäßvolumen V. Die Anziehung der Moleküle kompensiert sich im Inneren des Gefäßes, bewirkt jedoch in der Nähe der Gefäßwand eine resultierende Kraft ins Gefäß, so dass sich der

---

[1]   J. W. Gibbs (1839–1903).

mittlere Impuls des Moleküls senkrecht zur Gefäßwand verkleinert gegenüber dem mittleren Impuls im idealen Gas. Der Druck auf die Gefäßwand wird dadurch erniedrigt. Beide Effekte sind in der von van der Waals[1] aufgestellten Zustandsgleichung realer Gase berücksichtigt.

$$(P + \frac{a\nu^2}{V^2})(V - b\nu) = \nu RT \tag{3.252}$$

Die Größen a und b werden in der Regel experimentell bestimmt. Man bezeichnet b auch als das molare Kovolumen der Moleküle. Der durch die zwischenmolekulare Anziehung bewirkte Binnendruck ist proportional $(\nu/V)^2$, da sowohl die resultierende Kraft in der Nähe der Gefäßwand proportional (ν/V) ist als auch die Zahl der mit ihr kollidierenden Moleküle.

Zur Darstellung der Isothermen von (3.252) im P-V-Diagramm lösen wir die Gleichung nach P auf.

$$P = \frac{\nu RT}{V - b\nu} - \frac{a\nu^2}{V^2} \tag{3.253}$$

Der erste Term ist temperaturabhängig und stellt eine um $b\nu$ auf der V-Achse versetzte Hyperbel dar, während der zweite Term temperaturunabhängig ist.

Für hohe Temperaturen steigt der Druck monoton, wenn das Gas komprimiert wird. Je höher die Temperaturen, umso besser nähern sich die Isothermen dem Verlauf des idealen Gases

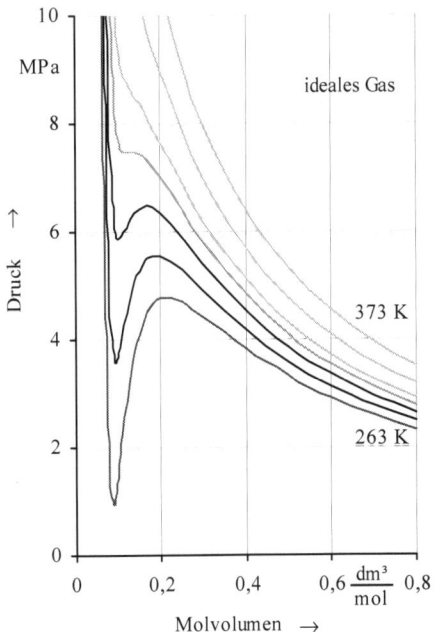

Abb. 3.71 *Isothermen von CO₂ bei verschiedenen Temperaturen: 37 K, 343 K, 318 K, 30 K („kritische" Isotherme), 27 K, 26 K.*

---

[1] J. D. van der Waals (1837–1923).

an. Bei einer gewissen Temperatur T_k weist $P(V)$ einen Sattelpunkt auf, darunter hat die Kurve zunächst ein Maximum, dem nach einem Wendepunkt ein Minimum folgt, ehe sie monoton sehr steil zum Pol bei $V = b\nu$ ansteigt. Dort entspricht das Gefäßvolumen dem Kovolumen des Gases, das nicht unterschritten werden kann.

Die Maxima und Minima werden im Experiment in der Regel nicht beobachtet, statt dessen knickt die Isotherme bei einem bestimmten Volumen und verläuft waagerecht, also isobar, bevor sie nach einem weiteren Knick steil ansteigt. Erreicht die Isotherme bei der Kompression des Gases den ersten Knickpunkt, so beginnt die Verflüssigung des Gases. Die Dichte der entstehenden Flüssigkeit ist wesentlich größer als die des Gases. Wird das Gas weiter isotherm komprimiert, so gelangen immer mehr Moleküle aus dem Gas in die Flüssigkeit, und der Druck bleibt konstant. Mit Erreichen des zweiten Knickpunktes ist die Verflüssigung abgeschlossen, eine weitere Kompression bewirkt einen sehr starken Druckanstieg, da Flüssigkeiten nahezu inkompressibel sind. Der Druck, bei dem die Verflüssigung isobar erfolgt, heißt Dampfdruck der Flüssigkeit. Bei diesem Druck und der entsprechenden Temperatur koexistieren Gas und Flüssigkeit, d.h. keine der beiden so genannten Phasen wird zugunsten der anderen abgebaut, wenn die thermischen Zustandsgrößen P, T und V konstant bleiben. Als „Phase" bezeichnet man dabei Teile des Systems, die homogen sind, d.h. in ihren makroskopischen Eigenschaften wie Aggregatzustand, Dichte, Kristallstruktur, optischer Brechungsindex, magnetische Eigenschaften usw. gleich sind.[1]

Der Dampfdruck kann mit Hilfe der so genannten Maxwell-Konstruktion bestimmt werden. Die Isobare des Dampfdruckes schneidet die durch die van der Waals Gleichung definierte $P(V)$-Kurve in drei Punkten und schließt mit ihr zwei Flächenstücke ein. Diese beiden Flächen müssen gleich groß sein, damit die Volumenänderungsarbeit isobar und auf der durch (3.253) definierten (V)-Kurve gleich ist.

Die Menge aller Knickpunkte der Isothermen bei verschiedenen Temperaturen im $P(V)$-Diagramm definiert das Koexistenzgebiet von Flüssigkeit und Gas, das bei Wasser auch „Nassdampfgebiet[2]" genannt wird. Links davon liegt der Stoff nur als Flüssigkeit vor, rechts davon nur als Gas. Beim Wasser wird es auch als „überhitzter Dampf", der Zustand am rechten Knickpunkt auch als „trocken gesättigter Dampf" bezeichnet.

Die höchste Temperatur, die der Stoff im Koexistenzgebiet haben kann, ist die „kritische Temperatur" T_k, bei der die $P(V)$-Kurve nach (3.253) einen Sattelpunkt hat. Oberhalb dieser Temperatur ist es nicht möglich, den gasförmigen Stoff durch Kompression zu verflüssigen. Der zu T_k gehörende Druck P_k und das Volumen V_k definieren den „kritischen Punkt". Die Grenze des Koexistenzgebietes zum Gas (rechts vom kritischen Punkt) heißt auch „Taulinie", wird sie von rechts überschritten, so beginnt aus dem Gas Flüssigkeit zu kondensieren. Zur Seite der Flüssigkeit (links vom kritischen Punkt) wird das Koexistenzgebiet durch die „Siedelinie" begrenzt, wird sie von links überschritten, so beginnt die Flüssigkeit zu sieden, d.h. Teile von ihr gehen in die Gasphase über.

---

[1]   Dabei werden Dichteunterschiede aufgrund der Schwerkraft nicht berücksichtigt.
[2]   Die Gasphase eines Stoffes bezeichnet man dann als „Dampf", wenn Flüssigkeit und Gas bei Raumtemperatur koexistieren.

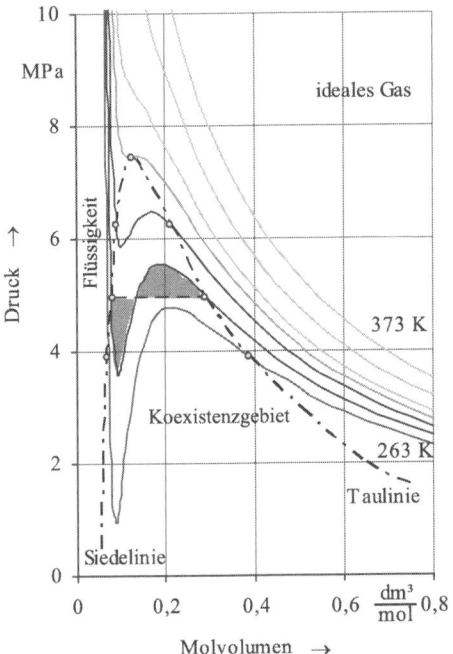

Abb. 3.72 *Koexistenzgebiet im P-V-Diagramm eines realen Gases und Maxwellkonstruktion für den Dampfdruck.*

Der kritische Punkt kann experimentell leicht bestimmt werden. Wird bei isochorer Abkühlung aus der Gasphase die Taulinie überschritten, so kondensiert die Flüssigkeit bei vielen Stoffen als feiner Nebel[1], der gut sichtbar ist. Variiert man das Volumen, so ist die Temperatur, bei der die Kondensation erfolgt, am kritischen Punkt maximal. Je höher der Dampfdruck im Koexistenzgebiet wird, umso kleiner ist der Volumenbereich, in dem Flüssigkeit und Gas koexistieren, im kritischen Punkt ist er null. Je geringer der Übergangsbereich ist, umso stärker gleichen sich auch die Dichten von Gas und Flüssigkeit an, im kritischen Punkt sind ihre Dichten ebenfalls gleich. Aus Temperatur, Druck und Volumen am kritischen Punkt können die Parameter a und b der van der Waalsschen Zustandsgleichung (3.252) berechnet werden. Kriterien für einen Sattelpunkt sind, dass die erste und die zweite Ableitung von (3.253) bei T_k verschwinden.

$$\frac{dP(V)}{dV} = \frac{d}{dV}\left(\frac{\nu R T_k}{V - b\nu} - \frac{a\nu^2}{V^2}\right) = 0 = -\frac{\nu R T_k}{(V_k - b\nu)^2} + \frac{2a\nu^2}{V_k^3}$$

$$\frac{d^2 P(V)}{dV^2} = \frac{d}{dV}\left(-\frac{\nu R T_k}{(V - b\nu)^2} + \frac{2a\nu^2}{V^3}\right) = 0 = \frac{2\nu R T_k}{(V_k - b\nu)^3} - \frac{6a\nu^2}{V_k^4} \Rightarrow b = \frac{V_k}{3\nu},$$

$$a = \frac{9}{8}\frac{R T_k V_k}{\nu} \tag{3.254}$$

---

[1] Ein Beispiel sind die Wolken am Himmel: Sie bestehen aus kleinen Wassertröpfchen. Das Gas „Wasserdampf" dagegen ist durchsichtig.

Setzen wir die so erhaltenen a und b in (3.253) ein, so ergibt sich bei $V = V_k$ daraus der kritische Druck

$$P_k = \frac{3}{2}\frac{\nu R T_k}{V_k} - \frac{9}{8}\frac{\nu R T_k}{V_k} = \frac{3}{8}\frac{\nu R T_k}{V_k}. \tag{3.255}$$

Beziehen wir P, V und T auf die Werte am kritischen Punkt P_k, V_k und T_k, so können wir (3.252) durch dimensionslose Größen

$$P^* = \frac{P}{P_K}, \quad V^* = \frac{V}{V_K} \quad \text{und} \quad T^* = \frac{T}{T_K} \tag{3.256}$$

ausdrücken. Setzen wir P_k aus (3.255) und a sowie b aus (3.254) ein, so erhalten wir

$$(P^* P_k + \frac{a\nu^2}{V^{*2}V_k^2})(V^* V_k - b\nu) = \nu R T^* T_k$$

$$(P^* P_k + \frac{9}{8}\frac{R T_k V_k}{\nu}\frac{\nu^2}{V^{*2}V_k^2})(V^* V_k - \frac{V_k}{3\nu}\nu) = \nu R T^* T_k$$

$$\Rightarrow (P^* + \frac{3}{V^{*2}})(V^* - \frac{1}{3}) = \frac{8}{3}T^*. \tag{3.257}$$

Folgende Tabelle stellt die Daten am kritischen Punkt für einige Stoffe zusammen.

Tab. 3.8   *Kritische Temperatur und kritischer Druck für einige Stoffe.*

Stoff		T_k in K	P_k in MPa
Wasserstoff	H$_2$	33,240	1,296
Helium	He	5,2010	0,2275
Sauerstoff	O$_2$	126,20	3,400
Stickstoff	N$_2$	154,576	5,043
Luft		132,507	3,766
Chlor	Cl$_2$	417	7,70
Wasser	H$_2$O	647,30	22,120
Ammoniak	NH$_3$	405,6	11,30
Kohlendioxid	CO$_2$	304,2	7,3825
Methan	CH$_4$	190,56	4,5950
Propan	C$_3$H$_8$	370	4,26
Butan	C$_4$H$_{10}$	425,18	3,796

Siede- und Kondensationsverzüge

Wird eine Flüssigkeit erwärmt, so beginnt sie beim Überschreiten der Siedelinie mit der Verdampfung, der Umwandlung in Gas. Allerdings kann es bei schneller Erwärmung vorkommen, dass diese Phasenumwandlung erst verzögert eintritt, da für ihre Einleitung so genannte „Keime", kleine Zonen, in denen der Stoff in der Gasphase vorliegt, erforderlich sind. Diese können jedoch bei zu schneller Erwärmung nicht in ausreichender Zahl entstehen, so dass sich der Stoff nicht im Gleichgewicht auf der Isothermen-Isobaren befindet, sondern der Druck nach der $P(V)$-Kurve der van der Waalsschen Zustandsgleichung (3.253) unter den Gleichgewichtsdruck sinkt. Ist jedoch die überhitzte Flüssigkeit zu weit vom Gleichgewicht entfernt, so erfolgt ein schlagartiger Übergang ins Gleichgewicht mit entsprechendem Druckanstieg. Man spricht dann von einem „Siedeverzug". Durch diesen kann das Gefäß oder der Kessel, in dem die Flüssigkeit erhitzt wird, platzen. Man unterbindet diesen Effekt, indem Dampfkessel in viele Röhren aufgeteilt werden, so dass Siedeverzüge lokal begrenzt werden, wodurch der Druckanstieg in dem betreffenden Teil des Kessels beherrschbar bleibt.

Entsprechendes kann bei der Abkühlung von gesättigtem Dampf beim Überschreiten der Taulinie ebenfalls passieren. Fehlen die Kondensationskeime, so verbleibt der Stoff in der Gasphase, der Druck ist höher als der Gleichgewichtsdruck. Auch hier wird sich bei zu großer Abweichung schlagartig das Gleichgewicht einstellen, die dabei erfolgende sehr schnelle Druckabsenkung kann den Kessel implodieren lassen.

Verflüssigung von Gasen

Ist die Temperatur eines Gases kleiner als die kritische Temperatur, so kann es durch Kompression verflüssigt werden, während der Kompression bleibt der Druck konstant. Ist jedoch die Gastemperatur größer als T_k, so muss das Gas zunächst abgekühlt werden. Dies kann durch adiabatische Drosselung, die Entspannung eines Gases ohne Verrichtung von Arbeit geschehen.

Expandiert ein ideales Gas in einem abgeschlossenen System, so ändern sich seine innere Energie und damit seine Temperatur nicht, denn die mittlere kinetische Energie der Moleküle ist nicht vom Volumen des Gefäßes abhängig. Bei realen Gasen ändert sich der mittlere Abstand zwischen den Molekülen, wofür aufgrund der zwischen ihnen wirkenden Kräfte Arbeit verrichtet werden muss. Die zwischenmolekularen Kräfte sind als elektrostatische Kräfte konservativ, somit verändert sich die potentielle Energie der Moleküle. Da aber die innere Energie des abgeschlossenen Gesamtsystems konstant ist, ändern sich auch die mittlere kinetische Energie der Moleküle und damit die Temperatur des Gases. Diese Temperaturänderung bezeichnet man auch als Joule-Thomson[1]-Effekt.

Abhängig von den Parametern a und b der van der Waalsschen Zustandsgleichung (3.252) gibt es eine so genannte „Inversionstemperatur" T_i, oberhalb der sich das Gas bei Drosselung erwärmt. Daher muss ein Gas, das durch den Joule-Thomson-Effekt abgekühlt werden soll, zunächst kälter als die Inversionstemperatur sein. Diese ergibt sich aus Berechnungen, auf die hier nicht eingegangen werden soll, zu

$$T_i \approx \frac{2a}{Rb} = 2\frac{9}{8}\frac{RT_kV_k}{v}\frac{3v}{RV_k} = \frac{27}{4}T_k . \tag{3.258}$$

Mit den Daten aus **Tab. 3.8** sehen wir, dass Chlor, Ammoniak, Kohlendioxid, Propan und Butan direkt durch Kompression verflüssigt werden können, da ihre kritische Temperatur im Bereich der üblichen Umgebungstemperaturen liegt. Methan, Sauerstoff, Stickstoff und Luft können zunächst durch adiabatische Drosselung unter T_k gekühlt werden, so dass sie schließlich durch Kompression verflüssigt werden. Mit diesem Verfahren ist C. von Linde[2] 1876 erstmalig die Verflüssigung von Luft gelungen.

---

[1]   J. P. Joule (1818–1889), W. Thomson (1824–1907).
[2]   C. von Linde (1842–1934).

Wasserstoff dagegen erwärmt sich, wenn er bei Umgebungstemperatur entspannt wird. Dadurch besteht die Gefahr, dass er sich beim Ausströmen aus Leckagen selbst entzünden kann. Am schwierigsten ist die Verflüssigung von Helium, um es zu verflüssigen, muss es mit flüssigem Wasserstoff vorgekühlt werden. Die Verflüssigung von Wasserstoff und Helium gelang H. Kamerlingh Onnes[1] 1906 bzw. 1908. Bei diesen tiefen Temperaturen wurde die Supraleitfähigkeit entdeckt.

3.9.2   Phasenübergänge reiner Stoffe

Neben dem Verdampfen bzw. Kondensieren, d. h. dem Phasenübergang flüssig-gasförmig, gibt es noch die Übergänge flüssig-fest und fest-gasförmig. Bei reinen Stoffen geschehen diese Phasenübergänge immer isotherm und isobar. In einem gewissen Druck-, Volumen-

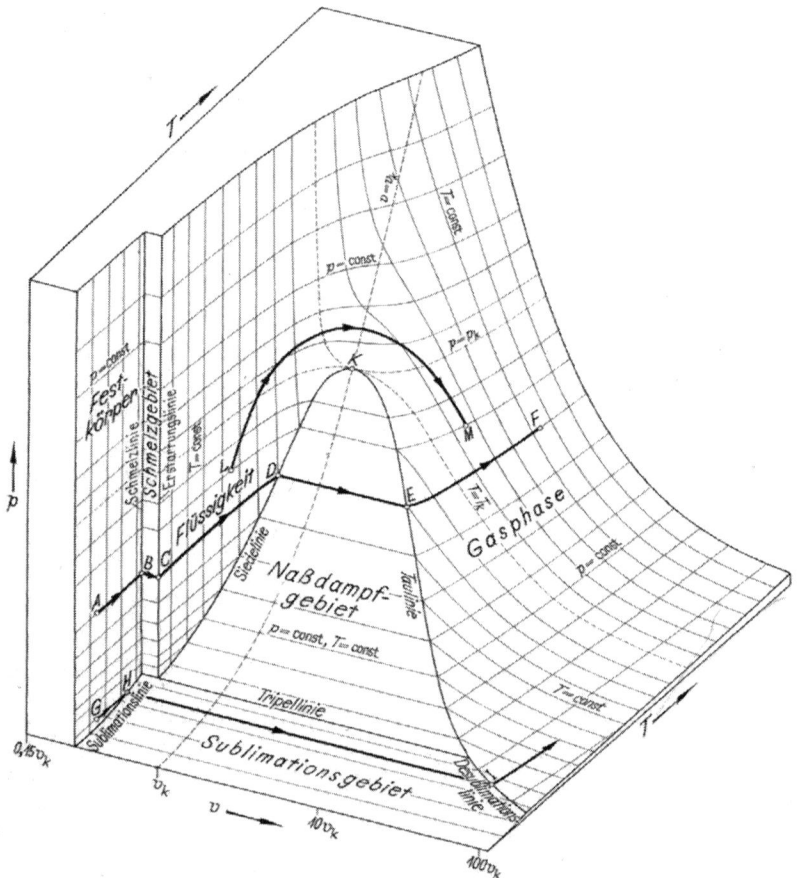

Abb. 3.73 *Phasendiagramm[2] eines reinen Stoffes. Man unterscheidet die Gebiete mit nur einer Phase, Gebiete in denen 2 Phasen koexistieren und ein Gebiet (Linie) mit drei koexistierenden Phasen.*

[1]   H. Kamerlingh-Onnes (1853–1926).
[2]   Aus Baehr, Hans Dieter, Thermodynamik, Springer-Verlag 1988, 6. Auflage S. 154.

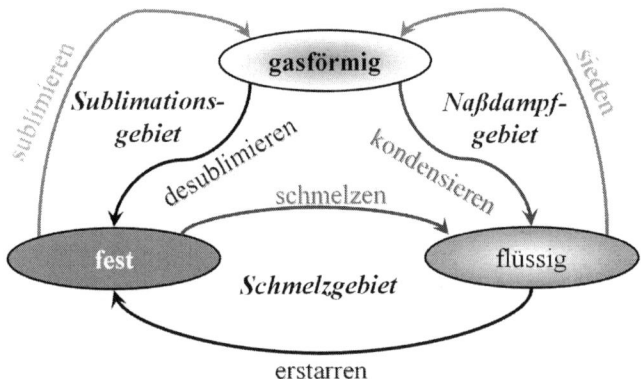

Abb. 3.74 *Übergänge von einem Aggregatzustand in einen anderen.*

und Temperaturbereich gibt es Koexistenzgebiete ähnlich dem Nassdampfgebiet beim Wasser. Bei welchen thermischen Zustandsgrößen der Stoff in welcher Phase vorkommt, verdeutlicht man im Phasendiagramm oder Zustandsdiagramm, das üblicherweise experimentell ermittelt wird. Meistens trägt man auf der Volumenachse das Molvolumen ab, d. h. das Volumen, das 1 mol des Stoffes bei entsprechendem Druck und entsprechender Temperatur einnimmt. Alternativ wird das spezifische Volumen, der Kehrwert der Dichte abgetragen.

So wie das Nassdampfgebiet von der Siede- bzw. der Taulinie vom Gebiet der Flüssigkeit bzw. des Gases abgetrennt wird, so wird das Schmelzgebiet zum Festkörper durch die Schmelzlinie und zur Flüssigkeit durch die Erstarrungslinie abgetrennt. Entsprechendes gilt für das bei niedrigen Drücken und Temperaturen vorliegende Sublimationsgebiet: Feste Phase und Sublimationsgebiet werden durch die Sublimationslinie, Sublimationsgebiet und gasförmige Phase durch die Desublimationslinie getrennt. **Abb. 3.74** verdeutlicht die Übergänge von einem Aggregatzustand in einen anderen.

Sublimation von Schnee (festes Wasser) kann man gut bei klarem Winterwetter beobachten: der Schnee schwindet, ohne dass er geschmolzen ist. Da der maßgebliche Umgebungsdruck im Hochgebirge kleiner ist als im Tiefland, kann man dort den Effekt auch besser beobachten. Desublimation erfolgt z. B., wenn die Tür eines Kühlhauses geöffnet wird und der Wasserdampf der einströmenden Umgebungsluft wie Schnee auskristallisiert.

Koexistieren zwei Phasen, z. B. Flüssigkeit und Gas im Nassdampfgebiet, so werden die Mengenanteile durch das zur Verfügung stehende Volumen des Gefäßes festgelegt. Es teilt sich in die Teilvolumina für Flüssigkeit und Gas auf.

$$V = V_{Fl.} + V_G = \frac{m_{Fl.}}{\rho_{Fl.}} + \frac{m_{Gas}}{\rho_{Gas}} \tag{3.259}$$

Die Dichten von Gas und Flüssigkeit sind dabei die Kehrwerte der spezifischen Volumina des Stoffes an den Schnittpunkten der Isobaren des Dampfdruckes $P_D(T)$ mit der Tau- bzw. Siede-

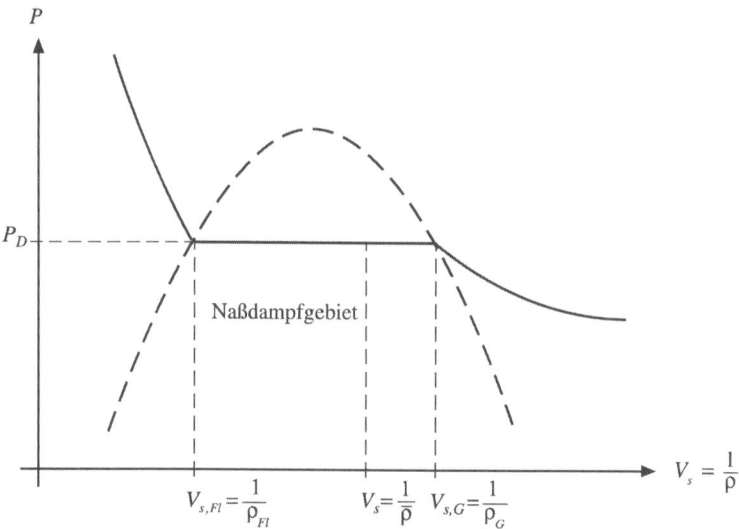

Abb. 3.75 *Spezifische Volumina von Flüssigkeit und Gas im Nassdampfgebiet. Der Stoff hat das mittlere spezifische Volumen V_s. Die Massen von Flüssigkeit und Dampf werden mit dem „Hebelgesetz" der Phasenmengen bestimmt.*

linie. Die mittlere Dichte des Stoffes im Gefäß erhalten wir durch Division von (3.259) durch die Gesamtmasse, die sich wiederum in die Masse der Flüssigkeit und die des Gases aufteilt.

$$\frac{V}{m} := V_s = \frac{1}{\overline{\rho}} = \frac{m_{Fl.}}{m}\frac{1}{\rho_{Fl.}} + \frac{m_{Gas}}{m}\frac{1}{\rho_{Gas}} \Rightarrow \frac{m}{\overline{\rho}} = \frac{m_{Fl.}}{\rho_{Fl.}} + \frac{m_{Gas}}{\rho_{Gas}}$$

$$\Rightarrow \frac{m_{Fl.}}{\overline{\rho}} + \frac{m_{Gas}}{\overline{\rho}} = \frac{m_{Fl.}}{\rho_{Fl.}} + \frac{m_{Gas}}{\rho_{Gas}} \Rightarrow (\frac{1}{\overline{\rho}} - \frac{1}{\rho_{Fl.}})m_{Fl.} = (\frac{1}{\rho_{Gas}} - \frac{1}{\overline{\rho}})m_{Gas} \qquad (3.260)$$

Wegen seiner Ähnlichkeit mit dem Hebelgesetz (2.327)in der Mechanik nennt man diesen Zusammenhang auch „Hebelgesetz" der Phasenmengen. Dabei entsprechen den Kraftarmen die Ausdrücke in den Klammern und den Kräften die Massen.

Umwandlungsenthalpien- und -entropien

Phasenübergänge erfolgen isobar-isotherm. Insbesondere beim Verdampfen von Flüssigkeiten vergrößert sich das Volumen stark, die Volumenänderungsarbeit muss durch Wärmezufuhr kompensiert werden. So vergrößert Wasser beim Verdampfen bei 100 °C unter Normaldruck sein Volumen etwa um das 1700fache. Die beim Verdampfen von 1 g Wasser erforderliche Volumenänderungsarbeit beträgt dann $W_V = P_{Umg.}\Delta V \approx 170$ J. Vergleicht man jedoch diese mit der für die Verdampfung erforderliche Wärme von etwa 2100 J, so ist das nur ein sehr kleiner Anteil. Der meiste Teil der Wärme, die zugeführt werden muss, wird zur Auflösung der zwischenmolekularen Bindung gebraucht. Da die Zustandsänderung isobar erfolgt, entspricht die Verdampfungswärme der Enthalpieänderung (3.94) des Systems aus Flüssigkeit und Gas.

$$Q_{Verd.} = \Delta H_{Verd.} = \Delta U + P\Delta V \qquad (3.261)$$

Wenn sich Flüssigkeit und Gas bei der Verdampfung zu jedem Zeitpunkt im Gleichgewicht befinden, so ändert sich die gesamte freie Enthalpie (3.249), $G = G_{Fl.} + G_{Gas}$, nicht. Zu Beginn der Verdampfung an der Siedelinie ist alles noch flüssig und

$$G_A = G_{A,Fl.} + G_{A.Gas} = m_{Fl.}(h_{Fl.} - T_{Umw.}s_{Fl.}) + 0(h_{Gas} - T_{Umw.}s_{Gas}), \qquad (3.262)$$

mit h und s als spezifische Enthalpien und Entropien von Flüssigkeit und Gas. Bei $T_{Verd.}$ erfolgt die Verdampfung. Am Ende ist die gesamte Masse des Stoffes gasförmig

$$G_E = G_{E,Fl.} + G_{E.Gas} = 0(h_{Fl.} - T_{Umw.}s_{Fl.}) + m_{Fl.}(h_{Gas} - T_{Umw.}s_{Gas}). \qquad (3.263)$$

Die Differenz $G_E - G_A$ ist null, somit ist

$$m_{Fl.}(h_{Gas} - T_{Umw.}s_{Gas}) - m_{Fl.}(h_{Fl.} - T_{Umw.}s_{Fl.}) = 0$$
$$\Rightarrow h_{Gas} - h_{Fl.} = \Delta h_{Verd.} = T_{Umw.}(s_{Gas} - s_{Fl.}). \qquad (3.264)$$

Die spezifische Entropie des Gases ist größer als die der Flüssigkeit, die Unordnung somit größer. Auch beim Schmelzen fester Stoffe muss Wärme zugeführt werden und man kann allgemein feststellen:

$$s_{Gas} > s_{Fl.} > s_{fest} \qquad (3.265)$$

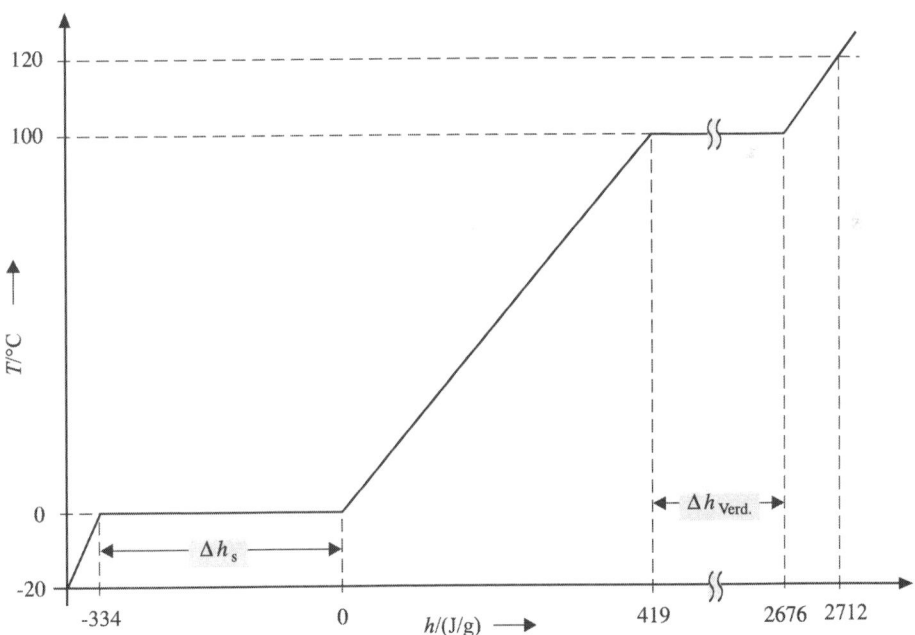

Abb. 3.76 *Spezifische Enthalpie von Wasser in Abhängigkeit von der Temperatur bei einem Druck von 1013 hPa. Dabei wurde die spezifische Enthalpie von flüssigem Wasser h (0 °C) = 0 gesetzt.*

Wird umgekehrt Flüssigkeit aus der Gasphase kondensiert bzw. erstarrt Flüssigkeit zum Festkörper, so sind die Verdampfungs- bzw. Schmelzenthalpien abzuführen. Am Beispiel von Wasser wird der Verlauf der spezifischen Enthalpie gezeigt. Dabei wird vereinfachend angenommen, dass die spezifischen Wärmekapazitäten konstant sind.

Man bezeichnet auch Wärme, die zu einer Temperaturänderung eines Systems führt, als „sensible", d. h. fühlbare Wärme. Wärme, die einen Phasenübergang bewirkt, ohne dass sich die Temperatur ändert, nennt man auch „latente" Wärme. Zur Vereinfachung von Rechnungen wird in der Praxis bei Wasser die spezifische Enthalpie der Flüssigkeit beim Tripelpunkt 0,01 °C zu null gesetzt. Die Enthalpie setzt sich im Allgemeinen aus den Anteilen von sensibler und latenter Wärme zusammen.

Tab. 3.9 *Schmelz- und Verdampfungstemperaturen sowie spezifische Schmelz- und Verdampfungsenthalpien bei P = 1013 hPa.*

	Stoff		Schmelzen		Verdampfen	
			T_S in °C	$\Delta h_{Schm.}$ in J/g	T_V in °C	$\Delta h_{Verd..}$ in J/g
Elemente	Wasserstoff	H_2	−259,15	58,6	−252,75	461
	Stickstoff	N_2	−209,85	25,75	−195,75	201
	Sauerstoff	O_2	−218,75	13,82	−182,95	214
	Chlor	Cl_2	−100,95	90,4	−34,45	289
	Aluminium	Al	660,37	397	2467	10900
	Natrium	Na	91,8	113	882,9	390
	Zink	Zn	419,58	111	907	1755
	Jod	J_2	113,5	124	184,35	172
Verbindungen (anorganisch)	Wasser	H_2O	0,00	334	100,00	2257
	Ammoniak	NH_3	−80	339	−33,45	1369
	Kohlendioxid	CO_2	−78,45	184	−	137
Verbindungen (organisch)	Methan	CH_4	−182,45	58,6	−161,45	510
	Propan	C_3H_8	−187,65	80,0	−42,05	426
	Butan	C_4H_{10}	−138,35	77,5	−0,65	386
	Äthanol	C_2H_5OH	−114,1	108	78,32	840
	Benzol	C_6H_6	5,53	128	80,1	394

Besonders die Verdampfungsenthalpien sind stark druck- und damit auch temperaturabhängig. Dies erklärt sich aus der Form des Nassdampfgebietes. Bei niedrigen Drücken sind die Dichteunterschiede zwischen Flüssigkeit und Gas besonders groß, daher ist die die Energie zum Auflösen der zwischenmolekularen Bindungen größer als bei hohen Drücken. Am kritischen Punkt ist die Verdampfungsenthalpie null.

Bei der Sublimation gehen Moleküle direkt vom Festkörper in die Gasphase über. Mikroskopisch kann man diesen Vorgang als Schmelzen und Verdampfen bei der gleichen Temperatur verstehen. Sublimationsenthalpien setzen sich daher additiv aus der Schmelz- und der Verdampfungsenthalpie zusammen.

$$\Delta h_{Subl.} = \Delta h_{Schm.} + \Delta h_{Verd.} \tag{3.266}$$

P-T-Zustandsdiagramme und Dampfdruckkurve
Die Dampfdruckkurve stellt den Druck, bei dem der Phasenübergang flüssig-gasförmig erfolgt, in Abhängigkeit von der Temperatur dar. Bei diesem Druck sind Flüssigkeit und Gas im Gleichgewicht. Beim Wasser heißt das Gas „gesättigter" Dampf, sein spezifisches bzw. sein Molvolumen ist minimal, seine Dichte maximal. Die Dampfdruckkurve $P_{Sätt.}(T)$ stellt den Druck des gesättigten Dampfes dar. Sie ist die Projektion des Nassdampfgebietes aus **Abb. 3.73** auf die P-T-Ebene. Bei einem abgeschlossenen Behälter, in dem Flüssigkeit und Gas koexistieren, muss allerdings gewährleistet sein, dass sein Volumen in dem vom Nassdampfgebiet bei $P_{Sätt.}$ umgrenzten Intervall liegt.

Die Projektion des dreidimensionalen Zustandsdiagramms ist ebenfalls ein Phasen- oder Zustandsdiagramm. Da es zweidimensional ist, wird es in der Praxis lieber gebraucht als das in **Abb. 3.73** dargestellte dreidimensionale.

Flächen im P-T-Phasendiagramm stellen Zustände dar, bei denen der Stoff in einer Phase vorkommt, Linien zeigen die Koexistenz zweier Phasen an. Bei den Drücken $P_{Sätt.}(T)$ koexistieren Flüssigkeit und Gas, diese Kurve endet bei hohen Drücken und Temperaturen im kritischen Punkt. Oberhalb davon sind Flüssigkeit und Gas nicht mehr unterscheidbar, man spricht dann von einem „Fluid". Die Gebiete fest-flüssig werden durch die Schmelzdruckkurve getrennt, die bei den meisten Stoffen steil mit T ansteigt. Die Schmelzdruckkurve schneidet die Dampfdruckkurve im Tripelpunkt. Bei diesem Druck $P_{Tr.}$ und der Temperatur $T_{Tr.}$ koexistieren Festkörper, Flüssigkeit und Gas. Im Falle von H_2O ist $P_{Tr.} = 611,2$ Pa, und $T_{Tr.} = 273,16$ K $= 0,01$ °C, dann schwimmt Eis im Wasser, beide sind umgeben von Wasserdampf. Alle drei Phasen sind stabil, keine wird zugunsten anderer aufgelöst.

Zu niedrigen Temperaturen schließt sich das Sublimationsgebiet an. Die Sublimationskurve trennt die feste und die Gasphase. Auf eine Besonderheit von H_2O soll noch hingewiesen werden: Die Dichte von Wasser ist im Schmelzgebiet größer als die von Eis. Die Stufe, die das Schmelzgebiet in **Abb. 3.73** darstellt, ist in diesem Fall genau umgekehrt. Außerdem ist die Steigung der Schmelzdruckkurve im Gegensatz zu den meisten anderen Stoffen negativ, so dass, wird der Druck erhöht, Eis schmelzen kann. Dies ist z. B. beim Schlittschuhlaufen von Vorteil, denn durch den Druck schmilzt das Eis unter den Kufen, so dass durch den Flüssigkeitsfilm die Reibung stark verkleinert wird.

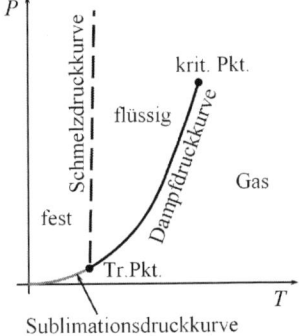

Abb. 3.77 *P-T-Zustandsdiagramm eines reinen Stoffes.*

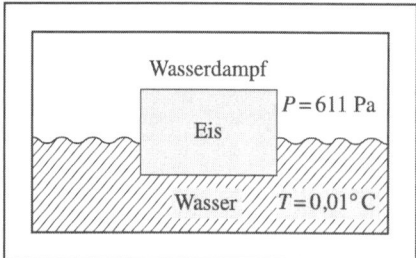

Abb. 3.78 *Gefäß mit H₂O am Tripelpunkt. Eis, Wasser und Wasserdampf koexistieren.*

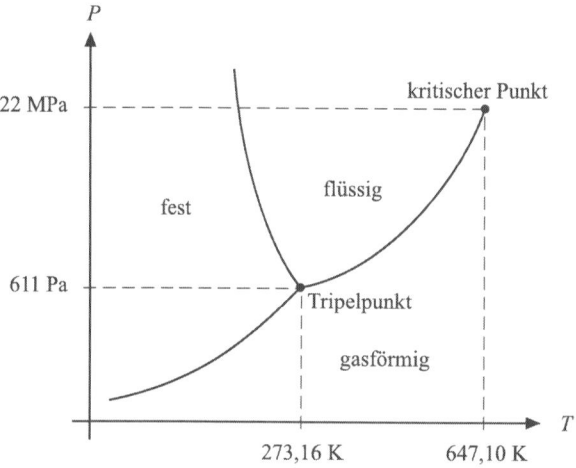

Abb. 3.79 *Zustandsdiagramm von H₂O.*

Koexistieren zwei Phasen, z. B. Flüssigkeit und Gas, so sind die Drücke in beiden gleich. In beiden Phasen bewegen sich die Moleküle ungeordnet, im Gas weisen die Moleküle Geschwindigkeiten gemäß der Maxwellschen Geschwindigkeitsverteilung (3.61) auf. In der Flüssigkeit sind die Geschwindigkeiten der Moleküle ebenfalls unterschiedlich, so dass immer einige von ihnen gegen die Anziehungskräfte die Flüssigkeit verlassen und in die Gasphase entweichen können. Die Arbeit, die zum Verlassen der Flüssigkeit gegen die Anziehungskräfte verrichtet werden muss, wird aus der thermischen Energie des Moleküls geschöpft, daher ist die Zahl der Moleküle, die in die Gasphase gelangen, proportional zum Boltzmann-Faktor (3.53). Um Flüssigkeit zu verdampfen, muss ihr die Verdampfungsenthalpie (3.261) zugeführt werden. Daher entspricht die Arbeit an einem zum Verlassen der Flüssigkeit der Verdampfungsenthalpie pro Molekül $\Delta h_{Verd.,mol}/N_A$. Näherungsweise ist der Druck im Gas proportional zur Moleküldichte, daher ist der Sättigungsdampfdruck

$$P_{Sätt.} \sim e^{-\frac{\Delta h_{Verd.,mol.}}{N_A k_B T}} . \tag{3.267}$$

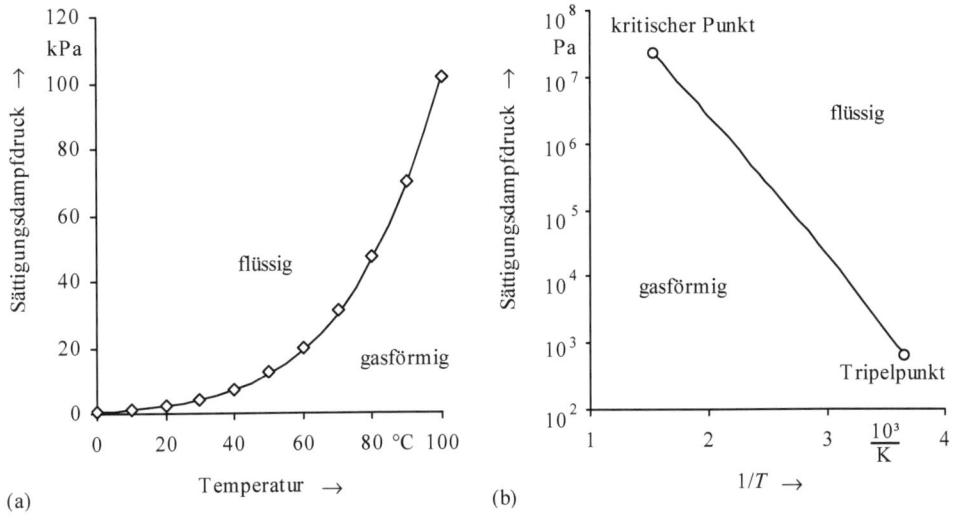

Abb. 3.80 *Dampfdruckkurve von Wasser (a) linear, (b) in Arrheniusdarstellung. Aus der Steigung der Ausgleichsgeraden kann die mittlere Verdampfungsenthalpie berechnet werden.*

Zu beachten ist, dass $\Delta h_{Verd.,mol}$ auch temperaturabhängig ist. Tragen wir die experimentell ermittelten Sättigungsdampfdrücke gegen $1/T$ in logarithmischer Skalierung auf (Arrhenius[1]-Darstellung), so erhalten wir näherungsweise eine Gerade.

Das bedeutet, dass die Dampfdruckkurve näherungsweise durch eine Funktion

$$P_{S\ddot{a}tt.}(T) = P_{S\ddot{a}tt.}(T_0)e^{-\frac{\overline{\Delta h_{Verd.,mol}}}{R}(\frac{1}{T}-\frac{1}{T_0})} = P_{S\ddot{a}tt.}(T_0)e^{-\frac{\overline{\Delta h_{Verd.,s}}M_{mol}}{R}(\frac{1}{T}-\frac{1}{T_0})} \qquad (3.268)$$

dargestellt werden kann. Für Wasser ergibt sich nach **Abb. 3.80** aus der Steigung der Ausgleichsgeraden eine mittlere spezifische Verdampfungsenthalpie von 2288 J/g. Wie Wasser verhalten sich viele Stoffe, insbesondere die für die Kältetechnik wichtigen Kältemittel, die Arbeitsmedien von Wärmepumpen und Kühlaggregaten. Eine genauere Berechnung des Verlaufes der Dampfdruckkurve kann mit Hilfe der Gleichung von Clausius und Clapeyron[2] durchgeführt werden, auf die wir aber hier nicht weiter eingehen wollen.

Befinden sich Flüssigkeit und Gas im Gleichgewicht, so ist der Massenstrom der Moleküle aus der Flüssigkeit gleich dem Massenstrom von Molekülen, die nach der Kollision mit der Grenzfläche aus der Gasphase in die Flüssigkeit eindringen. Ist dagegen der Dampfdruck der Gasphase kleiner als $P_{S\ddot{a}tt}$, so überwiegt der Massenstrom aus der Flüssigkeit, man sagt, sie verdunstet. Da jedoch nur die Moleküle in die Gasphase übertreten, deren thermische Energie die Verdampfungsenthalpie pro Molekül überschreitet, bleiben die „kälteren" Moleküle zurück, die Flüssigkeit wird insgesamt kälter. Dieser Effekt kann zum Kühlen ausgenutzt

---

[1]   S. A. Arrhenius (1859–1927).
[2]   B. P. E. Clapeyron (1799–1864).

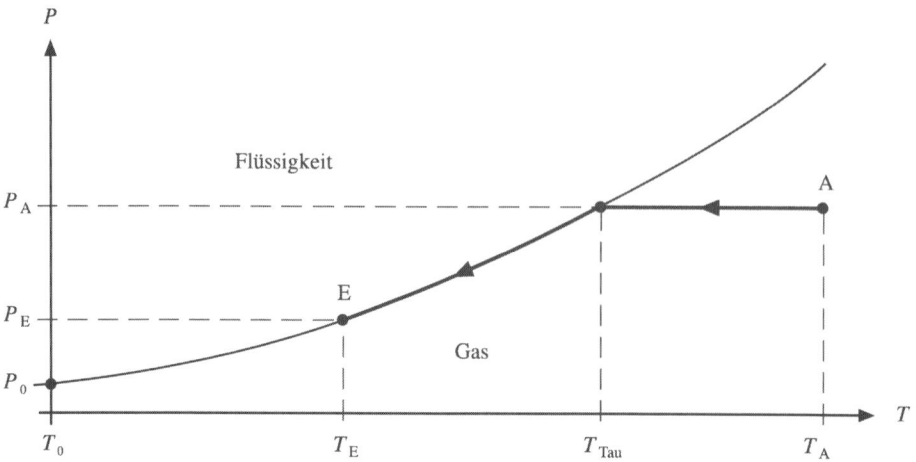

Abb. 3.81 *Abkühlen aus der Gasphase. Mit Erreichen des Taupunktes beginnt die Kondensation. Temperaturabsenkung bewirkt weitere Kondensation. Die Menge des Kondensats ist proportional zu $P_a - P_E$.*

werden, bei hohen Außentemperaturen schwitzen Menschen, durch die Verdunstung wird die Köpertemperatur konstant gehalten.

Befinden sich Flüssigkeiten in offenen Gefäßen, so verdunsten sie vollständig, wenn der Druck der betreffenden Flüssigkeitsmoleküle in der Atmosphäre unter dem Sättigungsdampfdruck liegt. Der Druck durch Moleküle anderer Art spielt keine Rolle.

Wird ein Stoff, der zunächst bei einer bestimmten Temperatur die Gasphase als Gleichgewichtszustand hat, abgekühlt, so beginnt bei der Temperatur, bei der die Dampfdruckkurve erreicht wird, die Kondensation von Flüssigkeit aus der Gasphase. Diese Temperatur nennt man auch den Taupunkt. Bei weiterer Temperatursenkung sinkt der der Sättigungsdampfdruck und weitere Flüssigkeit kondensiert.

Verdampfen bzw. Verdunsten geschieht nur an der Grenzfläche Flüssigkeit-Gas. Weist jedoch die Flüssigkeit eine Temperatur auf, bei der der Sättigungsdampfdruck größer als der lokale Druck im Inneren der Flüssigkeit ist, so entstehen auch dort Dampfblasen. In diesem Fall spricht man von einem Sieden der Flüssigkeit. Der lokale Druck im Inneren setzt sich gemäß (2.355) zusammen aus dem hydrostatischen Druck und dem Druck der Atmosphäre[1] auf den Flüssigkeitsspiegel.

Wird Wasser auf 100 °C erhitzt, so beginnt das Sieden direkt unter dem Wasserspiegel, wenn der Luftdruck 1013 hPa beträgt. Liegt die Temperatur im gesamten Gefäß $T_W > 100$ °C, so entstehen Dampfblasen bis in eine Tiefe x_S. Steigt dagegen die Temperatur vom Wasserspie-

---

[1]   Dieser setzt sich nach (3.36) zusammen aus der Summe der Partialdrücke von den Gasen, die sich in der Atmosphäre befinden.

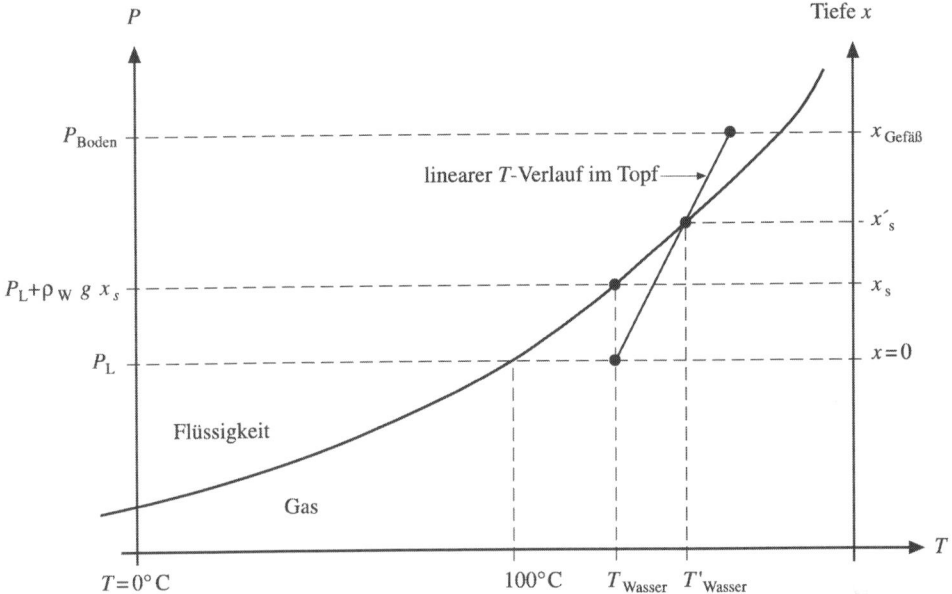

Abb. 3.82 *Tiefe, bis zu der in einem Gefäß eine Flüssigkeit (Wasser) siedet.*

gel bis zum Gefäßboden linear von T_W auf T_W, weil sich z. B. der Topf auf einer heißen Herd-platte befindet, so vergrößert sich die Tiefe auf x_S'.

Ändert sich der Luftdruck, so ändert sich auch die Siedetemperatur, im Hochgebirge verklei-nert sie sich, in einem Druckgefäß dagegen wird sie größer. Dieser Effekt wird in einen Schnellkochtopf ausgenutzt. Aufgrund des erhöhten Druckes siedet das zum Kochen ver-wendete Wasser bei höheren Temperaturen. Das Garen, im Prinzip eine chemische Reaktion, verläuft dadurch schneller.

Beim Schnittpunkt von Dampfdruckkurve und Schmelzdruckkurve koexistieren 3 Phasen, feste, flüssige und Gasphase eines reinen Stoffes. Dann haben Dampfdruck und Temperatur definierte Werte. Diese beiden intensiven thermischen Zustandsgrößen stellen die Freiheits-grade dar, welche geändert werden können, ohne dass sich das Gleichgewicht zwischen den Phasen eines Systems ändert, also keine Phase zugunsten einer anderen aufgelöst wird. Ein reiner Stoff kann maximal in drei verschiedenen Phasen koexistieren. Da Druck und Tempe-ratur festliegen, ist die Zahl der Freiheitsgrade null. Koexistieren zwei Phasen, so kann z. B. der Druck in Abhängigkeit von der Temperatur variieren (Dampfdruck-, Schmelzdruck- und Sublimationsdruckkurve), die Zahl der Freiheitsgrade ist eins. Liegt der Stoff in nur einer Phase vor, so können Druck und Temperatur unabhängig in einem gewissen Bereich variiert werden, somit ist die Zahl der Freiheitsgrade zwei. Dieses wird in der Gibbsschen Phasenre-gel für einen reinen Stoff zusammengefasst:

$$f = 3 - n_P \tag{3.269}$$

Dabei ist f die Zahl der Freiheitsgrade für die thermischen Zustandsgrößen P und T und n_P die Zahl der koexistierenden Phasen. Diese Phasenregel kann auf Stoffgemische, in denen sich n_K reine Stoffe (Komponenten) befinden, erweitert werden:

$$f = n_K - n_P + 2 \qquad (3.270)$$

Im Gegensatz zu reinen Stoffen kann bei Gemischen die Zusammensetzung als weiterer Parameter variiert werden.

3.9.3   Phasenübergänge von Stoffgemischen

Befinden sich unterschiedliche Gase in einem Gefäß, so setzt sich der Gesamtdruck nach (3.36) aus der Summe der Partialdrücke der einzelnen Gase zusammen. Dieser Zusammenhang gilt auch, wenn die Stoffe nicht nur als Gas, sondern auch als Flüssigkeit miteinander koexistieren. Liegt ein Gemisch aus zwei reinen Stoffen A und B vor, so beschreiben wir die stoffliche Zusammensetzung unabhängig von der Gesamtmenge durch die so genannte Konzentration

$$c_A := \frac{\nu_A}{\nu_A + \nu_B}, \quad c_B := \frac{\nu_B}{\nu_A + \nu_B} \Rightarrow c_A + c_B = 1. \qquad (3.271)$$

(3.271) setzt die Stoffmengen ins Verhältnis. Sind die Stoffe, die gemischt werden, Elemente, so nennt man die Konzentration auch „Atomprozent". Daneben werden als Konzentrationsangabe auch „Gewichts- oder Massenprozent", bei denen die Massen der Komponenten ins Verhältnis gesetzt werden, und „Volumenprozent" mit entsprechendem Volumenverhältnis verwendet.

Man bezeichnet eine Mischung als ideal, wenn die Kräfte zwischen den Molekülen der beiden Komponenten etwa gleich sind. Dies ist für die Gasphase der Fall, wenn wir näherungsweise annehmen, dass sich die Gase (Dämpfe) im Koexistenzgebiet ideal verhalten. Mischen sich die Flüssigkeiten ebenfalls ideal, so liegt auch eine einzige Flüssigphase vor. Die (Sättigungs-)Dampfdrücke der Komponente variieren bei einer bestimmten Temperatur T in Abhängigkeit von den jeweiligen Konzentration linear wie

$$P_A(c_A) = P_A(c_A = 1)c_A \quad \text{und} \quad P_B(c_B) = P_B(c_B = 1)c_B. \qquad (3.272)$$

Da $c_A = 1 - c_B$ ist, können wir den gesamten Dampfdruck $P = P_A + P_B$ beispielsweise durch c_B ausdrücken. Dazu schreiben wir $P_A(c_A)$ um:

$$P_A(c_A) = P_A(c_A = 1)(1 - c_B) = P_A(c_B = 0)(1 - c_B) = P_A(c_B) \qquad (3.273)$$

Der gesamte Dampfdruck der Mischung in Abhängigkeit von der Konzentration c_B beträgt

$$P(c_B) = P_A(c_D) + P_B(c_B) = P_A(c_B = 0)(1 - c_B) + P_B(c_B = 1)c_B$$
$$P(c_B) = P_A(c_B = 0) - (P_A(c_B = 0) - P_B(c_B = 1))c_B. \qquad (3.274)$$

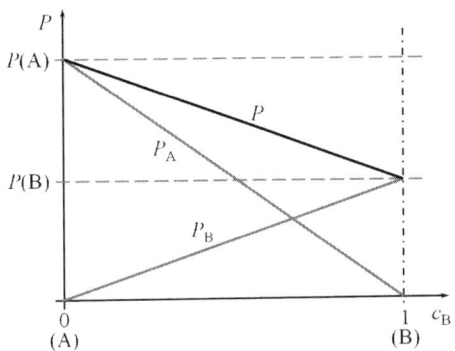

Abb. 3.83 *Verlauf der Dampfdrücke der beiden Komponenten einer idealen Mischung in Abhängigkeit der Konzentration der Komponente B.*

Bei nicht idealen Mischungen in der Flüssigphase verläuft der Dampfdruck P nicht mehr linear. Sind die Kräfte zwischen gleichen Molekülen größer, so wird die Flüssigphase bevorzugt und P ist kleiner als bei der idealen Mischung, im anderen Fall ist P größer.

Dampfdruck von Lösungen, Siedepunkterhöhung und Gefrierpunkterniedrigung

Werden eine Flüssigkeit und ein fester Stoff gemischt und verteilt sich der feste Stoff in der Flüssigkeit bis auf einzelne Moleküle, so spricht man von einer Lösung. Typische Lösungen sind Salz in Wasser, Zucker in Wasser usw. Im Allgemeinen ist der Dampfdruck eines festen Stoffes im Vergleich zu einer Flüssigkeit sehr klein und kann in (3.274) diesen vernachlässigen. Der Dampfdruck P_L einer Salzlösung in Abhängigkeit von der Salzkonzentration c_S lautet dann

$$P_L(c_S) = P_W(1 - c_S)\,, \tag{3.275}$$

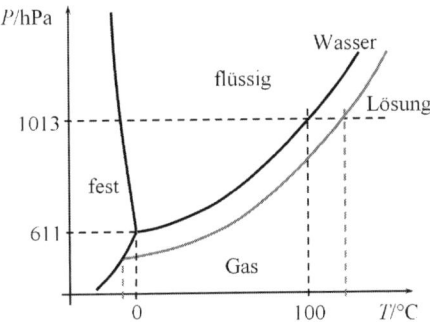

Abb. 3.84 *Die Verschiebung der Dampfdruckkurve einer Salzlösung bewirkt eine Siedepunkterhöhung und eine Gefrierpunkterniedrigung.*

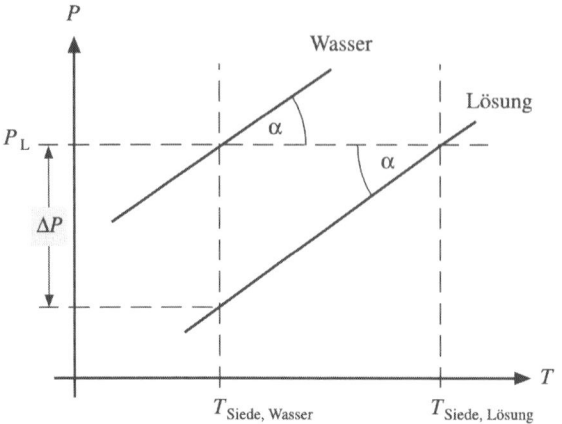

Abb. 3.85 *Zur Abschätzung der Siedepunkterhöhung: Annäherung der Dampfdruckkurven von reinem Wasser und der Salzlösung durch parallele Geraden.*

wobei P_W der Sättigungsdampfdruck des reinen Wassers ist. Die Dampfdruckkurve der Lösung ist gegenüber der des Wassers um $P_w c_S$ zu niedrigeren Drücken verschoben. (3.275) heißt auch das Raoultsche[1] Gesetz.

Die Bedingung für das Sieden der Lösung, dass der Dampfdruck größer sein muss als der lokale Druck im Inneren, wird nur bei höheren Temperaturen erreicht. Durch das Lösen von Salz wird der Siedepunkt des Wassers erhöht. Zur Abschätzung der Siedepunkterhöhung nehmen wir an, dass die Dampfdruckkurven $P_L(T)$ und $P_W(T)$ in dem zu betrachtenden Temperaturbereich durch parallele Geraden anzunähern sind.

Die Steigung $\tan \alpha$ der Geraden kann aus der Ableitung von (3.268) nach der Temperatur an der Stelle $T = T_{Siede,W}$ berechnet werden.

$$\tan \alpha = \left.\frac{dP_{Sätt.}(T)}{dT}\right|_{T_{Siede,W}} = \left. -\frac{\overline{\Delta h_{Verd.,mol}}}{R}(-\frac{1}{T^2})P_{Sätt.}(T_0)e^{-\frac{\overline{\Delta h_{Verd.,mol}}}{R}(\frac{1}{T}-\frac{1}{T_0})}\right|_{T_{Siede,W}}$$

$$\tan \alpha = \frac{\overline{\Delta h_{Verd.,mol}}}{RT_{Siede,W}^2}P_{Sätt.}(T_{Siede,W}) \tag{3.276}$$

Mit der Dampfdruckerniedrigung $\Delta P = P_W - P_L = c_S P_W$ aus (3.275) erhalten wir die Siedepunkterhöhung

$$\Delta T = T_{Siede,L} - T_{Siede,W} = \frac{\Delta P}{\tan \alpha} = \frac{RT_{Siede,W}^2}{\Delta h_{Verd.,mol}}c_S . \tag{3.277}$$

---

[1]   F. M. Raoult (1830–1901).

Den Ausdruck $\dfrac{RT^2_{Siede,W}}{\Delta h_{Verd.,mol}}$ nennt man auch „ebulluskopische Konstante" des Lösungsmittels.

Die Absenkung des Sättigungsdampfdruckes von Lösungen bewirkt ferner eine Erniedrigung des Schmelzpunktes. Sie beträgt in Anlehnung an (3.277)

$$\Delta T^* = T_{Schmelz,L} - T_{Schmelz,W} = -\frac{RT^2_{Schmelz,W}}{\Delta h_{Schmelz.,mol}} c_S . \tag{3.278}$$

Die Größe $\dfrac{RT^2_{Schmelz,W}}{\Delta h_{Schmelz.,mol}}$ heißt „kryoskopische Konstante" des Lösungsmittels. Bei Wasser beträgt sie $-1{,}85$ K je Mol Salz, das in $55{,}55$ mol Wasser (entspricht 1 kg Wasser) gelöst wird. Mit Kältemischungen, bei denen größere Mengen Salz in Wasser und Eis (bis zur Sättigung) gelöst werden, können mit NaCl bis zu $-22\,°$C, mit CaCl$_2$ sogar bis zu $-51\,°$C erreicht werden.

3.9.4 Feuchte Luft

Die Luft, die uns umgibt, ist ein Gemisch aus Stickstoff, Sauerstoff und anderen Gasen, unter anderem auch Wasserdampf. Da Wasserdampf Phasenumwandlungen erfahren kann, haben Zustandsänderungen von feuchter Luft, sozusagen ein Gemisch aus trockener Luft und Wasserdampf, für insbesondere Heizungs- und Klimatechnik eine sehr große Bedeutung. Ihre wesentliche Aufgabe ist es, die Luft in Räumen, in denen sich Menschen aufhalten, so aufzubereiten, dass „angenehme" Temperaturen und Luftfeuchtigkeitswerte herrschen und ggf. vorhandene Schadstoffe entfernt werden. Dafür muss die Raumluft ständig ausgetauscht werden durch Lüftung mit frischer Außenluft. Diese muss entsprechend geheizt oder gekühlt und evtl. auch be- oder entfeuchtet werden.

Den Anteil von Wasserdampf gibt man üblicherweise über den „Feuchtegrad" x an:

$$x := \frac{m_{Wasserdampf}}{m_{trockene\ Luft}} \tag{3.279}$$

Häufig verwendet wird auch die relative Luftfeuchtigkeit φ, sie ist definiert als

$$\varphi := \frac{P_D}{P_{Sätt.}}, \tag{3.280}$$

dabei ist P_D der Partialdruck des Wassers in der feuchten Luft. Im Alltag multipliziert man φ mit 100 und gibt den Wert in „%" an. Im Gleichgewicht kann φ nicht größer als eins werden, da mit Erreichen des Sättigungsdampfdruckes flüssiges Wasser aus der feuchten Luft kondensiert. Man kann auch sagen, dass φ den Feuchtegrad zum maximal Möglichen ins Verhältnis setzt. Betrachtet man die Gase der Luft näherungsweise als ideal, so kann man den Feuchtegrad x mit Hilfe der Zustandsgleichung (3.33) durch die Partialdrücke ausdrücken.

$$x = \frac{P_D V}{R_D T} \frac{R_L T}{P_L V} = \frac{P_D R_L}{P_L R_D} = \frac{P_D M_D}{P_L M_L} = \frac{P_D}{(P - P_D)} \frac{M_D}{M_L}, \tag{3.281}$$

dabei sind R_D und R_L die spezifischen Gaskonstanten von Luft, M_D und M_L die molaren Massen, sowie P der Gesamtdruck der feuchten Luft, für den man vereinfachend 1013 hPa annehmen kann. Feuchtegrad x und relative Luftfeuchtigkeit φ hängen über den Sättigungs-dampfdruck zusammen:

$$x = \frac{\varphi P_{Sätt.}}{(P - \varphi P_{Sätt.})} \frac{M_D}{M_L} \quad \Rightarrow \quad \varphi = \frac{x}{x + \frac{M_D}{M_L}} \frac{P}{P_{Sätt.}} \tag{3.282}$$

Weiterhin wird auch die absolute Luftfeuchtigkeit $\varphi_{abs.}$ zur Beschreibung des Wasserdampf-gehaltes von Luft verwendet. Sie ist wie folgt definiert:

$$\varphi_{abs.} := \frac{m_{Wasserdampf}}{V_{feuchte\ Luft}} \tag{3.283}$$

Zur Messung der Luftfeuchtigkeit werden Effekte verwendet, die abhängig von der Feuch-tigkeit sind. Bei einfachen Geräten, den „Hygrometern", wird die Längenänderung von hyg-roskopischen Stoffen, d. h. Stoffen, die Wasserdampf aufnehmen, z. B. Haare, gemessen. Zur Automatisierung von Prozessen werden gern elektrische Wandler verwendet. Diese nutzen Änderungen des elektrischen Widerstandes oder der Kapazität von Kondensatoren in Ab-hängigkeit von der Luftfeuchtigkeit aus. Andere Hygrometer bestimmen den Taupunkt, bei dem die Feuchtigkeit aus der Gasphase kondensiert. Dann beschlagen z. B. Spiegel, die auf diese Temperatur abgekühlt werden, und ändern ihre Reflektivität, welche leicht gemessen werden kann. Aus dem Taupunkt T_{Tau} kann dann mit Kenntnis der Dampfdruckkurve (3.268) der Partialdruck der Luftfeuchte P_D berechnet werden.

$$P_{Sätt.}(T_{Tau}) = P_D = P_{Sätt.}(T_0) e^{-\frac{\overline{\Delta h_{Verd.}}}{R_D}(\frac{1}{T_{Tau}} - \frac{1}{T_0})} = 611,2\,\text{Pa}\ e^{-4953,3\,\text{K}(\frac{1}{T_{Tau}} - \frac{1}{273,16\,\text{K}})} \tag{3.284}$$

Zur Berechnung von Wärmeströmen, die zur Erreichung eines bestimmten Luftzustandes in einem Raum erforderlich sind, benötigt man die spezifischen Enthalpien des Ausgangs- und des Endzustandes, da zu klimatisierende Räume als offene Systeme anzusehen sind. Da kei-ne mechanische Arbeit zur Änderung des Luftzustandes verrichtet wird (wir nehmen an, dass die Druckunterschiede vernachlässigbar sind), beschreibt gemäß (3.173) die Differenz der spezifischen Enthalpien, multipliziert mit dem Massenstrom der Luft, den erforderlichen Wärmestrom. Dieser setzt sich aus dem Teilstrom trockener Luft und dem Teilstrom des Wasserdampfes zusammen.

$$\dot{Q} = \dot{m}_L q = \dot{m}_L \Delta h = \dot{m}_{tL} \Delta h_{tL} + \dot{m}_D \Delta h_D = \dot{m}_{tL}(\Delta h_{tL} + \frac{\dot{m}_D}{\dot{m}_{tL}} \Delta h_D) \tag{3.285}$$

Berücksichtigen wir (3.279), so können wir (3.285) durch den gesamten Massenstrom und x ausdrücken.

$$\dot{Q} = \dot{m}_{tL}(\Delta h_{tL} + x\Delta h_D) = \frac{\dot{m}_L}{1+x}(\Delta h_{tL} + x\Delta h_D) \tag{3.286}$$

Für klimatechnische Berechnungen wird die spezifische Enthalpie der Luft bei 0 °C zu null gesetzt, sie setzt sich aus den spezifischen Enthalpien von trockener Luft und Wasser zusammen. Bei $h_D = 0$ befindet sich Wasser im flüssigen Aggregatzustand, d.h. es muss noch die Verdampfungsenthalpie berücksichtigt werden. Unter der Annahme konstanter Wärmekapazitäten betragen mit (3.96) die Enthalpien von trockener Luft und Wasserdampf der Temperatur $\Delta T = T - 0\,°C$

$$\Delta h_{tL} = c_{s,P,tL}\Delta T \quad \text{und} \quad \Delta h_D = c_{s,P,D}\Delta T + \Delta h_{Verd.} . \tag{3.287}$$

Etwas komplizierter wird es, wenn die Feuchtegrade nicht, wie oben angenommen, konstant sind. Dies kann zum einen der Fall sein, wenn bei Taupunktunterschreitung Wasser aus der Gasphase kondensiert. Zum anderen wird der Feuchtegrad auch geändert, wenn die Luft befeuchtet wird. Diese Fälle kann man besonders gut mit Hilfe des h,x-Diagramms nach Mollier[1] behandeln. Darin sind in Abhängigkeit von der Temperatur und dem Feuchtegrad x die Linien gleicher spezifischer Enthalpie und gleicher relativer Luftfeuchtigkeit abgetragen.

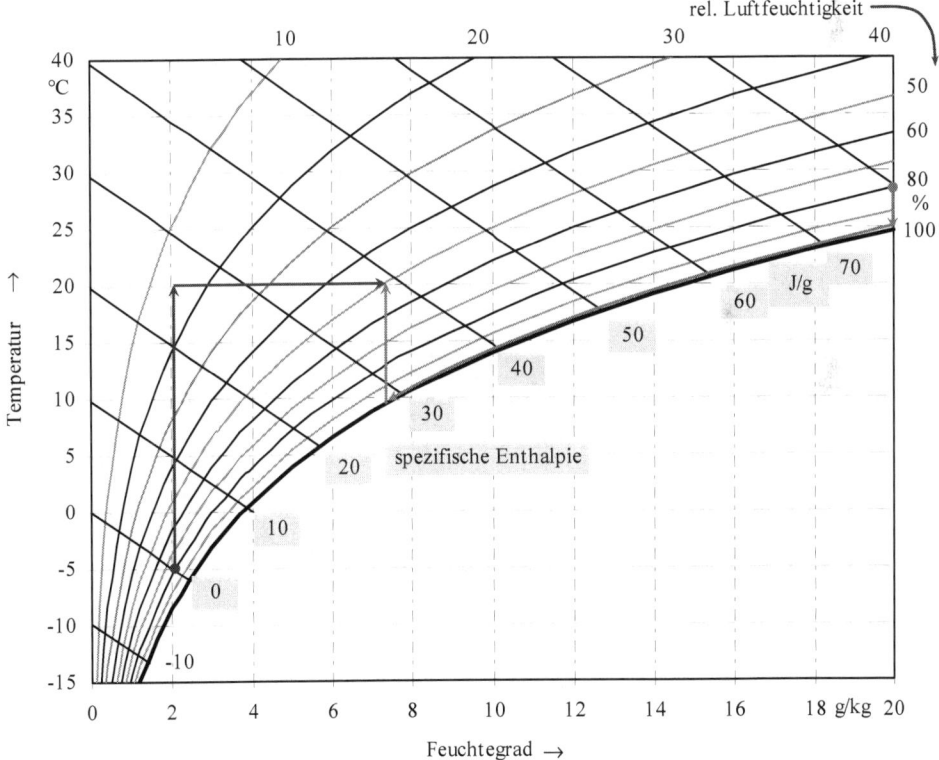

Abb. 3.86 *h,x-Diagramm für feuchte Luft bei P = 1013 hPa.*

---

[1] R. Mollier (1863–1935).

Wird z. B. beim Lüften im Winter frische Außenluft von −5 °C und einer relativen Luftfeuchtigkeit von 90 % in einen Raum gelassen und dort auf 20 °C erwärmt, so verringert sich die relative Luftfeuchtigkeit auf knapp 15 %. Um diese auf angenehme 50 % zu steigern, muss in dem Raum Wasser verdunstet werden. Für das Aufheizen liest man im Diagramm **Abb. 3.86** Δh = 25 J/g ab, für das Befeuchten sind weitere 13 J/g erforderlich, dabei werden der Luft Δx = 5,4 g Wasser je kg trockener Luft zugeführt (schwarze Pfeile in **Abb. 3.86**).

Soll dagegen Außenluft mit „Tropenklima" von 27 °C und φ = 80 % auf behagliche 20 °C und φ = 50 % konditioniert werden, so muss die Außenluft zunächst auf 9 °C abgekühlt werden, um den angestrebten Feuchtegrad zu erreichen. Wasserdampf kann aus feuchter Luft nämlich nur durch Kondensation entfernt werden, daher ist diese vergleichsweise starke Abkühlung erforderlich, bei der 53 J/g abgeführt werden müssen, und 10,7 g Wasser pro kg trockener Luft kondensieren. Für die anschließende Aufheizung auf 20 °C sind der Luft dann wieder 10 J/g Enthalpie zuzuführen (graue Pfeile in **Abb. 3.86**).

3.10   Wärmetransport

Wir haben in den vorangegangenen Kapiteln die Auswirkungen des Austauschs von Wärme zwischen thermodynamischen Systemen behandelt, z. B. als Ausgleichsprozess, wenn die Systeme unterschiedliche Temperaturen aufweisen, oder als Energiequelle zum Antrieb thermodynamischer Maschinen. Die Übertragung von Wärme ist von großer technischer Bedeutung. Meistens werden die Grenzfälle eines möglichst „verlustlosen" Wärmetransports, z. B. als „Fernwärme" zur Beheizung von Gebäuden, oder aber seine vollständige Unterbindung durch „Wärmedämmung" angestrebt. Nun wollen wir auf die Mechanismen des Wärmetransportes näher eingehen.

Die Temperatur warmer Gegenstände wird durch die ungeordnete Bewegung ihrer Atome bzw. Moleküle sowie deren Bestandteile bewirkt. Die Übertragung von Wärme zwischen Systemen unterschiedlicher Temperatur bedeutet, dass die ungeordnete Bewegung der Moleküle des einen Systems die Bewegung der Moleküle des anderen Systems beeinflusst. Man unterscheidet drei prinzipielle Möglichkeiten, wie Wärme transportiert werden kann:

- Wärmeleitung
  Die Systeme sind über eine gemeinsame Grenzfläche in Kontakt. Die Moleküle des wärmeren Systems regen durch Schwingungen (Festkörper) oder Stöße (Flüssigkeiten und Gase) die Moleküle des kälteren zu verstärkter thermischer Bewegung an. Bei elektrisch leitfähigen Stoffen kollidieren auch die frei beweglichen Elektronen der Systeme an der Grenzfläche. Die Temperatur des kälteren Systems steigt, die des wärmeren sinkt, die Wärme „fließt" vom warmen zum kalten System. Allerdings verbleiben die Moleküle in ihrem jeweiligen System.
- Wärmestrahlung
  Aufgrund der ungeordneten Bewegung werden die freien und die an den Atomen gebundenen Elektronen beschleunigt. Beschleunigte Ladungen emittieren aber aus Gründen, die wir später diskutieren werden, elektromagnetische Strahlung, die sich auch im Vakuum

ausbreiten kann. Der bedeutendste Energietransport zur Erde, die Sonnenstrahlung, ist Wärmestrahlung, die mit dem Auge sichtbar ist. Die meisten anderen Körper auf der Erde emittieren Wärmestrahlung im Infraroten. Wärmestrahlung ist der einzige Transportmechanismus, der nicht an das Vorhandensein von Materie gebunden ist.

- Konvektion oder Wärmeströmung
  Im Gegensatz zu den beiden anderen Wärmetransportmechanismen wird hier der Wärmestrom von einem Materiestrom begleitet: Dieser Materiestrom kann durch externe Kräfte bewirkt werden, dann spricht man von erzwungener Konvektion. Erfolgt die makroskopische Bewegung durch Auftriebskräfte im Schwerefeld der Erde, die von thermisch bedingten Dichteunterschieden herrühren, so nennt man das freie Konvektion. Konvektiver Wärmetransport erfolgt bevorzugt in Flüssigkeiten und Gasen, wo sich die Moleküle (mehr oder weniger) frei bewegen können.

Im Allgemeinen treten alle Mechanismen beim Wärmetransport zusammen auf, können aber in ihren Beiträgen zum Wärmestrom sehr unterschiedlich sein.

$$\dot{Q} = \dot{Q}_{Leitung} + \dot{Q}_{Konvektion} + \dot{Q}_{Strahlung} \qquad (3.288)$$

3.10.1 Wärmeleitung

Treibende „Kraft" für einen Wärmestrom zwischen zwei Objekten ist ihre Temperaturdifferenz, zumindest näherungsweise kann man sagen, dass $\dot{Q} \sim \Delta T$. Dieser Vorgang ist irreversibel, die Gesamtentropie der beiden Objekte wird erhöht. Da die Exergie nicht für „nützliche" Arbeit verwendet wird, sagt man auch, sie wird zerstreut oder „dissipiert". Wir haben schon andere dissipative Vorgänge kennen gelernt: die Bewegung eines Objektes unter dem Einfluss von Reibung und Strömung einer viskosen Flüssigkeit durch ein Rohr. Wir werden später sehen, dass auch das Fließen eines elektrischen Stromes durch einen „Widerstand" dissipativ ist. Der Energiestrom kann immer dargestellt werden als

$$\text{Energiestrom = treibende Kraft} \times \text{Strom,} \qquad (3.289)$$

man sagt auch, treibende Kraft und das, was strömt, sind energetisch konjugiert (miteinander verbunden). Den Zusammenhang zwischen treibender Kraft und Strom formuliert man gern als

$$\text{Strom = Leitwert} \times \text{treibende Kraft} \qquad (3.290)$$

oder

$$\text{treibende Kraft = Widerstand} \times \text{Strom,} \qquad (3.291)$$

dabei gilt

$$\text{Widerstand} = \frac{1}{\text{Leitwert}}. \qquad (3.292)$$

Folgende Tabelle stellt die wesentlichen Zusammenhänge dissipativer Prozesse zusammen.

Tab. 3.10   *Dissipative Prozesse in Mechanik und Elektrodynamik.*

Prozess	treibende Kraft	Strom	Energiestrom	Zusammenhang treibende Kraft - Strom	Leitwert G
Bewegung mit innerer Reibung	Geschwindigkeits-differenz Objekt - Umgebung	Impuls-strom $\dot{p} = F_R$	$\Delta v \dot{p} = \Delta v F_R$	$F_R = b\Delta v$ (2.66)	$G = b$
Strömung einer viskosen Flüssigkeit	Druckdifferenz zwischen Rohranfang und Rohrende	Volumen-strom $\dot{V}$	$\Delta P \dot{V}$	$\dot{V} = G_{Rohr} \Delta P$	$G_{Rohr} \sim \dfrac{A_{Rohr}}{l_{Rohr}}$ (2.396), (2.406)
elektrischer Strom durch Leiter	Spannung oder Potentialdifferenz $U = \Delta\varphi$	Ladungs-strom $\dot{q} = I$	$\Delta\varphi I$	$I = G_{el} \Delta\varphi$ oder $U = RI$	$G_{el} \sim \dfrac{A_{Leiter}}{l_{Leiter}}$

Wie bei dem elektrischen Strom und der Rohrströmung definieren wir für einen Wärmeleiter einen thermischen Leitwert

$$\dot{Q} = G_{th}\Delta T \ , \quad [G_{th}] = \frac{[\dot{Q}]}{[T]} = \frac{\mathrm{W}}{\mathrm{K}} \ . \tag{3.293}$$

Dabei setzen wir voraus, dass Wärme nur zwischen den beiden Objekten, die thermisch über den Wärmeleiter verbunden sind, transportiert wird, so wie sich die Ladungsträger beim elektrischen Strom nur durch die (elektrischen) Leiter bewegen können. Interpretiert man die strömende Wärme als fließendes Medium, so können wir den thermischen Leitwert eines Wärmeleiters mit konstanter Querschnittsfläche in ähnlicher Weise wie bei der Rohrströmung oder bei der elektrischen Leitung ansetzen:

$$G_{th} = \lambda \frac{A}{l} \ , \quad [\lambda] = \frac{[\dot{Q}]}{[T]} = \frac{\mathrm{W}}{\mathrm{m}\cdot\mathrm{K}} \tag{3.294}$$

Die Größe λ nennt man auch „Wärmeleitfähigkeit" des Wärmeleiters. Sie ist eine Werkstoffeigenschaft, allerdings ist sie in der Regel nicht konstant, sondern von der Temperatur und bei Gasen vom Druck abhängig.

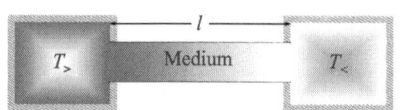 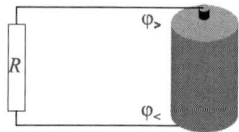

Abb. 3.87   *Analogie zwischen elektrischer Leitung und Wärmeleitung. Die Temperaturdifferenz zwischen den beiden Systemen entspricht der elektrischen Spannung der Batterie.*

Tab. 3.11   *Wärmeleitfähigkeit in* $\dfrac{W}{m \cdot K}$ *von Gasen, Flüssigkeiten und Festkörpern bei 20 °C und 1013 hPa.*

Gase		Flüssigkeiten		Nichtmetalle		Metalle	
Kohlendioxid	0,015	Benzol	0,17	Styropor	0,04	Stahl	50
Argon	0,016	Wasser	0,6	Glaswolle	0,04	Eisen	67
Luft	0,026	Wärmeträgeröl	0,134	Schnee	0,11	Grauguss	55
Wasserdampf	0,031	Quecksilber	8,5	Kork	0,03…0,06	Messing	110
Helium	0,144			Holz	0,1 …0,2	Aluminium	220
				Ziegelmauer	0,35…0,9	Kupfer	384
				Glas	0,7	Silber	421
				Beton	0,8 …1,3		
				Eis	2,2		
				Diamant	2000		

Gase sind sehr schlechte Wärmeleiter, die geringe Wärmeleitfähigkeit vieler Nichtmetalle beruht darauf, dass in ihnen viel Luft eingeschlossen ist, welche die Leitfähigkeit stark verkleinert. Dies kann man sehr gut erkennen, wenn man die Wärmeleitfähigkeiten von Glaswolle und Glas miteinander vergleicht. Glas hat gegenüber Glaswolle eine fast 20-mal größere Wärmeleitfähigkeit. Diese Stoffe werden häufig zur Wärmedämmung verwendet. Metalle leiten Wärme sehr viel besser als Nichtmetalle, dies geht einher mit einer guten elektrischen Leitfähigkeit. Für beide Eigenschaften sind die frei im Metall beweglichen Elektronen verantwortlich. Dem Wiedemann-Franzschen[1] Gesetz zufolge ist die thermische Leitfähigkeit λ bei nicht allzu tiefen Temperaturen proportional zur elektrischen Leitfähigkeit κ;

$$\lambda = LT\kappa , \qquad\qquad (3.295)$$

dabei ist L die Lorenzsche Zahl, sie beträgt $2,4 \cdot 10^{-8}$ V²/K². Auffällig ist die hohe Wärmeleitfähigkeit von Diamant. Diamanten sind nahezu perfekte Einkristalle, die auch für die Wärmeleitfähigkeit verantwortlichen kollektiven Schwingungen der Atome im Kristall werden kaum in ihrer Ausbreitung durch Kristallfehler beeinträchtigt. Je unregelmäßiger die Kristallstruktur ist, umso geringer ist auch die Wärmeleitfähigkeit. Daher sind Legierungen, Gemische aus verschiedenen Metallen, auch schlechtere Wärmeleiter als ihre reinen Komponenten.

Für die folgenden Betrachtungen setzen wir voraus, dass die Wärmeleitfähigkeit in den maßgeblichen Temperaturintervallen als konstant angesehen werden kann.

Wärmeleitung durch eindimensionale Leiter
Bei dem Ansatz (3.293) ,(3.294) nehmen wir an, dass die Querschnittsfläche A des Wärmeleiters konstant ist. Damit sind auch die Kontaktflächen zu der Wärmequelle, dem System mit der höheren Temperatur und der Wärmesenke mit der kleineren Temperatur gleich groß. Weiterhin nehmen wir an, dass die Kontaktflächen zur Wärmequelle und -senke parallel sind. Mit

$$\dot{Q} = \lambda \frac{A}{l} \Delta T \qquad\qquad (3.296)$$

---

[1]   G. H. Wiedemann (1826–1899), R. Franz (1827–1902).

können wir die Wärmeleitung von ebenen Körpern, z. B. Wänden beschreiben. Die Größe

$$k := \frac{\lambda}{l} \quad [k] = \frac{W}{m^2 \cdot K} \tag{3.297}$$

nennt man auch den „U-Wert", früher den „k-Wert" der Wand. Er stellt den flächenbezogenen thermischen Leitwert der Wand dar und spielt z. B. bei der Wärmebedarfsberechnung von Gebäuden, bei der Auslegung von Kühlkörpern usw. eine große Rolle. Sind die beiden Systeme, zwischen denen die Wärme über den Wärmeleiter fließt, Wärmereservoirs, d. h. ihre Wärmekapazität ist so groß, dass ein Wärmefluss ihre Temperatur nicht ändert, so bleiben Wärmestrom $\dot{Q}$ und Temperaturdifferenz zwischen den beiden Systemen konstant. Man spricht dann von einem stationären Wärmestrom. Etwas genauer betrachtet beschreibt (3.296) den Wärmestrom vom System 1 zum System 2

$$\dot{Q}_{1\to2} = Ak_{Leiter}(T_1 - T_2) . \tag{3.298}$$

Ist System 1 die Wärmequelle, so ist der Wärmestrom positiv, er fließt vom System 1 zum System 2. Im anderen Fall ist er negativ, die Wärme fließt vom System 2 zum System 1.

Wärmeleitung durch mehrere eindimensionale Leiter
Die Analogie zwischen Wärmeleitung und elektrischer Leitung können wir auch auf die Wärmeleitung durch eine Kombination von Wärmeleitern ausdehnen. Dabei nehmen wir wiederum an, dass diese ebene, parallele und gleich große Grenzflächen zur Wärmequelle und -senke haben.

Sind Wärmequelle und -senke durch mehrere Wärmeleiter miteinander verbunden, so fließt durch jeden ein Wärmestrom gemäß (3.293) bzw. (3.296). Der gesamte Wärmestrom ist die Summe aller Wärmeströme durch die parallel geschalteten Leiter. Die Temperaturdifferenz an den Enden der Leiter, die in Kontakt zur Wärmequelle bzw. -senke stehen, ist konstant.

$$\dot{Q} = \dot{Q}_1 + \dot{Q}_2 = (G_{th,1} + G_{th,2})\Delta T = (A_1 \frac{\lambda_1}{l_1} + A_2 \frac{\lambda_2}{l_2})\Delta T \tag{3.299}$$

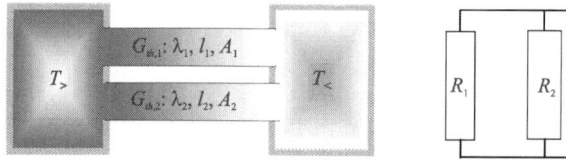

Abb. 3.88 *Parallelschaltung von Wärmeleitern und das elektrische Analogon.*

Sind dagegen mehrere Wärmeleiter hintereinander geschaltet, so fließt der gleiche Wärmestrom durch alle Leiter, da auf dem Weg von der Wärmequelle zur -senke weder Wärme erzeugt oder vernichtet noch zu- oder abgeführt wird. Zur Herleitung der Zusammenhänge teilen wir den Leiter in zwei Stücke der Längen l_1 und l_2. Dies entspricht zwei hintereinander geschalteten Leitern mit gleichen Querschnittsflächen und gleichem Material. Für diesen aufgeteilten Wärmeleiter gilt (3.296):

$$\dot{Q} = G_{th}\Delta T = A\frac{\lambda}{l_1+l_2}\Delta T = \frac{1}{\dfrac{1}{A\dfrac{\lambda}{l_1+l_2}}}\Delta T = \frac{1}{\dfrac{1}{A}\dfrac{l_1}{\lambda}+\dfrac{1}{A}\dfrac{l_2}{\lambda}}\Delta T \qquad (3.300)$$

Unter Berücksichtigung von (3.292) erhalten wir:

$$\dot{Q} = \frac{1}{\dfrac{1}{G_{th,1}}+\dfrac{1}{G_{th,2}}}\Delta T = \frac{1}{R_{th}}\Delta T = \frac{1}{R_{th,1}+R_{th,2}}\Delta T \;\Rightarrow\; R_{th} = R_{th,1}+R_{th,2} \qquad (3.301)$$

(3.301) gilt allgemein: bei der Hintereinanderschaltung (Serienschaltung) von Wärmeleitern addieren sich ihre thermischen Widerstände zum gesamten thermischen Widerstand der Kette. Sind die Querschnittsflächen der Wärmeleiter gleich, was bei ebenen Wänden in der Regel der Fall ist, die Werkstoffe jedoch unterschiedlich, so lautet (3.300)

$$\dot{Q} = \frac{1}{\dfrac{1}{A}\dfrac{l_1}{\lambda_1}+\dfrac{1}{A}\dfrac{l_2}{\lambda_2}+\dots}\Delta T = A\frac{1}{\dfrac{1}{k_1}+\dfrac{1}{k_2}\dots}\Delta T \;\Rightarrow\; \frac{1}{k} = \frac{1}{k_1}+\frac{1}{k_2}\dots \qquad (3.302)$$

Für die elektrische Leitung gilt (3.301) ebenfalls.

Abb. 3.89 *Serienschaltung von Wärmeleitern und das elektrische Analogon.*

Beziehen wir den Wärmestrom auf die Querschnittsfläche des Wärmeleiters, so erhalten wir die Wärmestromdichte

$$j_Q := \frac{\dot{Q}}{A}. \qquad (3.303)$$

Sie ist auf der gesamten Querschnittsfläche des ebenen Wärmeleiters konstant. Damit lauten (3.296) und (3.302)

$$j_Q = k\Delta T \quad \text{und} \quad j_Q = \frac{1}{\dfrac{1}{k_1}+\dfrac{1}{k_2}\dots}\Delta T \qquad (3.304)$$

Die an den Grenzen zwischen zwei Wärmeleitern herrschenden Temperaturen können bei bekanntem Wärmestrom bzw. bekannter Wärmestromdichte schrittweise berechnet werden. Ausgehend von der Wärmequelle (Temperatur $T_>$) stellt das andere Ende des ersten Leiters die Wärmesenke dar. Die Temperatur T_{12} dieser Grenze können wir mit (3.293) bzw. (3.296) und (3.95) berechnen:

$$\dot{Q} = G_{th,1}(T_> - T_{12}) \Rightarrow T_{12} = T_> - \frac{\dot{Q}}{G_{th,1}} = T_> - \frac{l_1}{A\lambda_1}\dot{Q}$$

$$j_Q = k_1(T_> - T_{12}) \Rightarrow T_{12} = T_> - \frac{j_Q}{k_1} = T_> - \frac{l_1}{\lambda_1}j_Q \tag{3.305}$$

Das Ende des ersten Wärmeleiters stellt die Wärmequelle des zweiten dar. Dessen Ende ist dann die Wärmesenke. Die Temperaturen der weiteren Grenzflächen ergeben sich damit zu

$$j_Q = k_2(T_{12} - T_{23}) \Rightarrow T_{23} = T_{12} - \frac{j_Q}{k_2} = T_> - \frac{j_Q}{k_1} - \frac{j_Q}{k_2} \quad \text{usw.} \tag{3.306}$$

Den Verlauf der Temperatur im Wärmeleiter in Abhängigkeit vom Abstand x zur Wärmequelle erhalten wir, wenn wir ihn in viele kurze, hintereinander geschaltete Stücke der Länge dx aufteilen. Die Temperatur im Abstand dx von der Wärmequelle beträgt mit (3.305)

$$T(dx) = T_> - \frac{dx}{\lambda}j_Q, \tag{3.307}$$

und im Abstand x unter Berücksichtigung von (3.306)

$$T(x) = T_> - \int_0^x \frac{dx}{\lambda}j_Q = T_> - \frac{j_Q}{\lambda}x, \tag{3.308}$$

wobei wir beachtet haben, dass die Wärmstromdichte konstant ist. Diese beträgt mit (3.304) und (3.297)

$$j_Q = \frac{\lambda}{l}(T_> - T_<), \tag{3.309}$$

dabei ist $T_<$ die Temperatur der Wärmesenke. Setzen wir (3.309) in (3.308) ein, so lautet die Temperatur

$$T(x) = T_> - \frac{T_> - T_<}{l}x, \tag{3.310}$$

d. h. die Temperatur nimmt linear mit wachsendem Abstand x von der Wärmequelle ab, im Abstand l, der Länge des Wärmeleiters beträgt sie $T_<$. Im elektrischen Fall spricht man von einem „Spannungsteiler". Sind z. B. drei Wärmeleiter hintereinander geschaltet, wobei die Wärmeleitfähigkeit des mit der Wärmequelle in Kontakt stehenden am kleinsten, die des mit

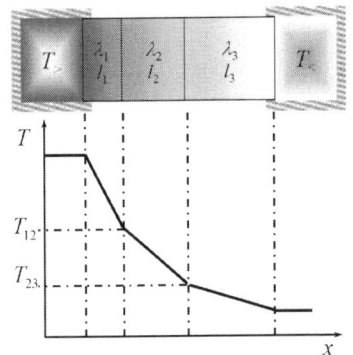

Abb. 3.90 *Temperaturverlauf in einer aus drei Schichten bestehenden Wand. $\lambda_1 < \lambda_2 < \lambda_3$. Die Steigungen der Geraden sind umgekehrt proportional zu den Wärmeleitfähigkeiten.*

der Wärmesenke in Kontakt stehenden am größten sein soll, so erhalten wir den in Abb. 3.9.1 gezeigten Temperaturverlauf in den drei Leitern.

Nicht stationärer Wärmestrom durch ebenen Wärmeleiter

Stationärer Wärmestrom, d. h. der Wärmestrom ist zeitlich konstant, bedeutet, dass die Temperaturen von Wärmequelle und -senke sich aufgrund des Wärmetransportes nicht ändern, ihre Wärmekapazitäten sind unendlich groß, sie sind Wärmereservoirs. Weiterhin nehmen wir für folgende Betrachtungen an, dass der Wärmeleiter selbst keine relevante Wärmekapazität aufweist.

Ist jedoch die Wärmekapazität der Wärmequelle endlich, so bewirkt der Wärmetransport ihre Abkühlung in Anlehnung an (3.83)

$$\dot{Q} = -C_{Quelle} \frac{dT_>}{dt} , \tag{3.311}$$

die Wärmesenke soll aber nach wie vor ein Wärmereservoir sein. Der Wärmestrom wiederum ist nach (3.298) proportional zur Temperaturdifferenz zwischen Wärmequelle und Wärmesenke. Kombinieren wir (3.298) mit (3.311), so erhalten wir eine Differentialgleichung für $T_>$, die den zeitlichen Verlauf der Temperatur der Wärmequelle beschreibt.

$$-C_{Quelle} \frac{dT_>}{dt} = A k_{Leiter} (T_> - T_<) \tag{3.312}$$

Diese Differentialgleichung können wir durch Trennung der Variablen $T_>$ und t und getrenntes Integrieren lösen, d. h. die Funktion $T_>(t)$ berechnen.

$$\frac{dT_>}{T_> - T_<} = -\frac{A k_{Leiter}}{C_{Quelle}} dt \quad \Rightarrow \quad \ln(\frac{T_>(t) - T_<}{T_>(0) - T_<}) = -\frac{A k_{Leiter}}{C_{Quelle}} t$$

$$\Rightarrow T_>(t) - T_< = (T_>(0) - T_<)e^{-\frac{A k_{Leiter}}{C_{Quelle}}t} \quad \text{oder} \quad T_>(t) - T_< = (T_>(0) - T_<)e^{-\frac{t}{R_{th}C_{Quelle}}} . \tag{3.313}$$

Der Verlauf $T_>(t) - T_<$ heißt auch „Abkühlkurve" und der exponentielle Zusammenhang „Newtonsches Abkühlungsgesetz" mit der „Zeitkonstanten" $R_{th}C_{Quelle}$. Erst nach sehr großen Zeiten ist die Wärmequelle auf die Temperatur der Wärmesenke abgekühlt.

Ist dagegen die Wärmequelle ein Reservoir, so bewirkt der Wärmestrom eine Erwärmung der Wärmesenke (Wärmekapazität C_{Senke}).

$$\dot{Q} = C_{Senke} \frac{\mathrm{d}T_<}{\mathrm{d}t} \tag{3.314}$$

Der Wärmestrom ist aber $\sim T_> - T_<$, damit lautet die Differentialgleichung, die den zeitlichen Verlauf der Temperatur der Wärmesenke beschreibt,

$$C_{Senke} \frac{\mathrm{d}T_<}{\mathrm{d}t} = Ak_{Leiter}(T_> - T_<) . \tag{3.315}$$

Wenn wir (3.315) durch Trennen der Variablen $T_<$ und t und getrenntes Integrieren lösen, so erhalten wir die Funktion $T_<(t)$.

$$\frac{\mathrm{d}T_<}{T_< - T_>} = -\frac{Ak_{Leiter}}{C_{Senke}} \mathrm{d}t \;\Rightarrow\; \ln(\frac{T_<(t) - T_>}{T_<(0) - T_>}) = -\frac{Ak_{Leiter}}{C_{Senke}} t$$

$$\Rightarrow T_<(t) - T_> = (T_<(0) - T_>)e^{-\frac{Ak_{Leiter}}{C_{Senke}}t} \;\Rightarrow\; T_<(t) - T_<(0) = T_> - T_<(0) + (T_<(0) - T_>)e^{-\frac{Ak_{Leiter}}{C_{Senke}}t}$$

$$\Rightarrow T_<(t) - T_<(0) = (T_> - T_<(0))(1 - e^{-\frac{Ak_{Leiter}}{C_{Senke}}t}) \tag{3.316}$$

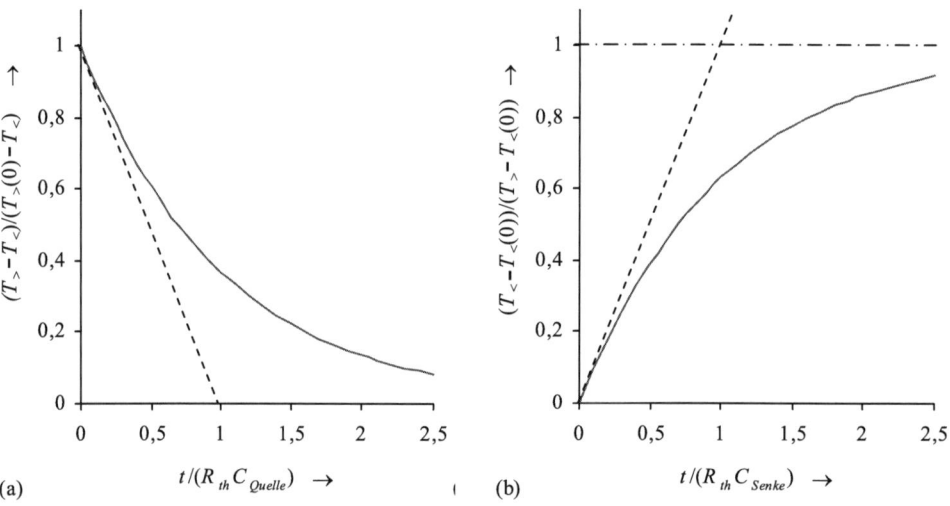

(a) $t/(R_{th}C_{Quelle}) \;\rightarrow$ (b) $t/(R_{th}C_{Senke}) \;\rightarrow$

Abb. 3.91 *Abkühlen (a) einer Wärmequelle und Aufheizen (b) einer Wärmesenke durch ein Wärmereservoir*

Nichtebene Wärmeleiter

Sind die Kontaktflächen zwischen Wärmequelle bzw. -senke und Wärmeleiter Isothermen, d. h. ist dort die Temperatur örtlich konstant, so ist bei Wärmeleitern mit ebener Geometrie die Wärmestromdichte (3.303) der von der Quelle in den Leiter eindringenden Wärme gleich der Wärmestromdichte der aus dem Leiter in die Wärmesenke fließenden Wärme. Ordnet man der Wärmestromdichte so wie im Kapitel 2.7.3 der Massenstromdichte einen Vektor zu, dessen Richtung die Richtung des Wärmestroms und dessen Betrag seine Größe beschreibt, so ist diese in einem ebenen Leiter überall konstant und senkrecht zu den Flächen gleicher Temperatur (Isothermen) (3.308) gerichtet.

Sind dagegen die Flächen von Eintritts- und Austrittsfläche unterschiedlich groß und nicht mehr eben, so ändert sich die Wärmestromdichte sowohl im Betrag als auch in der Richtung. Sie verläuft immer in Richtung des größten Temperaturgefälles und damit senkrecht zu den Flächen gleicher Temperatur.

Diese Sachverhalte beschreibt der Ansatz von Fourier[1] für die Wärmeleitung: Der lokale Stromdichtevektor ist proportional zum „Gradienten" der Temperatur, dem steilsten Temperaturanstieg an dieser Stelle.

$$\vec{j}_Q(x,y,z) = -\lambda \, \overrightarrow{\mathrm{grad}} \, T(x,y,z) \tag{3.317}$$

Das Minuszeichen berücksichtigt, dass der Wärmestrom immer in Richtung des größten Temperaturgefälles (negativer größter Anstieg) gerichtet ist. Der Gradient[2] ist ein Vektor, dessen Komponenten die Steigungen (partiellen Ableitungen) der Funktion in x-, y- und z-Richtung sind. Partiell nennt man eine Ableitung einer Funktion, die von mehreren Variablen, z. B. den Ortskoordinaten x, y und z abhängt, wenn die Ableitung nach einer dieser Variablen erfolgt, wobei die anderen als konstant angesehen werden.

$$\overrightarrow{\mathrm{grad}}T(x,y,z) := \left(\frac{\partial T(x,y,z)}{\partial x}, \frac{\partial T(x,y,z)}{\partial y}, \frac{\partial T(x,y,z)}{\partial z} \right) \tag{3.318}$$

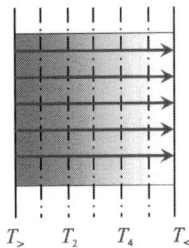 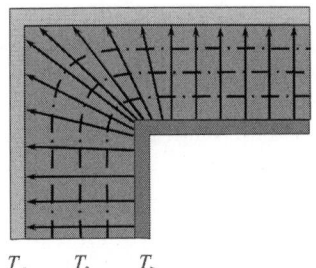

Abb. 3.92 *Wärmestromdichten und Isothermen einer ebenen Wand und einer Kante.*

---

[1]   J. B. J. Fourier (1768 – 1830).
[2]   Die übliche Schreibweise ist „grad $T(x, y, z)$", an dieser Stelle soll der Pfeil den Vektorcharakter verdeutlichen.

Kontinuitätsgleichung
Wird eine Wärmequelle von einer (gedachten) geschlossenen Hüllfläche umgeben, so fließt
der gesamte Wärmestrom zur Wärmesenke durch diese Fläche. Die Größe und Form spielt
dabei keine Rolle.

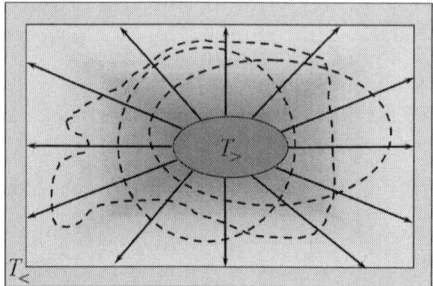

Abb. 3.93 *Wärmestrom durch eine geschlossene Hülle um die Wärmequelle. Der Wärmestrom durch die Hülle ist
unabhängig von der Größe und Form der Hülle.*

Ist die Wärmestromdichte auf der Hüllfläche nicht konstant und auch nicht in Richtung der
Flächennormalen gerichtet, so beträgt in Anlehnung an (2.375) unter Beachtung von (3.317)
der Wärmestrom durch die Hülle (negativ gezählt, da er die Hülle verlässt)

$$-\dot{Q} = - \oint_{\text{Hülle}} \vec{j}_Q \bullet d\vec{a} \;\Rightarrow\; \dot{Q} = - \oint_{\text{Hülle}} \lambda \overrightarrow{\text{grad}} T(x,y,z) \bullet d\vec{a}\,. \tag{3.319}$$

Sind die Formen der Wärmequelle und -senke sowie ihre Temperaturen vorgegeben, so besteht häufig die Aufgabe darin, aus (3.319) den örtlichen Verlauf von $T(x,\,y,\,z)$ und
$\vec{j}_Q(x,y,z)$ im Wärmeleiter zu bestimmen. Weisen Wärmequelle und -senke bestimmte
Symmetrien auf, so können wir davon ausgehen, dass $T(x,\,y,\,z)$ und $\vec{j}_Q(x,y,z)$ im Wärmeleiter ebenfalls diese Symmetrien haben. Dann wählen wir die Hüllfläche so, dass entweder

- $\vec{j}_Q(x,y,z)$ senkrecht zur Hüllfläche gerichtet ist, diese also eine Fläche konstanter Temperatur darstellt, so dass der Betrag der Wärmestromdichte dort konstant ist, oder
- $\vec{j}_Q(x,y,z)$ auf der Hüllfläche verläuft, also $\vec{j}_Q \bullet d\vec{a} = 0$ ist.

Als Beispiel wollen wir Isothermen und Wärmestromdichte einer zylindersymmetrischen
Anordnung, wie wir sie bei der Wärmeleitung durch eine zylindrische Kesselwand vorliegen
haben, bestimmen.

Temperaturverlauf und Wärmestromdichte eines zylindersymmetrischen Wärmeleiters
In diesem Fall haben Wärmequelle und -senke die Gestalt von langen, konzentrischen Zylin-
dern (Radien r_i und r_a), zwischen denen sich der Wärmeleiter befindet. In einer gewissen
Entfernung von den Stirnflächen der Zylinder fließt der Wärmestrom radial von der Wärmequelle zur Wärmesenke.

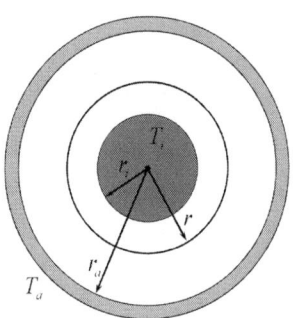

Abb. 3.94   *Wärmeleitung im zylindersymmetrischen Wärmeleiter: Wärmequelle und -senke sind lange, konzentrische Zylinder. Der Wärmestrom fließt radial von der innen liegenden Wärmequelle zur Wärmequelle.*

Als Hüllfläche zur Berechnung des Temperaturverlaufes und der Wärmestromdichte nach (3.319) wählen wir zur Wärmequelle bzw. -senke konzentrische Zylinder. Der Betrag der Wärmestromdichte ist konstant auf der Mantelfläche, die auch Isotherme ist, und null auf den Deckflächen des Zylinders. Der Wärmestrom durch ein Zylinderstück mit dem Radius r und der Länge L, die klein gegen die Länge der gesamten Anordnung sein soll, beträgt dann

$$\dot{Q} = \oint_{Zylinder} \vec{j}_Q \bullet d\vec{a} = j_Q(r)A_{Mantel} = j_Q(r)2\pi rL \;\Rightarrow\; j_Q(r) = \frac{\dot{Q}}{2\pi rL}. \tag{3.320}$$

Der Betrag der Wärmestromdichte fällt mit $1/r$ ab. Mit der Wärmestromdichte ist auch der Gradient der Temperatur radial gerichtet:

$$\overrightarrow{grad}T(x,y,z) = \frac{dT(r)}{dr}\vec{e}_r , \tag{3.321}$$

Setzten wir (3.317) in (3.321) ein, so können wir den Wärmestrom $\dot{Q}$ durch die Temperaturen $T(r_i) := T_i$ und $T(r_a) := T_a$ an dem inneren und dem äußeren Zylindermantel des Wärmeleiters ausdrücken:

$$j_Q(r) = \frac{\dot{Q}}{2\pi rL} = -\lambda\frac{dT(r)}{dr} \tag{3.322}$$

Trennen wir in dieser Differentialgleichung die Variablen T und r und integrieren beide Seiten, so erhalten wir

$$\frac{\dot{Q}}{L}\int_{r_i}^{r_a}\frac{dr}{r} = -2\pi\lambda\int_{T_i}^{T_a}dT(r) \;\Rightarrow\; \frac{\dot{Q}}{L}\ln(\frac{r_a}{r_i}) = -2\pi\lambda(T_a - T_i)$$

$$\Rightarrow \frac{\dot{Q}_{i\rightarrow a}}{L} = \frac{2\pi\lambda}{\ln(\frac{r_a}{r_i})}(T_i - T_a) . \tag{3.323}$$

Da wir die Länge L der zylindrischen Hüllfläche nicht explizit festgelegt haben, ist es sinnvoll, den Wärmestrom auf L zu beziehen. Durch die Wahl der Integrationsrichtung von innen nach außen haben wir auch den Wärmestrom radial von innen nach außen berechnet. Er ist positiv, wenn innen die Wärmequelle und außen die Wärmesenke ist, im anderen Fall ist er negativ. Vergleichen wir (3.323) mit (3.294), so erhalten wir den längenbezogenen thermischen Leitwert G_{th}/L des zylindersymmetrischen Wärmeleiters

$$\frac{G_{th}}{L} = \frac{2\pi\lambda}{\ln(\frac{r_a}{r_i})} \, . \tag{3.324}$$

Setzen wir (3.323) in (3.320) ein, so können wir den radialen Verlauf des Betrages der Wärmestromdichte in Abhängigkeit der „Randwerte" r_i, T_i und r_a, T_a, den Temperaturen an den Grenzen des Wärmeleiters, ausdrücken.

$$j_Q(r) = \frac{T_i - T_a}{\ln(\frac{r_a}{r_i})} \frac{1}{r} \tag{3.325}$$

Den Verlauf $T(r)$ können wir aus (3.323) berechnen, wenn wir die Integration von r_i bis r durchführen[1]. Setzen wir den Wärmestrom $\dot{Q}_{i \to a}$ von (3.323) ein, so lautet

$$\frac{\dot{Q}_{i \to a}}{L} \int_{r_i}^{r} \frac{dr'}{r'} = -2\pi\lambda \int_{T_i}^{T(r)} dT'(r') \;\Rightarrow\; \frac{\dot{Q}_{i \to a}}{L} \ln(\frac{r}{r_i}) = -2\pi\lambda(T(r) - T_i)$$

$$\Rightarrow T(r) = T_i - \frac{T_i - T_a}{\ln(\frac{r_a}{r_i})} \ln(\frac{r}{r_i}) \, . \tag{3.326}$$

Sind zwischen Wärmequelle und -senke mehrere Wärmeleiter in konzentrischen Schichten angeordnet, d. h. in Serie geschaltet, so können wir den gesamten thermischen Widerstand R_{th} nach (3.301) berechnen, wobei sich die Widerstände der einzelnen Schichten (jeweilige äußere Radien r_1, r_2 ... r_n) als Kehrwerte aus (3.324) ergeben.

$$R_{th} = \frac{1}{G_{th,1}} + \frac{1}{G_{th,1}} + ... + \frac{1}{G_{th,n}} = \frac{\ln(\frac{r_1}{r_i})}{2\pi L \lambda_1} + \frac{\ln(\frac{r_2}{r_1})}{2\pi L \lambda_2} + ... + \frac{\ln(\frac{r_a}{r_n})}{2\pi L \lambda_n} \, . \tag{3.327}$$

---

[1]   Um die Variablen, über welche integriert wird, von den variablen Integrationsgrenzen unterscheiden zu können, werden Erstere mit einem ´ gekennzeichnet.

Der gesamte längenbezogene Wärmestrom beträgt dann

$$\frac{\dot{Q}}{L} = \frac{1}{R_{th}L}(T_i - T_a) = \frac{2\pi(T_i - T_a)}{\frac{1}{\lambda_1}\ln(\frac{r_1}{r_i}) + \frac{1}{\lambda_2}\ln(\frac{r_2}{r_1}) + \dots + \frac{1}{\lambda_n}\ln(\frac{r_a}{r_n})} \qquad (3.328)$$

und die Temperaturen an den Grenzflächen der einzelnen Wärmeleiter ergeben sich gemäß (3.305) zu

$$T_{12} = T_i - \frac{\dot{Q}}{G_{th,1}} = T_i - \frac{G_{th}}{G_{th,1}}(T_i - T_a), \quad T_{23} = T_{12} - \frac{G_{th}}{G_{th,2}}(T_i - T_a) \dots \qquad (3.329)$$

Allgemeine Wärmeleitungsgleichung für ebene Leiter

Bei den oben behandelten Problemen weist der Wärmeleiter selbst keine Wärmekapazität auf. Muss diese allerdings berücksichtigt werden, so stellt jeder Abschnitt des Wärmeleiters eine Wärmequelle dar. Lokale Temperaturen und Wärmestromdichten werden in diesem Fall durch die allgemeine Wärmeleitungsgleichung beschrieben, die wir hier für ebene Leiter herleiten wollen. Dazu betrachten wir ein Stück eines ebenen Wärmeleiters, in dem Wärme nur in Längsrichtung strömen kann, an der Stelle x mit der Länge dx.

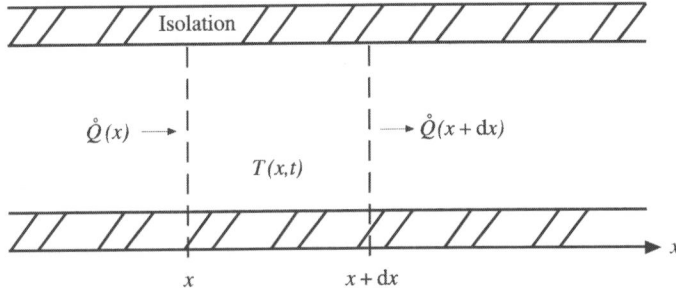

Abb. 3.95 *Eindimensionaler Wärmeleiter, in dem die Wärme nur in x-Richtung strömt, bei dem die Wärmekapazität des leitenden Materials zu berücksichtigen ist.*

Aufgrund der Wärmeströme durch die linke und die rechte Begrenzungsfläche ändert sich die innere Energie des betrachteten Abschnittes. Mit (3.87) beträgt diese, wenn wir annehmen, dass links die höhere und rechts die niedrigere Temperatur herrscht,

$$\frac{dU}{dt} = C_V \frac{dT}{dt} = A(j_Q(x) - j_Q(x+dx)). \qquad (3.330)$$

Da sich die Wärmeströme nur wenig unterscheiden, können wir $j_Q(x+dx)$ durch $j_Q(x)$ und die Änderung des Wärmestroms in x,

$$j_Q(x+dx) = j_Q(x) + (\frac{dj_Q(x)}{dx})dx, \qquad (3.331)$$

ausdrücken. Damit erhalten wir mit (3.81)

$$C_V \frac{\mathrm{d}T}{\mathrm{d}t} = c_{s,V} \rho A \mathrm{d}x \frac{\mathrm{d}T}{\mathrm{d}t} = -A(\frac{\mathrm{d}j_Q(x)}{\mathrm{d}x})\mathrm{d}x \tag{3.332}$$

und mit (3.317)[1]

$$c_{s,V} \rho \frac{\mathrm{d}T}{\mathrm{d}t} = \lambda \frac{\mathrm{d}^2T}{\mathrm{d}x^2} \Rightarrow \frac{\mathrm{d}T}{\mathrm{d}t} = \frac{\lambda}{c_{s,V}\rho} \frac{\mathrm{d}^2T}{\mathrm{d}x^2} = a \frac{\mathrm{d}^2T}{\mathrm{d}x^2}. \tag{3.333}$$

Dies ist die allgemeine Wärmeleitungsgleichung, eine partielle Differentialgleichung, da die gesuchte Funktion $T(x,t)$ von zwei Variablen abhängt. Die Konstanten Wärmeleitfähigkeit λ, spezifische Wärmekapazität c_s und Dichte ρ des Wärmeleiters sind dabei zur „Temperatur-leitfähigkeit" a, $[a]$ = m²/s, zusammengefasst worden. Um die gesuchte Funktion $T(x,t)$ ein-deutig bestimmen zu können, müssen zu einem bestimmten Zeitpunkt die Temperaturen an den Begrenzungen des Wärmeleiters bekannt sein. Da die Mathematik zur Lösung derartiger Gleichungen recht schwierig ist, werden wir nicht weiter auf derartige Probleme wie z. B. das Aufheizen oder Abkühlen von Maschinenteilen oder Gebäuden eingehen.

Diffusion

Bestehen in einem abgeschlossenen System für gleiche reine Stoffe Dichte- oder Konzentra-tionsunterschiede zwischen Teilsystemen, so werden diese Unterschiede ausgeglichen. Bei-spiele dafür sind der Gay-Lussacsche Überströmversuch sowie die Durchmischung von Ga-sen. Diese Ausgleichsprozesse, die durch die ungeordnete Bewegung der Moleküle bewirkt wird, nennt man Diffusion. Sie findet nicht nur bei Gasen statt, sondern auch bei Flüssigkei-ten und Festkörpern.

Ist bei der Wärmeleitfähigkeit die treibende Kraft ein Temperaturgefälle im Wärmeleiter, so ist es bei der Diffusion ein Dichte- oder Konzentrationsgefälle. Der Wärmestromdichte in (3.317) entspricht eine Massenstromdichte, die proportional zum Dichtegradienten ist.

$$\vec{j}_m(x,y,z) = -D\,\overrightarrow{\mathrm{grad}}\rho(x,y,z), \tag{3.334}$$

D ist dabei der so genannte Diffusionskoeffizient und wird in m²/s angegeben. Er ist abhän-gig von dem diffundierenden Stoff und dem Medium, durch das dieser diffundiert. Für einen stationären Strom mit zeitlich konstantem Dichtegradienten gelten die gleichen Zusammen-hänge wie bei der stationären Wärmeleitung, dabei entsprechen die Temperaturen der Dichte und die Wärmeleitfähigkeit dem Diffusionskoeffizienten. Instationäre Vorgänge werden durch eine zu (3.333) analoge Gleichung beschrieben.

Diffusion spielt bei vielen Vorgängen in der Technik eine große Rolle, so z. B. bei der Her-stellung von Halbleiterbauelementen, bei der Korrosion und der Isotopentrennung in der Nukleartechnik.

---

[1] $\mathrm{grad}\,T(x) = \frac{\mathrm{d}T}{\mathrm{d}x}.$

3.10.2   Konvektion

Bei diesem Mechanismus des Wärmetransportes geht ein Transport von Materie einher. Dieser Transport kann, wie schon erwähnt, durch äußere Kräfte auf die Materie, über die Wärme transportiert wird, bewirkt werden, dann spricht man von erzwungener Konvektion. Beispiele hierfür sind der elektrische Fön zum Haartrocknen oder die Warmwasser-Zentralheizung. In beiden Fällen wird ein Wärmeträger, Luft oder Wasser, aufgeheizt und durch einen Ventilator oder eine Pumpe in Bewegung gesetzt. Unter der Annahme stationärer Ströme ist mit (3.81) der Wärmestrom proportional zum Massenstrom

$$\dot{Q} = \dot{m}c_s\Delta T \, , \tag{3.335}$$

wobei ΔT die Temperaturdifferenz zwischen Wärmequelle und Wärmesenke ist. Man sieht, dass Wasser aufgrund seiner hohen spezifischen Wärmekapazität von 4,19 J/gK ein wesentlich geeigneter Wärmeträger ist als Luft mit etwa 1 J/gK, bei der für den gleichen Wärmestrom ein vierfacher Massenstrom erforderlich ist. Vergleicht man die Volumenströme, so erfordert Luft unter „Normalbedingungen" einen über 3500-mal größeren Volumenstrom als Wasser.

Von freier Konvektion spricht man, wenn die Bewegung der Materie durch Auftriebskräfte im Schwerefeld der Erde, die von Dichteunterschieden aufgrund unterschiedlicher Temperaturen herrühren, bewirkt wird. So werden Wind- und Meeresströmungen durch Konvektion verursacht, die in der unterschiedlichen Erwärmung verschiedener Regionen der Erde durch die Sonne begründet ist. In beheizten Räumen wir ebenfalls ständig Luft konvektiv umgewälzt, am Heizkörper steigt die erwärmte Luft nach oben, um z. B. am kalten Fenster oder einer kalten Wand wieder nach unten zu sinken.

Häufig besteht in der Wärmetechnik das Problem, Wärme von einem strömenden Fluid, also einer Flüssigkeit oder einem Gas auf einen festen Körper zu übertragen. So soll ein Heizkörper Wärme von dem ihn durchströmenden Wasser aufnehmen. Diese Wärme soll wiederum an die Umgebungsluft des Raumes abgegeben werden. Da Luft ein schlechter Wärmeleiter ist, stellt die Konvektion bei der Wärmeabgabe den dominanten Transportmechanismus dar.

Die quantitative Berechnung des Wärmestroms aus den Gesetzen der Strömungsmechanik ist schwierig, da die Art der Strömung (laminar oder turbulent) und die Geschwindigkeitsverteilung von vielen Parametern abhängig ist wie z. B. Dichte, Viskosität (Zähigkeit), Orientierung der Oberfläche des angeströmten Körpers, Oberflächenbeschaffenheit usw. Damit Wärme fließen kann, muss ein Temperaturunterschied zwischen Fluid und dem Körper bestehen. Typischerweise bildet zwischen dem Inneren des Fluides und dem Körper ein Temperaturprofil aus, auch bei einer ebenen Wand ist dessen Verlauf mit dem Abstand zur Wand nicht linear.

In der unmittelbaren Umgebung der Wand ruht das Fluid näherungsweise, in dieser Grenzschicht dominiert die Wärmeleitung im Fluid, der Verlauf der Temperatur ist proportional zum Wandabstand. Mit größer werdendem Abstand wird das Temperaturprofil flacher und nähert sich der Temperatur im Innern des Fluids, die als konstant angenommen wird. In Anlehnung an die Wärmeleitung wird auch für den konvektiven Wärmetransport ein thermischer

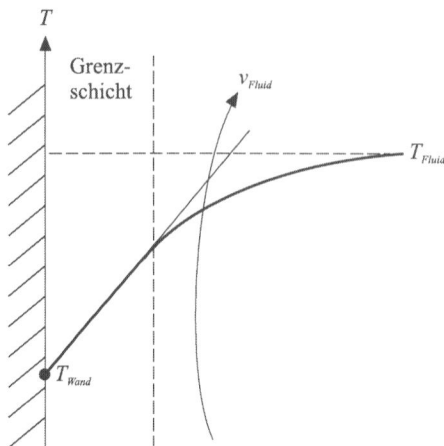

Abb. 3.96   *Temperaturverlauf im Fluid einer angeströmten ebenen Wand. Das Fluid ist wärmer als die Wand.*

Leitwert definiert, der den Zusammenhang zwischen Wärmestrom und Wand- bzw. Fluidtemperatur herstellt.

$$\dot{Q} = G_{th,K} (T_F - T_W) \quad \text{bzw.} \quad j_Q = \alpha_K (T_F - T_W) \tag{3.336}$$

Den Proportionalitätsfaktor α_K bezeichnet man auch als „Wärmeübergangskoeffizient", er wird in W/m²K angegeben. Er ist von vielen Einflussgrößen abhängig wie

- Viskosität des Fluids
- Wärmeleitfähigkeit des Fluids
- Strömungsgeschwindigkeit
- Strömungsform
- Wandgeometrie und Wandoberfläche
- Temperatur.

Meistens wird für bestimmte Probleme α_K anhand von Modellversuchen experimentell ermittelt und dann über „Ähnlichkeitsbeziehungen" auf den praktischen Anwendungsfall „hochgerechnet". In Tabelle 3.12 sind einige Wärmeübergangskoeffizienten für die Fluide Luft und Wasser angegeben.

Will man besonders effektiv den Wärmetransport unterbinden, so bieten sich Gase als „Isolatoren" an. Allerdings muss man verhindern, dass in dem Gas Konvektion auftreten kann. Dafür wird der Gasraum in viele kleine Zellen unterteilt, so dass sich keine Wärmeströmung ausbilden kann. Beispiele sind Schaumstoffe, Federn (Daunen), Wolle usw.

Tab. 3.12 *Wärmeübergangskoeffizienten für Luft und Wasser für typische Anwendungsfälle.*

	Luft	α_K in W/m²K	Wasser	α_K in W/m²K
Gebäude, Anlagen	Innenseite Wand	8,1	um Rohre, ruhend	350 ... 580
	Außenseite Wand	23	um Rohre, strömend	350 + 2100 (vW/ms-1)0,5
	Außenseite Wand bei Sturm bis zu	116	in Kesseln	580 ... 2300
	Innenseite Fenster	8,1	in Kesseln mit Rührwerk	2300 ... 4700
	Außenseite Fenster	12	strömend, in Rohren	2300 ... 4700
	Fußböden und Decken (oben → unten)	8,1	siedend in Rohren	4700 ... 7000
	dto. unten → oben	5,8	siedend an Metallfläche	3500 ... 5800
Senkrecht zur Metallwand	ruhend	3,5 ... 35	kondensierender Wasserdampf	11600
	mäßig bewegt	23 ... 70		
	kräftig bewegt	59 ... 290		
Längs ebener Wände	polierte Oberfläche vL ≤ 5 m/s	5,6 + 4 v/ms-1		
	vL > 5 m/s	7,12 (vW/ms-1)0,78		
	Mauerwerk vL ≤ 5 m/s	6,2 + 4,2 v/ms-1		
	vL > 5 m/s	7,52 (vW/ms-1)0,78		

Wärmedurchgang

Häufig wird Wärme von einem Fluid über einen festen Körper in ein anderes Fluid transportiert. Ein Beispiel ist der zuvor erwähnte Heizkörper, bei dem die Wärme vom Wärmeträger Wasser über die Heizkörperwand in die Raumluft transportiert wird. Andere Beispiele sind Wände und Fenster von Gebäuden, die innen und außen von Luft umgeben sind oder Wärmetauscher in Kernkraftwerken, die den radioaktiv belasteten primären Kühlkreislauf von dem unbelasteten sekundären Kreislauf trennen.

Bei solch einer Kombination von konvektiven Wärmeübergängen in Fluiden und Wärmeleitung in Festkörpern spricht man von einem „Wärmedurchgang". Ein Wärmedurchgang besteht also aus mindestens zwei Wärmeübergängen und einem Wärmeleiter, die in Serie geschaltet sind. Damit addieren sich die thermischen Widerstände von Wärmeübergang und Wärmeleitung zum gesamten thermischen Widerstand des Wärmedurchgangs.

$$R_{th} = R_{th,\ddot{U}1} + R_{th,L} + R_{th,\ddot{U}2} \quad \text{oder} \quad \frac{1}{G_{th}} = \frac{1}{G_{th,\ddot{U}1}} + \frac{1}{G_{th,L}} + \frac{1}{G_{th,\ddot{U}2}} \tag{3.337}$$

Für ebene Geometrien (Wände) können wir die flächenbezogenen thermischen Leitwerte (3.297) für die Wärmeleitung durch die Wand und α_K für die Wärmeübergänge Fluid-Wand einsetzen und erhalten den Wärmedurchgangskoeffizienten k_{ges}:

$$\frac{1}{k_{ges.}} = \frac{1}{\alpha_{K,1}} + \frac{l}{\lambda} + \frac{1}{\alpha_{K,2}}, \tag{3.338}$$

mit λ: Wärmeleitfähigkeit und l: Dicke der Wand. Die Wärmestromdichte vom Fluid 1 zum Fluid 2 beträgt

$$j_Q = k_{ges}(T_{F,1} - T_{F,2}), \tag{3.339}$$

wobei $T_{F,1}$ und $T_{F,2}$ die Temperaturen der Fluide in großem Abstand von der festen Wand sind. Ist die feste Wand aus mehreren Schichten aufgebaut, so ist (3.338) um die flächenbezogenen thermischen Leitwerte (3.297) der weiteren Schichten zu ergänzen. Die Temperaturen T_G an den Grenzen Fluid-Wand können wir mit (3.305) berechnen.

$$j_Q = \alpha_{K,1}(T_{F,1} - T_{G,1}) \quad \Rightarrow \quad T_{G,1} = T_{F,1} - \frac{j_Q}{\alpha_{K,1}} = T_{F,1} - \frac{k_{ges}(T_{F,1} - T_{F,2})}{\alpha_{K,1}},$$

$$T_{G,2} = T_{G,1} - \frac{l}{\lambda} j_Q = T_{F,1} - \frac{k_{ges}(T_{F,1} - T_{F,2})}{\frac{\lambda}{l} + \alpha_{K,1}} \tag{3.340}$$

Selbstverständlich kann man die „Kette" auch beim Fluid 2 beginnen. Die sich ergebenden Temperaturen an den Grenzen der Wand sind natürlich die gleichen.

Für zylindersymmetrische Anordnungen ordnet man dem Wärmeübergang den längenbezogenen thermischen Leitwert

$$G_{th,\ddot{U}} = \alpha_K A_{Zylinder,Grenze} \quad \Rightarrow \quad \frac{G_{th,\ddot{U}}}{L} = \alpha_K 2\pi r_{Grenze} \tag{3.341}$$

zu. Damit erhalten wir mit (3.324) den längenbezogenen Wärmestrom eines Zylinders mit dem Innenradius r_i, dem Außenradius r_a und der Wärmeleitfähigkeit λ, der innen und außen von Fluiden umgeben ist.

$$\frac{\dot{Q}}{L} = \frac{G_{th}}{L}(T_{F,i} - T_{F,a}) = \frac{T_{F,i} - T_{F,a}}{\dfrac{L}{G_{th,\ddot{U}i}} + \dfrac{L}{G_{th,L}} + \dfrac{L}{G_{th,\ddot{U}a}}}$$

$$\Rightarrow \frac{\dot{Q}}{L} = \frac{2\pi(T_{F,i} - T_{F,a})}{\dfrac{1}{\alpha_{K,i} r_i} + \dfrac{1}{\lambda}\ln(\dfrac{r_a}{r_i}) + \dfrac{1}{\alpha_{K,a} r_a}} \tag{3.342}$$

Die Temperaturen an den Grenzen können in Anlehnung an (3.329) berechnet werden. Bevor man detaillierte Berechnungen durchführt, sollte man die Größen der einzelnen thermischen Leitwerte bzw. Widerstände abschätzen. Ist ein Widerstand der Serienschaltung wesentlich größer als die anderen, so bestimmt er den gesamten thermischen Widerstand. Häufig kann man die anderen Beiträge dagegen vernachlässigen.

Numerische Methoden

Nur für wenige geometrische Anordnungen von Wärmequelle und -senke können die lokalen Temperaturen und Wärmeströme bei stationärem Wärmetransport im Wärmeleiter mit dem Fourierschen Ansatz (3.317) für den Wärmestrom und der Kontinuitätsgleichung (3.319) berechnet werden. In der Praxis bestimmt man die Temperaturverteilung durch numerische Verfahren, z. B. die „Finite-Elemente-Methode". Für diese Verfahren wird jedoch die Kontinuitätsgleichung (3.319) etwas anders formuliert. Befinden sich Wärmequelle und -senke außerhalb einer geschlossenen Bilanzhülle im Wärmeleiter, so ist der Wärmestrom, der in die Bilanzhülle fließt, gleich dem Strom, der wieder herausfließt. Der Netto-Wärmestrom durch die Hülle ist null. Das Volumen der Bilanzhülle teilt man in kleine „Zellen" auf, für die bei entsprechenden Temperaturen die Wärmeströme bilanziert werden. Die Temperaturen der Zellen werden iterativ so lange variiert, bis die Wärmeströme aller Zellen null sind. Die Temperaturen der Zellen, die sich dann ergeben, entsprechen den lokalen Temperaturen, die sich im Fall des stationären Wärmetransportes einstellen.

Wir wollen nun eine solche Berechnung der räumlichen Temperaturverteilung für ein einfaches Beispiel durchführen. Bestimmt werden sollen die Temperaturen in einer ansonsten ebenen Wand, die eine rechtwinklige Kante aufweist. Ihre Höhe h soll keine Rolle spielen, da die Temperaturverteilung in einer Ebene senkrecht zur Linie der Kante bestimmt werden soll. Die Wand der Dicke l soll aus Material mit der Wärmeleitfähigkeit λ bestehen, weiterhin sollen Wärmeübergänge $\alpha_{K,i}$ und $\alpha_{K,a}$ an der Innen- bzw. Außenseite der Wand zu berücksichtigen sein. Wir unterteilen den Bereich, dessen Temperaturverteilung wir bestimmen wollen, in Zellen mit quadratischer Grundfläche (Kantenlänge Δx) und der Höhe h.

außen

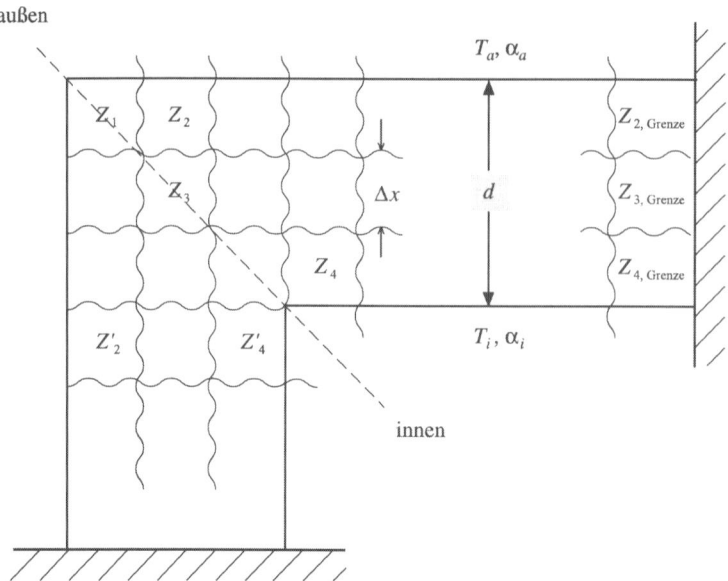

Abb. 3.97 *Bestimmung der Temperaturverteilung einer Kante von einer Wand. Rasterung des Bereiches in der Umgebung der Kante durch Zellen mit quadratischer Grundfläche.*

Die Wärmeströme in oder aus einer Zelle fließen durch die vier Flächen der Größe $\Delta x h$. Die treibenden Kräfte sind die Temperaturunterschiede zu den Nachbarzellen bzw. zur inneren oder äußeren Umgebung. Befindet sich eine solche Fläche an der Oberfläche der Wand, so beträgt der Wärmestrom in die Umgebung

$$\dot{Q}_O = \Delta x h \alpha_K (T_U - T_Z) \,, \qquad (3.343)$$

dabei sind T_U die Temperatur der Umgebung und T_Z die Temperatur der Zelle. Für den Wärmestrom durch die Grenzfläche zweier Zellen im Inneren der Wand nehmen wir an, dass die maßgebliche Länge für den thermischen Leitwert (3.294) der Abstand der Zellmitten Δx ist. Die treibende Kraft für den Wärmestrom ist die Temperaturdifferenz zur Nachbarzelle (Temperatur T_N).

$$\dot{Q}_W = \Delta x h \frac{\lambda}{\Delta x} (T_N - T_Z) \qquad (3.344)$$

Um die Rechnungen übersichtlich zu halten, führen wir nun die „reduzierten", d. h. auf λh bezogenen Wärmeströme ein:

$$q := \frac{\dot{Q}}{\lambda h}, \quad [q] = \frac{\mathrm{WmK}}{\mathrm{Wm}} = \mathrm{K} \,, \qquad (3.345)$$

damit ist

$$q_W = T_N - T_Z \quad \text{und} \quad q_O = \frac{\Delta x h \alpha_K}{\lambda h}(T_U - T_Z) := m(T_U - T_Z). \tag{3.346}$$

Für die Berechnung müssen wir drei Typen von Zellen (siehe **Abb. 3.97**) unterscheiden. Dabei bezeichnen $T_{N,l}$, $T_{N,r}$, $T_{N,o}$ und $T_{N,u}$ die Temperaturen der linken, rechten, oberen oder unteren Nachbarzelle.

- Die Zelle Z_1, welche die (konvexe) Kante beinhaltet. Sie wird durch zwei Flächen zur Umgebung und zwei Flächen ins Innere der Wand begrenzt. Der gesamte reduzierte Wärmestrom in diese Zelle beträgt

$$q(Z_1) = 2m_a(T_a - T_Z) + T_{N,r} + T_{N,u} - 2T_Z. \tag{3.347}$$

- Die Zelle Z_2 oder Z_4 an der Oberfläche der Wand. Eine Fläche grenzt an die Umgebung, drei Zellen grenzen an Nachbarn in der Wand. Durch die Flächen fließt der reduzierte Wärmestrom

$$q(Z_2) = m_a(T_a - T_Z) + T_{N,l} + T_{N,r} + T_{N,u} - 3T_Z \quad \text{bzw.}$$
$$q(Z_4) = m_i(T_i - T_Z) + T_{N,l} + T_{N,r} + T_{N,o} - 3T_Z.^{[1]} \tag{3.348}$$

- Die Zelle Z_3 im Inneren der Wand. Durch ihre Grenzflächen fließen ausschließlich reduzierte Wärmeströme q_W.

$$q(Z_3) = T_{N,r} + T_{N,l} + T_{N,o} + T_{N,u} - 4T_Z. \tag{3.349}$$

- Durch die Grenzen des Gebietes weit entfernt von der Kante soll keine Wärme fließen, die Zahl der wärmedurchlässigen Flächen der Zellen dort vermindert sich auf drei.

$$q(Z_{3,Grenz}) = T_{N,l} + T_{N,o} + T_{N,u} - 3T_Z$$
$$q(Z_{2,Grenz}) = m_a(T_a - T_Z) + T_{N,l} + T_{N,u} - 2T_Z$$
$$q(Z_{4,Grenz}) = m_i(T_i - T_Z) + T_{N,l} + T_{N,o} - 2T_Z. \tag{3.350}$$

Der Aufwand für die Rechnung kann verringert werden, wenn wir die Symmetrie längs der Verbindungslinie von Außen- und Innenkante berücksichtigen. Die Temperaturen der Zellen rechts von der Symmetrielinie sind gleich den Temperaturen unterhalb von ihr. Indizieren wir die Position der Zellen nach Spalten und Zeilen, beginnend mit der Zelle Z_1, so gilt

$$T_{i,j} = T_{j,i} \quad \text{für} \quad i > j. \tag{3.351}$$

---

[1] Bei den Zellen Z_2' und Z_4' müssen die entsprechenden Nachbarzellen genommen werden.

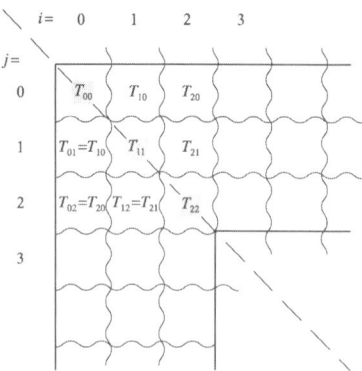

Abb. 3.98 *Symmetrie der Temperaturverteilung in einer Wandkante.*

Als Startwerte für die Iteration wählen wir die Temperaturen, die sich in einer ebenen Wand ohne Kante einstellen. Dann werden die Temperaturen der Zellen so verändert, bis die Wärmeströme zwischen den Zellen bzw. Umgebung und Zellen gegen null streben. Die Temperaturen der Zellen an den Grenzen des Gebietes fern von der Kante werden bei den Starttemperaturen festgehalten. Die Iteration kann z. B. mit einem Tabellenkalkulationsprogramm durchgeführt werden.[1]

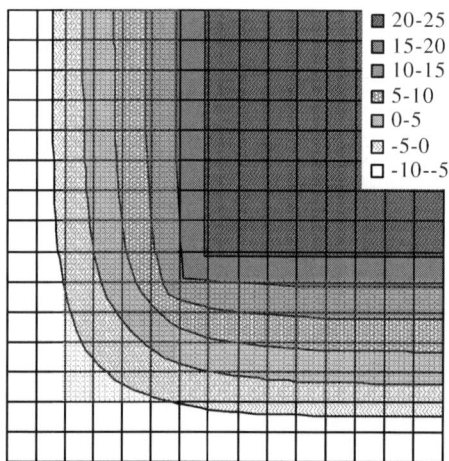

20-25
15-20
10-15
5-10
0-5
-5-0
-10--5

Abb. 3.99 *Temperaturverlauf in einer Wandkante, Außentemperatur –10 °C, Innentemperatur 21 °C. Angedeutet ist die Lage der Mauer. Die Iteration wurde mit dem Tabellenkalkulationsprogramm „Excel" durchgeführt.*

---

[1] So bietet z. B. das Tabellenkalkulationsprogramm „Excel" von Microsoft die Möglichkeit, Funktionen mit mehreren Variablen zu minimieren unter Beachtung von Nebenbedingungen („Solver"). Als zu minimierende Funktion bietet sich die Summe aller Netto-Wärmeströme der Zellen an. Bei der Minimierung wird nicht nur diese Funktion sehr klein, sondern auch die einzelnen Wärmeströme.

Das Ergebnis zeigt bei einer recht groben Rasterung des Wandquerschnitts von fünf Zellen (davon zwei für die Wärmeübergänge) qualitativ schon recht gute Ergebnisse. Durch ein feineres Raster kann das Ergebnis deutlich verbessert werden, allerdings erhöht sich auch der Rechenaufwand erheblich.

3.10.3 Wärmestrahlung

Während Wärmeleitung und Konvektion an das Vorhandensein von Materie geknüpft ist, benötigt die Wärmestrahlung als elektromagnetische Strahlung kein Medium für ihre Ausbreitung. Elektromagnetische Strahlung entsteht, wenn elektrische Ladungen beschleunigt werden. Da aufgrund der ungeordneten Bewegung der Moleküle und Atome in der Materie ständig Elektronen, die Bestandteile von Atomen sind, in unterschiedlichster Art beschleunigt werden, emittiert jeder Körper oberhalb des absoluten Temperaturnullpunktes elektromagnetische Strahlung (Licht) unterschiedlicher Wellenlängen[1].

Mit der Emission von Licht ist gleichzeitig auch ein Energietransport aus dem Körper verbunden. Die Lichtemission ist abhängig von der Temperatur des Körpers, seiner Oberflächenbeschaffenheit und seinem Material.

Wird anderseits ein Körper von Licht bestrahlt, so können durch die elektromagnetischen Felder der Strahlung den Elektronen der Atome Energie zugeführt werden, die Intensität der ungeordneten thermischen Bewegung wird erhöht. Man sagt, der Körper habe das Licht absorbiert. So wie jeder Körper Licht emittiert, so absorbiert auch jeder Körper Licht. Dies ist abhängig von der Oberflächenbeschaffenheit, genauer gesagt von seiner Reflektivität.

Absorptions- und Emissionsgrad, Reflektivität
Hinsichtlich der Absorptionseigenschaften von elektromagnetischer Strahlung klassifiziert man Körper in

- Schwarze Körper: Sie absorbieren alle auf sie einfallende elektromagnetische Strahlung unabhängig von ihrer Wellenlänge.
- Weiße Körper: Sie absorbieren überhaupt keine elektromagnetische Strahlung sondern reflektieren sie vollständig an ihrer Oberfläche, d. h. sie lenken die Strahlung wieder in das Medium ab, aus dem sie gekommen ist.
- Graue Körper: sie absorbieren und reflektieren Strahlung, wobei die Reflexion unabhängig von der Wellenlänge der einfallenden Strahlung ist.

Die Bezeichnung „schwarz", „weiß" und „grau" hängt mit dem Sinneseindruck ab, den die reflektierte Strahlung im (menschlichen) Auge hinterlässt. Schwarz erscheinen alle Körper, von denen das Auge kein Licht empfängt. Als weißes Licht bezeichnet man Licht, in dem alle Wellenlängen gleich häufig vertreten sind, dieses wird als weiß empfunden. Grau empfindet man das Licht, bei dem nach Reflexion alle Wellenlängen gleichmäßig abgeschwächt worden sind. Schwarze, weiße und graue Körper sind lichtundurchlässig. Nur sie spielen für

---

[1] Die Wellenlängen von Licht variieren in einem sehr großen Bereich von einigen km (Radiowellen) bis zu weniger als 10^{-15}m bei kosmischer Strahlung.

den Wärmetransport durch elektromagnetische Strahlung eine Rolle als Wärmequelle (Emission) und Wärmesenke (Absorption). Transparente Körper dienen dagegen als Medium für die Ausbreitung der Strahlung.

Die Absorptions- bzw. Emissionseigenschaften eines grauen Körpers bezieht man üblicherweise auf die des ansonsten gleich geformten schwarzen Körpers. Der Absorptionsgrad α eines grauen Körpers ist daher definiert als

$$\alpha := \frac{absorbierte\ Strahlungsleistung\,(grauer\ K\"orper)}{absorbierte\ Strahlungsleistung\,(schwarzer\ K\"orper)} = \frac{P_a}{P_a^{(sK)}}. \tag{3.352}$$

Entsprechend ist der Emissionsgrad ε des grauen Körpers definiert:

$$\varepsilon := \frac{emittierte\ Strahlungsleistung\,(grauer\ K\"orper)}{emittierte\ Strahlungsleistung\,(schwarzer\ K\"orper)} = \frac{P_e}{P_e^{(sK)}} \tag{3.353}$$

Die auf einen grauen Körper einfallende Strahlung kann von einem grauen Körper entweder absorbiert oder reflektiert werden, bei einem schwarzen Körper wird sie dagegen nur absorbiert. Als Reflektivität ρ bezeichnet man das Verhältnis aus reflektierter Strahlungsleistung P_r zu einfallender Strahlungsleistung P_i

$$\rho := \frac{P_r}{P_i}. \tag{3.354}$$

Aufgrund der Energieerhaltung gilt

$$P_i = P_r + P_a = P_a^{(sK)} \Rightarrow \frac{P_r}{P_i} + \frac{P_a}{P_a^{(sK)}} = \rho + \alpha = 1. \tag{3.355}$$

Körper, die eine hohe Reflektivität haben, wie z. B. Spiegel, absorbieren nur wenig Strahlung. Nun suchen wir einen Zusammenhang zwischen dem Absorptionsgrad und dem Emissionsgrad eines Körpers. Dazu betrachten wir zwei schwarze Körper, die sich im thermischen Gleichgewicht befinden. In diesem Zustand sind ihre Temperaturen gleich.

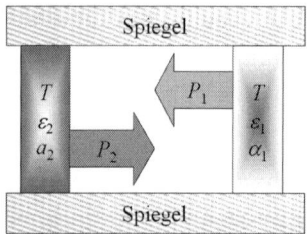

Abb. 3.100   *Zwei schwarze Körper, zwischen denen Wärme nur durch Strahlung transportiert werden kann, im thermischen Gleichgewicht. Durch die (idealen) Spiegel wird erzwungen, dass das gesamte, von einem der Körper abgestrahlte Licht den anderen trifft.*

Wenn zwischen ihnen Wärme nur durch Strahlung transportiert werden kann, so muss die Strahlungsleistung, die Körper 1 absorbiert, gleich der Strahlungsleistung sein, die Körper 2 emittiert und umgekehrt.

$$P_{a,2}^{(sK)} = P_{e,1}^{(sK)} \quad \text{und} \quad P_{a,1}^{(sK)} = P_{e,2}^{(sK)} \tag{3.356}$$

Aufgrund des thermischen Gleichgewichtes muss für jeden Körper die absorbierte Strahlungsleistung gleich der emittierten sein, da sonst der Körper wärmer würde, der mehr absorbiert als emittiert, der andere dagegen würde kälter.

$$P_{a,1}^{(sK)} = P_{e,1}^{(sK)} \quad \text{und} \quad P_{a,2}^{(sK)} = P_{e,2}^{(sK)} \tag{3.357}$$

Unter der Annahme gleicher Flächen können wir die Strahlungsleistungen auch auf die Größe der Flächen beziehen.

> Schwarze Körper gleicher Temperatur emittieren pro Fläche die gleiche Strahlungsleistung wie sie absorbieren. Die emittierte Strahlungsleistung hängt nur von der Temperatur des schwarzen Körpers ab, nicht aber von der Oberflächenbeschaffenheit.

Befindet sich dagegen ein grauer Körper im thermischen Gleichgewicht mit einem schwarzen, so reflektiert er einen Teil der Strahlung, die vom schwarzen Körper emittiert wird.

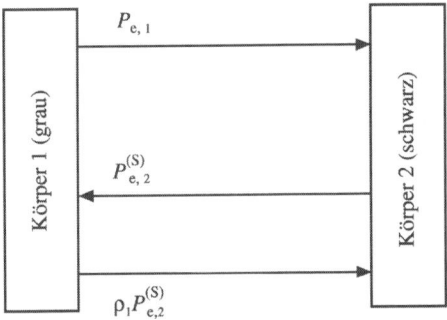

Abb. 3.101 *Schwarzer und grauer Körper im thermischen Gleichgewicht.*

Bilanzieren wir die Strahlungsleistung des grauen Körpers 1, so gilt mit (3.355)

$$P_{e,1} + \rho_1 P_{e,2}^{(sK)} = P_{e,2}^{(sK)} \quad \Rightarrow \quad P_{e,1} + (1-\alpha_1)P_{e,2}^{(sK)} = P_{e,2}^{(sK)} \, . \tag{3.358}$$

Berücksichtigen wir (3.353) so erhalten wir unter Beachtung von (3.356) und (3.357)

$$\varepsilon_1 P_{e,1}^{(sK)} + (1-\alpha_1)P_{e,2}^{(sK)} = P_{e,2}^{(sK)} \quad \Rightarrow \quad \varepsilon_1 + 1 - \alpha_1 = 1 \quad \Rightarrow \quad \varepsilon_1 = \alpha_1 \, . \tag{3.359}$$

Dies ist die wesentliche Aussage des Kirchhoffschen[1] Strahlungsgesetzes:

> Der Emissionsgrad eines grauen Körpers ist gleich seinem Absorptionsgrad.

Dies hat zur Konsequenz, dass gut reflektierende Körper bei gleicher Temperatur wesentlich weniger Strahlung emittieren als schlecht reflektierende. Folgende Tabelle stellt die Emissionsgrade verschiedener Materialien zusammen.

Tab. 3.13 *Emissionsgrade verschiedener Materialien. Es sind die Temperaturen angegeben, für die ε angegeben wurde.*

	Material	T in °C	ε		Material	T in °C	ε
Metalle	Aluminium, poliert	20	0,04	Nicht-metalle	Beton	20	0,94
	Aluminium, oxidiert	20	0,25		Dachpappe	20	0,90
	Chrom, poliert	150	0,071		Glas	20	0,88
	Gold, poliert	230	0,018		Holz	25	0,90
	Eisen, poliert	100	0,20		Mauerwerk	20	0,93
	Eisen, angerostet	20	0,65		Kunststoffe	20	0,90
	Eisen, verzinkt	25	0,25		Lacke, Farben	100	0,92 … 0,97
	Messing, blank	25	0,045		Wasser	20	0,90
	Messing, oxidiert	200	0,61				

Hinweis: Bei Glas und Wasser wurde die Dicke so gewählt, dass keine Strahlung mehr durchgelassen wurde.

Polierte Metalle weisen sehr kleine Emissionsgrade auf, die damit einhergehenden hohen Reflektivitäten von Metallen werden durch die freien Elektronen verursacht. Ist dagegen die Oberfläche nicht mehr spiegelnd glatt, so steigt ε rapide an. Die Emissionsgrade von Nichtmetallen sind generell wesentlich größer, die Oberflächenbeschaffenheit spielt eine untergeordnete Rolle. Bei Farben sind insbesondere Heizkörperanstriche auf hohe Emissionsgrade optimiert, um den Strahlungsanteil des von einer Heizung abgegebenen Wärmestroms zu erhöhen. Auch Kühlkörper aus Aluminium werden schwarz eloxiert, um den Strahlungsanteil der abzuführenden Wärme zu maximieren.

Neben den grauen Körpern gibt es bekanntlich auch „farbige" Körper, deren Absorptionsgrad und damit auch Emissionsgrad im Gegensatz zu den grauen Körpern wellenlängenabhängig ist. Dieses nutzt man bei den „wellenlängenselektiven" Beschichtungen von Absorbern thermischer Solaranlagen aus: Für das sichtbare Licht ist der Absorptionsgrad hoch, für Infrarot dagegen klein. So wird viel Sonnenlicht absorbiert, die infrarote Wärmestrahlung aber kaum emittiert.

Bei sehr guten Isoliergefäßen (Thermoskannen, Dewargefäße) versucht man, alle drei Wärmetransportmechanismen möglichst zu unterbinden. Sie bestehen meist aus einem evakuierten Doppelwandgefäß aus Glas, das innen und außen verspiegelt ist. Das Vakuum unterbindet Wärmeleitung und Konvektion, die Verspiegelung der Innenwand reflektiert Strahlung

---

[1]   G. R. Kirchhoff (1824–1887).

von außen (verhindert das Aufheizen des kalten Inhaltes), während die äußere Verspiegelung die Abgabe von Strahlung minimiert (verhindert das Abkühlen des warmen Inhaltes).

Strahlungsgesetze schwarzer Körper

Schwarze Körper sind eine Idealisierung, die man in der Praxis nur mit großem Aufwand annähern kann. Selbst die „schwärzesten" Beschichtungen haben immer noch Reflektivitäten von etwa 3 %. Schwarze Körper realisiert man als schwarz ausgekleidete Hohlräume, in die Licht nur durch eine kleine Öffnung ein- und austreten kann. Gelangt Licht durch diese Öffnung in den Hohlraum und trifft dort auf die Innenfläche, so wird es absorbiert und zu einem geringen Teil reflektiert. Dies geschieht so oft, dass das Licht praktisch vollständig absorbiert wird. Die Öffnung erscheint damit perfekt schwarz.

Wird der Hohlraum erwärmt, so wird durch die Öffnung Strahlung emittiert. Je nach Temperatur erscheint die Öffnung dann durchaus farbig. Bei gegebener Temperatur ist die flächenbezogene abgestrahlte Leistung oder spezifische Abstrahlung der Öffnung derartiger Hohlräume maximal gegenüber nichtschwarzen Körpern. Daher nennt man die Strahlung schwarzer Körper auch „Hohlraumstrahlung" oder „schwarze" Strahlung. Aus den Ergebnissen zahlreicher Experimente erkannten Stefan[1] und Boltzmann[2], dass die spezifische Abstrahlung, d.h. die auf die Emissionsfläche bezogene in den Halbraum über ihr abgestrahlte Leistung,

$$M_e = \sigma_{SB} T^4 \tag{3.360}$$

beträgt, unabhängig von der Temperatur der Umgebung. Der Proportionalitätsfaktor σ_{SB} beträgt $5{,}670 \cdot 10^{-8}$ W/(m^{2}K^4). M_e ist die spezifische Abstrahlung von Licht aller Wellenlängen. Die spektrale Verteilung, die Anteile des Lichtes unterschiedlicher Wellenlängen an der abgestrahlten Leistung, wurde 1900 von M. Planck[3] berechnet. Diese Berechnung stützt sich auf die Hypothese, dass die Energie von Licht einer Wellenlänge nur in bestimmte „Quanten" (minimale Energiemengen) aufgeteilt werden kann. Licht besteht demnach aus „Photonen", elementaren Lichtteilchen, deren Energie

$$E_{Photon} = h\frac{c}{\lambda} \tag{3.361}$$

beträgt, dabei ist $h = 6{,}626 \cdot 10^{-34}$ Js das Plancksche Wirkungsquantum, $c = 2{,}998 \cdot 10^8$ m/s die Lichtgeschwindigkeit und λ die Wellenlänge des Lichts. Wir werden im Kapitel Optik näher auf diese Dinge eingehen. Nach Planck beträgt die spezifische Abstrahlung im Wellenlängenintervall $[\lambda, \lambda + d\lambda]$

$$M_{e,\lambda}(\lambda, T)d\lambda = \frac{2\pi hc^2}{\lambda^5} \frac{1}{e^{\frac{hc}{\lambda k_B T}} - 1} d\lambda . \tag{3.362}$$

---

[1]   J. Stefan (1835–1893).
[2]   L. Boltzmann (1844–1906).
[3]   M. Planck (1858–1947).

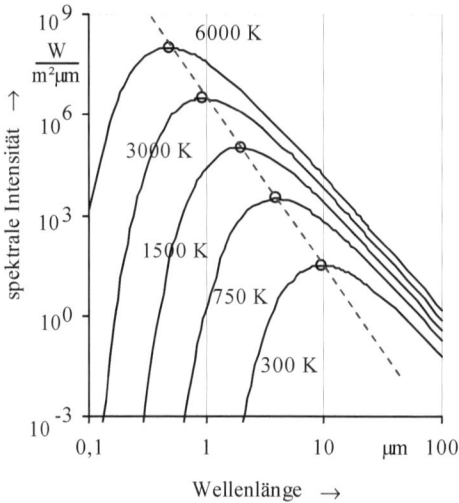

Abb. 3.102 *Spektrale Verteilung der Strahlung schwarzer Körper bei unterschiedlichen Temperaturen.*

Die spektrale Verteilung weist ein ausgeprägtes Maximum auf, zu kleinen Wellenlängen fällt die Kurve steil ab, zu größeren Wellenlängen verläuft sie dagegen flacher. Je höher die Temperatur ist, umso kleiner ist die Wellenlänge des Maximums. Diese Maxima, aufgetragen über λ, liegen auf einer Hyperbel, die in der doppelt logarithmischen Darstellung von **Abb. 3.102** als Gerade dargestellt wird. Die Wellenlänge λ_{Max} berechnen wir aus der Nullstelle der 1. Ableitung von (3.362) nach λ. Die sich dabei ergebende transzendente Gleichung kann man graphisch lösen. Die Abhängigkeit der Wellenlänge λ_{Max} von der Temperatur wird durch das „Wiensche[1] Verschiebungsgesetz" beschrieben.

$$\lambda_{Max} T = 2{,}898 \cdot 10^{-3}\,\mathrm{m} \cdot \mathrm{K} \tag{3.363}$$

Die spektralen Verteilungen zu unterschiedlichen Temperaturen schneiden sich nicht, mit wachsender Temperatur nimmt die spezifische Abstrahlung in jedem Wellenlängenintervall zu. Zur Berechnung der spezifischen Abstrahlung über alle Wellenlängen integrieren wir (3.362) von $\lambda = 0$ bis $\lambda = \infty$ und erhalten

$$M_e(T) = \frac{2\pi^5 k_B^4}{15 c^2 h^3} T^4 \;\Rightarrow\; \sigma_{SB} = \frac{2\pi^5 k_B^4}{15 c^2 h^3} = 5{,}670 \cdot 10^{-8}\,\frac{\mathrm{W}}{\mathrm{m}^2 \mathrm{K}^4}\,. \tag{3.364}$$

Die Lage des Maximums im Spektrum eines schwarzen Strahlers ist charakteristisch für seine Temperatur. Bei Temperaturen um 300 K liegt das Maximum bei etwa 10 µm Wellenlänge im Infraroten Spektralbereich. Die größte spezifische Abstrahlung der Sonne erfolgt dagegen mit grünem Licht der Wellenlänge von etwa 0,5 µm, dies entspricht einer Oberflächentemperatur von 5800 K. Diesem Strahlungsangebot haben sich die Pflanzen auf der Erde

---

[1]   W. Wien (1864–1928).

durch ihre grünen Blätter angepasst, sie können die durch das Licht von der Sonne transportierte Energie optimal zur Photosynthese nutzen.

Die Lichtemission von Körpern wird zur berührungslosen Temperaturmessung mit Hilfe von „Pyrometern" (siehe **Tab. 3.2**) verwendet. Häufig wird nicht die gesamte spektrale Verteilung der Lichtemission eines Objektes gemessen, sondern nur die Intensität des Lichtes bei einer oder zwei Wellenlängen und daraus auf die Temperatur des Objektes zurückgerechnet. Mit der „Thermographie" kann die Temperaturverteilung ausgedehnter Objekte bestimmt werden und so z. B. bei Motoren thermisch besonders belastete Zonen untersuchen oder bei Gebäuden „Wärmebrücken", durch die verstärkt Wärme in die Umwelt transportiert wird, erkennen.

Strahlungsaustausch
Zur Herleitung der Kirchhoffschen Strahlungsgesetze (3.357) und (3.359) haben wir angenommen, dass die gesamte von einem der Körper ausgehende Strahlung auf den anderen trifft. Dieser Fall ist eher die Ausnahme, meistens geht ein Teil der emittierten Strahlung, die sich in einem homogenen Medium den Gesetzen der Optik gemäß gradlinig ausbreitet, „ins Leere".

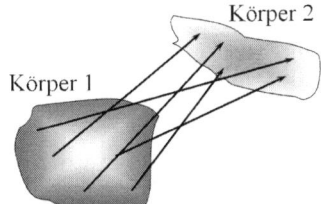

Abb. 3.103   *Zum Strahlungsaustausch zweier schwarzer Körper: Welcher Anteil der vom Körper 1 emittierten Strahlung trifft den Körper 2?*

Zur Erfassung des Anteils der von einem Körper emittierten Strahlung, die den anderen Körper trifft, führen wir den „Sichtfaktor" F_{12} ein.

$$F_{12} := \frac{\text{Strahlungsleistung von Körper 1} \rightarrow \text{Körper 2}}{\text{Gesamtstrahlungsleistung Körper 1}} \tag{3.365}$$

Besteht zwischen zwei schwarzen Körpern thermisches Gleichgewicht, so ist $P_{1\rightarrow2}^{(sK)} = P_{2\rightarrow1}^{(sK)}$ und mit Berücksichtigung der Sichtfaktoren gilt

$$A_1 M_{e,1}(T)F_{12} = A_2 M_{e,2}(T)F_{21}, \text{ mit } M_{e,1}(T) = M_{e,2}(T) \Rightarrow A_1 F_{12} = A_2 F_{21}. \tag{3.366}$$

Haben die beiden schwarzen Körper unterschiedliche Temperaturen, so ergibt sich ein Wärmestrom

$$\dot{Q}_{1\rightarrow2} = P_{1\rightarrow2}^{(sK)} - P_{2\rightarrow1}^{(sK)} = A_1 M_{e,1}(T_1)F_{12} - A_2 M_{e,2}(T_2)F_{21} \tag{3.367}$$

vom Körper 1 zum Körper 2. Mit (3.360) und (3.366) erhalten wir

$$\dot{Q}_{1\rightarrow2} = A_1 \sigma_{SB} T_1^4 F_{12} - A_2 \sigma_{SB} T_2^4 \frac{A_1}{A_2} F_{12} = A_1 F_{12} \sigma_{SB}(T_1^4 - T_2^4). \tag{3.368}$$

Die Berechnung der Sichtfaktoren ist im Allgemeinen schwierig, wir werden uns daher auf einige Sonderfälle, bei denen ihr Wert „anschaulich klar" ist, beschränken. Ein solcher Fall liegt vor, wenn z. B. Körper 2 den anderen, Körper 1, vollständig umschließt und die Körper so geformt sind, dass sie sich nicht selbst bestrahlen (Konvexer Körper 1, konkaver Körper 2). Dann ist der Sichtfaktor $F_{12} = 1$ und (3.368) vereinfacht sich zu

$$\dot{Q}_{1\to 2} = A_1 \sigma_{SB}(T_1^4 - T_2^4). \tag{3.369}$$

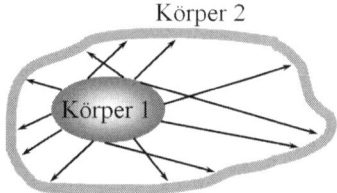

Abb. 3.104 *Strahlungsaustausch zwischen zwei schwarzen Körpern, wobei der eine den anderen umschließt.*

(3.369) gilt auch, wenn

- Körper 1 eben ist und Körper 2 der Halbraum über dieser Ebene ist oder
- der Strahlungsaustausch zwischen zwei sich gegenüberstehenden, parallelen Ebenen stattfindet, wobei der Abstand der Ebenen klein gegenüber ihren Abmessungen sein muss.

In diesen Fällen kann man auch statt des Wärmestroms $\dot{Q}$ die Wärmestromdichte $j_Q = \dot{Q}/A_1$ für die Berechnungen verwenden.

Zur Berechnung des Wärmestroms zwischen zwei grauen Körpern muss die teilweise Reflexion der auf die Körper auftreffenden Strahlung berücksichtigt werden.

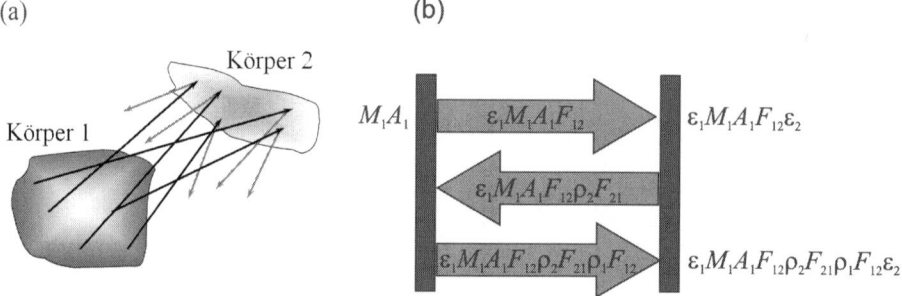

Abb. 3.105 *(a) Strahlungsaustausch zwischen zwei grauen Körpern. Die vom Körper 1 emittierte Strahlung wird fortwährend zwischen den Körpern teilweise reflektiert. (b) zur Herleitung von (3.370).*

Dazu betrachten wir die Strahlung, die vom Körper 1 auf den Körper 2 trifft und dort absorbiert wird, jeweils nach einer Reflexion am Körper 1:

- primär emittiert $\qquad\qquad P_{1\to2}^{(0)} = A_1\varepsilon_1\varepsilon_2 M_{e,1} F_{12}$
- von Körper 2 reflektiert $\qquad P_{2\to1}^{(0)} = A_1\varepsilon_1 M_{e,1} F_{12}\rho_2 F_{21}$
- nach Reflexion an Körper 1 $\quad P_{1\to2}^{(1)} = A_1\varepsilon_1\varepsilon_2 M_{e,1} F_{12}\rho_2 F_{21}\rho_1 F_{12}$
- nach 1 weiterer Reflexion $\quad P_{1\to2}^{(2)} = A_1\varepsilon_1\varepsilon_2 M_{e,1} F_{12}(\rho_2 F_{21}\rho_1 F_{12})^2$
- ... $\qquad\qquad\qquad\qquad P_{1\to2}^{(n)} = A_1\varepsilon_1\varepsilon_2 M_{e,1} F_{12}(\rho_2 F_{21}\rho_1 F_{12})^n \qquad$ (3.370)

Die gesamte Strahlungsleistung, die von Körper 1 auf Körper 2 trifft, ist die Summe aus primär emittierter und reflektierter Strahlungsleistung

$$P_{1\to2} = \sum_{i=0}^{\infty} P_{1\to2}^{(i)} = A_1\varepsilon_1\varepsilon_2\sigma_{SB}T_1^4 F_{12}\sum_{i=0}^{\infty}(\rho_1\rho_2 F_{12}F_{21})^i$$

$$P_{1\to2} = A_1\varepsilon_1\varepsilon_2\sigma_{SB}T_1^4 F_{12}\sum_{i=0}^{\infty}(\rho_1\rho_2\frac{A_1}{A_2}F_{12}^2)^i \ . \qquad (3.371)$$

Die Summe ist eine konvergierende unendliche geometrische Reihe, deren Summe leicht anzugeben ist.[1] Damit beträgt die vom Körper 1 auf den Körper 2 übertragene Strahlungsleistung

$$P_{1\to2} = \frac{A_1\varepsilon_1\varepsilon_2\sigma_{SB}T_1^4 F_{12}}{1-\rho_1\rho_2\dfrac{A_1}{A_2}F_{12}^2} \ , \qquad (3.372)$$

und die vom Körper 2 auf den Körper 1 übertragene Strahlungsleistung entsprechend unter Berücksichtigung von (3.366)

$$P_{2\to1} = \frac{A_2\varepsilon_2\varepsilon_1\sigma_{SB}T_2^4 F_{21}}{1-\rho_1\rho_2\dfrac{A_2}{A_1}F_{21}^2} = \frac{A_1\varepsilon_2\varepsilon_1\sigma_{SB}T_2^4 F_{12}}{1-\rho_1\rho_2\dfrac{A_1}{A_2}F_{12}^2} \ . \qquad (3.373)$$

Der durch Strahlung transportierte Wärmestrom berechnet sich aus der Differenz der wechselseitig übertragenen Strahlungsleistungen (3.372) und (3.373).

$$\dot{Q}_{1\to2} = P_{1\to2} - P_{2\to1} = \frac{A_1 F_{12}\varepsilon_1\varepsilon_2\sigma_{SB}(T_1^4 - T_2^4)}{1-\rho_1\rho_2\dfrac{A_1}{A_2}F_{12}^2} \qquad (3.374)$$

---

[1] $\quad\displaystyle\sum_{i=0}^{\infty}x^i = \frac{1}{1-x} \ $ für $x < 1$.

Die Größe

$$C_{12} := \frac{F_{12}\varepsilon_1\varepsilon_2\sigma_{SB}}{1 - \rho_1\rho_2 \dfrac{A_1}{A_2} F_{12}^2} = \frac{F_{12}\varepsilon_1\varepsilon_2\sigma_{SB}}{1 - (1-\varepsilon_1)(1-\varepsilon_2)\dfrac{A_1}{A_2} F_{12}^2} \tag{3.375}$$

wird auch als „Strahlungsaustauschkoeffizient" bezeichnet. Sind die Reflektivitäten der Körper gering, so wie es bei Nichtmetallen der Fall ist, so vereinfacht sich (3.375) zu

$$C_{12} = F_{12}\varepsilon_1\varepsilon_2\sigma_{SB} . \tag{3.376}$$

Der gleiche Ausdruck ergibt sich für C_{12}, wenn die Fläche A_2 wesentlich größer ist als die Fläche A_1 des Körpers 1. Weitere Spezialfälle hinsichtlich der Geometrie sind

- gleich große, parallele ebene Flächen: $F_{12} = 1$ und $A_1 = A_2$,
- Körper 2 umschließt Körper 1: $F_{12} = 1$,
- Körper 2 bildet eine Halbkugel über dem ebenen kreisförmigen Körper 1: $F_{12} = 1$, $\dfrac{A_1}{A_2} = \dfrac{\pi r^2}{2\pi r^2}$

Unterscheiden sich die (absoluten) Temperaturen der Körper nur wenig, so können wir den Ausdruck (3.374) umformen und Wärmestrom durch Strahlungsaustausch durch die Temperaturdifferenz ausdrücken und einen Wärmeübergangskoeffizienten für Wärmestrahlung definieren

$$\dot{Q}_{1\to2} = A_1 C_{12}(T_1^4 - T_2^4) = A_1 C_{12}(T_1^2 + T_2^2)(T_1 + T_2)(T_1 - T_2)$$
$$\Rightarrow \dot{Q}_{1\to2} = A_1\alpha_S(T_1 - T_2) \quad \text{mit} \quad \alpha_S := C_{12}(T_1^2 + T_2^2)(T_1 + T_2). \tag{3.377}$$

Befindet sich ein Körper im Strahlungsaustausch mit der Umgebung, so beträgt der Wärmestrom mit $F_{KU} = 1$

$$\dot{Q}_{K\to U} = A_K\varepsilon_K\varepsilon_U\sigma_{SB}(T_K^4 - T_U^4), \tag{3.378}$$

und der entsprechende Wärmeübergangskoeffizient lautet

$$\alpha_S = \varepsilon_K\varepsilon_U\sigma_{SB}(T_K^2 + T_U^2)(T_K + T_U). \tag{3.379}$$

Häufig erfolgen Wärmetransport durch Strahlung und Konvektion gleichzeitig, wenn z. B. ein Körper von Luft umgeben ist und die für den Strahlungsaustausch verantwortliche Umgebung die gleiche Temperatur wie die Luft aufweist. Dies soll am Beispiel einer Hauswand verdeutlicht werden:

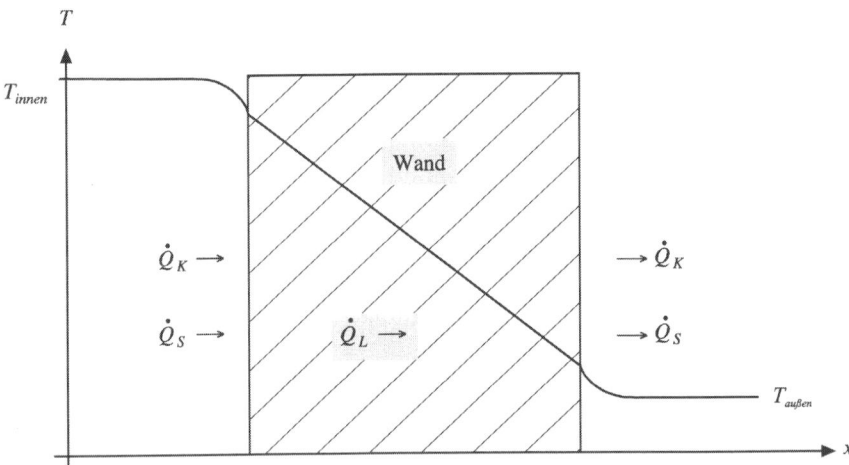

Abb. 3.106 *Wärmetransport durch Konvektion und Strahlung außerhalb und durch Wärmeleitung innerhalb einer Hauswand.*

Die Hauswand trennt Innenraum und äußere Umgebung mit den Temperaturen T_i und T_a. Aufgrund des thermischen Widerstandes des konvektiven Wärmeübergangs bilden sich Temperaturunterschiede zwischen der Innenseite der Wand und dem Innenraum bzw. der Außenseite der Wand und der Umgebung aus. Diese Temperaturdifferenzen ermöglichen auch einen Wärmetransport durch Strahlung. Der gesamte Wärmestrom wird in der Wand durch Wärmeleitung bewirkt, da sich (Infrarot)Strahlung nicht in einer undurchsichtigen Wand ausbreiten kann. Außerhalb der Wand setzt sich der Wärmstrom aus den Teilströmen von Konvektion und Strahlung zusammen:

$$\dot{Q} = \dot{Q}_{K,i} + \dot{Q}_{S,i} = \dot{Q}_{L,W} = \dot{Q}_{K,a} + \dot{Q}_{S,a} \tag{3.380}$$

Die Teilströme ergeben sich mit den Temperaturen $T_{i,W}$ bzw. $T_{a,W}$ auf der Innen- bzw. Außenseite der Wand mit (3.336) und (3.379) zu

$$\dot{Q}_{K,i} = A_W \alpha_{K,i}(T_i - T_{i,W}), \quad \dot{Q}_{S,i} = A_W \alpha_{S,i}(T_i - T_{i,W}),$$
$$\dot{Q}_{K,a} = A_W \alpha_{K,a}(T_{a,W} - T_a), \quad \dot{Q}_{S,a} = A_W \alpha_{S,a}(T_{a,W} - T_a). \tag{3.381}$$

Da sich die Teilströme innen und außen nur durch die Wärmeübergangskoeffizienten unterscheiden, fasst man diese häufig zusammen.

$$\dot{Q} = A_W(\alpha_{K,i} + \alpha_{S,i})(T_i - T_{i,W}) := A_W \alpha_i(T_i - T_{i,W}),$$
$$\dot{Q} = A_W(\alpha_{K,a} + \alpha_{S,a})(T_{a,W} - T_a) := A_W \alpha_a(T_{a,W} - T_a) \tag{3.382}$$

4 Schwingungen und Wellen

Schwingungen und Wellen sind Erscheinungen, die in unterschiedlichen Gebieten der Physik vorkommen, aber wesentliche gemeinsame Merkmale haben und daher einheitlich beschrieben werden können.

Als Schwingung bezeichnet man Vorgänge, die als periodische Auslenkungen aus stabilen Gleichgewichtszuständen ablaufen und bei denen die Energie des schwingenden Systems zwischen zwei Speichern ausgetauscht wird. Beispiele sind Pendel- und Federschwingungen bei Uhren in der Mechanik, Schwingkreise in der Elektrotechnik sowie die vielfältigen Arten der Tonerzeugung bei Musikinstrumenten in der Akustik. Charakteristisch für eine Schwingung ist der zeitliche Verlauf der Auslenkung, insbesondere die Periodendauer, nach der das System wieder den Ausgangszustand einnimmt. Häufig verwendet man statt der Periodendauer auch ihren Kehrwert, die Frequenz der Schwingung.

Von Wellen spricht man, wenn sich in einem System, das auch als Medium bezeichnet wird, eine lokale Auslenkung aus einem Gleichgewichtszustand räumlich ausbreitet. Elastische Wellen in Festkörpern und Flüssigkeiten, Schallwellen in Gasen sowie elektromagnetische Wellen sind einige Beispiele. In der Mikrophysik weisen Teilchen wie Elektronen, Protonen oder Atome Welleneigenschaften auf, auch können sich über sehr große Entfernungen Gravitationswellen, periodische Änderungen der Schwerkraft ausbilden. Wichtige Merkmale einer Welle sind räumlicher und zeitlicher Verlauf der Auslenkung aus dem Gleichgewichtszustand sowie die Ausbreitungsgeschwindigkeit.

4.1 Klassifikation von Schwingungen und Wellen

Schwingungen werden unterschieden hinsichtlich

- des zeitlichen Verlaufes der Auslenkung oder der Schwingungsform. Wichtige Schwingungsformen sind die harmonische Schwingung, Sägezahn- und Rechteckschwingung. Die Größe der Auslenkung wird vorzugsweise im Auslenkungs-Zeit-Diagramm dargestellt, als Auslenkungen verwendet man in der Mechanik häufig die Position eines ausgewählten Punktes des Oszillators oder einen Drehwinkel, in der Elektrodynamik dagegen elektrische Spannung oder Strom, aber auch die Größe elektrischer bzw. magnetischer Felder.
- der Periodendauer oder Frequenz. Insbesondere ist es oft von Bedeutung, ob das System gewisse Frequenzen oder Frequenzbereiche bevorzugt.

- der Anregung der Schwingung. Wird das System durch äußeren Einfluss einmalig oder periodisch aus dem Gleichgewichtszustand ausgelenkt. Gibt es „Rückkopplungseffekte", d. h. wird die Schwingung durch die Auslenkung wiederum verändert?
- der Energieabfuhr. Sie kann bei mechanischen Systemen z. B. durch Reibung erfolgen. Energie kann aber auch auf andere schwingfähige Systeme übertragen werden.
- der beteiligten Energiespeicher.

Befindet sich das schwingfähige System oder der Oszillator zu einem bestimmten Zeitpunkt t in einem gewissen Zustand, so nimmt es nach der Periodendauer T den gleichen Zustand wieder ein. Bezeichnen wir mit x die Größe, welche den Zustand des Systems beschreibt, d. h. die Auslenkung aus dem Gleichgewichtszustand, so gilt

$$x(t + T) = x(t).\tag{4.1}$$

Dabei kann x auch eine vektorielle Größe sein. Zu bemerken ist, dass viele Vorgänge, die als Schwingung bezeichnet werden, dieser Forderung nicht genügen, das gilt insbesondere für Systeme, bei denen Energie z. B. durch Reibung abgeführt wird. Den Kehrwert von T nennt man auch die Frequenz v der Schwingung.

Wellen werden vielfach nach folgenden Kriterien klassifiziert:

- den Richtungen von Auslenkung und Ausbreitung. Verlaufen Auslenkung und Ausbreitung in der gleichen Richtung, so spricht man von Longitudinalwellen, stehen beide dagegen senkrecht aufeinander, so bezeichnet man die Welle als Transversalwelle.
- dem räumlichen Profil der Auslenkung. Ist es periodisch, d. h. wiederholt sich der Auslenkungszustand nach einer gewissen Entfernung, oder nicht?
- der zeitlichen Entwicklung des räumlichen Profils der Auslenkung. Die Auslenkung kann durch Dämpfung, d. h. bei mechanischen Wellen durch Reibung, verkleinert werden oder das Profil kann durch Dispersion deformiert werden, ohne dass Energie abgeführt wird.
- den Geometrien vom Anregungsmedium. Man unterscheidet bei zwei- oder dreidimensionalen Medien z. B. die Sonderfälle ebene Welle, Kreis-, Zylinder- und Kugelwelle.

4.2   Eindimensionale Schwingungen

4.2.1   Freie harmonische Schwingungen

Als harmonisch wird eine Schwingung bezeichnet, wenn die Auslenkung x eines Oszillators aus dem Gleichgewichtszustand die Zeitabhängigkeit

$$x(t) = \hat{x}\cos(\omega t) \quad \text{oder} \quad x(t) = \hat{x}\sin(\omega t)\tag{4.2}$$

aufweist. Dabei bezeichnet die Größe $\hat{x}$ die „Amplitude" und ω die Kreisfrequenz der Schwingung. Vergleichen wir die Auslenkung (4.2) mit einer Kreisbewegung aus Kapitel 2.2.5 (Kreisbewegungen), so entspricht das dem zeitlichen Verlauf (2.42) des Ortsvektors eines Objektes, das sich mit konstanter Umlaufgeschwindigkeit auf einer Kreisbahn bewegt.

Betrachtet man das kreisende Objekt „von der Seite", so erscheint die Bewegung wie eine harmonische Schwingung. Der Radius des Kreises entspricht der Amplitude und zwischen Periodendauer T und der Kreisfrequenz ω besteht der gleiche Zusammenhang (2.40),

$$\omega = \frac{2\pi}{T} = 2\pi\nu , \tag{4.3}$$

wie zwischen Umlauf der Umlaufzeit und der Winkelgeschwindigkeit bei der gleichförmigen Kreisbewegung (die Bezeichnungen wurden mit Absicht gleich gewählt!). Um Frequenz und Kreisfrequenz zu unterscheiden, gibt man Erstere in „Hertz[1]" an, Letztere in s^{-1}.

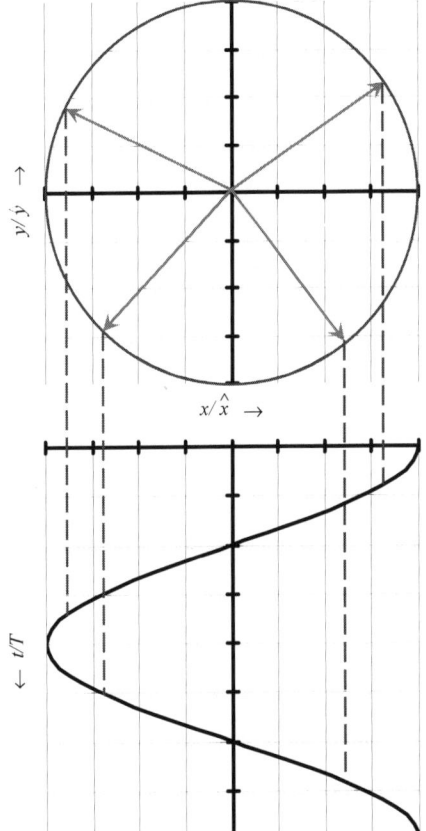

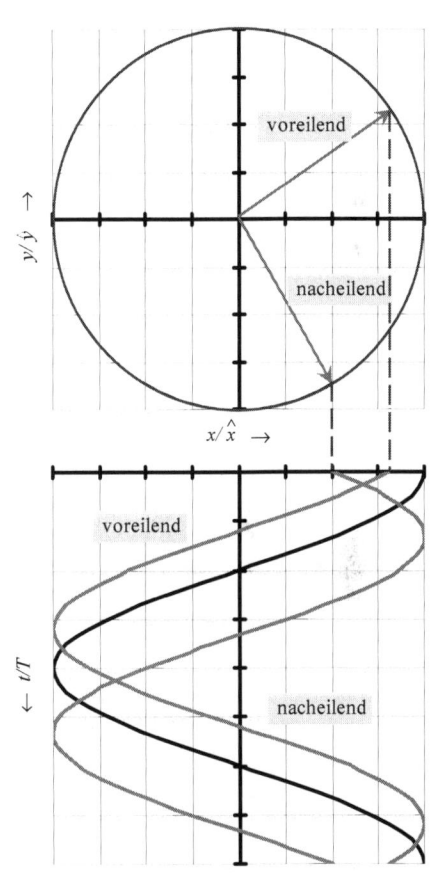

Abb. 4.1 *Zusammenhang zwischen harmonischer Schwingung und gleichförmiger Kreisbewegung. Die Bewegungen beginnen, wenn der Oszillator mit der Amplitude in positive Richtung aus der Gleichgewichtslage ausgelenkt ist bzw. das kreisende Objekt sich bei $x = r$ befindet.*

Abb. 4.2 *Harmonische Schwingung und Kreisbewegung bei verschiedenen Nullphasenwinkeln.*

---

[1]   benannt zu Ehren von H. Hertz (1857–1894).

Je nachdem, von welcher Seite man die Kreisbewegung betrachtet, ergibt sich entweder der kosinusförmige (Kreisbewegung auf die x-Achse projiziert) oder der sinusförmige Verlauf (Projektion auf die y-Achse). Beide Darstellungen sind gleichwertig. Beginnen die Bewegungen von Schwingungen und Kreisbewegungen bei anderen Positionen, so ist bei der Kreisbewegung der Winkel des Ortsvektors mit der x-Achse von null verschieden, entsprechend ist die Kosinuskurve längs der Zeitachse verschoben. Diesen Winkel bzw. die Verschiebung nennt man daher auch Nullphasenwinkel φ_0. Damit lautet (4.2)

$$x(t) = \hat{x}\cos(\omega t + \varphi_0) \quad \text{oder} \quad x(t) = \hat{x}\sin(\omega t + \varphi_0). \tag{4.4}$$

Ist $\varphi_0 > 0$, so nennt man die Schwingung voreilend (Verschiebung zu kleineren t), im anderen Fall heißt die Schwingung nacheilend (Verschiebung zu größeren t). Das Argument $\omega t + \varphi_0$ der Winkelfunktionen heißt auch Phasenwinkel und $x(t)$ Phase der Schwingung.

Darstellung der harmonischen Schwingung in der komplexen Ebene
Die Rechnung mit trigonometrischen Funktionen kann erheblich erleichtert werden, wenn man sie in der so genannten „komplexen Ebene" darstellt. Diese ist eine von Gauß[1] eingeführte Darstellung von komplexen Zahlen, die sich aus zwei Anteilen zusammensetzen, dem „Realteil", einer reellen Zahl, und dem „Imaginärteil", einer reellen Zahl multipliziert mit der so genannten „imaginären Einheit"[2] j. Diese ist definiert als die Lösung der Gleichung

$$x^2 + 1 = 0, \tag{4.5}$$

die keine reellen Lösungen hat, d. h. es gibt keine reellen Zahlen, die diese Gleichung erfüllen. Mit

$$j := \sqrt{-1} \tag{4.6}$$

hat die Gleichung (4.5) die Lösungen $x = \pm j$. Allgemein ergeben Quadratwurzeln aus negativen reellen Zahlen imaginäre Zahlen, d. h. reelle Zahlen, multipliziert mit j.

$$\sqrt{-R} = \sqrt{-1}\sqrt{R} = j\sqrt{R} \quad \text{mit } R > 0 \tag{4.7}$$

Eine komplexe Zahl $\underline{Z}$ setzt sich aus einem Realteil X und einem Imaginärteil Y zusammen.

$$\underline{Z} = X + jY \quad \text{mit } X, Y \in \mathbb{R} \tag{4.8}$$

Nach Gauß stellt man Z in einem kartesischen Koordinatensystem dar, wobei der Realteil X auf der Abszisse und der Imaginärteil Y auf der Ordinate abgetragen werden. Statt den Punkt Z in der Gaußschen Zahlenebene durch seine kartesischen Koordinaten X und Y anzugeben, kann man ihn auch durch einen „Zeiger" vom Ursprung des Koordinatensystems zum Punkt Z angeben. Dieser Zeiger kann dann alternativ in Polarkoordinaten durch seine Länge und den Winkel zur reellen Achse beschrieben werden.

---

[1]   C. F. Gauß (1777–1855).
[2]   Die Bezeichnung der imaginären Einheit mit „j" wird bevorzugt in der Elektrotechnik verwendet, um Verwechselungen mit dem Symbol für elektrischen Strom zu vermeiden. Üblich ist auch die Verwendung von „i".

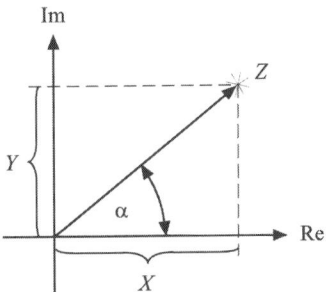

Abb. 4.3 *Darstellung einer komplexen Zahl in der Gaußschen Zahlenebene durch Real- und Imaginärteil bzw. Betrag und Phasenwinkel.*

Die Länge des Zeigers oder der Betrag der komplexen Zahl $\underline{Z}$ ergibt sich nach Pythagoras zu

$$|\underline{Z}| = \sqrt{X^2 + Y^2} \,, \tag{4.9}$$

der Winkel α zur reellen Achse (Phasenwinkel) beträgt

$$\tan\alpha = \frac{Y}{X}\,. \tag{4.10}$$

Umgekehrt kann man Real- und Imaginärteil aus Betrag und Phasenwinkel berechnen.

$$X = |\underline{Z}|\cos\alpha\,, \quad Y = |\underline{Z}|\sin\alpha \tag{4.11}$$

Das Rechnen mit komplexen Zahlen wird oft sehr vereinfacht, wenn man den Zusammenhang zwischen Exponentialfunktion und trigonometrischen Funktionen, der über die Eulersche[1] Formel

$$e^{j\alpha} = \cos\alpha + j\sin\alpha \tag{4.12}$$

gegeben ist, benutzt. Die rechte Seite stellt sozusagen die kartesische „Komponentenzerlegung" einer komplexen Zahl vom Betrag eins in Real- und Imaginärteil dar. Damit erhalten wir eine weitere nützliche Darstellung einer komplexen Zahl

$$\underline{Z} = |\underline{Z}|\,e^{j\alpha}\,. \tag{4.13}$$

Während Addition und Subtraktion von komplexen Zahlen am leichtesten in ihrer kartesischen Darstellung (4.8) durchgeführt werden, eignet sich die Polardarstellung (4.13) besser für Multiplikation und Division sowie das Potenzieren.

$$\underline{Z} = \underline{Z}_1 + \underline{Z}_2 = X_1 + jY_1 + X_2 + jY_2 = X_1 + X_2 + j(Y_1 + Y_2) = X + jY$$

$$\underline{Z} = \underline{Z}_1\underline{Z}_1 = |\underline{Z}_1|\,e^{j\alpha_1}\,|\underline{Z}_2|\,e^{j\alpha_2} = |\underline{Z}_1||\underline{Z}_2|\,e^{j(\alpha_1+\alpha_2)} = |\underline{Z}|\,e^{j\alpha}$$

$$\underline{Z} = (\underline{Z}_1)^\beta = (|\underline{Z}_1|\,e^{j\alpha_1})^\beta = |\underline{Z}_1|^\beta\,e^{j\alpha_1\beta} = |\underline{Z}|\,e^{j\alpha} \tag{4.14}$$

---

[1]   L. Euler (1707–1783), die Herleitung der Formel erklärt sich am einfachsten aus der Reihenentwicklung der Sinus- und Kosinusfunktion.

Vorteilhaft für die Berechnung von Real-, Imaginärteil und Betrag einer komplexen Zahl $\underline{Z}$ ist die Einführung der konjugiert komplexen Zahl

$$\overline{\underline{Z}} := X - jY = |\underline{Z}| \, e^{-j\alpha}$$

$$\Rightarrow X = \frac{1}{2}(\underline{Z} + \overline{\underline{Z}}), \quad Y = \frac{1}{2j}(\underline{Z} - \overline{\underline{Z}}), \quad |\underline{Z}| = \sqrt{\underline{Z}\overline{\underline{Z}}}, \quad \tan\alpha = \frac{\underline{Z} - \overline{\underline{Z}}}{\underline{Z} + \overline{\underline{Z}}}. \tag{4.15}$$

Damit können wir die Auslenkung $x(t)$ eines harmonisch schwingenden Oszillators als Realteil eines in der komplexen Ebene mit der Winkelgeschwindigkeit ω rotierenden Zeigers darstellen, dabei entspricht der Betrag des Zeigers der Amplitude.

$$x(t) = \mathrm{Re}(\underline{z}(t)) = \mathrm{Re}(\hat{x} \, e^{j(\omega t + \varphi_0)}) \tag{4.16}$$

Da der Realteil von $\underline{z}(t)$ eine Kosinusfunktion ist, werden wir die Auslenkung von harmonisch schwingenden Oszillatoren im Folgenden auch durch eine Kosinusfunktion beschreiben.

Dynamik eindimensionaler freier harmonischer Schwingungen in der Mechanik
Schwingt ein Objekt mit der Masse m um seine Gleichgewichtslage, so beschreibt (4.2) die momentane Position des Objektes bezüglich dieser Lage. Momentane Geschwindigkeit und Beschleunigung berechnen sich gemäß (2.2) und (2.4) aus den Ableitungen von $x(t)$.

$$v(t) = \dot{x}(t) = -\hat{x}\omega \sin(\omega t + \varphi_0) = -\hat{v}\sin(\omega t + \varphi_0),$$
$$a(t) = \ddot{x}(t) = -\hat{x}\omega^2 \cos(\omega t + \varphi_0) = -\hat{a}\cos(\omega t + \varphi_0), \tag{4.17}$$

dabei sind $\hat{v}$ und $\hat{a}$ die Amplituden, d. h. die maximalen Werte von v und a. Die Geschwindigkeit wird beim Passieren der Gleichgewichtslage maximal, die Beschleunigung in den Umkehrpunkten der Schwingung bei maximaler Auslenkung aus der Gleichgewichtslage. Die Beschleunigung des Oszillators wird dem 2. Newtonschen Axiom (2.55) zufolge durch eine Kraft

$$F = ma(t) = -m\hat{x}\omega^2 \cos(\omega t + \varphi_0) \quad \Rightarrow \quad F = -m\omega^2 x(t) \tag{4.18}$$

bewirkt. Die Kraft ist proportional zur Auslenkung und dieser entgegengerichtet, daher wirkt diese Kraft auch als „Rückstellkraft", die den Oszillator in Richtung der Gleichgewichtslage beschleunigt. Aufgrund der Proportionalität zur Auslenkung spricht man auch von einem „linearen" Kraftgesetz.

Ohne die Kenntnis des zeitlichen Verlaufes einer harmonischen Schwingung eines mechanischen Oszillators, aber mit Kenntnis des linearen Kraftgesetzes müssen wir die Differentialgleichung

$$F = ma(t) = m\ddot{x}(t) = -cx(t) \quad \text{oder} \quad m\ddot{x}(t) + cx(t) = 0 \ ^1 \tag{4.19}$$

---

[1]   Üblicherweise schreibt man alle Terme, die die gesuchte Funktion oder ihre Ableitungen enthalten, auf die linke Seite der Gleichung, den Rest auf die rechte Seite.

lösen, d. h. eine Funktion $x(t)$ finden, die diese Differentialgleichung erfüllt. Man bezeichnet einen derartigen Typ von Differentialgleichung als

- homogen, da sie keine Terme enthält, die nicht von der gesuchten Funktion oder ihren Ableitungen abhängen,
- linear, da die Terme keine Produkte oder Quotienten der Funktionen oder ihrer Ableitungen enthalten und diese nur in der ersten Potenz vorkommen,
- Differenzialgleichung zweiter Ordnung mit konstanten Koeffizienten, da die höchste Ableitung die zweite ist und alle anderen Größen nicht von der Zeit abhängen.

Die Differentialgleichungen, die wir bisher kennen gelernt haben, waren von erster Ordnung und damit durch Trennung der Variablen und separate Integration der beiden Seiten der Gleichung lösbar. Bei Differentialgleichungen zweiter Ordnung formuliert man für die gesuchte Funktion zunächst einen allgemeinen Ansatz, d. h. eine Funktion, die „in etwa" die Gleichung erfüllt. Diese Funktion setzt man dann in die Differentialgleichung ein und berechnet die Parameter der Lösung. Für (4.19) kommen folgende Funktionen als Lösung in Frage:

- $x_1(t) = \cos(\omega_1 t)$,
- $x_2(t) = \sin(\omega_2 t)$,
- $x_3(t) = e^{kt}$.

$$(4.20)$$

Werden diese Funktionen jeweils in (4.19) eingesetzt, so erhält man die Parameter

$$\omega_1 = \pm\sqrt{\frac{c}{m}}, \quad \omega_2 = \pm\sqrt{\frac{c}{m}} \quad \text{und} \quad k = \pm j\sqrt{\frac{c}{m}}. \tag{4.21}$$

Die allgemeine Lösung von (4.19) ist eine Linearkombination der speziellen Lösungen, d. h. den Funktionen aus **(4.20)** mit den Parametern aus (4.21).

$$x(t) = \alpha_1 \cos\left(\sqrt{\frac{c}{m}}t\right) + \alpha_2 \sin\left(\sqrt{\frac{c}{m}}t\right) \tag{4.22}$$

Die Realteile der Exponentialfunktion als spezielle Lösung ist wegen (4.12) schon in der allgemeinen Lösung enthalten. Um α_1 und α_2 bestimmen zu können, müssen zwei so genannte „Anfangsbedingungen", z. B. die Position und die Geschwindigkeit zu einem Zeitpunkt t_0, den wir zu null setzen, bekannt sein.

$$x(t = 0) := x_0 = \alpha_1, \quad v(t = 0) = \dot{x}(t = 0) := v_0 = \alpha_2\sqrt{\frac{c}{m}} \quad \Rightarrow \quad \alpha_2 = v_0\sqrt{\frac{m}{c}} \tag{4.23}$$

Da die einzige Kraft, die auf den Oszillator wirkt, die Rückstellkraft $F_{Rück} = -cx$ ist, er ansonsten keine weitere Beeinflussung erfährt, spricht man auch von einer freien harmonischen Schwingung mit der Kreisfrequenz

$$\sqrt{\frac{c}{m}} := \omega_f. \tag{4.24}$$

Damit lautet die allgemeine Lösung von (4.19)

$$x(t) = x_0 \cos(\sqrt{\frac{c}{m}}t) + v_0\sqrt{\frac{m}{c}}\sin(\sqrt{\frac{c}{m}}t) \text{ bzw. } x(t) = x_0\cos(\omega_f t) + \frac{v_0}{\omega_f}\sin(\omega_f t). \quad (4.25)$$

Zur Berechnung der Amplitude und des Nullphasenwinkels formen wir (4.4) um und vergleichen mit (4.25).

$$x(t) = \hat{x}\cos(\omega_f t + \varphi_0) = \hat{x}(\cos(\omega_f t)\cos\varphi_0 - \sin(\omega_f t)\sin\varphi_0) \Rightarrow x_0 = \hat{x}\cos\varphi_0,$$

$$\frac{v_0}{\omega_f} = -\hat{x}\sin\varphi_0 \Rightarrow \tan\varphi_0 = -\frac{v_0}{x_0\omega_f}, \quad \hat{x} = \sqrt{x_0^2 + (\frac{v_0}{\omega_f})^2} \qquad (4.26)$$

Die hier hergeleiteten Zusammenhänge gelten nicht nur für mechanische Oszillatoren, sondern für jedes System, dessen Auslenkung x aus dem Gleichgewichtszustand durch eine Differentialgleichung der Form

$$u\ddot{x}(t) + wx(t) = 0 \qquad (4.27)$$

beschrieben werden kann. Die Größe $x(t)$ hat dann immer die Zeitabhängigkeit

$$x(t) = x_0\cos(\omega_f t) + \frac{\dot{x}_0}{\omega_f}\sin(\omega_f t), \text{ mit } \omega_f = \sqrt{\frac{w}{u}}. \qquad (4.28)$$

Hervorzuheben ist, dass die Kreisfrequenz ω_f nicht von den Anfangswerten x_0 und $\dot{x}_0$ und damit auch nicht von der Amplitude $\hat{x}$ oder dem Nullphasenwinkel φ_0 abhängt, sondern nur von den Eigenschaften des Oszillators, die durch die Größen u und w festgelegt werden. In Anlehnung an die Mechanik bezeichnet man $u\ddot{x}$ auch als Trägheit und ux als Rückstelleigenschaft des Systems.

Energie einer freien harmonischen Schwingung
Auslenkungen eines mechanischen Oszillators werden immer bezüglich der Gleichgewichtslage angegeben. Um zu schwingen, muss das System zum Zeitpunkt $t_0 = 0$ einen Zustand außerhalb des Gleichgewichtes einnehmen, d. h. $x_0 \neq 0$ oder $v_0 \neq 0$. Befindet sich das System außerhalb des Gleichgewichtes, so wirkt die (konservative) Rückstellkraft und der Oszillator hat potentielle Energie bezüglich der Gleichgewichtslage. Bewegt sich der Oszillator, so hat er kinetische Energie. Erfolgt nur zum Zeitpunkt $t = 0$ eine einmalige Energiezufuhr und schwingt das System dann ohne weitere Beeinflussung, so spricht man von einer freien Schwingung. Erfolgt keine Energieabfuhr, z. B. durch Reibung, so bleibt die Gesamtenergie E des Systems konstant. Sie wechselt während der Schwingung ständig zwischen den Energieträgern Impuls und Lage.

$$E(t = 0) := E_0 = E_{pot,0} + E_{kin,0} = E(t) = const. \Rightarrow \frac{dE(t)}{dt} = 0. \qquad (4.29)$$

Die zeitliche Änderung der potentiellen und der kinetischen Energie erhalten wir unter Beachtung der Kettenregel beim Ableiten. E_{kin} hängt von der zeitabhängigen Geschwindigkeit, E_{pot} von der zeitabhängigen Position ab.

$$0 = \frac{dE_{kin}(v(t))}{dt} + \frac{dE_{pot}(x(t))}{dt} = \frac{dE_{kin}}{dv}\frac{dv}{dt} + \frac{dE_{pot}}{dx}\frac{dx}{dt} \quad \text{mit}$$

$$\frac{dx}{dt} = v \implies 0 = \frac{1}{2}m2v\dot{v} + \frac{dE_{pot}}{dx}v \implies m\ddot{x} + \frac{dE_{pot}}{dx} = 0. \tag{4.30}$$

Vergleichen wir (4.30) mit (4.28) oder (4.19), so muss

$$\frac{dE_{pot}}{dx} = cx \quad \text{und damit} \quad E_{pot}(x) = \int cx'\,dx' = \frac{1}{2}cx^2 + H \tag{4.31}$$

gelten, wobei H eine noch zu bestimmende Integrationskonstante ist. Ein Objekt schwingt harmonisch, wenn die potentielle Energie ein parabolisches Minimum, an dem ein stabiles Gleichgewicht vorliegt, aufweist. Da der Verlauf der potentiellen Energie in der Nähe eines Minimums immer durch einen parabolischen Verlauf angenähert werden kann, sind alle Schwingungen mit hinreichend kleinen Amplituden harmonisch.

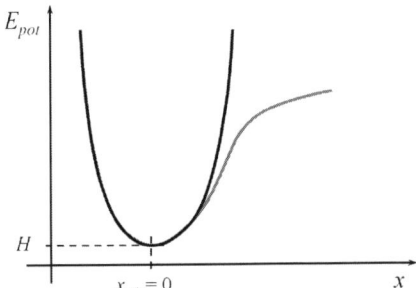

Abb. 4.4 *Minimum potentieller Energie und Annäherung durch eine Parabel in der Umgebung des Minimums.*

Beziehen wir die Auslenkung des Objektes auf die Gleichgewichtslage und setzen die potentielle Energie dort zu null, so beträgt diese zum Zeitpunkt $t = 0$ (Auslenkung $x(t = 0) = x_0$)

$$E_{pot}(t = 0) := E_{pot,0} = \frac{1}{2}cx_0^2 \tag{4.32}$$

und damit die Gesamtenergie

$$E_0 = \frac{1}{2}mv_0^2 + \frac{1}{2}cx_0^2. \tag{4.33}$$

Anderseits ist sie die Summe aus der momentanen kinetischen Energie und der momentanen potentiellen Energie

$$E_0 = \frac{1}{2} m\hat{x}^2 \omega_f^2 \sin^2(\omega_f t + \varphi_0) + \frac{1}{2} c\hat{x}^2 \cos^2(\omega_f t + \varphi_0) \,. \tag{4.34}$$

Unter Berücksichtigung von (4.24) und (4.26) erhalten wir

$$E_0 = \frac{1}{2} c\hat{x}^2 = \frac{1}{2} cx_0^2 + \frac{1}{2} \frac{c}{\omega_f} v_0^2 = \frac{1}{2} cx_0^2 + \frac{1}{2} mv_0^2 \,, \tag{4.35}$$

womit wir gezeigt haben, dass die Anfangsauslenkung und die Anfangsgeschwindigkeit auch die Amplitude bestimmen. Mit (4.24) und (4.26) können wir (4.35) umformen und die Gesamtenergie durch die Amplitude der Schwingung bzw. der Geschwindigkeit ausdrücken.

$$E_0 = \frac{1}{2}(m\omega_f^2 x_0^2 + mv_0^2) = \frac{1}{2} m\omega_f^2 (x_0^2 + \frac{v_0^2}{\omega_f^2}) = \frac{1}{2} m\omega_f^2 \hat{x}^2 = \frac{1}{2} m\hat{v}^2 \tag{4.36}$$

Weiterhin kann man sehen, dass sowohl kinetische als auch potentielle Energie mit der doppelten Kreisfrequenz schwingen. Mit den Additionstheoremen[1] erhalten wir

$$E_{pot}(t) = \frac{E_0}{2} + \frac{E_0}{2} \cos(2\omega_f t + 2\varphi_0) \quad \text{und}$$

$$E_{kin}(t) = \frac{E_0}{2} - \frac{E_0}{2} \cos(2\omega_f t + 2\varphi_0) = \frac{E_0}{2} + \frac{E_0}{2} \cos(2\omega_f t + 2\varphi_0 - \pi) \,. \tag{4.37}$$

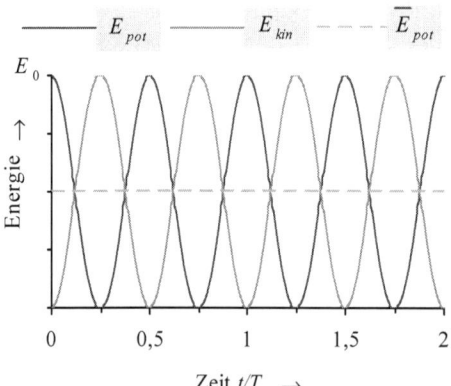

Abb. 4.5 *Verlauf von potentieller, kinetischer und mittlerer potentieller Energie eines mechanischen Oszillators.*

---

[1] $\cos^2 x = \frac{1}{2}(1 + \cos 2x)$, $\sin^2 x = \frac{1}{2}(1 - \cos 2x)$.

Man sieht, dass die mittlere potentielle Energie gleich der mittleren kinetischen Energie ist. Diese Mittelwerte sind halb so groß wie die Gesamtenergie.

$$\overline{E_{kin}} = \overline{E_{pot}} = \frac{1}{2}E_0 \tag{4.38}$$

Beispiele freier harmonischer Schwingungen in der Mechanik

Im Folgenden wollen wir die Schwingungen einiger mechanischer Systeme untersuchen und insbesondere die Abhängigkeit der Schwingungsdauer bzw. der Kreisfrequenz von charakteristischen Größen der Oszillatoren bestimmen.

Federpendel
Auf einer horizontalen Unterlage gleitet reibungsfrei ein Klotz, der durch eine elastisch deformierbare Feder[1] in der Horizontalen beschleunigt wird, dabei kann die Feder sowohl gedehnt als auch gestaucht werden. Die Federkraft gehorcht dem Hookeschen Gesetz (2.61), dabei ist D die Federkonstante. Der Vergleich der Bewegungsgleichung für den Klotz mit (4.27) ergibt

$$F = -Dx \;\Rightarrow\; m\ddot{x} = -Dx \;\Rightarrow\; \omega_f = \sqrt{\frac{D}{m}}, \tag{4.39}$$

der Klotz schwingt harmonisch um die Gleichgewichtslage mit ω_f.

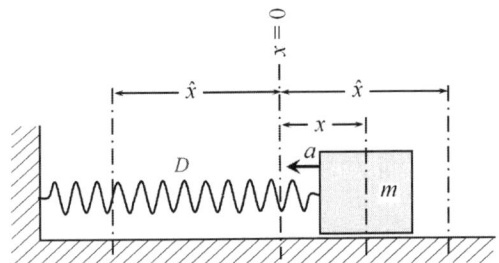

Abb. 4.6 *Horizontal angeordnetes Federpendel.*

Hängt dagegen eine Masse vertikal an einer Feder, so wirkt neben der Federkraft auch noch die Schwerkraft während der Schwingung. Damit lautet die Bewegungsgleichung

$$m\ddot{x} = -Dx - mg \;\Rightarrow\; m\ddot{x} = -D(x + \frac{mg}{D}). \tag{4.40}$$

---

[1] Bei Federpendeln ordnen wir die Masse der Feder teilweise der Masse des schwingenden Körpers zu. Aus Gründen, auf die hier nicht weiter eingegangen werden soll, wird 1/3 der Federmasse als „effektive Federmasse" dem Oszillator zugeschlagen.

Wir ersetzen x durch $x' := x + mg/D$, dabei ist $x' = 0$ bzw. $x = -mg/D$ die Gleichgewichtslage der senkrecht an der Feder hängenden Masse. Da sich x und x' nur um eine Konstante unterscheiden, gilt

$$\ddot{x}' = \ddot{x} \ \Rightarrow \ m\ddot{x}' = -Dx' \,. \tag{4.41}$$

Formal unterscheidet sich die Differentialgleichung (4.41) nicht von der in (4.19), daher lautet die Lösung

$$x'(t) = \hat{x}'\cos(\omega_f t + \varphi_0) \tag{4.42}$$

mit $\omega_f = \sqrt{D/m}$. Die Amplitude $\hat{x}'$ und der Nullphasenwinkel φ_0 ergeben sich gemäß (4.26) aus den Anfangswerten x'_0 und $v'_0 = v_0$.

Wirkt auf einen mechanischen Oszillator zusätzlich noch eine konstante Kraft, so schwingt er harmonisch mit der Kreisfrequenz der freien harmonischen Schwingung.

Die Bewegung unterscheidet sich nicht gegenüber einer freien harmonischen Schwingung ohne Einfluss einer weiteren, aber konstanten Kraft, wenn wir sie bezüglich der Gleichgewichtslage der konstanten Kraft beschreiben. Geben wir die potentielle Energie bezüglich dieser Position an, so ergeben sich die Ausdrücke (4.37).

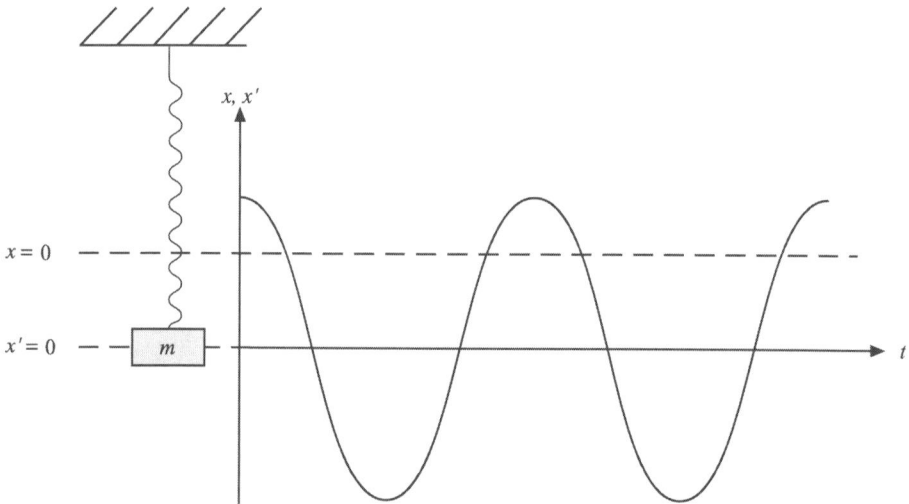

Abb. 4.7   *Federpendel unter Einfluss der Schwerkraft.*

Schwingungen von Flüssigkeiten
Befindet sich eine Flüssigkeit in einem U-Rohr mit konstanter Querschnittsfläche, so stellen sich im Gleichgewicht in beiden Schenkeln nach dem „Gesetz der kommunizierenden Röhren"

(siehe Seite 171) Flüssigkeitsspiegel gleicher Höhe ein. Wird durch äußeren Einfluss der Flüssigkeitsspiegel in einem Schenkel um x gegenüber der Gleichgewichtslage abgesenkt, so steigt der Flüssigkeitsspiegel in dem anderen Schenkel ebenfalls um x. Zwischen den beiden Flüssigkeitsspiegeln herrscht somit gemäß (2.358) eine Druckdifferenz von

$$\Delta P = P_- - P_+ = P_L - \rho_{Fl} g x - (P_L + \rho_{Fl} g x) = -2\rho_{Fl} g x , \tag{4.43}$$

wobei P_L der äußere Luftdruck ist. Diese Druckdifferenz bewirkt eine Kraft, welche die Flüssigkeit in Richtung Gleichgewichtslage beschleunigt und damit auch die Flüssigkeitsspiegel.

$$m_{Fl} a = A_{Rohr} \Delta P \;\; \Rightarrow \;\; m_{Fl} \ddot{x} = -A_{Rohr} 2\rho_{Fl} g x . \tag{4.44}$$

Vergleichen wir (4.44) mit (4.27), so sehen wir, dass der Flüssigkeitsspiegel und damit die Flüssigkeit harmonische Schwingungen mit der Kreisfrequenz

$$\omega_f = \sqrt{\frac{2 A_{Rohr} \rho_{Fl} g}{m_{Fl}}} \tag{4.45}$$

ausführen. Drücken wir m_{Fl} noch durch Dichte und Volumen der Flüssigkeit aus, wobei l die mittlere Länge der Flüssigkeitssäule ist, so erhalten wir

$$\omega_f = \sqrt{\frac{2 A_{Rohr} \rho_{Fl} g}{\rho_{Fl} V_{Fl}}} = \sqrt{\frac{2 A_{Rohr} \rho_{Fl} g}{\rho_{Fl} A_{Rohr} l}} = \sqrt{\frac{2g}{l}} , \tag{4.46}$$

d. h. die Kreisfrequenz der schwingenden Flüssigkeit ist unabhängig von der Art der Flüssigkeit und von der Querschnittsfläche des Rohres.

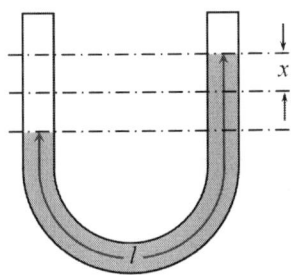

Abb. 4.8 *Schwingung einer Flüssigkeit in einem U-Rohr.*

Gasschwingungen

Ein Gefäß, in dem sich ein ideales Gas befindet, wird durch eine Kugel, die sich reibungsfrei in einem vertikal angeordneten Rohr (Querschnittsfläche A_{Rrohr}) bewegen kann, verschlossen.

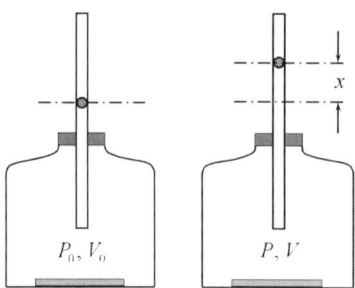

Abb. 4.9 *Schwingungen einer Kugel auf einem Gaspolster.*

Die Kugel befindet sich in einer bestimmten Höhe im Gleichgewicht, dann herrscht in dem Gefäß ein Druck

$$P_0 = P_L + \frac{m_K g}{A_{Rohr}},$$

(4.47)

dabei sind P_L der äußere Luftdruck und m_K die Masse der Kugel. Das Gas nimmt dann das Volumen V_0 ein. Wird die Kugel aus der Gleichgewichtslage ausgelenkt, so ändert sich mit dem Volumen auch der Druck des Gases im Gefäß. In der Regel erfolgt die Bewegung der Kugel so schnell, dass wir von einer adiabatischen Zustandsänderung des Gases während der Bewegung der Kugel ausgehen können. Dann gilt der Zusammenhang (3.119) zwischen Druck und Volumen des Gases im Gefäß

$$P_0 V_0^\kappa = P V^\kappa = (P_0 + \Delta P)(V_0 + \Delta V)^\kappa.$$

(4.48)

Da $\Delta P \ll P_0$ und $\Delta V \ll V_0$ ist, erhalten wir

$$P_0 V_0^\kappa = P_0 V_0^\kappa (1 + \frac{\Delta P}{P_0})(1 + \frac{\Delta V}{V_0})^\kappa \quad \Rightarrow^1 \quad 1 \approx (1 + \frac{\Delta P}{P_0})(1 + \kappa \frac{\Delta V}{V_0})$$

$$\Rightarrow 1 \approx 1 + \kappa \frac{\Delta V}{V_0} + \frac{\Delta P}{P_0} + \kappa \frac{\Delta V}{V_0} \frac{\Delta P}{P_0}.$$

(4.49)

Vernachlässigen wir die Terme $\Delta V \Delta P/(V_0 P_0)$, so ergibt sich

$$\frac{\Delta P}{P_0} = -\kappa \frac{\Delta V}{V_0} \quad \Rightarrow \quad \Delta P = -\kappa \frac{P_0}{V_0} \Delta V.$$

(4.50)

Wird die Kugel um x aus ihrer Gleichgewichtslage im Rohr ausgelenkt, so erfährt sie die Kraft F_K, bewirkt von der Druckdifferenz Gefäß-Umgebung sowie der Schwerkraft.

$$F_K = A_{Rohr}(P - P_L) - m_K g = m_K a = m_k \ddot{x}.$$

(4.51)

---

[1] Näherungsweise gilt für $x \ll 1$: $(1 + x)^k \approx 1 + kx$.

Diese Kraft beschleunigt die Kugel. Drücken wir P durch den Gleichgewichtsdruck P_0 und ΔP und ΔV durch $A_{Rohr}\, x$ aus, dann erhalten wir unter Berücksichtigung von (4.47) und (4.50)

$$F_K = m_K \ddot{x} = A_{Rohr}(P_L + \frac{m_K g}{A_{Rohr}} - \kappa \frac{P_0}{V_0}\Delta V - P_L) - m_K g$$

$$\Rightarrow m_K \ddot{x} = -A_{Rohr}\,\kappa \frac{P_0}{V_0}\Delta V = -\kappa \frac{P_0}{V_0} A_{Rohr}^2 x . \tag{4.52}$$

Vergleichen wir (4.52) mit (4.27), so sehen wir, dass die Kugel harmonisch auf dem Gaspolster schwingt mit der Kreisfrequenz

$$\omega_f = \sqrt{\kappa \frac{P_0}{V_0} \frac{A_{Rohr}^2}{m_K}} . \tag{4.53}$$

Da die Schwingungsdauer der Kugel sowie Druck, Volumen, Rohrquerschnittsfläche und Masse der Kugel leicht messbar sind, kann man über derartige Schwingungen leicht den Adiabatenexponenten κ des im Gefäß befindlichen Gases experimentell bestimmen.

Mathematisches Pendel
Pendel dienen häufig bei Uhren als „Zeitnormale", da sie mit konstanter Frequenz schwingen. Als Pendel bezeichnet man allgemein einen Körper, der, drehbar aufgehängt, im Schwerefeld der Erde um seine stabile Gleichgewichtslage schwingt (siehe **Abb. 2.84**). Ein mathematisches Pendel ist die Idealisierung eines „normalen" Pendels, das auch als „physikalisches" Pendel bezeichnet wird. Bei diesem Idealfall wird ein Körper an einem Faden gehängt, dessen Masse man gegen die des Körpers vernachlässigen kann, anderseits ist die Größe des Körpers klein gegen die Fadenlänge.

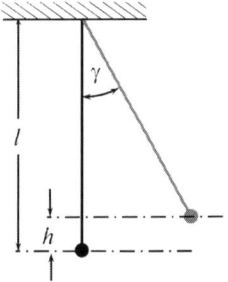

Abb. 4.10 Mathematisches Pendel.

Die Gleichgewichtslage der Masse befindet sich unter dem Punkt, an dem der Faden z. B. an der Decke befestigt ist. Wird die Masse m ausgelenkt, so bewegt sie sich auf einer Kreisbahn mit dem Radius der Fadenlänge l um den Aufhängungspunkt. Die momentane Position auf dem Kreis beschreiben wir durch den Winkel γ bezüglich der Gleichgewichtslage. Wird der Körper ausgelenkt, so bleibt seine mechanische Gesamtenergie

$$E(t) = E_0 = E_{pot} + E_{kin} = \frac{m}{2} v_{Bahn}^2 + mgh \qquad (4.54)$$

konstant, dabei wird der Nullpunkt der potentiellen Energie in die Gleichgewichtslage gelegt. Die Höhe h, die der Körper bei einer momentanen Position γ über der Gleichgewichtslage erreicht, beträgt

$$h = l - l \cos\gamma, \qquad (4.55)$$

und die momentane Geschwindigkeit berechnet sich nach **Tab. 2.1** zu

$$v_{Bahn} = l\dot\gamma . \qquad (4.56)$$

Die Änderung der Gesamtenergie ist null, damit erhalten wir

$$0 = \frac{d}{dt}(\frac{m}{2}l^2\dot\gamma^2) + \frac{d}{dt}(mgl(1 - \cos\gamma)) = \frac{m}{2}l^2 2\dot\gamma\,\ddot\gamma + mgl\sin\gamma\,\dot\gamma$$
$$\Rightarrow 0 = l\ddot\gamma + g\sin\gamma \qquad (4.57)$$

Beim Vergleich von (4.57) mit (4.27) stellen wir fest, dass ein mathematisches Pendel nicht harmonisch schwingt. Für kleine γ können wir jedoch $\sin\gamma$ in einer Reihe entwickeln (dabei muss γ im Bogenmaß angegeben werden!):

$$\sin\gamma = \gamma - \frac{\gamma^3}{3!} + \frac{\gamma^5}{5!} .... \approx \gamma . \qquad (4.58)$$

Mit dieser Näherung lautet (4.57)

$$l\ddot\gamma + g\gamma = 0, \qquad (4.59)$$

d. h. für kleine Auslenkung schwingt das mathematische Pendel harmonisch mit der Kreisfrequenz

$$\omega_f = \sqrt{\frac{g}{l}} . \qquad (4.60)$$

Diese hängt nur von der Erdbeschleunigung und der Pendellänge, nicht aber von der Masse des Körpers ab. Damit Pendeluhren genau gehen, darf sich die Pendellänge l nicht ändern, z. B. durch thermische Ausdehnung. Daher wurden Kompensationspendel konstruiert, deren Länge auch bei Temperaturänderungen konstant bleibt.

Physikalisches Pendel

So wird ein Körper bezeichnet, der, um eine Achse drehbar gelagert, Drehbewegungen unter Einfluss der Schwerkraft ausführen kann. Einmal aus seiner stabilen Gleichgewichtslage ausgelenkt, dreht sich das physikalische Pendel um diese. Insbesondere dreht sich der Schwerpunkt des Pendels auf einer Kreisbahn mit dem Radius s, dem Abstand des Schwerpunktes von der Drehachse. Seine Position beschreiben wir wie beim mathematischen Pendel durch den Drehwinkel γ bezüglich der Gleichgewichtslage.

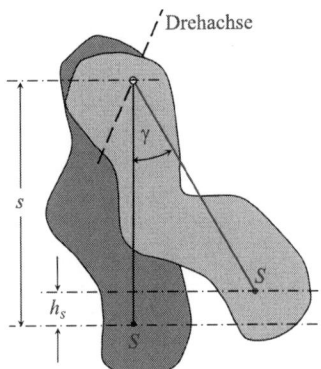

Abb. 4.11   *Physikalisches Pendel.*

Ohne weitere Beeinflussung bleibt die mechanische Gesamtenergie des Pendels konstant. Die kinetische Energie eines rotierenden Körpers berechnen wir nach **Tab. 2.3** aus seinem Trägheitsmoment J bezüglich der Drehachse und der momentanen Winkelgeschwindigkeit. Die potentielle Energie des Pendels ist nach (2.285) die seines Schwerpunkts und wird bestimmt aus dessen Höhe über der Gleichgewichtslage. Diese berechnet sich analog zu (4.55). Mit $E = const.$ gilt

$$0 = \frac{\mathrm{d}}{\mathrm{d}t}\left(\frac{J}{2}\dot{\gamma}^2\right) + \frac{\mathrm{d}}{\mathrm{d}t}(mgh_s) = \frac{J}{2}2\dot{\gamma}\ddot{\gamma} + mgs\sin\gamma\,\dot{\gamma} \;\Rightarrow\; J\ddot{\gamma} + mgs\sin\gamma = 0. \qquad (4.61)$$

Dies bedeutet, dass das physikalische Pendel so wie das mathematische Pendel ebenfalls nicht harmonisch schwingt. Nur bei hinreichend kleinen Auslenkungen und damit kleinen Winkeln γ ist die Bewegung des physikalischen Pendels eine harmonische Schwingung mit der Kreisfrequenz

$$\omega_f = \sqrt{\frac{mgs}{J}}\,. \qquad (4.62)$$

Das Trägheitsmoment J bezüglich der Drehachse können wir mit dem Steinerschen Satz (2.242) in das Trägheitsmoment einer zur Drehachse parallelen Achse durch den Schwerpunkt umrechnen. Damit erhalten wir

$$\omega_f = \sqrt{\frac{mgs}{J_S + ms^2}}\,. \qquad (4.63)$$

Im Gegensatz zum Trägheitsmoment unregelmäßig geformter Körper kann man ihre Masse und den Abstand des Schwerpunktes zu einer Drehachse, die nicht durch den Schwerpunkt geht, leicht bestimmen (siehe Seite 138). Misst man dann die Kreisfrequenz, mit der der Körper als physikalisches Pendel um die Drehachse schwingt, so kann man mit (4.62) bzw. (4.63) die Trägheitsmomente berechnen.

4.2.2   Gedämpfte freie harmonische Schwingungen

Die bislang behandelten Oszillatoren schwingen, nachdem sie durch einmalige Energiezufuhr aus dem Gleichgewichtszustand ausgelenkt wurden, ungedämpft, d.h. die Gesamtenergie und damit die Amplitude der Schwingung bleiben zeitlich konstant. Erfolgt während der Schwingung eine Energieabfuhr, bei mechanischen Oszillatoren durch Reibung, so verkleinert sich die Amplitude im Laufe der Zeit. Grundsätzlich unterscheidet man in der Mechanik zwei Reibungstypen:

- die äußere Reibung, bei der die Oberfläche des Oszillators in Kontakt mit einer anderen Fläche ist. Die Reibungskraft ist nach (2.64) proportional zur Normalkraft F_N, mit der die beiden Flächen aufeinander gepresst werden. Außerdem ist sie näherungsweise unabhängig von der Relativgeschwindigkeit der Flächen. Auch die Rollreibung (2.65) ist proportional zur Normalkraft F_N.
- die innere Reibung. Hier bewegt sich der Oszillator durch ein Fluid (flüssig oder gasförmig). Abhängig von der Strömungsform ist die Reibungskraft entweder proportional zur Relativgeschwindigkeit Oszillator-Fluid oder proportional zum Quadrat der Relativgeschwindigkeit.

Äußere Reibung (geschwindigkeitsunabhängige Reibungskraft)
Reibungskräfte wirken immer bewegungshemmend, sie sind immer der momentanen Geschwindigkeit des Oszillators entgegengesetzt. Im Falle der vom Betrag der Geschwindigkeit unabhängigen Reibungskraft können wir diesen Sachverhalt durch die so genannte „Vorzeichen-" oder „Signumfunktion" beschreiben. Diese ist folgendermaßen definiert:

$$\text{sgn(u)} = \quad 1 \text{ für } u \geq 0$$
$$\text{sgn(u)} = -1 \text{ für } u < 0 \tag{4.64}$$

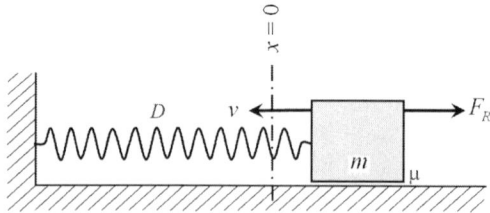

Abb. 4.12 *Federpendel schwingt unter dem Einfluss äußerer Reibung.*

Damit lautet die Bewegungsgleichung (4.19) für ein Federpendel, die um die Reibungskraft ergänzt wurde:

$$m\ddot{x} = -Dx - \mu F_N \, \text{sgn}(\dot{x}) \implies m\ddot{x} + D(x + \frac{\mu F_N}{D}) = 0 \quad (\dot{x} > 0)$$

$$m\ddot{x} + D(x - \frac{\mu F_N}{D}) = 0 \qquad (\dot{x} < 0) \tag{4.65}$$

Dabei ist D die Federkonstante und μ der Gleitreibungskoeffizient. Wie im Fall des Federpendels, das zusätzlich von der Schwerkraft beeinflusst wird, ersetzen wir x durch

$$x_+^* := x + \frac{\mu F_N}{D} \quad (\dot{x} > 0) \implies \ddot{x}_+^* = \ddot{x} \implies m\ddot{x}_+^* + Dx_+^* = 0$$

$$x_-^* := x - \frac{\mu F_N}{D} \quad (\dot{x} < 0) \implies \ddot{x}_-^* = \ddot{x} \implies m\ddot{x}_-^* + Dx_-^* = 0 \,. \tag{4.66}$$

Vergleichen wir die Differentialgleichungen für die beiden Bewegungsrichtungen mit (4.27), so sehen wir, dass auch unter dem Einfluss äußerer Reibung die Schwingung harmonisch ist und die Kreisfrequenz

$$\omega_d = \sqrt{\frac{D}{m}} = \omega_f \tag{4.67}$$

gleich der der freien ungedämpften harmonischen Schwingung ist. Wir betrachten den Verlauf der Auslenkung $x(t)$ für den Fall $x_0 > 0$ und $v_0 = 0$, gemäß (4.26) ist dann der Nullphasenwinkel $\varphi_0 = 0$ und x_0 ist die anfängliche Amplitude $\hat{x}_0$. Während der ersten Halbperiode bewegt sich der Oszillator in die negative Richtung, $\dot{x} < 0$, somit wird die Schwingung in diesem Zeitintervall durch den Verlauf

$$x_-^*(t) = \hat{x}_-^* \cos(\omega_f t) \quad \text{oder} \quad x(t) - \frac{\mu F_N}{D} = (\hat{x}_0 - \frac{\mu F_N}{D})\cos(\omega_f t) \tag{4.68}$$

beschrieben, dessen Nullpunkt bei $x = \mu F_N/D$ liegt und dessen Amplitude um $\mu F_N/D$ kleiner ist als im reibungsfreien Fall. Nach $t = T/2$ beträgt die Auslenkung $x_-^*(T/2) = -\hat{x}_-^* = -(\hat{x}_0 - \mu F_N/D)$, wegen der Verschiebung des Nullpunktes ist dann $x(T/2) = -\hat{x}_0 + 2\mu F_N/D$. Nun kehrt sich die Bewegungsrichtung um, die Bewegung folgt in der zweiten Halbperiode dem Verlauf von

$$x_+^*(t) = \hat{x}_+^* \cos(\omega_f t) = |\, x(\frac{T}{2}) + \frac{\mu F_N}{D} \,| \cos(\omega_f t) \quad \text{oder}$$

$$x(t) + \frac{\mu F_N}{D} = (\hat{x}_0 - 3\frac{\mu F_N}{D})\cos(\omega_f t) \,, \tag{4.69}$$

dabei ist die Amplitude der Schwingung in diesem Zeitintervall aufgrund der Verschiebung des Nullpunktes nach $x = -\mu F_N/D$ gegenüber $|x(T/2)|$ um weitere $\mu F_N/D$ verkleinert. Zum Zeitpunkt $t = T$ beträgt die Auslenkung schließlich $x_+^*(T) = \hat{x}_+^* = \hat{x}_0 - 3\mu F_N/D$ bzw. $x(T) = \hat{x}_+^* - \mu F_N/D = \hat{x}_0 - 4\mu F_N/D$. Pro Periode T vermindert sich also die Amplitude linear um $4\mu F_N/D$.

$$\hat{x}(t) = \hat{x}_0 - 4\frac{\mu F_N}{D}\frac{t}{T} = \hat{x}_0 - 4\frac{\mu F_N}{D}\frac{\omega_f t}{2\pi} = \hat{x}_0 - \frac{2\mu F_N}{\pi\sqrt{Dm}}t \tag{4.70}$$

Damit ergibt sich der zeitliche Verlauf einer Schwingung unter dem Einfluss äußerer Reibung bei beliebigen Anfangsbedingungen x_0 und v_0 zu

$$x(t) = \hat{x}(t)\cos(\omega_f t + \varphi_0) = \left(\hat{x}_0 - \frac{2\mu F_N}{\pi\sqrt{Dm}}t\right)\cos(\omega_f t + \varphi_0), \tag{4.71}$$

dabei sind $\hat{x}_0$ die anfängliche Amplitude und φ_0 der Nullphasenwinkel, die mit (4.26) berechnet werden können.

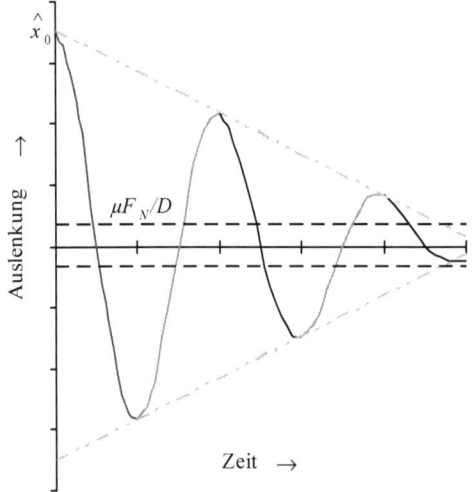

Abb. 4.13 *Verlauf der Auslenkung bei äußerer Reibung. Pro Periode fällt die Amplitude um $4\mu F_N/D$ ab.*

Die Bewegung endet, wenn die Amplitude in einer Halbperiode kleiner als $\mu F_N/D$ wird, beim nächsten Extremum von $x(t)$, denn dann ist die Geschwindigkeit null. Diese Position ist im Allgemeinen nicht identisch mit der Gleichgewichtslage. Dies kann z. B. bei Zeigerinstrumenten, deren Lager äußerer Reibung unterliegen, zu Abweichungen vom Ist-Wert der anzuzeigenden Größe führen.

Innere Reibung (geschwindigkeitsproportionale Reibungskraft)
Bewegt sich der Oszillator durch ein ruhendes Fluid, wobei er von diesem laminar umströmt wird, so ist die Reibungskraft proportional zur momentanen Geschwindigkeit.

$$F_R = -bv \tag{4.72}$$

Die Bewegungsgleichung (4.19) für ein Federpendel, das unter dem Einfluss von Reibung (4.72) schwingt, lautet

$$m\ddot{x} = -Dx - b\dot{x} \quad \text{oder} \quad \ddot{x} + 2\delta\dot{x} + \omega_f^2 x = 0 \,. \tag{4.73}$$

Dabei haben wir ω_f gemäß (4.39) eingeführt und den Dämpfungskoeffizienten

$$2\delta := \frac{b}{m} \tag{4.74}$$

definiert. Als Lösungsfunktion für die Differentialgleichung setzen wir wie im ungedämpften Fall

$$x(t) = e^{kt} \tag{4.75}$$

an, wobei k eine komplexe Zahl ist. Setzen wir (4.75) in (4.73) ein, so erhalten wir eine Gleichung zur Bestimmung von k aus den Parametern δ und ω_f.

$$k^2 e^{kt} + 2\delta k e^{kt} + \omega_f^2 e^{kt} = 0 \quad \Rightarrow \quad e^{kt}(k^2 + 2\delta k + \omega_f^2) = 0 \,. \tag{4.76}$$

Diese Gleichung wird für beliebige Zeiten t erfüllt, wenn entweder $k \to -\infty$ geht oder k die „charakteristische Gleichung"

$$k^2 + 2\delta k + \omega_f^2 = 0 \tag{4.77}$$

erfüllt. Diese quadratische Gleichung hat die Lösungen

$$k_1 = -\delta + \sqrt{\delta^2 - \omega_f^2} \quad \text{und} \quad k_2 = -\delta - \sqrt{\delta^2 - \omega_f^2} \,. \tag{4.78}$$

Je nachdem wie stark die Dämpfung ist, können k_1 und k_2 reell oder konjugiert komplex sein, d. h. die Radikanden in (4.78) können entweder positiv, negativ oder null sein. Aus Gründen, die wir gleich sehen werden, bezeichnet man diese Fälle als Schwingfall, Kriechfall und aperiodischen Grenzfall.

Schwingfall
Ist die Dämpfung schwach, so kann der Oszillator Schwingungen ausführen. Dann ist $\delta < \omega_f$, die Radikanden in (4.78) sind negativ, $\underline{k}_1$ und $\underline{k}_2$ konjugiert komplexe Zahlen. Läge überhaupt keine Reibung vor, so wäre $\underline{k}_1 = j\omega_f$, $\underline{k}_2 = -j\omega_f$ und wir hätten die Lösung (4.22). Daher definieren wir

$$\sqrt{\delta^2 - \omega_f^2} = j\sqrt{\omega_f^2 - \delta^2} := j\omega_d \tag{4.79}$$

als Kreisfrequenz der gedämpften Schwingung. Sie ist offensichtlich geringer als die Kreisfrequenz der ungedämpften Schwingung. Die allgemeine Lösung von (4.73) ist eine Linearkombination der speziellen Lösungen

$$x(t) = \alpha_1 e^{\underline{k}_1 t} + \alpha_2 e^{\underline{k}_2 t} \, , \tag{4.80}$$

wobei α_1 und α_2 aus den Anfangsbedingungen $x(t = 0) = x_0$ und $\dot{x}(t = 0) = \dot{x}_0 = v_0$ berechnet werden.

$$x_0 = \alpha_1 + \alpha_2 \, , \quad \dot{x}_0 = v_0 = \alpha_1 k_1 + \alpha_2 k_2 \Rightarrow \alpha_1 = \frac{v_0 - k_2 x_0}{k_1 - k_2} = \frac{v_0 + (\delta + j\omega_d)x_0}{2 j\omega_d} \, ,$$

$$\alpha_2 = \frac{k_1 x_0 - v_0}{k_1 - k_2} = \frac{(j\omega_d - \delta)x_0 - v_0}{2 j\omega_d} \tag{4.81}$$

Da $\underline{k}_1$ und $\underline{k}_2$ konjugiert komplex sind, können wir $\underline{k}_1 = \underline{k}$ und $\underline{k}_2 = \overline{\underline{k}}_1 = \overline{\underline{k}}$ setzen. Damit lautet die Lösung

$$x(t) = \alpha_1 e^{\underline{k}t} + \alpha_2 e^{\overline{\underline{k}}t} = e^{-\delta t}(\alpha_1 e^{j\omega_d t} + \alpha_2 e^{-j\omega_d t}) \, , \text{ mit } (4.81)$$

$$\Rightarrow x(t) = e^{-\delta t}(\frac{v_0 + (\delta + j\omega_d)x_0}{2 j\omega_d} e^{j\omega_d t} + \frac{(j\omega_d - \delta)x_0 - v_0}{2 j\omega_d} e^{-j\omega_d t})$$

$$\Rightarrow x(t) = e^{-\delta t}(x_0 \frac{e^{j\omega_d t} + e^{-j\omega_d t}}{2} + \frac{v_0 + \delta x_0}{\omega_d} \frac{e^{j\omega_d t} - e^{-j\omega_d t}}{2j}) \, . \tag{4.82}$$

Mit (4.15) können wir die Exponentialfunktionen in trigonometrische Funktionen umformen.

$$x(t) = e^{-\delta t}(x_0 \cos(\omega_d t) + \frac{v_0 + \delta x_0}{\omega_d} \sin(\omega_d t)) \tag{4.83}$$

Diesen zeitlichen Verlauf können wir auch mit (4.26) durch die anfängliche Amplitude und den Nullphasenwinkel

$$\hat{x}_0 = \sqrt{x_0^2 + (\frac{v_0 + \delta x_0}{\omega_d})^2} \quad \text{und} \quad \tan\varphi_0 = -\frac{v_0 + \delta x_0}{x_0 \omega_d} \tag{4.84}$$

ausdrücken und erhalten

$$x(t) = \hat{x}_0 e^{-\delta t} \cos(\omega_d t + \varphi_0) \quad \text{oder} \quad x(t) = \hat{x}(t)\cos(\omega_d t + \varphi_0) \, , \tag{4.85}$$

wobei die Amplitude

$$\hat{x}(t) = \hat{x}_0 e^{-\delta t} \tag{4.86}$$

exponentiell mit der Zeit abnimmt. Allerdings wird es sehr lange dauern, bis der Oszillator in der Gleichgewichtslage zur Ruhe kommt.

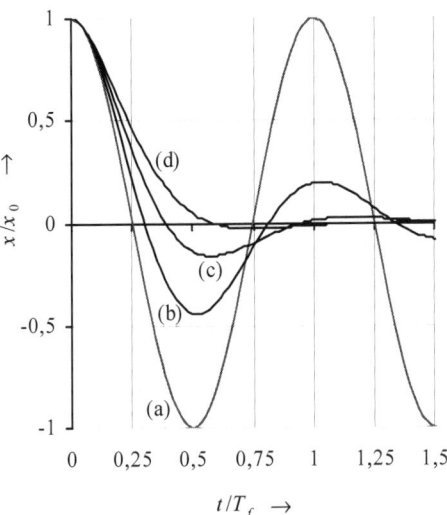

Abb. 4.14 *Gedämpfte Schwingung (geschwindigkeitsproportionale Reibung). Verlauf der Auslenkung bei gleichen Anfangsbedingungen, aber unterschiedlich großen Dämpfungskoeffizienten. (a): $\delta/\omega_f = 0$; (b): 0,25; (c): 0,5; (d): 0,75. Die Periodendauer nimmt mit wachsender Dämpfung zu.*

Das Verhältnis der Auslenkungen im zeitlichen Abstand von einer Periodendauer T beträgt wegen der Periodizität des Kosinus

$$\frac{x(t)}{x(t+T)} = \frac{\hat{x}_0 e^{-\delta t} \cos(\omega_d t + \varphi_0)}{\hat{x}_0 e^{-\delta(t+T)} \cos(\omega_d (t+T) + \varphi_0)} = e^{\delta T}. \qquad (4.87)$$

Dieses Verhältnis beschreibt das Abklingverhalten der gedämpften Schwingung. Insbesondere ist das Verhältnis zweier aufeinander folgender Amplituden konstant. Statt des Verhältnisses definiert man auch das so genannte logarithmische Dekrement

$$\Lambda := \ln(\frac{x(t)}{x(t+T)}) = \delta T = \frac{2\pi\delta}{\omega_d}. \qquad (4.88)$$

Es wird oft an Stelle des Dämpfungskoeffizienten δ angegeben.

Aperiodischer Grenzfall
Die Kreisfrequenz ω_d der gedämpften Schwingung (4.79) wird umso kleiner, je größer die Dämpfung und damit δ werden. Für $\delta = \omega_f$ wird sie null, oder die Schwingungsdauer strebt

gegen unendlich. Dann ist die Schwingung im strengen Sinne nicht mehr periodisch und man bezeichnet diese Bewegung als den aperiodischen Grenzfall der Schwingung. Den zeitlichen Verlauf der Auslenkung erhalten wir, wenn wir den Grenzwert $\omega_d \to 0$ von (4.83) bilden.

$$x(t) = \lim_{\omega_d \to 0} (e^{-\delta t} (x_0 \cos(\omega_d t) + \frac{v_0 + \delta x_0}{\omega_d} \sin(\omega_d t)))$$

$$\Rightarrow x(t) = e^{-\delta t} (x_0 \lim_{\omega_d \to 0} \cos(\omega_d t) + (v_0 + \delta x_0) \frac{\lim\limits_{\omega_d \to 0} \sin(\omega_d t)}{\lim\limits_{\omega_d \to 0} \omega_d}) \tag{4.89}$$

Der Term $\cos(\omega_d t)$ strebt gegen eins, beim zweiten Term streben Zähler und Nenner gegen null. In einem solchen Fall untersucht man, wie steil sich Zähler und Nenner dem Grenzwert nähern, d.h. man untersucht die Steigungen der Zähler- und der Nennerfunktion für den Grenzwert[1]. In diesem Fall leiten wir Zähler und Nenner nach ω_d ab.

$$x(t) = e^{-\delta t} (x_0 + (v_0 + \delta x_0) \frac{\lim\limits_{\omega_d \to 0} t \cos(\omega_d t)}{\lim\limits_{\omega_d \to 0} 1}) \quad \Rightarrow \quad x(t) = e^{-\delta t} (x_0 + (v_0 + \delta x_0) t) \tag{4.90}$$

Beim aperiodischen Grenzfall nimmt die Auslenkung stetig mit exponentiellem Verlauf ab. Die Gleichgewichtslage wird allerdings erst nach sehr großen Zeiten dauerhaft eingenommen.

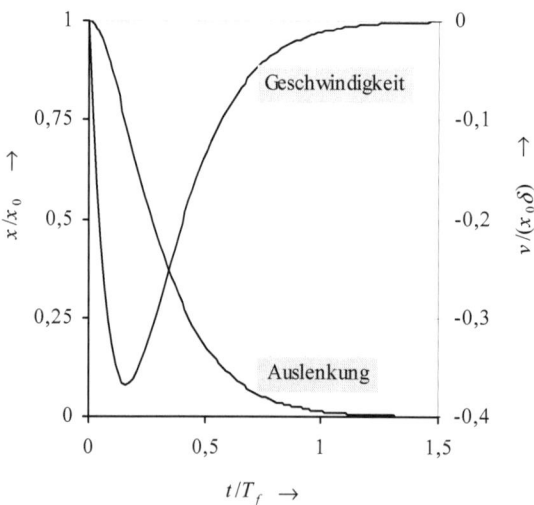

Abb. 4.15 *Auslenkung und Geschwindigkeit einer gedämpften Schwingung (geschwindigkeitsproportionale Reibung) im aperiodischen Grenzfall.*

---

[1]   Dies ist auch als l'Hospitalsche Regel bekannt.

Kriechfall

Bei noch stärkerer Dämpfung werden die Lösungen k_1 und k_2 der charakteristischen Gleichung (4.77) reell. Die allgemeine Lösung der Bewegungsgleichung (4.73) ergibt sich aus der Linearkombination der speziellen Lösungen (4.75), dabei setzen wir $w^2 := \delta^2 - \omega_f^2$.

$$x(t) = \alpha_1 e^{k_1 t} + \alpha_2 e^{k_2 t} = \alpha_1 e^{(-\delta+w)t} + \alpha_2 e^{(-\delta-w)t}. \tag{4.91}$$

Die α_1 und α_2 berechnen sich in Anlehnung an (4.81) aus den Anfangsbedingungen.

$$\alpha_1 = \frac{v_0 + (\delta+w)x_0}{2w}, \quad \alpha_2 = \frac{(w-\delta)x_0 - v_0}{2w} \tag{4.92}$$

Damit erhalten wir die Lösung

$$x(t) = e^{-\delta t}(\frac{v_0 + (\delta+w)x_0}{2w}e^{wt} + \frac{(w-\delta)x_0 - v_0}{2w}e^{-wt})$$

$$\Rightarrow x(t) = e^{-\delta t}(x_0 \frac{e^{wt} + e^{-wt}}{2} + \frac{v_0 + \delta x_0}{2w}\frac{e^{wt} - e^{-wt}}{2}) \tag{4.93}$$

oder nach Zusammenfassung der Exponentialausdrücke zu den so genannten Hyperbelfunktionen

$$x(t) = e^{-\delta t}(x_0 \cosh(wt) + \frac{v_0 + \delta x_0}{w}\sinh(wt)). \tag{4.94}$$

Der Oszillator bewegt sich langsam (er kriecht) in Richtung der Gleichgewichtslage, erreicht diese erst nach sehr langer Zeit.

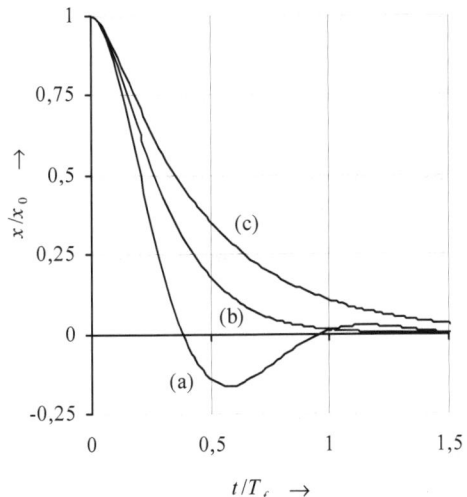

Abb. 4.16 *Vergleich des Verlaufes der Auslenkung eines Oszillators in (a) Schwingfall, (b) aperiodischen Grenzfall und (c) Kriechfall (gleiche Anfangsbedingungen).*

Vergleichen wir den zeitlichen Verlauf der Auslenkung bei unterschiedlichen Dämpfungen, aber gleichen Anfangsbedingungen, so stellen wir fest, dass bei aperiodischer Dämpfung die Annäherung an die Gleichgewichtslage in der kürzesten Zeit geschieht. Diese Tatsache ist für die Regelung von Systemen von großer Bedeutung. Diese weisen häufig Trägheitseigenschaften auf, d. h. sie widersetzten sich Zustandsänderungen. Außerdem haben sie die Tendenz, einen stabilen Gleichgewichtszustand einzunehmen (Rückstelleffekte), so dass sie gemäß (4.27) schwingfähig sind. Regelung eines Systems bedeutet, den Ist-Wert einer Größe einem Sollwert anzupassen. Dieser Sollwert stellt in unserem Bild den Gleichgewichtszustand des Systems dar. Wird dieser „schlagartig" geändert, so befindet sich das System in einem aus dem (neuen) Gleichgewicht ausgelenkten Zustand. Ist die Dämpfung proportional zur Änderung der zu regelnden Größe, so strebt, abhängig von der Dämpfung, das System schwingend, kriechend oder aperiodisch dem neuen Sollwert entgegen. Die Annäherung an den Sollwert geschieht bei aperiodischer Dämpfung am schnellsten. Aufgabe der Regelung ist es somit, die Dämpfung entsprechend einzustellen.

Energiebilanz gedämpfter Schwingungen
Durch Reibungskräfte wird die mechanische Energie des Oszillators vermindert, die Folge davon ist, dass die Amplitude mit der Zeit abnimmt. Ist P der Energiestrom (2.152), so beträgt die Energie des Oszillators zum Zeitpunkt t

$$P(t) = F_R(t)v(t) = \frac{dE}{dt} \quad \Rightarrow \quad E(t) = E_0 + \int_0^t F_R(t)v(t)dt \,. \tag{4.95}$$

Je nach Abhängigkeit der Reibungskraft von den anderen kinematischen Größen kann der zeitliche Verlauf der Energie des Oszillators recht kompliziert sein. Häufig reicht es jedoch, Aussagen über die mittlere Energie, d. h. über eine Periode gemittelte Energie, zu machen. Nach (4.38) ist die Gesamtenergie gleich der doppelten mittleren kinetischen Energie und damit gilt

$$\overline{E}(t) = 2\overline{E_{kin}} = 2\frac{1}{2}m\overline{v^2} \quad \Rightarrow \quad \sqrt{\overline{v^2}} = \sqrt{\frac{\overline{E}(t)}{m}} \,. \tag{4.96}$$

Äußere Reibung
Mit der geschwindigkeitsunabhängigen Reibungskraft beträgt der Energiestrom aus dem Oszillator

$$\overline{P}(t) = \frac{d\overline{E}}{dt} = -\mu F_N \sqrt{\overline{v^2}} = -\mu F_N \sqrt{\frac{\overline{E}}{m}} \,. \tag{4.97}$$

Diese Differentialgleichung für $\overline{E}$ lösen wir durch Trennen der Variablen und getrenntes Integrieren der beiden Seiten

$$\int_{E_0}^{E} \frac{d\overline{E}'}{\overline{E}'^{1/2}} = -\frac{\mu F_N}{\sqrt{m}} \int_0^t dt' \quad \Rightarrow \quad 2(\overline{E}^{1/2} - E_0^{1/2}) = -\frac{\mu F_N}{\sqrt{m}}t \,. \tag{4.98}$$

Die mittlere Energie des Oszillators nimmt mit der Zeit ab wie

$$\overline{E} = (E_0^{1/2} - \frac{\mu F_N}{2\sqrt{m}}t)^2 = E_0 - \frac{\mu F_N}{\sqrt{m}}\sqrt{E_0}\,t + (\frac{\mu F_N}{2\sqrt{m}}t)^2 . \tag{4.99}$$

Die Bewegung endet, wenn die Energie null wird, dies ist bei $t_{Ende} = \dfrac{2\sqrt{mE_0}}{\mu F_N}$ der Fall.

Geschwindigkeitsproportionale Reibung
Hier beträgt der mittlere Energiestrom aus dem Oszillator

$$\overline{P}(t) = \frac{d\overline{E}}{dt} = -b\overline{v^2} = -b\frac{\overline{E}}{m} . \tag{4.100}$$

Die Lösung der Differentialgleichung lautet:

$$\int_{E_0}^{E}\frac{d\overline{E}'}{\overline{E}'} = -\frac{b}{m}\int_0^t dt' \Rightarrow \ln(\frac{\overline{E}}{E_0}) = -\frac{b}{m}t \Rightarrow \overline{E} = E_0 e^{-\frac{b}{m}t} = E_0 e^{-2\delta t} , \tag{4.101}$$

die mittlere Energie fällt exponentiell mit 2δ, d. h. proportional zum Quadrat der Amplitude (4.86) ab.

Reibung, proportional zum Quadrat der Geschwindigkeit
Die Bewegungsgleichung (4.19), die um eine nicht lineare Reibungskraft ergänzt wird, ist „mit mathematischen Hausmitteln" nicht lösbar, dennoch können wir uns in Anlehnung an die vorigen Überlegungen einen Überblick über den Verlauf der mittleren Energie verschaffen. Mit dem mittleren Energiestrom

$$\overline{P}(t) = \frac{d\overline{E}}{dt} = -d\sqrt{\overline{v^2}}^3 = -d(\frac{\overline{E}}{m})^{3/2} \tag{4.102}$$

erhalten wir eine Differentialgleichung für die mittlere Energie, deren Lösung

$$\int_{E_0}^{E}\frac{d\overline{E}'}{\overline{E}'^{3/2}} = -\frac{d}{m^{3/2}}\int_0^t dt' \Rightarrow -2(\overline{E}^{-1/2} - E_0^{-1/2}) = -\frac{d}{m^{3/2}}t$$

$$\Rightarrow \overline{E} = \frac{1}{(E_0^{-1/2} + \dfrac{d}{2m^{3/2}}t)^2} \tag{4.103}$$

lautet. Die mittlere Energie fällt quadratisch mit der Zeit ab.

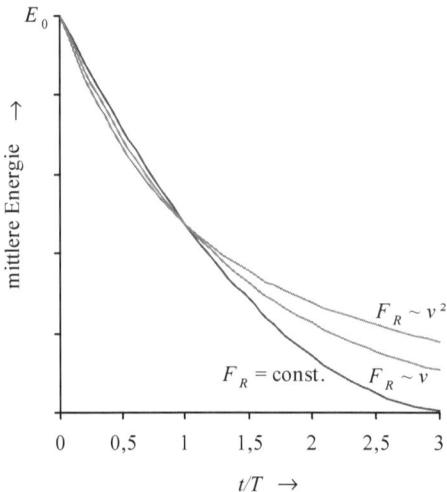

Abb. 4.17 *Verlauf der mittleren Energie von Schwingungen unter dem Einfluss von äußerer und innerer Reibung. Die Parameter für die Reibungskräfte sind so gewählt, dass in der ersten Periode die Energieverluste gleich sind.*

4.2.3   Erzwungene Schwingungen

Bei den zuvor behandelten freien Schwingungen wird dem Oszillator einmalig Energie zugeführt, diese Energie setzt sich aus der kinetischen Energie aufgrund der Anfangsgeschwindigkeit und der potentiellen Energie durch die anfängliche Auslenkung zusammen. Danach schwingt der Oszillator frei, es erfolgt allenfalls eine Energieabfuhr durch Reibung. Nun wollen wir untersuchen, wie ein Oszillator reagiert, wenn ihm durch äußeren Einfluss Energie, in der Mechanik durch äußere Kräfte, zugeführt wird. Konstante Kräfte kommen dafür nicht in Frage, da sie nur eine Verschiebung der Gleichgewichtslage bewirken. Von den zeitabhängigen Kräften sind besonders periodische Kräfte von Interesse.

Eine solche periodische Beeinflussung kann bei einem vertikal aufgehängten Federpendel z. B. dadurch geschehen, dass Aufhängung periodisch auf- und abbewegt wird.

Bei einer solchen Bewegung der Aufhängung werden die Dehnung der Feder und damit die Rückstellkraft verändert. Erfolgt die Bewegung der Aufhängung harmonisch, d. h. $x_a(t) = \hat{x}_a \cos(\omega_a t)$, wobei x_a die momentane Position der Aufhängung gegenüber der Ruheposition ist, so lautet die Bewegungsgleichung für die Masse unter Berücksichtigung der Reibung

$$m\ddot{x} = -D(x - \hat{x}_a \cos(\omega_a t)) - b\dot{x}$$

$$\Rightarrow m\ddot{x} + b\dot{x} + Dx = D\hat{x}_a \cos(\omega_a t) := \hat{F}_a \cos(\omega_a t) \,. \tag{4.104}$$

Die periodische Bewegung der Aufhängung bewirkt eine zusätzliche periodische Kraft auf den Oszillator. Diese externe Beeinflussung kann auch durch in anderer Weise an dem Oszillator angreifende Kräfte erfolgen. (4.104) ist im Gegensatz zu den vorigen Differentialgleichungen inhomogen, d. h. sie enthält Terme, die nicht von der gesuchten Funktion bzw. deren

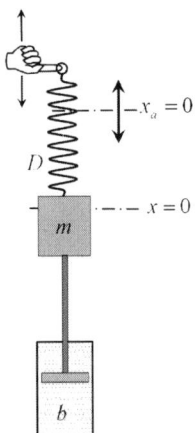

Abb. 4.18 *Periodische Auf- und Abbewegung der Aufhängung eines Federpendels, bei dem geschwindigkeitsproportionale Reibungskräfte wirken.*

Ableitungen abhängen. Mit dem Dämpfungskoeffizienten δ und der Kreisfrequenz der freien ungedämpften Schwingung ω_f, die in (4.39) und (4.74) definiert wurden, können wir (4.104) in eine Standardform bringen.

$$\ddot{x} + 2\delta\dot{x} + \omega_f^2 x = \frac{\hat{F}_a}{m}\cos(\omega_a t) = \hat{a}_a \cos(\omega_a t) \tag{4.105}$$

Da diese Gleichung die Beschleunigung des Oszillators beschreibt, haben wir mit $\hat{a}_a$ die Amplitude der Beschleunigung, hervorgerufen durch die äußere Kraft, definiert. Zwischen $\hat{a}_a$ und der Amplitude $\hat{x}_a$ der äußeren Anregung besteht wegen $\omega_f^2 = D/m$ der Zusammenhang

$$\hat{a}_a = \frac{\hat{F}_a}{m} = \frac{D\hat{x}_a}{m} = \omega_f^2 \hat{x}_a \; . \tag{4.106}$$

Beobachtet man einen Oszillator, der von einer äußeren periodischen Kraft angetrieben wird, so stellt man fest, dass nach einer gewissen Zeit, in der die Bewegung recht unregelmäßig erfolgt, der Oszillator mit der Frequenz der äußeren Kraft harmonisch schwingt. Die Phase zum Beginn der Bewegung nennt man auch Einschwingvorgang, in der übrigen Zeit liegt ein stationärer Schwingungszustand vor, die Amplitude ist konstant.

Die Größe der Amplitude ist abhängig von der Frequenz der äußeren Kraft, außerdem ist eine Phasenverschiebung, und zwar ein Nacheilen der Schwingung des Oszillators gegenüber der äußeren Kraft zu beobachten. Für die Auslenkung im stationären Schwingungszustand setzen wir daher die Lösungsfunktion

$$x(t) = \hat{x}\cos(\omega_a t - \beta) \tag{4.107}$$

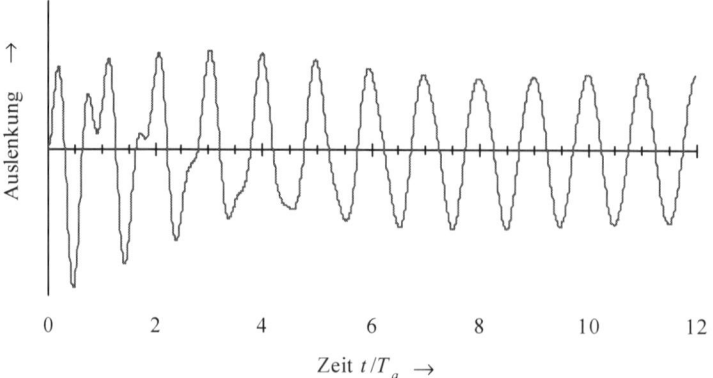

Abb. 4.19 *Einschwingen eines Oszillators unter dem Einfluss einer äußeren Kraft. (Oszillator:* $\omega_f = 6{,}32\ s^{-1}$, $\delta = 0{,}16\ s^{-1}$, *äußere Kraft:* $\omega_a = 3{,}00\ s^{-1}$, $\hat{F}_a = 10\ N$).

an, die negative Phasenverschiebung berücksichtigt das Nacheilen. Wir setzen den Ansatz (4.107) in (4.105) ein und erhalten

$$-\hat{x}\omega_a^2 \cos(\omega_a t - \beta) - 2\delta\omega_a \hat{x} \sin(\omega_a t - \beta) + \omega_f^2 \hat{x} \cos(\omega_a t - \beta) = \hat{a}_a \cos(\omega_a t). \qquad (4.108)$$

Um einen Überblick über die Amplitude, mit der der Oszillator schwingt, und die Phasenverschiebung zu erhalten, betrachten wir nun, welche Werte sich bei sehr kleinen und sehr großen Frequenzen der äußeren Kraft ergeben. Dabei vergleichen wir ihre Frequenz mit ω_f.

1. $\omega_a \ll \omega_f$: (Statische Anregung): Alle Terme der linken Seite in (4.108), die proportional zu ω_a oder ω_a^2 sind, können vernachlässigt werden. Damit reduziert sich (4.108) zu

$$\omega_f^2 \hat{x} \cos(\omega_a t - \beta) = \hat{a}_a \cos(\omega_a t). \qquad (4.109)$$

Diese Gleichung ist erfüllt, wenn

$$\beta \to 0 \quad \text{und} \quad \hat{x} \to \frac{\hat{a}_a}{\omega_f^2} := \hat{x}_{stat.} \qquad (4.110)$$

gehen. Der Oszillator schwingt im Takt mit der äußeren Kraft und der (quasi)statischen Amplitude $\hat{x}_{stat.}$

2. $\omega_a \gg \omega_f$: (Hochfrequente Anregung): Nun ist der zu ω_a^2 proportionale Term der linken Seite in (4.108) dominant. Für hohe Frequenzen der äußeren Kraft lautet (4.108) dann

$$-\omega_a^2 \hat{x} \cos(\omega_a t - \beta) = \hat{a}_a \cos(\omega_a t). \qquad (4.111)$$

Um diese Gleichung zu erfüllen, müssen

$$\beta \to \pi = 180° \quad \text{und} \quad \hat{x} \to \frac{\hat{a}_a}{\omega_a^2} \qquad (4.112)$$

streben. Für große ω_a schwingt der Oszillator somit gegenphasig zur äußeren Kraft, die Amplitude aufgrund der Trägheit des Oszillators geht gegen null.

3. $\omega_a \approx \omega_f$: (Resonante Anregung): In diesem Fall kompensieren sich die Kosinusterme in (4.108), es bleibt noch

$$-2\delta\omega_a\hat{x}\sin(\omega_a t - \beta) = \hat{a}_a\cos(\omega_a t) \tag{4.113}$$

übrig und es müssen

$$\beta = \frac{\pi}{2} = 90° \quad \text{und} \quad \hat{x} = \frac{\hat{a}_a}{2\delta\omega_a} \tag{4.114}$$

sein. Ist die Dämpfung klein, so kann die Amplitude sehr große Werte erreichen, man bezeichnet dieses Verhalten als „Resonanz" des Oszillators. Wird die Amplitude zu groß, so kann der Oszillator zerstört werden. Man spricht dann von einer „Resonanzkatastrophe".

Die äußere Kraft bewirkt einen Energiestrom $P = F_a v$ in den Oszillator. Wirken äußere Kraft und Momentangeschwindigkeit $\dot{x}$ des Oszillators in die gleiche Richtung, so ist $P > 0$ und die Energie des Oszillators wächst. Sind äußere Kraft und Geschwindigkeit dagegen entgegengesetzt gerichtet, so wird dem Oszillator Energie entzogen.

Wie man in **Abb. 4.20** sieht, sind bei statischer und hochfrequenter Anregung die Zeitintervalle, in denen Energie zu- und abgeführt wird, in einer Periode gleich groß, so dass die

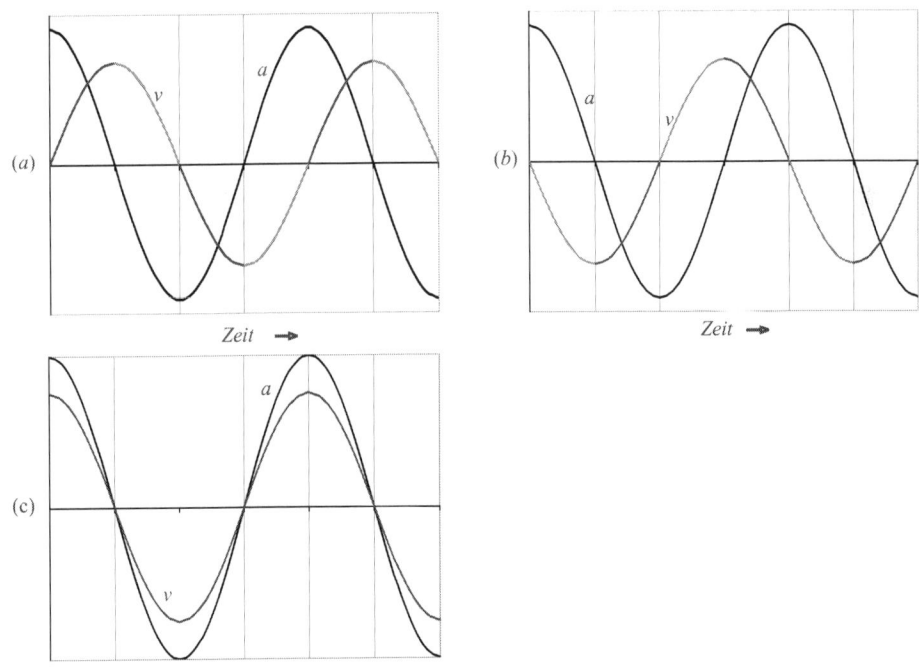

Abb. 4.20 *Verläufe von äußerer Kraft und Geschwindigkeit des Oszillators bei (a) statischer, (b) hochfrequenter und (c) resonanter Anregung.*

mechanische Gesamtenergie des Oszillators konstant bleibt. Im Fall der resonanten Anregung sind äußere Kraft und Geschwindigkeit immer gleich gerichtet, so dass immer Energie zugeführt wird. Die Amplitude würde für große Zeiten unendlich groß, wenn dem Oszillator nicht über Reibung Energie entzogen würde. Um die Abhängigkeit der Amplitude und der Phasenverschiebung von der Frequenz der äußeren Anregung zu bestimmen, bestimmen wir die Lösung der Bewegungsgleichung in der komplexen Ebene.

Bewegungsgleichung für erzwungene Schwingungen: Lösung in der komplexen Ebene
Wir können den Ansatz (4.107) zur Lösung der Bewegungsgleichung (4.105) als Projektion eines mit ω_a in der komplexen Ebene rotierenden Zeigers

$$\underline{z}(t) = |\underline{z}| \, e^{j\phi} = \hat{x}e^{j(\omega_a t - \beta)} \quad \text{mit} \quad \mathrm{Re}(\underline{z}(t)) = x(t) = \hat{x}\cos(\omega_a t - \beta) \tag{4.115}$$

ansehen, dabei entspricht die Amplitude der Zeigerlänge. Wir setzen $\underline{z}(t)$ in (4.105) ein und erhalten

$$-\omega_a^2 \hat{x}e^{j(\omega_a t - \beta)} + j\omega_a 2\delta\hat{x}e^{j(\omega_a t - \beta)} + \omega_f^2 \hat{x}e^{j(\omega_a t - \beta)} = \hat{a}_a e^{j\omega_a t} \, . \tag{4.116}$$

Wir formen die Gleichung so um, dass die Zeiger der linken Seite gemäß (4.13) dargestellt werden. Mit $-1 = e^{j\pi}$ und $j = e^{j\pi/2}$ lautet (4.116):

$$\omega_a^2 \hat{x}e^{j(\omega_a t - \beta + \pi)} + \omega_a 2\delta\hat{x}e^{j(\omega_a t - \beta + \pi/2)} + \omega_f^2 \hat{x}e^{j(\omega_a t - \beta)} = \hat{a}_a e^{j\omega_a t} \, . \tag{4.117}$$

Die Zeiger rotieren gemeinsam mit ω_a in der komplexen Ebene, sie schließen zu allen Zeiten immer die gleichen Winkel ein.

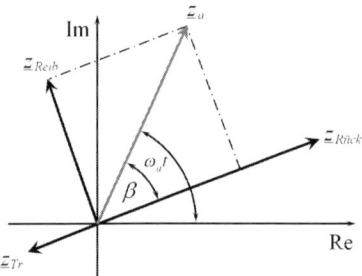

Abb. 4.21 *Stellung der Zeiger für die Trägheits-, Reibungs- und Rückstellkraft sowie der äußeren Kraft zu einem beliebigen Zeitpunkt.*

Entsprechend ihrer Bedeutungen als Trägheits-, Reibungs- und Rückstellbeschleunigung sowie Beschleunigung durch die äußere Kraft nennen wir die Zeiger $\underline{z}_{Tr}$, $\underline{z}_{Reib}$, $\underline{z}_{Rück}$ und $\underline{z}_a$. Für sie gilt

$$\underline{z}_{Tr} + \underline{z}_{Reib} + \underline{z}_{Rück} = \underline{z}_a \tag{4.118}$$

$$\Rightarrow \tan\beta = \frac{|\underline{z}_{Reib}|}{|\underline{z}_{Rück}| - |\underline{z}_{Tr}|} \tag{4.119}$$

und aufgrund des Satzes von Pythagoras

$$|\underline{z}_a|^2 = (|\underline{z}_{R\ddot{u}ck}| - |\underline{z}_{Tr}|)^2 + |\underline{z}_{Reib}|^2 \,.$$
(4.120)

Mit den Beträgen der Zeiger

$$|\underline{z}_a| = \hat{a}_a, \quad |\underline{z}_{Tr}| = \hat{x}\omega_a^2, \quad |\underline{z}_{Reib}| = \hat{x}2\delta\omega_a \quad \text{und} \quad |\underline{z}_{R\ddot{u}ck}| = \hat{x}\omega_f^2$$
(4.121)

erhalten wir aus (4.120) die „Amplitudenresonanzfunktion", welche die Abhängigkeit der Amplitude, mit der der Oszillator schwingt, von der Frequenz der äußeren Kraft wiedergibt.

$$\hat{a}_a^2 = (\hat{x}\omega_f^2 - \hat{x}\omega_a^2)^2 + (\hat{x}2\delta\omega_a)^2 \;\Rightarrow\; \hat{x} = \frac{\hat{a}_a}{\sqrt{(\omega_f^2 - \omega_a^2)^2 + (2\delta\omega_a)^2}}$$
(4.122)

Die Abhängigkeit der Phasenverschiebung von der Frequenz der äußeren Kraft (Anregungsfrequenz) nennt man „Phasenresonanzfunktion". Sie lautet

$$\tan\beta = \frac{2\delta\omega_a}{\omega_f^2 - \omega_a^2} \,.$$
(4.123)

Diskussion der Amplitudenresonanzfunktion

Bei kleinen Anregungsfrequenzen ($\omega_a \approx 0$) schwingt der Oszillator mit der Amplitude $\hat{a}_a / \omega_f^2$, der statischen Amplitude (4.110). Bei größeren Frequenzen der äußeren Kraft weist die Amplitudenresonanzfunktion für kleine Dämpfungen ein charakteristisches Maximum bei der „Resonanzfrequenz" auf. Wir berechnen sie aus der Nullstelle der 1. Ableitung von (4.122) nach ω_a.

$$\frac{d\hat{x}}{d\omega_a} = -\frac{\hat{a}_a(2(\omega_f^2 - \omega_a^2)(-2\omega_a) + 2(2\delta)^2\omega_a)}{2((\omega_f^2 - \omega_a^2)^2 + (2\delta\omega_a)^2)^{3/2}} = 0$$

$$\Rightarrow -2(\omega_f^2 - \omega_a^2) + (2\delta)^2 = 0 \;\Rightarrow\; \omega_{a,0} := \omega_{Res} = \sqrt{\omega_f^2 - 2\delta^2} \,.$$
(4.124)

Bei dieser Frequenz beträgt die Amplitude

$$\hat{x}(\omega_{Res}) := \hat{x}_{Res} = \frac{\hat{a}_a}{\sqrt{(\omega_f^2 - (\omega_f^2 - 2\delta^2))^2 + 4\delta^2(\omega_f^2 - 2\delta^2)}}$$

$$\Rightarrow \hat{x}_{Res} = \frac{\hat{a}_a}{2\delta\sqrt{\omega_f^2 - \delta^2}} \,.$$
(4.125)

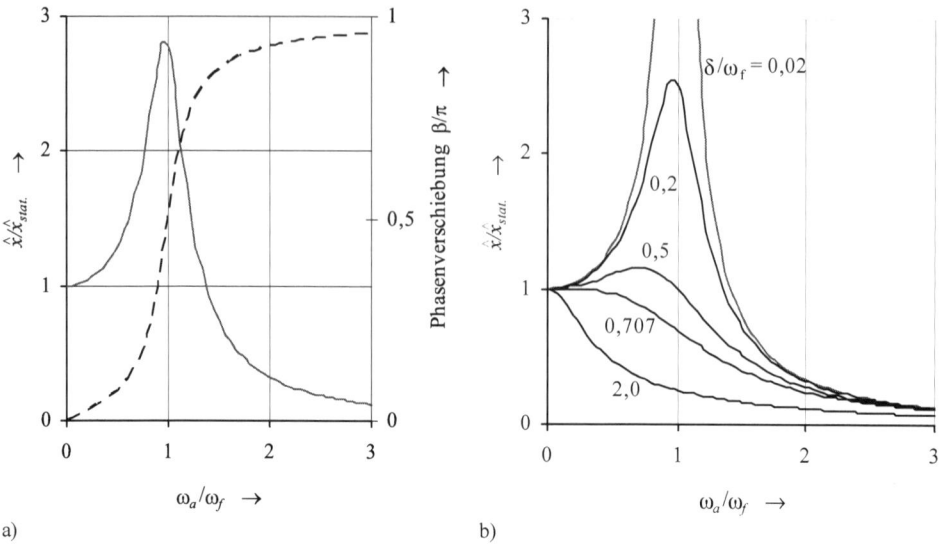

Abb. 4.22   (a): Amplituden- und Phasenresonanzfunktion ($\delta/\omega_f = 0,18$), (b): Amplitudenresonanzfunktion bei unterschiedlich starker Dämpfung. Als „kritische" Dämpfung bezeichnet man $\delta/\omega_f = 0,707 = 1/\sqrt{2}$.

Bei sehr kleinen Dämpfungen ($\delta \approx 0$) strebt die Resonanzfrequenz gegen die Kreisfrequenz des frei schwingenden ungedämpften Oszillators, die Amplitude wächst über alle Maßen. So kann durch eine Unwucht eines Reifens die Lenkung eines Autos stark vibrieren, Schall sich in Gebäuden sehr verstärken oder im Gleichschritt marschierende Soldaten eine Brücke in Schwingung versetzen. Ungedämpfte Resonanz kann zur Zerstörung führen, daher ist sie in der Praxis zu vermeiden. Dies kann durch Dämpfung geschehen oder durch Vermeidung von Anregungsfrequenzen nahe der Kreisfrequenz der freien Schwingung, die man häufig auch „Eigenfrequenz" des Oszillators nennt. Kann jedoch die Anregungsfrequenz nicht geändert werden, dafür aber der Oszillator, so modifiziert man diesen so, dass seine Eigenfrequenz deutlich höher ist als die Anregungsfrequenz. Für größere Frequenzen werden die Amplituden kleiner, bei hochfrequenter Anregung streben sie gegen null.

Mit steigender Dämpfung sinkt die Resonanzfrequenz und mit ihr die Resonanzamplitude. Bei der „kritischen" Dämpfung in **Abb. 4.22**

$$\delta_k = \frac{\omega_f}{\sqrt{2}}. \tag{4.126}$$

wird die Resonanzfrequenz null und die Amplitude ist gleich der statischen Amplitude (4.110). Bei noch stärkerer Dämpfung fällt die Amplitudenresonanzfunktion monoton mit steigender Anregungsfrequenz ab.

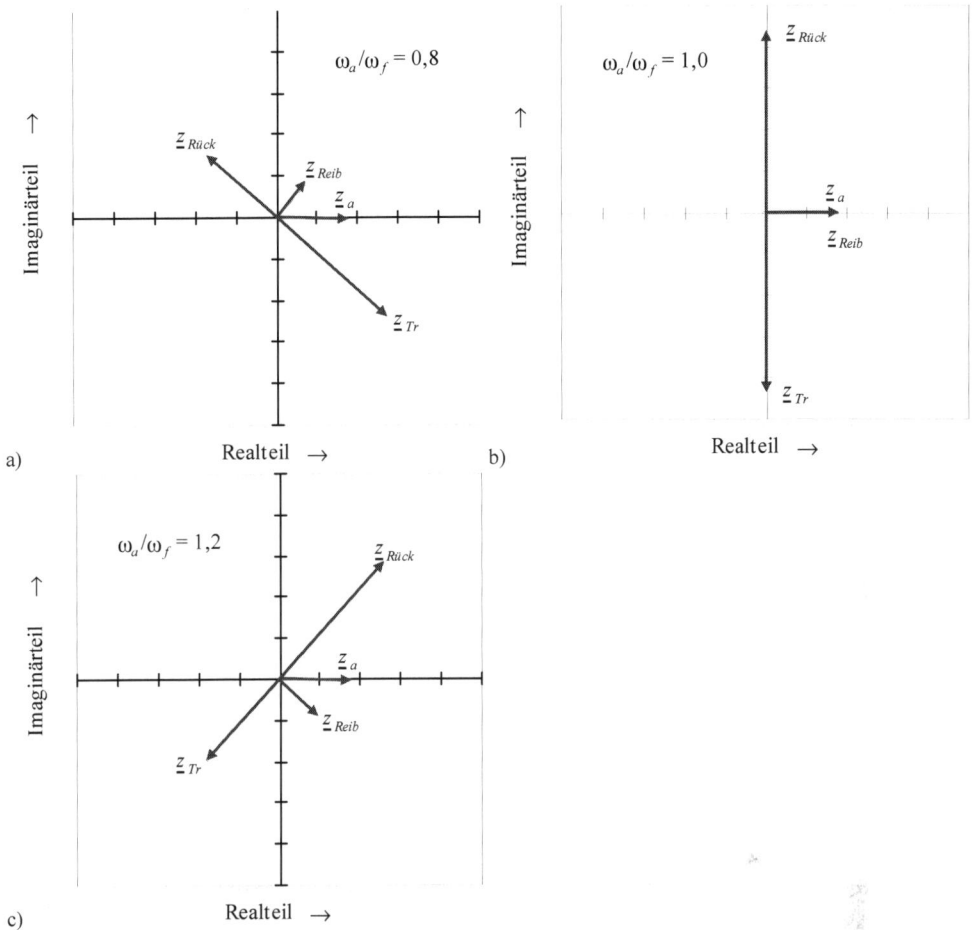

Abb. 4.23 *Stellungen der Zeiger zum Zeitpunkt t = 0 aus **Abb. 4.21** bei (a) statischer, (b) resonanter und (c) hochfrequenter Anregung.*

Güte von Oszillatoren

In der Nachrichtentechnik werden elektrische Schwingkreise, auf die wir später noch einge-hen werden, als Filter verwendet, d. h. sie sollen aus einem Signal, das aus einer Überlagerung vieler harmonischer Schwingungen unterschiedlichster Frequenzen besteht, Schwingungen einer definierten Frequenz durchlassen, Signale anderer Frequenzen dagegen sperren. Elektri-sche Schwingkreise oder Resonatoren mit geringer Dämpfung erfüllen diese Filterfunktion, Signale mit Frequenzen nahe der Resonanzfrequenz bewirken eine Vergrößerung der Schwin-gungsamplitude, andere Frequenzen werden dagegen kaum verstärkt bzw. sogar bei sehr hohen Frequenzen abgeschwächt. Die Vergrößerung der Amplitude wird quantifiziert durch die so genannte „Resonanzüberhöhung"

$$\frac{\hat{x}_{Res}}{\hat{x}_{stat}} = \frac{\omega_f^2}{2\delta\sqrt{\omega_f^2 - \delta^2}} \,, \tag{4.127}$$

für kleine Dämpfungskoeffizienten wird

$$\frac{\hat{x}_{Res}}{\hat{x}_{stat}} \approx \frac{\omega_f}{2\delta} := Q \,, \tag{4.128}$$

diese Größe bezeichnet man als „Güte" des Oszillators oder Filters. Den Frequenzbereich der Signale, die ein Filter hinreichend verstärkt, grenzt man durch die „Halbwertsbreite" um die Resonanzfrequenz ein. An diesen Grenzen ist die mittlere Energie im Oszillator gegenüber dem Resonanzmaximum auf die Hälfte gesunken, wegen des quadratischen Zusammenhangs (4.38) zwischen Energie und mittlerer Amplitude ist dann die Amplitudenresonanzfunktion auf $1/\sqrt{2}$ ihres Maximalwertes gesunken. Die Halbwertsbreite beträgt bei kleiner Dämpfung

$$\Delta\omega \approx 2\delta \,, \tag{4.129}$$

und das Produkt aus Güte und Halbwertsbreite, bezogen auf ω_f, ist eins.

$$\text{Relative Höhe} \times \text{relative Breite} = 1, \quad Q\frac{\Delta\omega}{\omega_f} = 1 \tag{4.130}$$

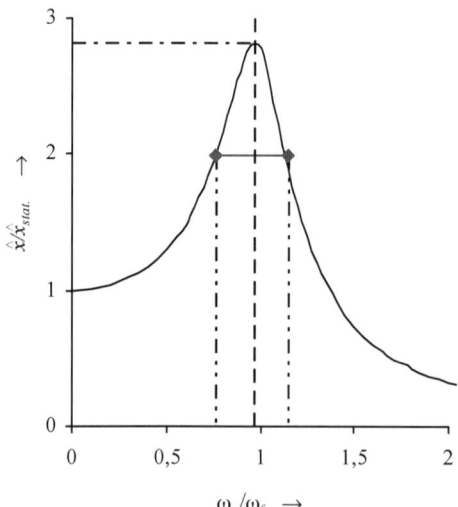

Abb. 4.24 *Halbwertsbreite und Resonanzüberhöhung.*

Diskussion der Phasenresonanzfunktion

Ist die Dämpfung sehr klein ($\delta \approx 0$), so ist die Phasenverschiebung für alle Frequenzen unterhalb der Resonanzfrequenz, der Eigenfrequenz des Oszillators, praktisch null, der Oszillator folgt der äußeren Kraft. Für Frequenzen oberhalb der Resonanzfrequenz springt die Phasenverschiebung auf π oder 180°, der Oszillator bewegt sich gegenphasig.

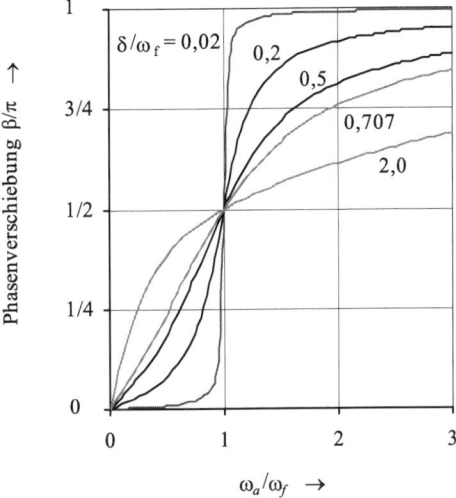

Abb. 4.25   *Phasenresonanzfunktion bei unterschiedlicher Dämpfung.*

Bei stärkerer Dämpfung wächst die Phasenverschiebung monoton von null auf π. Bei $\omega_a = \omega_f$ strebt $\tan \beta$ gemäß (4.123) gegen unendlich und damit β gegen $\pi/2$. Diesen Wert ordnet man β auch im Fall $\delta \approx 0$ zu. Bis zur kritischen Dämpfung (4.126) weist die Funktion einen Wendepunkt bei $\omega_a = \omega_f$ auf, er verschwindet bei noch stärkeren Dämpfungen.

Phasen- und Amplitudenresonanzfunktion bezeichnet man auch als „Bodediagramme[1]“. Sie kann man zur so genannten „Ortskurve" zusammenfassen, dabei werden in der komplexen Ebene Real- und Imaginärteil von $\hat{x}(\omega_a) e^{j\beta(\omega_a)}$ in Abhängigkeit von ω_a aufgetragen.

---

[1]   H. W. Bode (1905–1982).

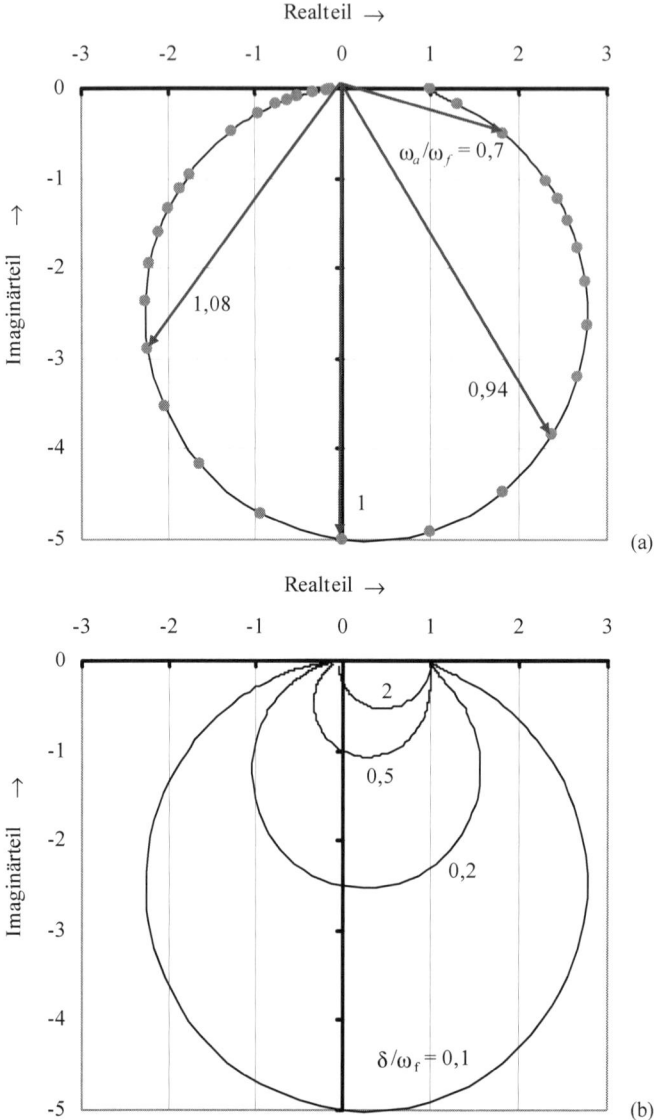

Abb. 4.26 *(a) Ortskurve eines Oszillators mit $\delta/\omega_f = 0,1$; (b) unterschiedliche Dämpfungen.*

Kippschwingungen

Wird einem System zwar kontinuierlich Energie zugeführt, ihm diese aber diskontinuierlich entzogen, so kann es seinen Zustand in Form von Kippschwingungen ändern. Wird z. B. ein Behälter, der um eine Achse drehbar gelagert ist und sich zunächst im stabilen Gleichge-wicht befindet, mit einem konstanten Strom Wasser gefüllt, so wird das Gleichgewicht labil, wenn sich der Schwerpunkt aufgrund des gestiegenen Wasserspiegels oberhalb der Achse befindet. Der Behälter kippt um, das Wasser fließt „schlagartig" aus. Nun ist das Gleichge-

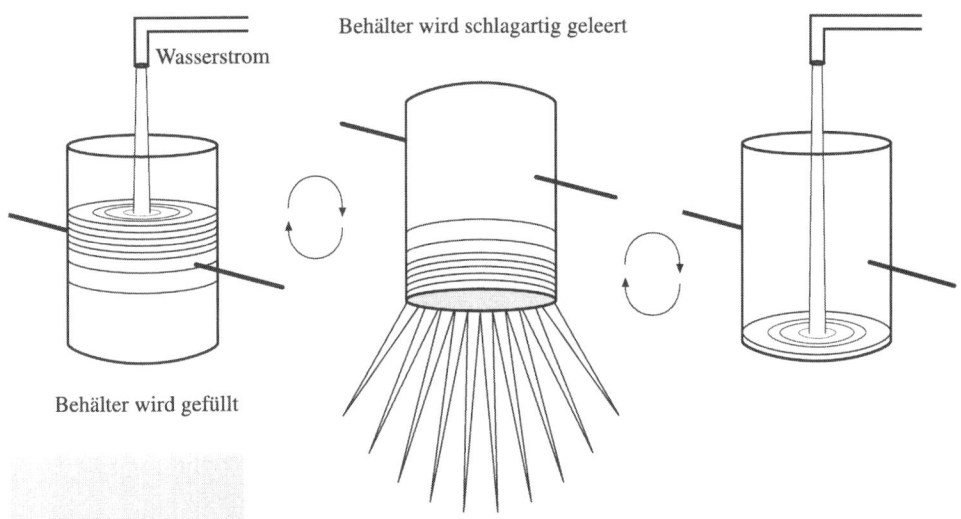

Abb. 4.27 *Kippschwingung eines Behälters, der kontinuierlich mit Wasser gefüllt wird. Dieser entleert sich schlagartig, wenn der Wasserstand einen bestimmten Pegel überschritten hat.*

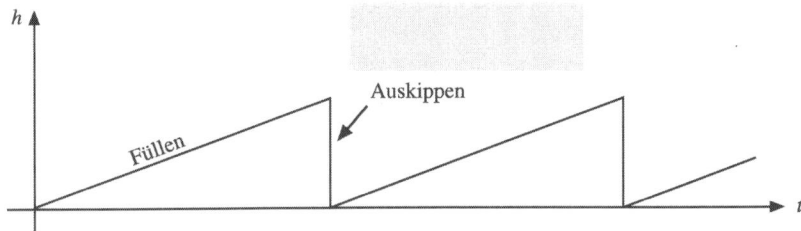

Abb. 4.28 *Sägezahnprofil des zeitlichen Verlaufes der Auslenkung einer Kippschwingung.*

wicht wieder labil und der leere Behälter dreht sich wieder in die stabile Lage, so dass wieder Wasser einströmen kann. Der zeitliche Verlauf des Wasserstandes weist die für Kippschwingungen charakteristische Sägezahnform auf.

Kippschwingungen sind ein Beispiel erzwungener nichtharmonischer Schwingungen. Sie werden häufig in elektronischen Schaltungen verwendet, so z. B., um in der Bildröhre eines Fernsehgerätes die Ablenkung des Elektronenstrahls zu steuern.

4.2.4 Parametrisch angeregte Schwingungen

Bei den Oszillatoren, die wir bislang kennen gelernt haben, sind die Eigenschaften, welche die Eigenfrequenz bestimmen, zeitlich konstant: beim Federpendel Masse und Federkonstante oder beim mathematischen Pendel Fadenlänge und Erdbeschleunigung. Die dazugehörigen Bewegungsgleichungen sind Differentialgleichungen mit konstanten Koeffizienten.

Was aber passiert, wenn bei einem mathematischen Pendel die Fadenlänge geändert wird? Ein Beispiel ist die Schaukel: eine darauf sitzende Person kann sie durch Verlagern des

Schwerpunktes, z. B. durch Bewegung der Beine, zu Schwingungen anregen und die Amplitude beträchtlich steigern. Energiezufuhr kann bei einem mathematischen Pendel durch Verkürzen der Fadenlänge beim Passieren der Gleichgewichtslage erfolgen, wo die Geschwindigkeit maximal ist. Die zum Verkürzen des Fadens erforderliche Kraft verläuft in Richtung des Fadens und ist somit eine Zentralkraft des Systems Aufhängung-Masse, so dass der momentane Drehimpuls (2.288) des Pendels bezüglich des Aufhängungspunktes konstant bleibt.

Abb. 4.29 *Mathematisches Pendel, bei dem in der Gleichgewichtslage die Fadenlänge verkürzt wird. In den Umkehrpunkten wird diese Verkürzung wieder rückgängig gemacht.*

Durch das Verkürzen des Fadens um Δl erhöhen sich die Geschwindigkeit und damit die kinetische Energie der schwingenden Masse.

$$| \vec{L} | = lmv = (l - \Delta l)m(v + \Delta v) \quad \Rightarrow \quad \Delta v = \frac{\Delta l}{l - \Delta l}v \approx \frac{\Delta l}{l}v \, , \tag{4.131}$$

$$\Delta E_{kin} = \frac{m}{2}(v + \Delta v)^2 - \frac{m}{2}v^2 = \frac{m}{2}v^2((\frac{l}{l - \Delta l})^2 - 1)$$

$$\Rightarrow \Delta E_{kin} = E_{kin}\frac{l^2 - (l^2 - 2l\Delta l + \Delta l^2)}{l^2 - 2l\Delta l + \Delta l^2} \approx E_{kin}\frac{2\Delta l}{l} \tag{4.132}$$

Die Verkürzung des Fadens kann rückgängig gemacht werden, wenn die Geschwindigkeit der Masse null ist, dieses ist in den Umkehrpunkten, wenn die Auslenkung die Amplitude erreicht, der Fall. Dann wird die potentielle Energie, die beim Verkürzen des Fadens ebenfalls dem Pendel zugeführt wurde, wieder abgegeben.[1] Da während einer Schwingungsperiode die Gleichgewichtslage zweimal durchlaufen wird, kann auch zweimal Energie zugeführt werden. Die Energiezufuhr wird auch als „Pumpen" bezeichnet, somit wird ein Oszillator am besten parametrisch angeregt, wenn

$$\omega_{Pump} = 2\omega_d \tag{4.133}$$

ist, wobei ω_d beim Vorliegen geschwindigkeitsproportionaler Reibung die Kreisfrequenz der gedämpften Schwingung ist.

---

[1]   Dies gilt streng nur für kleine Winkel der Auslenkung.

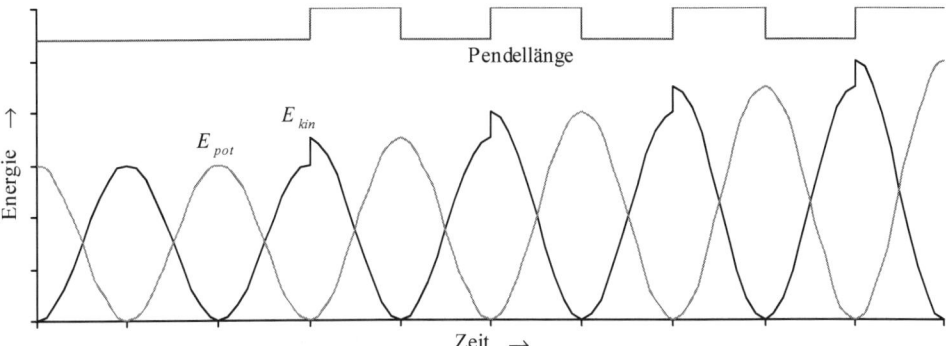

Abb. 4.30 *Verlauf der potentiellen und kinetischen Energie eines mathematischen Pendels, dem wie in **Abb. 4.29** in der Gleichgewichtslage Energie zugeführt wird.*

4.2.5 Selbsterregte Schwingungen

Zur Überwindung der Dämpfung muss einem Oszillator ständig Energie zugeführt werden, damit er dauerhaft schwingen kann. Dies kann durch eine äußere periodische Kraft geschehen, allerdings wird dann die Frequenz des Oszillators durch die Frequenz der Anregung vorgegeben. In ähnlicher Weise ist parametrische Anregung eines Oszillators nur möglich, wenn Pumpfrequenz und Eigenfrequenz gemäß (4.133) übereinstimmen.

Bei einer Pendeluhr z. B. soll dagegen die Frequenz der Schwingung vom Oszillator selbst festgelegt werden und die Energie zur Kompensation der Reibung synchron zur Pendelbewegung aus einem Energiespeicher abgerufen werden. Dieser Energiespeicher ist meist eine

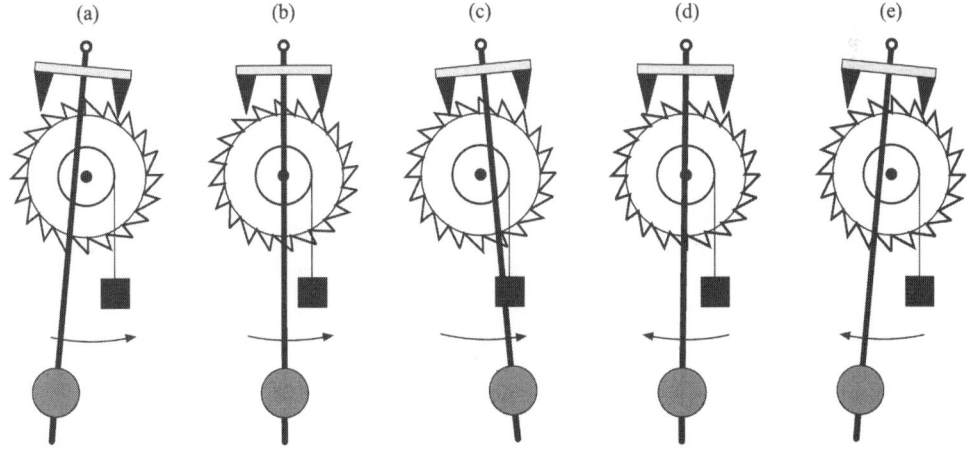

Abb. 4.31 *Selbsterregte Schwingung einer Pendeluhr. (a) ... (c): Das von dem Gewicht angetriebene Zahnrad drückt gegen den Anker und beschleunigt das Pendel. (d), (e): Beim Zurückschwingen hemmt der Anker das Zahnrad an der Weiterbewegung.*

gespannte Feder oder ein Gewicht, das eine Welle antreibt. Über einen „Anker", der mit dem Pendel gekoppelt ist, kann die Welle sich etwas drehen und dabei eine gewisse Energiemenge auf das Pendel übertragen. Derartige Schwingungen bezeichnet man daher als selbsterregte Schwingungen, da sie den Zeitpunkt der Energiezufuhr festlegen. Beispiele sind Schwingquarze als Zeitnormale für Digitaluhren und elektrische Schwingkreise, die Tonerzeugung bei Blas- und Streichinstrumenten sowie Schaltungen für Sender von Funkwellen.

Durch Rückkopplung können sich ebenfalls Schwingungen selbst erregen. Wird das Signal eines Mikrofons über einen Verstärker auf einen Lautsprecher übertragen, dessen Schall das Mikrofon wiederum aufnehmen kann, so entsteht schnell ein lauter Pfeifton. Bei der Rückkopplung wird immer einem Oszillator etwas Energie entzogen, diese extern verstärkt und dann dem Oszillator wieder zugeführt, so dass sich dessen Schwingungsenergie sehr vergrößert.

4.2.6   Überlagerung von Schwingungen

Schwingen mehrere Oszillatoren unabhängig voneinander, so können sich ihre Auslenkungen überlagern, wenn sie ein weiteres schwingfähiges System beeinflussen. Die Auslenkung dieses Systems ergibt sich dann aus der Summe der momentanen Auslenkungen der einzelnen Oszillatoren, solange keine „nicht linearen Effekte", z. B. wenn eine Feder den Bereich elastischer Deformation überschreitet, auftreten. Man unterscheidet zwischen eindimensionaler Überlagerung, bei der die Überlagerung des Systems in einer Dimension erfolgt und die einzelnen Auslenkung algebraisch addiert werden, und zwei- oder dreidimensionaler Überlagerung, bei der sich die Einzelauslenkungen vektoriell addieren.

Zunächst wollen wir die eindimensionale Überlagerung harmonischer Schwingungen betrachten. Die momentane Auslenkung ergibt sich aus der Summe der momentanen Einzelauslenkungen.

$$x(t) = x_1(t) + x_2(t) = \hat{x}_1 \cos(\omega_1 t + \varphi_1) + \hat{x}_2 \cos(\omega_2 t + \varphi_2) \,, \tag{4.134}$$

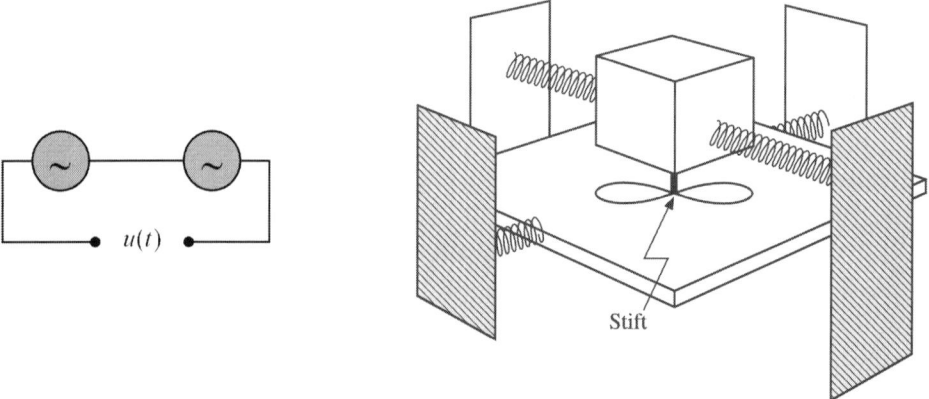

Abb. 4.32 *Beispiele eindimensionaler und zweidimensionaler Überlagerung von Schwingungen.*

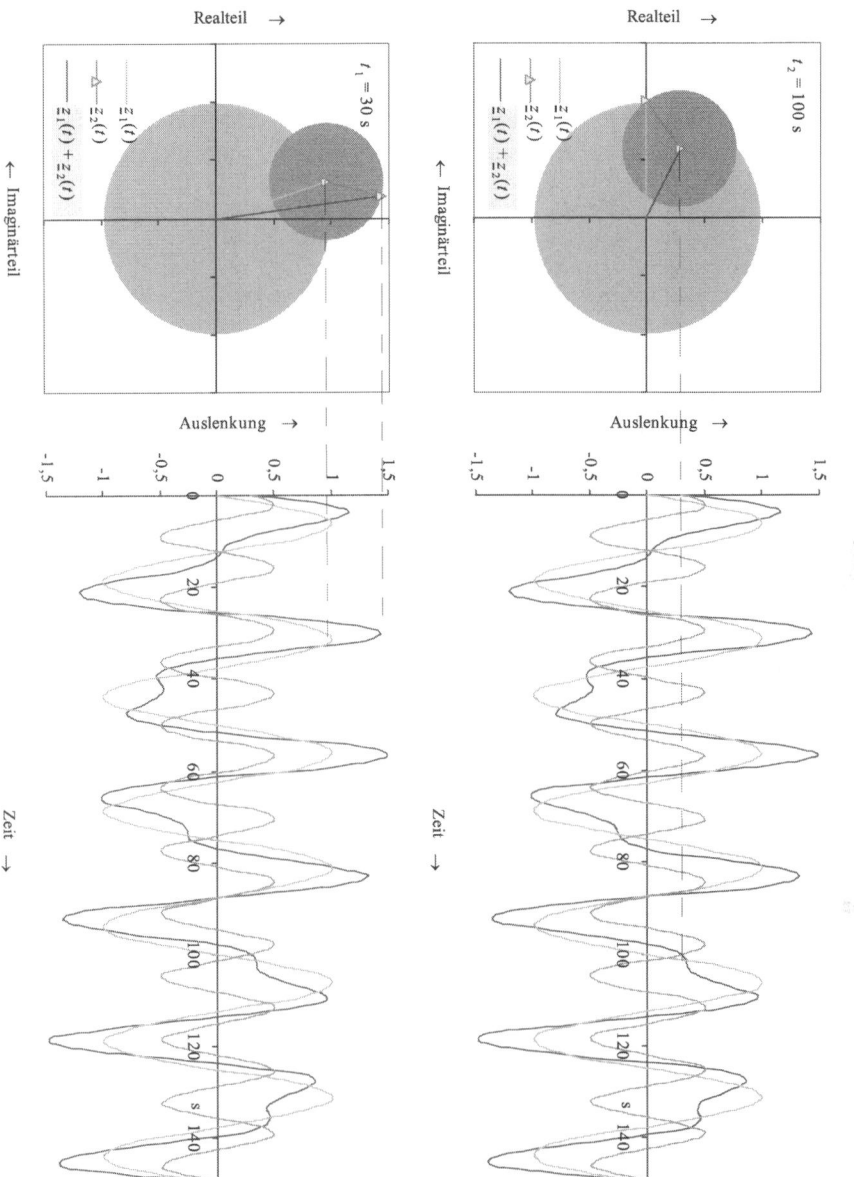

Abb. 4.33 *Überlagerung zweier harmonischern Schwingungen mit unterschiedlichen Amplituden und unterschiedlichen Frequenzen. Stellung der Zeiger von den Einzelschwingungen und deren Summe zu zwei verschiedenen Zeitpunkten sowie zeitlicher Verlauf der Auslenkungen.*

dabei sind $\hat{x}_1$ und $\hat{x}_2$ die Amplituden sowie φ_1 und φ_2 die Nullphasenwinkel der überlagerten Schwingungen. In der komplexen Ebene addieren sich die Zeiger der einzelnen Schwingungen „vektoriell", d. h. ihre Real- und Imaginärteile werden gemäß (4.14) getrennt zum Real- bzw. Imaginärteil der resultierenden Bewegung zusammengefasst. Nehmen wir an, $\underline{z}_1$ rotiert um den Ursprung der komplexen Ebene, so rotiert dann $\underline{z}_2$ um die Spitze von $\underline{z}_1$.

$$\underline{z}(t) = \hat{x}_1 e^{j(\omega_1 t + \varphi_1)} + \hat{x}_2 e^{j(\omega_2 t + \varphi_2)} = e^{j(\omega_1 t + \varphi_1)}(\hat{x}_1 + \hat{x}_2 e^{j(\omega_2 - \omega_1)t + j(\varphi_2 - \varphi_1)}) \qquad (4.135)$$

Im Allgemeinen ist die resultierende Auslenkung des Systems, in dem sich Schwingungen unterschiedlicher Frequenz und Amplitude überlagern, weder eine harmonische Schwingung noch überhaupt eine periodische Bewegung. Zunächst wollen wir daher einfacher gelagerte Fälle untersuchen.

Eindimensionale Überlagerung harmonischer Schwingungen gleicher Frequenzen
In diesem Fall rotieren die die Zeiger der beiden Einzelschwingungen in **Abb. 4.33** mit der gleichen Winkelgeschwindigkeit um den Ursprung der komplexen Ebene und schließen somit einen festen Winkel ein. Der Summenzeiger rotiert mit der gleichen Winkelgeschwindigkeit wie die Einzelschwingungen um den Ursprung der komplexen Ebene.

Wenden wir in (4.134) das Additionstheorem[1] für Kosinus an, so erhalten wir

$$x_1(t) = \hat{x}_1 \cos(\omega t + \varphi_1) = \hat{x}_1 (\cos(\omega t) \cos \varphi_1 - \sin(\omega t) \sin \varphi_1)$$

$$x_2(t) = \hat{x}_2 (\cos(\omega t) \cos \varphi_2 - \sin(\omega t) \sin \varphi_2)$$

$$\Rightarrow x(t) = \cos(\omega t)(\hat{x}_1 \cos \varphi_1 + \hat{x}_2 \cos \varphi_2) - \sin(\omega t)(\hat{x}_1 \sin \varphi_1 + \hat{x}_2 \sin \varphi_2), \qquad (4.136)$$

d. h. die resultierende Bewegung ist wiederum eine harmonische Schwingung. Wir können (4.136) durch Amplitude und Nullphasenwinkel der resultierenden Auslenkung ausdrücken:

$$x(t) = \hat{x} \cos(\omega t) \cos \varphi - \hat{x} \sin(\omega t) \sin \varphi = \hat{x} \cos(\omega t + \varphi)$$

$$\Rightarrow \tan \varphi = \frac{\hat{x}_1 \sin \varphi_1 + \hat{x}_2 \sin \varphi_2}{\hat{x}_1 \cos \varphi_1 + \hat{x}_2 \cos \varphi_2}, \qquad (4.137)$$

$$\hat{x} = \sqrt{(\hat{x}_1 \cos \varphi_1 + \hat{x}_2 \cos \varphi_2)^2 + (\hat{x}_1 \sin \varphi_1 + \hat{x}_2 \sin \varphi_2)^2}$$

$$\Rightarrow \hat{x} = \sqrt{\hat{x}_1^2 + \hat{x}_2^2 + 2\hat{x}_1 \hat{x}_2 \cos(\varphi_1 - \varphi_2)} \qquad (4.138)$$

Den Term $2\hat{x}_1 \hat{x}_2 \cos(\varphi_1 - \varphi_2)$ nennt man in Anlehnung an die Wellenlehre auch „Interferenzterm". Sind die Nullphasenwinkel der Einzelschwingungen gleich oder unterscheiden sich um ganzzahlige Vielfache von 2π, so addieren sich die Amplituden, die Einzelschwingungen verstärken sich maximal. Schwingen die sich überlagernden Schwingungen jedoch gegenphasig, d. h. ist die Differenz der Nullphasenwinkel ein ungradzahliges Vielfaches von π,

---

[1] $\cos(\alpha + \beta) = \cos \alpha \cos \beta - \sin \alpha \sin \beta$.

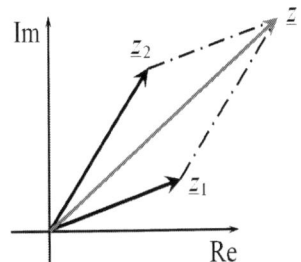

Abb. 4.34 *Überlagerung von zwei harmonischen Schwingungen gleicher Frequenz: Die Zeiger der Einzelschwingungen schließen in der komplexen Ebene einen festen Winkel ein. Die Winkelgeschwindigkeiten von Einzelschwingungen und Summe sind gleich.*

so subtrahieren sich die Amplituden, die gegenseitige Abschwächung ist maximal. Dies kann man sich anschaulich in **Abb. 4.34** verdeutlichen.

$$\hat{x} = \sqrt{\hat{x}_1^2 + \hat{x}_2^2 + 2\hat{x}_1\hat{x}_2 \cos 2n\pi} = \sqrt{\hat{x}_1^2 + \hat{x}_2^2 + 2\hat{x}_1\hat{x}_2} = \hat{x}_1 + \hat{x}_2 \tag{4.139}$$

$$\hat{x} = \sqrt{\hat{x}_1^2 + \hat{x}_2^2 + 2\hat{x}_1\hat{x}_2 \cos(2(n-1)\pi)} \quad \hat{x} = \sqrt{\hat{x}_1^2 + \hat{x}_2^2 - 2\hat{x}_1\hat{x}_2} = |\hat{x}_1 - \hat{x}_2| \tag{4.140}$$

Bei gleich großen Amplituden erfolgt bei gegenphasiger Überlagerung eine vollständige Auslöschung der Schwingungen, man spricht dann auch von „destruktiver" Interferenz, im Gegensatz zu „konstruktiver" Interferenz bei maximaler Verstärkung.

Eindimensionale Überlagerung harmonischer Schwingungen, fast gleiche Frequenzen
Unterscheiden sich die Frequenzen der sich überlagernden Schwingungen nur wenig, so rotiert der Zeiger z_2 nur sehr langsam um die Spitze von z_1. Mit $\omega_2 = \omega + \Delta\omega$ und $\varphi_1 = \varphi_2$ lautet (4.135)

$$z(t) = e^{j\omega t}(\hat{x}_1 + \hat{x}_2 e^{j\Delta\omega t}). \tag{4.141}$$

Die resultierende Bewegung ergibt näherungsweise eine Schwingung (Grundschwingung), bei der die Amplitude periodisch zu- bzw. abnimmt, wobei diese Periodendauer klein gegen die Periodendauer der Grundschwingung ist.

Sind dagegen die Amplituden der beiden sich überlagernden Schwingungen gleich, so können wir (4.134) unter Anwendung eines Additionstheorems[1] umformen.

$$x(t) = 2\hat{x}\cos(\frac{\omega_1 + \omega_2}{2}t)\cos(\frac{\omega_1 - \omega_2}{2}t) \quad x(t) = 2\hat{x}\cos(\omega + \frac{\Delta\omega}{2}t)\cos(\frac{\Delta\omega}{2}t) \tag{4.142}$$

---

[1] $\cos\alpha + \cos\beta = 2\cos(\frac{\alpha+\beta}{2})\cos(\frac{\alpha-\beta}{2}).$

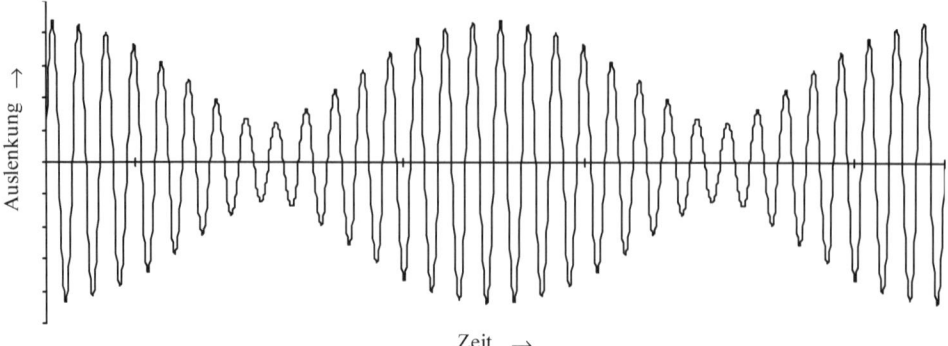

Abb. 4.35 *Überlagerung von zwei Schwingungen fast gleicher Frequenz, aber unterschiedlichen Amplituden.*

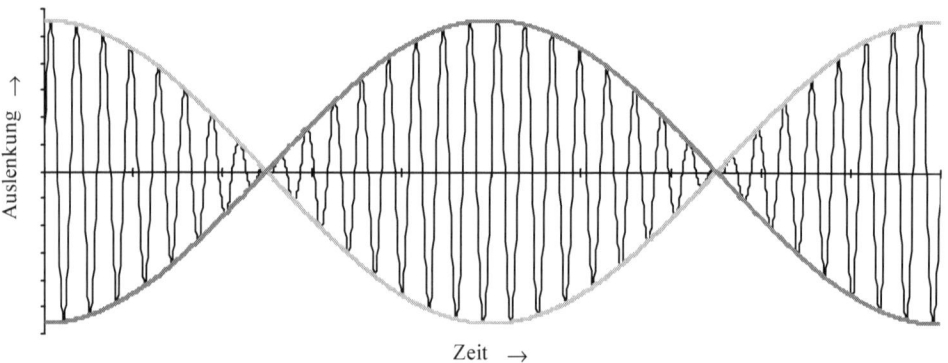

Abb. 4.36 *Überlagerung von zwei Schwingungen fast gleicher Frequenzen aber gleicher Amplituden.*

Die Frequenz der Grundschwingung ist das arithmetische Mittel der einzelnen Kreisfrequenzen, die Amplitude wird mit der halben Differenz der Kreisfrequenzen moduliert. Diese sehr langsame Veränderung der Amplitude bezeichnet man auch als „Schwebung". Speziell in der Akustik wird die Überlagerung von Tönen sehr benachbarter Frequenzen als ein Ansteigen und Abschwellen der Lautstärke empfunden. Da die „Nullstellen" der Lautstärke immer bei den Nulldurchgängen von $\cos(\Delta\omega t/2)$ auftreten, also zweimal pro Periode von $\cos(\Delta\omega t/2)$, beträgt die Frequenz des Auftretens der Minima, d. h. der Schwebung

$$\omega_S = \Delta\omega = |\,\omega_1 - \omega_2\,|\,. \tag{4.143}$$

Da diese Schwebungen sehr leicht nachgewiesen werden können, werden sie gern zum Vergleich von Frequenzen, z. B. beim Stimmen von Musikinstrumenten verwendet. Sind die Amplituden der überlagerten Schwingungen nicht gleich, so sinkt die Lautstärke nicht auf null, man bezeichnet dann den resultierenden Ton als „unreine" Schwebung.

Eindimensionale Überlagerung harmonischer Schwingungen, große Frequenzunterschiede

Nehmen wir an, dass $\omega_1 \ll \omega_2$ ist, so stellt die erste Schwingung eine langsame Veränderung der Gleichgewichtslage von der zweiten Schwingung dar.

$$x(t) = \hat{x}_1 \cos(\omega_1 t + \varphi_1) + \hat{x}_2 \cos(\omega_2 t + \varphi_2) \tag{4.144}$$

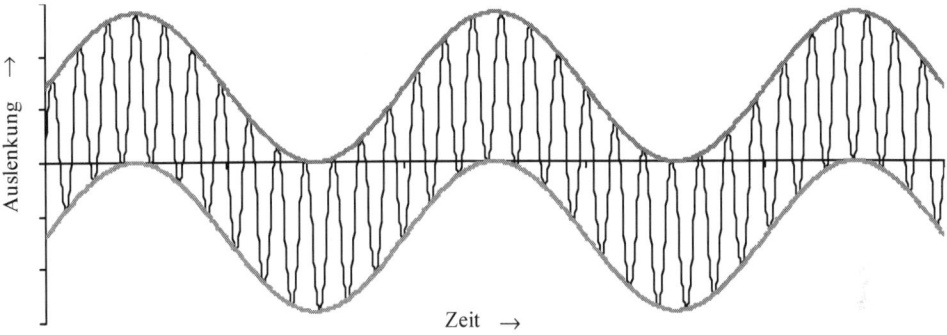

Abb. 4.37 *Überlagerung von zwei Schwingungen mit sehr unterschiedlichen Frequenzen.*

Diesen Verlauf der resultierenden Auslenkung kann man häufig beobachten, wenn ein hochfrequentes Signal in der Nachrichtentechnik von einem 50 Hz-„Brummen" der Netzspannung überlagert wird.

Eindimensionale Überlagerung harmonischer Schwingungen, ganzzahlige Frequenzverhältnisse

Überlagern sich zwei harmonische Schwingungen, deren höhere Frequenz ein ganzzahliges Vielfaches n der tieferen Frequenz ist, so ist die Überlagerung periodisch. Der Zeiger der höherfrequenten Schwingung hat sich in der komplexen Ebene n-mal gedreht, während der Zeiger der niederfrequenten Schwingung, der Grundschwingung, nach genau einer Drehung seine Ausgangsposition wieder erreicht hat.

Überlagert man mehrere harmonische Schwingungen bestimmter Vielfacher der niederfrequenten Grundschwingung, so kann man nicht harmonische Schwingungen wie z. B. Sägezahnschwingungen oder Rechteckschwingungen annähern. Die Periodendauer der nicht harmonischen Schwingungen entspricht jener der harmonischen Grundschwingung.

Für die Praxis noch wichtiger ist die Umkehrung der oben beschriebenen Synthese nicht harmonischer Schwingungen, die Zerlegung derartiger periodischer Zeitabläufe in eine Summe von harmonischen Schwingungen. Wenn $f(t)$ der zeitliche Verlauf einer periodischen, aber nicht harmonischen Auslenkung eines Oszillators mit der Periodendauer T ist, so ist die Frequenz der Grundschwingung $\omega_G = 2\pi/T$. Dann kann $f(t)$ nach Fourier durch eine Summe aus der harmonischen Grundschwingung und im Prinzip unendlich vielen „Ober-

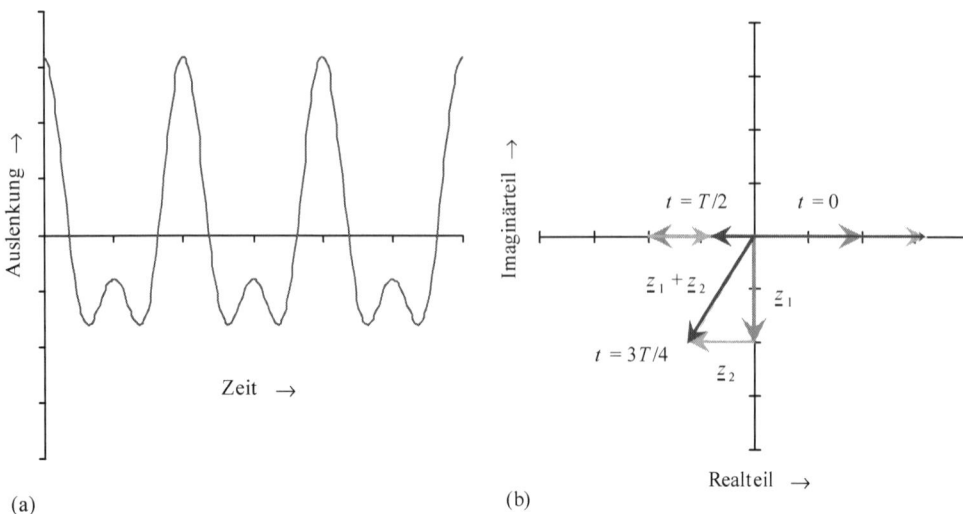

(a)   (b)

Abb. 4.38 *Überlagerung zweier Schwingungen, Frequenzverhältnis 2:1, Amplitudenverhältnis 0,6:1. (a) Die resultierende Auslenkung hat die Periodendauer $T = T_1$ der niederfrequenten Schwingung. (b) Darstellung der Zeiger bei $t = 0$, $T/2$ und $3T/4$.*

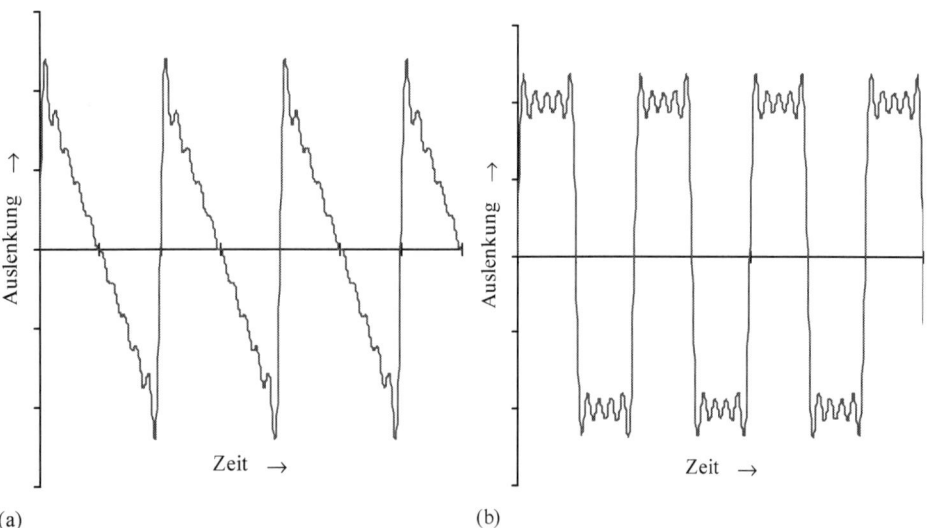

(a)   (b)

Abb. 4.39 *Annäherung einer (a) Sägezahn- und einer (b) Rechteckschwingung durch die Überlagerung von 10 harmonischen Schwingungen.*

schwingungen", deren Frequenzen ganzzahlige Vielfache der Frequenz der Grundschwingung sind, dargestellt werden. Diese Summe nennt man auch Fourierreihe.

$$f(t) = \sum_{k=0}^{\infty} \hat{x}_k \cos(k\omega_G t + \varphi_k) \,, \tag{4.145}$$

dabei sind $\hat{x}_k$ die Amplitude und φ_k der Nullphasenwinkel der Oberschwingung mit der Frequenz $k\omega_G$. Diese müssen passend bestimmt werden. Der Term mit $k = 0$ ist eine Konstante, so dass auch Verläufe $f(t)$ durch eine Fourierreihe darstellbar sind, die nicht symmetrisch zur Zeitachse sind.

Zur Berechnung der Amplituden und Nullphasenwinkel stellen wir die Kosinus in (4.145) gemäß (4.12) durch Exponentialausdrücke dar.

$$f(t) = \sum_{k=0}^{\infty} \hat{x}_k \frac{1}{2}(e^{j(k\omega_G t + \varphi_k)} + e^{-j(k\omega_G t + \varphi_k)}) = \sum_{k=-\infty}^{\infty} \hat{x}_k \frac{1}{2} e^{j(k\omega_G t + \varphi_k)} \tag{4.146}$$

Um Amplitude und Nullphasenwinkel der n-ten Oberschwingung zu bestimmen, multiplizieren wir die Gleichung mit $e^{-jn\omega_G t}$ und integrieren beide Seiten über eine Periodendauer T.

$$\int_0^T f(t)e^{-jn\omega_G t}\,\mathrm{d}t = \frac{1}{2}\sum_{k=-\infty}^{\infty} \hat{x}_k e^{j\varphi_k} \int_0^T e^{j(k-n)\omega_G t}\,\mathrm{d}t$$

$$\Rightarrow \int_0^T f(t)e^{-jn\omega_G t}\,\mathrm{d}t = \sum_{k=-\infty}^{\infty} \frac{\hat{x}_k}{2} e^{j\varphi_k} \frac{e^{j(k-n)\omega_G T} - 1}{j(k-n)\omega_G} = \sum_{k=-\infty}^{\infty} \frac{\hat{x}_k}{2} e^{j\varphi_k} \frac{e^{j(k-n)2\pi} - 1}{j(k-n)\omega_G}, \tag{4.147}$$

dabei gilt $\omega_G T = 2\pi$. Wir untersuchen den Ausdruck $\dfrac{e^{j(k-n)2\pi} - 1}{j(k-n)\omega_G}$. Für $k \neq n$ ist er null, da

$e^{j(k-n)2\pi} = 1$ ist. Für $k = n$ wenden wir die l'Hospitalsche Regel an und erhalten mit $k - n := l$

$$\frac{\lim\limits_{l \to 0}(e^{jl2\pi} - 1)}{\lim\limits_{l \to 0}(jl\omega_G)} = \frac{\lim\limits_{l \to 0}(\frac{\mathrm{d}}{\mathrm{d}l}(e^{jl2\pi} - 1))}{\lim\limits_{l \to 0}(\frac{\mathrm{d}jl\omega_G}{\mathrm{d}l})} = \frac{\lim\limits_{l \to 0} j2\pi e^{jl2\pi}}{\lim\limits_{l \to 0} j\omega_G} = \frac{j2\pi}{j\omega_G} = T. \tag{4.148}$$

Damit ist

$$\int_0^T f(t)e^{-jn\omega_G t}\,\mathrm{d}t = \frac{T}{2}\hat{x}_n e^{j\varphi_n} \quad \Rightarrow \quad \hat{x}_n e^{j\varphi_n} = \frac{2}{T}\int_0^T f(t)e^{-jn\omega_G t}\,\mathrm{d}t. \tag{4.149}$$

Drücken wir die Exponentialfunktion über die Eulersche Formel durch die trigonometrischen Funktionen aus, so erhalten wir unter Beachtung von $\cos(-\alpha) = \cos\alpha$ und $\sin(-\alpha) = -\sin\alpha$

$$\hat{x}_n \cos\varphi_n + j\hat{x}_n \sin\varphi_n = \frac{2}{T}\int_0^T f(t)(\cos(n\omega_G t) - j\sin(n\omega_G t))\,\mathrm{d}t. \tag{4.150}$$

Man bezeichnet auch

$$\hat{x}_n \cos\varphi_n = \frac{2}{T}\int_0^T f(t)\cos(n\omega_G t)\,\mathrm{d}t := a_n \quad \text{und}$$

$$-\hat{x}_n \sin\varphi_n = \frac{2}{T}\int_0^T f(t)\sin(n\omega_G t)\,\mathrm{d}t := b_n \tag{4.151}$$

als die Fourierkoeffizienten der Funktion $f(t)$. Die Fourierreihe kann man alternativ auch durch die a_k und b_k ausdrücken.

$$f(t) = \sum_{k=0}^{\infty} (a_k \cos(k\omega_G t) + b_k \sin(k\omega_G t)) \tag{4.152}$$

Insbesondere ist

$$a_0 = \frac{2}{T} \int_0^T f(t)\mathrm{d}t \quad \text{und} \quad b_0 = 0 . \tag{4.153}$$

Mit diesen Fourierkoeffizienten berechnen wir schließlich den Betrag und den Nullphasenwinkel der n-ten Oberschwingung.

$$\tan \varphi_n = -\frac{b_n}{a_n} \quad \text{und} \quad \hat{x}_n = \sqrt{a_n^2 + b_n^2} \tag{4.154}$$

Trägt man die Amplituden der Grundschwingung und der Oberschwingungen gegen die Frequenz auf, so erhält man das Amplitudenspektrum der Funktion $f(t)$, Entsprechendes gilt für das Phasenspektrum. Im Allgemeinen hat man bei einer nicht harmonischen Funktion $f(t)$ unendlich viele Oberschwingungen, aber in der Regel wird eine Funktion mit endlich vielen (in der Praxis meist 5…10) schon hinreichend gut angenähert (siehe **Abb. 4.39**).

Wir wollen als Beispiel die Fourierreihe einer Sägezahnschwingung berechnen.

$$f(t) = \begin{cases} \dfrac{t}{T} & \text{in } [0, \dfrac{T}{2}] \\[2ex] \dfrac{t}{T} - 1 & \text{in } [\dfrac{T}{2}, T] \end{cases} \tag{4.155}$$

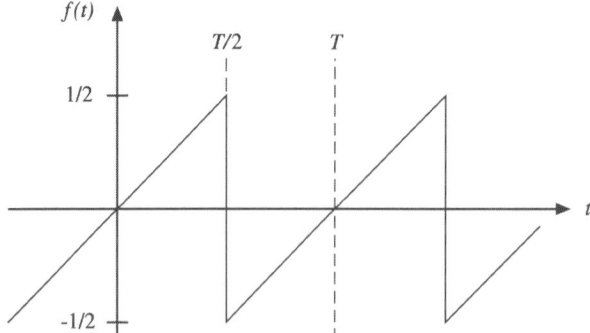

Abb. 4.40 *Zeitlicher Verlauf der Sägezahnschwingung aus (4.155), periodisch über die Intervallgrenzen fortgesetzt.*

Mit (4.149) berechnen wir den komplexen Zeiger der n-ten Oberschwingung

$$\hat{x}_n e^{j\varphi_n} = \frac{2}{T}\int_0^T f(t)e^{-jn\omega_G t}\,dt = \frac{2}{T}(\int_0^{T/2}\frac{t}{T}e^{-jn\omega_G t}\,dt + \int_{T/2}^T (\frac{t}{T}-1)e^{-jn\omega_G t}\,dt)$$

$$\Rightarrow \hat{x}_n e^{j\varphi_n} = \frac{2}{T^2}(\int_0^T te^{-jn\omega_G t}\,dt - T\int_{T/2}^T e^{-jn\omega_G t}\,dt)\,. \tag{4.156}$$

Wir wenden die Regeln der partiellen Integration an und erhalten mit $u = t$ und $v' = e^{-jn\omega_G t}$

$$\hat{x}_n e^{j\varphi_n} = \frac{2}{T^2}([t(\frac{1}{-jn\omega_G})e^{-jn\omega_G t}]_0^T - \int_0^T(\frac{1}{-jn\omega_G})e^{-jn\omega_G t}\,dt - T\int_{T/2}^T e^{-jn\omega_G t}\,dt)$$

$$\Rightarrow \hat{x}_n e^{j\varphi_n} = \frac{2}{T^2}(\frac{jT}{n\omega_G}e^{-jn\omega_G T} - (\frac{j}{n\omega_G})^2(e^{-jn\omega_G T}-1) - \frac{jT}{n\omega_G}(e^{-jn\omega_G T}-e^{-jn\omega_G\frac{T}{2}}))\,. \tag{4.157}$$

Die Exponentialausdrücke ergeben mit $\omega_G = 2\pi/T$

$$e^{-jn\omega_G\frac{T}{2}} = e^{-jn\pi} = (-1)^n = \begin{cases} 1 & \text{für gerade } n \\ -1 & \text{für ungerade } n \end{cases},\quad e^{-jn\omega_G T} = e^{-jn2\pi} = 1\,. \tag{4.158}$$

Damit lautet der Zeiger der n-ten Oberschwingung

$$\hat{x}_n e^{j\varphi_n} = \frac{2}{T^2}(\frac{jT^2}{2\pi n}e^{-jn\pi}) = j\frac{(-1)^n}{\pi n} \tag{4.159}$$

und mit (4.150) und (4.151) betragen

$$\hat{x}_n\cos\varphi_n = a_n = 0 \quad\text{und}\quad -\hat{x}_n\sin\varphi_n = b_n = -\frac{(-1)^n}{\pi n}\,. \tag{4.160}$$

(4.160) eingesetzt in (4.152) ergibt schließlich die gesuchte Fourierreihe der Funktion

$$f(t) = \frac{1}{\pi}(\frac{\sin(\omega_G t)}{1} - \frac{\sin(2\omega_G t)}{2} + \frac{\sin(3\omega_G t)}{3} - ... + ...)\,. \tag{4.161}$$

In dieser Reihe treten nur Terme mit Sinus auf, denn $f(t)$ ist eine „ungerade" Funktion, für die gilt: $f(-t) = -f(t)$. Diese Eigenschaft haben auch die Sinusfunktionen: $\sin(-\alpha) = -\sin\alpha$. In der Form (4.145) lautet die Fourierreihe

$$f(t) = \frac{1}{\pi}(\cos(\omega_G t + \frac{3\pi}{2}) + \frac{1}{2}\cos(2\omega_G t + \frac{\pi}{2}) + \frac{1}{3}\cos(3\omega_G t + \frac{3\pi}{2})...)\,. \tag{4.162}$$

Hat die Funktion $f(t)$ bestimmte Symmetrieeigenschaften, so wird die Anzahl der Fourierkoeffizienten weiter reduziert. Ist $f(t)$ eine gerade Funktion, d. h. $f(-t) = f(t)$, so treten wegen der Eigenschaft der Kosinusfunktionen $\cos(-\alpha) = \cos\alpha$ nur Terme mit Kosinus auf. Verläuft

$f(t)$ symmetrisch zur t-Achse, d. h. $f(t+T/2) = -f(t)$, so treten nur Oberschwingungen mit ungeradem n auf.

Nach dem gleichen Verfahren, mit dem wir die Fourierreihe der Sägezahnschwingung (4.155) ermittelt haben, können wir die Fourierreihen einer Rechteck- und einer Dreieckschwingung berechnen.

	Rechteckschwingung	Dreieckschwingung
$f(t)$	$= \begin{cases} 1 & \text{in } [0,\dfrac{T}{2}] \\ -1 & \text{in } [\dfrac{T}{2},T] \end{cases}$	$= \begin{cases} -\dfrac{4t}{T}+1 & \text{in } [0,\dfrac{T}{2}] \\ \dfrac{4t}{T}-3 & \text{in } [\dfrac{T}{2},T] \end{cases}$
$\hat{x}_n e^{jn\varphi_n}$	$= -j\dfrac{4}{n\pi}$, n ungerade	$= \dfrac{4}{n^2\pi^2}$, n ungerade
a_n	$= 0$	$= \dfrac{4}{n^2\pi^2}$
b_n	$= \dfrac{4}{n\pi}$	$= 0$
Fourierreihe	$= \dfrac{4}{\pi}(\sin(\omega_G t)+\dfrac{1}{3}\sin(3\omega_G t)+ \dfrac{1}{5}\sin(5\omega_G t)...)$	$= \dfrac{4}{\pi^2}(\cos(\omega_G t)+\dfrac{1}{3^2}\cos(3\omega_G t)+ \dfrac{1}{5^2}\cos(5\omega_G t)+...)$

(4.163)

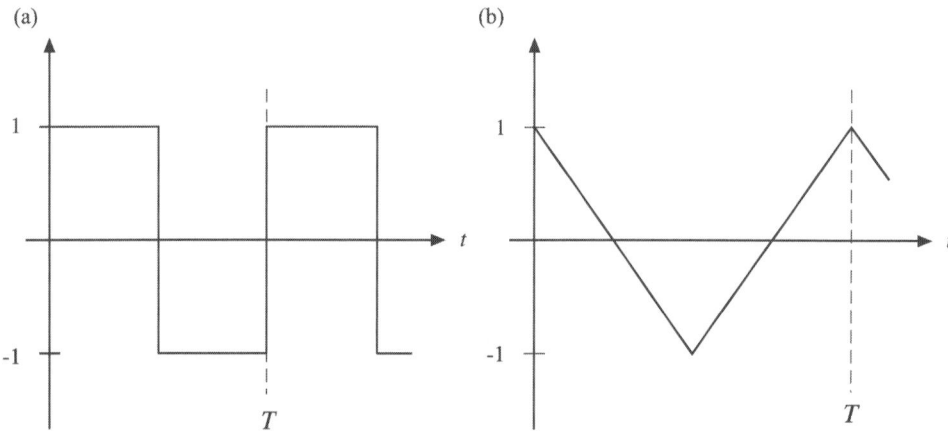

Abb. 4.41   *(a) Rechteckschwingung, (b) Dreieckschwingung.*

Ergibt sich der zeitliche Verlauf $g(t)$ einer nicht harmonischen Schwingung durch Verschiebung um t_S auf der t-Achse aus einem Verlauf $f(t)$, dessen Fourierreihe bekannt ist, so kann man die Fourierreihe von $g(t)$ folgendermaßen berechnen:

$$g(t) = f(t+t_S) = \sum_{k=0}^{\infty} \hat{x}_k \cos(k\omega_G(t+t_S)+\varphi_k)$$

(4.164)

Eine nicht harmonische Schwingung wird vollständig durch die Angabe des Amplituden- und des Phasenspektrums beschrieben. In vielen Fällen kann man sich aber auf das Amplitudenspektrum, das auch Frequenzspektrum genannt wird, beschränken. Wird z. B. ein Oszillator durch eine periodische nicht harmonische Kraft angeregt, so kann man mit dem Frequenzspektrum der Anregung Aussagen über das Resonanzverhalten des Oszillators machen. Durch die Möglichkeit, nicht harmonische Schwingungen in harmonische Teilschwingungen zu zerlegen, ist somit ihr Verständnis ausreichend.

Periodische Zeitverläufe haben immer ein „diskretes" Frequenzspektrum, der „Abstand" der Frequenzen ist durch die Frequenz der Grundschwingung gegeben, in manchen Fällen kommen aber auch nur ungerade oder gerade Vielfache der Grundfrequenz vor. Je größer die Periodendauer ist, umso kleiner ist die Grundfrequenz und umso dichter liegen die Amplituden im Frequenzspektrum. (Manchmal nennt man diese auch „Linien" und das Spektrum einer periodischen Funktion ein „Linienspektrum" oder diskretes Spektrum). So unterscheiden sich die Klänge gleicher Tonhöhe (d. h. gleicher Grundfrequenz) von Musikinstrumenten hauptsächlich durch ihr Spektrum der Oberschwingungen. Auch die Sprache unterschiedlicher Personen unterscheidet sich in charakteristischer Weise im Frequenzspektrum, diese Tatsache wird manchmal in der Kriminalistik ausgenutzt, um z. B. anonyme Anrufer zu identifizieren.

Nicht periodische Funktionen stellen den Grenzfall unendlich großer Periodendauer dar. In diesem Fall ist die Grundfrequenz ω_G infinitesimal klein, die Frequenzabstände zwischen den einzelnen Oberschwingungen ebenfalls. Das Linienspektrum einer periodischen Funktion geht über in ein kontinuierliches Spektrum mit einer frequenzabhängigen Amplituden- und Phasenverteilung. Ersetzen wir in (4.146) den Term $\hat{x}_k e^{j\varphi_k}$ durch (4.149), so lautet

$$f(t) = \frac{1}{2} \sum_{k=-\infty}^{\infty} \left(\frac{2}{T} \int_0^T f(t) e^{-jn\omega_G t}\, dt \right) e^{jk\omega_G t} = \sum_{k=-\infty}^{\infty} \left(\frac{\omega_G}{2\pi} \int_0^T f(t) e^{-jn\omega_G t}\, dt \right) e^{jk\omega_G t} . \qquad (4.165)$$

Ersetzen wir t durch $t' = t - T/2$, so erhalten wir

$$f(t) = \frac{1}{2\pi} \sum_{k=-\infty}^{\infty} \left(\omega_G \int_{-T/2}^{T/2} f(t) e^{-jn\omega_G t}\, dt \right) e^{jk\omega_G t} . \qquad (4.166)$$

Für $T \to \infty$ wird $\omega_G \to d\omega$ infinitesimal klein und die Frequenzen der Oberschwingungen $k\,\omega_G := \omega$ variieren kontinuierlich. Damit wird $f(t)$ statt durch eine Fourierreihe durch ein Fourierintegral

$$f(t) = \frac{1}{2\pi} \int_{-\infty}^{\infty} \left(\int_{-\infty}^{\infty} f(t) e^{-j\omega t}\, dt \right) e^{j\omega' t}\, d\omega' \qquad (4.167)$$

dargestellt. Dabei ist

$$\frac{1}{\sqrt{2\pi}} \int_{-\infty}^{\infty} f(t) e^{-j\omega t}\, dt := \tilde{f}(\omega) \qquad (4.168)$$

die Amplitudenfunktion oder die „Fouriertransformierte" bzw. „Spektralfunktion" von $f(t)$. Sie ist im Allgemeinen eine komplexe Funktion. Ihr Betrag stellt das Amplituden- oder Frequenzspektrum von $f(t)$ dar. Die Rücktransformation von $\tilde{f}(\omega)$ in den Zeitbereich ergibt sich aus (4.167). Eine Funktion $f(t)$ wird vollständig beschrieben durch ihre Spektralfunktion, umgekehrt bestimmt diese wiederum $f(t)$.

Ist $f(t)$ eine gerade Funktion, so treten bei periodischen Funktionen nur Terme mit Kosinus in der Fourierreihe auf. Diese Terme sind in der komplexen Ebene die Projektionen eines Zeigers auf die reelle Achse. Entsprechend ist bei nicht periodischen Funktionen die Fouriertransformierte einer geraden Funktion eine reelle Funktion. Umgekehrt kann jede reelle periodische Funktion $f(t)$ durch zwei in entgegengesetzter Richtung mit gleicher Frequenz rotierende Zeiger gleicher Länge dargestellt werden. Die Realteile dieser konjugiert komplexen Größen sind gleich, die Imaginärteile entgegengesetzt gleich groß. Daher muss in diesem Fall für $\tilde{f}(\omega)$ gelten: $\tilde{f}(-\omega) = \tilde{f}^{*}(\omega)$.

Überlagerung von harmonischen Schwingungen in zwei Dimensionen
Die momentane Auslenkung des Systems, in dem sich zwei harmonische Schwingungen überlagern, wobei deren Auslenkungen senkrecht zueinander verlaufen, ergibt sich aus der vektoriellen Addition ihrer momentanen Werte. Bezeichnen wir die Schwingungsrichtungen mit x und y, so beträgt die momentane Auslenkung der sich überlagernden Schwingungen

$$\vec{s}(t) = \begin{pmatrix} x(t) \\ y(t) \end{pmatrix} = \begin{pmatrix} \hat{x}\cos(\omega_x t + \varphi_x) \\ \hat{y}\cos(\omega_y t + \varphi_y) \end{pmatrix}. \tag{4.169}$$

Die „Bahnkurve", den örtlichen Verlauf der Gesamtauslenkung $y(x(t))$, erhalten wir, wenn wir die x-Komponente von $\vec{s}$ nach t auflösen und in die y-Komponente einsetzen. Diese Bahnkurve

$$y(x(t)) = \hat{y}\cos(\frac{\omega_y}{\omega_x}\arccos(\frac{x}{\hat{x}} - \varphi_x) + \varphi_y) \tag{4.170}$$

nennt man auch Lissajous[1]-Figur. Ihre Gestalt gibt insbesondere Informationen über die Amplituden- und Frequenzverhältnisse sowie Differenzen der Nullphasenwinkel der einzelnen Schwingungen. Meist wählt man die Anfangsbedingungen so, dass $\varphi_x = 0$ ist.

Sind die Frequenzverhältnisse ganzzahlig, so ergeben sich geschlossene Kurven, die bei entsprechenden Differenzen der Nullphasenwinkel in sich selbst übergehen. Beträgt die Phasendifferenz 180°, so wird die Lissajous-Figur gespiegelt.

---

[1]   J. Lissajous (1822–1880).

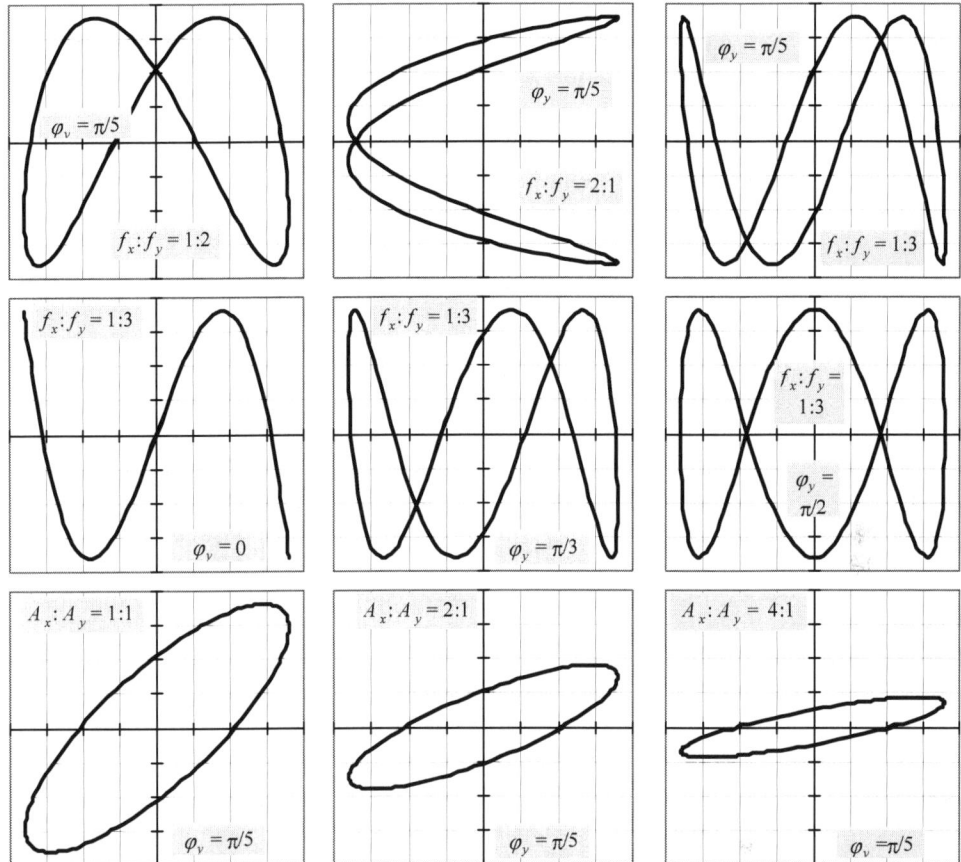

Abb. 4.42 *Lissajous-Figuren für verschiedene Amplituden- und Frequenzverhältnisse sowie Differenzen der Nullphasenwinkel: (obere Reihe) gleiche Amplituden, gleiche Phasendifferenzen, unterschiedliche Frequenzen; (mittlere Reihe) gleiche Amplituden, gleiches Frequenzverhältnis, unterschiedliche Phasendifferenzen; (untere Reihe) gleiches Frequenzverhältnis, gleiche Phasendifferenzen, unterschiedliche Amplituden.*

Bei gleichen Frequenzen vereinfacht sich der Ausdruck für die Bahnkurve. Mit $\varphi_x = 0$ können wir die x-Komponente nach $\cos(\omega t)$ auflösen und in die y-Komponente einsetzen.

$$y = \hat{y}(\cos(\omega t)\cos\varphi_y - \sin(\omega t)\sin\varphi_y) \quad y = \hat{y}(\frac{x}{\hat{x}}\cos\varphi_y - \sqrt{1 - (\frac{x}{\hat{x}})^2}\,\sin\varphi_y) \qquad (4.171)$$

Ist $\varphi_y = 0$, so ist auch $\sin\varphi_y = 0$ und $\cos\varphi_y = 1$, so dass (4.171) sich vereinfacht zu

$$y = \frac{\hat{y}}{\hat{x}}x\,, \qquad (4.172)$$

dies ist die Gleichung einer Geraden mit der Steigung $\hat{y}/\hat{x}$, dem Verhältnis der Amplituden. Ist dagegen $\varphi_y = 180°$, so ist $\cos\varphi_y = -1$, die Gerade hat dann die negative Steigung $-\hat{y}/\hat{x}$, sie verläuft gegenüber der Geraden mit $\varphi_y = 0$ spiegelbildlich zur y-Achse. Für beliebige φ_y beschreibt (4.171) eine Ellipse mit der Gleichung

$$\frac{x}{\hat{x}}\cos\varphi_y - \frac{y}{\hat{y}} = \sqrt{1 - \left(\frac{x}{\hat{x}}\right)^2}\,\sin\varphi_y \;\Rightarrow\; \left(\frac{x}{\hat{x}}\right)^2 - 2\frac{xy}{\hat{x}\hat{y}}\cos\varphi_y + \left(\frac{y}{\hat{y}}\right)^2 = \sin^2\varphi_y. \tag{4.173}$$

Die Hauptachsen der Ellipse liegen auf der x- bzw. y-Achse, wenn $\varphi_y = 90°$ ist, bei gleichen Amplituden ergibt sich ein Kreis mit dem Radius $\hat{x}$. Aus der Orientierung der Ellipse kann sehr empfindlich die Phasenverschiebung der beiden überlagerten Schwingungen bestimmt werden.

4.2.7   Gekoppelte Schwingungen

Bei der zuvor behandelten Überlagerung von Schwingungen beeinflussen sich die einzelnen Oszillatoren nicht. Häufig kommt es jedoch vor, dass Oszillatoren wechselwirken, dann schwingen sie nicht mehr unabhängig voneinander, sondern es kann insbesondere eine Energieübertragung zwischen den Oszillatoren stattfinden. Man bezeichnet Schwingungen mehrerer wechselwirkender Oszillatoren als gekoppelte Schwingungen. Besondere Bedeutung haben die Fälle, in denen die Kopplung durch elastische Kräfte, d. h. Kräfte mit linearem Kraftgesetz, erfolgt. Ein Beispiel sind zwei mathematische Pendel gleicher Längen und Massen, die über eine Feder miteinander gekoppelt sind. Die Pendel sollen dabei in einer Ebene schwingen.

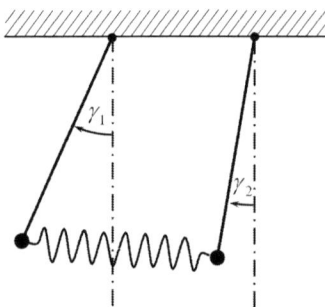

Abb. 4.43 *Über eine Feder gekoppelte Pendel, die in einer Ebene schwingen.*

Zur Bestimmung der Kreisfrequenzen der Pendel müssen wir die Bewegungsgleichungen lösen. Da die Pendel Drehbewegungen um ihre Aufhängungspunkte machen, stellen wir die Drehmomentgleichung für jedes Pendel auf. Ihre Auslenkungen beschreiben wir durch die Winkel γ_1 und γ_2 bezüglich der Gleichgewichtslage. Nach **Tab. 2.3** ergibt sich

$$J\ddot{\gamma}_1 = |\vec{M}_{Rück}| + |\vec{M}_{Feder}|,$$
$$J\ddot{\gamma}_1 = |\vec{l}|\,|m|\,|\vec{g}|\sin(\angle\vec{l},\vec{g}) + |\vec{l}|\,|\vec{F}_{Feder}|\sin(\angle\vec{l},\vec{F}_{Feder}). \tag{4.174}$$

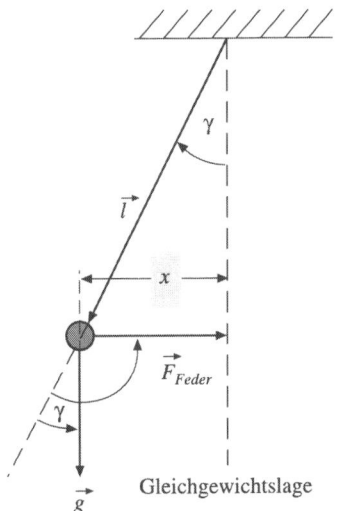

Abb. 4.44 *Kräfte, die auf eines der Pendel wirken.*

Die Federkraft ist proportional zur Differenz der Abstände beider Massen von der Senkrechten durch den jeweiligen Aufhängungspunkt. Dieser Abstand beträgt $l\sin\gamma_1$. Mit dem Trägheitsmoment eines mathematischen Pendels nach (2.223) erhalten wir unter Beachtung der Zählrichtung für die Winkel

$$ml^2\ddot{\gamma}_1 = -lmg\sin\gamma_1 - lD(l\sin\gamma_1 - l\sin\gamma_2)\sin(90° + \gamma_1), \tag{4.175}$$

und für kleine Winkel ($\sin\gamma_1 = \gamma_1$, $\sin(\gamma_1 + 90°) = \cos\gamma_1 = 1$)

$$\ddot{\gamma}_1 + \frac{g}{l}\gamma_1 + \frac{D}{m}(\gamma_1 - \gamma_2) = 0. \tag{4.176}$$

Entsprechend lautet die Bewegungsgleichung für das andere Pendel

$$\ddot{\gamma}_2 + \frac{g}{l}\gamma_2 + \frac{D}{m}(\gamma_2 - \gamma_1) = 0. \tag{4.177}$$

(4.176) und (4.177) stellen ein System aus gekoppelten Differentialgleichungen dar mit den gesuchten Funktionen $\gamma_1(t)$ und $\gamma_2(t)$. Addieren wir beide Gleichungen, so erhalten wir

$$\ddot{\gamma}_1 + \ddot{\gamma}_2 + \frac{g}{l}(\gamma_1 + \gamma_2) = 0 \quad \text{oder} \quad \frac{d^2}{dt^2}(\gamma_1 + \gamma_2) + \frac{g}{l}(\gamma_1 + \gamma_2) = 0. \tag{4.178}$$

Diese Differentialgleichung entspricht (4.27) mit der gesuchten Funktion $f(t) = \gamma_1(t) + \gamma_2(t)$. $f(t)$ ist eine harmonische Schwingung mit der Kreisfrequenz

$$\omega_f = \sqrt{\frac{g}{l}} \tag{4.179}$$

der freien Schwingung des mathematischen Pendels (4.60). Die Subtraktion ergibt

$$\ddot{\gamma}_1 - \ddot{\gamma}_2 + \frac{g}{l}(\gamma_1 - \gamma_2) + 2\frac{D}{m}(\gamma_1 - \gamma_2) = 0 \quad \text{oder}$$

$$\frac{\mathrm{d}^2}{\mathrm{d}t^2}(\gamma_1 - \gamma_2) + (\frac{g}{l} + 2\frac{D}{m})(\gamma_1 - \gamma_2) = 0 \tag{4.180}$$

eine Differentialgleichung mit der gesuchten Funktion $g(t) = \gamma_1(t) - \gamma_2(t)$. Die Funktion $g(t)$ stellt ebenfalls eine harmonische Schwingung dar mit der Kreisfrequenz

$$\omega_k = \sqrt{\frac{g}{l} + 2\frac{D}{m}} \;. \tag{4.181}$$

Die Verläufe $f(t)$ und $g(t)$ erhalten wir mit (4.28)

$$f(t) = f_0 \cos(\omega_f t) + \frac{\dot{f}_0}{\omega_f}\sin(\omega_f t), \quad g(t) = g_0 \cos(\omega_k t) + \frac{\dot{g}_0}{\omega_f}\sin(\omega_k t)\;. \tag{4.182}$$

Damit lauten die Auslenkungen $\gamma_1(t)$ und $\gamma_2(t)$ der Pendel

$$2\gamma_1 = f + g = \gamma_{1,0}(\cos(\omega_f t) + \cos(\omega_k t)) + \gamma_{2,0}(\cos(\omega_f t) - \cos(\omega_k t))$$

$$+ \dot{\gamma}_{1,0}(\frac{\sin(\omega_f t)}{\omega_f} + \frac{\sin(\omega_k t)}{\omega_k}) + \dot{\gamma}_{2,0}(\frac{\sin(\omega_f t)}{\omega_f} - \frac{\sin(\omega_k t)}{\omega_k})$$

$$2\gamma_2 = f - g = \gamma_{1,0}(\cos(\omega_f t) - \cos(\omega_k t)) + \gamma_{2,0}(\cos(\omega_f t) + \cos(\omega_k t))$$

$$+ \dot{\gamma}_{1,0}(\frac{\sin(\omega_f t)}{\omega_f} - \frac{\sin(\omega_k t)}{\omega_k}) + \dot{\gamma}_{2,0}(\frac{\sin(\omega_f t)}{\omega_f} + \frac{\sin(\omega_k t)}{\omega_k})\;. \tag{4.183}$$

Wir wollen den zeitlichen Verlauf der Auslenkungen für spezielle Anfangsbedingungen betrachten:

1. Gleichphasige Anregung. Beide Pendel werden zum Zeitpunkt $t = 0$ mit gleichen Auslenkungen $\gamma_{1,0} = \gamma_{2,0} = \gamma_0$ und $\dot{\gamma}_{1,0} = \dot{\gamma}_{2,0} = 0$ aus den Gleichgewichtslagen ausgelenkt. Die Pendel bewegen sich mit

$$\gamma_1 = \gamma_0 \cos(\omega_f t) \text{ und } \gamma_2 = \gamma_0 \cos(\omega_f t)\;, \tag{4.184}$$

   d. h. im „Gleichtakt" mit der Kreisfrequenz ω_f. Die Feder ist während der Bewegung beider Pendel immer gleich gespannt.

2. Gegenphasige Anregung: Die Pendel beginnen ihre Bewegung aus der Ruhe mit entgegengesetzt gleichen Auslenkungen. $\gamma_{1,0} = -\gamma_{2,0} = -\gamma_0$ und $\dot{\gamma}_{1,0} = \dot{\gamma}_{2,0} = 0$. Der zeitliche Verlauf der Pendelauslenkungen lautet dann

$$\gamma_1 = \gamma_0 \cos(\omega_k t) \text{ und } \gamma_2 = -\gamma_0 \cos(\omega_k t) = \gamma_0 \cos(\omega_k t + \pi)\;. \tag{4.185}$$

Die Pendel schwingen also im „Gegentakt" mit der Kreisfrequenz ω_k. Während der Bewegung wird die Feder mit der maximalen Amplitude gedehnt.

3. Anregung eines Pendels: Hier ist zu Beginn der Bewegung $\gamma_{1,0} \neq 0$, $\gamma_{2,0} = 0$ und $\dot{\gamma}_{1,0} = \dot{\gamma}_{2,0} = 0$. Damit ergibt sich der zeitliche Verlauf der Auslenkungen zu

$$\gamma_1 = \frac{\gamma_{1,0}}{2}(\cos(\omega_f t) + \cos(\omega_k t)) \quad \text{und} \quad \gamma_2 = \frac{\gamma_{1,0}}{2}(\cos(\omega_f t) - \cos(\omega_k t)). \qquad (4.186)$$

Wenden wir die Additionstheoreme[1] an, so erhalten wir

$$\gamma_1 = \gamma_{1,0} \cos(\frac{\omega_k + \omega_f}{2})\cos(\frac{\omega_k - \omega_f}{2}) \quad \text{und}$$

$$\gamma_2 = \gamma_{1,0} \sin(\frac{\omega_k + \omega_f}{2})\sin(\frac{\omega_k - \omega_f}{2}). \qquad (4.187)$$

Unterscheiden sich ω_f und ω_k nur wenig, so variieren die Amplituden wie bei einer Schwebung (4.142) (siehe **Abb. 4.36**). Dabei sind die Auslenkungen der Pendel und die Schwebungen um 90° phasenverschoben. Bei sehr großen Unterschieden zwischen ω_f und ω_k (starke Kopplung) entspricht der zeitliche Verlauf der Auslenkungen dem in Abb. 4.37.

Gleich- und gegenphasige Schwingung bezeichnet man auch als „Fundamentalschwingung" des Systems. Diese zeichnen sich gegenüber den durch (4.183) und (4.187) beschriebenen Schwingungen dadurch aus, dass keine Energie über die Feder von einem Oszillator zum anderen fließt. Der mittlere Energiestrom durch die Feder beträgt mit (2.152)

$$\bar{P} = \bar{F}_{Feder}\bar{v}_{relativ} = \bar{F}_{Feder}(\bar{v}_1 - \bar{v}_2) = D(\bar{x}_1 - \bar{x}_2)\bar{v}_{relativ}. \qquad (4.188)$$

Im Fall der gleichphasigen Schwingung ist die Relativgeschwindigkeit der Massen null, bei der gegenphasigen Schwingung dagegen sind die mittleren Abstände $\bar{x}$ der Massen zur Gleichgewichtslage gleich. In allen anderen Fällen pendelt die Schwingungsenergie mit der Schwebungsfrequenz $\omega_k - \omega_f$ zwischen den Oszillatoren hin und her. Im Allgemeinen ist die Bewegung eine Überlagerung der Fundamentalschwingungen des Systems.

Häufig gebraucht man in diesem Zusammenhang den Begriff des Freiheitsgrades, d. h. die Zahl der unabhängigen Bewegungsgrößen, mit denen das System vollständig beschrieben wird. Ein System mit zwei gekoppelten Oszillatoren hat 2 Freiheitsgrade, es ist durch die Angabe der beiden Auslenkungen vollständig beschrieben. Entsprechend hat es auch zwei Fundamentalschwingungen mit zwei unterschiedlichen Frequenzen. Werden mehrere Oszillatoren miteinander gekoppelt, so entspricht die Zahl der Fundamentalschwingungen der Zahl der Oszillatoren des Systems. Charakteristisch ist, dass dann keine Energie zwischen den Oszillatoren fließt.

Wird einer der Oszillatoren von einer harmonischen äußeren Kraft angeregt, so entsprechen die Frequenzen der Fundamentalschwingungen den Resonanzfrequenzen des Systems. Je

---

[1] $\cos\alpha + \cos\beta = \cos\dfrac{\alpha+\beta}{2}\cos\dfrac{\alpha-\beta}{2}$ und

$\cos\alpha - \cos\beta = \sin\dfrac{\alpha+\beta}{2}\sin\dfrac{\alpha-\beta}{2}$

größer die Zahl der Freiheitsgrade ist, umso mehr Resonanzfrequenzen gibt es. Diese Tatsache hat unter anderem in der Atomphysik beim Aufbau der Moleküle eine große Bedeutung.

4.3   Wellen

Wird bei einem System aus sehr vielen gekoppelten Oszillatoren, die sich zunächst im Gleichgewichtszustand befinden, ein Oszillator ausgelenkt, so pflanzt sich diese Auslenkung mit einer gewissen Ausbreitungsgeschwindigkeit unter den anderen Oszillatoren fort. Je weiter die Oszillatoren von dem primär angeregten Oszillator, dem „Anregungszentrum" entfernt sind, umso später werden diese aus ihrem Gleichgewichtszustand ausgelenkt. Diese räumliche Ausbreitung des zeitlichen Verlaufes einer Auslenkung an einer bestimmten Stelle des Systems aus gekoppelten Oszillatoren bezeichnet man als Welle. Wegen der zeitlichen Verzögerung, mit der die Oszillatoren in Abhängigkeit vom Abstand zum Anregungszentrum ausgelenkt werden, ergibt sich ein bestimmtes räumliches Auslenkungsprofil des Systems. Da mit fortschreitender Zeit immer andere Oszillatoren ausgelenkt werden, wandert das Profil durch das System. Die Ausbreitungsgeschwindigkeit ist abhängig von der Stärke der Kopplung: je stärker sie ist, umso schneller breitet sich eine Welle aus.

Durch die Ausbreitung der Welle in dem System werden vom Anregungszentrum entfernte Oszillatoren in Bewegung gesetzt. War ihre Energie im Gleichgewichtszustand null, so wird ihnen über die Welle Energie übertragen. Da die Oszillatoren jedoch bestimmte Positionen im System haben, ist mit dem Energietransport kein Materietransport verbunden.

Wellen transportieren Energie ohne begleitenden Materietransport.

In vielen Fällen sind bei einem System die Oszillatoren wie in **Abb. 4.45** nicht separierbar, man spricht dann von einem kontinuierlichen Medium, in dem sich Wellen ausbreiten können.

In der Mechanik können sich bei Festkörpern elastische Wellen eindimensional auf Seilen, Saiten oder Federn ausbreiten, in zwei Dimensionen auf Platten oder Membranen, oder auch in dreidimensionalen Medien ausbreiten. Dabei unterscheidet man zwischen Oberflächen- und Druckwellen. Auch in Flüssigkeiten können sich Oberflächen- und Druckwellen ausbreiten, in Gasen jedoch nur Druckwellen.

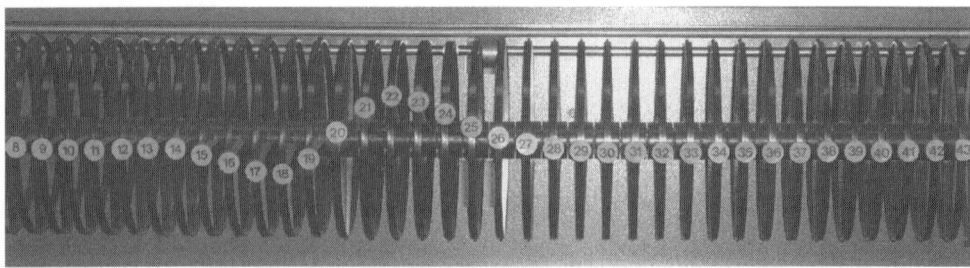

Abb. 4.45   Ausbreitung einer Welle in einem System gekoppelter Oszillatoren.

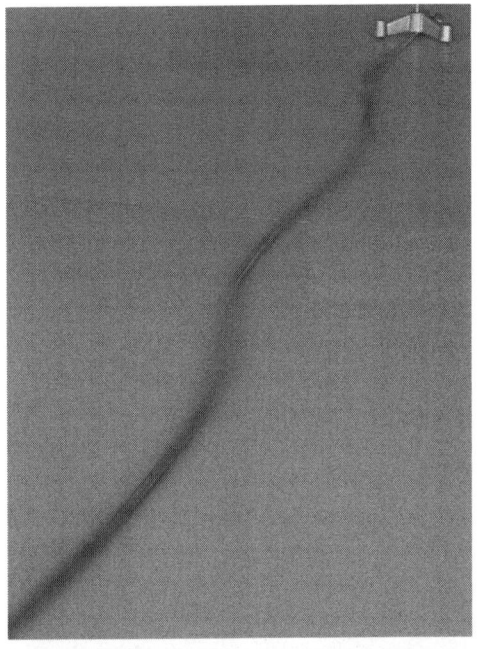

Abb. 4.46 *Transversale und longitudinale Wellen.*

In der Elektrodynamik können sich im Vakuum oder in Nichtleitern elektromagnetische Wellen ausbreiten, in Leitern Strom- Spannungs- oder Ladungswellen. Welleneigenschaften weisen auch Elementarteilchen wie Elektronen, aber auch Atomkerne, Atome und Moleküle auf, in der Quantenmechanik als theoretische Grundlage zur Beschreibung mikrophysikalischer Erscheinungen hat so u. A. die Aufenthaltswahrscheinlichkeit von Teilchen Wellencharakter.

Wellen breiten sich von einem Anregungszentrum, in dem das Medium durch äußere Einflüsse aus seinem Gleichgewichtszustand ausgelenkt wird, in dem Medium aus. Diese Wellenausbreitung wird beeinflusst durch

- die Ausbreitungsgeschwindigkeit. Sie ist charakteristisch für das Medium und wird bei mechanischen Wellen bestimmt durch Trägheits- und Rückstelleigenschaften bei Auslenkung aus der Gleichgewichtslage sowie der Kopplung der Oszillatoren.
- die Geometrie von Anregungszentrum und Medium. Sie bestimmt die geometrische Form der räumlichen Struktur der Auslenkung im Medium. Einfache Formen sind ebene Wellen, Zylinder- und Kugelwellen.
- die Richtung von Auslenkung und Ausbreitung. Wird das Medium senkrecht zur Ausbreitungsrichtung ausgelenkt, so spricht man von Transversalwellen, erfolgt die Auslenkung parallel zur Ausbreitungsrichtung, so nennt man die Wellen Longitudinalwellen. Neben diesen beiden Extremen gibt es auch noch Mischformen. Elektromagnetische Wellen sind

Transversalwellen, Oberflächenwellen ebenfalls, Druckwellen dagegen Longitudinalwellen. Wasserwellen stellen eine Mischform dar, Möwen auf der Wasseroberfläche werden sowohl senkrecht zur Ausbreitungsrichtung ausgelenkt, bewegen sich aber auch in Richtung der Wellenausbreitung. Die Bewegung erfolgt näherungsweise auf einem Kreis. Transversalwellen können polarisiert sein, d. h. die Oszillatoren werden in einer Ebene ausgelenkt (lineare Polarisation).
- die Dämpfung im Medium. Wird Schwingungsenergie durch z. B. Reibung aus dem Medium abgeführt, so wird mit fortschreitender Ausbreitung die Auslenkung des Mediums immer kleiner, bis die Welle faktisch verschwunden ist.
- die Dispersion im Medium. Sie bewirkt eine Deformation der räumlichen Form der Welle mit fortschreitender Ausbreitung, ohne dass Energie abgeführt wird.

Im Folgenden wollen wir die Gesetzmäßigkeiten, denen die Ausbreitung von Wellen unterliegt, kennen lernen ohne Berücksichtigung von Dämpfung und Dispersion. Ferner wollen wir annehmen, dass die Ausbreitungsgeschwindigkeit überall im Medium gleich ist.

4.3.1   Ausbreitung eindimensionaler Wellen

Breitet sich eine Welle in einem eindimensionalen Medium, z. B. auf einem Seil oder einer Saite aus, so ist der zeitliche Verlauf $s(t)$ der Auslenkung eines Punktes am Ort x_i des Mediums gegenüber der Auslenkung des Anregungszentrums am Ort x_A nacheilend um Δt phasenverschoben.

$$s(t, x_i) = s(t - \Delta t, x_A) \tag{4.189}$$

Die Größe der Phasenverschiebung Δt ist abhängig vom Abstand des Punktes in x_i vom Anregungszentrum und von der Ausbreitungsgeschwindigkeit c.

$$\Delta t = \frac{x_i - x_A}{c} \tag{4.190}$$

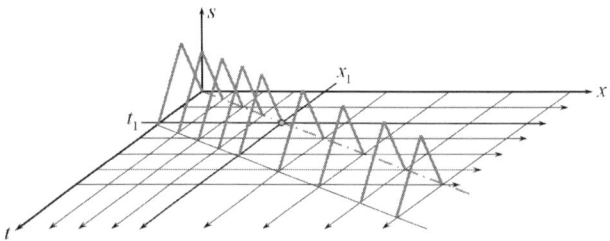

Abb. 4.47 *Zeitliche Verschiebung des Verlaufes der Auslenkung im Anregungszentrum der Welle und an verschiedenen Punkten im Medium.*

Bewegt sich die Welle in positive Richtung ($c > 0$), so muss $x_i > x_A$ sein, x_i also rechts von x_A liegen, damit die Welle das Medium dort auslenken kann. Im umgekehrten Fall muss sich die Welle in negative Richtung bewegen.

Zu einem bestimmten Zeitpunkt t_j hat die Welle das Medium örtlich in einer bestimmten Form ausgelenkt (ein so genannter „Wellenberg", wenn die Auslenkung in positive s-Richtung erfolgt, sonst ein „Wellental"). Diese Form oder das Wellenprofil bewegt sich mit der Ausbreitungsgeschwindigkeit c in dem Medium. Gegenüber seiner Lage zu einem früheren Referenzzeitpunkt t_0 hat sich das Profil um Δx verschoben.

$$s(t_j, x) = s(t_0, x - \Delta x), \tag{4.191}$$

dabei beträgt

$$\Delta x = c(t_j - t_0). \tag{4.192}$$

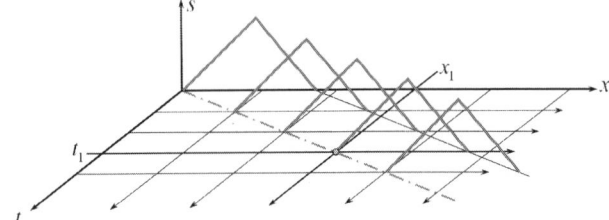

Abb. 4.48 *Verschiebung des Wellenprofils bei der Ausbreitung der Welle.*

Ohne Dispersion oder Dämpfung bleibt die Form des Profils unverändert, daher reicht im eindimensionalen Medium ein Punkt des Profils zur Beschreibung der Position der Welle aus. Diesen Punkt nennt man Wellenfront. Erfolgt die Anregung periodisch, so bezeichnet man als Wellenfronten die Orte im Medium, die zum Anregungszentrum gleichphasig schwingen. So kann auch eine Wellenfront im Prinzip als Anregungszentrum für die gleiche Welle angesehen werden. Diese Tatsache ist als „Huygenssches Prinzip[1]" in der Wellenlehre bekannt und hat große Bedeutung für die Beschreibung der Ausbreitung von Wellen in zwei- oder dreidimensionalen Medien.

Legt man das Anregungszentrum einer Welle in den Koordinatenursprung und setzt den Referenzzeitpunkt $t_0 = 0$, so beschreiben

$$f(x) := s(t_0 = 0, x) \tag{4.193}$$

das Profil der Welle zum Referenzzeitpunkt t_0 und

$$g(t) := s(t, x_A = 0) \tag{4.194}$$

die Auslenkung, bei Periodizität die Schwingung des Anregungszentrums. Durch $f(x)$ bzw. $g(t)$ ausgedrückt lautet die Auslenkung am Ort x zum Zeitpunkt t

$$s(t,x) = f(x - ct) \quad \text{und} \quad s(t,x) = g\left(t - \frac{x}{c}\right). \tag{4.195}$$

$f(x - ct)$ gibt dabei die zeitliche Entwicklung der Welle, $g(t - x/c)$ die räumliche Ausbreitung der Schwingung wider. $f(x - ct)$ wird häufig auch als „Wellenfunktion" einer fortschreiten-

---

[1]   Ch. Huygens (1629–1695).

den Welle bezeichnet. Dieser Begriff spielt in der Quantenmechanik eine große Rolle, da in der Mikrophysik Teilchen auch Welleneigenschaften aufweisen.

Harmonische Wellen

Führt das Anregungszentrum harmonische Schwingungen mit der Kreisfrequenz $\omega = 2\pi/T$ aus, so breitet sich auf dem Medium eine harmonische Welle aus. Der zeitliche Verlauf der Auslenkung im Anregungszentrum lautet

$$g(t) = \hat{s}\cos(\omega t), \tag{4.196}$$

dabei haben wir den Nullphasenwinkel $\varphi_0 = 0$ gesetzt. Die Auslenkung des Mediums am Ort x beträgt

$$s(t,x) = \hat{s}\cos(\omega(t - \frac{x}{c})) = \hat{s}\cos(\omega t - \frac{\omega}{c}x) = \hat{s}\cos(\omega t - 2\pi\frac{x}{cT}). \tag{4.197}$$

Die Auslenkung des Mediums ist örtlich periodisch mit der Periodenlänge cT. Oszillatoren in diesem Abstand vom Anregungszentrum oder ganzzahligen Vielfachen davon haben dann die Phasenverschiebung 2π oder Vielfache gegenüber dem Anregungszentrum und schwingen somit im Takt mit ihm. Diese Periodenlänge nennt man auch Wellenlänge λ.

$$\lambda := cT. \tag{4.198}$$

Die Wellenlänge im Räumlichen entspricht der Periodendauer im Zeitlichen. Analog zur Kreisfrequenz $\omega = 2\pi/T$ führt man die Wellenzahl

$$k := \frac{2\pi}{\lambda}, \quad [k] = \mathrm{m}^{-1} \tag{4.199}$$

ein. Zwischen der Wellenzahl und der Kreisfrequenz sowie Wellenlänge und Frequenz bestehen wegen (4.198) die Zusammenhänge

$$\omega = ck \quad \text{und} \quad \nu = \frac{c}{\lambda}. \tag{4.200}$$

Damit können wir den zeitlichen Verlauf (4.197) der Auslenkung am Ort x etwas „eingängiger" symmetrisch hinsichtlich der Periodizität in Zeit und Raum formulieren.

$$s(t,x) = \hat{s}\cos(\omega t - kx), \tag{4.201}$$

alle Oszillatoren im Medium, die den Abstand λ voneinander haben, schwingen im Gleichtakt.

Ist dagegen das Profil der Welle zum Zeitpunkt $t = 0$ durch eine kosinusförmige örtliche Auslenkung mit der Wellenlänge λ bzw. der Wellenzahl k vorgegeben, d. h.

$$f(x) = \hat{s}\cos(kx), \tag{4.202}$$

so ist das Medium zu einem späteren Zeitpunkt t wie

$$f(x - ct) = \hat{s}\cos(k(x - ct)) = \hat{s}\cos(kx - kct) = \hat{s}\cos(kx - \omega t) \tag{4.203}$$

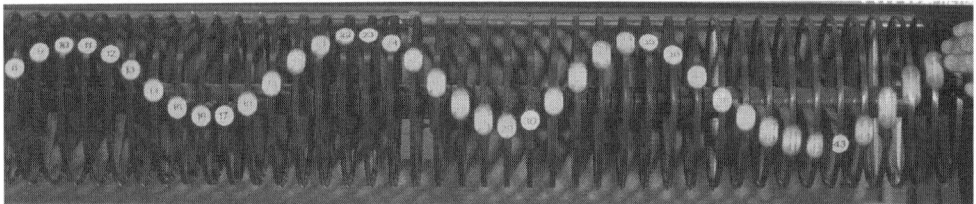

Abb. 4.49 *Harmonische Welle.*

aus dem Gleichgewichtszustand ausgelenkt. Zu beachten ist, dass (4.201) und (4.203) trotz der formalen Ähnlichkeit unterschiedliche Sachverhalte beschreiben, erstere Gleichung beschreibt den zeitlichen Verlauf der Schwingung an unterschiedlichen Orten, Letztere den örtlichen Verlauf der Welle zu unterschiedlichen Zeiten.

Weist die Schwingung (4.196) im Anregungszentrum einen Nullphasenwinkel $\varphi_0 \neq 0$ auf oder entspricht die Auslenkung in (4.202) am Ort $x = 0$ nicht der Amplitude, so kann dieser Sachverhalt durch einen Phasenwinkel ζ ausgedrückt werden. Damit lautet (4.203)

$$f(x - ct) = \hat{s}\cos(kx - \omega t + \zeta),\tag{4.204}$$

und nach Anwendung des Additionstheorems für Kosinus

$$f(x - ct) = \hat{s}\cos\zeta\cos(kx - \omega t) - \hat{s}\sin\zeta\sin(kx - \omega t).\tag{4.205}$$

Wie wir im Kapitel 4.2.6 gesehen haben, können wir jeden zeitlichen Verlauf durch eine Überlagerung von harmonischen Schwingungen darstellen. Ebenso können wir jedes Profil einer Welle in Profile harmonischer Wellen zerlegen. Diese Zerlegung ist für die Wellenoptik von großer Bedeutung.

Ausbreitungsgeschwindigkeit von Wellen, Wellengleichung

Die Ausbreitungsgeschwindigkeit von Wellen ist eine für das Medium charakteristische Größe, die nur von seinen Eigenschaften abhängt, so wie die Schwingungsdauer bzw. Kreisfrequenz charakteristisch für einen einzelnen Oszillator ist. Sehen wir das Medium als eine Kette von (sehr kleinen) miteinander gekoppelten Oszillatoren an, so wird die Ausbreitungsgeschwindigkeit von den Trägheits- und Rückstelleigenschaften sowie von der Kopplung der Oszillatoren bestimmt.

Wir wollen nun die Ausbreitungsgeschwindigkeit für eine Welle, die sich auf einem zwischen zwei Punkten gespannten Seil oder einer Saite ausbreitet, bestimmen. Wir nehmen dabei an, dass durch die Welle die Kraft, die das Seil spannt, nicht verändert wird. Dies ist dann der Fall, wenn die Länge des Seils durch die Auslenkung nicht wesentlich geändert wird. Breitet sich nur ein einzelner Wellenberg aus, so können wir sein Profil in der Nähe der maximalen Auslenkung durch einen Kreisbogen beschreiben.

Zu jedem Zeitpunkt der Wellenbewegung wirken auf die Grenzen des Kreissegmentes die Kräfte $\vec{F}_l$ und $\vec{F}_r$ tangential zum Seil. Diese Kräfte, deren Beträge $|\vec{F}|$ gleich sind, zerlegen wir in Komponenten parallel zur Ausbreitungsrichtung und senkrecht dazu. Die paralle-

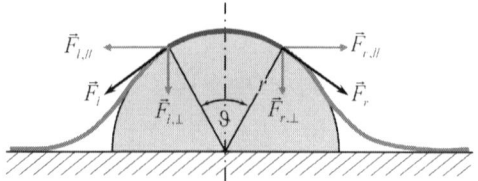

Abb. 4.50 *Ein Wellenberg bewegt sich auf einem gespannten Seil. Sein Profil wird durch einen Kreisbogen mit dem Öffnungswinkel ϑ beschrieben.*

len Komponenten heben sich auf, da sich das Seil als Ganzes nicht bewegt und damit auch das Kreissegment nicht parallel zur Ausbreitungsrichtung verschoben wird. Die Kraftkomponenten senkrecht zur Ausbreitungsrichtung beschleunigen den Kreisbogen in Richtung der Gleichgewichtslage. Im Bezugssystem des Wellenberges bewegt sich das Seil dieses Abschnittes auf einer Kreisbahn, somit wirken die Kraftkomponenten senkrecht zur Ausbreitungsrichtung als Zentripetalkraft, diese beträgt nach (2.44)

$$F_{l,\perp} + F_{r,\perp} = 2\,|\,\vec{F}\,|\sin\frac{\vartheta}{2} = m_{Bogen}\frac{c^2}{r_{Bogen}}\,. \tag{4.206}$$

Die Masse m_{Bogen} des Kreisbogens ist proportional zur Länge des Kreisbogens

$$l_{Bogen} = 2r_{Bogen}\frac{\vartheta}{2} \tag{4.207}$$

und bei homogener Dichte des Seilmaterials gilt

$$\frac{m_{Bogen}}{m_{Seil}} = \frac{l_{Bogen}}{l_{Seil}} = \frac{2r_{Bogen}\dfrac{\vartheta}{2}}{l_{Seil}} \;\Rightarrow\; m_{Bogen} = \frac{2r_{Bogen}\dfrac{\vartheta}{2}}{l_{Seil}}m_{Seil}\,. \tag{4.208}$$

Für kleine Winkel ϑ können wir den Sinus durch den Winkel annähern. Setzen wir (4.208) in (4.207) ein, so erhalten wir die Ausbreitungsgeschwindigkeit.

$$2\,|\,\vec{F}\,|\sin\frac{\vartheta}{2} \approx 2\,|\,\vec{F}\,|\frac{\vartheta}{2} = \frac{2r_{Bogen}\dfrac{\vartheta}{2}}{l_{Seil}}m_{Seil}\frac{c^2}{r_{Bogen}} \;\Rightarrow\; c = \sqrt{\frac{l_{Seil}\,|\,\vec{F}\,|}{m_{Seil}}} \tag{4.209}$$

$|\,\vec{F}\,|$ ist bei nicht allzu großen Auslenkungen der Welle gleich dem Betrag der Kraft, die das Seil spannt. Mit der Dichte r des Seils und $l_{Seil}A_{Seil} = V_{Seil}$ beträgt die Ausbreitungsgeschwindigkeit

$$c = \sqrt{\frac{l_{Seil}\,|\,\vec{F}\,|}{\rho l_{Seil}A_{Seil}}} \;\Rightarrow\; c = \sqrt{\frac{\sigma}{\rho}}\,, \tag{4.210}$$

dabei ist $\sigma = |\,\vec{F}\,|\,/\,A_{Seil}$ die Seilspannung, die auf die Querschnittsfläche A_{Seil} bezogene Kraft. Dichte und Seilspannung sind Größen, die ausschließlich die Eigenschaften des Mediums beschreiben. Die Ausbreitungsgeschwindigkeit ist insbesondere nicht abhängig von der Form und Größe der Welle, solange die Welle nicht die Seilspannung wesentlich verändert. Diese beschreibt die Rückstelleigenschaften des Mediums sowie die Kopplung der Oszillatoren, während die Dichte seine Trägheitseigenschaften beinhaltet.

Allgemein kann die Ausbreitung einer Welle in einem Medium durch die „Wellengleichung" beschrieben werden. Sie verknüpft die zeitliche und örtliche Änderung der Auslenkung des Mediums aus dem Gleichgewichtszustand und lautet

$$\frac{\partial^2 s(t,x)}{\partial t^2} = c^2 \frac{\partial^2 s(t,x)}{\partial x^2} \, . \tag{4.211}$$

Für mechanische Wellen kann sie aus der Kräftegleichung hergeleitet werden unter der Voraussetzung, dass durch die Welle die Eigenschaften, welche die Ausbreitungsgeschwindigkeit c bestimmen, nicht wesentlich geändert werden. Bei elektromagnetischen Wellen ergibt sich die Wellengleichung aus den Zusammenhängen zwischen den elektrischen und magnetischen Feldern, die durch die Maxwellschen Gleichungen beschrieben werden. Die Symbole $\partial^2 s/\partial t^2$ und $\partial^2 s/\partial x^2$ bedeuten, dass die Funktion $s(t,x)$ partiell nach t bzw. x abgeleitet wird. In diesem Fall wird die Variable, nach der nicht abgeleitet wird, als eine Konstante behandelt. $\partial^2 s/\partial t^2$ beschreibt den zeitlichen Verlauf der Auslenkung an einem definierten Ort x, $\partial^2 s/\partial x^2$ dagegen den örtlichen Verlauf zu bestimmten Zeitpunkten t. In der folgenden Tabelle sind die Ausbreitungsgeschwindigkeiten für verschiedene Medien aufgelistet.

Tab. 4.1 *Ausbreitungsgeschwindigkeit von Wellen in unterschiedlichen Medien.*

Welle	Ausbreitungsgeschwindigkeit	Einflussgrößen		
Seilwelle (transversal)	$c = \sqrt{\dfrac{\sigma}{\rho}}$	ρ: σ:	Dichte des Seils Seilspannung	(4.210)
Schallwelle in Gasen (longitudinal)	$c = \sqrt{\dfrac{\kappa P}{\rho}}$	ρ: κ: P:	Dichte des Gases Adiabatenexponent mittlerer Druck	(4.212)
Schallwelle in Flüssigkeiten (longitudinal)	$c = \sqrt{\dfrac{K}{\rho}}$	K: ρ:	Kompressionsmodul Dichte der Flüssigkeit	(4.213)
Schallwelle in dünnen Stäben (longitudinal)	$c = \sqrt{\dfrac{E}{\rho}}$	E: ρ:	Elastizitätsmodul Dichte des Stabes	(4.214)
Elektromagnetische Welle im Vakuum (transversal)	$c = \sqrt{\dfrac{1}{\mu_0 \varepsilon_0}}$	μ_0: ε_0:	absolute Permeabilität absolute Dielektrizitätskonstante	(4.215)
Elektromagnetische Welle im Nichtleiter (transversal)	$c = \sqrt{\dfrac{1}{\mu_r \mu_0 \varepsilon_r \varepsilon_0}}$	μ_r: ε_r:	relative Permeabilität relative Dielektrizitätskonsante	(4.216)
Elektromagnetische Welle im Leiter (Zweidraht)	$c = \sqrt{\dfrac{1}{(C/l)(L/l)}}$	C/l: L/l:	Kapazitätsbelag Induktivitätsbelag	(4.217)

Für „typische" Werte der Einflussgrößen betragen die Ausbreitungsgeschwindigkeiten im Einzelnen:

Tab. 4.2   *Ausbreitungsgeschwindigkeiten bei „typischen" Werten der Einflussgrößen in verschiedenen Medien.*

Welle	Einflussgrößen	c in m/s
Seilwelle, Gitarrensaite, Stahl, 440 Hz	$\rho = 8$ g/cm³ $\sigma = 2{,}6$ kN/mm²	572
Schallwelle in Luft	$\rho = 1{,}2$ kg/m³ @ 20°C $\kappa = 1{,}4$ $P = 1013$ hPa	343
Schallwelle in Wasser	$K = 2{,}2$ GPa $\rho = 1$ g/cm³	1483
Schallwelle im Stahlstab	$E = 200$ GPa $\rho = 8$ g/cm³	5000
Elektromagnetische Welle im Vakuum	$\mu_0 = 1{,}26 \cdot 10^{-6}$ Vs/Am $\varepsilon_0 = 8{,}85 \cdot 10^{-12}$ As/Vm	$2{,}997 \cdot 10^8$
Elektromagnetische Welle in Glas	$\mu_r = 1$ $\varepsilon_r = 1{,}25$	$2{,}398 \cdot 10^8$
Elektromagnetische Welle im Zweidraht	$C/l = 4 \cdot 10^{-11}$ F/m $L/l = 3{,}8 \cdot 10^{-7}$ H/m Drahtabstand = Drahtdurchmesser	$2{,}203 \cdot 10^8$

Hervorzuheben ist, dass alle Funktionen $s(t,x)$, die sich in der Form $f(x - ct)$ oder $g(t - x/c)$ darstellen lassen, die Wellengleichung (4.211) erfüllen. Substituieren wir in f das Argument $x - ct := \xi$, so ergibt die zweifache partielle Ableitung von $f(\xi)$ nach x unter Beachtung der Kettenregel

$$\frac{\partial f(\xi)}{\partial t} = \frac{\partial f(\xi)}{\partial \xi} \frac{\partial \xi}{\partial t} = -c \frac{\partial f(\xi)}{\partial \xi} \quad \Rightarrow \quad \frac{\partial^2 f(\xi)}{\partial t^2} = c^2 \frac{\partial^2 f(\xi)}{\partial \xi^2}, \tag{4.218}$$

die zweifache partielle Ableitung nach t dagegen

$$\frac{\partial^2 f(\xi)}{\partial x^2} = \frac{\partial^2 f(\xi)}{\partial \xi^2}. \tag{4.219}$$

Setzen wir die $\partial^2 f(\xi)/\partial \xi^2$ aus (4.218) und (4.219) gleich, so erhalten wir die Wellengleichung (4.211). Ähnlich verhält es sich für $g(t - x/c)$: Wir substituieren $t - x/c := \tau$ und erhalten für die zweifachen partiellen Ableitungen nach x und t

$$\frac{\partial g(\tau)}{\partial x} = \frac{\partial g(\tau)}{\partial \tau} \frac{\partial \tau}{\partial x} = -\frac{1}{c} \frac{\partial g(\tau)}{\partial \tau} \quad \Rightarrow \quad \frac{\partial^2 g(\tau)}{\partial x^2} = \frac{1}{c^2} \frac{\partial^2 g(\tau)}{\partial \tau^2}, \tag{4.220}$$

$$\frac{\partial^2 g(\tau)}{\partial t^2} = \frac{\partial^2 g(\tau)}{\partial \tau^2}. \tag{4.221}$$

Auch hier setzen wir die $\partial^2 g(\tau)/\partial \tau^2$ aus (4.220) und (4.221) gleich, es ergibt sich wiederum die Wellengleichung (4.211). Insbesondere erfüllen harmonische Wellen (4.201) die Wellengleichung.

Energietransport

Wellen transportieren Energie, ohne dass Materie transportiert wird. Bei mechanischen Wellen bedeutet die Auslenkung des Mediums aus der Gleichgewichtslage, dass dort das Medium potentielle Energie aufweist. Bei der Ausbreitung der Welle bewegen sich der Wellenberg und damit auch die Zone des Mediums mit potentieller Energie.

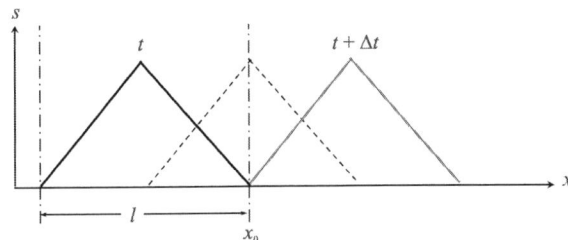

Abb. 4.51   *Ausbreitung eines Wellenberges: Die Zone des Mediums mit potentieller Energie bewegt sich.*

Der Wellenberg mit der Basislänge l in **Abb. 4.51** weise insgesamt die potentielle Energie E_{pot} auf. Diese passiert mit dem Wellenberg den Ort x_0 im Medium mit der Geschwindigkeit c, dafür wird der Zeitraum Δt benötigt. Über diese Stelle wird dann der Energiestrom

$$\dot{E} = \frac{E_{pot}}{\Delta t} = E_{pot}\frac{c}{l} = \frac{\overline{E_{pot}}}{l}c \tag{4.222}$$

transportiert. Die Größe $\overline{E_{pot}}/l$ können wir als mittlere längenbezogene Energie der Welle η_{Welle} ansehen. Allgemein beträgt der Energiestrom somit

$$\dot{E} = \eta_{Welle}c\,. \tag{4.223}$$

Bei einer harmonischen Welle hat ein Oszillator nach (4.36) die mittlere Energie $\frac{1}{2}m_{Osz.}\omega^2\hat{s}^2$. Drücken wir die Masse des einzelnen Oszillators durch die Dichte ρ des Mediums und das Oszillatorvolumen $dV = A_{Medium}dl$ aus, wobei A_{Medium} die Querschnittsfläche des Mediums senkrecht zur Ausbreitungsrichtung ist, so erhalten wir mit

$$\eta_{Welle} = \frac{1}{2}\rho A_{Medium}\omega^2\hat{s}^2 \tag{4.224}$$

$$\dot{E} = \frac{1}{2}\rho\omega^2\hat{s}^2 cA_{Medium} = I_{Welle}A_{Medium}\,. \tag{4.225}$$

Hier wurde $\frac{1}{2}\rho\omega^2\hat{s}^2 c$ als Intensität der Welle definiert. Sie stellt die Energiestromdichte, den Energiestrom pro Querschnittsfläche des Mediums senkrecht zur Ausbreitungsrichtung dar. Sie hat vor allem bei zwei- und dreidimensionalen Medien eine große Bedeutung. Allgemein ist sie definiert als

$$I := \frac{\mathrm{d}E_{Welle}}{\mathrm{d}V} c \,, \quad [I] = \frac{W}{m^2}\,, \tag{4.226}$$

dabei ist

$$\frac{\mathrm{d}E_{Welle}}{\mathrm{d}V} := w_{Welle} \tag{4.227}$$

die Energiedichte der Welle. Sie beträgt bei einer harmonischen Welle $\frac{1}{2}\rho\omega^2\hat{s}^2$. Setzen wir für eine harmonische Seilwelle die Ausbreitungsgeschwindigkeit (4.210) in (4.225) ein, so beträgt die Intensität

$$I = w_{Welle}c = \frac{1}{2}\rho\omega^2\hat{s}^2 c = \frac{1}{2}\rho\omega^2\hat{s}^2\sqrt{\frac{\sigma}{\rho}} = \frac{1}{2}\omega^2\hat{s}^2\sqrt{\sigma\rho}\,. \tag{4.228}$$

Sie ist proportional zum Quadrat der Amplitude der Seilauslenkung. Dieser Zusammenhang zwischen Amplitude der Auslenkung aus dem Gleichgewichtszustand und Intensität gilt allgemein für harmonische Wellen in beliebigen Medien, der Proportionalitätsfaktor wird dabei durch die Eigenschaften des Mediums und ω^2 bestimmt.

$$I \sim \hat{s}^2\,. \tag{4.229}$$

4.3.2   Reflexion von eindimensionalen Wellen

Jedes Medium, in dem sich Wellen ausbreiten können, ist räumlich begrenzt, sehen wir einmal vom „Universum", in dem sich z. B. elektromagnetische Wellen in Form von Licht ausbreiten können, ab. Wie verhält sich die Welle, wenn sie die Grenze des Mediums erreicht? Dazu unterscheiden wir zwei Grenzfälle:

Reflexion am losen Ende
In diesem Fall kann der „letzte" Oszillator des eindimensionalen Mediums ungehindert ausgelenkt werden, es besteht keine Kopplung mit der Grenze. Gemäß dem Huygensschen Prinzip (siehe Seite 417) kann er als Anregungszentrum einer sekundären Welle angesehen werden. Diese Welle gleicht der ursprünglichen Welle mit entgegengesetzter Ausbreitungsgeschwindigkeit.

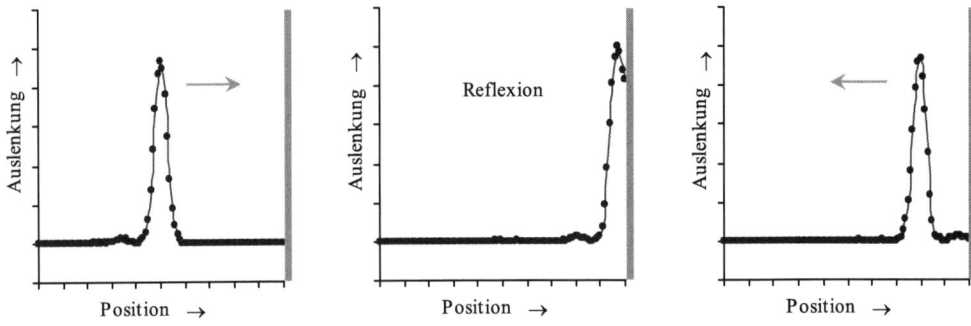

Abb. 4.52   *Reflexion am losen Ende.*

Während der Reflexion überlagern sich einlaufende und reflektierte Welle. Beide Wellen gehen stetig auseinander hervor, es erfolgt kein Phasensprung.

Reflexion am festen Ende

Hier ist der letzte Oszillator des Mediums fest mit der Grenze verbunden und kann überhaupt nicht ausgelenkt werden. Trifft der Wellenberg auf die Grenze, so wird der vorletzte Oszillator verstärkt in Richtung Gleichgewichtslage beschleunigt. In einem einfachen Modell kann man sich die Auslenkung des in der Gleichgewichtslage fixierten letzten Oszillators durch eine Überlagerung der momentanen Auslenkung der einlaufenden Welle und einer Sekundärwelle mit entgegengesetzt gleicher Auslenkung erklären. Die reflektierte Welle hat somit das an der Gleichgewichtslage gespiegelte Profil der einlaufenden Welle und die entgegengesetzte Ausbreitungsgeschwindigkeit.

Die reflektierte Welle geht unstetig durch Inversion aus der einlaufenden Welle hervor, sie hat einen Phasensprung um π gegenüber der einlaufenden Welle.

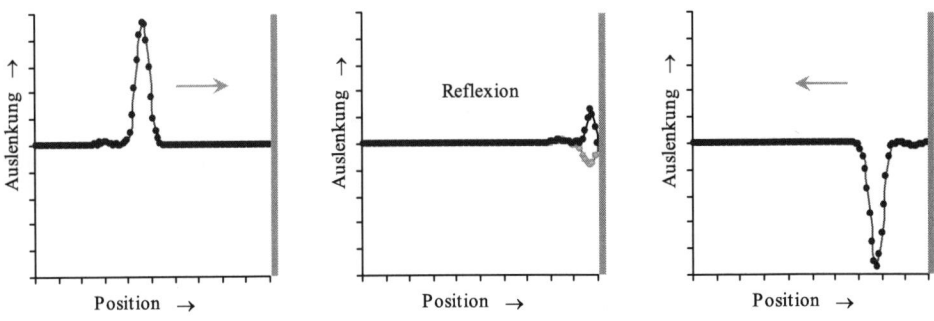

Abb. 4.53   *Reflexion am festen Ende.*

Welle überschreitet die Grenze zweier Medien

Loses und festes Ende eines Mediums kann man als Extremfälle einer Grenze zwischen zwei unterschiedlichen Medien, in denen sich Wellen ausbreiten können, ansehen. Das relevante Unterscheidungsmerkmal verschiedener Medien, in denen sich ein bestimmter Wellentyp (siehe **Tab. 4.1**) ausbreiten kann, ist die Ausbreitungsgeschwindigkeit.

So ist die Kopplung in dem „Medium" jenseits eines losen Endes null, die Ausbreitungsgeschwindigkeit von Wellen ebenfalls. Entsprechend können wir an der Grenze zweier Medien, wobei die Ausbreitungsgeschwindigkeit des Mediums, aus dem die Welle kommt, größer ist als die Ausbreitungsgeschwindigkeit des anderen Mediums, neben dem Durchtritt eines Teiles der einlaufenden Welle eine Reflexion ohne Phasensprung erwarten.

Beim festen Ende ist dagegen jenseits der Grenze die Kopplung zwischen den Oszillatoren völlig starr, die Ausbreitungsgeschwindigkeit von Wellen strebt somit gegen Unendlich. Ist die Ausbreitungsgeschwindigkeit des Mediums der auf die Grenze einlaufenden Welle kleiner als die jenseits der Grenze, so wirkt die Grenze ähnlich wie ein festes Ende. Der reflektierte Teil der einlaufenden Welle erfährt einen Phasensprung um π.

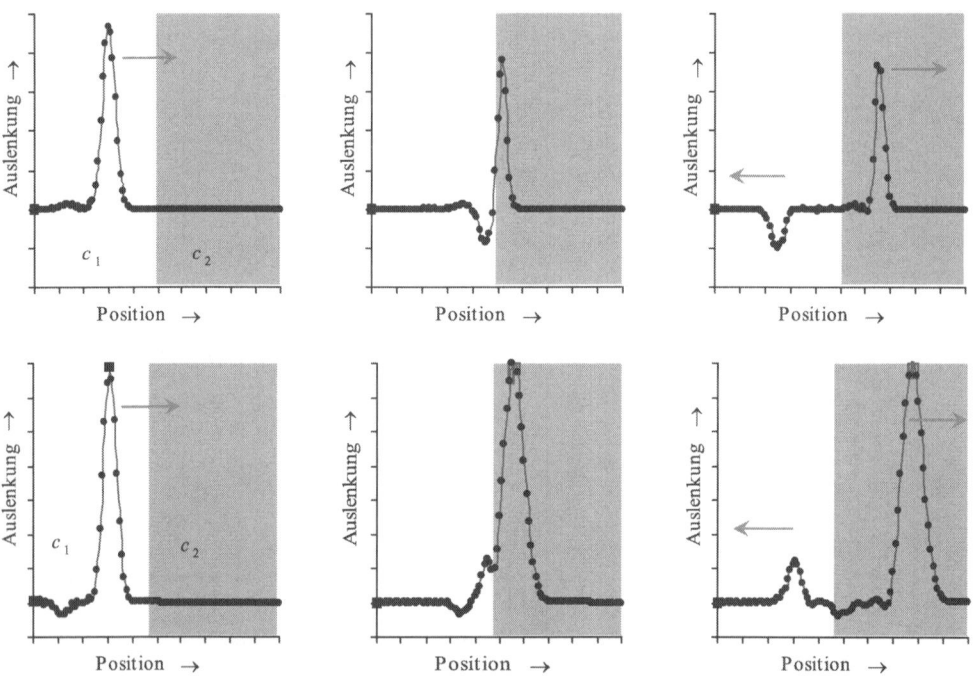

Abb. 4.54   *Welle tritt über die Grenze zweier Medien, (oben) $c_1 < c_2$, (unten) $c_1 > c_2$.*

Aufteilung der Energieströme an der Grenze

Trifft eine Welle auf eine Grenze, die zwei Medien, welche durch unterschiedliche Ausbreitungsgeschwindigkeiten gekennzeichnet sind, voneinander trennt, so überquert ein Teil der Welle die Grenze ins Medium 2, ein anderer Teil wird ins Medium 1 zurückreflektiert. Bei diesem Vorgang teilt sich der Energiestrom der einlaufenden Welle P_e in die Energieströme P_r und P_t der reflektierten und der transmittierten Welle, d.h. den Teil, der die Grenze überschritten hat, auf.

$$P_e = P_r + P_t \tag{4.230}$$

Nehmen wir an, dass die Querschnittsflächen der beiden Medien gleich sind, so können wir die Energieströme durch die Energiestromdichten bzw. Intensitäten ersetzen. Mit (4.228) erhalten wir für mechanische harmonische Wellen

$$I_e = I_r + I_t \;\Rightarrow\; \frac{1}{2}\rho_1\omega^2\hat{s}_e^2 c_1 = \frac{1}{2}\rho_1\omega^2\hat{s}_r^2 c_1 + \frac{1}{2}\rho_2\omega^2\hat{s}_t^2 c_2$$

$$\Rightarrow \rho_1 c_1(\hat{s}_e^2 - \hat{s}_r^2) = \rho_2 c_2 \hat{s}_t^2 . \tag{4.231}$$

An der Grenze müssen die Amplituden in den beiden Medien gleich sein, da sonst der „Grenzoszillator" unendlich großen Deformationskräften ausgesetzt wäre. Da sich im Medium 1 einlaufende und reflektierte Welle überlagern, gilt

$$\hat{s}_e + \hat{s}_r = \hat{s}_t . \tag{4.232}$$

Damit erhalten wir die Zusammenhänge zwischen den Amplituden von einlaufender und reflektierter bzw. einlaufender und transmittierter Welle.

$$\rho_1 c_1(\hat{s}_e^2 - \hat{s}_r^2) = \rho_2 c_2(\hat{s}_e + \hat{s}_r)^2 \;\Rightarrow\; \rho_1 c_1(\hat{s}_e - \hat{s}_r) = \rho_2 c_2(\hat{s}_e + \hat{s}_r)$$

$$\Rightarrow \hat{s}_r = \frac{\rho_1 c_1 - \rho_2 c_2}{\rho_1 c_1 + \rho_2 c_2}\hat{s}_e \quad \text{und} \quad \hat{s}_t = \frac{2\rho_1 c_1}{\rho_1 c_1 + \rho_2 c_2}\hat{s}_e \tag{4.233}$$

Üblicherweise definiert man einen Reflexionsgrad R und einen Transmissionsgrad T, die die Intensitäten von reflektierter bzw. transmittierter Welle ins Verhältnis zur Intensität der einlaufenden Welle setzen.

$$R := \frac{I_r}{I_e}, \quad T := \frac{I_t}{I_e} \tag{4.234}$$

Mit (4.228) ergeben sich R und T aus (4.233) zu

$$R = \frac{\frac{1}{2}\omega^2\rho_1 c_1 \hat{s}_r^2}{\frac{1}{2}\omega^2\rho_1 c_1 \hat{s}_e^2} = \frac{\hat{s}_r^2}{\hat{s}_e^2} = \left(\frac{\rho_1 c_1 - \rho_2 c_2}{\rho_1 c_1 + \rho_2 c_2}\right)^2 \quad \text{und}$$

$$T = \frac{\frac{1}{2}\omega^2\rho_2 c_2 \hat{s}_t^2}{\frac{1}{2}\omega^2\rho_1 c_1 \hat{s}_e^2} = \frac{\rho_2 c_2}{\rho_1 c_1}\left(\frac{2\rho_1 c_1}{\rho_1 c_1 + \rho_2 c_2}\right)^2 = \frac{4\rho_1 c_1 \rho_2 c_2}{(\rho_1 c_1 + \rho_2 c_2)^2} . \tag{4.235}$$

Ist die Grenze ein „loses Ende" des Mediums 1, also $c_2 = 0$, so beträgt mit (4.233) die Amplitude der reflektierten Welle

$$\hat{s}_r = \frac{\rho_1 c_1 - 0}{\rho_1 c_1 + 0} \hat{s}_e = \hat{s}_e, \qquad (4.236)$$

formal ergibt sich aus (4.232) für die transmittierte Welle $\hat{s}_t = 2\hat{s}_e$. Bestimmen wir jedoch Reflexions- und Transmissionsgrad

$$R = \left(\frac{\rho_1 c_1 - 0}{\rho_1 c_1 + 0}\right)^2 = 1 \quad \text{und} \quad T = \frac{4\rho_1 c_1 \cdot 0}{(\rho_1 c_1 + 0)^2} = 0, \qquad (4.237)$$

so wird die Tatsache, dass sich im Medium 2 keine Welle ausbreiten kann, richtig wiedergegeben. Beim „festen Ende" des Medium 1 geht $c_2 \to \infty$, die Amplituden von reflektierter und transmittierter Welle lauten

$$\hat{s}_r = \frac{\rho_1 c_1 - \infty}{\rho_1 c_1 + \infty} \hat{s}_e = -\hat{s}_e \quad \text{und} \quad \hat{s}_t = \frac{2\rho_1 c_1}{\rho_1 c_1 + \infty} \hat{s}_e = 0, \qquad (4.238)$$

dabei dokumentiert das negative Vorzeichen von $\hat{s}_r$ den Phasensprung um π. Reflexionen treten somit immer dann auf, wenn die Ausbreitungsgeschwindigkeit sich sprunghaft ändert. In manchen Fällen sind derartige Reflexionen störend, z.B. bei der Übertragung von Signalen in HF-Kabeln. Ändert sich die Ausbreitungsgeschwindigkeit nur wenig, ist der Reflexionsgrad auch gering, daher schließt man häufig HF-Kabel mit einem „Wellensumpf" ab, in dem sich die Ausbreitungsgeschwindigkeit kontinuierlich ändert.

Impuls von Wellen, Strahlungsdruck
Eine mechanische Welle, die sich in einem Medium ausbreitet, transportiert Energie und daher wegen (2.152) auch Impuls p_{Welle} durch die Querschnittsfläche A_{Medium}.

$$\dot{E} = I_{Welle} A_{Medium} = \frac{\mathrm{d}}{\mathrm{d}t}\left(\frac{p_{Welle}^2}{2m}\right) = \frac{p_{Welle}}{m} \dot{p}_{Welle} = c\dot{p}_{Welle}, \qquad (4.239)$$

dabei ist m die Masse des Teils vom Medium, der durch die Welle ausgelenkt wird. Bei einem massiven Objekt ist aber p/m gleich der Geschwindigkeit, mit der sich das Objekt bewegt. Daher können wir p_{Welle}/m gleich der Ausbreitungsgeschwindigkeit c setzen. $\dot{p}_{Welle}$ entspricht der Kraft in Ausbreitungsrichtung, die die Welle beim Durchqueren der Querschnittsfläche auf diese ausübt. Entsprechend ergibt sich der Druck P auf die Querschnittsfläche des Mediums zu

$$P = \frac{\dot{p}_{Welle}}{A_{Medium}} = \frac{I_{Welle}}{c}. \qquad (4.240)$$

Den mittleren Impuls können wir aus dem mittleren Energiestrom nach (4.239) berechnen.

$$\overline{\dot{E}} = \frac{\overline{E}}{\Delta t} = c\overline{\dot{p}}_{Welle} = c\frac{\overline{p}_{Welle}}{\Delta t} \quad \Rightarrow \quad \overline{E} = c\overline{p}_{Welle} \tag{4.241}$$

Wird die Welle an der Grenze des Mediums reflektiert, so entspricht dies einem elastischen Stoß, bei einem massiven Objekt bleibt die Energie erhalten, jedoch kehrt sich die Bewegungsrichtung um. Die Impulsänderung aufgrund der Reflexion beträgt nach (2.214) $\Delta p = 2\overline{p}_{Welle}$, damit wird auf das Ende des Mediums ein Druck

$$P = \frac{1}{A_{Medium}}\frac{\Delta p}{\Delta t} = \frac{1}{A_{Medium}}2\frac{\overline{p}_{Welle}}{\Delta t} = \frac{2}{A_{Medium}}\frac{\overline{\dot{E}}}{c} = 2\frac{I}{c} = 2w_{Welle} \tag{4.242}$$

ausgeübt, dabei ist w_{Welle} die Energiedichte der Welle gemäß (4.227). Wird die Welle dagegen in einem „Wellensumpf" absorbiert, so beträgt die Impulsänderung p_{Welle}, und der Druck ist nur noch halb so groß wie in (4.242). Sonnenlicht im Hochsommer hat bei sehr klarem Wetter eine Intensität von ca. 1 kW/m². Es bewirkt auf einen Spiegel einen Strahlungsdruck von etwa $6{,}7 \cdot 10^{-6}$ N/m².

4.3.3   Überlagerung von eindimensionalen Wellen

Befinden sich in einem Medium an unterschiedlichen Orten mehrere Anregungszentren, von denen aus sich Wellen in dem Medium ausbreiten, so überlagern sich die Auslenkungen an jeder Stelle des Mediums. Ist dort die resultierende Auslenkung größer als die einzelnen Auslenkungen, so spricht man von „konstruktiver Interferenz". Dies ist immer der Fall, wenn ein Wellenberg auf einen Wellenberg trifft. Schwächen sich dagegen die Auslenkungen ab, so heißt das „destruktive Interferenz", dann trifft ein Wellenberg auf ein Wellental.

Sind Wellenberg und Wellental spiegelsymmetrisch zur Gleichgewichtslage, so kann die resultierende Auslenkung für einen gewissen Zeitraum in einem Bereich des Mediums vollständig verschwinden. Nach der Phase der Überlagerung breiten sich die Wellen unabhängig voneinander aus.

Bewegen sich zwei Wellen, deren Anregungszentren sich bei x_1 und x_2 befinden, aufeinander zu, so ergibt sich die resultierende Welle und Schwingung zu

$$f(x - ct) = f_1(x - ct) + f_2(x + ct) \tag{4.243}$$

$$g(t - \frac{x}{c}) = g_1(t - \frac{x - x_1}{c}) + g_2(t + \frac{x - x_2}{c}). \tag{4.244}$$

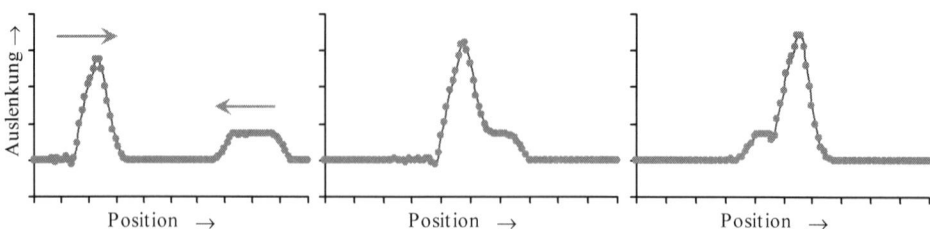

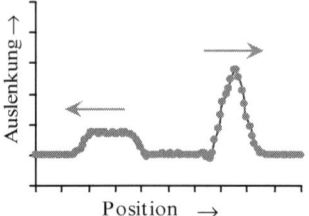

Abb. 4.55   *Konstruktive Interferenz.*

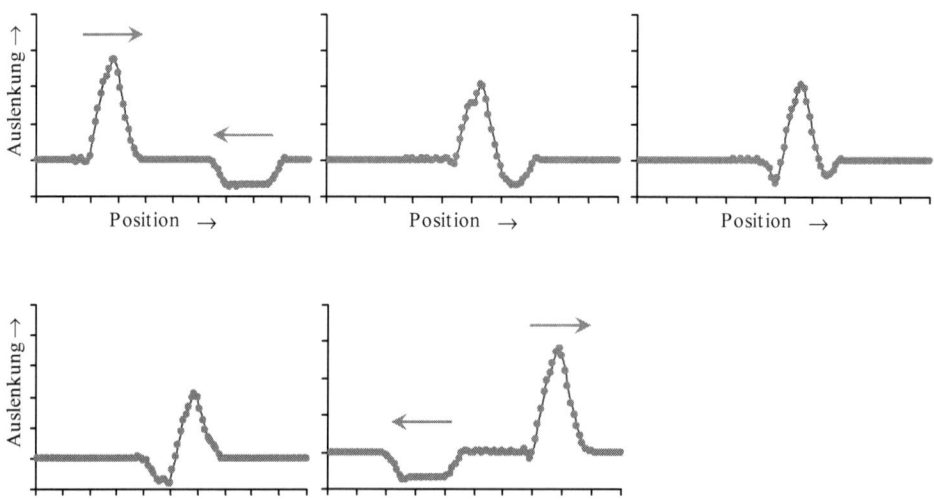

Abb. 4.56   *Destruktive Interferenz.*

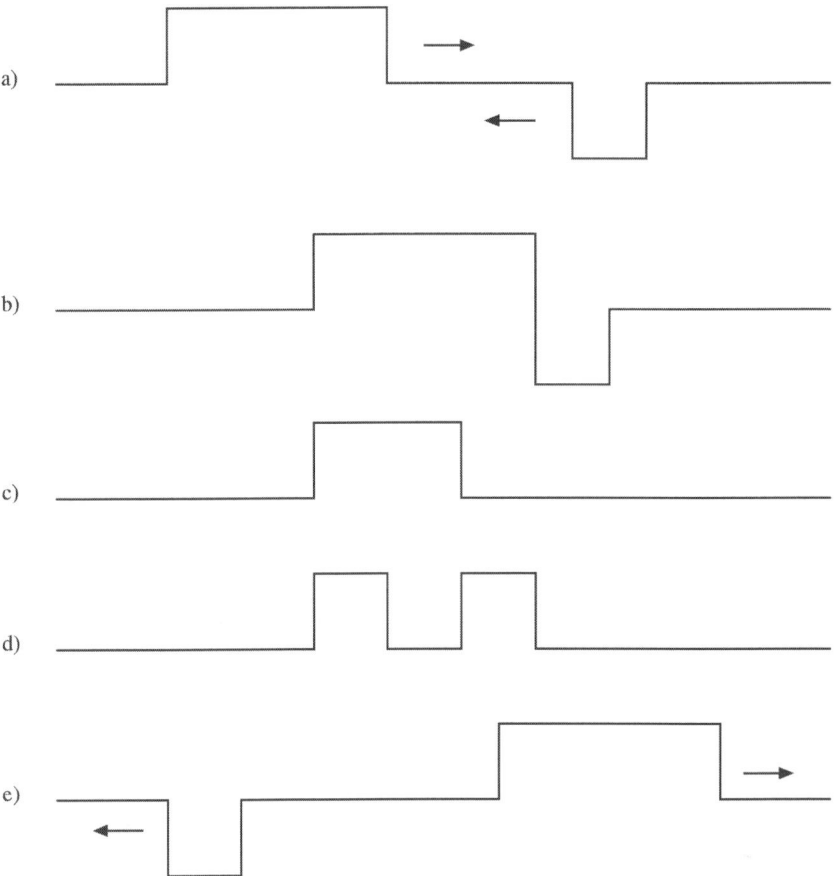

Abb. 4.57 *Vollständige Auslöschung bei symmetrischen Wellenbergen und Wellentälern.*

Überlagerung harmonischer Wellen gleicher Wellenlänge

Erzeugen die Anregungszentren Wellen gleicher Wellenlänge im Medium, so schwingen sie wegen (4.200) mit der gleichen Frequenz. Bewegen sich die Wellen in die gleiche Richtung, z. B. nach rechts ($c > 0$), so lauten ihre Wellenfunktionen

$$f_1(x - ct) = \hat{s}_1 \cos(kx - \omega t) \quad \text{und}$$
$$f_2(x - ct) = \hat{s}_2 \cos(k(x + \Delta x) - \omega t) = \hat{s}_2 \cos(kx - \omega t + \delta), \tag{4.245}$$

dabei soll die zweite Welle um Δx gegenüber der ersten nach links verschoben sein, was einer Phasenverschiebung um $k\Delta x = \delta$ entspricht. Δx bezeichnet man auch als „Gangunterschied" von Welle 2 gegenüber Welle 1. Wir separieren in f_2 die Phasenverschiebung δ mit dem Additionstheorem für Kosinus.

$$f_2 = \hat{s}_2(\cos(kx - \omega t)\cos\delta - \sin(kx - \omega t)\sin\delta) \tag{4.246}$$

Die Überlagerung ergibt dann

$$s(t,x) = \hat{s}_1 \cos(kx - \omega t) + \hat{s}_2 (\cos(kx - \omega t)\cos\delta - \sin(kx - \omega t)\sin\delta)$$

$$s(t,x) = \cos(kx - \omega t)(\hat{s}_1 + \hat{s}_2 \cos\delta) - \sin(kx - \omega t)\hat{s}_2 \sin\delta, \qquad (4.247)$$

also gemäß (4.205) wiederum eine harmonische fortschreitende Welle mit Frequenz und Wellenzahl der ursprünglichen Wellen. (4.247) können wir analog zu (4.137) und (4.138) durch eine resultierende Amplitude $\hat{s}$ der überlagerten Wellen und einer Phasenverschiebung ζ ausdrücken.

$$s(t,x) = f(x - ct) = \hat{s}\cos\zeta\cos(kx - \omega t) - \hat{s}\sin\zeta\sin(kx - \omega t)$$

$$\Rightarrow s(t,x) = f(x - ct) = \hat{s}\cos(kx - \omega t + \zeta) \Rightarrow \tan\zeta = \frac{\hat{s}_2 \sin\delta}{\hat{s}_1 + \hat{s}_2 \cos\delta}, \qquad (4.248)$$

$$\hat{s} = \sqrt{(\hat{s}_1 + \hat{s}_2 \cos\delta)^2 + (\hat{s}_2 \sin\delta)^2} \ . \qquad (4.249)$$

Sind die Amplituden der beiden überlagerten Wellen gleich, so vereinfachen sich (4.249) und (4.248) zu

$$\hat{s} = \hat{s}_0 \sqrt{(1 + \cos\delta)^2 + \sin^2\delta} = \hat{s}_0 \sqrt{2}\sqrt{1 + \cos\delta} = 2\hat{s}_0 \left| \cos(\frac{\delta}{2}) \right|,$$

$$\tan\zeta = \frac{\sin\delta}{1 + \cos\delta} = \frac{2\sin(\delta/2)\cos(\delta/2)}{2\cos^2(\delta/2)} = \tan(\frac{\delta}{2}) \ . \qquad (4.250)$$

Ist die Phasenverschiebung null oder Vielfache von 2π, was einem Gangunterschied von null oder Vielfachen der Wellenlänge λ entspricht, so ist $\cos\delta = 1$, die resultierende Amplitude ist doppelt so groß wie die Amplituden der einzelnen Wellen. Die Auslenkungen im Medium werden durch die Überlagerung vergrößert, die Interferenz ist konstruktiv.

Ist dagegen die Phasenverschiebung π bzw. der Gangunterschied $\lambda/2$, so wird $\cos\delta = -1$, die resultierende Amplitude ist null. Die Wellen löschen sich aus, somit ist die Interferenz destruktiv. Auf diesem Prinzip beruhen z. B. Interferometer in der Optik.

Bewegen sich die Wellen dagegen aufeinander zu, so ist z. B. $c_1 = c$ und $c_2 = -c$. Weist die Welle 2 gegenüber der Welle 1 noch eine Phasenverschiebung δ auf, so lauten die Wellenfunktionen

$$f_1(x - ct) = \hat{s}_1 \cos(kx - \omega t) \quad \text{und}$$

$$f_2(x + ct) = \hat{s}_2 \cos(k(x + \Delta x) + \omega t) = \hat{s}_2 \cos(kx + \omega t + \delta) \ . \qquad (4.251)$$

Der örtliche und zeitliche Verlauf der Auslenkung des Mediums ergibt sich aus der Überlagerung der beiden Wellenfunktionen

$$s(t,x) = \hat{s}_1 \cos(kx - \omega t) + \hat{s}_2 \cos(kx + \omega t + \delta) \ . \qquad (4.252)$$

Die Argumente der Kosinus unterscheiden sich nicht nur um δ wie in (4.245), daher wenden wir das Additionstheorem für Kosinus für beide Wellen an.

$$f_1 = \hat{s}_1(\cos(kx)\cos(-\omega t) - \sin(kx)\sin(-\omega t))$$
$$\Rightarrow f_1 = \hat{s}_1(\cos(kx)\cos(\omega t) + \sin(kx)\sin(\omega t)) \quad \text{und}$$
$$f_2 = \hat{s}_2(\cos(kx)\cos(\omega t)\cos\delta - \sin(kx)\sin(\omega t)\cos\delta$$
$$- \sin(kx)\cos(\omega t)\sin\delta - \cos(kx)\sin(\omega t)\sin\delta) \tag{4.253}$$

Wir setzen (4.253) in (4.252) ein und sortieren nach Termen mit $\cos(\omega t)$ und $\sin(\omega t)$:

$$s(t, x) = \cos(\omega t)(\hat{s}_1\cos(kx) + \hat{s}_2\cos(kx)\cos\delta - \hat{s}_2\sin(kx)\sin\delta)$$
$$- \sin(\omega t)(\hat{s}_2\sin(kx)\cos\delta + \hat{s}_2\cos(kx)\sin\delta - \hat{s}_1\sin(kx)) \tag{4.254}$$

Im Gegensatz zu (4.247) beschreibt (4.254) keine (fortschreitende) Welle, da sich (4.254) nicht in der Form $f(x - ct)$ darstellen lässt, sondern eine Schwingung. Alle Oszillatoren des Mediums bewegen sich dabei im Takt, im Gegensatz zur fortschreitenden Welle, bei der zwischen den Bewegungen der einzelnen Oszillatoren eine Phasenverschiebung besteht. Die Amplitude der Schwingung eines Oszillators ändert sich im Gegensatz zur fortschreitenden Welle abhängig vom Ort. Man sagt auch, (4.254) beschreibt eine stehende Welle.

Stehende Wellen
Wir wollen nun den etwas einfacher gelagerten Fall gleicher Amplituden der sich überlagernden Wellen untersuchen. Dieser Fall tritt z. B. dann auf, wenn eine Welle an einem festen oder losen Ende des Mediums reflektiert wird und einlaufende und reflektierte Welle interferieren. Damit vereinfacht sich (4.254) zu

$$s(t, x) = \hat{s}_0(\cos(\omega t)(\cos(kx)(1 + \cos\delta) - \sin(kx)\sin\delta)$$
$$- \sin(\omega t)(\sin(kx)(\cos\delta - 1) + \cos(kx)\sin\delta)) \tag{4.255}$$

Wenn wir (4.255) in die Form $s(t, x) = \hat{s}(x)\cos(\omega t + \zeta)$ bringen, so beträgt die ortsabhängige Amplitude $\hat{s}(x)$ (nach etwas längerer Rechnung in Anlehnung an (4.138))

$$\hat{s} = \hat{s}_0\sqrt{2 - 4\sin(kx)\cos(kx)\sin\delta + 2(2\cos^2(kx) - 1)\cos\delta}$$
$$\Rightarrow \hat{s} = \hat{s}_0\sqrt{2 - 2\sin(2kx)\sin\delta + 2\cos(2kx)\cos\delta}$$
$$\Rightarrow \hat{s} = \sqrt{2}\hat{s}_0\sqrt{1 + \cos(2kx + \delta)} = 2\hat{s}_0\,|\cos(kx + \frac{\delta}{2})|. \tag{4.256}$$

Die Orte im Medium, an denen $\hat{s} = 0$ ist, nennt man „Knoten" der stehenden Welle oder der Schwingung, die Orte, an denen $\hat{s} = 2\hat{s}_0$ beträgt, heißen „Bäuche". Ihre Positionen im Medium ändern sich nicht. Der Abstand Δx_K zwischen zwei Knoten bzw. zwischen zwei Bäuchen beträgt

$$k(x + \Delta x_K) + \frac{\delta}{2} - (kx + \frac{\delta}{2}) = \pi \quad \Rightarrow \quad \Delta x_K = \frac{\pi}{k} = \frac{\lambda}{2}. \tag{4.257}$$

Wird die Welle an einem festen Ende reflektiert, so besteht ein Phasensprung von $\delta = \pi$ zwischen einlaufender und reflektierter Welle. Befindet sich das Ende bei $x = 0$, so entsteht der erste Knoten der stehenden Welle bei

$$\cos(2kx + \pi) = -1 \;\Rightarrow\; 2kx + \pi = \pi \;\Rightarrow\; x = 0 \,, \tag{4.258}$$

d. h. das feste Ende bildet einen Knoten. Die Reflexion an einem losen Ende an der Stelle $x = 0$ erfolgt ohne Phasensprung, der erste Knoten befindet sich dann bei

$$\cos(2kx) = -1 \;\Rightarrow\; 2kx = \pi \;\Rightarrow\; x = \frac{\lambda}{4} \,. \tag{4.259}$$

Ein Knoten an dieser Stelle bedingt aber einen Bauch bei $x = 0$, am losen Ende befindet sich somit ein Schwingungsbauch. Entsprechend befinden sich die ersten Schwingungsbäuche bei Reflexion am festen Ende im Abstand von $\lambda/4$ und bei Reflexion am losen Ende bei $\lambda/2$.

Ist das Medium zweiseitig begrenzt und erfolgen an den Enden Reflexionen, so überlagern sich zwei stehende Wellen aus primärer und am jeweiligen Ende reflektierter Welle. Da die Orte von Knoten und Bäuchen bei den beiden stehenden Wellen im Allgemeinen nicht zusammenfallen, ist die mittlere Amplitude der Schwingungen im Medium von der Größenordnung der Amplitude des Anregungszentrums.

Resonanzen eines eindimensionalen Mediums

Ein wichtiger Sonderfall stehender Wellen liegt dagegen vor, wenn die Phasenverschiebung der an beiden Enden reflektierten Welle gegenüber der primären Welle ein Vielfaches von 2π ist. In diesem Fall interferieren primäre und alle Wellen, die ein- oder mehrfach an beiden Enden reflektiert wurden, konstruktiv. Knoten und Bäuche der beiden stehenden Wellen fallen zusammen und die Amplituden wachsen über alle Grenzen, falls keine Energie aus dem Medium abgeführt wird. Dieser Fall entspricht der Resonanz bei erzwungenen Schwingungen ohne Dämpfung. Daher spricht man auch von einer Resonanz des Mediums auf die Anregung von stehenden Wellen. Die Resonanzbedingung für eindimensionale Medien lautet:

> Ein Medium wird zur Resonanz angeregt, wenn, die Phasenverschiebung zwischen primärer und an beiden Enden reflektierter Welle 2π oder Vielfache davon beträgt. Dies entspricht einem Gangunterschied von einer oder mehreren Wellenlängen.

Die stehende Welle mit der größten Wellenlänge λ_G und damit der tiefsten Frequenz ν_G der Schwingung nennt man auch Grundschwingung, Fundamentalschwingung oder erste Harmonische des Mediums. Bei ihr beträgt die Phasenverschiebung 2π, bei stehenden Wellen kleinerer Wellenlängen Vielfache davon. Diese Schwingungen nennt man auch „Oberschwingungen" oder „höhere Harmonische". Grund- und Oberschwingungen nennt man auch „Eigenschwingungen" des Mediums. Grundsätzlich sind drei unterschiedliche Kombinationen von Begrenzungen des Mediums denkbar, wodurch sich unterschiedliche Bedingungen zwischen Länge des Mediums und den Wellenlängen der stehenden Wellen bei Resonanz ergeben.

Zwei feste Enden

Dieser Fall liegt z. B. bei Saiten von Gitarren, Geigen, Klavieren etc. vor. Die beiden festen Enden bewirken insgesamt eine Phasenverschiebung um 2π. Zur konstruktiven Interferenz muss die reflektierte Welle das Medium der Länge l mindestens zweimal während einer Schwingungsdauer des Anregungszentrums durchqueren. Dies ergibt die Frequenz der Grundschwingung.

$$cT_G = 2l \Rightarrow \nu_G = \frac{c}{2l} \tag{4.260}$$

Mit (4.200) erhalten wir die Wellenlänge der Grundschwingung.

$$\lambda_G = \frac{c}{\nu_G} = 2l \tag{4.261}$$

Die Länge l der Saite entspricht also der halben Wellenlänge der Grundschwingung. Insgesamt beträgt die Phasenverschiebung zwischen primärer und zweimal reflektierter Welle 4π. Die Grundschwingung weist einen Bauch in der Mitte und zwei Knoten an den festen Enden des Mediums auf. Bei der ersten Oberschwingung benötigt die Welle zwei Schwingungsdauern zur zweifachen Durchquerung des Mediums, die n-te[1] Oberschwingung entsprechend $n + 1$ Schwingungsdauern.

$$c(n+1)T_n = 2l \Rightarrow \nu_n = (n+1)\frac{c}{2l} = (n+1)\nu_G , n = 1, 2, 3... \tag{4.262}$$

Die erste Oberschwingung weist einen Knoten in der Mitte, die zweite zwei Knoten und die n-te Oberschwingung n Knoten auf zwischen den Enden der Saite auf. Die Wellenlängen betragen

$$\lambda_n = \frac{c}{\nu_n} = \frac{2l}{n+1} = \frac{\lambda_G}{n+1}. \tag{4.263}$$

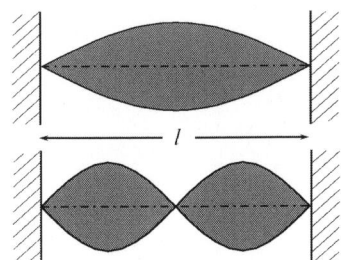

Abb. 4.58 *Grund- und Oberschwingungen einer an ihren Enden eingespannten Saite.*

---

[1] Bei der Zählung von Oberschwingungen und Harmonischen ist zu beachten, dass die erste Oberschwingung die zweite Harmonische ... ist. $n_{Oberschwingung} = m_{Harmonische} - 1$!

Bei einer Saite wird die Ausbreitungsgeschwindigkeit für Wellen gemäß (4.210) durch die Dichte und die Saitenspannung bestimmt. Tiefe Frequenzen erreicht man mit langen Saiten und kleiner Ausbreitungsgeschwindigkeit, also geringer Spannung und hoher Dichte, hohe Töne werden mit kurzen, stark gespannten Saiten geringer Dichte erzeugt. Das Stimmen von Saiteninstrumenten geschieht üblicherweise durch Variation der Saitenspannung.

Zwei lose Enden
Sie bewirken keine Phasenverschiebung zwischen primärer und reflektierter Welle, nach zweimaliger Reflexion beträgt die Phasenverschiebung 2π. Wie im vorigen Fall gilt für die Grundschwingung

$$\nu_G = \frac{c}{2l} \quad \text{und} \quad \lambda_G = \frac{c}{\nu_G} = 2l . \tag{4.264}$$

Die beiden losen Enden des Mediums sind Schwingungsbäuche, daher weist die Grundschwingung einen Knoten in der Mitte des Seils auf.

Die erste Oberschwingung hat dann zwei Knoten symmetrisch zur Mitte des Mediums, die zweite drei Knoten usw. Die Wellen müssen dabei wie im vorigen Fall das Medium zweimal in der doppelten, vier-, sechsfachen Periodendauer des Anregungszentrums durchqueren. Damit ergeben sich Frequenz und Wellenlänge der n-ten Oberschwingungen zu

$$c(n+1)T_n = \frac{c(n+1)}{\nu_n} = 2l$$

$$\Rightarrow \nu_n = (n+1)\frac{c}{2l} = (n+1)\nu_G \quad \text{und} \quad \lambda_n = \frac{2l}{n+1} = \frac{\lambda_G}{n+1} \tag{4.265}$$

Ein Beispiel ist ein nach unten hängendes Seil, das an seinem oberen Ende zu Schwingungen angeregt wird, wobei eines der Enden das Anregungszentrum der Wellen ist. Weitere Beispiele für stehende Wellen in Medien, die durch zwei lose Enden begrenzt werden, sind stehende Schallwellen in der Akustik, die als Schwingungen von Luftsäulen in offenen Rohren, z. B. bei Blasinstrumenten oder Orgelpfeifen auftreten.

Die Tonhöhe von Blasinstrumenten wird häufig durch Variation der Länge der schwingenden Luftsäule geändert, z. B. durch Öffnen oder Schließen von Löchern oder Klappen oder durch Ausziehen von Posaunenbögen.

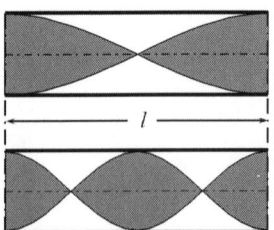

Abb. 4.59 *Grund- und Oberschwingung eines Mediums mit zwei losen Enden, von denen eines das Anregungszentrum ist.*

Loses und festes Ende
Wird eine Öffnung einer Orgelpfeife mit einem Deckel verschlossen, so stellt dieser ein festes Ende der Luftsäule dar, denn die Ausbreitungsgeschwindigkeit von Schallwellen im Festkörper ist wesentlich größer als in der Luft. Das feste Ende bewirkt schon eine Phasenverschiebung um π, so dass für das zweimalige Durchqueren des Mediums der reflektierten Welle nur noch die halbe Schwingungsdauer des Anregungszentrums zur Verfügung steht.

$$c\frac{T_G}{2} = 2l \;\Rightarrow\; \nu_G = \frac{c}{4l} \qquad (4.266)$$

Durch Schließen oder Öffnen des Deckels einer Orgelpfeife kann ihre Frequenz halbiert bzw. verdoppelt werden. Für das zweimalige Durchqueren des Mediums stehen den Oberschwingungen

$$\frac{T_n}{2} + nT_n \qquad (4.267)$$

Periodendauern des Anregungszentrums zur Verfügung. Dies ergibt die Frequenz

$$c(n+\frac{1}{2})T_n = 2l \;\Rightarrow\; \nu_n = \frac{c}{2l}(n+\frac{1}{2}) = (2n+1)\nu_G. \qquad (4.268)$$

Die Grundschwingung hat einen Knoten am festen und einen Bauch am losen Ende des Mediums. Die n-te Oberschwingung hat zusätzlich noch n weitere Knoten. Die Wellenlängen der Grundschwingung und der Oberschwingungen einer „gedeckten" Orgelpfeife der Länge l betragen

$$\lambda_G = 4l, \;\; \lambda_n = \frac{c}{\nu_n} = \frac{2l}{n+\frac{1}{2}} = \frac{4l}{2n+1} = \frac{\lambda_G}{2n+1}. \qquad (4.269)$$

Überlagerung von Eigenschwingungen des Mediums
Erfolgt die Anregung des Mediums nicht harmonisch, so kann ihr zeitlicher Verlauf durch eine Fourierreihe (4.145) oder ein Fourierintegral (4.167) mit entsprechendem Frequenzspektrum dargestellt werden. Nur Wellen, die die Resonanzbedingungen erfüllen, erzeugen

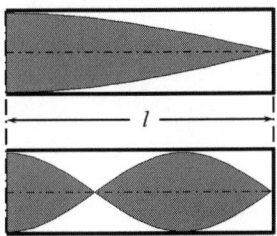

Abb. 4.60 *Grund- und Oberschwingungen eines Mediums mit einem festen und einem losen Ende.*

stehende Wellen mit nennenswerten Amplituden. Je nach Art der Anregung ist das Spektrum der Eigenschwingungen unterschiedlich. Wird eine Saite in der Mitte ausgelenkt und dann losgelassen, so werden nur Oberschwingungen angeregt, die auch in der Mitte der Saite einen Schwingungsbauch aufweisen. Bei asymmetrischer Anregung werden dagegen andere Eigenschwingungen angeregt, allerdings immer die Grundschwingung. So kann durch unterschiedliche Anregungsstellen die Klangfarbe, die das Oberschwingungsspektrum wiedergibt, variiert werden.

Überlagerung von harmonischen Wellen mit fast gleichen Frequenzen
Bei der Überlagerung von Schwingungen, deren Frequenzen sich nur geringfügig unterscheiden, entstehen so genannte Schwebungen, d.h. die Amplitude der resultierenden Schwingung variiert periodisch mit der Differenzfrequenz. Überlagern sich zwei harmonische Wellen mit fast gleicher Frequenz, so sind auch die Unterschiede der Wellenlängen gering. Lauten die Wellenfunktionen der beiden Wellen

$$f_1(x - ct) = \hat{s}\cos(k_1 x - \omega_2 t) \quad \text{und} \quad f_2(x - ct) = \hat{s}\cos(k_2 x - \omega_2 t) , \tag{4.270}$$

sind also die Amplituden gleich und gibt es keine Phasenverschiebung, so beträgt die resultierende Auslenkung des Mediums

$$s(t, x) = 2\hat{s}\cos(\frac{k_1 - k_2}{2}x - \frac{\omega_1 - \omega_2}{2}t)\cos(\frac{k_1 + k_2}{2}x - \frac{\omega_1 + \omega_2}{2}t) . \tag{4.271}$$

Das Ergebnis der Überlagerung ist wiederum eine fortschreitende harmonische Welle mit der mittleren Wellenzahl und Frequenz der Ausgangswellen. Die Amplitude der resultierenden Welle variiert örtlich und zeitlich, ihr Verlauf ist selber wiederum eine harmonische Welle.

Ausklammern von $\Delta k := k_1 - k_2$ und $\bar{k} := (k_1 + k_2)/2$ ergibt

$$s(t, x) = 2\hat{s}\cos(\frac{\Delta k}{2}(x - \frac{\omega_1 - \omega_2}{k_1 - k_2}t))\cos(\bar{k}(x - \frac{\omega_1 + \omega_2}{k_1 + k_2}t)) ,$$

$$s(t, x) = 2\hat{s}\cos(\frac{\Delta k}{2}(x - c_{Grp.}t))\cos(\bar{k}(x - c_{Ph.}t)) . \tag{4.272}$$

Die Welle breitet sich mit der „normalen" Ausbreitungsgeschwindigkeit, der „Phasengeschwindigkeit" $c_{Ph.}$ im Medium aus. Sie besagt, mit welcher Geschwindigkeit sich ein bestimmter Schwingungszustand der Welle (eine bestimmte Phase, der Wert des Argumentes im Kosinus bei harmonischen Wellen) im Medium bewegt. Sie beträgt nach (4.200) für die Welle, die aus der Überlagerung resultiert

$$c_{Ph.} = \frac{\bar{\omega}}{\bar{k}} . \tag{4.273}$$

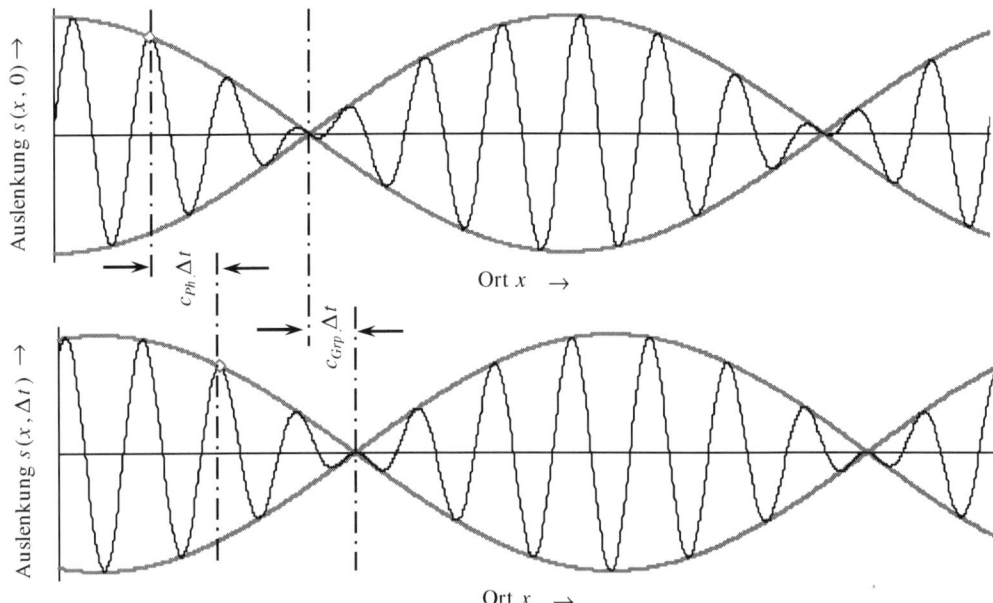

Abb. 4.61 *Resultierende Welle aus der Überlagerung zweier harmonischer Wellen zu zwei unterschiedlichen Zeitpunkten. Der örtliche Verlauf entspricht dem einer Schwebung. Die Welle breitet sich mit der Phasengeschwindigkeit, die Modulation der Welle mit der Gruppengeschwindigkeit aus. Oben: Welle zum Zeitpunkt t = 0, unten zum Zeitpunkt Δt.*

Der örtliche Verlauf der Amplitude wird ähnlich einer Schwebung im Zeitbereich moduliert. Die Periodenlänge der Einhüllenden, die man auch als „Wellengruppe" bezeichnet, beträgt ein Vielfaches der Wellenlänge. Diese Wellengruppe breitet sich auf der Grundwelle mit der „Gruppengeschwindigkeit"

$$c_{Grp.} = \frac{\Delta\omega}{\Delta k} = \frac{\omega_1 - \omega_2}{k_1 - k_2} \tag{4.274}$$

aus. Die Unterscheidung zwischen Gruppen- und Phasengeschwindigkeit wird wichtig, wenn die Ausbreitungsgeschwindigkeit, also die Phasengeschwindigkeit abhängig von der Frequenz der Welle. Dieses Phänomen bezeichnet man auch als „Dispersion".[1]

Betrachten wir aber zunächst den Fall, dass die Phasengeschwindigkeit für alle Frequenzen gleich ist, d. h. es gilt immer $\omega = c_{Ph.}k$. Dann beträgt die Gruppengeschwindigkeit

$$c_{Grp.} = \frac{c_{Ph.}{}^{k_1} - c_{Ph.}{}^{k_2}}{k_1 - k_2} = c_{Ph.}. \tag{4.275}$$

Welle und Amplitudenmodulation auf der Welle breiten sich mit gleicher Geschwindigkeit aus, es liegt keine Dispersion vor.

---

[1] Von dispersus, lat. Zerstreuung. Kennzeichen von Dispersion ist, dass Wellenberge flacher und länger werden.

Sind die Phasengeschwindigkeiten abhängig von den Frequenzen, die vom Anregungszentrum vorgegeben werden, so ergeben sich Wellenzahlen, die von (4.200) abweichen.

$$c_{Grp.} = \frac{\omega_1 - \omega_2}{\dfrac{\omega_1}{c_1} - \dfrac{\omega_2}{c_2}} \ . \tag{4.276}$$

Allgemein ist die Gruppengeschwindigkeit definiert als Änderung der Frequenz ω in Abhängigkeit von der Wellenzahl k.

$$c_{Grp.} := \lim_{\Delta k \to 0} \frac{\Delta \omega}{\Delta k} = \frac{\mathrm{d}\omega}{\mathrm{d}k} \ . \tag{4.277}$$

Da ω und k über die Phasengeschwindigkeit voneinander abhängen, können wir die Gruppengeschwindigkeit auch durch die Phasengeschwindigkeit in Abhängigkeit von der Kreisfrequenz ausdrücken. Mit $\omega = c_{Ph.}(\omega)k(\omega)$ erhalten wir aus (4.277) nach Anwenden der Kettenregel

$$c_{Grp.} = \frac{\mathrm{d}\omega}{\mathrm{d}k} = \frac{\mathrm{d}\omega}{\mathrm{d}\left(\dfrac{\omega}{c_{Ph.}}\right)} = \left(\frac{\mathrm{d}\left(\dfrac{\omega}{c_{Ph.}}\right)}{\mathrm{d}\omega}\right)^{-1} = \left(\frac{1}{c_{Ph.}}\frac{\mathrm{d}\omega}{\mathrm{d}\omega} + \frac{\mathrm{d}\left(\dfrac{1}{c_{Ph.}}\right)}{\mathrm{d}\omega}\omega\right)^{-1} \ \Rightarrow$$

$$c_{Grp.} = \left(\frac{1}{c_{Ph.}} - \frac{\omega}{c_{Ph.}^2}\frac{\mathrm{d}c_{Ph.}}{\mathrm{d}\omega}\right)^{-1} = \frac{c_{Ph.}}{1 - \dfrac{\omega}{c_{Ph.}}\dfrac{\mathrm{d}c_{Ph.}}{\mathrm{d}\omega}} \ . \tag{4.278}$$

Alternativ können wir auch die Gruppengeschwindigkeit durch die Phasengeschwindigkeit in Abhängigkeit von der Wellenzahl k

$$c_{Grp.} = \frac{\mathrm{d}\omega}{\mathrm{d}k} = \frac{\mathrm{d}(c_{Ph.}k)}{\mathrm{d}k} = c_{Ph.}\frac{\mathrm{d}k}{\mathrm{d}k} + k\frac{\mathrm{d}c_{Ph.}}{\mathrm{d}k} = c_{Ph.} + k\frac{\mathrm{d}c_{Ph.}}{\mathrm{d}k} \tag{4.279}$$

oder der Wellenlänge $\lambda = 2\pi/k$ ausdrücken, wobei der Zusammenhang $\omega = 2\pi c_{Ph.}(\omega)/\lambda(\omega)$ gilt.

$$c_{Grp.} = \frac{\mathrm{d}\omega}{\mathrm{d}\lambda}\frac{\mathrm{d}\lambda}{\mathrm{d}k} = 2\pi\frac{\mathrm{d}\left(\dfrac{c_{Ph.}}{\lambda}\right)}{\mathrm{d}\lambda}\frac{\mathrm{d}\lambda}{\mathrm{d}\left(\dfrac{2\pi}{\lambda}\right)} \ \Rightarrow \ c_{Grp.} = 2\pi\left(\frac{\mathrm{d}c_{Ph.}}{\mathrm{d}\lambda}\frac{1}{\lambda} + c_{Ph.}\frac{\mathrm{d}\left(\dfrac{1}{\lambda}\right)}{\mathrm{d}\lambda}\right)\left(\frac{\mathrm{d}\left(\dfrac{2\pi}{\lambda}\right)}{\mathrm{d}\lambda}\right)^{-1}$$

$$\Rightarrow c_{Grp.} = 2\pi\left(\frac{1}{\lambda}\frac{\mathrm{d}c_{Ph.}}{\mathrm{d}\lambda} - \frac{c_{Ph.}}{\lambda^2}\right)\frac{1}{2\pi}(-\lambda^2) = c_{Ph.} - \lambda\frac{\mathrm{d}c_{Ph.}}{\mathrm{d}\lambda} \ . \tag{4.280}$$

Ist die Gruppengeschwindigkeit kleiner als die Phasengeschwindigkeit, so spricht man auch von „normaler Dispersion", im anderen Fall von „anomaler Dispersion". Die Gruppengeschwindigkeit spielt insbesondere für die Informationsübertragung durch Wellen eine große

Rolle. Sie kann der Einsteinschen Relativitätstheorie zufolge nicht mit größeren Geschwindigkeiten erfolgen als mit der Lichtgeschwindigkeit im Vakuum, also mit ca. $3 \cdot 10^8$ m/s.

Die meisten Medien weisen Dispersion auf, meistens nimmt die Phasengeschwindigkeit mit der Kreisfrequenz ab bzw. mit der Wellenlänge zu. Dieses Verhalten nennt man auch „normale Dispersion". Ein Beispiel ist die Ausbreitung von Licht in transparenten Medien. Die Phasengeschwindigkeit für rotes Licht (große Wellenlängen) ist größer als für blaues Licht (kleinere Wellenlängen). Der umgekehrte Fall heißt „anomale Dispersion". Er tritt häufig nur in ganz bestimmten Frequenzbereichen auf.

4.3.4   Wellenfelder

Als Wellenfeld bezeichnet man den Ausregungszustand eines zwei- oder dreidimensionalen Mediums, in dem sich Wellen ausbreiten. Je nach Geometrie des Anregungszentrums, das einen Energiestrom in das Medium einspeist, entstehen unterschiedliche Formen von Wellen, welche die Energie durch das Medium transportieren. Man unterscheidet bei zweidimensionalen Medien folgende Grundtypen von Wellenfeldern:

- Ebene Wellen. Das Anregungszentrum hat die Form einer Geraden, ist also eindimensional. Die Wellenfronten sind ebenfalls Geraden.
- Kreiswellen. Hier ist das Anregungszentrum punktförmig, d. h. nulldimensional. Die Wellenfronten sind konzentrische Kreise um das Anregungszentrum.

Bei dreidimensionalen Medien gibt es die Grundtypen

- Ebene Wellen. Das Anregungszentrum ist eine Ebene (zweidimensional), die Wellenfronten sind zu dieser Ebene parallele Ebenen.
- Kugelwellen. Wie bei der Kreiswelle ist das Anregungszentrum punktförmig. Im Medium breiten sich Wellenfronten in Form von konzentrischen Kugelschalen um das Anregungszentrum aus.
- Zylinderwellen. Die Wellen werden durch ein Anregungszentrum erzeugt, das die Form einer Geraden hat, also eindimensional ist. Die Wellenfronten sind zum Anregungszentrum konzentrische Zylinder.

Die Richtung, in die sich die Welle bewegt, beschreibt man durch den „Wellenvektor" $\vec{k}$. Bei Kreis-, Kugel- und Zylinderwellen ist die Ausbreitungsrichtung ortsabhängig. Sein Betrag entspricht der Wellenzahl k. Die Menge aller Oszillatoren im Medium, die im Takt mit dem Anregungszentrum schwingen, also die gleiche Phase haben, definieren eine Wellenfront. Ist die Auslenkung des Anregungszentrums nicht periodisch, emittiert es z. B. nur einen Wellenberg, so definiert man als Wellenfront die Maxima der Auslenkung im Medium.

An jeder Stelle verläuft der Wellenvektor senkrecht zur Wellenfront. Speziell in der geometrischen Optik interpretiert man die Richtung des Wellenvektors als Richtung der „Lichtstrahlen", die Menge der Wellenvektoren nennt man auch „Lichtbündel". In einem isotropen Medium, in dem die Ausbreitung von Wellen keine Vorzugsrichtung hat, verlaufen die Strahlen gradlinig.

Im Folgenden wollen wir die Grundtypen von Wellenfeldern näher kennen lernen, dabei nehmen wir an, dass das Anregungszentrum harmonisch schwingt. Allgemein gilt, dass die Symmetrie des Anregungszentrums sich in der Symmetrie des Wellenfeldes widerspiegelt.

Ebene Wellen

Bei zweidimensionalen Medien hat das Anregungszentrum die Geometrie einer Geraden, bei dreidimensionalen Medien ist es eine Ebene. In beiden Fällen füllt es die Querschnitte der Medien aus, ist also im Extremfall unendlich ausgedehnt. Die Wellenfronten sind Geraden bzw. Ebenen, die parallel zum Anregungszentrum verlaufen, der Wellenvektor steht senkrecht zu ihnen. Sein Betrag und seine Richtung sind konstant. Ebene Wellen entsprechen einem Bündel aus parallelen Strahlen.

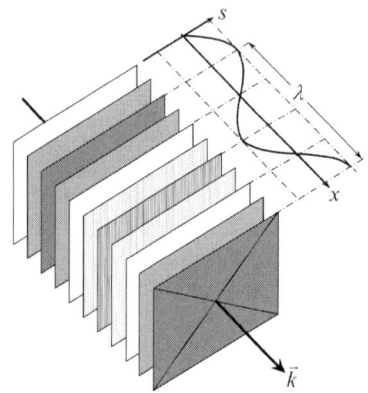

Abb. 4.62 *Ebene Welle. Die Wellenfronten sind parallele Ebenen. Hier sind Ebenen mit gleicher Auslenkung mit der gleichen Schattierung gekennzeichnet.*

Verläuft der Ursprung durch die Ebene des Anregungszentrums, so beträgt die Auslenkung des Mediums am Ort $\vec{x}$ zum Zeitpunkt t analog zu (4.203)

$$s(t,\vec{x}) = \hat{s}\cos(\vec{k}\bullet(\vec{x}-\vec{c}t)) = \hat{s}\cos(\vec{k}\bullet\vec{x}-\vec{k}\bullet\vec{c}t)\ s(t,\vec{x}) = \hat{s}\cos(\vec{k}\bullet\vec{x}-\omega t)\,, \quad (4.281)$$

dabei ist $\vec{c}$ der Vektor der Ausbreitungsgeschwindigkeit. Da $\vec{k}$ und $\vec{c}$ kollinear sind, gilt

$$\vec{k}\bullet\vec{c} = |\vec{k}|\,|\vec{c}| = \frac{2\pi}{\lambda}c = \omega\,. \quad (4.282)$$

Da die Amplituden der Auslenkung des Mediums unabhängig vom Ort sind, denn für beliebige $\vec{x}$ wird innerhalb einer Periode die Amplitude erreicht, sind die Energiedichte w_{Welle} einer ebenen Welle und damit auch ihre Intensität konstant. Da durch die Welle Energie in Richtung der Ausbreitungsgeschwindigkeit und damit in Richtung des Wellenvektors transportiert wird, ist die Intensität ein Vektor in Richtung von $\vec{c}$ bzw. $\vec{k}$. Sie repräsentiert die Energiestromdichte, d. h. die Energie, die pro Flächeneinheit durch eine Fläche, die senkrecht zu $\vec{k}$ bzw. deren Normale parallel zu $\vec{k}$ gerichtet ist, transportiert wird. Für mechanische Wellen ist daher

$$w_{Welle} = \frac{1}{2}\rho\omega^2\hat{s}^2 \quad \text{und} \quad \vec{I} = \frac{1}{2}\rho\omega^2\hat{s}^2\vec{c} = \frac{1}{4\pi}\rho\omega^2\hat{s}^2c\lambda\vec{k}\,. \tag{4.283}$$

Kugelwellen
Sie treten nur in dreidimensionalen Medien auf, wenn das Anregungszentrum punktförmig ist, seine Abmessungen im Vergleich zu den Abmessungen des Mediums sehr klein sind. Die Wellenfronten sind zum Anregungszentrum konzentrische Kugelschalen, die Welle breitet sich senkrecht zu ihnen aus. Der Wellenvektor hat unterschiedliche Richtungen, er verläuft radial, nur sein Betrag $2\pi/\lambda$ ist konstant. Den Kugelwellen entsprechen Strahlen, die isotrop von einer Punktlichtquelle ausgesendet werden.

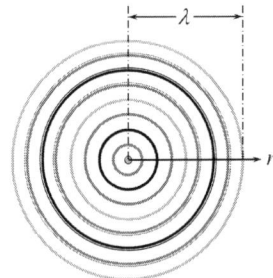

Abb. 4.63 *Kugelwelle, emittiert von einem punktförmigen Anregungszentrum. Der Wellenvektor verläuft radial.*

Der vom Anregungszentrum in das Medium eingespeiste Energiestrom P verteilt sich bei der Ausbreitung der Welle auf die Flächen der Kugelschalen. Legen wir den Koordinatenursprung in das Anregungszentrum, so gilt mit $|\vec{x}| = r$ als Abstand vom Anregungszentrum und $4\pi r^2$ als Fläche der Kugelschalen

$$\vec{I}(\vec{x}) = I(r)\vec{e}_r = \frac{P}{4\pi r^2}\vec{e}_r\,. \tag{4.284}$$

Intensität und das Quadrat der Amplitude sind gemäß (4.229) proportional zueinander, somit ist $\hat{s}(r) = A/r$. Mit $\vec{x} = r\vec{e}_r$ und $\vec{k} = k\vec{e}_r$ erhalten wir analog zu (4.281) für die Auslenkung am Ort $\vec{x}$ zum Zeitpunkt t

$$s(t,\vec{x}) = s(t,r) = \hat{s}(r)\cos(\vec{k}\bullet\vec{x} - \omega t) = \frac{A}{r}\cos(kr - \omega t)\,. \tag{4.285}$$

Kreiswellen, Zylinderwellen
Kreiswellen entstehen, wenn ein punktförmiges Anregungszentrum in einem zweidimensionalen Medium Wellen anregt, die sich radial ausbreiten. Die Wellenfronten sind zum Anre-

gungszentrum konzentrische Kreise, der Wellenvektor ist wie bei den Kugelwellen radial gerichtet, sein Betrag $2\pi/\lambda$ ist konstant. Der Energiestrom P verteilt sich auf die Kreisumfänge, damit sinkt der Betrag I der Intensität umgekehrt proportional mit dem Abstand r zum Anregungszentrum.

$$I(r) = \frac{P}{2\pi r}. \tag{4.286}$$

Aufgrund der quadratischen Abhängigkeit der Amplitude von der Intensität gemäß (4.229) beträgt der örtliche und zeitliche Verlauf der Auslenkung

$$s(t,\vec{x}) = s(t,r) = \frac{A}{\sqrt{r}} \cos(kr - \omega t). \tag{4.287}$$

Hat in einem dreidimensionalen Medium das Anregungszentrum die Gestalt einer Geraden, so werden Zylinderwellen angeregt, die Wellenfronten sind konzentrische Zylinder. Wir können die Intensität durch (4.285) ausdrücken, wenn wir mit dem längenbezogenen Energiestrom P/l rechnen.

Interferenz
Auch bei Wellenfeldern in zwei- oder dreidimensionalen Medien tritt Interferenz auf, wenn zwei oder mehrere Anregungszentren Wellen erzeugen. In jedem Punkt des Mediums überlagern sich die Auslenkungen, die von den einzelnen Wellen der jeweiligen Anregungszentren bewirkt werden. Das resultierende Wellenfeld hat Zonen konstruktiver Interferenz, d. h. Bereiche, in denen die Schwingungsamplituden verstärkt werden, und Zonen destruktiver Interferenz mit Abschwächung der Amplituden. Konstruktive Interferenz tritt auf, wenn Wellenberge auf Wellenberge oder Wellentäler auf Wellentäler treffen, bei destruktiver Interferenz treffen Wellenberge auf Wellentäler.

Bei sehr hohen Frequenzen, wie sie z. B. bei Licht vorkommen, können die Detektoren wie das Auge, Filme oder Photodioden nicht den zeitlichen Verlauf der Auslenkung oder der Intensität, sondern nur die über einen vergleichsweise langen Zeitraum gemittelten Werte der Intensität aufnehmen. Statt des Wellenfeldes wird dann nur das Interferenzmuster der Zonen konstruktiver und destruktiver Interferenz registriert. Zwei spezielle Interferenzen wollen wir genauer betrachten:

Interferenz von zwei ebenen Wellen gleicher Wellenlänge und gleicher Amplitude
Das Anregungszentrum von Welle 1 geht durch den Ursprung des x/y-Koordinatensystems, das von Welle 2 durch den Ursprung des x'/y'-Systems. Die Auslenkungen, die von den Wellen bewirkt werden, lauten

$$s_1(t,\vec{x}) = \hat{s}\cos(\vec{k}_1 \bullet \vec{x} - \omega t), \quad s_2(t,\vec{x}') = \hat{s}\cos(\vec{k}_2 \bullet \vec{x}' - \omega t + \varphi_0), \tag{4.288}$$

dabei sind die Beträge der Wellenvektoren gleich. φ_0 ist der Nullphasenwinkel der Welle 2, der berücksichtigt, dass die Anregungszentren nicht im Takt schwingen. Wenn $\vec{a}$ der Vektor

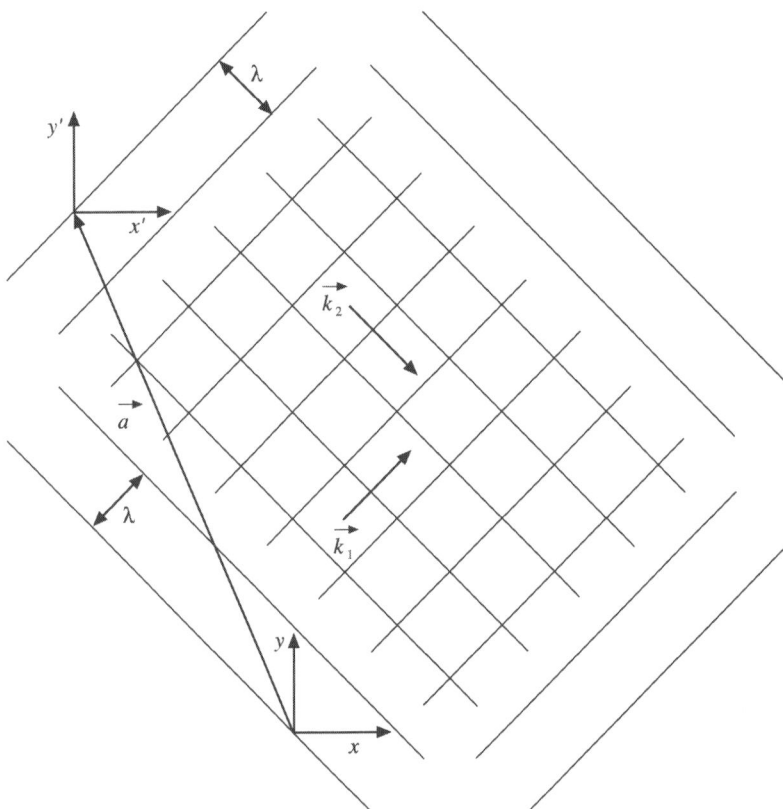

Abb. 4.64   *Zwei ebene Wellen interferieren.*

vom Ursprung des Koordinatensystems der Welle 1 zum Ursprung des '-Systems ist, so können wir mit $\vec{x}' = \vec{x} - \vec{a}$ die Welle 2 im Koordinatensystem der Welle 1 beschreiben.

$$s_2(t, \vec{x}) = \hat{s}\cos(\vec{k}_2 \bullet (\vec{x} - \vec{a}) - \omega t + \varphi_0)$$
$$s_2 = \hat{s}\cos(\vec{k}_2 \bullet \vec{x} - \omega t + \vec{k}_2 \bullet \vec{a} + \varphi_0) = \hat{s}\cos(\vec{k}_2 \bullet \vec{x} - \omega t + \delta), \qquad (4.289)$$

$\vec{k}_2 \bullet \vec{a} + \varphi_0$ ist dabei ein konstanter Phasenwinkel δ. Der örtliche und zeitliche Verlauf der
resultierenden Auslenkung des Mediums beträgt

$$s(t, \vec{x}) = \hat{s}(\cos(\vec{k}_1 \bullet \vec{x} - \omega t) + \cos(\vec{k}_2 \bullet \vec{x} - \omega t + \delta))$$
$$\Rightarrow s(t, \vec{x}) = 2\hat{s}\cos(\frac{\vec{k}_1 - \vec{k}_2}{2} \bullet \vec{x} - \frac{\delta}{2})\cos(\frac{\vec{k}_1 + \vec{k}_2}{2} \bullet \vec{x} - \omega t + \frac{\delta}{2})). \qquad (4.290)$$

Die Überlagerung von zwei ebenen Wellen ergibt wiederum eine ebene Welle, die sich mit
dem Wellenvektor $(\vec{k}_1 + \vec{k}_2)/2$ ausbreitet. Da die Beträge der beiden Wellenvektoren gleich
sind, verläuft $(\vec{k}_1 + \vec{k}_2)/2$ in Richtung der Winkelhalbierenden von $\vec{k}_1$ und $\vec{k}_2$. Die Ampli-

tude der resultierenden Welle ist örtlich moduliert mit $2\cos((\vec{k}_1 - \vec{k}_2) \bullet \vec{x} - \delta)/2$, dabei verläuft $\vec{k}_1 - \vec{k}_2$ senkrecht zu $\vec{k}_1 + \vec{k}_2$.[1]

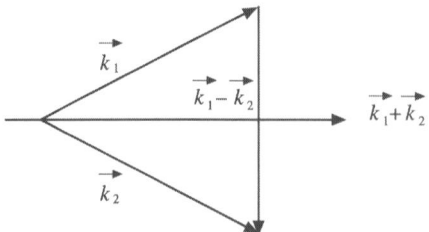

Abb. 4.65 *Richtungen der Wellenvektoren zweier sich überlagernder ebener Wellen.*

Durch die Modulation der Amplitude ergeben sich Interferenzstreifen, die senkrecht zur Ausbreitungsrichtung der resultierenden Welle gerichtet sind.

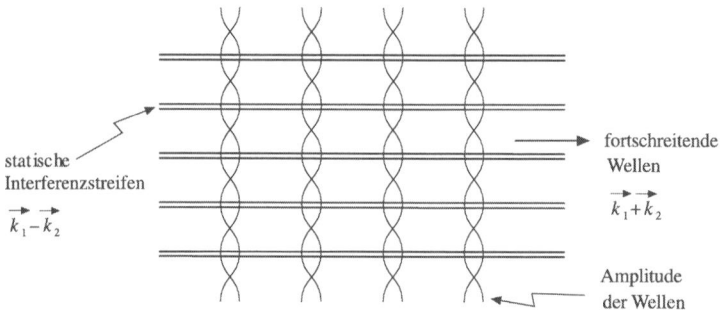

Abb. 4.66 *Interferenzstreifen, die sich aus der Überlagerung zweier ebener Wellen ergeben. Verdickungen entsprechen den Auslenkungsmaxima der resultierenden Welle.*

Zwei Sonderfälle haben wir schon kennen gelernt: Die ebenen Wellen breiten sich in der gleichen Richtung aus, $\vec{k}_1 = \vec{k}_2$, und die Wellen bewegen sich aufeinander zu, dann ist $\vec{k}_1 = -\vec{k}_2$. Setzen wir $\vec{k}_1 = \vec{k}_2$ in (4.290) ein, so erhalten wir (4.247) mit dem Sonderfall (4.250). Der Fall $\vec{k}_1 = -\vec{k}_2$ ergibt in (4.290)

$$s(t,\vec{x}) = 2\hat{s}\cos(-k_1 x - \frac{\delta}{2})\cos(-\omega t + \frac{\delta}{2})) = 2\hat{s}\cos(k_1 x + \frac{\delta}{2})\cos(\omega t - \frac{\delta}{2})), \qquad (4.291)$$

dies entspricht den Ausdrücken in (4.255) und (4.256).

---

[1]   Dies kann man leicht beweisen. Stehen $\vec{k}_1 - \vec{k}_2$ und $\vec{k}_1 + \vec{k}_2$ senkrecht aufeinander, so muss ihr Skalarprodukt null sein. $(\vec{k}_1 - \vec{k}_2) \bullet (\vec{k}_1 + \vec{k}_2) = |\vec{k}_1|^2 - |\vec{k}_2|^2 = 0$, da nach Voraussetzung die Beträge der Wellenvektoren gleich sind.

Interferenz von zwei Kreiswellen gleicher Wellenlänge und gleicher Amplitude
Da die Intensitäten und die Amplituden mit dem Abstand von den Anregungszentren abnehmen, sind die Amplituden nur auf der Mittelsenkrechten der Verbindungsstrecke d zwischen den Anregungszentren gleich.

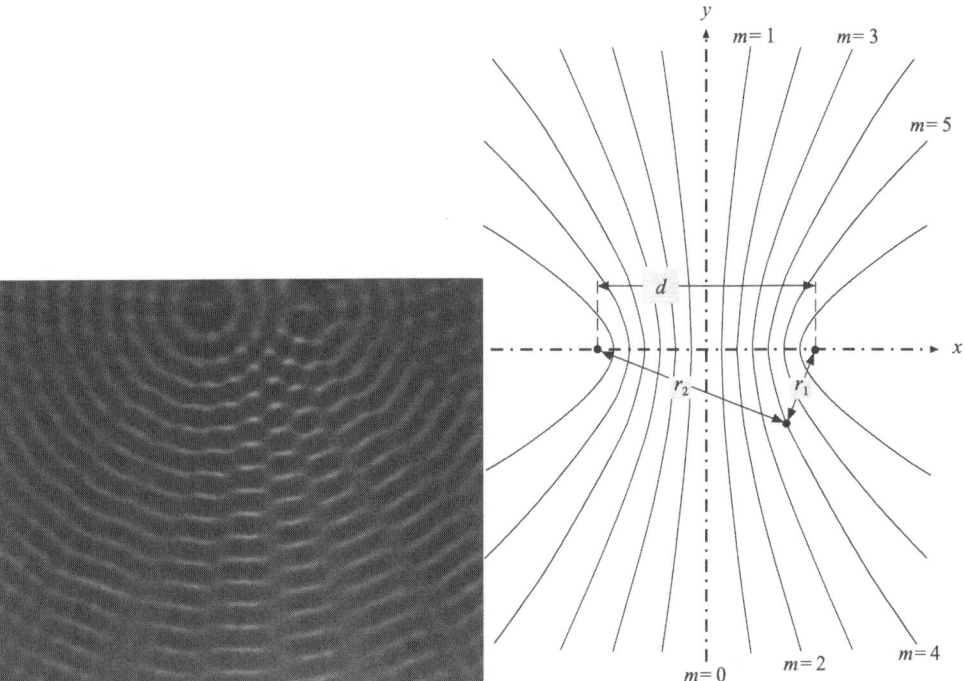

Abb. 4.67 *Überlagerung von zwei Kreiswellen bzw. von zwei Kugelwellen.*

Schwingen die Anregungszentren im Takt, so ist die Mittelsenkrechte eine Zone konstruktiver Interferenz, der Gangunterschied zwischen den Wellen ist null. Die anderen Zonen konstruktiver Interferenz zeichnen sich dadurch aus, dass die Gangunterschiede zwischen den einzelnen Wellen ganzzahlige Vielfache der Wellenlängen sind. Die Zonen mit gleichem Gangunterschied bilden Hyperbeln, da dort die Differenz der Abstände $r_1 - r_2$ oder $r_2 - r_1$ zu den Anregungszentren konstant eine, zwei, drei … Wellenlängen beträgt. Den Gangunterschied, ausgedrückt in Wellenlängen, nennt man auch „Ordnung" m der konstruktiven Interferenz. Die Hyperbeln haben als gemeinsame Brennpunkte die Anregungszentren. Legt man die Koordinatenachsen in Richtung der Verbindungslinie der Anregungszentren (x) und in Richtung der Mittelsenkrechten (y), so lauten die Gleichungen der Hyperbeln in Normalform

$$(\frac{x}{a})^2 - (\frac{y}{b})^2 = 1 \ \text{ mit } \ 2a = r_1 - r_2 = m\lambda \ \text{ und } \ b = \sqrt{(\frac{d}{2})^2 - a^2} \ . \tag{4.292}$$

Die Hyperbeln mit $2a = r_2 - r_1$ bilden die zu (4.292) spiegelsymmetrischen Hyperbeln. Der größtmögliche Gangunterschied beträgt d/λ, Wellenfronten mit größeren Gangunterschieden interferieren nicht mehr. Die Hyperbeln nähern sich für große Abstände zu den Anregungszentren den Geraden

$$y = \pm \frac{b}{a} x = \pm (\sqrt{\frac{d^2}{4a^2} - 1})x = \pm (\sqrt{\frac{d^2}{m^2 \lambda^2} - 1})x \tag{4.293}$$

asymptotisch an. Die unterschiedlichen Vorzeichen kennzeichnen die jeweiligen Äste der Hyperbeln.

Beugung, Huygenssches Prinzip

Trifft eine eindimensionale Welle auf ein Hindernis, so wird sie reflektiert, da das Hindernis das Medium für die Welle vollständig absperrt. Bei zwei- oder dreidimensionalen Medien können Hindernisse so gestaltet sein, dass die auftreffende Welle durch Öffnungen teilweise hindurchtreten kann. Durch die Auslenkung des Mediums in der Öffnung wird durch die Kopplung der Oszillatoren das Medium auch in Bereichen angeregt, bei denen das Anregungszentrum durch das Hindernis abgeschattet ist. Scheinbar ändern die Strahlen ihre Richtung, daher nennt man diese Erscheinung auch „Beugung". Damit verwandt ist die „Brechung" von Wellen, die immer dann auftritt, wenn die Welle die Grenze zwischen zwei Medien mit unterschiedlicher Ausbreitungsgeschwindigkeit passiert. Als besonders anschaulich zur Beschreibung dieser Erscheinung hat sich das Huygenssche Prinzip erwiesen.

Nach dem Huygensschen Modell für die Wellenausbreitung emittiert jeder Punkt des Anregungszentrums eine elementare Kugelwelle (dreidimensionale Medien) oder eine Kreiswelle (zweidimensionale Medien). Die sich ausbreitenden Wellenfronten ergeben sich aus der konstruktiven Interferenz der Wellenfronten von den Elementarwellen. Bei einer harmonischen Welle schwingen die Wellenfronten im Takt mit dem Anregungszentrum, sie haben die gleiche Phase. Statt des Anregungszentrums selbst kann man auch die Wellenfront eines bestimmten Zeitpunktes als Anregungszentrum von Elementarwellen ansehen. Die Einhüllende von deren Wellenfronten bildet dann die Wellenfront zu späteren Zeitpunkten.

Trifft eine ebene Welle auf eine Öffnung in einem Hindernis, die klein gegen die Wellenlänge ist, so bildet sich hinter der Öffnung eine einzelne Elementarwelle aus. Bei zwei Öffnungen ergibt sich das gleiche Interferenzmuster wie bei der Überlagerung von Kugel- bzw. Kreiswellen.

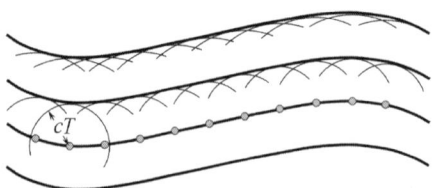

Abb. 4.68 *Wellenfront, die sich aus der konstruktiven Interferenz der Elementarwellen der Wellenfront eines früheren Zeitpunktes ergibt.*

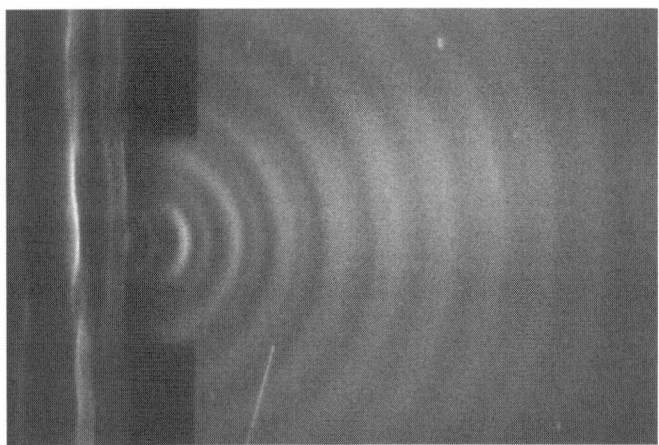

Abb. 4.69   *Eine ebene Welle trifft auf eine enge Öffnung in einem Hindernis. Bildung einer Elementarwelle.*

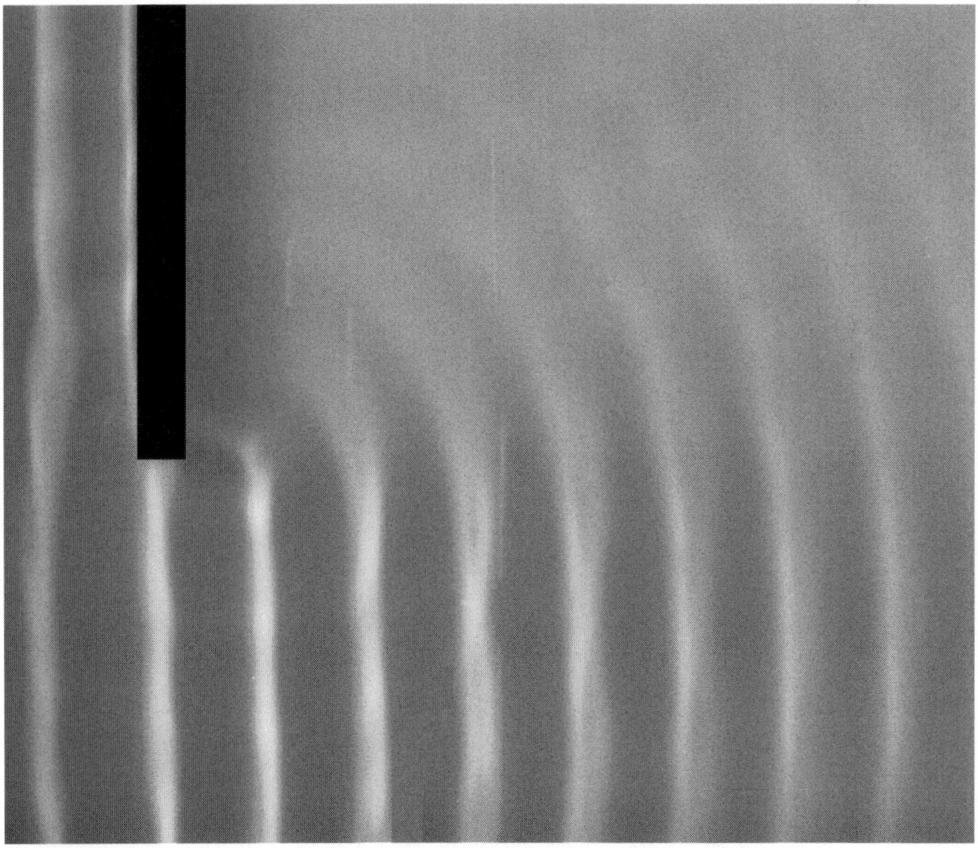

Abb. 4.70   *Wellenausbreitung in einem Medium, das halbseitig durch ein Hindernis getrennt wird.*

Auch bei größeren Öffnungen in Hindernissen breiten sich die Elementarwellen in den „Schattenraum" aus, den Bereich des Mediums, bei dem das Anregungszentrum der ursprünglichen Welle durch das Hindernis verdeckt wird. Diese Beugung von Wellen hat besonders für die Schallausbreitung große Bedeutung. Ist eine Schallquelle durch eine Wand verdeckt, so können wir sie dennoch hören, obwohl keine Sichtverbindung zu ihr besteht, wenn z. B. eine Tür oder ein Fenster geöffnet ist.

Mit Hilfe des Huygensschen Prinzips können wir auch die Reflexion und die Brechung einer ebenen Welle beschreiben. Dazu betrachten wir die Wellenfronten zu bestimmten Zeitpunkten, deren zeitlicher Abstand eine Periodendauer beträgt. Die Punkte, in denen die Wellenfronten auf ein Hindernis treffen, werden als Anregungszentren von Elementarwellen angesehen, die ursprüngliche Wellenfront endet dort.

Reflexion einer ebenen Welle an einem ebenen Hindernis
Die Wellenfronten der ebenen Welle treffen unter einem Winkel ϑ_i auf das Hindernis. Zur Konstruktion der reflektierten Welle betrachten wir einige ausgezeichnete Punkte der ebenen Wellenfront, die u. A. aus deren Elementarwellen aufgebaut wird. Sobald diese Punkte auf das Hindernis auftreffen, „verschwindet" ein Teil ihrer Wellenfront, der in die ursprüngliche Ausbreitungsrichtung geht, dafür wird eine neue ebene Wellenfront der reflektierten Welle aufgebaut.

Zum Zeitpunkt $t = 0$ trifft der unterste Punkt der betrachteten Zone der Wellenfront in **Abb. 4.71** in A auf das Hindernis, der oberste Punkt befindet sich am Ort C. Nach einer Periodendauer T hat die Wellenfront der von A emittierten Elementarwelle den Radius der Wellenlänge λ. Nach $4T$ beträgt er 4λ, die Radien der Elementarwellen anderer Punkte betragen 3λ, 2λ und λ, der oberste Punkt der auftreffenden ebenen Welle trifft dann in B auf das Hindernis. Die Einhüllende dieser Elementarwellen bildet eine ebene Wellenfront der reflektierten Welle, die sich unter dem Winkel ϑ_r vom Hindernis wegbewegt. Der Abschnitt der reflektierten Wellenfront, der die gleiche Länge $\overline{AC}$ der auftreffenden Wellenfront hat, endet am Punkt D, somit ist $\overline{AC} = \overline{BD}$. Die Dreiecke ABC und ABD sind rechtwinklig, da $\overline{AC}$ parallel zur Wellenfront und $\overline{BC}$ in Ausbreitungsrichtung der einlaufenden Welle verläuft, ebenso ist $\overline{BD}$ parallel zur Wellenfront und $\overline{AD}$ in Ausbreitungsrichtung der reflektierten Welle. Die Dreiecke haben die gemeinsame Seite $\overline{AB}$, außerdem ist $\overline{BC} = \overline{AD} = 4\lambda$. Die Dreiecke sind somit kongruent und für die Winkel von auftreffender und reflektierter Wellenfront gilt

$$\vartheta_r = \vartheta_i . \tag{4.294}$$

Dies ist das aus der Optik bekannte Reflexionsgesetz, allerdings werden dort die Winkel nicht zur Oberfläche des Hindernisses, sondern zur Oberflächennormalen, dem Lot angegeben. Der Sachverhalt „Einfallswinkel = Ausfallswinkel" ändert sich dadurch nicht.

Vor dem Hindernis überlagern sich auftreffende und reflektierte ebene Welle, es ergibt sich ein Interferenzmuster gemäß (4.290). Dabei gilt für die Komponenten der Wellenvektoren parallel und senkrecht zur Oberfläche des Hindernisses

$$k_{r,//} = k_{i,//} \quad \text{und} \quad k_{r,\perp} = -k_{i,\perp} \Rightarrow \vec{k}_i - \vec{k}_r = \begin{pmatrix} 0 \\ 2k_{i,\perp} \end{pmatrix} \quad \text{und} \quad \vec{k}_i + \vec{k}_r = \begin{pmatrix} 2k_{i,//} \\ 0 \end{pmatrix} . \tag{4.295}$$

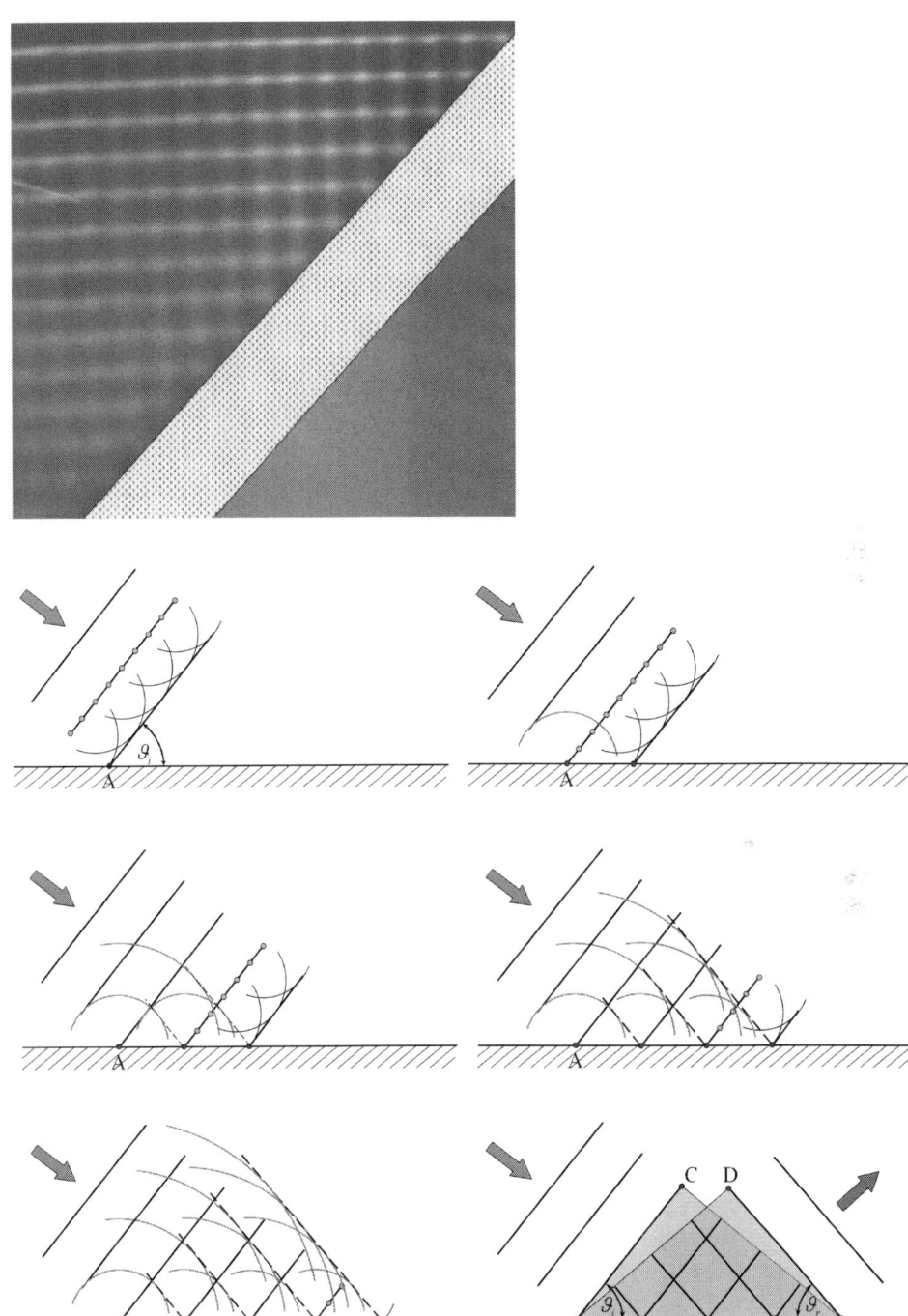

Abb. 4.71 *Reflexion einer ebenen Welle an einem ebenen Hindernis.*

Es bildet sich somit ein Streifensystem mit der Normalen senkrecht zur Oberfläche aus, die Streifen verlaufen also parallel zu ihr, während der Wellenvektor der resultierende Welle parallel zur Oberfläche gerichtet ist.

Brechung einer ebenen Welle an der ebenen Grenzfläche zweier Medien

Medien, in denen sich Wellen eines bestimmten Typs ausbreiten können, unterscheiden insbesondere hinsichtlich der Ausbreitungsgeschwindigkeit (siehe **Tab. 4.1** und **Tab. 4.2**). Trifft eine ebene Welle auf eine ebene Grenzfläche zweier Medien, die sich hinsichtlich der Ausbreitungsgeschwindigkeit unterscheiden, so hat sie nach dem Durchtritt eine andere Richtung.

Wie bei der Reflexion einer ebenen Welle betrachten wir ausgesuchte Punkte eines Abschnitts der Wellenfront, die unter dem Winkel ϑ_i auf die Grenzfläche trifft.

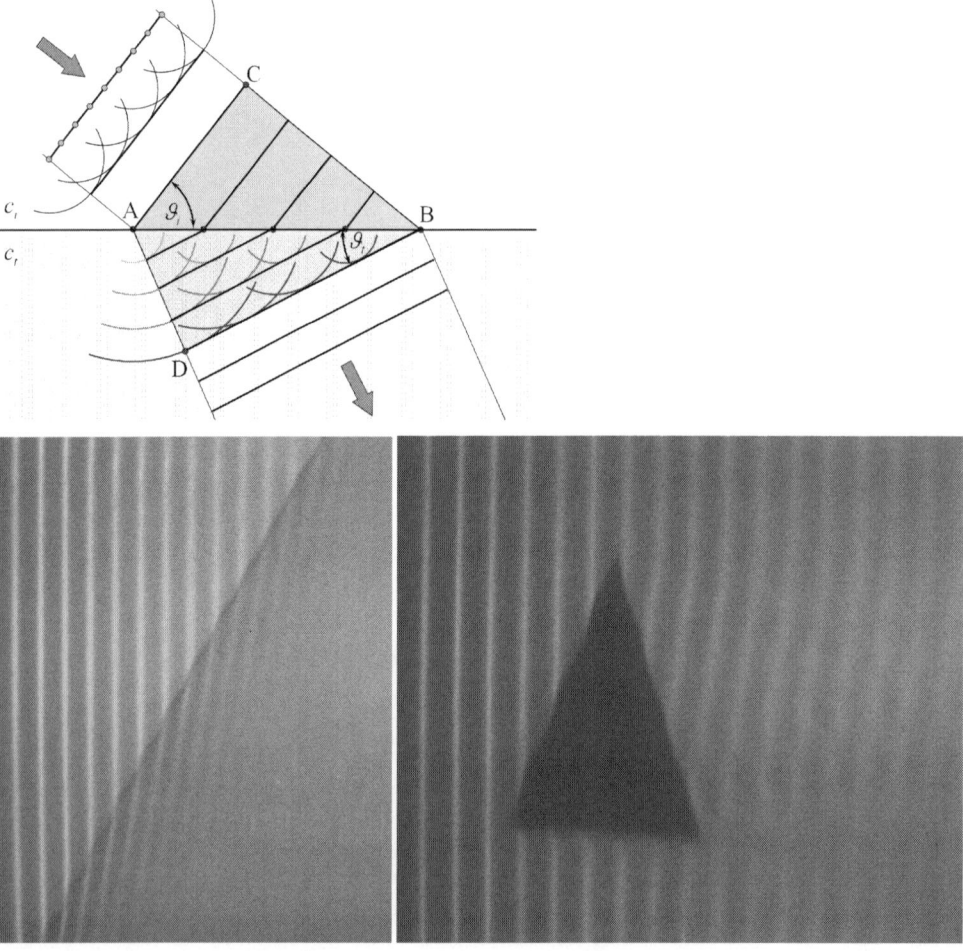

Abb. 4.72 *Brechung einer ebenen Welle an einer ebenen Grenzfläche zweier Medien.*

Zum Zeitpunkt $t = 0$ trifft der unterste Punkt des betrachteten Wellenabschnitts aus **Abb. 4.72** im Punkt A auf die Grenzfläche, der oberste Punkt befindet sich in C. Nach vier Periodendauern T trifft dieser Punkt in B auf die Grenzfläche, die Strecke $\overline{BC}$ ist $c_i 4T$ lang, dabei ist c_i die Ausbreitungsgeschwindigkeit in dem Medium, in dem sich die auftreffende Welle ausbreitet. Der Radius der Elementarwelle, die vom Punkt A zum Zeitpunkt $t = 0$ emittiert wurde, beträgt nach $4T$ dann $4Tc_t$. c_t ist die Ausbreitungsgeschwindigkeit des anderen Mediums, in das die Welle eindringt. Nehmen wir an, dass $c_t < c_i$, dann ist auch $\overline{AD} < \overline{BC}$. Die beiden rechtwinkligen Dreiecke ABC und ABD haben die gemeinsame Seite $\overline{AB}$. Zwischen ihr und den Winkeln ϑ_i der auftreffenden und ϑ_t der transmittierten Wellenfront hinter der Grenzfläche bestehen die Beziehungen

$$\sin \vartheta_i = \frac{\overline{BC}}{\overline{AB}} = \frac{c_i 4T}{\overline{AB}} \quad \text{und} \quad \sin \vartheta_t = \frac{\overline{AD}}{\overline{AB}} = \frac{c_t 4T}{\overline{AB}} \implies \frac{4T}{\overline{AB}} = \frac{\sin \vartheta_t}{c_t} = \frac{\sin \vartheta_i}{c_i}$$

$$\implies c_i \sin \vartheta_t = c_t \sin \vartheta_i \,. \tag{4.296}$$

(4.296) nennt man auch das „Brechungsgesetz". In der Optik werden allerdings wie beim Reflexionsgesetz (4.294) die Winkel bezüglich des Lotes, d. h. der Grenzflächennormalen, gemessen. In der Optik bezieht man die Ausbreitungsgeschwindigkeit des Lichtes in transparenten, lichtdurchlässigen Medien üblicherweise auf die Lichtgeschwindigkeit im Vakuum, der Kehrwert dieses Verhältnisses wird auch als „Brechungsindex"

$$n := \frac{c_{Vakuum}}{c_{Medium}} \tag{4.297}$$

des Mediums bezeichnet. Medien mit großem Brechungsindex, also kleiner Lichtgeschwindigkeit nennt man auch „optisch dichter", ein Medium mit kleinem n ist somit „optisch dünner". Im obigen Beispiel ist $c_t < c_i$, damit ist auch $\vartheta_t < \vartheta_i$, die Welle wird zum Lot gebrochen. Im umgekehrten Fall, $c_t > c_i$, ist entsprechend $\vartheta_t < \vartheta_i$ und die Welle wird vom Lot weg gebrochen.

Brechung einer ebenen Welle an einer sphärischen Grenzfläche
Mit dem Huygensschen Modell der Wellenausbreitung können wir auch das Verhalten von beliebig geformten Wellenfronten an beliebig geformten Hindernissen oder Grenzflächen untersuchen. Ein wichtiger Fall ist die Brechung an einer sphärischen Grenzfläche, wie sie in der Optik Linsen aufweisen.

Die ebene Wellenfront in **Abb. 4.73** trifft zum Zeitpunkt $t = 0$ im Punkt A, nach einer Periodendauer T in B und B', nach $2T$ in C und C', und nach $3T$ in D bzw. D' auf die Grenzfläche. Die Einhüllende der an diesen Punkten emittierten Elementarwellen bildet eine gekrümmte Wellenfront, die den gleichen Krümmungssinn wie die Grenzfläche hat, wenn $c_t < c_i$ ist. Eine genauere Analyse zeigt, dass mit fortschreitender Zeit die Krümmung der transmittierten Welle immer stärker wird, bis sich die Wellenfront (nahezu) auf einen Punkt konzentriert. Die ebene Welle wird nach dem Durchqueren der Grenzfläche in einem Punkt, dem Brennpunkt fokussiert, es entsteht eine Kugelwelle. Ist dagegen $c_t > c_i$, so wird die ebene Welle ebenfalls in eine gekrümmte Wellenfront überführt, ihre Krümmung wird aber mit der Zeit größer, die ebene Welle wird defokussiert oder zerstreut. Gleiches geschieht, wenn der Krümmungssinn der Grenzfläche umgekehrt wie in **Abb. 4.73** und $c_t < c_i$ ist.

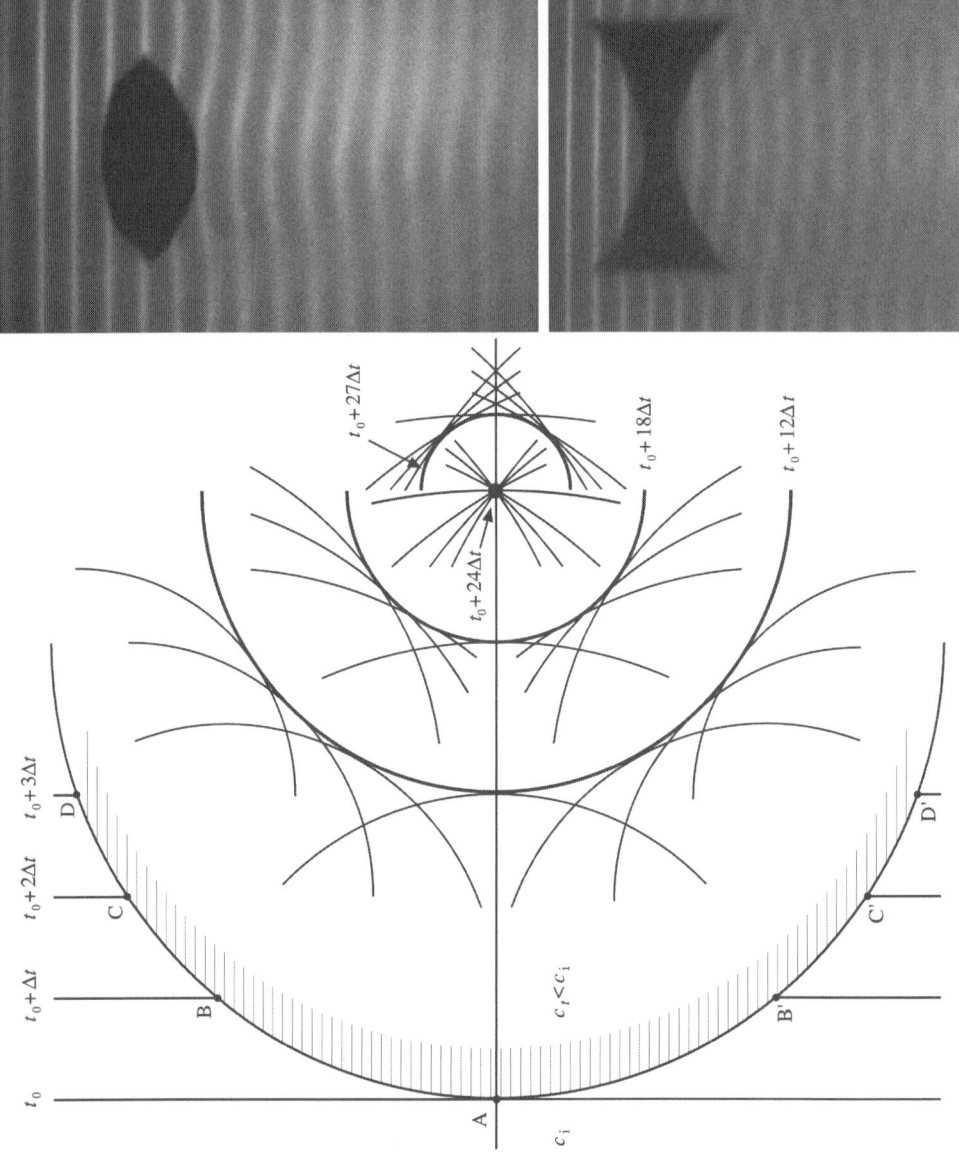

Abb. 4.73 *Ebene Welle wird an einer sphärischen Grenzfläche gebrochen.*

4.3.5   Doppler-Effekt

Bei den bisher behandelten Wellenfeldern befand sich das Anregungszentrum der Wellen gegenüber dem Medium in Ruhe und das Wellenfeld wurde in einem Bezugssystem beschrieben, in dem das Medium ruht. Häufig treten aber Fälle auf, in denen diese Voraussetzungen nicht mehr gelten: Ein schnell vorbeifahrendes Auto hupt, ein Motorboot fährt über die Wellen eines Gewässers, usw. In diesen Fällen ändert sich die von einem Beobachter wahrgenommene Frequenz der Schwingungen, die die Wellen im Medium bewirken. Das Auftreten dieses Effektes bei Schallwellen wurde erstmalig von Christian Doppler[1] beschrieben. Grundsätzlich sind folgende Fälle der Bewegung von Beobachter und Anregungszentrum relativ zum Medium zu unterscheiden, dabei wollen wir immer annehmen, dass die Bewegung parallel zum Wellenvektor der harmonischen Welle erfolgt:

Das Anregungszentrum ruht, der Beobachter bewegt sich
Die Wellenlänge λ bleibt konstant, allerdings ist die Zahl der Wellenberge oder Wellentäler, die einen bewegten Beobachter passieren, eine andere als bei einem ruhenden Beobachter. Nimmt dieser in einem Zeitraum Δt

$$n = \frac{\Delta t}{T} = f_{AZ}\Delta t = \frac{c}{\lambda}\Delta t \qquad (4.298)$$

Wellenberge wahr, so sind es für einen Beobachter, der sich mit der Geschwindigkeit v_B in Richtung der fortschreitenden Welle bewegt,

$$m = \frac{v_B \Delta t}{\lambda} \qquad (4.299)$$

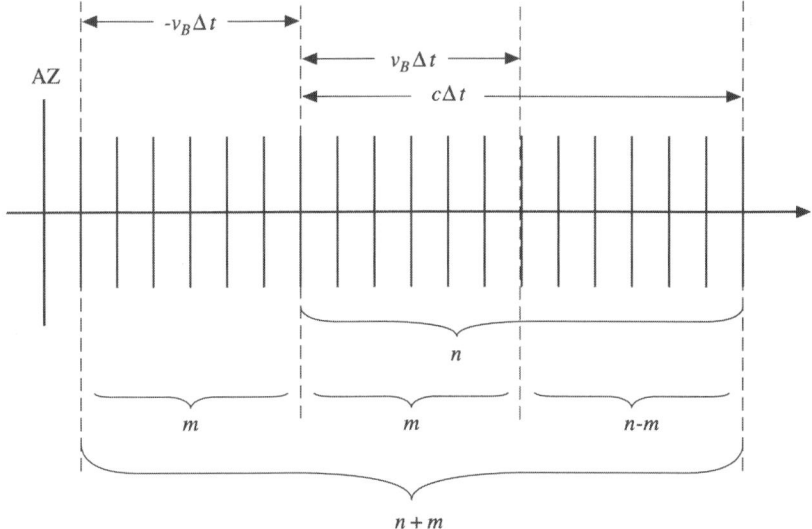

Abb. 4.74 *Der Beobachter bewegt sich relativ zum Medium, das Anregungszentrum ruht.*

---

[1] Chr. Doppler (1803–1853).

weniger und entsprechend mehr bei Bewegung in die entgegengesetzter Richtung. Die Frequenz, mit der die Welle dem Beobachter erscheint, entspricht der Zahl der Wellenberge pro Δt, die den Beobachter passieren. Diese Frequenz beträgt

$$f_B = \frac{n-m}{\Delta t} = \frac{c}{\lambda} - \frac{v_B}{\lambda} = \frac{f_{AZ}}{c}(c - v_B) = f_{AZ}(1 - \frac{v_B}{c}), \tag{4.300}$$

wenn sich der Beobachter mit der Welle bewegt und

$$f_B = \frac{n+m}{\Delta t} = f_{AZ}(1 + \frac{v_B}{c}) \tag{4.301}$$

bei Bewegung in die entgegengesetzte Richtung. Ist die Geschwindigkeit des Beobachters gleich der Ausbreitungsgeschwindigkeit der Welle, so wird die beobachtete Frequenz null, wenn sich der Beobachter mit der Welle bewegt, d. h. er befindet sich z. B. immer auf einem Wellenberg. Ist $v_B > c$, so ergeben sich aus (4.300) formal negative Frequenzen f_B. Der Beobachter „überholt" die Welle und nimmt die Frequenz $|f_B|$ wahr.

Der Beobachter ruht, das Anregungszentrum bewegt sich
Die Frequenz f_{AZ}, mit der das Anregungszentrum schwingt, bleibt konstant, allerdings wird der Abstand zwischen zwei Wellenbergen, also die Wellenlänge verändert. Hat das Anregungszentrum, das sich zu einem Zeitpunkt $t = 0$ am Ort $x = 0$ befindet, ein Schwingungsmaximum, so hat sich nach einer Schwingungsdauer T der Wellenberg um cT und das Anregungszentrum um $v_{AZ}T$ bewegt. In Bewegungsrichtung des Anregungszentrums erscheinen die Abstände zwischen den Wellenbergen verkürzt, entgegen der Bewegungsrichtung dagegen verlängert. (Wir nehmen dabei an, dass $v_{AZ} < c$ ist.)

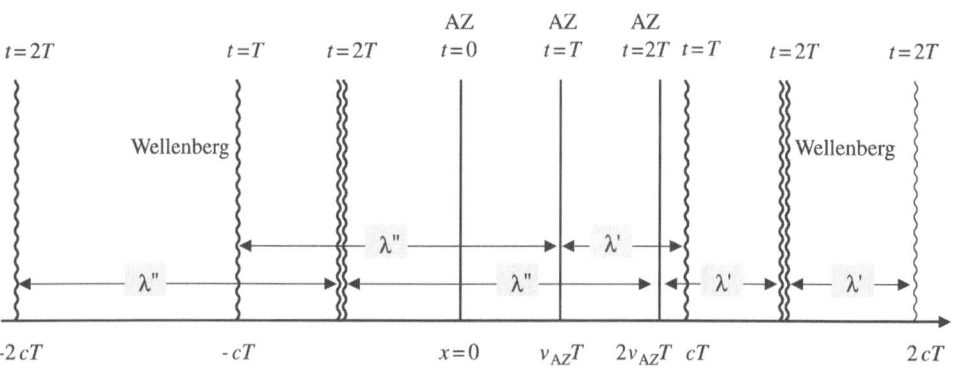

Abb. 4.75 *Veränderung der Wellenlänge bei bewegtem Anregungszentrum.*

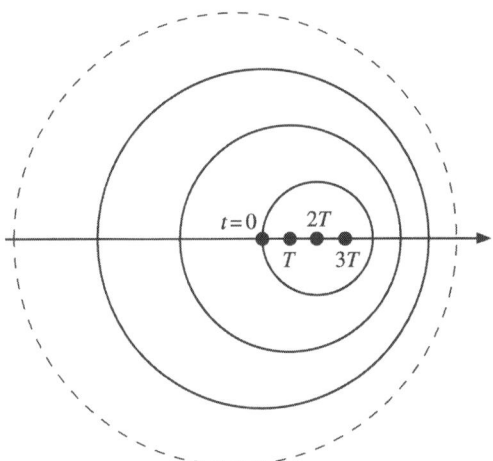

Abb. 4.76 *Wellenfeld eines bewegten punktförmigen Anregungszentrums nach fünf Schwingungsperioden, das zum Zeitpunkt t = 0 ein Schwingungsmaximum hatte.*

Für Kugelwellen, wie sie in der Regel von Schallquellen ausgesandt werden, ergibt sich ein Wellenfeld aus Kreisen, welche die Wellenberge kennzeichnen, deren Radien sich von innen nach außen um cT vergrößern und deren Mittelpunkte um $v_{AZ}T$ versetzt sind.

Die größten Änderungen der Wellenlänge gegenüber einem ruhenden Anregungszentrum ergeben sich für einen ruhenden Beobachter, der sich auf der Gerade befindet, längs der sich das Anregungszentrum bewegt. Dort ergeben sich die Wellenlängen

$$\lambda' = \lambda_0 \mp v_{AZ} T = \lambda_0 \mp v_{AZ} \frac{\lambda_0}{c}, \tag{4.302}$$

dabei ist das Minuszeichen dann zu nehmen, wenn sich das Anregungszentrum in Richtung der Wellenfronten bewegt. λ_0 ist die Wellenlänge bei ruhendem Anregungszentrum. Für einen ruhenden Beobachter bewegt sich in diesem Fall das Anregungszentrum auf ihn zu. Die Frequenz der Schwingung oder die Zahl der Wellenberge pro Zeiteinheit beträgt dann

$$f_B = \frac{c}{\lambda'} = \frac{c}{\lambda_0 (1 - \frac{v_{AZ}}{c})} = \frac{f_{AZ}}{1 - \frac{v_{AZ}}{c}}, \tag{4.303}$$

die Frequenz, die der Beobachter registriert, ist größer als die Frequenz, mit der das Anregungszentrum schwingt. Bewegt sich dieses vom Beobachter weg, so wird die Frequenz

$$f_B = \frac{c}{\lambda'} = \frac{c}{\lambda_0 (1 + \frac{v_{AZ}}{c})} = \frac{f_{AZ}}{1 + \frac{v_{AZ}}{c}}, \tag{4.304}$$

verkleinert. Diesen Effekt kann man sehr gut beobachten, wenn ein Polizeiwagen mit einge-schaltetem Martinshorn an einem vorbeifährt: zunächst erscheint der Sirenenton hoch, sobald das Fahrzeug vorbeigefahren ist, tönt die Sirene wesentlich tiefer. Da man Frequenzverschie-bungen gut messen kann, eignet sich der Doppler-Effekt gut zur Geschwindigkeitsmessung.

Ist die Geschwindigkeit v_{AZ}, mit der sich das Anregungszentrum bewegt, gleich der Ausbrei-tungsgeschwindigkeit c, so wird gemäß (4.302) die Wellenlänge in Bewegungsrichtung null, die Frequenz strebt gegen Unendlich. Im Fall von Schallwellen spricht man auch von der „Schallmauer", die das Anregungszentrum erreicht. Bei noch höheren Geschwindigkeiten „überholt" es die zuvor emittierten Wellenfronten. Der Beobachter registriert die Frequenz $|f_B|$ aus (4.303). Die Einhüllende der Wellenfronten hat die Form eines Kegels (Machscher[1] Kegel). Auf seinem Mantel interferieren die Kugelwellen konstruktiv, die starke Erhöhung des Schalldrucks empfindet man als explosionsartigen Knall.

Befindet sich das Anregungszentrum zum Zeitpunkt $t = 0$ am Ort $x = 0$, so hat es sich im Zeit-raum Δt um $\Delta x = v_{Az}\Delta t$ weiterbewegt. Der Radius der zum Zeitpunkt $t = 0$ emittierten Kugel-welle beträgt $r = c\Delta t$, damit ergibt sich der halbe Öffnungswinkel des Machschen Kegels zu

$$\sin\alpha = \frac{c\Delta t}{v_{AZ}\Delta t} = \frac{c}{v_{AZ}}. \tag{4.305}$$

Das Verhältnis v_{AZ}/c nennt man auch „Machsche Zahl".

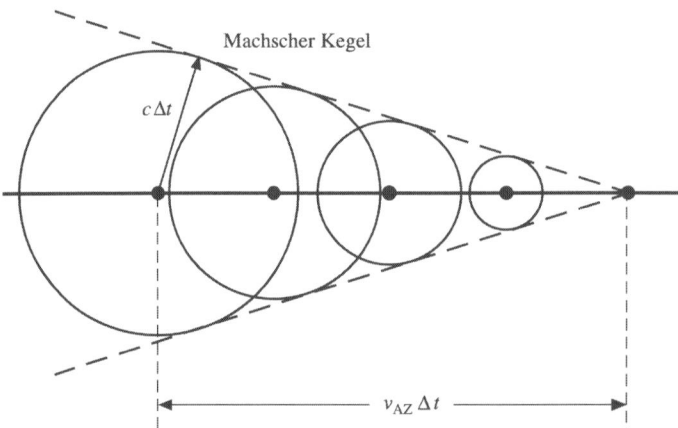

Abb. 4.77 *Bewegt sich das Anregungszentrum schneller als die Ausbreitungsgeschwindigkeit, so hat das Wellen-feld die Gestalt des „Machschen Kegels".*

Beobachter und Anregungszentrum bewegen sich
Die Frequenz, mit der die Wellenberge von einem ruhenden Anregungszentrum einen be-wegten Beobachter passieren, ist durch (4.300) bzw. (4.301) gegeben. Bewegt sich das An-regungszentrum auch, so wird die in diesen Gleichungen enthaltene Frequenz, mit der das

---

[1]   E. Mach (1838–1916).

Anregungszentrum schwingt, durch die Frequenz f_B aus (4.303) oder (4.304) ersetzt. Mit dieser Frequenz schwingt scheinbar ein bewegtes Anregungszentrum. Der Beobachter registriert damit die Frequenz

$$f_B = f_{AZ} \frac{1 \mp \dfrac{v_B}{c}}{1 \mp \dfrac{v_{AZ}}{c}} \, . \tag{4.306}$$

Dabei sind die negativen Vorzeichen zu nehmen, wenn die Geschwindigkeiten von Beobachter bzw. Anregungszentrum und die Ausbreitungsgeschwindigkeit die gleiche Richtung haben, das positive Vorzeichen ist zu verwenden, wenn sie entgegengesetzt gerichtet sind.

(4.306) gilt nicht für elektromagnetische Wellen. Der Doppler-Effekt ist für Licht nicht abhängig von der Relativgeschwindigkeit des Beobachters bzw. des Anregungszentrums relativ zum Medium, denn elektromagnetische Wellen breiten sich auch ohne ein Medium im Vakuum aus. Die Frequenz, die der Beobachter registriert, hängt nur von der Relativgeschwindigkeit v_{rel} zwischen ihm und dem Anregungszentrum ab. Sie beträgt

$$f_B = f_{AZ} \sqrt{\frac{1 \pm \dfrac{v_{rel}}{c}}{1 \mp \dfrac{v_{rel}}{c}}} \, . \tag{4.307}$$

Die oberen Vorzeichen gelten, wenn sich das Anregungszentrum auf den Beobachter zubewegt, im anderen Fall die unteren.

Index